高职高专规划教材

建筑力学

汪 菁 主编

化学工业出版社

·北京·

本书依据教育部高职高专土建类专业力学课程教学基本要求编写而成。包括绪论、刚体静力学基础、力系的合成与平衡、弹性变形体静力分析基础、平面图形的几何性质、轴向拉伸与压缩、剪切与扭转、平面弯曲、应力状态与强度理论、组合变形、压杆稳定、平面体系的几何组成分析、静定结构的受力分析、静定结构的位移计算、力法、位移法、渐近法和近似法、影响线及其应用，共十八章。每章有提要、小结、思考题、习题及书末参考答案。全书精选静力学、材料力学和结构力学的传统内容，重新整合使之融会贯通，自成体系。根据高职高专高素质技能型人才培养的要求，教材侧重于基本概念和工程应用。

本书为高职高专和成人高校土建类和近土建类各专业的力学课程教材，也可供相关的工程技术人员参考。

图书在版编目（CIP）数据

建筑力学/汪菁主编. —北京：化学工业出版社，2009.7
高职高专规划教材
ISBN 978-7-122-05572-9

Ⅰ. 建… Ⅱ. 汪… Ⅲ. 建筑力学-高等学校：技术学校-教材 Ⅳ. TU311

中国版本图书馆 CIP 数据核字（2009）第 075183 号

责任编辑：王文峡　　文字编辑：颜克俭
责任校对：王素芹　　装帧设计：尹琳琳

出版发行：化学工业出版社（北京市东城区青年湖南街 13 号　邮政编码 100011）
印　　装：三河市延风印装厂
787mm×1092mm　1/16　印张 19¾　字数 502 千字　2012 年 2 月北京第 1 版第 2 次印刷

购书咨询：010-64518888（传真：010-64519686）　售后服务：010-64518899
网　　址：http://www.cip.com.cn
凡购买本书，如有缺损质量问题，本社销售中心负责调换。

定　　价：32.00 元

前　言

本书依据教育部高职高专土建类专业力学课程教学基本要求编写，适合作为高职高专土建类专业 110 学时左右的建筑力学课程的教学用书，也可作为有关工程技术人员的参考用书。

本书结合高职高专培养高素质技能型专门人才的特点，汲取了近几年高职高专教育、教学改革的成果与经验，精选传统静力学、材料力学和结构力学课程的主要内容，加强了教材体系的整体性，突出教材各部分内容的内在联系。简化理论推导，强化应用，重视对基本理论与基本概念的阐述以及对基本知识的掌握和对基本技能、技巧的培养。

全书包括绪论、刚体静力学基础 、力系的合成与平衡、弹性变形体静力分析基础、平面图形的几何性质、轴向拉伸与压缩、剪切与扭转、平面弯曲、应力状态与强度理论、组合变形、压杆稳定、平面体系的几何组成分析、静定结构的受力分析、静定结构的位移计算、力法、位移法、渐近法和近似法、影响线及其应用。每章有提要、小结、思考题、习题及书末参考答案。

参加本书编写工作的有：汪 菁（第一、三～六、九、十章）；封卉梅（第二章）；王代（第七、八、十一章）；苏炜（第十二～十五章）；刘成才（第十六～十八章）。本书由汪菁主编并统稿。

在本书的编写过程中，参考了相关的文献资料，在此对其作者表示衷心的感谢。并对为本书付出辛勤劳动的编辑表示衷心的感谢。

限于编者水平，书中难免存在不妥之处，殷切希望同行和读者批评指正。

编者

2009 年 5 月

目　录

第一章　绪　论

提要：本章介绍建筑力学的研究对象、力学模型和基本任务。

第一节　建筑力学的研究对象和力学模型

一、建筑力学的研究对象

土建、水利、交通等各类建筑物，如房屋、水坝、桥梁等，从建造开始就受到各种力的作用，如重力、风力、施工机具和工人的重量、积雪重等。在工程上习惯将主动作用在建筑物上的力称为荷载，建筑物中承受荷载而起骨架作用的部分称为结构，组成结构的单个物体称为构件。如图 1-1 所示单层厂房中的屋面板、屋架、吊车梁、柱子、基础均为构件，这些构件组成了厂房结构。

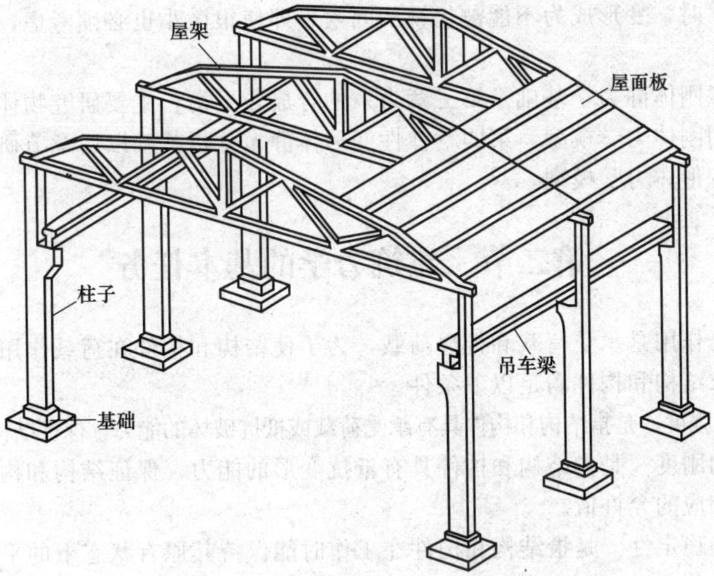

图 1-1

组成结构的构件按其形状和尺寸可分为三类。

（1）杆件　长度远大于截面宽度和厚度，如图 1-2（a）所示。

（2）薄壁构件　长度和宽度均远大于厚度，如图 1-2（b）、（c）所示。

（3）实体构件　长度、宽度、厚度为同量级尺寸，如图 1-2（d）所示。

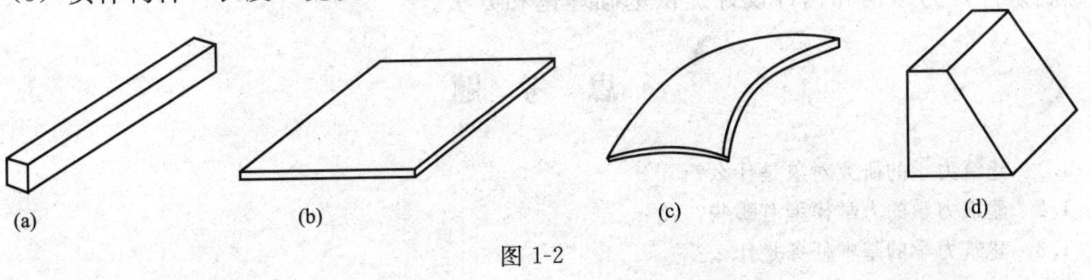

图 1-2

由杆件组成的结构称为杆系结构，建筑力学的研究对象主要是杆及杆系结构。杆系结构分为平面杆系结构和空间杆系结构，当组成结构的所有杆件的轴线及所受外力在同一平面内时，称为平面杆系结构；否则，便是空间结构。本书仅研究平面杆系结构。

由薄壁构件和实体构件组成的薄壁结构和实体结构是弹性力学的研究对象。

二、建筑力学的力学模型

组成结构的构件是由固体材料制造而成的，真实固体材料的性质是非常复杂的，在对其进行力学分析时，应根据研究问题的性质，抓住与问题有关的主要因素，忽略次要因素，科学地抽象出力学模型。

1. 刚体

刚体是指在力的作用下保持形状、尺寸不变的力学模型。物体在受力后都会发生变形，但在多数实际工程问题中这种变形是极其微小的。当分析物体的平衡问题时，这种变形的影响很小，完全可以忽略不计，认为物体不发生变形。实践证明，引入刚体力学模型在许多情况下得到的结果是足够精确的。

2. 变形体

变形体是指在力的作用下形状、尺寸均可改变的力学模型。当研究物体在外力作用下的变形和破坏规律时，变形成为不能被忽视的因素，即使很微小也必须考虑，因为它是解决问题的基础。

本书第二章刚体静力学基础及第三章力系的合成与平衡，主要研究物体在力的作用下的平衡问题，采用刚体力学模型。第四章弹性变形体静力分析基础以后章节研究的问题都与变形有关，采用变形体力学模型。

第二节　建筑力学的基本任务

结构的主要作用是承受荷载和传递荷载，为了使结构和构件在荷载作用下不丧失预期的正常功能，要求结构和构件满足以下条件。

(1) 足够的强度　是指结构和构件具有承受荷载或抵抗破坏的能力，保证结构和构件不破坏。

(2) 足够的刚度　是指结构和构件具有抵抗变形的能力，保证结构和构件受外力产生的变形不超过其相应的允许值。

(3) 足够的稳定性　是指结构和构件在工作时能保持其原有状态下的平衡，不会突然改变其原有的工作状态。

结构是由构件组成的，构件必须按一定的几何规律组成结构，才能保证结构的空间几何形状不发生改变。

建筑力学的任务是研究结构的几何组成规律，结构和构件在外力等因素作用下的受力、变形规律及材料的力学性能，建立保证结构和构件正常工作需要满足的强度条件、刚度条件和稳定条件，为结构和构件设计提供基础理论和方法。

思考题

1.1　建筑力学的研究对象是什么？

1.2　建筑力学的力学模型有哪些？

1.3　建筑力学的基本任务是什么？

第二章　刚体静力学基础

提要： 本章介绍力、力矩及力偶的概念和性质；荷载的分类；约束与约束反力的概念和工程中常见的约束与约束反力；物体的受力分析和受力图。

第一节　力的概念和荷载的分类

一、力的概念

1. 力的定义

力的概念是人们在生产实践中逐渐形成的。人们在劳动时，由于肌肉紧张收缩的感觉，逐步形成了对力的感性认识。随着生产的发展和科技的进步，人们又认识到：若物体被其他物体施加力以后，将导致该物体的机械运动状态发生变化或者形状尺寸发生改变。

力的作用方式是多种多样的。物体间相互接触时，会产生作用力，如吊车起吊重物、放在梁上的设备使梁弯曲等；物体间不接触时，也能产生作用力，如地球引力场对物体的引力、电场对电荷的引力和斥力等。尽管力的来源和物理本质不同，但在研究物体的受力时，可以撇开这些非本质的因素，将它们抽象和概括为“力”的概念，人们对力的认识也从感性上升到理性。

力是物体之间相互的机械作用。这种作用可对物体产生两种效应，即引起物体的机械运动状态变化，或使物体产生变形。前者称为力的运动效应或外效应；后者称为力的变形效应或内效应。

2. 力的三要素

实践表明，力对物体的作用效果取决于力的大小、力的方向和力的作用点，力的大小、方向和作用点称为力的三要素。显然，当三要素中的任何一个要素发生改变，力的作用效果将随之发生变化。要准确表达一个力，就要将力的三要素都表示出来。

力是既有大小又有方向的矢量，可以用一个矢量来表示力的三要素。图 2-1 中，矢量的长度（AB）按一定的比例尺表示力大小为 20kN；矢量的方向表示力的方向；矢量的始端 A 点表示力的作用点。与矢量线段 AB 所重合的虚直线，称为力的作用线。

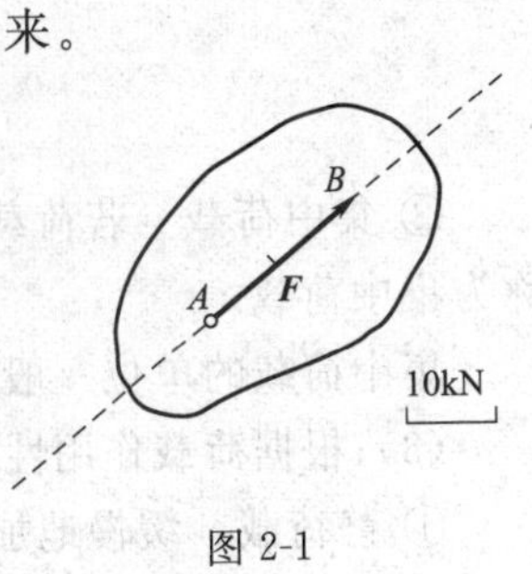

图 2-1

通常用黑体字母表示力的矢量，如 $\boldsymbol{F}$；力的大小是标量，用一般字母表示，如 F。

在国际单位制中，力的单位用牛顿（N）或千牛顿（kN）表示，其换算关系为：

$$1\text{kN}=1000\text{N}$$

牛顿与千克力的换算关系为：

$$1\text{kgf}=9.8\text{N}$$

3. 力系与合力

作用于一个物体上的若干个力称为力系。如果两个力系对物体的作用效应完全相同，则称这两个力系为等效力系。如果一个力与一个力系等效，则称该力为这个力系的合力，而力系中的各力称为合力的分力。如果物体在一个力系的作用下处于平衡状态，则称该力系为平衡力系。使一个力系成为平衡力系的条件，称为力系的平衡条件。

二、荷载的分类

荷载是作用在结构或构件上的主动力。荷载有多种形式，为便于分析计算，对荷载进行以下分类。

(1) 根据荷载作用时间可分为恒载和活载。

① 恒载　长期作用在结构或构件上，其大小和作用位置都不会发生变化的荷载，如结构自重、土压力等。

② 活载　作用在结构或构件上的可变荷载，其大小和作用位置都可能发生变化，如施工荷载，使用期间的人群、设备、风、雪等荷载。

(2) 根据荷载分布情况可分为分布荷载和集中荷载。

① 分布荷载　指连续作用在结构或构件的较大面积上或长度上的荷载。其中，分布均匀、大小处处相同的分布荷载称为均布荷载，如屋面雪荷载、楼面活荷载以及均质等厚度板、等截面梁的自重等。反之，不具备上述均布荷载特征的分布荷载称为非均布荷载，如水池侧壁所受的水压力等。

沿构件长度方向均匀分布的荷载为线均布荷载，以每米长度的力的大小来表示，单位为N/m或kN/m。如图2-2 (a) 所示，$\boldsymbol{q}$为梁的自重沿长度方向均匀分布的情况，是线均布荷载。

在较大面积上均匀分布的荷载为面均布荷载，以每平方米面积上的力的大小来表示，单位为N/m^2或kN/m^2。如图2-2 (b) 所示，$\boldsymbol{q}$为均质等厚度板的自重在板平面上均匀分布的情况，是面均布荷载。

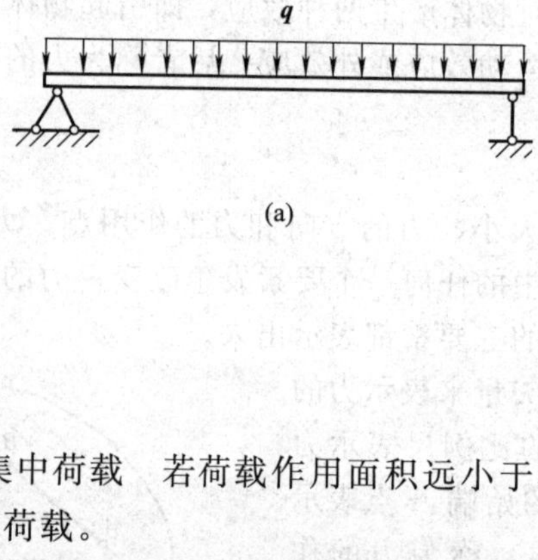

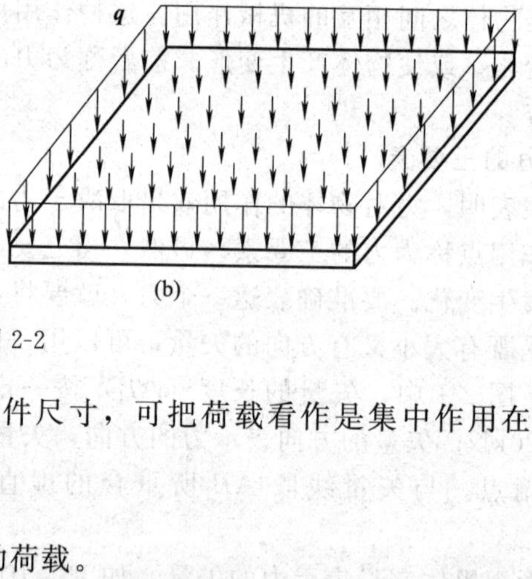

图 2-2

② 集中荷载　若荷载作用面积远小于构件尺寸，可把荷载看作是集中作用在一点上，称为集中荷载。

集中荷载的单位一般是N或kN。

(3) 根据荷载作用性质可分为静荷载与动荷载。

① 静荷载　缓慢地加到结构上的荷载，其大小、位置和方向不随时间变化或变化相对极小，如构件自重及一般的活荷载等。

② 动荷载　大小、位置或方向随时间迅速变化的荷载，它能使结构产生明显的加速度，如地震力、机器工作时对结构的干扰力等。

第二节　静力学基本公理

静力学基本公理是人们在长期的生活和生产实践中，经反复观察和实践检验总结出来的客观规律，是研究力系简化和平衡条件等问题的最基本的力学规律。

一、二力平衡公理

作用在同一刚体上的两个力，使刚体平衡的充分必要条件是：此两个力的大小相等，方向相反，且作用在同一直线上，如图 2-3 所示，即：

$$\boldsymbol{F}_1 = -\boldsymbol{F}_2$$

这一性质称为二力平衡公理。

二力平衡公理揭示了作用于刚体上的最简单的力系平衡时所必须满足的条件。对于刚体而言，这个条件是既必要又充分的；而对于非刚体，这个条件虽必要但不充分。例如：一段软绳受到两个等值反向的拉力作用时可以平衡，如图 2-4（a），但受到两个等值反向的压力作用时就不能平衡，如图 2-4（b）。

一个构件只受到两个力作用而保持平衡，这个构件称为二力构件，如图 2-5 所示。由二力平衡公理可知，二力构件的平衡条件是：作用在构件上的两个力必定沿着二力作用点的连线，且等值、反向。二力构件是工程中常见的一种构件形式。

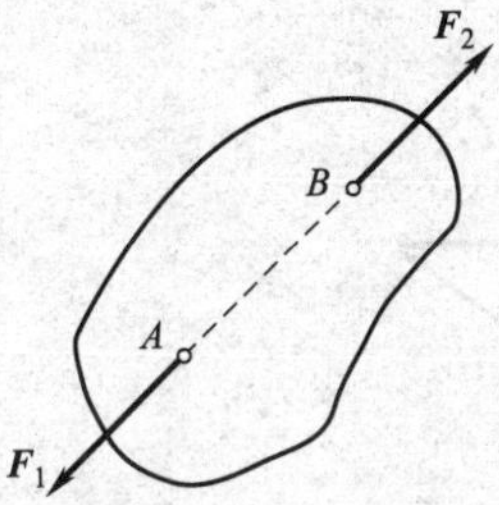

图 2-3

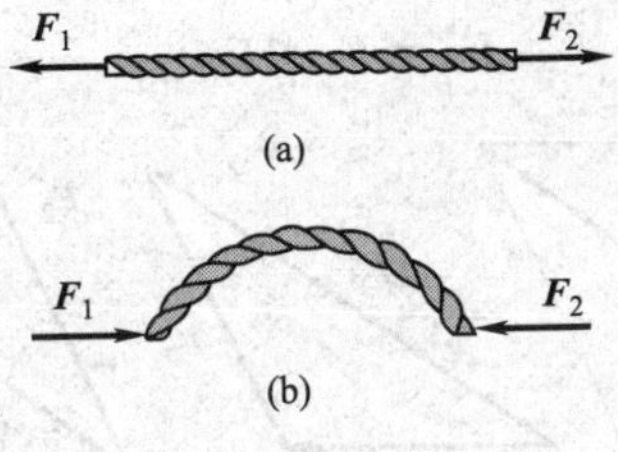

图 2-4

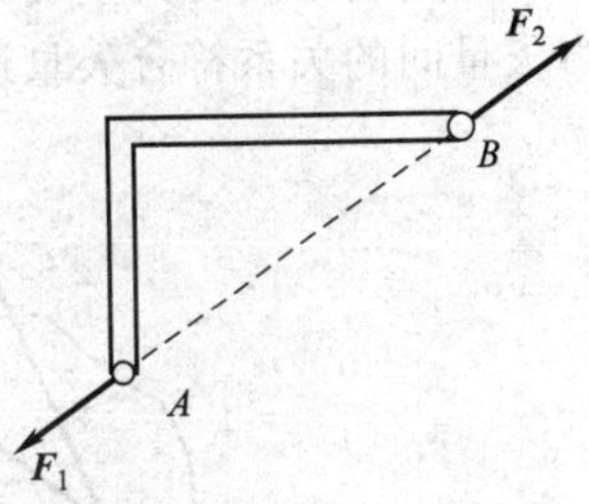

图 2-5

二、加减平衡力系公理

在作用于刚体上的任一已知力系中，加上或减去任一平衡力系，并不改变原力系对刚体的作用效果，这一性质称为加减平衡力系公理。

由加减平衡力系公理可以得到一个重要推论：作用于刚体上的力可沿其作用线移动到该刚体上任一点，而不改变该力对刚体的作用效果。这个推论也称为力的可传性原理。

设力 $\boldsymbol{F}$ 作用于刚体上的 A 点，如图 2-6（a）。在其作用线上任取一点 B，并在 B 点处添加一对平衡力 $\boldsymbol{F}_1$ 和 $\boldsymbol{F}_2$，使 $\boldsymbol{F}$、$\boldsymbol{F}_1$、$\boldsymbol{F}_2$ 共线，这时有 $-\boldsymbol{F}_1=\boldsymbol{F}_2=\boldsymbol{F}$，如图 2-6（b）。根据加减平衡力系公理，将 $\boldsymbol{F}$、$\boldsymbol{F}_1$ 所组成的平衡力系去掉，刚体上仅剩下 $\boldsymbol{F}_2$，且 $\boldsymbol{F}_2=\boldsymbol{F}$，如图 2-6（c）。由此可见，把原来作用在 A 点上的力 $\boldsymbol{F}$ 沿其作用线移到 B 点后，并不改变该力对刚体的作用效果，如图 2-6（d）。

加减平衡力系公理给出了力系等效变换的一种基本形式，这个公理及其推论是力系简化

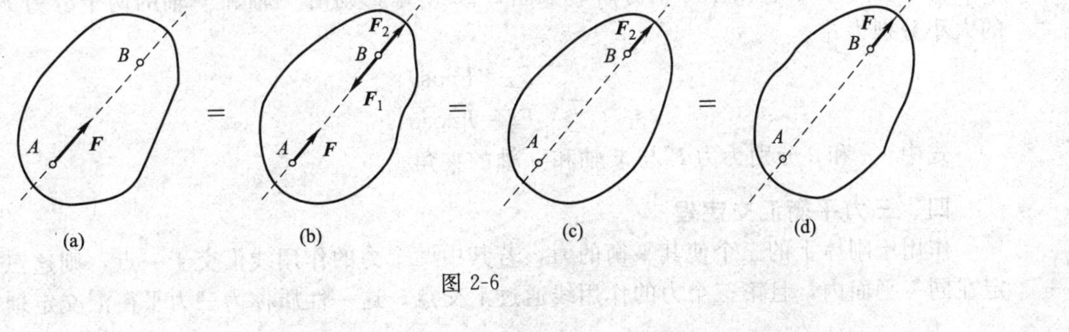

图 2-6

的重要工具。它们只适用于刚体，当所研究的问题中要考虑物体的变形时，其正确性就丧失了。如图 2-7（a）所示变形杆在平衡力系 $\boldsymbol{F}_1$、$\boldsymbol{F}_2$ 作用下产生拉伸变形，若除去一对平衡力，则杆件就不会发生变形；若将平衡力 $\boldsymbol{F}_1$、$\boldsymbol{F}_2$ 分别沿作用线移到杆件的另一端，则杆件产生压缩变形，如图 2-7（b）。

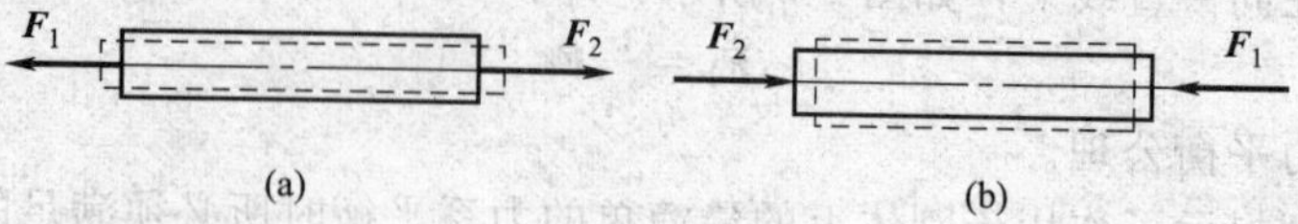

图 2-7

三、力的平行四边形法则

作用在物体上同一点的两个力，可以合成为作用于该点的一个合力，合力的大小和方向可用这两个力为邻边所作的平行四边形的对角线来确定。这一性质称为力的平行四边形法则。

该法则表明，力矢量可按平行四边形法则进行合成与分解，如图 2-8（a）。合力矢量与分力矢量间的关系符合矢量运算定律，有：

$$\boldsymbol{F}_R=\boldsymbol{F}_1+\boldsymbol{F}_2$$

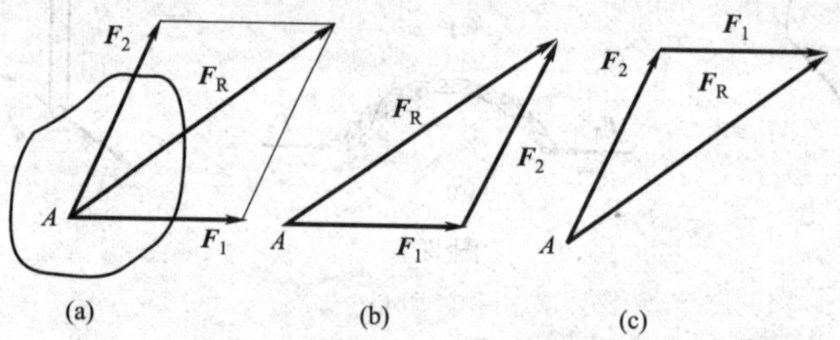

图 2-8

力的平行四边形也可以简化为力的三角形，如图 2-8（b）、(c)。在力矢 $\boldsymbol{F}_1$（或 $\boldsymbol{F}_2$）的末端接绘力矢 $\boldsymbol{F}_2$（或 $\boldsymbol{F}_1$），再自力矢 $\boldsymbol{F}_1$（或 $\boldsymbol{F}_2$）的始端向力矢 $\boldsymbol{F}_2$（或 $\boldsymbol{F}_1$）的末端作一力矢，可得合力矢 $\boldsymbol{F}_R$。这种方法也称为力的三角形法则。

应该注意，力三角形只表示各力的大小和方向，并不表示各力作用线的位置；力三角形只是一种矢量运算方法，不能完全表示力系的真实作用情况。

两个共点力可按平行四边形法则合成一个唯一确定的合力。而反过来，一个力也可以按平行四边形法则分解为两个分力，但是其解答将是不定的。因为以已知力矢为对角线，若无其他附加条件，可以画出无穷多个不同的平行四边形，那么两个分力的大小和方向将是不定的，问题的解答将有无数多，如图 2-9 所示。

如果将力 $\boldsymbol{F}$ 沿直角坐标轴分解，如图 2-10 所示，则沿 x 轴和 y 轴的两个分力 $\boldsymbol{F}_x$ 和 $\boldsymbol{F}_y$ 的大小分别为：

$$\left.\begin{aligned}F_x&=F\cos\alpha\\F_y&=F\cos\beta\end{aligned}\right\}\qquad(2\text{-}1)$$

式中，α 和 β 分别为力 $\boldsymbol{F}$ 与 x 轴和 y 轴的夹角。

四、三力平衡汇交定理

作用于刚体上的三个使其平衡的力，若其中两个力的作用线汇交于一点，则这三个力必定在同一平面内，且第三个力的作用线通过汇交点。这一性质称为三力平衡汇交定理。

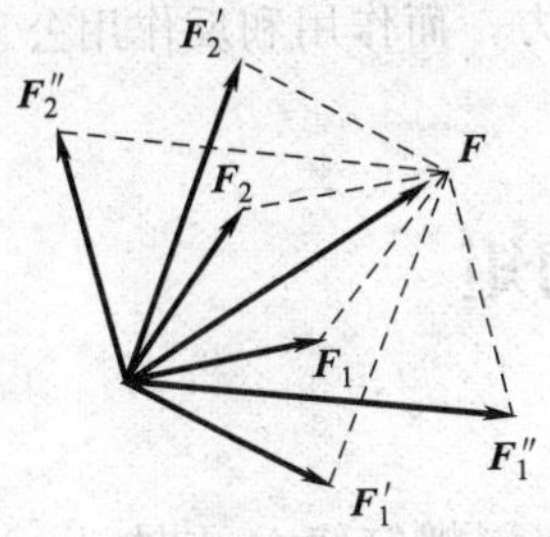

图 2-9

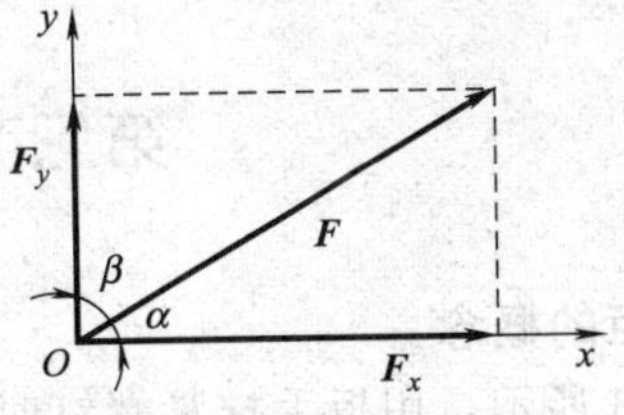

图 2-10

如图 2-11（a）所示，在刚体的 A、B、C 三点上分别作用着 $\boldsymbol{F}_1$、$\boldsymbol{F}_2$、$\boldsymbol{F}_3$ 三个力矢，且在力系（$\boldsymbol{F}_1$、$\boldsymbol{F}_2$、$\boldsymbol{F}_3$）的作用下，刚体平衡，其中 $\boldsymbol{F}_1$、$\boldsymbol{F}_2$ 的作用线汇交于一点 O。根据力的可传性，将力矢 $\boldsymbol{F}_1$、$\boldsymbol{F}_2$ 的作用点移至汇交点 O 处［图 2-11（b）］，然后根据力的平行四边形法则，求得合力矢 $\boldsymbol{F}_R$。由于力系（$\boldsymbol{F}_1$、$\boldsymbol{F}_2$、$\boldsymbol{F}_3$）为平衡力系，则力矢 $\boldsymbol{F}_3$ 应与合力矢 $\boldsymbol{F}_R$ 平衡。根据二力平衡公理可知，力矢 $\boldsymbol{F}_3$ 应与合力矢 $\boldsymbol{F}_R$ 共线，所以力矢 $\boldsymbol{F}_3$ 必与力矢 $\boldsymbol{F}_1$、$\boldsymbol{F}_2$ 共面，且其作用线通过汇交点 O。

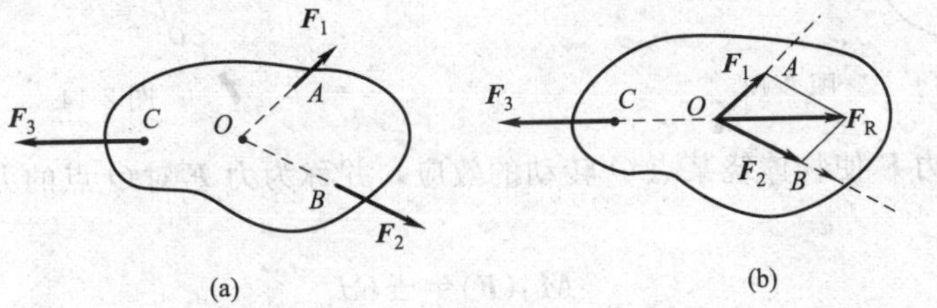

图 2-11

三力平衡汇交定理实际上是二力平衡公理、加减平衡力系公理和力的平行四边形法则的推理。它说明了不平行的三个力平衡的必要条件，当两个力相交时，可用来确定第三个力的作用线的方位。

五、作用和反作用公理

作用力和反作用力总是同时存在的，并且两个力的大小相等、方向相反、沿着同一直线，分别作用在两个相互作用的物体上。这一性质称为作用与反作用公理。

如图 2-12（a）所示，将两弹簧秤钩在一起，若施以一对拉力，则两弹簧秤的读数相等，这表示右弹簧秤施于左弹簧秤的作用力 $\boldsymbol{F}$ 与左弹簧秤施于右弹簧秤的反作用力 $\boldsymbol{F}'$ 大小相等、方向相反并且沿着同一直线，如图 2-12（b）所示。

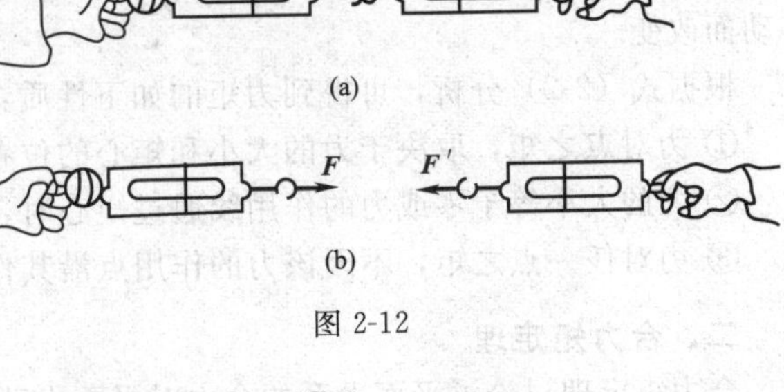

图 2-12

作用和反作用公理揭示了自然界中物体间相互作用力的定量关系，即作用力与反作用力总是成对出现、成对消失。它普遍适用于任何相互作用的物体，是研究若干个物体所组成的物体系统平衡问题的基础。

作用和反作用公理所建立的作用力与反作用力之间的关系，以及二力平衡公理所建立的两个平衡力之间的关系，都表达为两个力共线、等值、反向。但这两个公理存在着本质上的差别：二力平衡公理所指的是作用在同一刚体上的两个力；而作用和反作用公理所指的是分别作用在两个相互作用的刚体上的两个力。

第三节　力对点的矩

一、力矩的概念

如图 2-13 所示，用扳手拧紧螺钉时，力 $\boldsymbol{F}$ 使扳手连同螺钉绕 O 点转动。由经验知道，加在扳手上的力越大或离螺钉中心越远，则转动螺钉就越容易。这表明，力 $\boldsymbol{F}$ 使物体绕某一固定点 O 转动的效应，不仅与力 $\boldsymbol{F}$ 的大小有关，还与该点到力作用线的距离 d 有关。

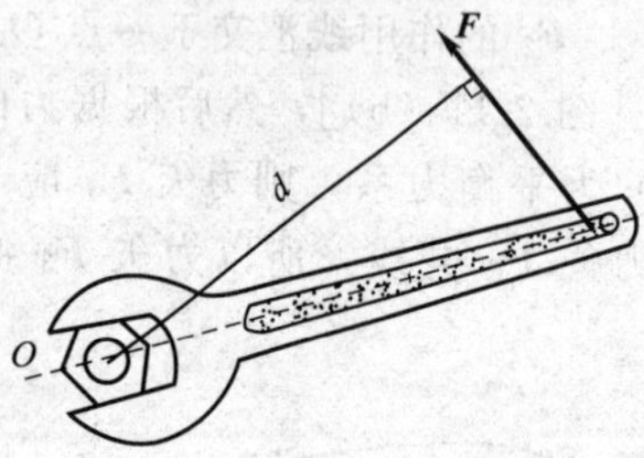

图 2-13

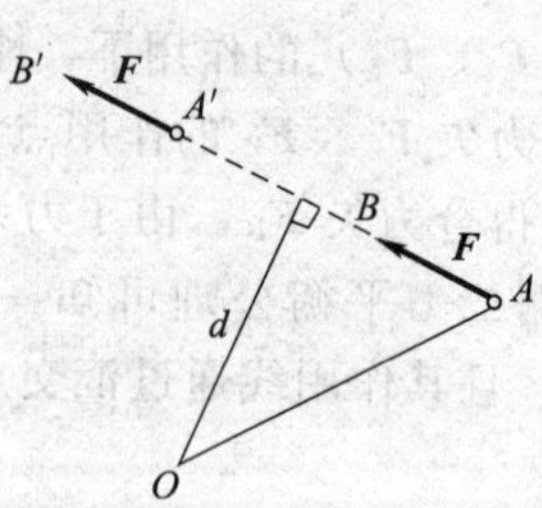

图 2-14

用 $\boldsymbol{F}d$ 度量力 $\boldsymbol{F}$ 使物体绕某点 O 转动的效应，并称为力 $\boldsymbol{F}$ 对 O 点的力矩，简称为力矩，记为 $M_O(\boldsymbol{F})$。

$$M_O(\boldsymbol{F}) = \pm Fd \tag{2-2}$$

式中，点 O 称为力矩中心，简称为矩心；距离 d 称为力臂；乘积 $\boldsymbol{F}d$ 称为力矩的大小；符号"±"表示力矩的转向，规定在平面问题中，力 $\boldsymbol{F}$ 使物体绕矩心作逆时针方向转动时为正，顺时针转动时为负。

由于力矩是力和距离的乘积，因此力矩的常用单位有 N·m 或 kN·m。

应当注意，一般说来，同一个力对不同点产生的力矩是不同的，因此不指明矩心而求力矩是无意义的，在表示力矩时，必须标明矩心。

由图 2-14 可知，力 $\boldsymbol{F}$ 沿其作用线由 AB 移至 $A'B'$，由于力 $\boldsymbol{F}$ 的大小以及由 O 点到作用线的距离 d 都不变，那么力 $\boldsymbol{F}$ 对于 O 点的矩也不变，即力对于一点的矩不因力沿其作用线移动而改变。

根据式（2-2）分析，可得到力矩的如下性质：

① 力对点之矩，取决于力的大小和矩心的位置；

② 力的大小等于零或力的作用线通过矩心时，力矩等于零；

③ 力对任一点之矩，不因该力的作用点沿其作用线移动而改变。

二、合力矩定理

合力矩定理讨论了平面力系的合力对平面内某一点的力矩与各分力对同一点力矩之间的关系。

如图 2-15 所示，杆件 OA 的 A 点处作用一力 $\boldsymbol{F}$，以 O 点为矩心，力臂为 d。由式(2-2)，可求得力 $\boldsymbol{F}$ 对 O 点的力矩：

$$M_O(\boldsymbol{F}) = Fd \tag{2-3a}$$

现将力 $\boldsymbol{F}$ 分解为相互垂直的两个分力 $\boldsymbol{F}_1$ 和 $\boldsymbol{F}_2$，它们的力臂分别为 d_1 和 d_2。由图

2-15得：

$$F_1 = F\cos\alpha,\quad F_2 = F\sin\alpha$$

$$d_1 = d\cos\alpha,\quad d_2 = d\sin\alpha$$

两个分力 $\boldsymbol{F}_1$ 和 $\boldsymbol{F}_2$ 对 O 点力矩的代数和为：

$$\begin{aligned} M_O(\boldsymbol{F}_1)+M_O(\boldsymbol{F}_2) &= F_1 d_1 + F_2 d_2 \\ &= F\cdot\cos\alpha\cdot d\cos\alpha + F\cdot\sin\alpha\cdot d\sin\alpha \\ &= F\cdot d(\cos^2\alpha+\sin^2\alpha) = Fd \end{aligned} \tag{2-3b}$$

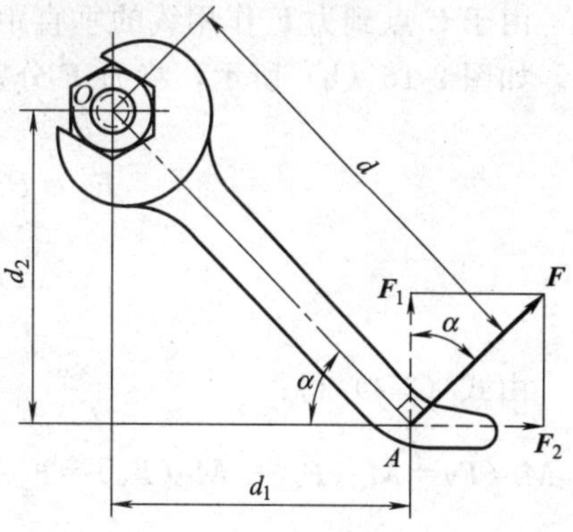

图 2-15

由式（2-3a）、式（2-3b）可以得到：

$$M_O(\boldsymbol{F}) = M_O(\boldsymbol{F}_1) + M_O(\boldsymbol{F}_2) \tag{2-3c}$$

式（2-3c）表明合力 $\boldsymbol{F}$ 对 O 点的力矩等于分力 $\boldsymbol{F}_1$ 和 $\boldsymbol{F}_2$ 对 O 点力矩的代数和。它具有普遍的意义，即平面力系的合力对平面内任一点的矩，等于各分力对同一点矩的代数和。用数学式表示为：

$$M_O(\boldsymbol{F}) = \sum M_O(\boldsymbol{F}_i) \tag{2-4}$$

这就是平面力系的合力矩定理，应用这个定理，可以很方便地求出合力对一点的矩。

【例 2-1】 如图 2-16（a）所示结构，分别求出力 $\boldsymbol{F}$ 对 A、B、C 三点的力矩。

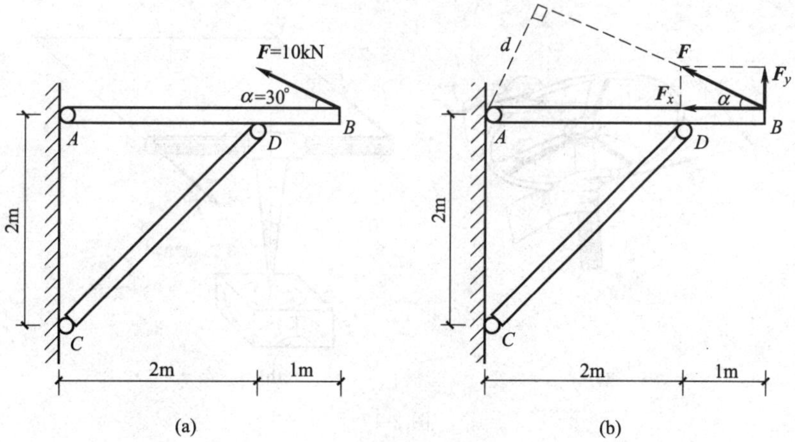

图 2-16

【解】

（1）求力 $\boldsymbol{F}$ 对 A 点的力矩

如图 2-16（b）所示，A 点至力 $\boldsymbol{F}$ 作用线的垂直距离，可利用三角形关系直接求出：

$$d = AB\sin\alpha = 3\text{m}\times\sin 30° = 1.5\text{m}$$

由力矩定义，得：

$$M_A(\boldsymbol{F}) = Fd = 10\text{kN}\times 1.5\text{m} = 15\text{kN}\cdot\text{m}$$

（2）求力 $\boldsymbol{F}$ 对 B 点的力矩

由于力 $\boldsymbol{F}$ 的作用线通过矩心 B 点，则有：

$$M_B(\boldsymbol{F}) = 0$$

（3）求力 $\boldsymbol{F}$ 对 C 点的力矩

由于 C 点到力 $\boldsymbol{F}$ 作用线的垂直距离不易求出，力 $\boldsymbol{F}$ 对 C 点的力矩可应用合力矩定理计算。如图 2-16（b）所示，将力 $\boldsymbol{F}$ 分别沿水平和竖直方向分解为 $\boldsymbol{F}_x$ 和 $\boldsymbol{F}_y$ 两个分力，有：

$$F_x = F\cos\alpha = 10\text{kN}\times\frac{\sqrt{3}}{2} = 5\sqrt{3}\text{kN}$$

$$F_y = F\sin\alpha = 10\text{kN}\times\frac{1}{2} = 5\text{kN}$$

由式（2-4）得：

$$M_C(\boldsymbol{F}) = M_C(\boldsymbol{F}_x) + M_C(\boldsymbol{F}_y) = F_x AC + F_y AB = 5\sqrt{3}\text{kN}\times 2\text{m} + 5\text{kN}\times 3\text{m} = 32.32\text{kN}\cdot\text{m}$$

第四节　力偶与力偶矩

一、力偶的概念

在工程实际和日常生活中，为了使物体转动，常在物体上施加大小相等、方向相反且不共线的两个平行力。例如：汽车司机转动方向盘，两手施加在方向盘上的力［图 2-17（a）］；木工用丁字头木钻钻孔，施加在木钻手柄上的力［图 2-17（b）］等。

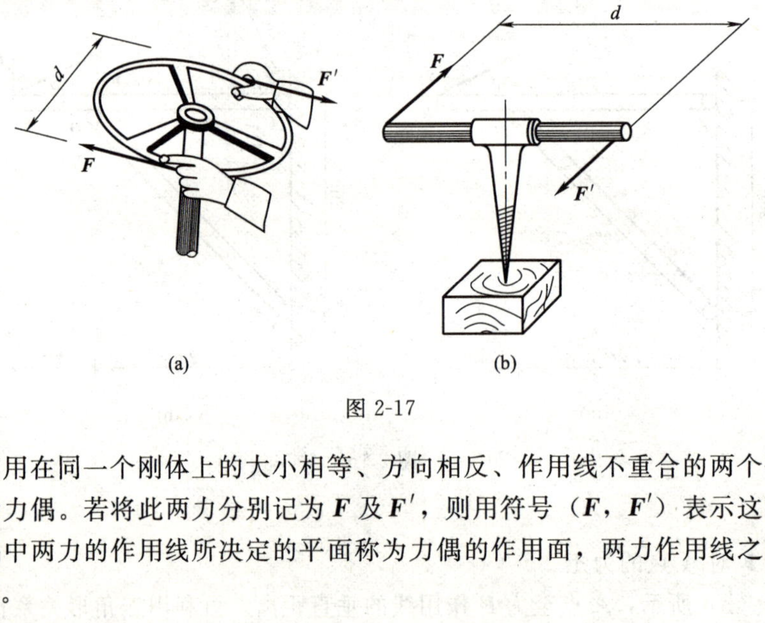

图 2-17

把这种作用在同一个刚体上的大小相等、方向相反、作用线不重合的两个平行力所组成的力系，称为力偶。若将此两力分别记为 $\boldsymbol{F}$ 及 $\boldsymbol{F}'$，则用符号（$\boldsymbol{F}$，$\boldsymbol{F}'$）表示这两个力所组成的力偶。力偶中两力的作用线所决定的平面称为力偶的作用面，两力作用线之间的垂直距离 d 称为力偶臂。

二、力偶矩的概念

力偶的作用是使物体转动。物体受力偶作用时的转动效果，不仅与力 $\boldsymbol{F}$ 的大小成正比，而且与力偶臂 d 的大小成正比。力 $\boldsymbol{F}$ 与 d 愈大，转动效果就愈明显。用乘积 Fd 并加以适当的正负号作为力偶对物体转动效应的度量，并称为力偶矩，记为 M，即：

$$M = \pm Fd \tag{2-5}$$

式（2-5）中的正、负号规定：力偶使物体作逆时针方向转动时为正；作顺时针转动时为负。

力偶矩的单位与力矩的单位相同，常用单位有 N·m 或 kN·m。

三、力偶的主要性质

① 力偶既不能与一个力等效，也不能与一个力平衡。

力偶对物体不产生移动效应，所以力偶没有合力。力偶与力一样，是构成力系的基本元素。

② 力偶对其作用面内任一点的矩，恒等于力偶矩。

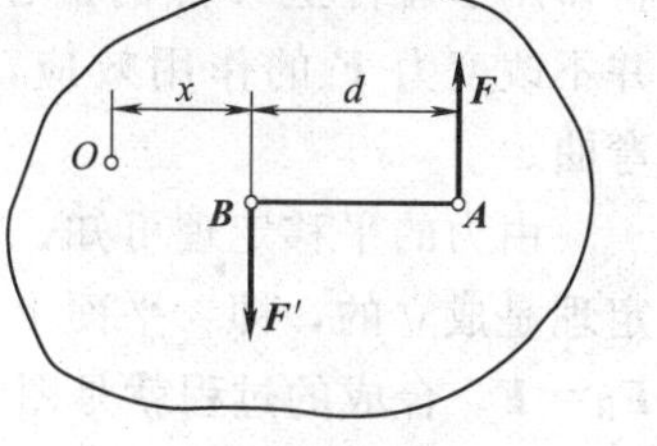

图 2-18

如图 2-18 所示，一力偶（$\boldsymbol{F}$，$\boldsymbol{F}'$），其力偶矩 $M=Fd$。在该平面内任取一点 O，则力偶使物体绕 O 点转动的效应可用力偶中两个力 $\boldsymbol{F}$、$\boldsymbol{F}'$对 O 点的力矩的代数和度量。设 O 点到力 $\boldsymbol{F}'$的垂直距离为 x，那么力偶中力 $\boldsymbol{F}$ 和 $\boldsymbol{F}'$对 O 点的矩 M_O 为：

$$M_O=M_O(\boldsymbol{F})+M_O(\boldsymbol{F}')=F(x+d)-F'x=Fd=M$$

力偶对其作用面内任一点的矩与点的位置无关，这是力偶矩与力矩（它与矩心位置有关）的主要区别。

③ 作用在同一平面内的两个力偶等效的充要条件是力偶矩相等。

如果两个力偶的力偶矩相等，则这两个力偶对物体就有相同的转动效应，称它们为等效力偶。于是又可得出两个推论。

a. 力偶可以在其作用平面内任意移动或转动，而不改变它对物体的转动效应［图 2-19（a）］。

b. 只要力偶矩的大小和转向不变，力偶可以任意改变组成力偶的力的大小和力偶臂的长度［图 2-19（b）］。

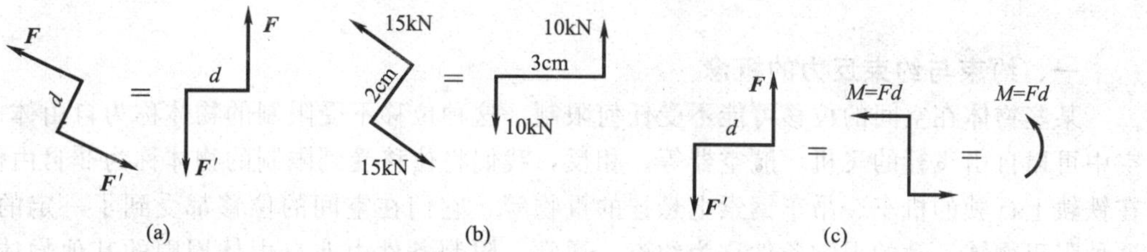

图 2-19

根据力偶的性质可知，力偶对于物体的作用效应完全取决于力偶矩的大小和转向，而不必论及组成力偶的两个力的大小和力偶臂的长短。因此，力偶也可以用力偶矩表示，如图 2-19（c）所示，箭头表示力偶矩的转向，M 表示力偶矩的大小。

第五节　力的平移定理

如图 2-20（a）所示，设一个力 $\boldsymbol{F}$ 作用于平面内的 A 点，现在讨论如何将该力平移到同一平面内 B 点的问题。

欲将力 $\boldsymbol{F}$ 平移到同一平面的 B 点，在点 B 施加一对平衡力 $\boldsymbol{F}'$、$\boldsymbol{F}''$，并使它们与力 $\boldsymbol{F}$ 平行且大小相等，此时的力系 $\boldsymbol{F}$、$\boldsymbol{F}'$、$\boldsymbol{F}''$与原力系等效，如图 2-20（b）所示。根据力偶的概念，$\boldsymbol{F}$ 与 $\boldsymbol{F}''$组成一个力偶，其力偶矩为 $M=Fd=M_B$（$\boldsymbol{F}$），称为附加力偶，如图 2-20（c）所示。即力 $\boldsymbol{F}$ 从 A 点平移至 B 点，必须同时附加一个力偶。于是得到力的平移定理：一个力可以从原来的作用位置平移到另一指定点，但须在该力与指定点所决定的平面内附加一个力偶，附加力偶的矩等于原力对指定点的矩。

在工程计算时，常用到力的平移定理，以便了解其作用效应。例如，如图 2-21 所示，

将作用于短柱上 A 点的偏心力 $\boldsymbol{F}$ 平移到短柱轴心线上成为 $\boldsymbol{F}'$，并附加一个力偶矩 M，这样并不改变力 $\boldsymbol{F}$ 的作用效应，但很容易看出，轴向力 $\boldsymbol{F}$ 使短柱压缩，而力偶矩 M 使短柱弯曲。

由力的平移定理可知，一个力可以分解为一个力和一个力偶；反之，力的平移定理的逆定理是成立的，即：平面上的一个力 $\boldsymbol{F}$ 和一个力偶 M 可以进一步合成得到一个合力 $\boldsymbol{F}_R$，$\boldsymbol{F}_R=\boldsymbol{F}$。合成的过程就是图 2-20 所示的逆过程。

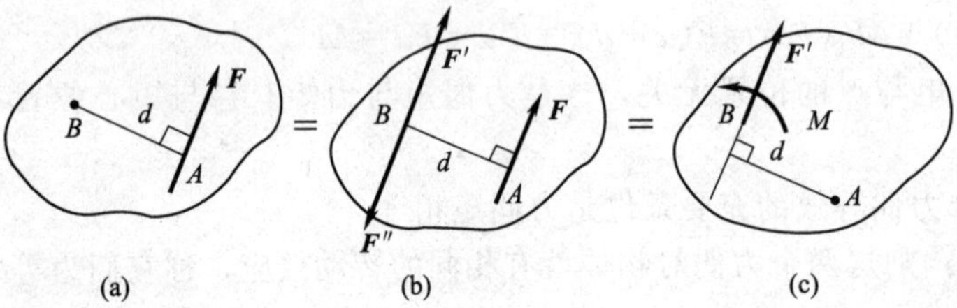

图 2-20

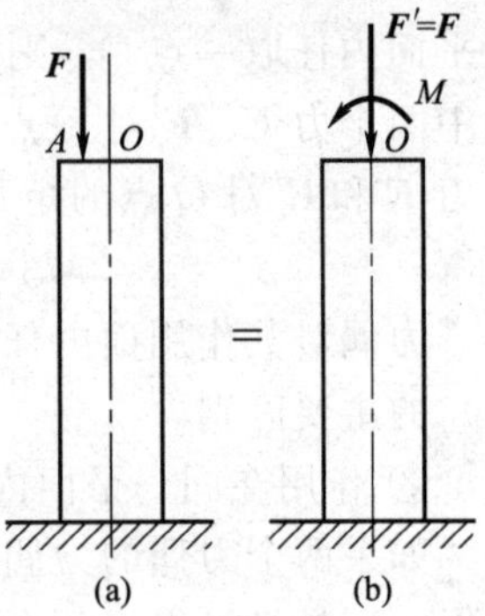

图 2-21

第六节　约束与约束反力

一、约束与约束反力的概念

某些物体在空间的位移可能不受任何限制，这种位移不受限制的物体称为自由体，如在空中可以自由飞行的飞机、航空器等。相反，我们将位移受到限制的物体称为非自由体，如在铁轨上行驶的机车、吊车钢索上悬挂的重物等，它们在空间的位移都受到了一定的限制。这种阻碍物体运动的限制条件称为约束。通常，限制条件由非自由体周围的其他物体构成，因而也将这种限制非自由体某些位移的周围物体称为约束，如铁轨限制机车必须沿轨道行驶、吊车的钢索限制构件不能自由下落等。铁轨对于机车、吊车钢索对于被吊起的重物等都是约束。

既然约束限制了物体的位移或者说阻碍了物体的运动，也就是约束能够改变物体的运动状态。因此，约束对物体的作用实际上就是力，这种力被称为约束反力或约束力。从约束对物体的作用可以看出，约束反力总是作用在约束与物体的接触处，其方向总是与该约束所能限制的物体的运动方向相反。应用这个规律可以确定约束反力的方向和作用线的位置，但约束反力的大小却是未知的。

在静力学问题中，需要综合分析物体所受的约束反力和其他主动力，利用平衡条件确定约束反力的大小。

二、工程中常见的约束和约束反力

1. 柔性约束

由柔软的绳索、链条或皮带等构成的约束都属于柔性约束。由于柔性约束本身只能承受拉力，所以它对物体的约束反力只能是拉力。如图 2-22（a）所示，用绳索悬挂一物体，绳索对物体的约束反力作用在接触点处，方向为沿着绳索的中心线且背离物体，常用 $\boldsymbol{F}$ 表示，如图 2-22（b）所示。

2. 光滑接触面约束

当物体的接触面非常光滑，可以忽略其摩擦时，就构成了光滑接触面约束。这时，不论支撑面的形状如何，光滑支撑面只能限制物体沿着接触表面公法线朝接触面方向的运动，而不能限制物体沿其他方向的运动。光滑接触面约束对物体的约束反力必通过接触点，方向为沿接触面在该点的公法线指向受力物体，即为压力。这种约束反力也称为法向反力，一般用 $\boldsymbol{F}_{\mathrm{N}}$ 表示，如图 2-23（a）、（b）中的 $\boldsymbol{F}_{\mathrm{N}_A}$、$\boldsymbol{F}_{\mathrm{N}_B}$。

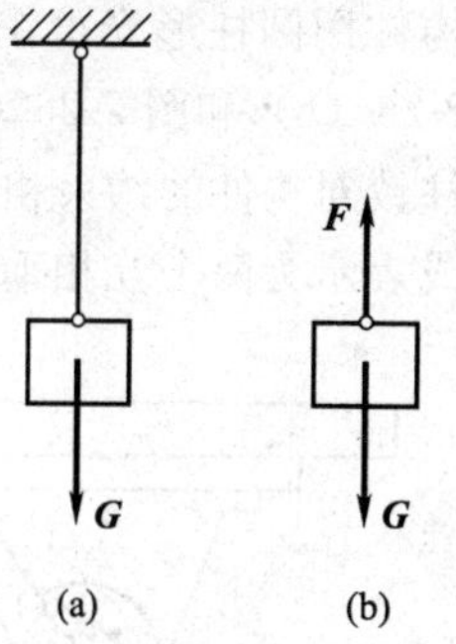

图 2-22

物体与光滑接触面的接触形式除面与面接触外，还有点与面接触和点与线接触，如图 2-24（a）。点与面接触时约束力的方向垂直于面在该点处的切线，如图 2-24（b）中的 $\boldsymbol{F}_{\mathrm{N}_B}$、$\boldsymbol{F}_{\mathrm{N}_C}$；点与线接触时约束力的方向垂直于线，如图 2-24（b）中的 $\boldsymbol{F}_{\mathrm{N}_A}$。

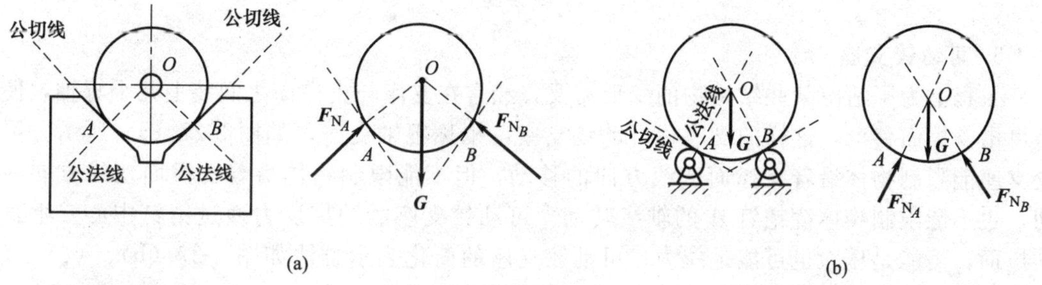

图 2-23

3. 光滑圆柱铰约束

两个构件用圆柱形光滑销钉连接，称为光滑圆柱铰约束［图 2-25（a）］，简称铰约束，其简化表示方法如图 2-25（b）所示。连接件销钉既不能阻止构件的转动，也不能阻止构件沿销钉轴线方向的移动，只能阻止构件在垂直于销钉轴线平面内的移动。

一般认为销钉与圆孔的接触面是光滑的，平面铰可以产生通过铰中心沿任意方向的约束反力 $\boldsymbol{F}_C$［图 2-25（c）］。显然，当主动力尚未确定时，约束反力 $\boldsymbol{F}_C$ 的大小和方向不能预先确定，但无论约束反力朝向如何，它的作用线必垂直于销钉轴线并通过销钉中心。光滑圆柱铰约束对构件的约束反力通常用两个互相垂直的力 $\boldsymbol{F}_{C_x}$、$\boldsymbol{F}_{C_y}$ 来表示［如图 2-25（d）］。

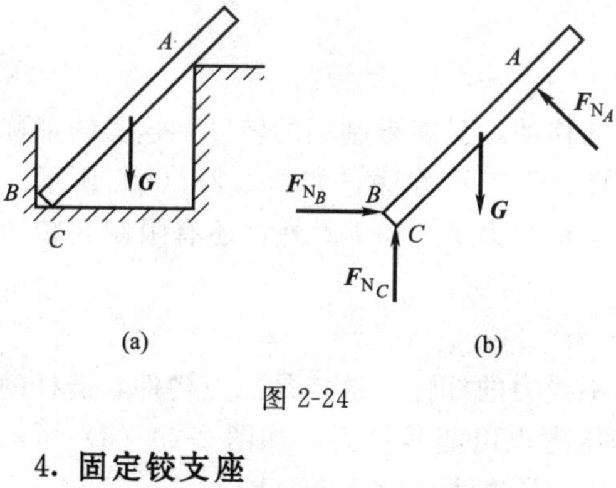

图 2-24

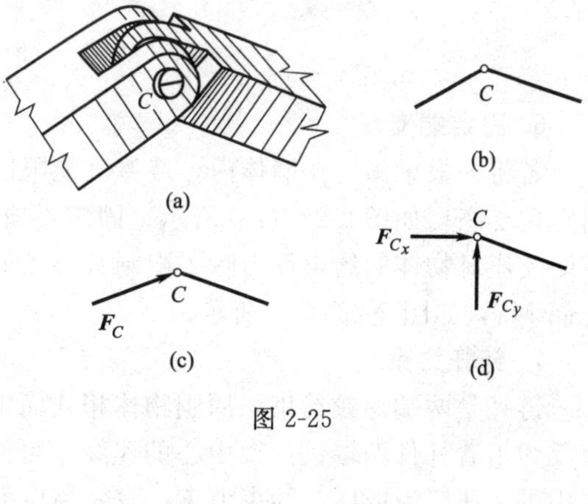

图 2-25

4. 固定铰支座

工程上常用一种叫做支座的部件，将一个构件支撑于基础或另一个静止的构件上。若将构件用圆柱形光滑销钉与固定支座连接，就称该支座为固定铰支座，如图 2-26（a）所示。图 2-26（b）和图 2-26（c）是固定铰支座的两种简化表示法。固定铰支座对构件的约束与光滑圆柱铰对构件的约束相同，约束反力通常可表示为一个方向和大小均未知的力，如图 2-26（d），或表示为两个互相垂直的力，如图 2-26（e）。支座对构件的约束反力也称支座反力。

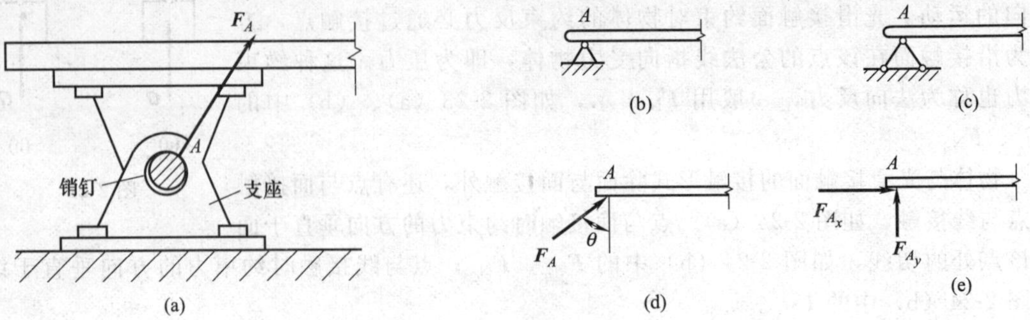

图 2-26

5. 可动铰支座

工程上为了适应某些结构物的变形需要，经常在支座与支撑面之间装上几个辊轴，使支座可沿支撑面移动，这样的支座称可动铰支座，也称辊轴支座，如图 2-27（a）所示。可动铰支座能限制物体沿着支撑面法线方向的移动，但不能限制物体沿着支撑面切线方向的移动，也不能限制物体绕销钉 A 的轴线转动。可动铰支座的约束反力通过销钉中心，垂直于支撑面，可能是压力也可能是拉力。可动铰支座的简化表示方法如图 2-27（b）、（c）、（d）所示；可动铰支座的约束反力如图 2-27（e）所示。

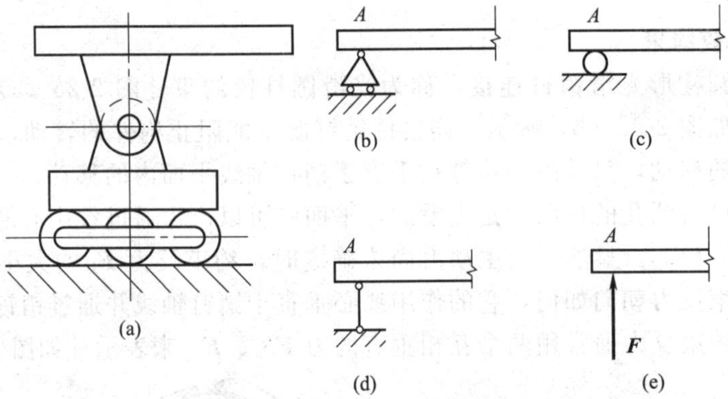

图 2-27

6. 固定端支座

若将一根梁固定在墙体内，墙体既能限制梁的移动，又能限制梁的转动，这类约束称为固定端支座，如图 2-28（a）所示。固定端支座的简化表示方法，如图 2-28（b）所示。固定端支座对物体的约束反力除了限制其移动的两个正交力 $\boldsymbol{F}_{A_x}$ 和 $\boldsymbol{F}_{A_y}$ 外，还有限制其转动的力偶 M_A，如图 2-28（c）所示。

7. 链杆约束

链杆是两端用铰约束与周围物体相连而中间不受力的杆件。链杆是二力构件，链杆的约束反力沿着杆件两端铰约束中心的连线，可能是压力也可能是拉力。如图 2-29（a）所示结构中的 AB 杆为链杆，约束力 $\boldsymbol{F}_A$、$\boldsymbol{F}_B$ 为压力沿 A、B 连线［图 2-29（b）］。

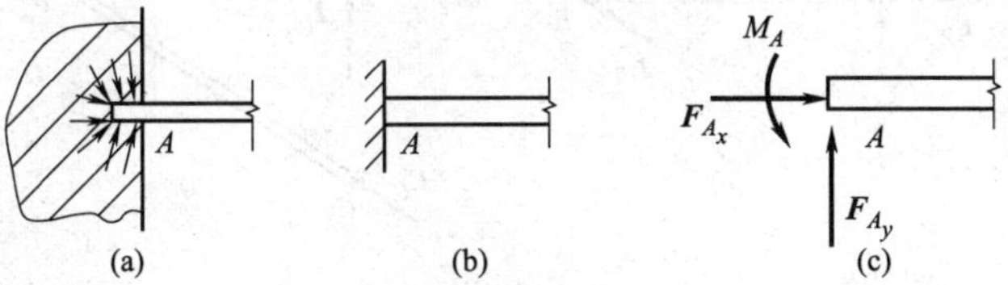

图 2-28

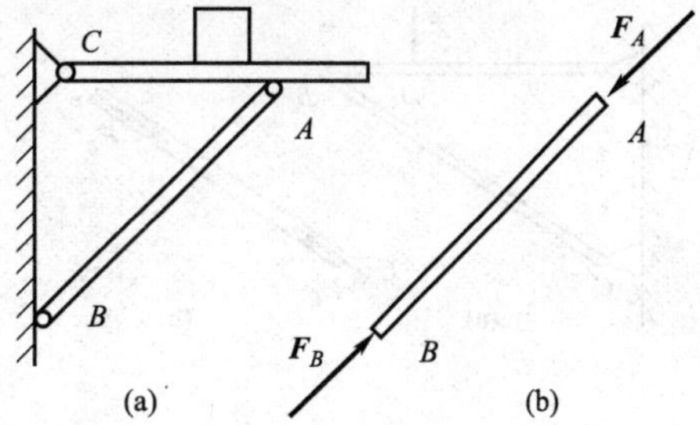

图 2-29

第七节　物体的受力分析和受力图

在工程实践中，为了求出作用于物体上未知的约束反力，往往需要根据已知力，应用平衡等条件求解。为此，首先要分析确定物体受到哪些力作用，并判定每个力的作用位置和作用方向，这个分析过程称为物体的受力分析。

为了能清晰地表示物体的受力情况，通常要把需要研究的物体从与其联系的周围物体中分离出来，单独画出其轮廓，这一步骤叫做取研究对象或取隔离体（或称分离体）。然后把作用在研究对象上的力（包括主动力和约束反力）全部画在相应位置，这种表示物体所有受力情况的图，称为受力图。画物体受力图是解决静力学问题的基本环节，下面举例说明受力图的画法。

【例 2-2】 重量为 **G** 的球体放在光滑的斜面上，并用绳索 AC 系牢固定，如图 2-30（a）所示。试画出球体的受力图。

【解】

（1）取球为研究对象，并单独画出。

（2）画主动力。主动力为球的重力 **G**。

（3）画约束力。球体在 A 点受有绳索对它的约束反力（拉力）$\boldsymbol{F}_A$ 作用；球体在 B 点受有光滑接触斜面给它的法向约束反力 $\boldsymbol{F}_{N_B}$ 作用。

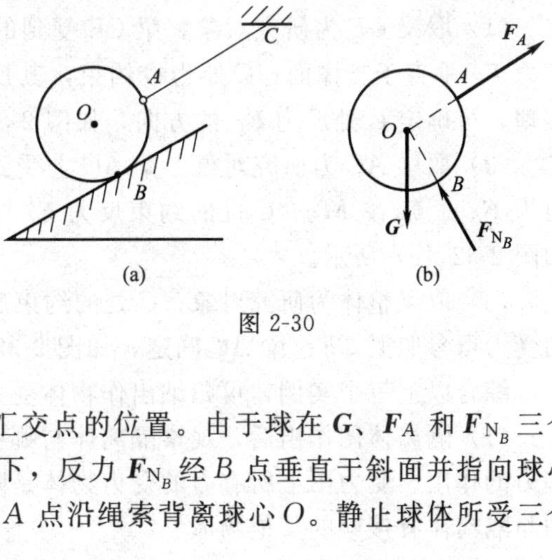

图 2-30

球的受力图，如图 2-30（b）所示。

在画球体的受力图时，应注意各力作用线汇交点的位置。由于球在 **G**、$\boldsymbol{F}_A$ 和 $\boldsymbol{F}_{N_B}$ 三个力作用下平衡，其中重力 **G** 经过球心 O 竖直向下，反力 $\boldsymbol{F}_{N_B}$ 经 B 点垂直于斜面并指向球心 O，根据三力平衡汇交公理，则拉力 $\boldsymbol{F}_A$ 必经过 A 点沿绳索背离球心 O。静止球体所受三个力作用线的汇交点是球心 O。

【例 2-3】 如图 2-31（a）所示支架结构，水平杆 AB 受 **F** 力作用。不计各杆的自重，试分别画出水平杆 AB、斜杆 BC 及整体的受力图。

【解】

（1）取杆 CB 为研究对象。杆两端为铰约束，不计自重，故杆 CB 为二力构件。CB 杆在 C 点、B 点分别受到约束反力 $\boldsymbol{F}_C$、$\boldsymbol{F}_B$ 的作用，且两约束反力大小相等、方向相反，沿 C、B 两点连线，如图 2-31（b）所示。

（2）取杆 AB 为研究对象。它受主动力 **F** 作用，在 B 处受到二力杆 CB 对它的约束反力

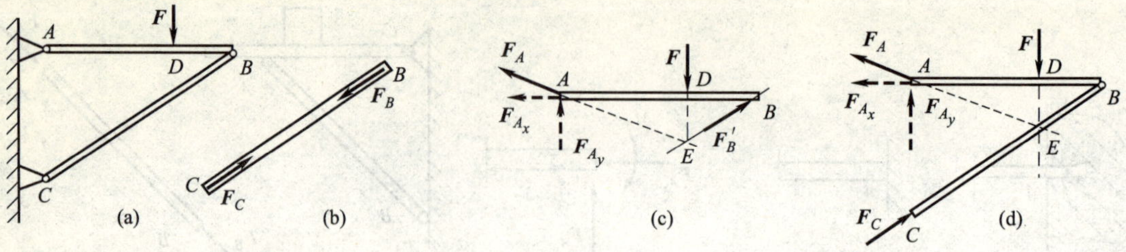

图 2-31

F_B'作用，$F_B'=F_B$。在 A 处受固定铰支座对它的约束反力 F_{A_x}、F_{A_y} 作用。F_{A_x}、F_{A_y} 的合力为 F_A，杆 AB 的受力满足三力平衡汇交定理，如图 2-31（c）所示。

（3）取支架整体为研究对象。B 处的约束反力对整体而言是内力，不必画出；其他各部分的受力可参照杆 CB、AB 确定，如图 2-31（d）所示。

【例 2-4】 一杆系结构及其所受的荷载，如图 2-32（a）所示。试分别对梁 CE、AC 以及结构整体进行受力分析，并绘出受力图。

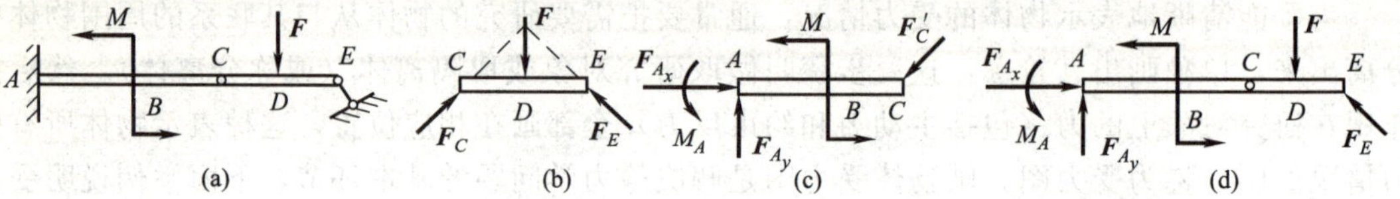

图 2-32

【解】

（1）取梁 CE 为研究对象。梁 CE 受到的主动力是荷载 F，支座 E 为可动铰支座，其约束力 F_E 垂直于支撑面；C 处为铰约束，其反力 F_C 的大小、方向未知。利用三力平衡汇交定理，可确定 C 处反力 F_C 的方向，如图 2-32（b）所示。

（2）取梁 AC 为研究对象。梁 AC 上受到主动力 M 作用，支座 A 为固定端支座，其反力为 F_{A_x}、F_{A_y}、M_A。C 处的约束反力 F_C'与 F_C互为作用力与反作用力。梁 AC 的受力图，如图 2-32（c）所示。

（3）取梁整体为研究对象。C 处的约束反力对整体而言是内力，不必画出；其他各部分的受力可参照梁 CE、梁 AC 确定，如图 2-32（d）所示。

综合以上三个实例，可归纳出作物体受力图应注意的问题。

（1）隔离体图作出后，观察隔离体与哪些相邻的物体有机械作用，从而了解隔离体受哪些力的作用。受力图上所有力的受力物体是隔离体本身，所有力的施力物体都是隔离体以外的与隔离体有接触的其他物体。

（2）若研究对象不是单独一个物体，而是由几个物体组成时，研究对象内各物体之间的相互作用力是内力，不必画出。

（3）约束力必须按约束的性质（类型）来分析。

（4）作复杂系统中某一局部的受力图时，应单独画出该局部的隔离体图，对该局部进行受力分析。

（5）作用力与反作用力的方向只能假定其中一个，另一个力的方向应该由作用与反作用公理来确定。

（6）一个系统中，当同一约束的约束力在几个不同的受力图上出现时，各受力图上对同一约束力所假定的指向必须相同。

小　结

1. 力是物体之间相互的机械作用，其作用效果是使物体的运动状态发生变化或者使物体产生变形。

力是矢量。力的三要素是力的大小、力的方向和力的作用点。

2. 荷载有多种形式，根据作用时间，可分为恒载和活载；根据荷载分布情况，可分为分布荷载和集中荷载；根据荷载作用性质，可分为静荷载与动荷载。

3. 静力学公理阐明了力的基本性质。二力平衡公理是最基本的力系平衡条件；加减平衡力系公理是力系等效代换与简化的理论基础；力的平行四边形法则说明了力的矢量运算法则；三力平衡汇交定理实际上是二力平衡公理、加减平衡力系公理和力的平行四边形法则的推理；作用与反作用公理揭示了力的存在形式与力在物体系统内部的传递方式。

两个共点力可按平行四边形法则合成一个唯一确定的合力，也可沿直角坐标轴分解为两个唯一确定的分力。

二力平衡公理、加减平衡力系公理和力的可传性原理仅适用于刚体。

4. 力矩是力使物体绕矩心转动效果的度量。在平面力系中力矩是一个代数量，其绝对值等于力的大小与力臂的乘积，有：

$$M_O(\boldsymbol{F})=\pm Fd$$

5. 合力矩定理表明，合力对任一点的矩等于力系中各力对同一点矩的代数和，即：

$$M_O(\boldsymbol{F})=\sum M_O(\boldsymbol{F}_i)$$

6. 力偶是物体间相互机械作用的一种基本形式。力偶矩是力偶使物体转动效果的度量。力偶不可能合成为一个力，所以力偶既不能与一个力等效，也不能被一个力所平衡。力偶只能与力偶平衡。

7. 应用力的平移定理，可以将一个力分解为一个力和一个力偶；反之，也可将一个力和一个力偶合成为一个力。

8. 约束要与被约束物体接触才能实现，约束本质上是一种力的作用。约束反力是被动力，约束类型不同，约束反力也不同。

工程上常见约束的类型有：①柔性约束；②光滑接触面约束；③光滑圆柱铰约束；④固定铰支座；⑤可动铰支座；⑥固定端支座；⑦链杆约束。

9. 画物体受力图的基本步骤为：①确定研究对象，取隔离体；②画主动力；③画约束反力；④检查所画的受力图。

画约束反力时要充分考虑约束的性质，然后在解除约束的位置上画出相应的约束反力。系统的受力图上只画外力，不画内力；凡属二力杆或二力构件的物体，其约束反力必须按二力平衡公理来画；若研究对象受力情况满足三力平衡汇交定理的条件，则应按其特点画约束力；各物体间的相互作用力要符合作用力和反作用力的关系。

思 考 题

2.1　力的三要素是什么？两个大小相等的力对物体的作用效果是否相同？为什么？

2.2 静载和动载，恒载和活载，集中荷载和分布荷载有何区别。

2.3 二力平衡公理与作用和反作用公理讲的都是两个力等值、反向、共线，两者有什么区别？

2.4 什么是平衡力系？什么是等效力系？

2.5 为什么二力平衡公理、加减平衡力系公理以及力的可传性原理不适用于变形体？

2.6 若已知合力 **F** 的大小，是否即可确定各分力的大小？为什么？如图 2-33 所示，力 **F** 作用于 A 点，试按要求将力 **F** 分解为两个力：①沿 AB 和 AC 两个方向［图 2-33（a）］；②已知分力 $\boldsymbol{F}_1$ 的大小和方向［图 2-33（b）］。

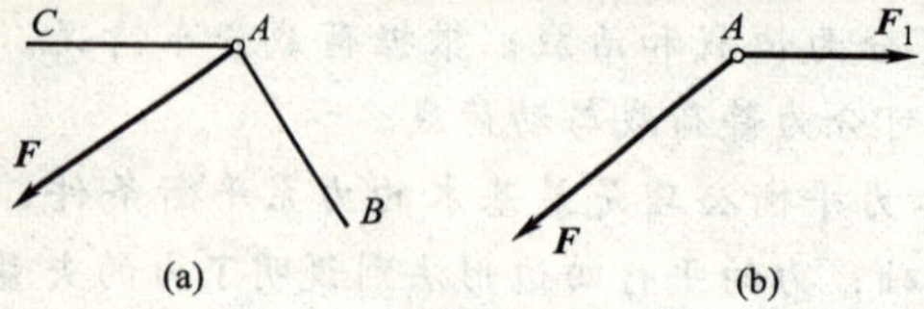

图 2-33

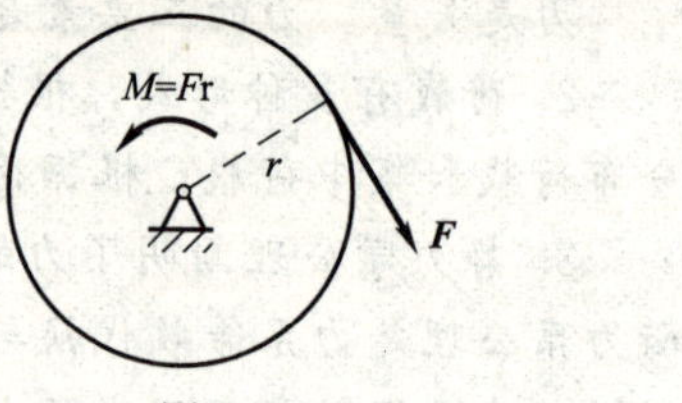

图 2-34

2.7 试比较力矩与力偶矩的异同。

2.8 如图 2-34 所示，轮子处于平衡状态。由于“力偶不能与一个力平衡”，请解释轮子平衡的原因。

2.9 如图 2-35 所示的多个力偶，各力的单位为 kN，长度的单位为 cm。请选择出等效力偶。

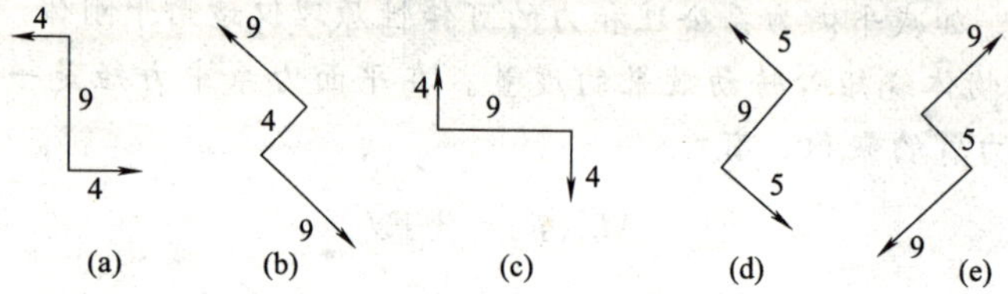

图 2-35

2.10 什么叫约束？什么叫约束反力？怎样确定约束反力的方向？

2.11 工程中常见的约束有哪些？各类约束有何特点？

2.12 什么是物体的受力图？画受力图的目的是什么？

2.13 什么是二力构件？指出图 2-36 所示结构中的二力构件，并讨论二力构件受力时与构件的形状是否有关系？（图中所示未画重力的物体其重量均不计）。

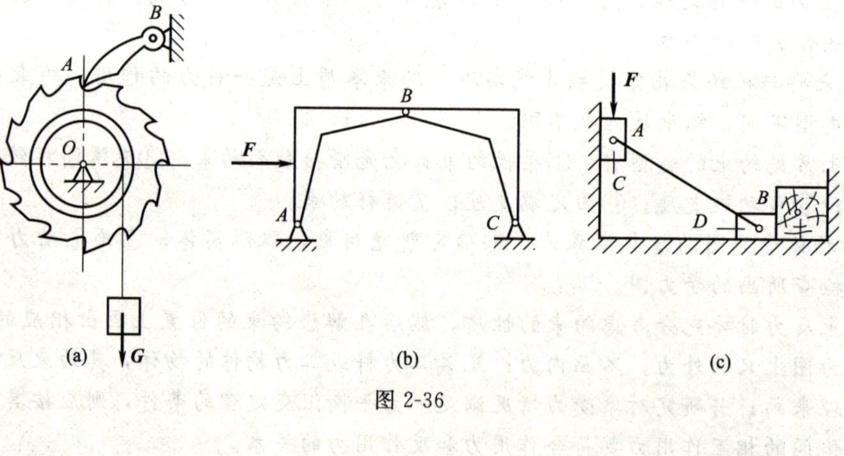

图 2-36

习　题

2.1 试分别计算图 2-37 所示的多种受力状态中力 **F** 对 O 点的矩。

2.2 如图 2-38 所示，半径为 r 的圆轮受力 **F** 作用。试分别计算力 **F** 对 A、B、C、D 四点的矩。

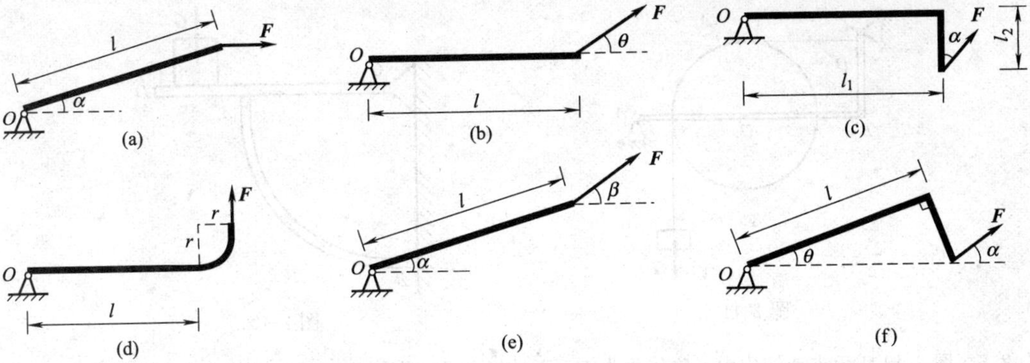

图 2-37

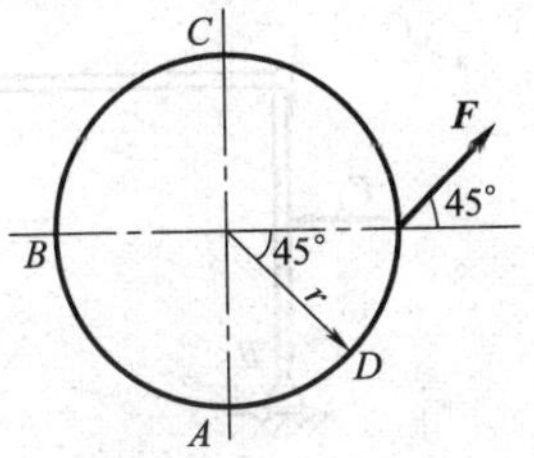

图 2-38

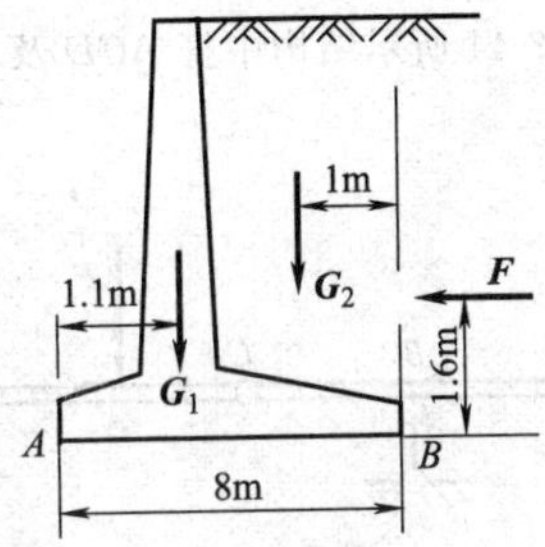

图 2-39

2.3　如图 2-39 所示，挡土墙重 $\boldsymbol{G}_1=75\text{kN}$，垂直土压力 $\boldsymbol{G}_2=120\text{kN}$，水平土压力 $\boldsymbol{F}=90\text{kN}$，试分别求以上三个力对挡土墙前趾 A 点的矩。并分析哪些力矩有使挡土墙绕 A 点倾覆的趋势，哪些力矩使挡土墙趋于稳定。

2.4　作图 2-40 所示杆件的受力图。各接触面均为光滑面，并且杆件自重不计。

2.5　图 2-41 所示结构中，物体重为 $\boldsymbol{G}$，轮 O 及其他直杆的自重不计。作杆 BC 及轮 O 的受力图。

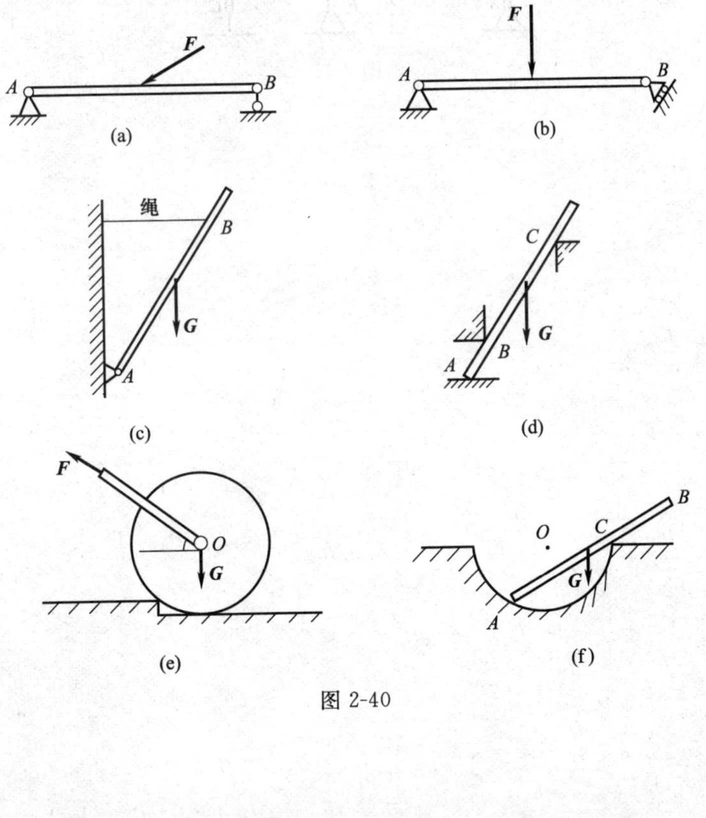

图 2-40

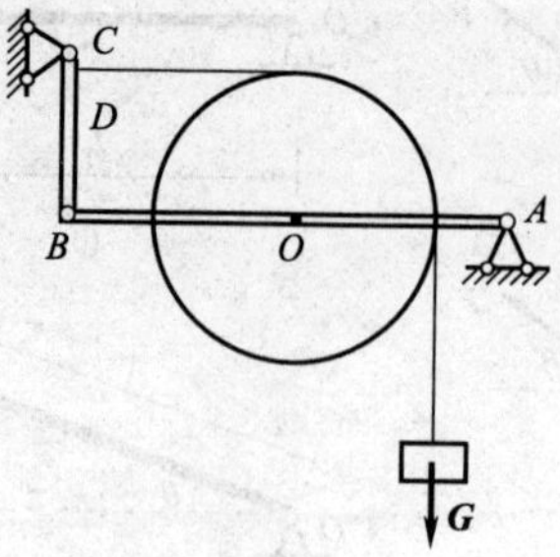

图 2-41

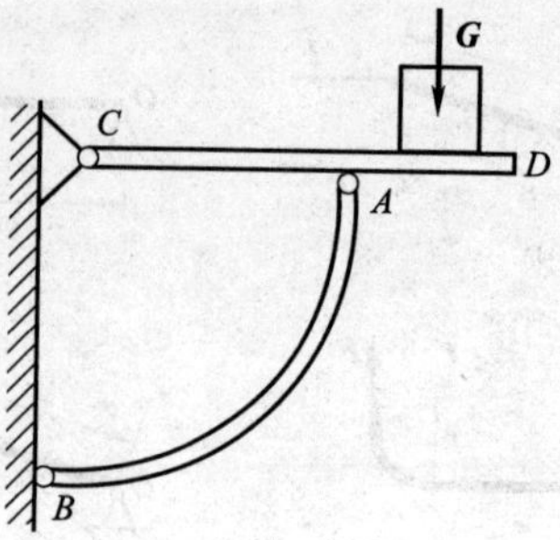

图 2-42

2.6 图 2-42 所示支架结构中，物体重为 **G**，不计杆自重，作杆 *AB*、*CD* 及结构整体的受力图。

2.7 分析图 2-43 所示杆系结构中杆 *CE*、*AC* 及结构整体的受力，并绘出受力图。

2.8 试画出图 2-44 所示结构中杆 *ACD* 及 *AB* 的受力图（不计构件自重）。

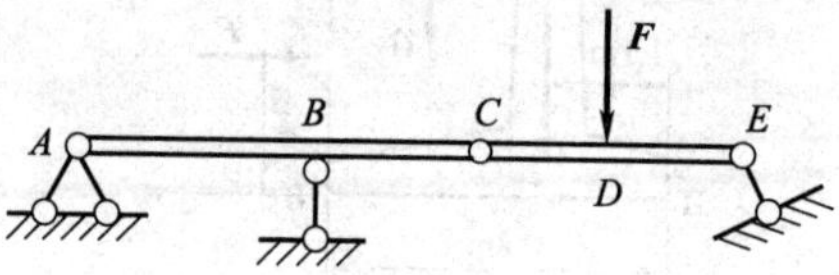

图 2-43

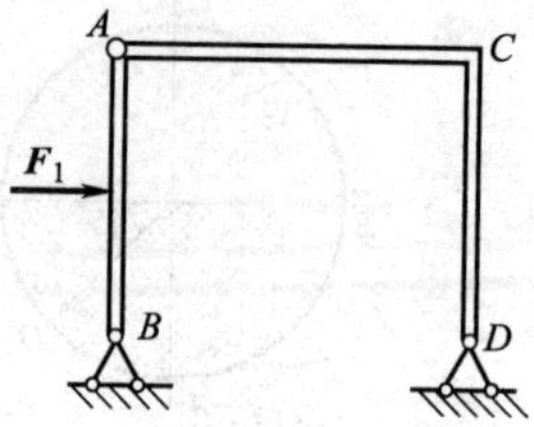

图 2-44

2.9 试画出图 2-45 所示结构中杆 *CD*、*BE* 及杆 *AE* 的受力图（不计构件自重）。

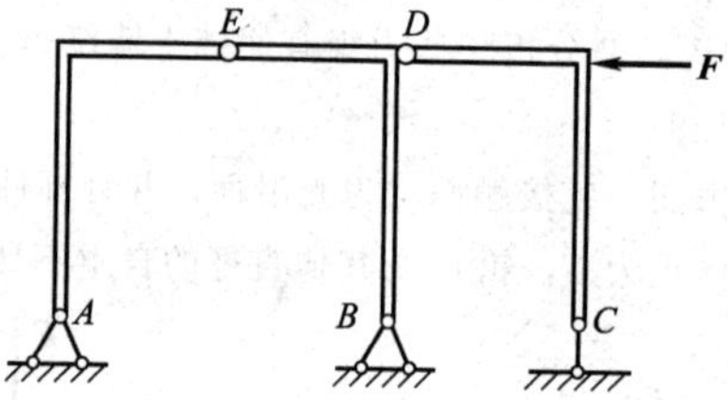

图 2-45

第三章　力系的合成与平衡

提要：本章介绍平面汇交力系、平面力偶系及平面一般力系的合成与平衡，力系的平衡条件及其应用；讨论物体系统的平衡问题。

第一节　平面汇交力系的合成与平衡

平面汇交力系是指作用于物体上的各力的作用线位于同一平面内且汇交于一点的力系，汇交力系有时也称为共点力系。根据力的可传性原理，将作用于刚体上的各汇交力沿其作用线移至汇交点，即形成平面共点力系，并不影响其对刚体的作用效果。

平面汇交力系是在实际工程中常见的力系。如图 3-1（a）所示，屋架节点 C 上各杆所受的力 $\boldsymbol{F}_1$、$\boldsymbol{F}_2$、$\boldsymbol{F}_3$、$\boldsymbol{F}_4$ 在同一平面内并交于一点，组成平面汇交力系，如图 3-1（b）所示。

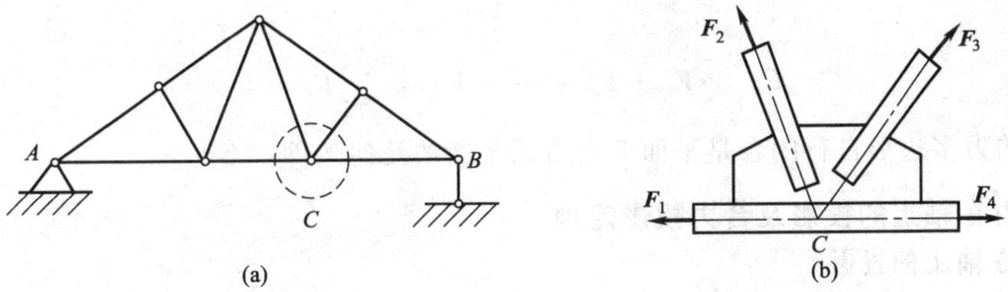

图 3-1

一、平面汇交力系合成的几何法及平衡的几何条件

1. 平面汇交力系合成的几何法

利用力的平行四边形法则或力的三角形法则，可以将两个共点力合成为一个合力。如图 3-2（a）所示刚体平面上 A 点作用有共点力系 $\boldsymbol{F}_1$、$\boldsymbol{F}_2$、…、$\boldsymbol{F}_n$，若求此力系的合力，可连续使用力的三角形法则，将这些力依次相加，如先求 $\boldsymbol{F}_1$、$\boldsymbol{F}_2$ 的合力 $\boldsymbol{F}_{R_1}$；再求 $\boldsymbol{F}_{R_1}$ 与 $\boldsymbol{F}_3$ 的合力，$\boldsymbol{F}_{R_2}$；如此依次进行，最后可求出 $\boldsymbol{F}_{R_{n-2}}$ 和 $\boldsymbol{F}_n$ 的合力 $\boldsymbol{F}_R$（即整个力系的合力），并且合力 $\boldsymbol{F}_R$ 的作用线通过点 A，如图 3-2（b）所示。由此可知，中间的合力 $\boldsymbol{F}_{R_1}$、$\boldsymbol{F}_{R_2}$、…、$\boldsymbol{F}_{R_{n-2}}$ 可不必作出，而直接作出如图 3-2（c）所示的力多边形。所以，若求平面汇交力系的合力，可顺次将力矢 $\boldsymbol{F}_1$、$\boldsymbol{F}_2$、…、$\boldsymbol{F}_n$ 首尾相接，合力 $\boldsymbol{F}_R$ 则为沿相反方向连接力多边形的

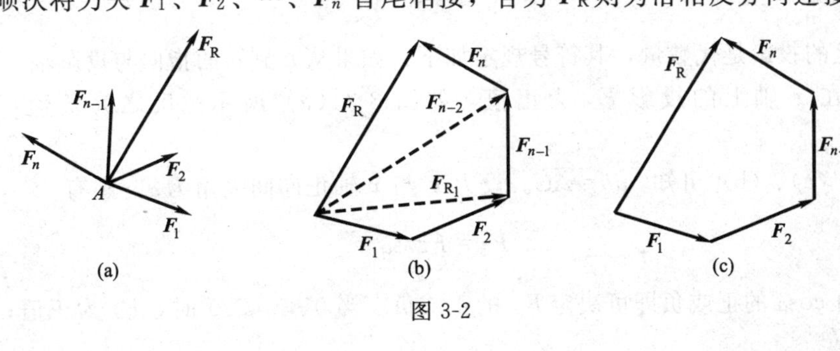

图 3-2

缺口（从第一个力矢的始端到最后力矢的末端），这种用力多边形求合力的作图方法，称为力的多边形法则。如果任意交换力的次序，力多边形的形状会相应改变，但不影响合力矢$\boldsymbol{F}_R$的大小和方向。

用力多边形法则求合力的方法，是平面汇交力系合成的几何法。如果应用矢量和的概念，可表述为：平面汇交力系的合力等于各分力的矢量和，也为几何和，并且合力的作用线通过各力的汇交点。用公式可表示为：

$$\boldsymbol{F}_R = \boldsymbol{F}_1 + \boldsymbol{F}_2 + \cdots + \boldsymbol{F}_n = \sum_{i=1}^{n} \boldsymbol{F}_i \tag{3-1}$$

2. 平面汇交力系平衡的几何条件

用力的多边形法则可将平面汇交力系合成为一个合力，如果一个平面汇交力系的力多边形中最后一个力的终点正好与最初一个力的起点重合，这样的力多边形称为闭合力多边形，它表明力系的合力等于零，而该力系为平衡力系。反而言知，要使平面汇交力系成为平衡力系，必须使它的合力为零，即力的多边形闭合。显然，平面汇交力系平衡的充分必要条件是：该力系的力的多边形闭合，或者说合力等于零。若用矢量公式表示，有：

$$\boldsymbol{F}_R = 0$$

即：

$$\boldsymbol{F}_R = \boldsymbol{F}_1 + \boldsymbol{F}_2 + \cdots + \boldsymbol{F}_n = \sum_{i=1}^{n} \boldsymbol{F}_i = 0 \tag{3-2}$$

力系的力多边形自行闭合是平面汇交力系平衡的几何条件。

二、力在轴上的投影及合力投影定理

1. 力在轴上的投影

如图 3-3（a）所示，设一力 $\boldsymbol{F}$ 与轴 x 在同一平面内。自力 $\boldsymbol{F}$ 的起点 A 和终点 B 分别作 x 轴的垂线，得垂足 a 和 b，垂足 a 和 b 分别称为点 A 和点 B 在 x 轴上的投影。若将线段 ab 的长度冠以正号（+）或负号（−），就表示力 $\boldsymbol{F}$ 在 x 轴上的投影，以 F_x 表示。

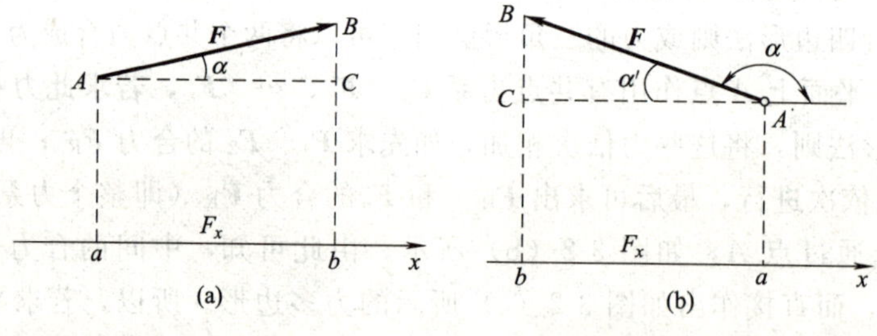

图 3-3

力在轴上的投影是代数量，其符号规定如下：如果从 a 到 b 的指向与投影轴 x 的正向一致，则力 $\boldsymbol{F}$ 在 x 轴上的投影 F_x 为正值，如图 3-3（a）所示；反之为负值，如图 3-3（b）所示。

由图 3-3（a）、（b）可知，$ab=AC$。设力 $\boldsymbol{F}$ 与 x 轴正向间夹角为 α，则有：

$$F_x = F\cos\alpha \tag{3-3}$$

显然，由 $\cos\alpha$ 的正或负即可决定 F_x 的正或负。当 $0° < \alpha < 90°$时，F_x 为正值；当 $90° <$

$\alpha<180°$时，F_x 为负值。这与上述符号规定一致。

如图 3-4（a）所示，若将力 $\boldsymbol{F}$ 分别在正交的轴 x、y 上投影，则：

$$\left.\begin{aligned}F_x&=F\cos\alpha\\F_y&=F\cos\beta\end{aligned}\right\}\tag{3-4}$$

式中，α 和 β 分别为力 $\boldsymbol{F}$ 与 x 轴和 y 轴的夹角。

由上可知，力在某轴上的投影等于力的大小乘以力与该轴正向夹角的余弦。

应该注意，力在轴上的投影是代数量，而力沿轴的分力是矢量。只有当采用直角坐标时，一个力沿某一坐标轴的分力大小加上适当的正负号才能等于该力在该坐标轴上的投影，如图 3-4（a）所示。若 x 轴和 y 轴不相互垂直，则这个结论不能成立，如图 3-4（b）所示。

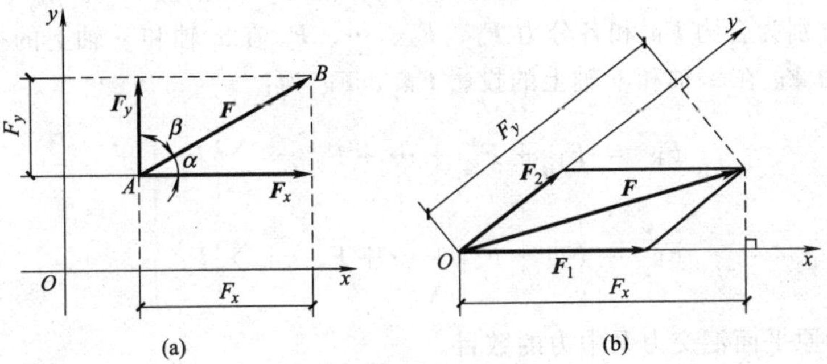

图 3-4

2. 合力投影定理

如图 3-5（a）所示，有一平面汇交力系 $\boldsymbol{F}_1$、$\boldsymbol{F}_2$、…、$\boldsymbol{F}_n$ 汇交于点 A，将该力系中各力组成力的多边形，可得合力 $\boldsymbol{F}_\mathrm{R}$，如图 3-5（b）所示。分别求出力多边形中各力在 x 轴上的投影 F_{1_x}、F_{2_x}、…、F_{n_x} 以及 F_{R_x}，由图可知：

$$F_{\mathrm{R}_x}=F_{1_x}+F_{2_x}+\cdots+F_{n_x}=\sum_{i=1}^{n}F_{i_x}\tag{3-5}$$

合力投影定理可表述为：合力在任一轴上的投影等于各分力在同一轴上投影的代数和。它描述了合力投影与分力投影之间的关系。

三、平面汇交力系合成的解析法及平衡的解析条件

1. 平面汇交力系合成的解析法

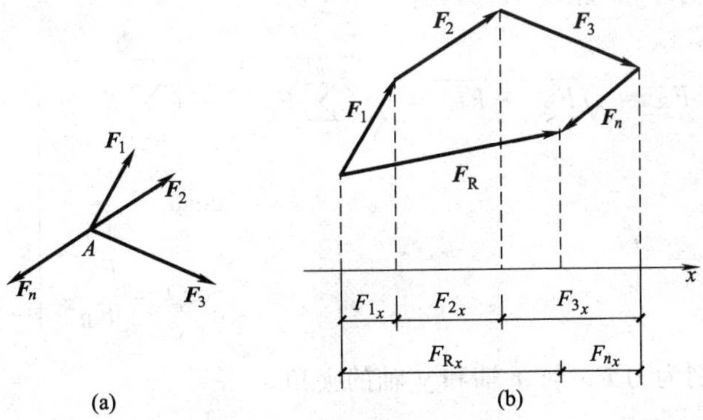

图 3-5

如图 3-4（a）所示，若已知力 $\boldsymbol{F}$ 在正交轴 x、y 上的投影分别为 F_x、F_y，则该力的大小和方向为：

$$\left.\begin{aligned} F &= \sqrt{F_x^2 + F_y^2} \\ \cos\alpha &= \frac{F_x}{F} \\ \cos\beta &= \frac{F_y}{F} \end{aligned}\right\} \tag{3-6}$$

式中，α 和 β 分别为力 $\boldsymbol{F}$ 与 x 轴和 y 轴的夹角。

由式（3-6）可知，如能算出平面汇交力系合力的两个投影，即可求出合力的大小和方向。如图 3-6（a）所示，一平面汇交力系 $\boldsymbol{F}_1$、$\boldsymbol{F}_2$、…、$\boldsymbol{F}_n$ 汇交于 O 点，若求合力 $\boldsymbol{F}_R$ 的大小和方向，可在力系平面内取直角坐标系 oxy，并令 F_{R_x}、F_{R_y} 及 F_{1_x}、F_{2_x}、…、F_{n_x}，F_{1_y}、F_{2_y}、…、F_{n_y} 分别为合力 $\boldsymbol{F}_R$ 和各分力 $\boldsymbol{F}_1$、$\boldsymbol{F}_2$、…、$\boldsymbol{F}_n$ 在 x 轴和 y 轴上的投影。根据合力投影定理，合力 $\boldsymbol{F}_R$ 在 x 轴和 y 轴上的投影 $\boldsymbol{F}_{R_x}$、$\boldsymbol{F}_{R_y}$ 为：

$$\left.\begin{aligned} F_{R_x} &= F_{1_x} + F_{2_x} + \cdots + F_{n_x} = \sum_{i=1}^{n} F_{i_x} \\ F_{R_y} &= F_{1_y} + F_{2_y} + \cdots + F_{n_y} = \sum_{i=1}^{n} F_{i_y} \end{aligned}\right\} \tag{3-7}$$

式中，n 为原平面汇交力系中力的数目。

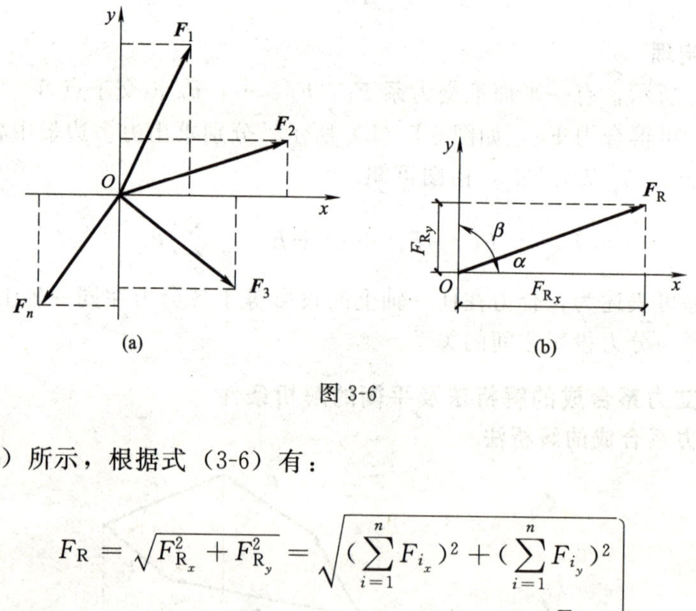

图 3-6

如图 3-6（b）所示，根据式（3-6）有：

$$\left.\begin{aligned} F_R &= \sqrt{F_{R_x}^2 + F_{R_y}^2} = \sqrt{(\sum_{i=1}^{n} F_{i_x})^2 + (\sum_{i=1}^{n} F_{i_y})^2} \\ \cos\alpha &= \frac{F_{R_x}}{F_R} \\ \cos\beta &= \frac{F_{R_y}}{F_R} \end{aligned}\right\} \tag{3-8}$$

式中，α 和 β 分别为力 $\boldsymbol{F}_R$ 与 x 轴和 y 轴的夹角。

【例 3-1】 平面共点力系，如图 3-7 所示。试用解析法求该力系的合力。

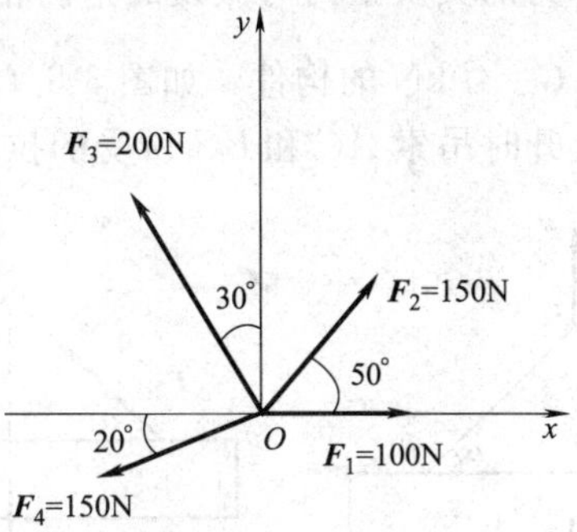

图 3-7

【解】

(1) 求合力 $\boldsymbol{F}_R$ 在 x 轴和 y 轴上的投影 F_{R_x} 和 F_{R_y}

由式 (3-7)，有：

$$F_{R_x} = \sum_{i=1}^{n} F_{i_x} = F_1\cos0° + F_2\cos50° - F_3\sin30° - F_4\cos20°$$

$$= 100\text{N}\times\cos0° + 150\text{N}\times\cos50° - 200\text{N}\times\sin30° - 150\text{N}\times\cos20° = -44.5\text{N}$$

$$F_{R_y} = \sum_{i=1}^{n} F_{i_y} = F_1\sin0° + F_2\sin50° + F_3\cos30° - F_4\sin20°$$

$$= 100\text{N}\times\sin0° + 150\text{N}\times\sin50° + 200\text{N}\times\cos30° - 150\text{N}\times\sin20° = 236.8\text{N}$$

(2) 求合力 $\boldsymbol{F}_R$ 的大小与方向

由式 (3-8)，有：

$$F_R = \sqrt{F_{R_x}^2 + F_{R_y}^2} = \sqrt{(-44.5\text{N})^2 + (236.8\text{N})^2} = 240.9\text{N}$$

$$\cos\alpha = \frac{F_{R_x}}{F_R} = -\frac{44.5\text{N}}{240.9\text{N}} = -0.1847$$

$$\alpha = 100°36'$$

2. 平面汇交力系平衡的解析条件

由于平面汇交力系的平衡条件是该力系的合力 $\boldsymbol{F}_R = 0$，即：

$$F_R = \sqrt{F_{R_x}^2 + F_{R_y}^2} = \sqrt{(\sum_{i=1}^{n} F_{i_x})^2 + (\sum_{i=1}^{n} F_{i_y})^2} = 0$$

要使上式成立，则必须且只需有：

$$\left.\begin{aligned} F_{R_x} &= \sum_{i=1}^{n} F_{i_x} = 0 \\ F_{R_y} &= \sum_{i=1}^{n} F_{i_y} = 0 \end{aligned}\right\} \tag{3-9}$$

故平面汇交力系平衡的解析条件是：该力系中各力在两个坐标轴上投影的代数和均等于零。

式 (3-9) 称为平面汇交力系的平衡方程，它包含两个独立的方程，只能求解两个未知量。求解平衡问题时，当未知力的指向不能被事先判定时，可以任意假设，然后根据平衡方程计算的结果判定力的真实指向。如计算结果为正值，则表示假设的指向就是力的真实指向；如计算结果为负值，则表示力的真实指向与假设的指向相反。

【例 3-2】 用吊钩吊起重量 $\boldsymbol{G}=40\text{kN}$ 的构件，如图 3-8（a）所示。已知吊索与水平线成 $\alpha=45^\circ$ 的夹角，求在构件匀速上升时吊索 AC 和 BC 所受的拉力。

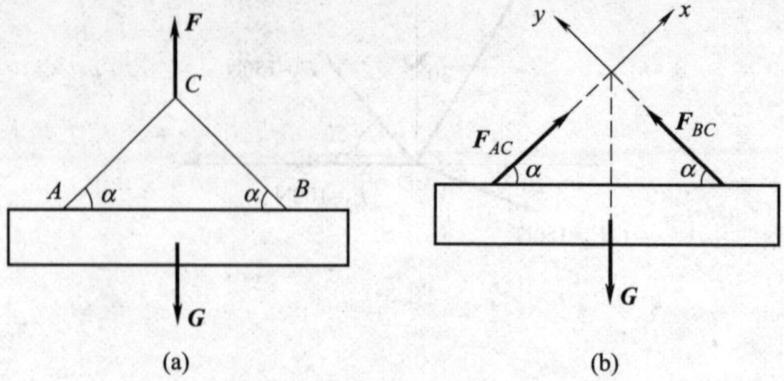

图 3-8

【解】

（1）选取被吊起的构件为研究对象。

（2）分析构件的受力情况，画出其受力图，如图 3-8（b）所示。

（3）选取适当的坐标系，由于 $\boldsymbol{F}_{AC}$ 和 $\boldsymbol{F}_{BC}$ 相互垂直，所以选取如图 3-8（b）所示的直角坐标系。

（4）列平衡方程，求解未知量 $\boldsymbol{F}_{AC}$ 和 $\boldsymbol{F}_{BC}$。

应用平面汇交力系的平衡方程，有

$$\sum F_x=0：F_{AC}-G\cos45^\circ=0 \tag{a}$$

$$\sum F_y=0：F_{BC}-G\cos45^\circ=0 \tag{b}$$

由式（a）、式（b）得：

$$F_{AC}=F_{BC}=G\cos45^\circ=40\times\frac{\sqrt{2}}{2}=28.28\ (\text{kN})$$

在选取坐标系时，要尽量使力的投影计算简便，一般应使坐标轴与尽可能多的力平行或垂直。

【例 3-3】 如图 3-9（a）所示的起重架，利用绕过定滑轮 A 的绳索将重为 G 的物体吊起，滑轮 A 用两根连杆 AB 及 AC 支撑。设 $G=50\text{kN}$，不计滑轮的大小和重量，试求连杆 AB 及 AC 作用于滑轮的力。

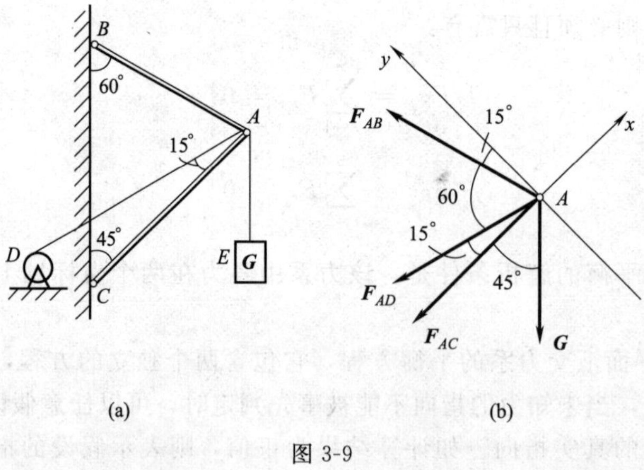

图 3-9

【解】

（1）选取定滑轮 A 为研究对象。

（2）以定滑轮 A 为隔离体，画出滑轮 A 的受力图，并假定 $\boldsymbol{F}_{AB}$ 和 $\boldsymbol{F}_{AC}$ 都为拉力，如图 3-9（b）所示。

（3）选取 x 轴与 $\boldsymbol{F}_{AC}$ 重合，y 轴与 $\boldsymbol{F}_{AC}$ 相互垂直的坐标系，如图 3-9（b）所示。

（4）列平衡方程，求解未知量 $\boldsymbol{F}_{AB}$ 和 $\boldsymbol{F}_{AC}$。

应用平面汇交力系的平衡方程，有

$$\sum \boldsymbol{F}_x=0:-F_{AC}-F_{AB}\sin 15°-F_{AD}\cos 15°-G\cos 45°=0 \quad \text{(a)}$$

$$\sum \boldsymbol{F}_y=0:F_{AB}\cos 15°+F_{AD}\sin 15°-G\sin 45°=0 \quad \text{(b)}$$

由式（a）、（b），将 $F_{AD}=G=50\text{kN}$ 代入，得：

$$F_{AB}=23.2\text{kN};\ F_{AC}=-89.7\text{kN}$$

负号表示 $\boldsymbol{F}_{AC}$ 的真实指向与假定的指向相反，即连杆 AC 作用于滑轮的力为压力。

第二节　平面力偶系的合成与平衡

一、平面力偶系的合成

作用在同一平面内的两个或两个以上的力偶称为平面力偶系。如图 3-10（a）所示，有两个力偶（$\boldsymbol{F}_1$，$\boldsymbol{F}_1'$）和（$\boldsymbol{F}_2$，$\boldsymbol{F}_2'$）组成一平面力偶系，它们的力偶矩分别为 $M_1=F_1d_1$ 和 $M_2=F_2d_2$。若在力偶作用平面内任取一线段 $AB=d$，并在保持力偶矩不变的条件下，转换这两个力偶，将两个力偶的力偶臂都化为 d，且与 AB 重合，如图 3-10（b）所示。由此得到两个等效力偶（$\boldsymbol{F}_3$，$\boldsymbol{F}_3'$）和（$\boldsymbol{F}_4$，$\boldsymbol{F}_4'$），其中 $\boldsymbol{F}_3$、$\boldsymbol{F}_4$ 的大小分别为：

$$F_3=\frac{M_1}{d},F_4=\frac{M_2}{d}$$

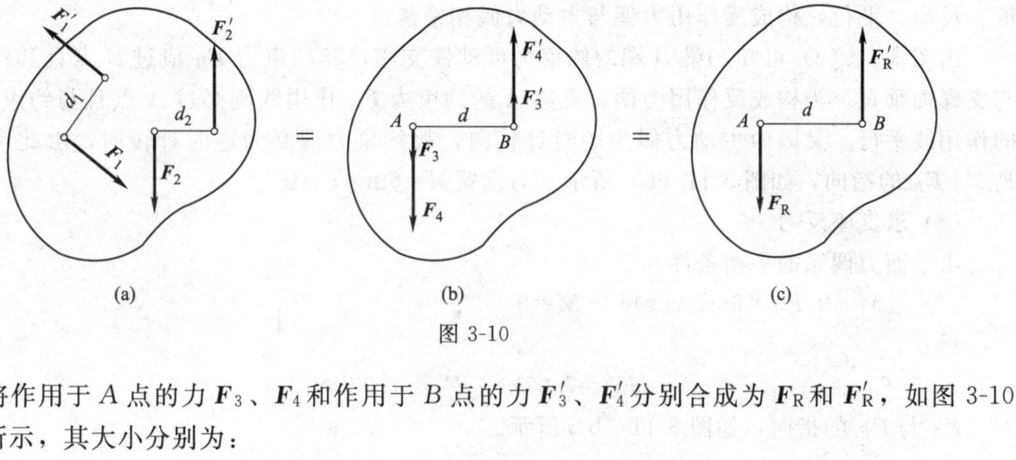

图 3-10

将作用于 A 点的力 $\boldsymbol{F}_3$、$\boldsymbol{F}_4$ 和作用于 B 点的力 $\boldsymbol{F}_3'$、$\boldsymbol{F}_4'$ 分别合成为 $\boldsymbol{F}_\text{R}$ 和 $\boldsymbol{F}_\text{R}'$，如图 3-10（c）所示，其大小分别为：

$$F_\text{R}=F_3+F_4,\quad F_\text{R}'=F_3'+F_4'$$

因 $\boldsymbol{F}_\text{R}$ 和 $\boldsymbol{F}_\text{R}'$ 大小相等，方向相反，且不共线，因此可组成一个新的力偶（$\boldsymbol{F}_\text{R}$，$\boldsymbol{F}'_\text{R}$），这就是原力偶（$\boldsymbol{F}_1$，$\boldsymbol{F}_1'$）和（$\boldsymbol{F}_2$，$\boldsymbol{F}_2'$）的合力偶，其力偶矩为：

$$M=F_\text{R}d=(F_3+F_4)\cdot d=\left(\frac{M_1}{d}+\frac{M_2}{d}\right)\cdot d=M_1+M_2$$

即 M 是由原两个力偶合成而得的。

对于由多个力偶组成的平面力偶系，可用同样的方法进行合成，有：

$$M=M_1+M_2+\cdots+M_n=\sum M \tag{3-10}$$

式中，M 为合力偶的力偶矩，M_1、M_2、…、M_n 为各已知分力偶的力偶矩。

因此可得到平面力偶系的合成结论：平面力偶系合成的结果为一合力偶，合力偶矩等于各分力偶矩的代数和。

二、平面力偶系的平衡条件

平面力偶系合成的结果为一合力偶。显然，若要力偶系平衡，必须并且只需合力偶矩等于零。所以，平面力偶系平衡的充分必要条件是：力偶系中所有各力偶的力偶矩的代数和等于零，即：

$$M=\sum M=0 \tag{3-11}$$

【例 3-4】 如图 3-11 所示，简支梁 AB 上受有 $M=30\text{kN}\cdot\text{m}$ 的力偶作用，如果不计梁自重，试计算 A、B 处的支座反力。

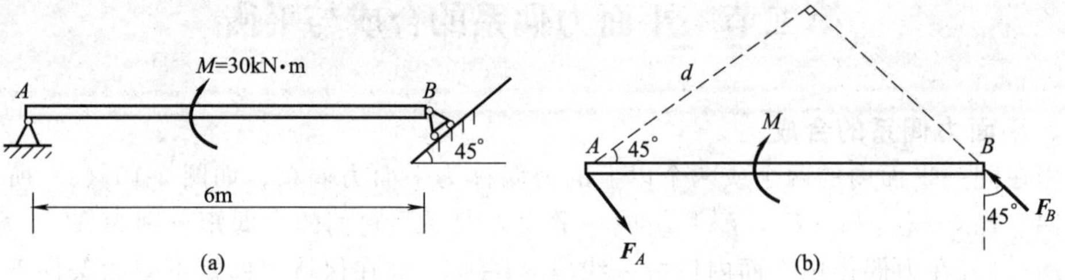

图 3-11

【解】

(1) 取梁 AB 为研究对象，分析受力。

如图 3-11 (b) 所示，因主动力为力偶，而力偶只能与力偶平衡，所以 $\boldsymbol{F}_A$ 与 $\boldsymbol{F}_B$ 应等值、反向、平行，构成反作用力偶与主动力偶相平衡。

由图 3-11 (a) 可知，梁 B 端的约束为可动铰支座，其约束力 $\boldsymbol{F}_B$ 应过 B 点且其作用线与支撑面垂直。为构成反作用力偶，支座 A 的约束力 $\boldsymbol{F}_A$ 作用线则必过 A 点且与约束力 $\boldsymbol{F}_B$ 的作用线平行。又因为主动力偶为顺时针转向，故约束力偶必为逆时针转向，由此可确定 $\boldsymbol{F}_A$ 与 $\boldsymbol{F}_B$ 的指向，如图 3-11 (b) 所示。力偶臂 $d=6\text{m}\times\cos45°$。

(2) 求支座反力

由平面力偶系的平衡条件

$$\sum M=0: F_B\times 6\text{m}\times\cos45°-M=0$$

得：

$$F_B=7.07\text{kN};\ F_A=7.07\text{kN}$$

$\boldsymbol{F}_A$ 与 $\boldsymbol{F}_B$ 的指向，如图 3-11 (b) 所示。

第三节 平面一般力系的合成与平衡

一、平面一般力系的合成

各力的作用线同在一个平面内并且成任意分布的力系称为平面一般力系。实际工程中遇到的大量问题都可以简化为平面一般力系问题。例如，图 3-12 所示屋架，受到屋面自重和

积雪等重力荷载 $\boldsymbol{G}$、风荷载 $\boldsymbol{F}$ 以及支座反力 $\boldsymbol{F}_{A_x}$、$\boldsymbol{F}_{A_y}$、$\boldsymbol{F}_B$ 的作用，这些力的作用线均在同一平面内，组成平面一般力系。

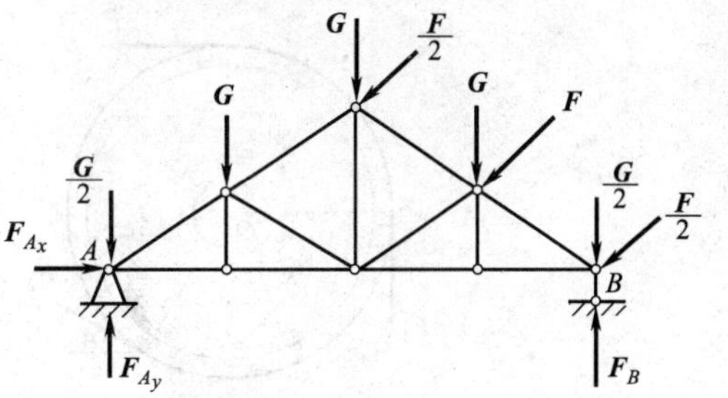

图 3-12

1. 平面一般力系向平面内已知点的简化

设刚体上作用有平面一般力系 $\boldsymbol{F}_1$、$\boldsymbol{F}_2$、…、$\boldsymbol{F}_n$，如图 3-13（a）所示，在力系所在的平面内任取一点 O，将组成该力系的各力向 O 点简化，O 点称为简化中心。

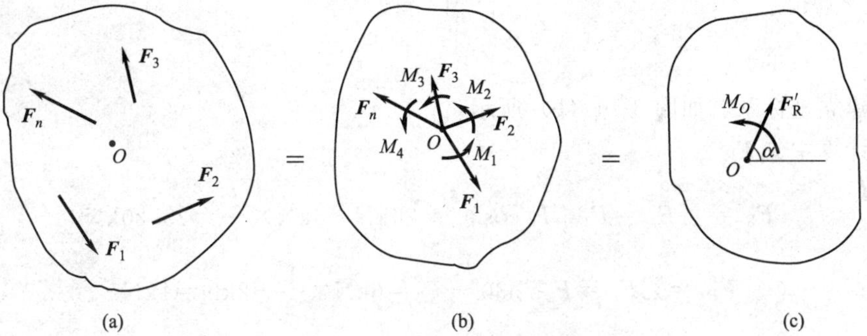

图 3-13

根据力的平移定理，我们可将各力 $\boldsymbol{F}_1$、$\boldsymbol{F}_2$、…、$\boldsymbol{F}_n$ 平移至 O 点，同时还应加上 n 个相应的附加力偶，其附加力偶矩的大小分别为 $M_1=M_O(\boldsymbol{F}_1)$，$M_2=M_O(\boldsymbol{F}_2)$，…，$M_n=M_O(\boldsymbol{F}_n)$。所以，原力系可以用作用在 O 点的汇交力系 $\boldsymbol{F}_1$、$\boldsymbol{F}_2$、…、$\boldsymbol{F}_n$ 和力偶系 M_1、M_2、…、M_n 代替，如图 3-13（b）所示。

2. 平面一般力系的合成

图 3-13（b）所示汇交力系和力偶系可进一步合成为一个合力和一个力偶。如图 3-13（c）所示，汇交于 O 点的力系 $\boldsymbol{F}_1$、$\boldsymbol{F}_2$、…、$\boldsymbol{F}_n$ 可合成一个合力，由式（3-8）可知，其合力 $\boldsymbol{F}'_R$ 为：

$$\left.\begin{aligned} F'_R &= \sqrt{F'^2_{R_x}+F'^2_{R_y}} = \sqrt{(\sum_{i=1}^{n}F_{i_x})^2+(\sum_{i=1}^{n}F_{i_y})^2} \\ \tan\alpha &= \left|\frac{F'_{R_y}}{F'_{R_x}}\right| \end{aligned}\right\} \tag{3-12}$$

式中，合力 $\boldsymbol{F}'_R$ 称为原力系向 O 点简化的主矢，它只取决于原力系中各力的大小和方向，是一个常量，与简化中心位置无关；α 为主矢 $\boldsymbol{F}'_R$ 与 x 轴（正向或负向）所夹的锐角。

同理，各附加力偶所组成的平面力偶系可合成一个力偶，其合力偶矩为 M_O，称为原力系的主矩，与简化中心位置有关。由式（3-10）有：

$$\begin{aligned} M_O &= M_1+M_2+\cdots+M_n \\ &= M_O(F_1)+M_O(\boldsymbol{F}_2)+\cdots+M_O(\boldsymbol{F}_n)=\sum M_O(\boldsymbol{F}) \end{aligned} \tag{3-13}$$

由此可以得到结论：平面一般力系可以合成为一个主矢和一个主矩。这个主矢等于原力系中各力的矢量和，作用在简化中心；主矩等于原力系中各力对简化中心之矩的代数和。

【例 3-5】 如图 3-14（a）所示结构，外径 $D=0.8\text{m}$，$F_1=20\text{kN}$，$F_2=6\text{kN}$，$F_3=2\text{kN}$，$M=4.0\text{kN}\cdot\text{m}$，$\theta=30°$。试将此力系向 O 点简化，求出主矢和主矩。

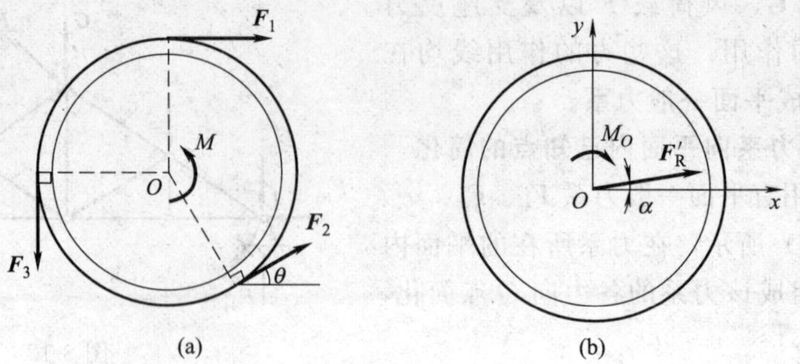

图 3-14

【解】

（1）建立坐标系，如图 3-14（b）所示。

（2）计算主矢 $\boldsymbol{F}'_R$

$$F'_{R_x}=\sum F_{i_x}=F_1+F_2\cos30°=20kN+6kN\times\frac{\sqrt{3}}{2}=25.20kN$$

$$F'_{R_y}=\sum F_{i_y}=F_2\sin30°-F_3=6kN\times\frac{1}{2}-2kN=1kN$$

$$F'_R=\sqrt{(F'_{R_x})^2+(F'_{R_y})^2}=25.22kN$$

$$\tan\alpha=\left|\frac{F'_{R_y}}{F'_{R_x}}\right|=0.03968\quad \alpha=2°16'$$

（3）计算主矩 M_O

$$M_O=\sum M_O(\boldsymbol{F})=M-F_1\times\frac{D}{2}+F_2\times\frac{D}{2}+F_3\times\frac{D}{2}$$
$$=4.0kN\cdot m-20kN\times0.4m+6kN\times0.4m+2kN\times0.4m$$
$$=-0.8kN\cdot m$$

求得的主矢和主矩，如图 3-14（b）所示。

3. 平面一般力系简化结果的讨论

（1）若 $\boldsymbol{F}'_R=0$，$M_O=0$，则原力系不存在合力和合力偶，物体在原力系作用下保持平衡，即原力系为平衡力系。

（2）若 $\boldsymbol{F}'_R=0$，$M_O\neq0$，则原力系简化为一个力偶，力偶矩等于原力系对简化中心的主矩。

在这种情况下，简化结果与简化中心的位置无关，即不论向平面内的哪一点简化都是一个力偶，而且力偶矩保持不变。

（3）若 $\boldsymbol{F}'_R\neq0$，$M_O=0$，则作用于简化中心的力 $\boldsymbol{F}'_R=\sum\boldsymbol{F}_i$ 就是原力系的合力。

（4）若 $\boldsymbol{F}'_R\neq0$，$M_O\neq0$，则需应用前面的知识作进一步讨论。

如图 3-15（a）所示，将力偶 M_O 的力和力偶臂进行调节，使得组成力偶的二力 $\boldsymbol{F}_R$、$\boldsymbol{F}''_R$ 与主矢 $\boldsymbol{F}'_R$ 大小相等，而力偶臂 $d=\frac{M_O}{F'_R}$，如图 3-15（b）所示。这时，力偶（$\boldsymbol{F}_R$，$\boldsymbol{F}''_R$）的力偶矩与 M_O 相等。由于图 3-15（b）中的力 $\boldsymbol{F}'_R$、$\boldsymbol{F}''_R$ 为一对平衡力，可以去掉。此时只剩下作用于 A 点的力 $\boldsymbol{F}_R$，该力即为原力系（主矢 $\boldsymbol{F}'_R$ 和一个主矩 M_O）的合力，如图 3-15（c）所示。

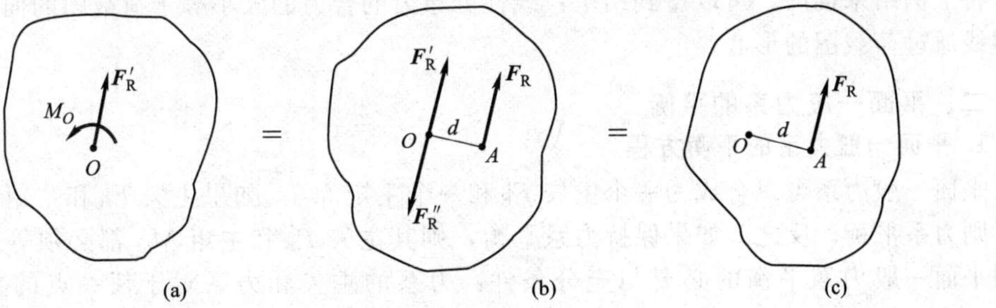

图 3-15

通过以上分析可知，平面力系向已知点简化，若 $F'_R\neq 0$，$M_O\neq 0$，则可进一步简化为一个合力，合力的大小、方向与主矢 $\boldsymbol{F}'_R$ 相同，合力作用线距简化中心的距离 $d=\dfrac{M_O}{F'_R}$，并使该合力对简化中心的矩的转向和主矩的转向相同。

【例 3-6】 如图 3-16（a）所示，简支梁 AB 上作用有均布荷载，均布荷载集度为 q。求均布荷载的合力 F_R 及合力的作用位置。

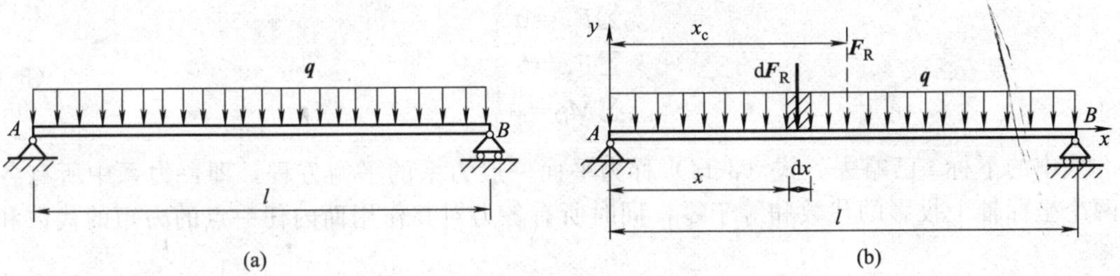

图 3-16

【解】

（1）选择参考坐标系，如图 3-16（b）所示。

（2）求合力 F_R 及合力的作用位置

如图 3-16（b）所示，在距坐标原点 x 处取微元段 dx，该微元段 dx 上力的大小为 $dF_R=qdx$。则全梁段的合力为：

$$F_R=\int_0^l dF_R=\int_0^l q dx=ql$$

设合力 $\boldsymbol{F}_R$ 作用线至 A 点的距离为 x_c，微元段上力 dF_R 对 A 点的矩为 $dM_A=-dF_R\cdot x$。由合力矩定理：

$$M_A(\boldsymbol{F}_R)=\sum M_A(F_i)$$

得：

$$-F_R\cdot x_c=\int dM_A \quad 即 \quad -F_R\cdot x_c=-\int x dF_R=-\int_0^l qx dx$$

代入 $F_R=ql$，有：

$$-x_c\cdot ql=-\left[\frac{qx^2}{2}\right]_0^l=-\frac{ql^2}{2}$$

所以：$x_c=\dfrac{l}{2}$

将上例结果推广，可以得到结论：线性分布力的合力的大小等于荷载图的面积，其合力作用线通过荷载图的形心。

二、平面一般力系的平衡

1. 平面一般力系的平衡方程

平面一般力系可以合成为一个主矢 $\boldsymbol{F}'_R$ 和一个主矩 M_O。如果主矢 F'_R 和主矩 M_O 均等于零，则力系平衡；反之，如果保持力系平衡，则其主矢 $\boldsymbol{F}'_R$ 和主矩 M_O 都必须等于零。因此得到平面一般力系平衡的必要与充分条件：力系的主矢和力系对于任一点的主矩都等于零，即：

$$\boldsymbol{F}'_R = 0$$
$$M_O = 0$$

由式（3-12）和式（3-13）有：

$$F'_R = \sqrt{(\sum_{i=1}^{n} F_{i_x})^2 + (\sum_{i=1}^{n} F_{i_y})^2} = 0$$
$$M_O = \sum M_O(\boldsymbol{F}) = 0$$

即：

$$\left.\begin{array}{l} \sum F_x = 0 \\ \sum F_y = 0 \\ \sum M_O = 0 \end{array}\right\} \tag{3-14}$$

式中的下标 i 已略去。式（3-14）称为平面一般力系的平衡方程，即：力系中所有各力在两个坐标轴上投影的代数和等于零，同时所有各力对其作用面内任一点的力矩的代数和等于零。

式（3-14）中前两式称为投影方程，后一式称为力矩方程。这三个方程是完全独立的，应用它们最多只能求出三个未知力。

平面一般力系的平衡方程除了式（3-14）所示的基本形式外，还可表示成二力矩式和三力矩式。

（1）二力矩式平衡方程

$$\left.\begin{array}{l} \sum F_x = 0 \\ \sum M_A = 0 \\ \sum M_B = 0 \end{array}\right\} \tag{3-15}$$

式中，A、B 是平面内任意两点，但其连线不垂直于 x 轴。

（2）三力矩式平衡方程

$$\left.\begin{array}{l} \sum M_A = 0 \\ \sum M_B = 0 \\ \sum M_C = 0 \end{array}\right\} \tag{3-16}$$

式中，A、B、C 是平面内任意三点，但不共线。

在实际问题中，有时应用二力矩式或三力矩式平衡方程要比应用平衡方程的基本形式更为简便。同样，式（3-15）和式（3-16）中的三个方程式是完全独立的，应用它们最多只能求出三个未知力。

2. 平面平行力系的平衡方程

如图 3-17 所示，平面平行力系是平面一般力系的特例，它应满足平面一般力系的平衡方程式，即有：

$$\begin{cases}\sum F_x=0\\ \sum F_y=0\\ \sum M_O=0\end{cases}$$

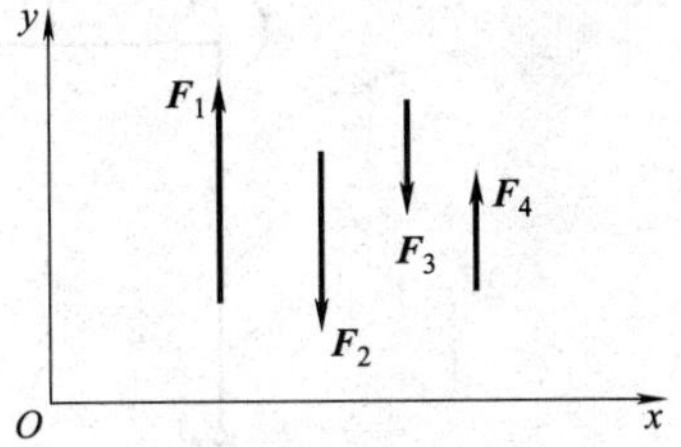

图 3-17

选取如图 3-17 所示坐标，y 轴平行于各力的作用线，x 轴垂直于各力的作用线，则各力在 x 轴上的投影均为零，式$\sum F_x=0$ 自然满足。此时，各力在 y 轴上投影的代数和即为各力的代数和，于是平行力系的平衡方程式可表示为：

$$\left.\begin{aligned}\sum F_y=0\\ \sum M_O=0\end{aligned}\right\} \tag{3-17}$$

所以，平面平行力系的平衡条件是：力系中各力的代数和等于零，同时各力对该平面内任一点的力矩的代数和为零。

式（3-17）的二力矩式平衡方程为：

$$\left.\begin{aligned}\sum M_A=0\\ \sum M_B=0\end{aligned}\right\} \tag{3-18}$$

式中，A、B 两点的连线不与力的作用线平行。

【例 3-7】 如图 3-18（a）所示结构，受有两个大小相等但作用方向和位置不同的力作用，已知 $F_1=F_2=F$。试计算固定端支座 A 的约束反力。

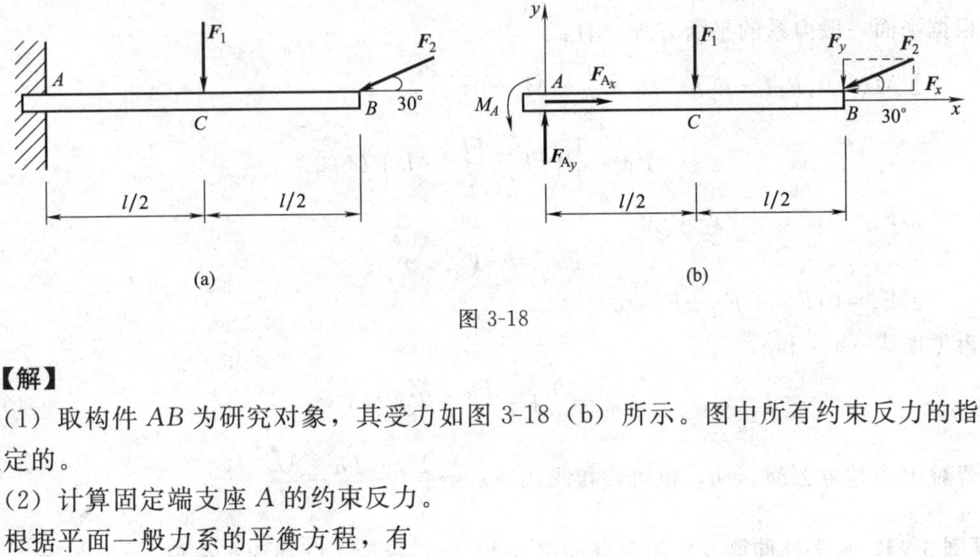

图 3-18

【解】

（1）取构件 AB 为研究对象，其受力如图 3-18（b）所示。图中所有约束反力的指向都是假定的。

（2）计算固定端支座 A 的约束反力。

根据平面一般力系的平衡方程，有

$\sum F_x=0：F_{A_x}-F_2\cos30°=0$

得 $$F_{A_x}=\frac{\sqrt{3}}{2}F\ (\rightarrow)$$

$\sum F_y=0：F_{A_y}-F_1-F_2\sin30°=0$

得 $$F_{A_y}=\frac{3}{2}F\ (\uparrow)$$

$\sum M_A=0：M_A-F_1\cdot\dfrac{l}{2}-F_2\sin30°\cdot l=0$

得 $$M_A = Fl\ (\curvearrowleft)$$

【例 3-8】 如图 3-19（a）所示刚架，已知 $F_1 = F_2 = F$。试求刚架的支座反力。

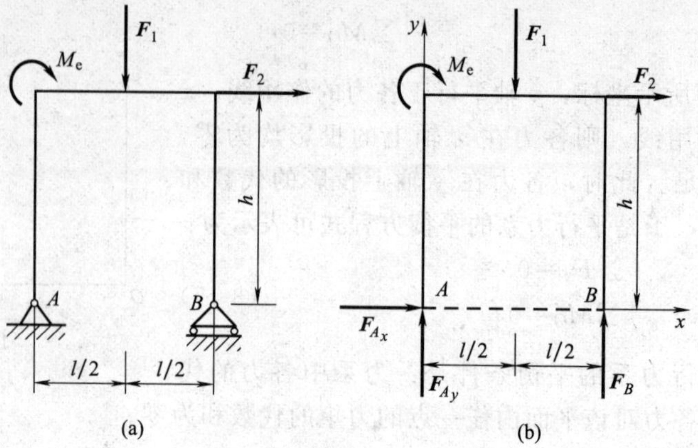

图 3-19

【解】

（1）取刚架为研究对象，其受力如图 3-19（b）所示。

（2）计算刚架的支座反力。

力偶是由大小相等，方向相反的两个力组成，此两力在轴上的投影之和等于零，故在建立投影方程时可不考虑力偶 M_e；另外，力偶对任一点的矩均等于力偶矩，在建立力矩方程时，可直接将力偶矩 M_e 代入。

根据平面一般力系的平衡方程，有：

$$\sum M_A = 0: F_B l - F_2 h - F_1 \times \frac{l}{2} - M_e = 0$$

得 $$F_B = \frac{1}{l}\left(Fh + \frac{Fl}{2} + M_e\right)\ (\uparrow) \tag{a}$$

$$\sum F_x = 0: F_{A_x} + F_2 = 0$$

得 $$F_{A_x} = -F\ (\leftarrow)$$

$$\sum F_y = 0: F_{A_y} + F_B - F_1 = 0$$

再考虑式（a），得：

$$F_{A_y} = \frac{1}{2}F - \frac{Fh}{l} - \frac{M_e}{l}\ (\uparrow)$$

若对 B 点建立 $\sum M_B = 0$，也可直接求出 $F_{A_y} = \frac{1}{2}F - \frac{Fh}{l} - \frac{M_e}{l}$。

【例 3-9】 水平外伸梁及作用荷载如图 3-20（a）所示，已知均布荷载 $q = 8\text{kN/m}$，集中

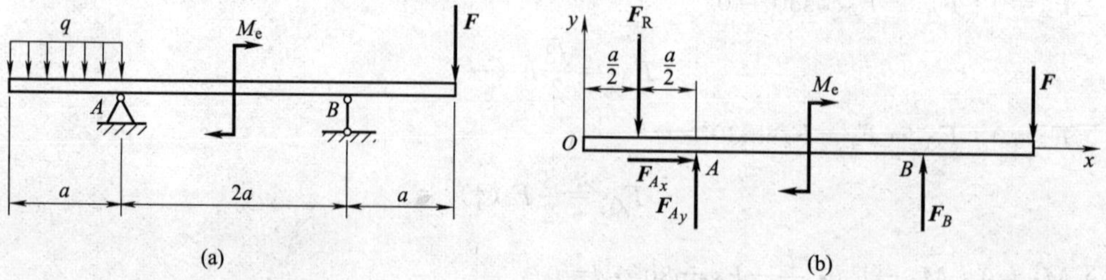

图 3-20

力 $F=20\text{kN}$，力偶矩 $M_e=20\text{kN}\cdot\text{m}$，$a=2\text{m}$。求外伸梁的支座反力。

【解】

(1) 取外伸梁为研究对象，受力如图 3-20 (b) 所示。均布荷载的合力 $F_R=qa$，作用在荷载区段的中心点。支座 A、B 的反力为 $\boldsymbol{F}_{A_x}$、$\boldsymbol{F}_{A_y}$ 和 $\boldsymbol{F}_B$。

(2) 求支座 A、B 的反力。

根据平面一般力系的平衡方程，有

$\sum F_x=0$：$F_{A_x}=0$

$\sum M_A=0$：$F_R\cdot\frac{a}{2}-M_e+F_B\cdot 2a-F\cdot 3a=0$

得：

$$F_B=\frac{3}{2}F-\frac{qa}{4}+\frac{M_e}{2a}=\frac{3}{2}\times 20\text{kN}-\frac{8\text{kN/m}\times 2\text{m}}{4}+\frac{20\text{kN}\cdot\text{m}}{2\times 2\text{m}}=31\text{kN}\ (\uparrow)$$

$\sum F_y=0$：$-F_R+F_{A_y}+F_B-F=0$

得：

$$F_{A_y}=F_R-F_B+F=8\text{kN/m}\times 2\text{m}-31\text{kN}+20\text{kN}=5\text{kN}\ (\uparrow)$$

最后，将平面一般力系平衡问题的解题步骤归纳如下：

① 选取适当的研究对象，以研究对象为隔离体，画出其受力图；

② 根据需要建立平衡方程，应尽可能避免解联立方程组，最好能做到一个平衡方程中只含一个未知量；

③ 由平衡方程解出所需的未知量；

④ 用非独立的平衡方程检验解答的正确性。

三、物体系统的平衡

工程实际中的结构物往往是由多个物体组成的物体系统，各物体之间以一定的方式联系着，整个系统又以适当的方式与系统外的物体相联系。系统内各物体之间的联系构成为内约束；整个系统与系统外物体的联系构成为外约束。

当系统受到主动力作用时，无论内约束处还是外约束处一般都将产生约束力。对整个系统而言，内约束处的约束力是系统内部物体之间相互作用的力，这些力是内力；主动力和外约束处的约束力是系统外的物体作用于系统的力，是外力。如图 3-21 所示的两跨梁，由 AC 和 BC 两部分组成，连接两部分的铰 C 是内约束，而固定端 A 和铰 D 是外约束。对整个结构来说，铰 C 处的约束力是 AC 和 BC 之间的相互作用力，是内力；而主动力 $\boldsymbol{F}_1$、$\boldsymbol{F}_2$ 及 A、D 处的约束力为外力。

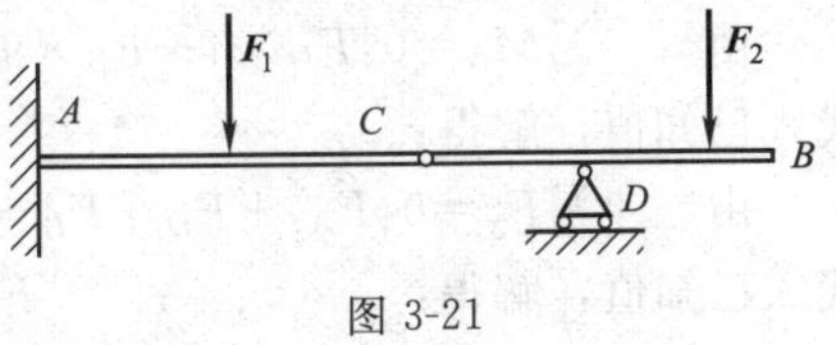

图 3-21

当物体系统平衡时，组成系统的每部分物体也都是平衡的。因此，在解决物体系统的平衡问题时，既可选取整个系统为研究对象，也可选取其中某部分物体为研究对象，列出相应的平衡方程，求解所需的未知量。

在分析物体系统的受力时，不仅需要分析系统以外的物体作用在物体系统上的外力，还需要分析系统内部各物体之间的内力。根据作用力与反作用力定律，在系统内部，各物体之间的相互作用力总是成对出现的，且彼此大小相等，方向相反，作用在同一直线上。因此，在研究整个物体系统的平衡时，每对内力均自相平衡，对整个系统的平衡并无影响，可以不予考虑。但当只取系统内某部分为研究对象时，则应注意，此时其余部分对该部分的作用力就属于外力了，如图 3-21 所示的两跨梁，如果分别取 AC 部分或 BC 部分为研究对象，那么在 C 点处相互作用的力就成为了外力。

若物体系统由 n 个物体组成且整个系统平衡，因对于每个物体一般可写出三个独立的平衡方程式，所以一共可写出 $3n$ 个独立的平衡方程式，求出 $3n$ 个未知量。但必须清楚，这里所谓的 $3n$ 个独立方程，是在每一个物体所受的力都是平面一般力系的情况下得出的结论，如果某一物体所受的力是平面汇交力系或平面平行力系，则平衡方程的数目将相应减少。

【例 3-10】 联合梁的支撑与荷载如图 3-22（a）所示，已知 $M_e=20\text{kN}\cdot\text{m}$，$F=40\text{kN}$。试求支座 A、B、D 处的反力。

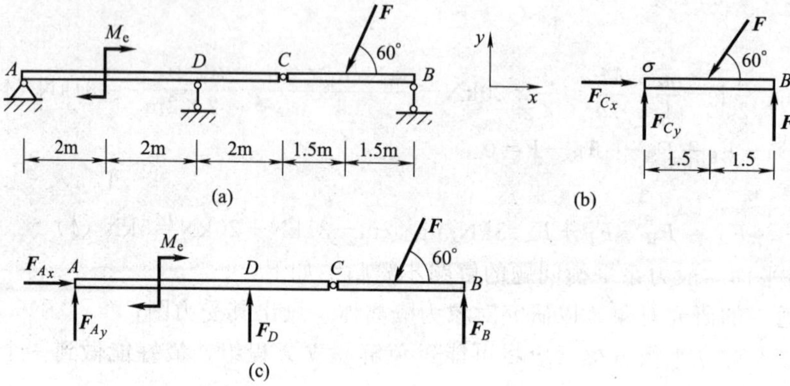

图 3-22

【解】

（1）取 CB 段为研究对象，画出受力图，如图 3-22（b）所示。

由 $\sum M_C=0$：$F_B\times 3\text{m}-F\sin 60°\times 1.5\text{m}=0$

得：

$$F_B=17.32\text{kN}\ (\uparrow)$$

（2）取整个梁为研究对象，画出受力图，如图 3-22（c）所示。

由 $\sum F_x=0$：$F_{A_x}-F\cos 60°=0$

得：

$$F_{A_x}=40\text{kN}\times\cos 60°=20\text{kN}\ (\rightarrow)$$

由 $\sum M_A=0$：$F_D\times 4+F_B\times 9-M_e-F\sin 60°\times 7.5=0$

代入已知值，解得：

$$F_D=30.98\text{kN}\ (\uparrow)$$

由 $\sum F_y=0$：$F_{A_y}+F_D+F_B-F\sin 60°=0$

代入已知值，解得：

$$F_{A_y}=-13.66\text{kN}\ (\downarrow)$$

【例 3-11】 如图 3-23（a）所示三铰刚架，由杆件 AC、BC 两部分组成。求在图示荷载作用下，支座 A、B 的约束反力。

【解】

（1）取刚架整体为研究对象，受力图如图 3-23（b）所示。

由 $\sum M_A=0$：$-100\text{kN}\times 6\text{m}-10\text{kN/m}\times 6\text{m}\times 3\text{m}+F_{B_y}\times 6\text{m}=0$

得：

$$F_{B_y}=130\text{kN}\ (\uparrow)$$

由 $\sum F_y=0$：$F_{A_y}+F_{B_y}-10\text{kN/m}\times 6\text{m}=0$

得：

$$F_{A_y}=-70\text{kN}\ (\downarrow)$$

由 $\sum F_x=0$：$100\text{kN}+F_{A_x}-F_{B_x}=0$ （a）

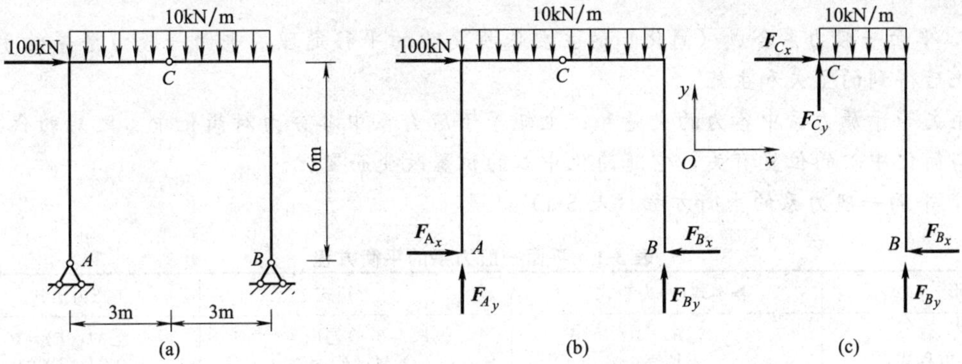

图 3-23

(2) 取 BC 为研究对象，受力图如图 3-23（c）所示。

由　　$\sum M_C=0$：$-10\text{kN/m}\times 3\text{m}\times \frac{1}{2}\times 3\text{m}-F_{B_x}\times 6\text{m}+F_{B_y}\times 3\text{m}=0$

得：　$F_{B_x}=57.5\text{kN}$ (←)

将 $F_{B_x}=57.5\text{kN}$ 代入（a）式，

得：　$F_{A_x}=-42.5\text{kN}$ (←)

F_{A_x}、F_{A_y} 均为负值，负号表示力的实际方向与假定方向相反。

小　　结

1. 利用力的多边形法则求平面汇交力系合力的方法称为几何法。

2. 平面汇交力系合成的解析法是利用合力在正交轴上的投影，计算合力的大小，确定合力的方向，有：

$$\left.\begin{aligned} F_R &= \sqrt{F_{R_x}^2+F_{R_y}^2}=\sqrt{\left(\sum_{i=1}^{n}F_{i_x}\right)^2+\left(\sum_{i=1}^{n}F_{i_y}\right)^2} \\ \cos\alpha &= \frac{F_{R_x}}{F_R} \\ \cos\beta &= \frac{F_{R_y}}{F_R} \end{aligned}\right\}$$

3. 平面汇交力系平衡问题有两种解法。

(1) 几何法的理论依据是力系中各力构成的力多边形自行封闭，这是平面汇交力系平衡的几何条件。

(2) 平面汇交力系平衡的解析条件是力系中各力在两个坐标轴上投影的代数和均等于零。平面汇交力系的平衡方程为：

$$\left.\begin{aligned} \sum_{i=1}^{n}F_{i_x} &= 0 \\ \sum_{i=1}^{n}F_{i_y} &= 0 \end{aligned}\right\}$$

4. 平面力偶系的各分力偶可以合成为一个合力偶，合力偶的矩等于各分力偶矩的代数和。即 $M=\sum M_i$。

5. 平面力偶系平衡的必要与充分条件是：力偶系中所有力偶之力偶矩的代数和等于零。

即$\sum M_i=0$。

6. 平面一般力系合成（简化）的主要依据是力的平移定理。平面一般力系等效于向一点简化后得到的主矢和主矩。

主矢等于原力系中各力的矢量和；主矩等于原力系中各分力对简化中心之矩的代数和，主矩与简化中心的位置有关，它随简化中心的位置改变而变化。

7. 平面一般力系的平衡方程（表 3-1）

表 3-1　平面一般力系的平衡方程

形　式	基本式(一力矩式)	二力矩式	三力矩式
方程式	$\sum F_x=0$ $\sum F_y=0$ $\sum M_O(\boldsymbol{F})=0$	$\sum F_x=0$(或$\sum F_y=0$) $\sum M_A(\boldsymbol{F})=0$ $\sum M_B(\boldsymbol{F})=0$	$\sum M_A(\boldsymbol{F})=0$ $\sum M_B(\boldsymbol{F})=0$ $\sum M_C(\boldsymbol{F})=0$
附加条件	投影轴 x、y 不能平行	A、B 两点连线不能与投影轴 x(或 y)垂直	A、B、C 三点不能在同一直线上

平面汇交力系、平面力偶系及平面平行力系是平面一般力系的特殊情况。

8. 系统的平衡问题要比单个物体复杂得多。系统作为整体所受的外力不仅要满足整个系统的平衡条件，同时还必须满足系统内部每一个局部或每一单个物体的平衡条件。物体系统的平衡问题与单个物体平衡问题的最大区别是物体系统的平衡问题要从物体系统中选取若干个研究对象，分别研究其平衡。

9. 平面一般力系问题的解题步骤

① 选取研究对象。所选取的研究对象可以是单个刚体，也可以是由几个刚体组成的刚体系。

② 作所选研究对象的受力图。

③ 建立坐标系、列平衡方程求解。

思　考　题

3.1　“分力一定小于合力”。这种说法对不对？为什么？请举例说明。

3.2　如图 3-24 所示，绳索 AC、BC 的交点 C 处作用有一向下的力 $\boldsymbol{F}$，试分析当 α 角如何变化时，绳索受的拉力会增大？绳索 AC、BC 是否可拉成为一直线，即 $\alpha=0$？为什么？

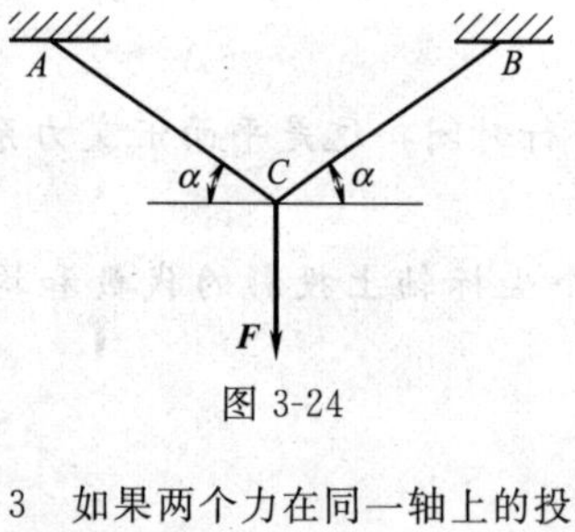

图 3-24

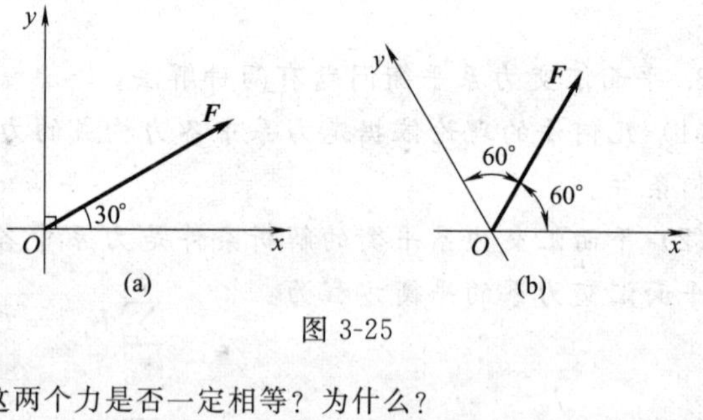

图 3-25

3.3　如果两个力在同一轴上的投影相同，这两个力是否一定相等？为什么？

3.4　以如图 3-25 所示的两个 $\boldsymbol{F}$ 力为例，说明力 $\boldsymbol{F}$ 沿轴 x、y 的分力和力 $\boldsymbol{F}$ 在两轴上的投影有何区别。

3.5　用解析法求平面汇交力系的合力时，若选取不同的直角坐标轴，所求得的合力是否相同？

3.6　如图 3-26 所示，两个完全相同的结构，如果仅改变力偶 M 的作用位置，并不计各构件自重。试问两种情况下相应两支座的约束力是否相同，为什么？

3.7　如图 3-27 所示，一个力和一个力偶分别作用在两个轮子上，试分析这个力和力偶对轮的作用，

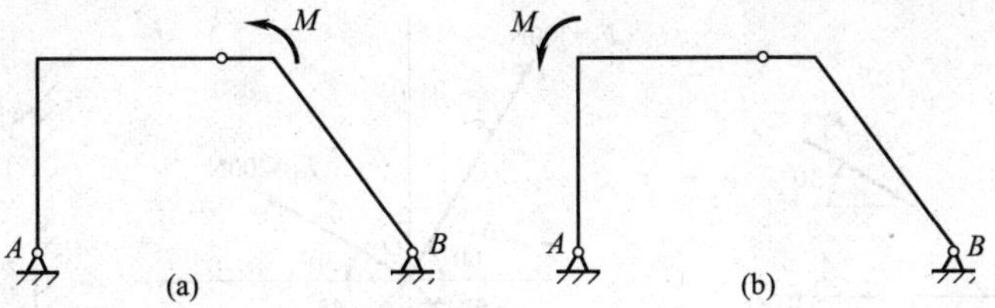

图 3-26

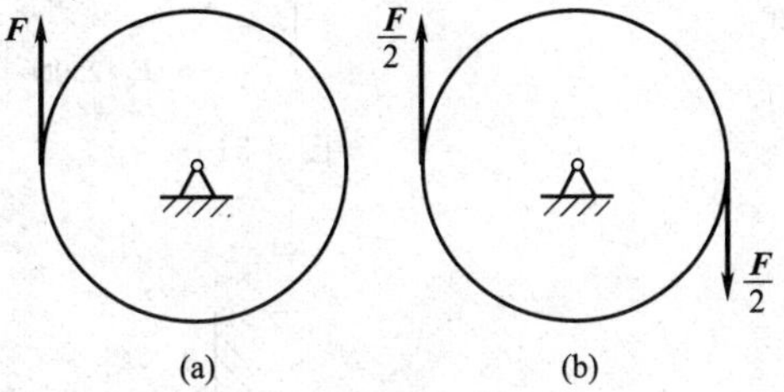

图 3-27

两者的作用效果是否相同？为什么？

3.8　如图 3-28 所示，如果先将作用于 D 点的力 $\boldsymbol{F}$ 平移至 E 点得到力 $\boldsymbol{F}'=\boldsymbol{F}$，并附加相应的力偶 M_e，然后求铰 C 的约束反力，这样做是否正确？为什么？

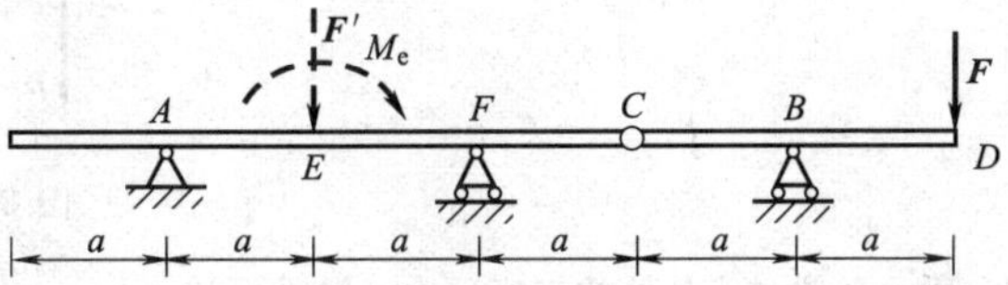

图 3-28

3.9　判断图 3-29 所示线性分布荷载的合力大小及合力作用位置。

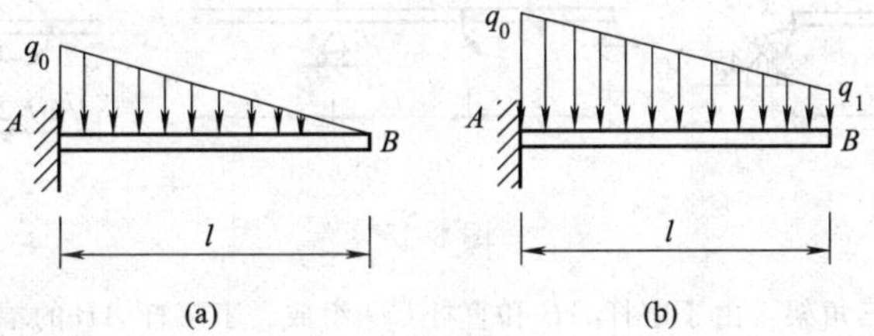

图 3-29

习　　题

3.1　如图 3-30 所示，已知 $F_1=2000\text{N}$，$F_2=150\text{N}$，$F_3=200\text{N}$，$F_4=200\text{N}$，各力的方向如图。试分别计算各力在 x 轴和 y 轴上的投影。

3.2　试计算如图 3-31 所示平面汇交力系的合力。

3.3　如图 3-32 所示，三角支架由杆件 AB 和 AC 构成，A、B、C 三处均为铰接，在 A 点悬挂重 $\boldsymbol{G}$ 的重物，忽略各杆自重。试求杆件 AB 和 AC 所受的力。

3.4　如图 3-33 所示，起重架的水平杆 AC 在 A 端用钢索 AB 拉住，C 端用铰固定。在 AC 杆中点装有一光滑的滑轮，通过它用绞车 E 将重为 $G=100\text{kN}$ 的重物匀速吊起。设杆 AC 的重量不计，试求钢索 AB 所受的拉力和杆 AC 的 C 端所受的约束力。

3.5　如图 3-34 所示，将绳索的一端在 A 点固定，绳索 BC 段跨过一滑轮，且在末端挂 $G=100\text{N}$ 的重物，在 B 点施加力 $\boldsymbol{F}$ 使其处于平衡状态。如果不计滑轮的摩擦，求力 $\boldsymbol{F}$ 的大小及绳 AB 的拉力。

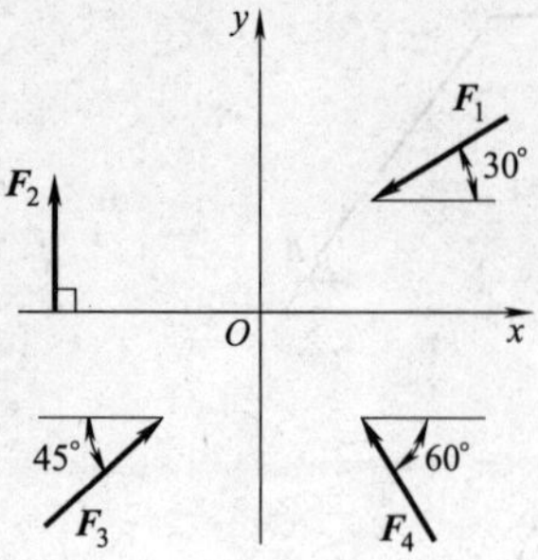

图 3-30

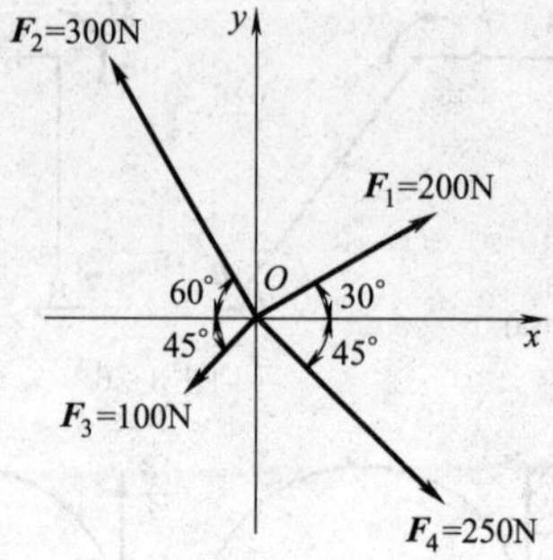

图 3-31

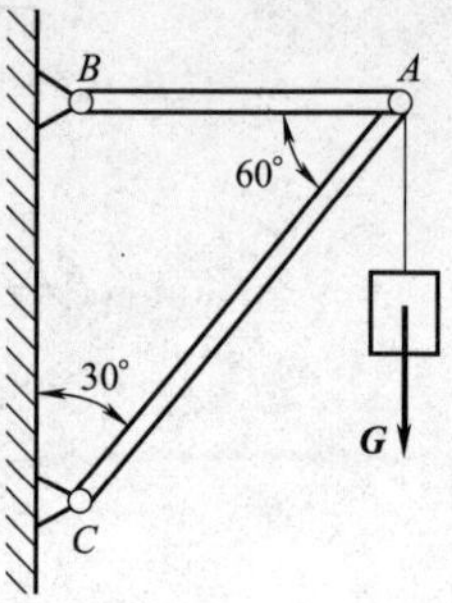

图 3-32

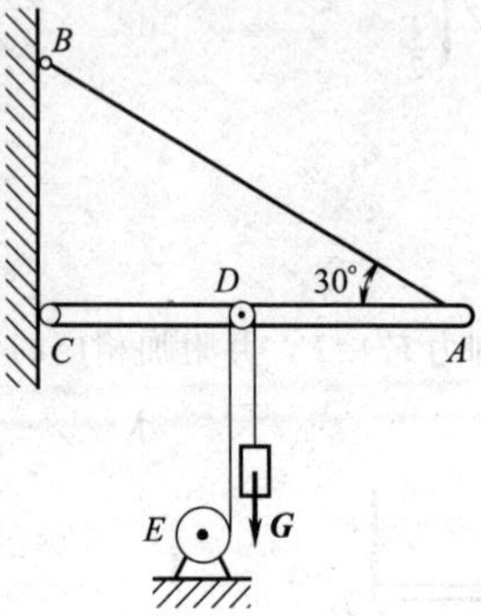

图 3-33

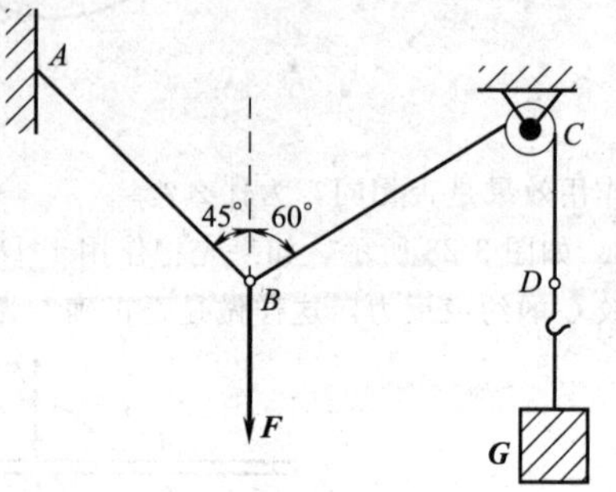

图 3-34

3.6　试分别计算图 3-35 所示各梁 A、B 处的支座反力，梁重不计。

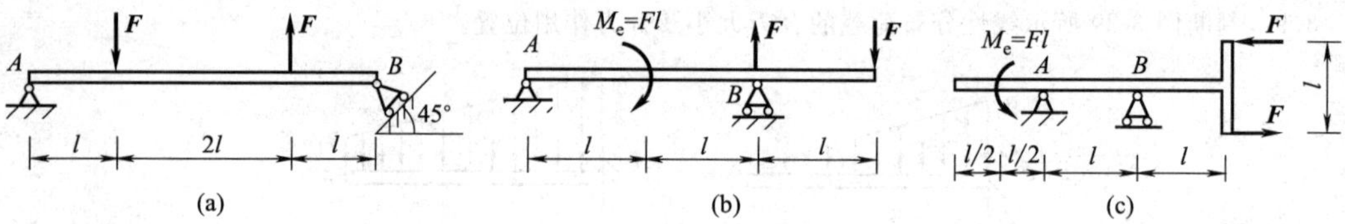

图 3-35

3.7　如图 3-36 所示三角架，由丁字杆 AB 和直杆 CD 组成。丁字杆 AB 的端部分别承受大小相等、方向相反的荷载 $\boldsymbol{F}_1$、$\boldsymbol{F}_2$，并 $F_1=F_2=10\text{kN}$，如果不计杆件自重，试计算 A 和 C 处的约束力。

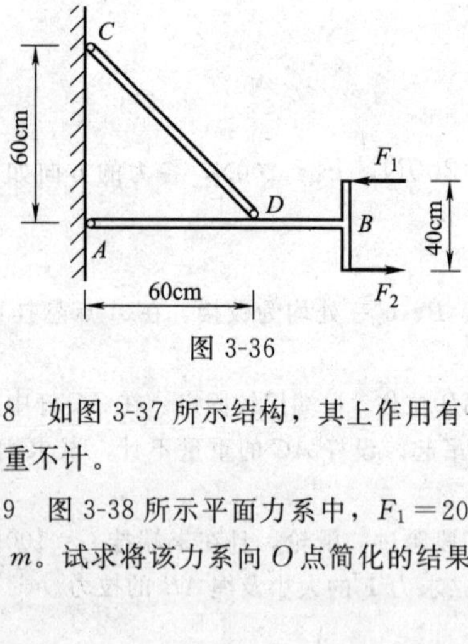

图 3-36

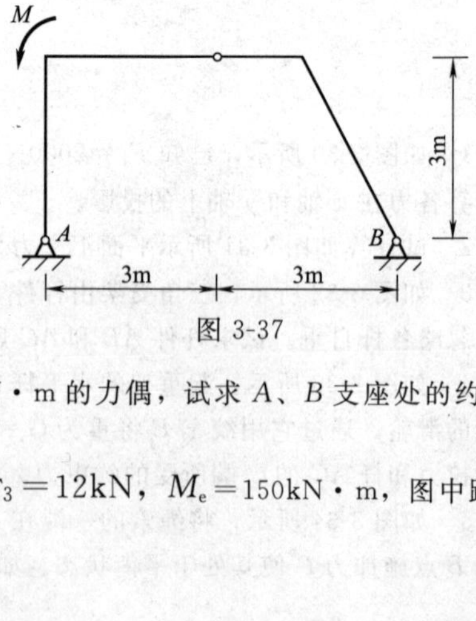

图 3-37

3.8　如图 3-37 所示结构，其上作用有一力偶矩 $M=60\text{kN}\cdot\text{m}$ 的力偶，试求 A、B 支座处的约束力，结构自重不计。

3.9　图 3-38 所示平面力系中，$F_1=20\text{kN}$，$F_2=25\text{kN}$，$F_3=12\text{kN}$，$M_e=150\text{kN}\cdot\text{m}$，图中距离的单位为 m。试求将该力系向 O 点简化的结果。

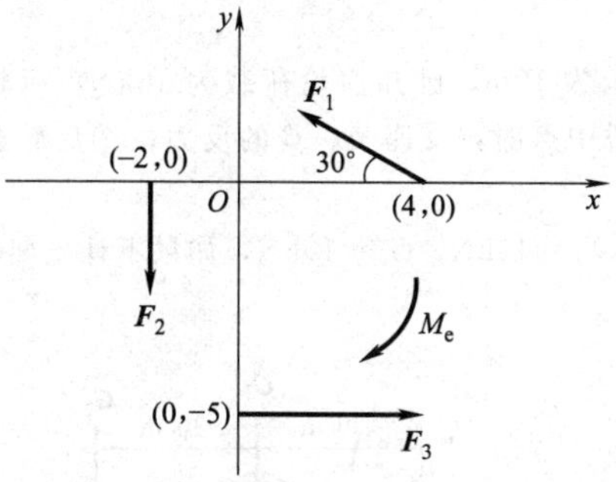

图 3-38

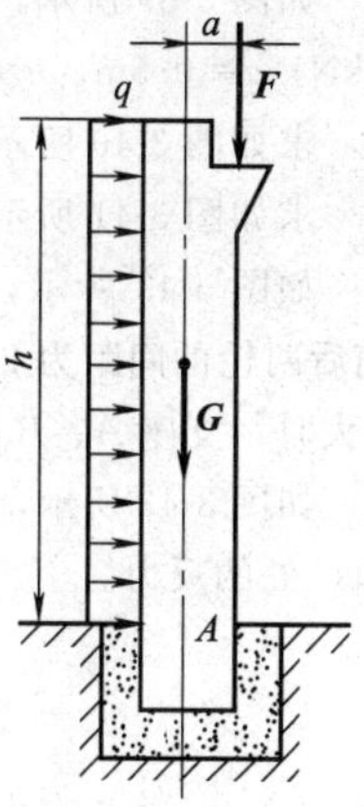

图 3-39

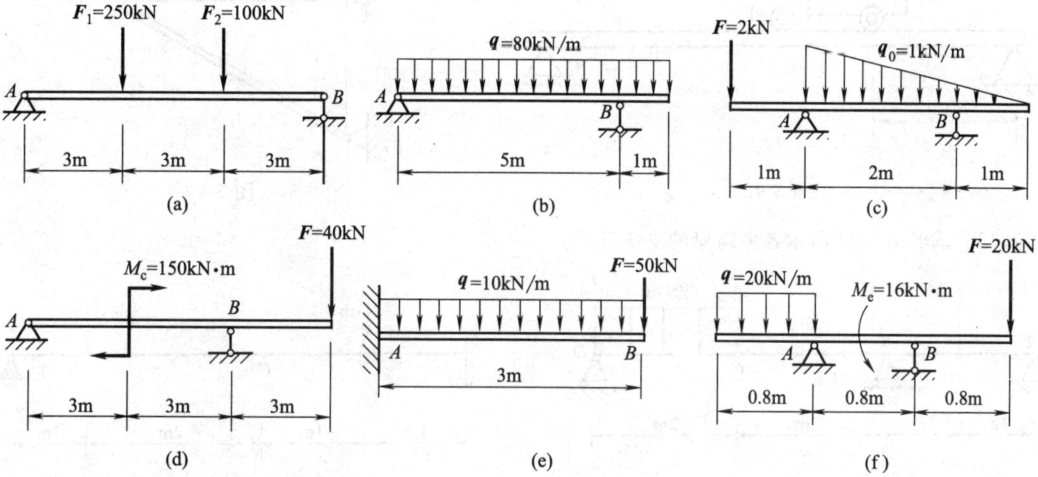

图 3-40

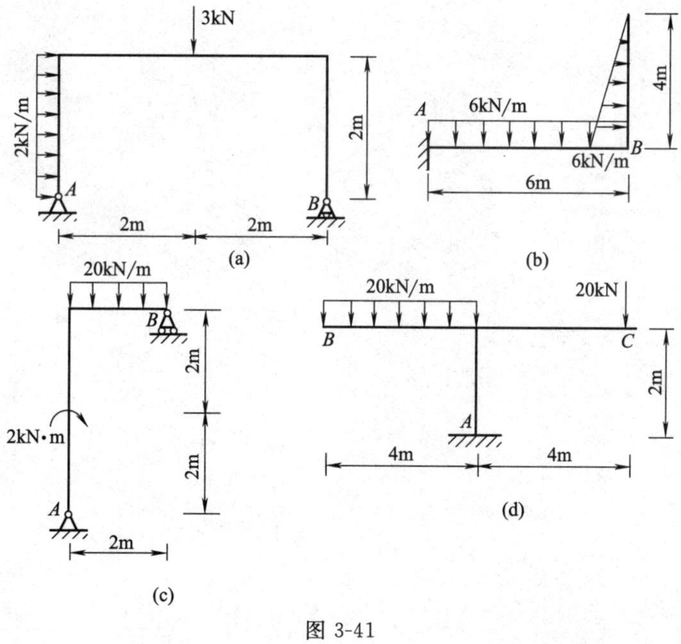

图 3-41

3.10 如图 3-39 所示，厂房的牛腿柱一端固定在杯口基础中，已知 $F=60\text{kN}$，风荷载 $q=2\text{kN/m}$，自重 $G=40\text{kN}$，$a=0.5\text{m}$，$h=10\text{m}$。求柱子 A 端的约束力。

3.11 求如图 3-40 所示各梁的支座反力。

3.12 求如图 3-41 所示各刚架的支座反力。

3.13 如图 3-42 所示，汽车行驶在桥梁 AB 上，桥长为 10m。已知前轮荷载为 10kN，后轮荷载为 40kN，前后两轮的间距为 2.5m。求：①当汽车后轮处在桥中点时，支座 A、B 的反力；②后轮到支座 A 的距离多大时，支座 A、B 的反力相等。

3.14 如图 3-43 所示，管道支架上搁置有管道。已知 $G_1=16\text{kN}$，$G_2=10\text{kN}$，如果不计支架自重，求支座 A 和 C 处的反力。

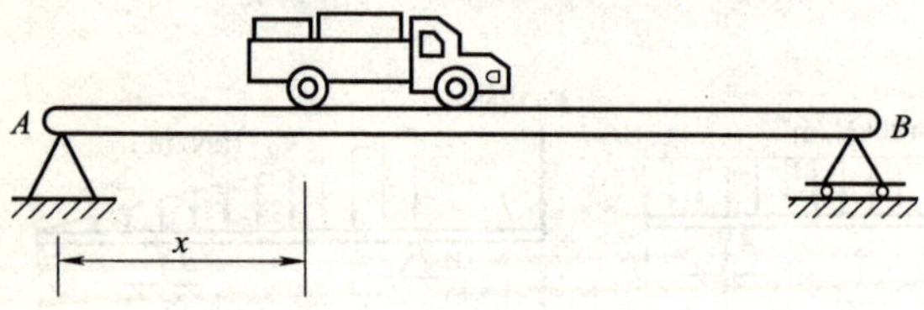

图 3-42

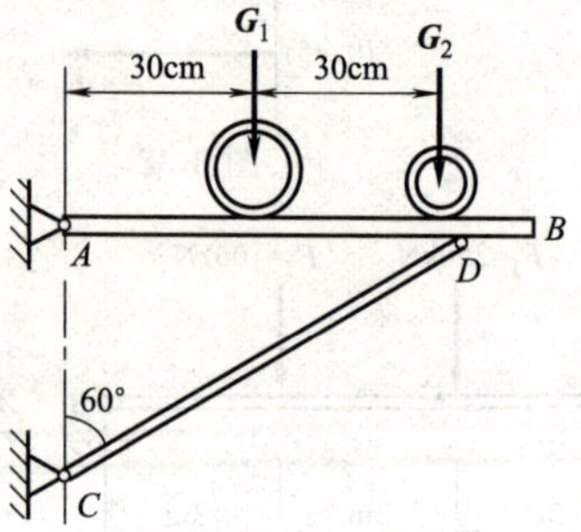

图 3-43

3.15 试求图 3-44 所示各多跨梁的支座反力。

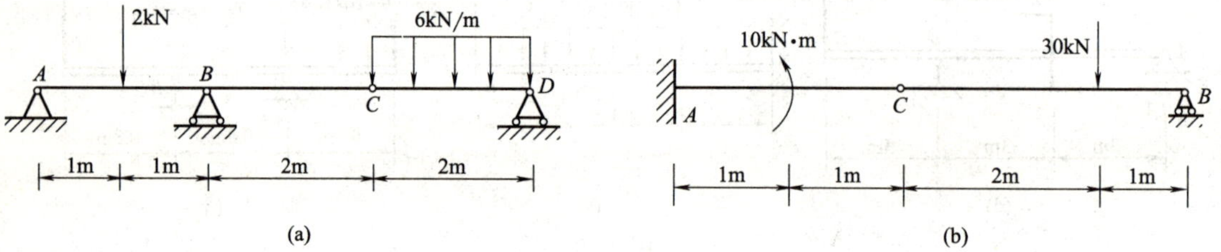

图 3-44

第四章　弹性变形体静力分析基础

提要：本章介绍变形固体的基本假设，杆件变形的基本形式，结构的计算简图及平面杆件结构的分类。

第一节　变形固体及其基本假设

前面章节主要研究物体在外力作用下的平衡问题，为了研究问题的方便，将固体视为刚体，这是一种理想化的模型。实际上，任何固体均为变形体，即在外力作用下都会发生形状和尺寸的改变。

对变形固体，当外力大小在一定范围时，卸去外力后其变形会完全消失，这种随外力卸去而消失的变形称为“弹性变形”。当作用于固体的外力大小超过一定范围，在外力卸去后固体变形只能部分消失，还残留下一部分不能消失的变形，这种不能消失的残余变形称为“塑性变形”。

变形固体的性质是复杂的，建筑力学对变形固体作出了以下几个基本假设，作为理论分析的一般基础。在以后各章中除特别说明，它们都是研究问题的前提。

(1) 连续性假设　忽略材料分子、原子间的空隙，假定构件的材料在整个体积中各点都是连续的。

(2) 均匀性假设　忽略材料各点处实际上存在的缺陷和晶格结构不同而引起的力学性能上的差异，认为从构件内任取一部分其力学性质都是完全相同的。

(3) 各向同性假设　认为材料沿各方向都有相同的力学性能。除木材等部分整体力学性能具有明显方向性的材料外，通常认为钢材、混凝土等均为各向同性材料。

(4) 小变形假设　认为构件的变形量远小于其外形尺寸。根据这一假设，在研究构件的平衡问题时就可采用构件变形前的原始尺寸进行分析，对计算中变形的高次方项也可忽略。但是对变形比较大的“大变形”构件，不能采用小变形假设，对大变形问题本书将不做讨论。

一般构件在正常工作条件下均要求其材料只发生弹性变形。建筑力学所研究的主要是限于线弹性范围内的小变形问题，除特别说明，否则将不涉及超出线弹性范围的问题。

第二节　杆件变形的基本形式

一、杆件

人们将长度尺寸远大于横向尺寸的构件称为杆件或杆。杆件一般有直杆和曲杆。

直杆的横截面是与杆长度垂直的截面，各横截面形心的连线为杆轴线。各横截面相同的直杆称等直杆。曲杆横截面是指垂直于其弧长方向的截面，曲杆的轴线同样是各横截面形心的连线。直杆和曲杆的横截面均与其杆轴线垂直，如图 4-1 所示。

建筑力学所研究的多为等直杆件。

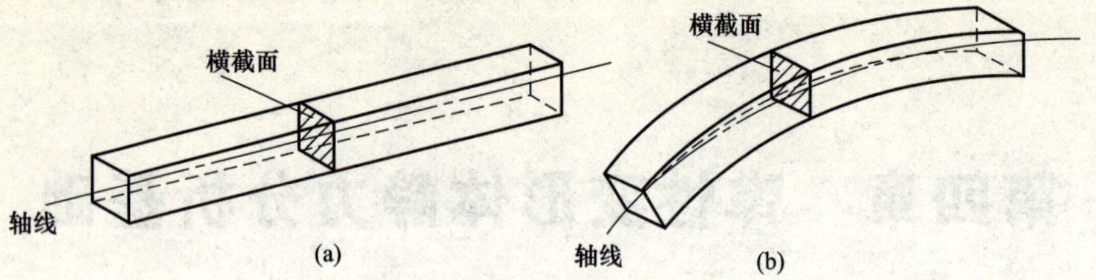

图 4-1

二、杆件变形的基本形式

外力作用下，杆件的变形有多种形式。但无论杆件的变形有多么复杂，却都可由以下四种基本变形组合而成。

1. 轴向拉伸或压缩

杆件的这种变形是由作用线与杆轴线相重合的外力引起的。主要变形是杆件长度的改变，如图 4-2（a）、（b）所示。

2. 剪切

杆件的这种变形是由一对相距很近且方向相反的横向外力引起的。主要变形是横截面沿外力作用方向发生错动，如图 4-2（c）所示。

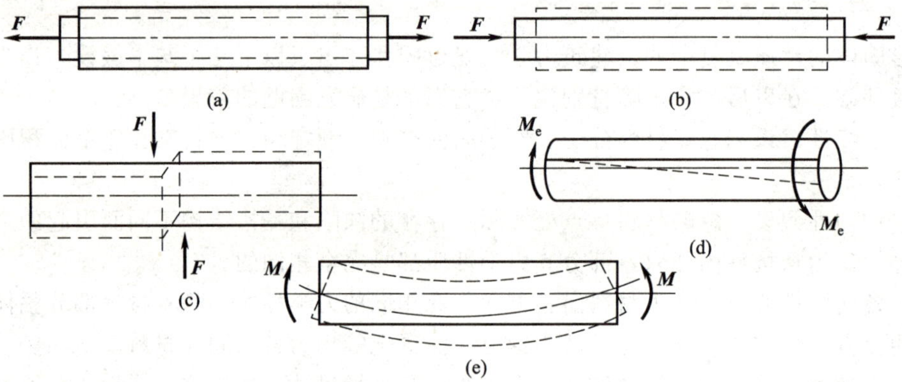

图 4-2

3. 扭转

杆件的这种变形是由一对转向相反、作用面垂直于杆轴线的外力偶引起的。主要变形是杆件相邻两横截面绕杆轴线发生相对转动，而杆轴线仍保持直线，如图 4-3（d）所示。

4. 弯曲

杆件的这种变形是由一对转向相反、作用在包含杆轴线在内的纵向平面内的外力偶所引起的。主要变形是杆件相邻横截面将绕垂直于杆轴线的轴发生相对转动，变形后的杆轴线呈曲线状，如图 4-2（e）所示。

第三节　结构的计算简图

一、计算简图的概念

工程实际中，结构或构件的构造是复杂的，完全按照实际情况进行受力分析有较大的难度，有时甚至不可能实现。因此，在对结构分析前应抓住主要因素，结合实际情况放弃一些次要的因素，对实际结构或构件进行简化，得到既能反映实际情况，又便于分析的理想力学模型，这种理想力学模型称为计算简图。

计算简图必须满足以下两个基本要求：①尽可能地反映构件的真实受力情况；②能简化计算。

二、实际结构的主要简化内容

1. 杆件的简化

由于杆件的横截面尺寸比杆件的长度小得多，因此在计算简图中杆件可以用其纵轴线表示。直杆用直线表示，曲杆用相应的曲线表示。

2. 结点的简化

在结构中，杆件与杆件相连接的部分称为结点。根据连接处的构造情况和结构的受力特点，在计算简图中可将其简化为铰结点和刚结点两种基本类型。

铰结点的特征是汇交于结点的各杆件都可绕结点自由转动，即结点对各杆端仅限制相对移动不限制转动。例如，图 4-3（a）所示为一木屋架结点，各杆件之间允许有微小转动，因此可简化为铰结点，计算简图，如图 4-3（b）所示。

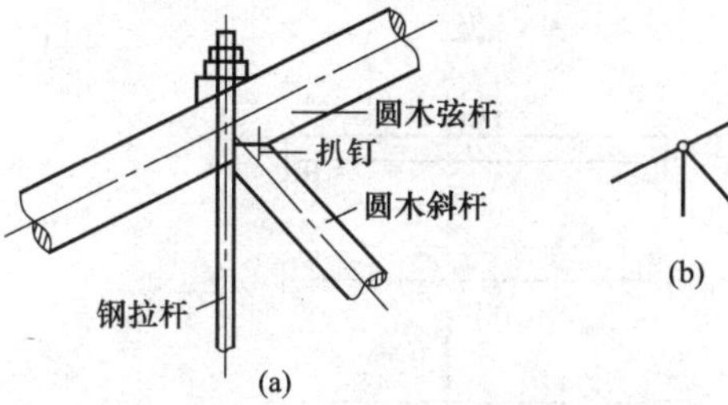

图 4-3

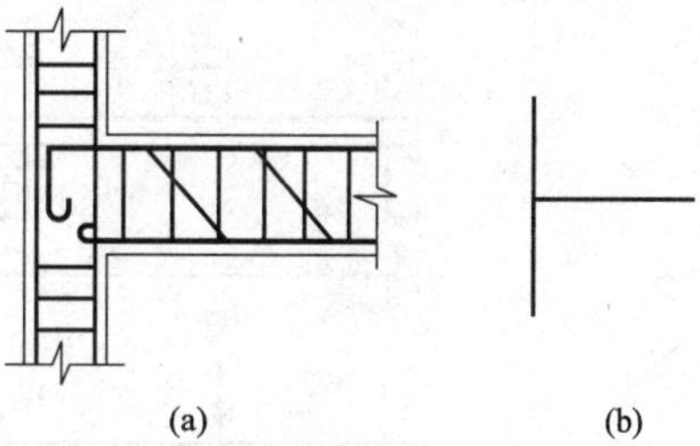

图 4-4

刚结点的特征是汇交于结点的各杆件在变形前后各杆端之间的夹角保持不变，即结点对杆端既限制移动又限制转动。如图 4-4（a）所示为钢筋混凝土结构中的某一结点，其特点是各杆件之间用钢筋连成整体并用混凝土浇筑在一起，这种结点即可视为刚结点，其计算简图如图 4-4（b）所示。

3. 支座的简化

支座根据其实际构造和约束特点通常可简化为可动铰支座、固定铰支座、固定端支座和定向支座四类。

可动铰支座、固定铰支座、固定端支座在第二章第六节中已讨论过。定向支座又称滑动支座，其构造如图 4-5（a）所示，其特点是结构在支撑处不能转动，只能沿水平方向移动，因此约束反力有一个垂直支撑面的力 $\boldsymbol{F}_{A_y}$ 和一个力偶 M。其计算简图可用垂直于支撑面的两根平行链杆来表示，如图 4-5（b）所示。

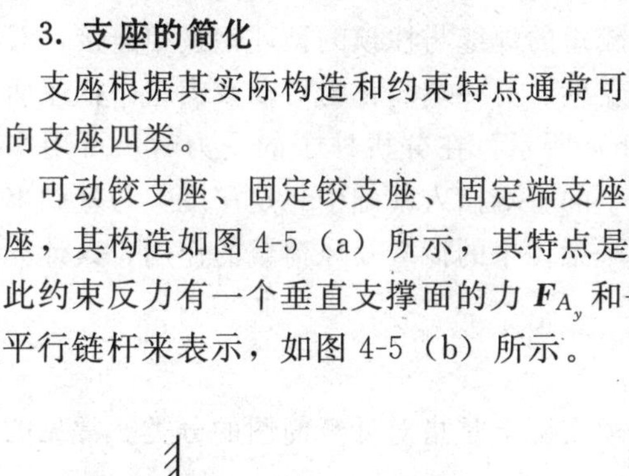

图 4-5

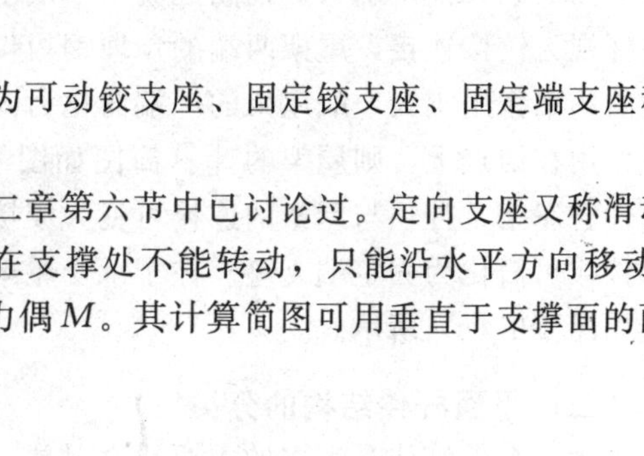

图 4-6

在工程实践中，应根据实际构造确定支座类型。例如，插入钢筋混凝土杯形基础中一定深度的柱子，如用沥青麻丝填缝［图 4-6（a）］，可视为固定铰支座［图 4-6（b）］，如用细石混凝土填缝［图 4-7（a）］，则可视为固定端支座［图 4-7（b）］。

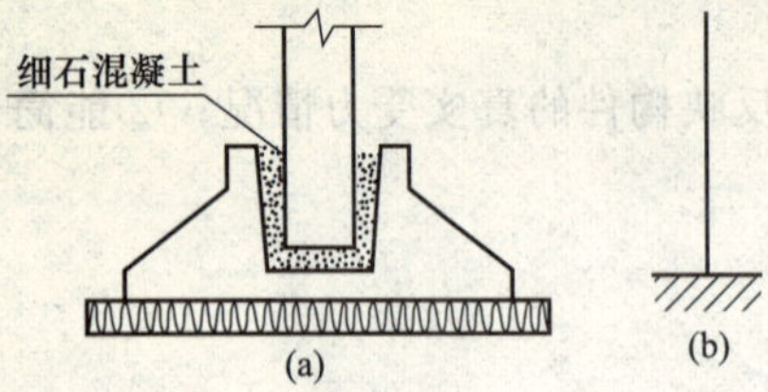

图 4-7

4. **荷载的简化**

实际建筑结构受到的荷载，一般是作用在结构各处的体荷载（如自重）及作用在某一表面积上的面荷载（如风载）。在计算简图中，通常将这些荷载简化为作用在构件纵向轴线上的线分布荷载、集中荷载或力偶。

如图 4-8（a）所示，杆 AB 支撑在墙体上，杆的中部搁置有重为 $\boldsymbol{G}$ 的重物，杆 AB 的受力如图 4-8（b）所示。由于墙体厚度和重物作用的宽度远小于杆的长度（a，$b \ll l$），可将墙体、重物对杆作用的分布力简化为集中作用力，如图 4-8（c）。若用杆轴线代替杆，用相应的支座替代墙体对梁端的支撑，考虑杆自重，可得如图 4-8（d）所示计算简图。它不仅反映了原构件的受力情况，也使力学计算得到了简化。

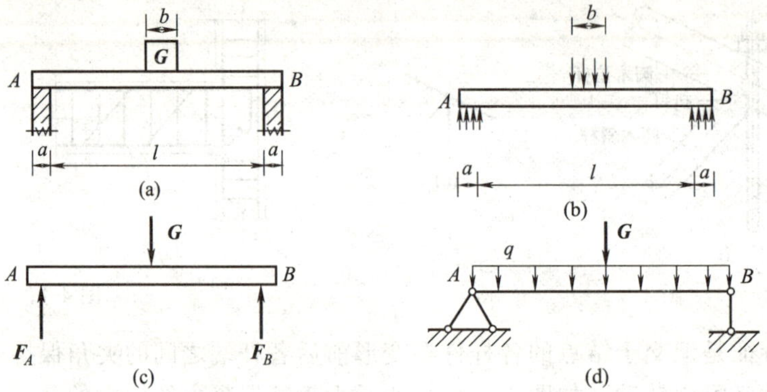

图 4-8

图 4-9（a）所示为一钢筋混凝土单层工业厂房结构。上部屋架各杆用其轴线表示，并将各杆视为铰接连接，屋架两端的预埋钢板仅通过较短的焊缝与柱顶的预埋钢板相连接，对转动的约束作用不大，故屋架的一端简化为固定铰支座，另一端简化为可动铰支座。如屋面荷载作用在结点上，则屋架的计算简图如图 4-9（b）所示。在分析柱子的受力时，可用实体杆代替屋架，柱顶与屋架的连接可视为铰接，柱子的下端插入基础中一定深度，与基础牢固连接，可简化为固定端支座。柱子承受屋架、吊车梁传来的荷载及风荷载的作用，其计算简图如图 4-9（c）所示。

三、平面杆件结构的分类

平面杆件结构是本书的主要研究对象，其分类实际上是指对计算简图的分类。常见的平面杆件结构有以下几种类型。

1. **梁**

梁是一种受弯构件，轴线通常为直线。梁可以是单跨的［图 4-10（a）］，也可以是多跨的［图 4-10（b）］。

2. **拱**

拱结构的轴线为曲线，在竖向荷载作用下既产生竖向反力，也产生水平反力（水平推

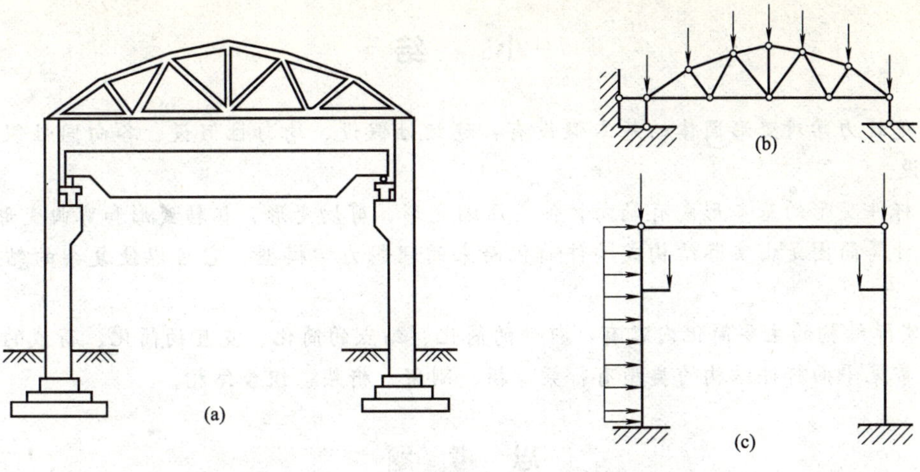

图 4-9

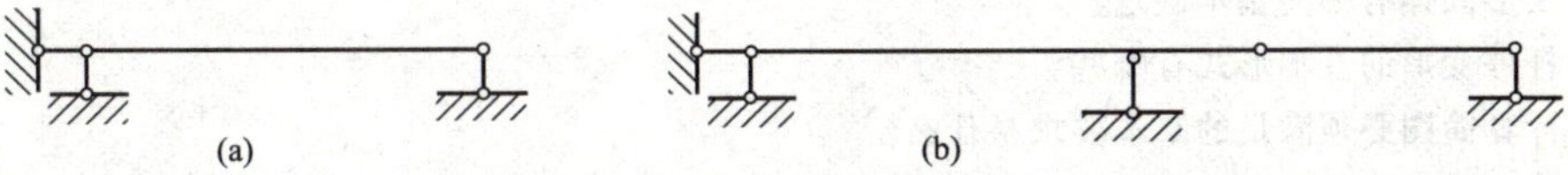

图 4-10

力)，如图 4-11 所示。拱主要承受轴向压力。拱与梁的区别不仅在于外形不同，更重要的是水平推力的存在与否。

3. 刚架

刚架是由梁和柱组成的结构，如图 4-12 所示。刚架中的结点主要是刚结点，也可以有部分铰结点。各杆件同时产生轴向变形和弯曲变形。

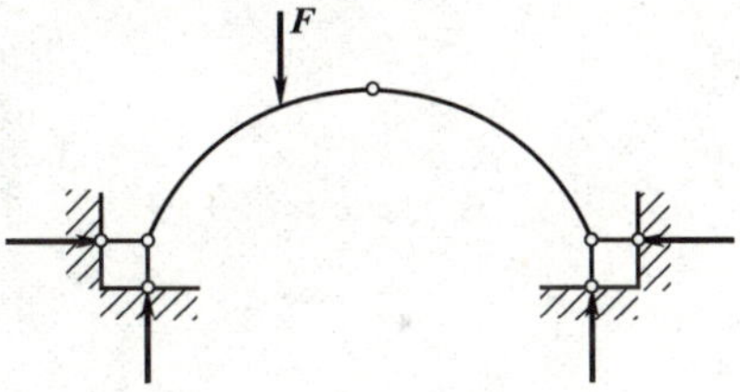

图 4-11

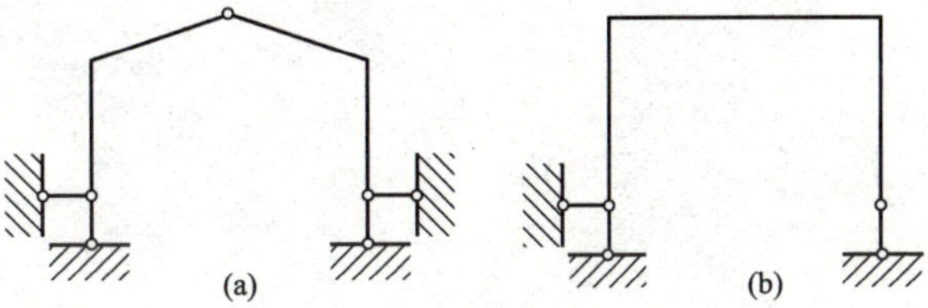

图 4-12

4. 桁架

桁架是由若干直杆组成，所有结点都是铰结点的结构，如图 4-13 所示。当仅受到结点荷载作用时，各杆件只产生轴向变形。

5. 组合结构

在组合结构中，有些杆件只产生轴向变形，而另一些杆件在产生轴向变形的同时还产生弯曲变形，如图 4-14 所示。

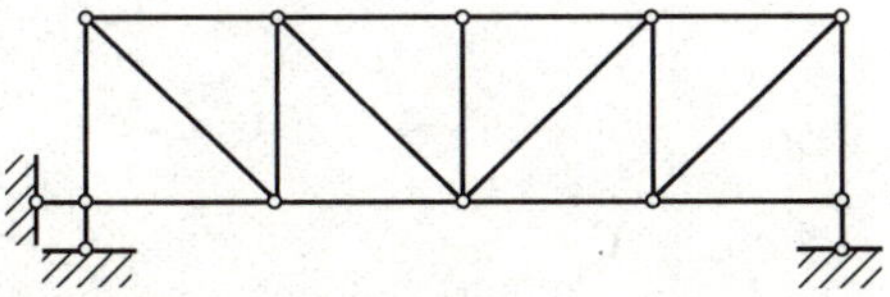

图 4-13

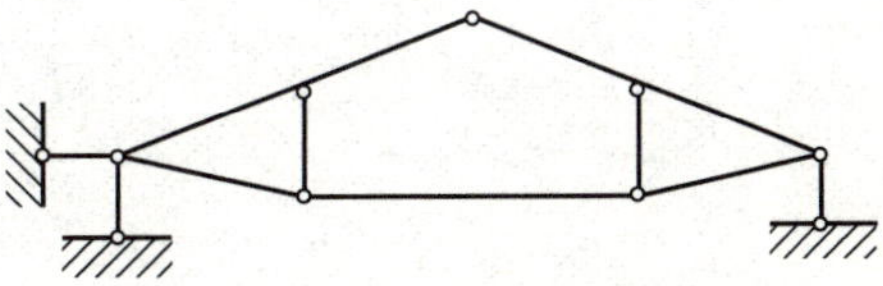

图 4-14

小结

1. 建筑力学对变形固体的基本假设有：连续性假设、均匀性假设、各向同性假设、小变形假设。

2. 杆件变形的基本形式有轴向拉伸或压缩变形、剪切变形、扭转变形和弯曲变形。

3. 计算简图是由实际结构或构件简化而来的理想力学模型。它可以使复杂的结构计算简单化。

对实际结构的主要简化内容有：杆件的简化、结点的简化、支座的简化、荷载的简化。

4. 常见平面杆件结构的类型有：梁、拱、刚架、桁架、组合结构。

思考题

4.1 变形固体有哪些基本假定？

4.2 杆件变形的基本形式有哪些？

4.3 计算简图必须满足的基本要求是什么？

4.4 平面杆件结构的类型有哪些？各类型杆件结构有何特点？

第五章　平面图形的几何性质

提要：本章介绍平面图形的静矩、惯性矩、极惯性矩的概念；常用简单图形的惯性矩、极惯性矩的计算；平行移轴公式及组合截面图形的形心坐标、静矩、惯性矩的计算。

第一节　静矩和形心位置

一、静矩的概念

设一平面图形如图 5-1 所示。假设其面积为 A，y 轴和 z 轴为图形所在平面内的坐标轴。在坐标为（z，y）处取微面积 $\mathrm{d}A$，将 $y\mathrm{d}A$ 称为微面积 $\mathrm{d}A$ 对 z 轴的静矩，记为 $\mathrm{d}S_z$，即：

$$\mathrm{d}S_z = y\mathrm{d}A$$

整个截面对 z 轴的静矩，记为 S_z，则：

$$S_z = \int_A \mathrm{d}S_z = \int_A y\,\mathrm{d}A \tag{5-1}$$

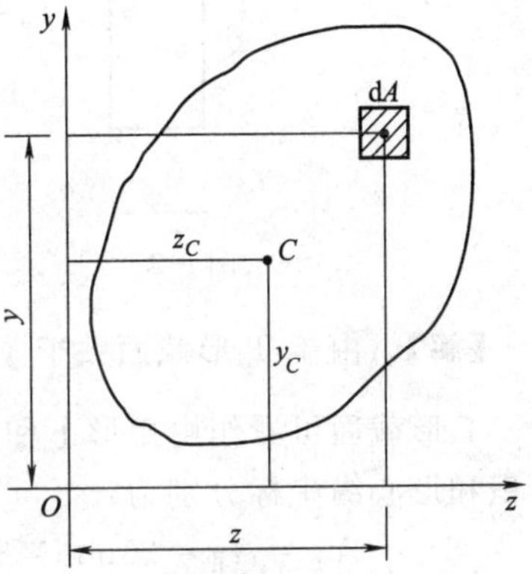

图 5-1

同理，截面对 y 轴的静矩为：

$$S_y = \int_A z\,\mathrm{d}A \tag{5-2}$$

截面的静矩是对某一坐标轴而言的，同一截面对不同的坐标轴，其静矩不同。静矩的值可能为正，可能为负，也可能为零。

静矩的常用单位为 mm^3 或 cm^3。

二、静矩与形心坐标的关系

若如图 5-1 所示平面图形的形心坐标为（z_C，y_C），y_C 和 z_C 的计算公式直接给出如下：

$$\left.\begin{aligned} y_C &= \frac{\int_A y\,\mathrm{d}A}{A} = \frac{S_z}{A} \\ z_C &= \frac{\int_A z\,\mathrm{d}A}{A} = \frac{S_y}{A} \end{aligned}\right\} \tag{5-3}$$

由式（5-3）可知，若已知平面图形的形心坐标，则静矩可表示为：

$$\left.\begin{aligned} S_z &= Ay_C \\ S_y &= Az_C \end{aligned}\right\} \tag{5-4}$$

由式（5-4）知，若平面图形对某一轴的静矩为零，则该轴必通过图形的形心；反之，若某一轴通过平面图形的形心，则平面图形对该轴的静矩为零。

当一个平面组合图形由若干个简单图形（如矩形、圆形等）组成时，组合图形对某一轴的静矩等于各简单图形对同一轴静矩的代数和，即：

$$\left.\begin{aligned} S_z &= \sum_{i=1}^{n} S_{z_i} = \sum_{i=1}^{n} A_i y_{C_i} \\ S_y &= \sum_{i=1}^{n} S_{y_i} = \sum_{i=1}^{n} A_i z_{C_i} \end{aligned}\right\} \tag{5-5}$$

式（5-5）中，S_{z_i}、S_{y_i} 分别表示各简单图形对 z 轴和 y 轴的静矩；A_i、y_{C_i}、z_{C_i} 分别表示各简单图形的面积和形心坐标。利用式（5-3），可得组合图形的形心坐标公式为：

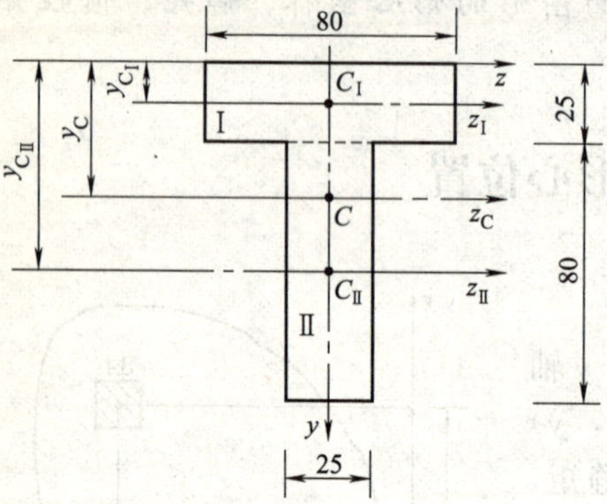

图 5-2

$$\left.\begin{aligned} z_C &= \frac{\sum_{i=1}^{n} A_i z_{C_i}}{\sum_{i=1}^{n} A_i} \\ y_C &= \frac{\sum_{i=1}^{n} A_i y_{C_i}}{\sum_{i=1}^{n} A_i} \end{aligned}\right\} \tag{5-6}$$

【例 5-1】 T 形截面，如图 5-2 所示。求该 T 形截面的形心位置。

【解】 由于 T 形截面关于 y 轴对称，形心必在 y 轴上，因此 $z_C=0$，只需计算 y_C。

T 形截面可看作由矩形Ⅰ和矩形Ⅱ组成，$C_{\rm I}$、$C_{\rm II}$ 分别为两矩形的形心。两矩形的截面面积和形心纵坐标分别为：

$$A_{\rm I} = A_{\rm II} = 25\text{mm} \times 80\text{mm} = 2000\text{mm}^2; \quad y_{C_{\rm I}} = 12.5\text{mm}, y_{C_{\rm II}} = 65\text{mm}$$

由式（5-6）得：

$$y_C = \frac{\sum A_i y_{C_i}}{\sum A_i} = \frac{A_{\rm I} y_{C_{\rm I}} + A_{\rm II} y_{C_{\rm II}}}{A_{\rm I} + A_{\rm II}} = \frac{2000\text{mm}^2 \times 12.5\text{mm} + 2000\text{mm}^2 \times 65\text{mm}}{2000\text{mm}^2 + 2000\text{mm}^2} = 38.75\text{mm}$$

故截面形心坐标（z_C，y_C）=（0，38.75）。

第二节 惯 性 矩

一、惯性矩的概念

如图 5-1 所示平面图形，将 $y^2 dA$ 称为微面积 dA 对 z 轴的惯性矩，记为 dI_z，即：

$$dI_z = y^2 dA$$

整个截面对 z 轴的惯性矩，记为 I_z，则：

$$I_z = \int_A dI_z = \int_A y^2 dA \tag{5-7}$$

同理，整个截面对 y 轴的惯性矩为：

$$I_y = \int_A dI_y = \int_A z^2 dA \tag{5-8}$$

截面对任一轴的惯性矩恒为正值，其常用单位为 mm^4 和 cm^4。

二、常见简单截面的惯性矩

矩形截面，如图 5-3 所示。计算其对形心轴 z 轴的惯性矩时，可取宽为 b，高为 dy 的狭长条为微面积 $dA = b dy$。

则由惯性矩定义得：

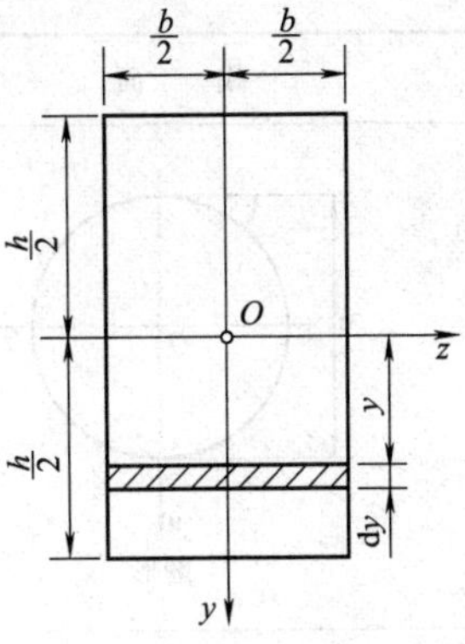

图 5-3

$$I_z=\int_A y^2\mathrm{d}A=\int_{-h/2}^{h/2}y^2b\mathrm{d}y=\frac{bh^3}{12}$$

同理可得：

$$I_y=\frac{hb^3}{12}$$

其他简单图形，如圆形、圆环形截面对其形心轴的惯性矩均可通过积分的方法计算，其结果列于表 5-1。型钢截面的几何性质可查型钢表。

工程中常把惯性矩表示为平面图形的面积与某一长度平方的乘积，即：

$$I_y=Ai_y^2，I_z=Ai_z^2 \tag{5-9}$$

式中，i_y，i_z分别称为平面图形对 y 轴和 z 轴的惯性半径，其常用单位为 mm，cm。当平面图形的面积 A 和惯性矩 I_y、I_z已知时，惯性半径即可从式（5-10）求得：

$$i_y=\sqrt{\frac{I_y}{A}}，i_z=\sqrt{\frac{I_z}{A}} \tag{5-10}$$

常用平面图形的惯性半径列于表 5-1。

三、平行移轴公式

同一平面图形对不同坐标轴的惯性矩是不同的。在工程计算中，常常通过平面图形对形心轴的惯性矩推算出该图形对与其形心轴平行的其他轴的惯性矩。

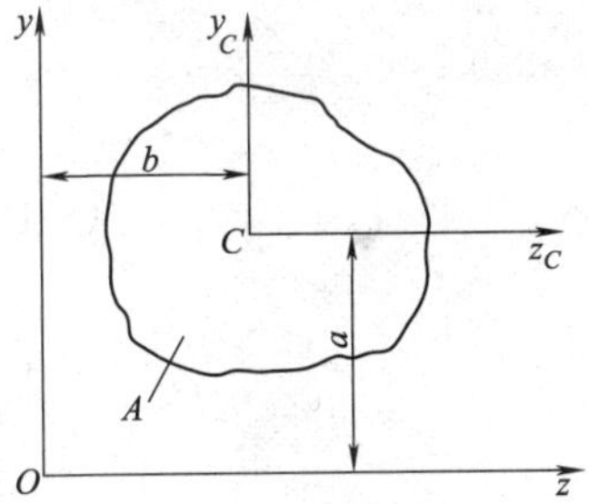

图 5-4

任意平面图形，如图 5-4 所示。其形心在 C 点，z_C轴与 y_C轴为形心轴。z 轴、y 轴分别与 z_C轴、y_C轴平行，a 与 b 分别为两对平行轴的间距。可以证明：

$$I_z=I_{z_C}+a^2A \tag{5-11}$$

$$I_y=I_{y_C}+b^2A \tag{5-12}$$

式（5-11）与式（5-12）称为惯性矩的平行移轴公式。使用该公式时，应注意 I_{z_C}，I_{y_C}是平面图形对其形心轴的惯性矩（表 5-1）。

表 5-1　截面及惯性矩、惯性半径

截　面	惯 性 矩	惯 性 半 径
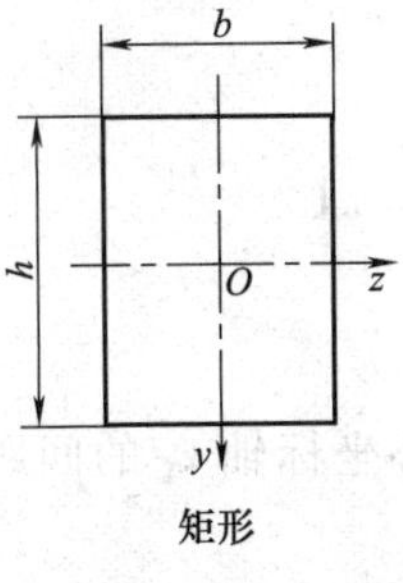 矩形	$I_z=\frac{bh^3}{12}$ $I_y=\frac{hb^3}{12}$	$i_z=\frac{h}{2\sqrt{3}}$ $i_y=\frac{b}{2\sqrt{3}}$

续表

截　面	惯性矩	惯性半径
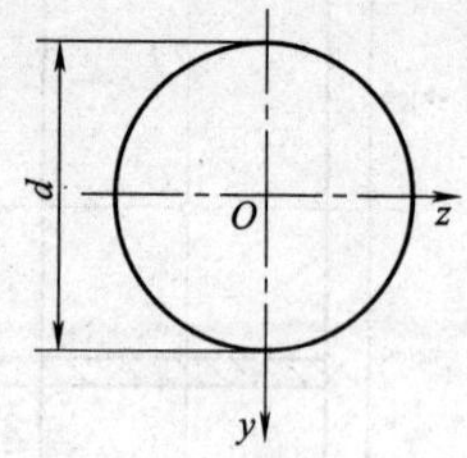 圆形	$I_z=I_y=\frac{\pi d^4}{64}$	$i_z=i_y=\frac{d}{4}$
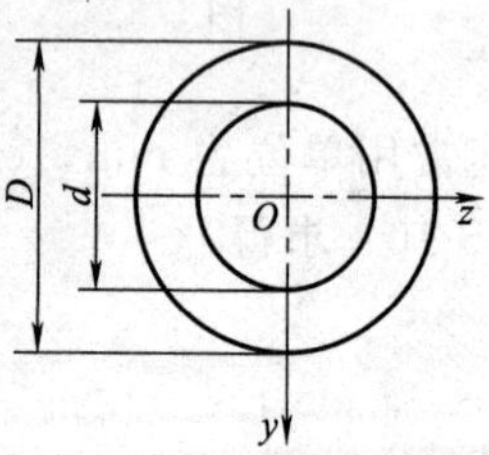 圆环形	$I_z=I_y=\frac{\pi D^4(1-\alpha^4)}{64}$ $\left(\alpha=\frac{d}{D}\right)$	$i_z=i_y=\frac{D}{4}\sqrt{1+\alpha^2}$ $\left(\alpha=\frac{d}{D}\right)$

四、组合截面的惯性矩

工程实际中常会遇到由矩形、圆形和型钢截面组成的组合截面，组合截面图形对某一轴的惯性矩等于各简单图形对该轴惯性矩之和，即：

$$\left.\begin{aligned}I_z&=\sum_{i=1}^{n}I_{z_i}\\I_y&=\sum_{i=1}^{n}I_{y_i}\end{aligned}\right\}\tag{5-13}$$

【例 5-2】 求图 5-5 所示 T 形截面对其形心轴 z_C 的惯性矩。

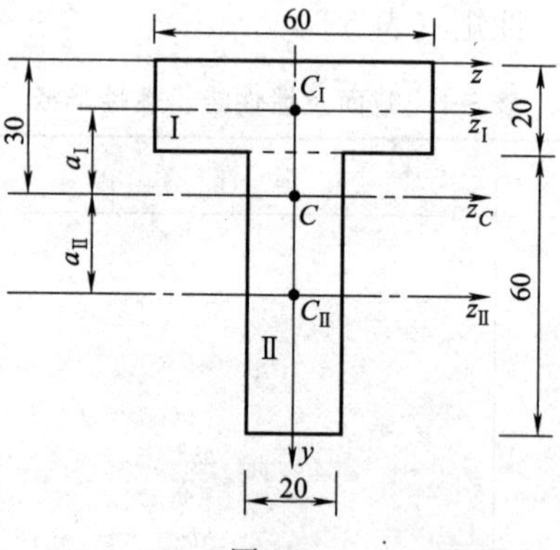

图 5-5

【解】 设Ⅰ、Ⅱ两矩形的形心坐标轴 $z_Ⅰ$、$z_Ⅱ$ 与 T 形截面形心坐标轴 z_C 的间距分别为 $a_Ⅰ$、$a_Ⅱ$，因此可得：

$$a_Ⅰ=30\text{mm}-10\text{mm}=20\text{mm}$$

$$a_{Ⅱ}=50\text{mm}-30\text{mm}=20\text{mm}$$

Ⅰ、Ⅱ两矩形截面对 z_C 轴的惯性矩，由平行移轴公式式（5-11）得：

$$I_{z_C}^{(Ⅰ)}=I_{z_Ⅰ}^{(Ⅰ)}+a_Ⅰ^2A_Ⅰ=\frac{60\text{mm}\times(20\text{mm})^3}{12}+(20\text{mm})^2\times20\text{mm}\times60\text{mm}$$
$$=52\times10^4\text{mm}^4$$

$$I_{z_C}^{(Ⅱ)}=I_{z_Ⅱ}^{(Ⅱ)}+a_Ⅱ{}^2A_Ⅱ=\frac{20\text{mm}\times(60\text{mm})^3}{12}+(20\text{mm})^2\times20\text{mm}\times60\text{mm}$$
$$=84\times10^4\text{mm}^4$$

T 形截面对形心轴 z_C 的惯性矩由式（5-13）得：

$$I_{z_C}=I_{z_C}^{(Ⅰ)}+I_{z_C}^{(Ⅱ)}=52\times10^4\text{mm}^4+84\times10^4\text{mm}^4=136\times10^4\text{mm}^4=136\text{cm}^4$$

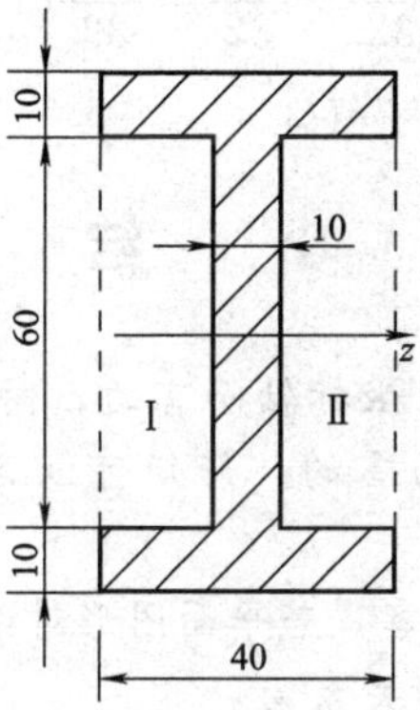

图 5-6

【例 5-3】 求图 5-6 所示工字形截面对其形心轴 z 的惯性矩 I_z。

【解】 工字形截面的形心轴 z 也是面积为 $40\times80\ \text{mm}^2$ 的大矩形及Ⅰ、Ⅱ两个小矩形的形心轴，故有：

$$I_z=\frac{40\text{mm}\times(80\text{mm})^3}{12}-\frac{(40\text{mm}-10\text{mm})\times(60\text{mm})^3}{12}$$
$$\approx116.7\times10^4\text{mm}^4=116.7\text{cm}^4$$

第三节　极惯性矩

一、极惯性矩的概念

如图 5-7 所示平面图形，将 $\rho^2\text{d}A$ 称为微面积 $\text{d}A$ 对坐标原点 O 的极惯性矩，记为 $\text{d}I_\text{P}$，即：

$$\text{d}I_\text{P}=\rho^2\text{d}A$$

整个截面对 O 点的极惯性矩，记为 I_P，则有：

$$I_\text{P}=\int_A\text{d}I_\text{P}=\int_A\rho^2\text{d}A \tag{5-14}$$

极惯性矩恒为正值，其常用单位为 mm^4 和 cm^4。

由图 5-7 可知，$\rho^2=y^2+z^2$，故有：

$$I_\text{P}=\int_A\rho^2\text{d}A=\int_A(y^2+z^2)\text{d}A=I_y+I_z$$

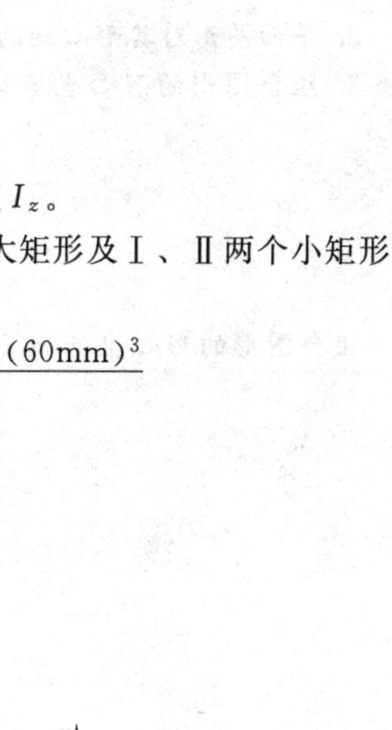

图 5-7

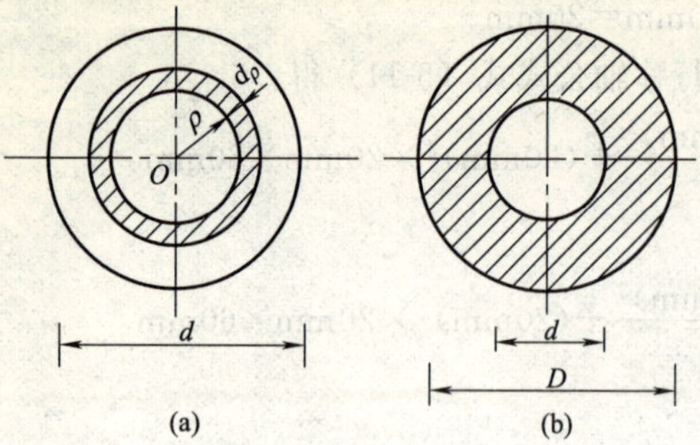

图 5-8

二、圆截面图形的极惯性矩

直径为 d 的实心圆截面如图 5-8（a）所示，在距圆心为 ρ 处，取宽度为 $d\rho$ 的环形面积作为面积元素 $dA=2\pi\rho d\rho$，则实心圆截面的极惯性矩 I_P 为：

$$I_P=\int_A \rho^2 dA=\int_0^{\frac{d}{2}}\rho^2\times 2\pi\rho d\rho=\frac{\pi d^4}{32}$$

对如图 5-8（b）所示的空心圆截面，极惯性矩 I_P 为：

$$I_P=\frac{\pi D^4}{32}-\frac{\pi d^4}{32}=\frac{\pi D^4}{32}(1-\alpha^4)$$

式中，d 为内径；D 为外径；$\alpha=d/D$。

小　结

1. 平面图形的静矩、惯性矩是对坐标轴而言的，同一图形对不同的坐标轴有不同的值；平面图形的极惯性矩是对坐标原点而言的。静矩可以为正、可以为负，也可以为零，惯性矩、极惯性矩恒为正。

2. 平面图形对其形心轴的静矩为零，若平面图形对某轴的静矩为零，则该轴必为形心轴。

3. 组合图形的形心坐标与静矩的关系为：

$$\left.\begin{aligned} S_z &= \sum_{i=1}^{n} S_{z_i} = \sum_{i=1}^{n} A_i y_{C_i} \\ S_y &= \sum_{i=1}^{n} S_{y_i} = \sum_{i=1}^{n} A_i z_{C_i} \end{aligned}\right\}$$

组合图形的形心坐标公式为：

$$\left.\begin{aligned} z_C &= \frac{\sum_{i=1}^{n} A_i z_{C_i}}{\sum_{i=1}^{n} A_i} \\ y_C &= \frac{\sum_{i=1}^{n} A_i y_{C_i}}{\sum_{i=1}^{n} A_i} \end{aligned}\right\}$$

4. 平行移轴公式反映了平面图形对相互平行的两个坐标轴（其中之一为形心轴）惯性矩之间的关系。平行移轴公式为：$I_z=I_{z_C}+a^2A$，$I_y=I_{y_C}+b^2A$

由平行移轴公式可知，已知平面图形对其形心轴的惯性矩时，可以求出图形对与其形心轴平行的任一坐标轴的惯性矩。

5. 组合截面图形对某一轴的惯性矩等于各简单图形对该轴惯性矩之和，即：

$$\left.\begin{aligned} I_z &= \sum_{i=1}^{n} I_{z_i} \\ I_y &= \sum_{i=1}^{n} I_{y_i} \end{aligned}\right\}$$

思 考 题

5.1　截面对于形心轴的静矩等于多少？为什么？

5.2　为什么截面对于对称轴的静矩等于零？

5.3　平行移轴公式的内容是什么？利用平行移轴公式可解决什么问题？

5.4　两个梁的横截面如图 5-9 所示，z 轴为形心轴。按下式计算其惯性矩是否正确？为什么？

$$I_z=\frac{BH^3}{12}-\frac{bh^3}{12}$$

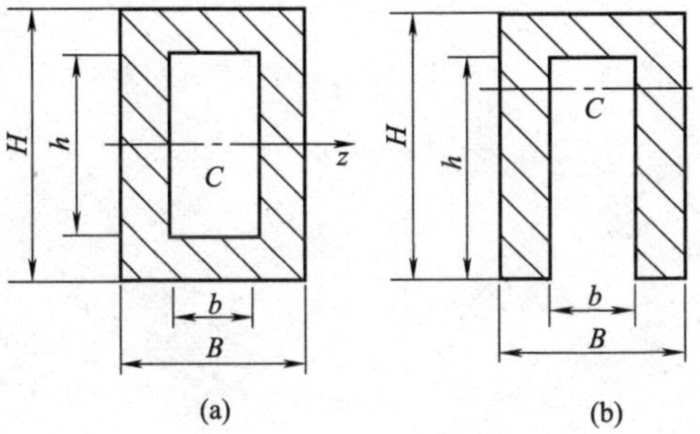

图 5-9

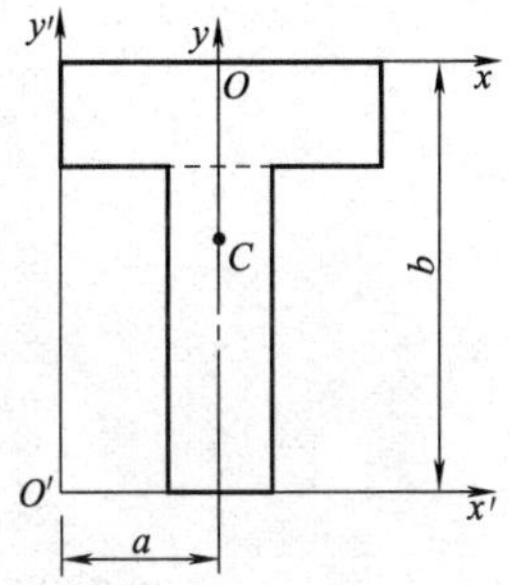

图 5-10

5.5　如图 5-10 所示 T 形截面，面积为 A，C 为形心。下列结论是否正确？

$$I_{x'}=I_x+b^2A \tag{a}$$

$$I_{y'}=I_y+a^2A \tag{b}$$

习 题

5.1　计算如图 5-11 所示 T 形截面的形心位置，并计算图中阴影线部分对形心轴 z_C 的静矩。

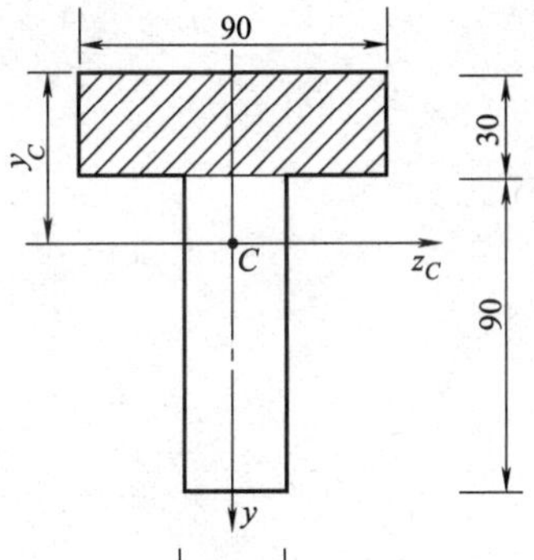

图 5-11

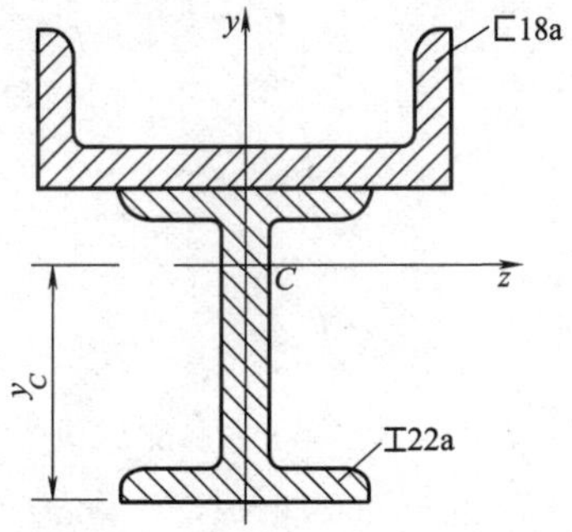

图 5-12

5.2　由 22a 号工字钢和 18a 槽钢组成左右对称的组合截面，如图 5-12 所示。试求该截面的形心位置。

5.3　计算图 5-11 所示 T 形截面对其形心轴 z_C 的惯性矩。

5.4　如图 5-13 所示，组合截面由两个 20a 号槽钢组成，若两槽钢间距 $a=100$mm，求其对形心轴 z 和 y 的惯性矩 I_z 和 I_y。

5.5　求如图 5-14 所示各图形对其形心轴 z 的惯性矩。

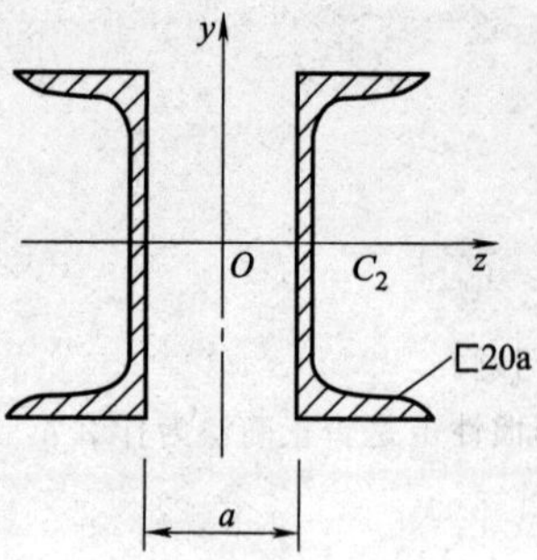

图 5-13

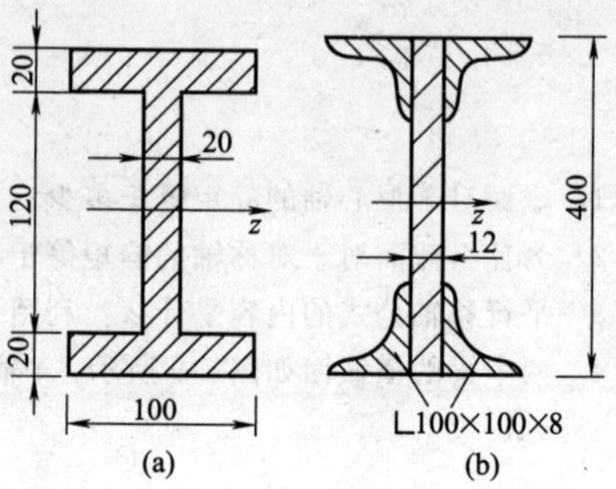

图 5-14

第六章　轴向拉伸与压缩

提要：本章介绍轴向拉（压）杆的内力、应力及变形计算；材料在拉、压时的力学性能；轴向拉（压）杆的强度计算及应力集中的概念。

第一节　轴向拉伸与压缩的概念

轴向受拉（压）杆是工程实际中常见的构件。图 6-1（a）所示为钢筋混凝土电杆上支撑电缆的横担结构，假定杆端的联结为理想铰接，若不计杆件自重，则 AB、BC 两杆件的受力图如图 6-1（b）所示。杆 AB 两端只作用有大小相等、方向相反且作用线与杆轴线重合的一对力 $\boldsymbol{F}_{N_1}$，它们使杆 AB 产生沿轴线方向的压缩变形，我们称这类杆件为轴向受压杆，力 $\boldsymbol{F}_{N_1}$ 称为轴向压力；同样，作用在杆 BC 两端、作用线与杆轴线重合的一对力 $\boldsymbol{F}_{N_2}$，将使杆 BC 产生轴向拉伸变形，我们称这类杆件为轴向受拉杆，力 $\boldsymbol{F}_{N_2}$ 称为轴向拉力。

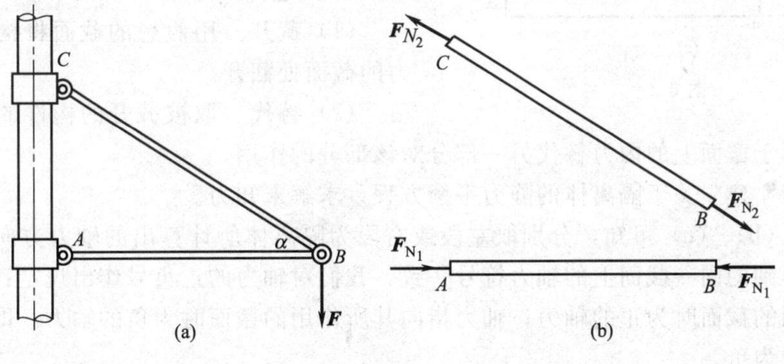

图 6-1

轴向拉（压）杆的共同特点是：作用于杆件上的外力的合力作用线与杆件轴线重合，杆件的主要变形是沿轴线方向的伸长或缩短。

第二节　轴向拉（压）杆的内力

一、内力的概念

当杆件受到外力作用而发生变形时，杆件的任一部分与另一部分之间同时发生的相互作用力称为内力。这里的内力不是物体内分子间的结合力，而是由外力引起的一种附加相互作用力。物体在外力作用下，内力会伴随着变形的产生而产生，这时内力又具有力图保持物体原形状、抵抗变形的性质，所以也称内力为抗力。

由于前面有均匀连续性假设，所以这种物体内部相邻部分间的相互作用力实际上是分布于截面上的一个连续分布的内力系，我们将分布内力系的合成（力或力偶），简称为内力。

二、截面法、轴力与轴力图

1. 截面法、轴力

截面法是用来分析构件内力的一种方法。为求出图 6-2（a）所示两端受轴向拉力 $\boldsymbol{F}$ 作用的杆 AB 任一横截面上的内力，用假想的截面 m-m 将杆截开为左、右两部分，取左或右的任一部分为隔离体（这里取左段为隔离体），将另一部分（右段）对隔离体的作用，用截面上的内力 $\boldsymbol{F}_N$来代替，如图 6-2（b）所示。建立静力平衡方程。

由$\sum F_x=0$：　　$F_N-F=0$

得：　　$F_N=F$

由于内力 $\boldsymbol{F}_N$的作用线通过横截面形心并与杆的轴线重合，所以 $\boldsymbol{F}_N$称为轴力。若以如图 6-2（c）所示的部分为隔离体，同样可求得 $F_N=F$，所以图 6-2（b）、(c) 所示两部分的相互作用力大小相等、方向相反，作用在同一直线上，符合作用与反作用公理。

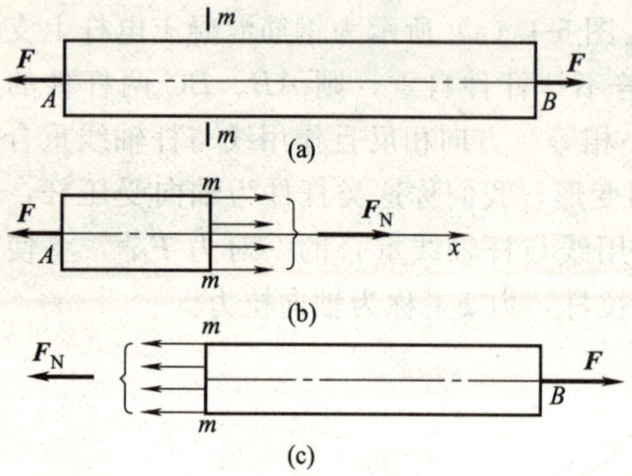

图 6-2

上述用假想的截面将构件截开为两部分，并取其中一部分为隔离体，建立静力平衡方程求截面上内力的方法称为截面法。截面法可按以下三步完成。

（1）截开　用假想的截面将构件在待求内力的截面处截开。

（2）替代　取被截开的构件的一部分为隔离体，用作用于截面上的内力替代另一部分对该部分的作用。

（3）平衡　建立关于隔离体的静力平衡方程，求解未知力。

由图 6-2（b）、(c) 可知，分别取左段或右段为隔离体所计算出的轴力方向相反，为了使两种算法得到的同一截面上的轴力符号一致，我们对轴力的正负号作出规定：轴力的指向离开其所作用的截面时为正的轴力；轴力指向其所作用的截面时为负的轴力。即轴向拉力为正，轴向压力为负。

计算轴力时，通常将未知的轴力按正向假设。若计算结果为正，则表示轴力的实际指向与所假定的指向相同，轴力为拉力；若计算结果为负，则表示轴力的实际指向与所假定指向相反，轴力为压力。

轴力常用的单位是牛顿（N）或千牛顿（kN）。

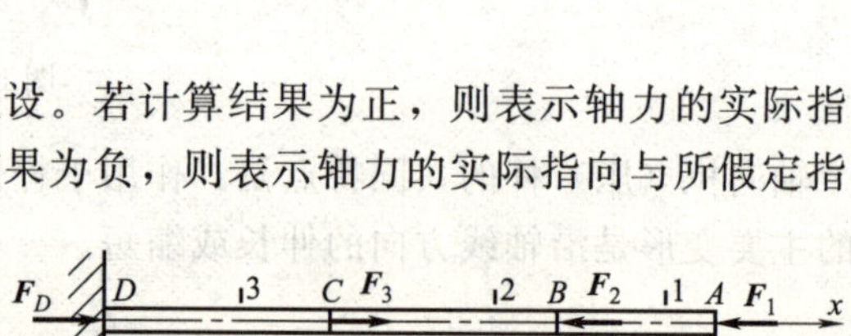

图 6-3

【例 6-1】 如图 6-3（a）所示直杆 AD，已知 $F_1=30\text{kN}$，$F_2=18\text{kN}$，$F_3=39\text{kN}$。求指定横截面 1-1、2-2 和 3-3 上的轴力。

【解】

（1）求支座反力　建立杆件 AD 沿杆轴线方向的平衡方程$\sum F_x=0$，可求得支座反力：

$$F_D=9\text{kN}$$

（2）截面 1-1 的内力计算

① 用假想截面将杆在 1-1 处截开，分为左、右两部分。

② 取右段为隔离体，如图 6-3（b）所示。1-1 截面的轴力为 $\boldsymbol{F}_{N_1}$，设为拉力。

③ 建立隔离体的静力平衡方程

由　　$\sum F_x=0$：$-F_1-F_{N_1}=0$

得：

$$F_{N_1}=-F_1=-30\text{kN}$$

（3）截面 2-2 的内力计算　用假想截面在 2-2 处将杆截开，取右段为隔离体，设 2-2 截面上的轴力 F_{N_2} 为拉力，如图 6-3（c）所示。建立隔离体的静力平衡方程。

得：

$$F_{N_2}=-F_1-F_2=-48\text{kN}$$

（4）截面 3-3 的内力计算　用假想截面在 3-3 处将杆截开，取左段为隔离体，设 3-3 截面上的轴力 $\boldsymbol{F}_{N_3}$ 为拉力，如图 6-3（d）所示。建立隔离体的静力平衡方程。

得：

$$F_{N_3}=-F_D=-9\text{kN}$$

上述计算中，$\boldsymbol{F}_{N_2}$ 的计算结果为正值，说明其假设方向与实际方向相同，即 2-2 截面上的轴力为轴向拉力；$\boldsymbol{F}_{N_1}$、$\boldsymbol{F}_{N_3}$ 的计算结果为负，说明其假设方向与实际方向相反，1-1 和 3-3 截面上的轴力为轴向压力。

2. 轴力图

例 6.1 的计算结果表明，当杆受多个轴向外力作用时，杆不同部分的截面轴力不尽相同。但对杆进行强度计算时，需要找出杆件上危险截面的轴力数值（通常为最大轴力 $\boldsymbol{F}_{N_{max}}$），作为计算依据。为形象地表明杆内轴力随横截面位置的变化情况，用平行于杆件轴线的坐标表示横截面位置，用垂直于杆件轴线的坐标表示轴力的数值，绘出轴力与横截面位置关系的图线，即为轴力图，如图 6-3（e）所示。图中竖距表示各横截面上轴力的大小，并用“+”、“−”号表示其方向。

轴力图反映了杆件所有横截面上的轴力沿杆长度方向的分布情况。

轴力图可按下列步骤完成。

① 用截面法确定各杆段的轴力数值。一般以轴向荷载作用面来划定计算轴力的杆段。

② 选取坐标，用平行于杆件轴线的坐标表示横截面位置，用垂直于杆件轴线的坐标表示轴力数值。

③ 按选定的比例，根据各横截面上轴力的大小和正负画出杆的轴力图，并在轴力图上注明正负号。

【例 6-2】 求如图 6-4（a）所示等直杆 AD 各段的轴力并作轴力图。

【解】（1）求杆各段的轴力　用假想截面在 AB 段内 1-1 截面处截开，取上段为隔离体，如图 6-4（b）所示。建立静力平衡方程。

由　$\sum F_y=0$：　$-2\text{kN}-F_{N_1}=0$

得：　　　$F_{N_1}=-2\text{kN}$

$\boldsymbol{F}_{N_1}$ 为负值说明实际方向与假设方向相反，$\boldsymbol{F}_{N_1}$ 应为压力。

同理，在 BC 段内 2-2 截面处截开，取上段为隔离体，如图 6-4（c）所示。

得：　　　$F_{N_2}=5\text{kN}-2\text{kN}=3\text{kN}$

在 CD 段内 3-3 截面处截开，取上段为隔离体，如图 6-4（d）所示。

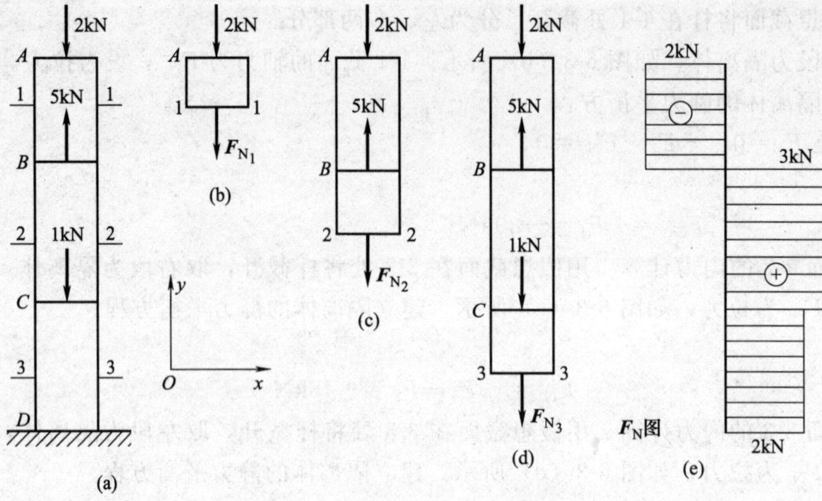

图 6-4

得：
$$F_{N_3}=5\text{kN}-2\text{kN}-1\text{kN}=2\text{kN}$$

杆各段的轴力分别如下所述。

AB 段：$F_{N_1}=-2\text{kN}$；BC 段：$F_{N_2}=3\text{kN}$；CD 段：$F_{N_3}=2\text{kN}$

（2）作杆的轴力图　用平行于杆轴线的坐标表示横截面位置，垂直于杆轴线的坐标表示截面上的轴力，根据各段轴力值作出轴力图如图 6-4（e）所示。

第三节　轴向拉（压）杆的应力

一、应力的概念

应力是受力构件某截面上一点处的内力集度。若分析如图 6-5（a）所示分离体截面上 M 点的应力，在 M 点取小面积 ΔA，ΔA 面积上分布内力的合力为 $\Delta \boldsymbol{F}$，于是 $\Delta \boldsymbol{F}$ 在 ΔA 上的平均集度，即平均应力为：

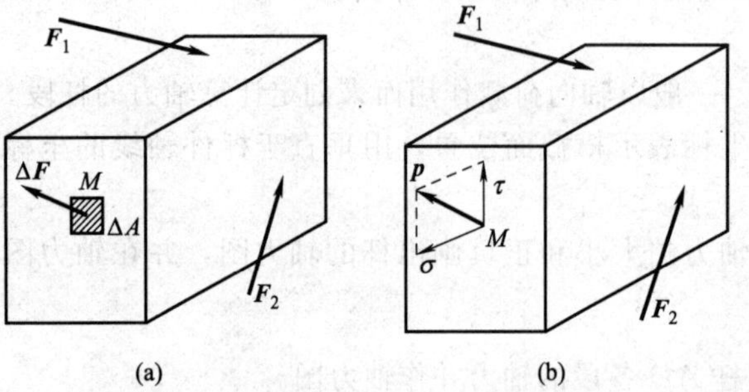

图 6-5

$$p_m=\frac{\Delta F}{\Delta A} \tag{6-1}$$

一般认为，截面上分布内力是不均匀的，当面积 ΔA 取的很小时，其极限值为：

$$p=\lim_{\Delta A\to 0}\frac{\Delta F}{\Delta A}=\frac{dF}{dA} \tag{6-2}$$

$\boldsymbol{p}$ 即为点 M 处的内力集度，称为截面上 M 点处的总应力。如图 6-5（b）所示，总应力 $\boldsymbol{p}$ 与截面成一角度，将其沿截面的法向和切向分解，可得截面法向应力分量 $\boldsymbol{\sigma}$ 和截面切向应力分量 $\boldsymbol{\tau}$。法向应力分量 $\boldsymbol{\sigma}$ 称为正应力，切向应力分量 $\boldsymbol{\tau}$ 称为切应力。

关于应力，以下几点应注意。

① 应力是指受力构件某一截面上某一点处的应力，在讨论应力时必须明确其是在哪个截面的哪个点上。

② 某一截面上一点处的应力是矢量。一般规定正应力 $\boldsymbol{\sigma}$ 的指向离开所作用的截面时为正号，反之为负号；切应力 $\boldsymbol{\tau}$ 是对所研究的隔离体内一点产生顺时针力矩时为正号，反之为负号。图 6-5（b）中表示的正应力和切应力均为正。

③ 应力的单位为 Pa，$1Pa=1N/m^2$。

工程中常采用 MPa 和 GPa，它们间的关系是：

$$1MPa=10^6 Pa;\ 1GPa=10^9 Pa。$$

二、拉（压）杆横截面上的应力

分析轴向拉压杆横截面上的应力，首先要知道应力在横截面上的分布规律。下面从观察受力杆件的变形入手，进行分析。

如图 6-6（a）所示，在一等直杆表面上画出两条表示横截面位置的横向线 ab、cd 及平行于杆轴线的纵向线 ef、gh。杆受轴向力 F 后，发生伸长变形，横向线 ab、cd 分别平移到了 $a'b'$、$c'd'$ 位置，并仍与杆轴线垂直，如图 6-6（b）所示。纵向线伸长到了 $e'f'$、$g'h'$ 且仍与杆轴线平行。根据这些变形特点，可得出以下两点结论。

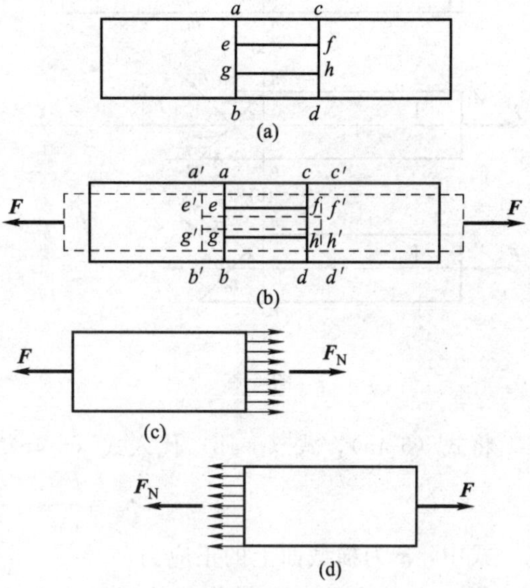

图 6-6

① 杆件在变形前为平面的横截面，变形后仍保持平面且仍垂直于杆轴线，这即为平面假设。

② 若将杆件看作是由许多纵向纤维组成的，在轴向拉伸（或压缩）时，所有纵向纤维有相同的伸长（或缩短）量。

由上述结论可知，轴向拉压杆，横截面上只有垂直于横截面方向的正应力，且该正应力在横截面上均匀分布，如图 6-6（c）、（d）所示。轴向拉压杆横截面上的正应力计算公式为：

$$\sigma=\frac{F_N}{A} \tag{6-3}$$

式中，$\boldsymbol{F}_N$ 为杆横截面上的轴力；A 为所求应力点处的横截面面积。式（6-3）只适用于轴向拉压杆。

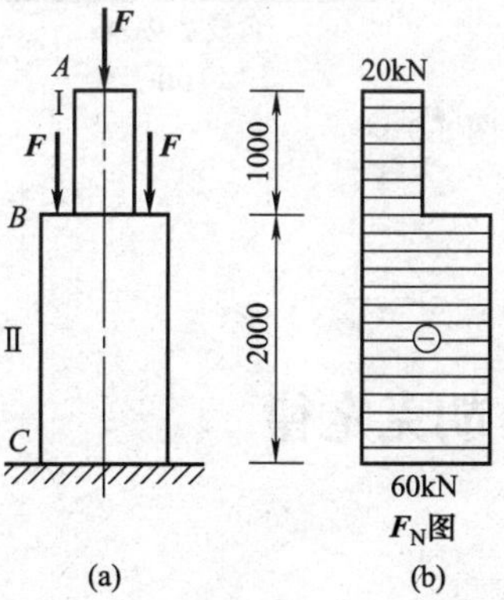

图 6-7

【例 6-3】 如图 6-7（a）所示，一正方形截面砖柱分上下两段，上段柱横截面的边长为 24cm，下段柱横截面的边长为 37cm。已知 $F=20kN$，试求各段柱的应力。

【解】

（1）绘制砖柱的轴力图，如图 6-7（b）所示。

（2）求各段柱的应力

由于砖柱为变截面杆，故须分段利用式（6-3）求解。

AB 段柱横截面上的正应力为 σ_{I}，即：

$$\sigma_{\text{I}}=\frac{F_{N_{\text{I}}}}{A_{\text{I}}}=\frac{-20\times10^3}{24\times24\times10^{-4}m^2}\approx-0.35MPa$$

BC 段柱横截面上的正应力为 $\sigma_{\text{Ⅱ}}$

$$\sigma_{\text{Ⅱ}}=\frac{F_{N_{\text{Ⅱ}}}}{A_{\text{Ⅱ}}}=\frac{-60\times10^3\,\text{N}}{37\times37\times10^{-4}\,\text{m}^2}\approx-0.44\text{MPa}$$

三、拉（压）杆斜截面上的应力

如图 6-8（a）所示，等截面直杆 AB 两端受轴向拉力 $\boldsymbol{F}$ 作用，用与横截面 m-n 成 α 角的假想斜截面 m-m 将杆分成Ⅰ和Ⅱ两部分，取Ⅰ部分为隔离体，如图 6-8（b）所示。

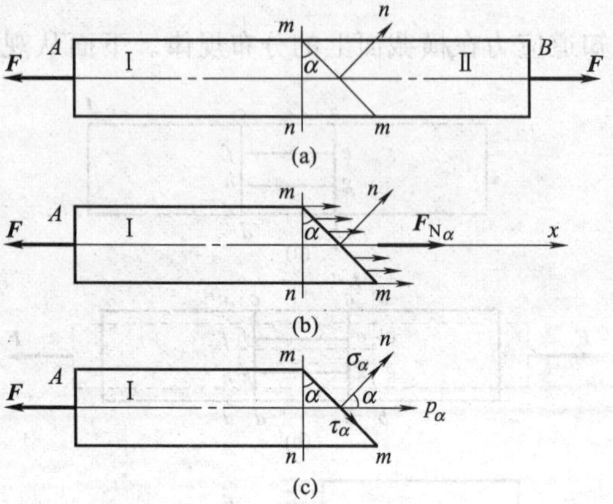

图 6-8

若杆件横截面面积为 A，m-m 斜截面面积为 A_α，斜截面上的内力为 F_{N_α}、应力为 p_α，p_α 与杆轴线平行，且在斜截面上均匀分布。由隔离体的静力平衡方程

$$\sum F_x=0:\qquad F_{N_\alpha}-F=0$$

得：

$$F_{N_\alpha}=F \tag{6-4a}$$

由于斜截面上的内力 $\boldsymbol{F}_{N_\alpha}$ 是应力 $\boldsymbol{p}_\alpha$ 的合力，有：

$$F_{N_\alpha}=p_\alpha A_\alpha \tag{6-4b}$$

而：

$$A_\alpha=\frac{A}{\cos\alpha} \tag{6-4c}$$

将式（6-4a）、式（6-4b）代入式（6-4c）得：

$$p_\alpha=\frac{F_{N_\alpha}}{A_\alpha}=\frac{F}{A}\cos\alpha=\sigma\cos\alpha \tag{6-4d}$$

式中，$\boldsymbol{\sigma}$ 为横截面上的正应力。

将 p_α 分解为垂直于斜截面的正应力 σ_α 和相切于斜截面的切应力 τ_α，如图 6-8（c）所示。有：

$$\left.\begin{aligned}\sigma_\alpha&=p_\alpha\cos\alpha=\sigma\cos^2\alpha\\ \tau_\alpha&=p_\alpha\sin\alpha=\frac{1}{2}\sigma\sin2\alpha\end{aligned}\right\} \tag{6-5}$$

α 角是自横截面的外法线量起，到所求斜截面外法线为止，逆时针转为正、顺时针转为负。σ_α、τ_α 及 α 角的正负号规定如图 6-9 所示。

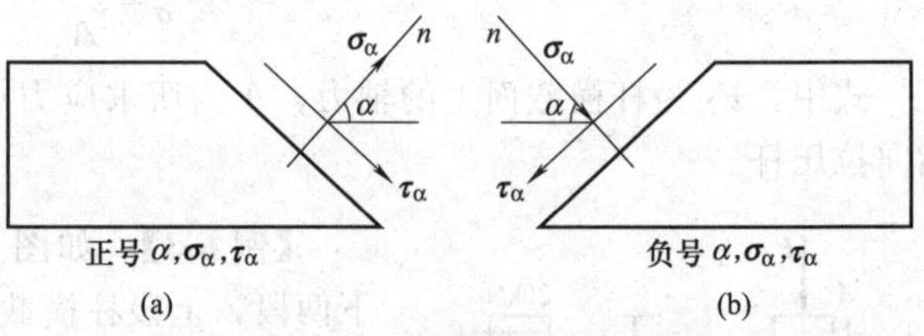

图 6-9

由式（6-5）可知，轴向拉压杆内某一点处的最大正应力发生在通过该点的横截面上（$\sigma_{\max}=\sigma$），最大切应力发生在与横截面成 45°的斜截面上$\left(\tau_{\max}=\dfrac{\sigma}{2}\right)$。

第四节　轴向拉（压）杆的变形　胡克定律

一、轴向拉（压）杆的纵向变形

杆件在轴向外力作用下，其主要的变形特征是沿纵向伸长或缩短。由实验得知，轴向受拉杆在沿纵向伸长的同时，伴随着横向尺寸的缩小；同样，轴向受压杆长度缩短的同时，横截面尺寸有所增大。

如图 6-10 所示，拉杆的原长为 l，在轴向拉力 F 作用下，其长度变为 l_1，则杆的轴向伸长为：

$$\Delta l = l_1 - l \tag{6-6a}$$

Δl 为杆沿轴向的总变形量，称为纵向变形。

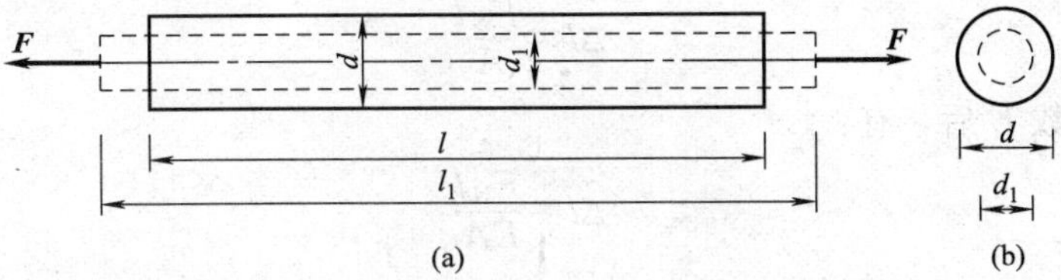

图 6-10

由于轴向拉（压）杆各部分有均匀的变形量，可用单位长度的纵向变形来反映其变形程度。将每单位长度杆的纵向伸长（或缩短），称为杆的纵向线应变，用 ε 表示。于是，拉（压）杆的纵向线应变为：

$$\varepsilon = \frac{\Delta l}{l} \tag{6-6b}$$

拉杆的 Δl 为正，故拉杆的纵向线应变 ε 为正值；同样，压杆的 Δl 为负，则压杆的纵向线应变 ε 为负值。

若图 6-10 所示为一直径等于 d 的圆截面杆，受轴向拉力 $\boldsymbol{F}$ 作用后，直径缩小为 d_1，则杆横向变形为：

$$\Delta d = d_1 - d \tag{6-7a}$$

相应的横向线应变为：

$$\varepsilon' = \frac{\Delta d}{d} \tag{6-7b}$$

由式（6-7b）可知，受拉杆的 Δd 为负值，则拉杆的横向线应变 ε' 为负；相反，轴向受压杆的横截面尺寸增大，则压杆的横向线应变 ε' 为正。

通过上述分析可知，杆横向线应变 ε' 和杆纵向线应变 ε 的正负号相反。

二、横向变形系数

实验结果表明，当拉（压）杆内的应力不超过材料的比例极限时，其横向线应变 ε' 与纵向线应变 ε 之比的绝对值为一常数，该比值称为“横向变形系数”或“泊松”比，通常用 ν 表示，即：

$$\nu = \left|\frac{\varepsilon'}{\varepsilon}\right|$$

ν 是量纲为一的量，其数值随材料不同而异，可利用实验的手段测定。常用建筑材料的 ν 值见表 6-1 所列。

表 6-1　常用材料的 E 和 ν 的约值

材料	E/GPa	ν	材料	E/GPa	ν
低碳钢	196～216	0.24～0.28	铝及硬铝合金	71	0.32～0.36
16Mn 钢	196～216	0.25～0.30	花岗岩	48	0.16～0.34
合金钢	186～216	0.25～0.30	石灰岩	41	0.16～0.34
铸铁	59～162	0.23～0.27	混凝土	15～35	0.16～0.18
铜及其合金	72～127	0.31～0.36	橡胶	0.0078	0.47

由于ε'与ε的正负号相反，故：

$$\varepsilon' = -\nu\varepsilon \tag{6-8}$$

三、胡克定律

大量实验表明，当杆内的应力不超过一定限度时，杆的纵向变形Δl与杆的轴力$\boldsymbol{F}_N$、杆的原长l成正比；与杆横截面面积A成反比，即：

$$\Delta l \propto \frac{F_N l}{A}$$

引进比例常数E后，有：

$$\Delta l = \frac{F_N l}{EA} \tag{6-9}$$

这一关系式称为胡克定律。式中的比例常数E称为弹性模量，单位为Pa。弹性模量的大小反映了材料抵抗弹性变形的能力。弹性模量E的值可通过实验测定，常用建筑材料的E值见表6-1所列。式（6-9）中的EA称为杆的抗拉压刚度，反映了杆件抵抗纵向变形的能力。

因$\sigma = \frac{F_N}{A}$，$\varepsilon = \frac{\Delta l}{l}$，故由式（6-9）可得胡克定律的另一表达式：

$$\varepsilon = \frac{\sigma}{E} \tag{6-10}$$

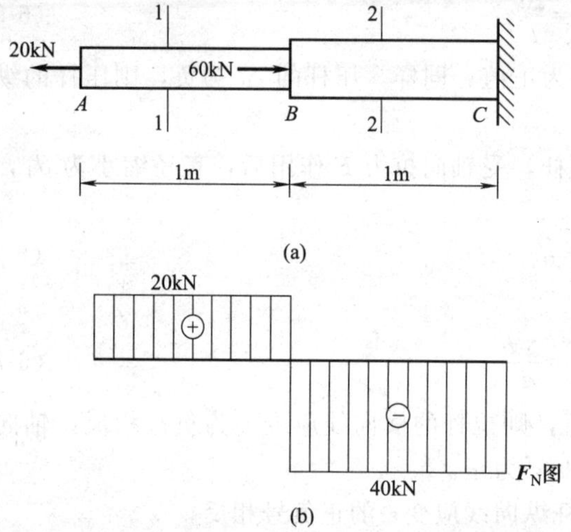

图 6-11

【例 6-4】 变截面杆件ABC，受力如图6-11（a）所示。已知AB段横截面面积$A_1 = 400\text{mm}^2$，BC段横截面面积$A_2 = 600\text{mm}^2$，材料的弹性模量$E = 200\text{GPa}$。求：①截面A的位移；②各杆段的纵向线应变。

【解】（1）作杆的轴力图

杆各段的轴力，如图6-11（b）所示。

AB段：$F_{N_1} = 20\text{kN}$；BC段：$F_{N_2} = -40\text{kN}$。

（2）求截面A的位移

由胡克定律，有：

$$\Delta l_{AB} = \frac{F_{N_1} l_{AB}}{EA_1} = \frac{20\times10^3\text{N}\times1\text{m}}{200\times10^9\text{Pa}\times400\times10^{-6}\text{m}^2} = 0.25\text{mm}$$

$$\Delta l_{BC} = \frac{F_{N_2} l_{BC}}{EA_2} = \frac{-40\times10^3\text{N}\times1\text{m}}{200\times10^9\text{Pa}\times600\times10^{-6}\text{m}^2} = -0.33\text{mm}$$

位移是相对的，截面A相对于截面C的位移Δu_A为：

$$\Delta u_A = \Delta l_{AB} + \Delta l_{BC} = 0.25\text{mm} - 0.33\text{mm} = -0.08\text{mm}$$

负号表示杆件的总长度缩短，A截面向右移。

（3）求各杆段的纵向线应变

AB 段

$$\varepsilon_{AB}=\frac{\Delta l_{AB}}{l_{AB}}=\frac{0.25\text{mm}}{1\times10^{3}\text{mm}}=0.25\times10^{-3}$$

BC 段

$$\varepsilon_{BC}=\frac{\Delta l_{BC}}{l_{BC}}=\frac{-0.33\text{mm}}{1\times10^{3}\text{mm}}=-0.33\times10^{-3}$$

第五节　材料在拉伸和压缩时的力学性能

一、材料的拉伸和压缩试验

材料在外力作用下所呈现的有关强度和变形方面的特性，称为材料的力学性能。材料的力学性能是杆件进行强度和刚度计算的重要依据，通常采用试验的方法测定。本节主要介绍在常温、静载下，材料在拉伸和压缩时的力学性质。

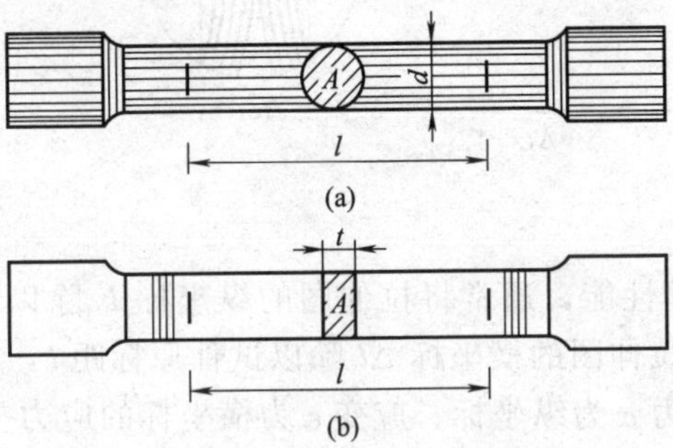

图 6-12

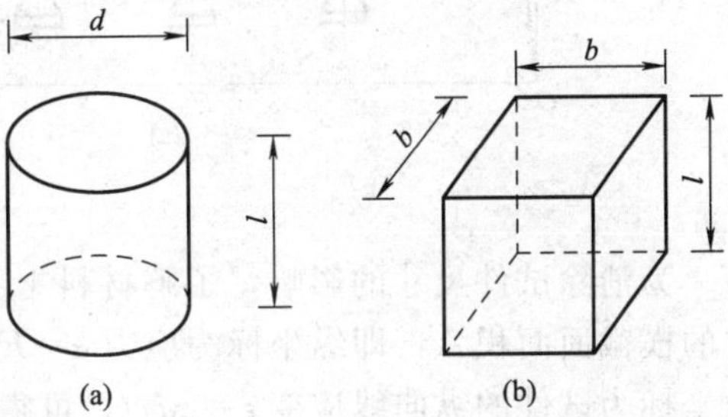

图 6-13

在做材料拉压试验时，为了得到可靠的试验数据并便于比较试验结果，应将材料做成标准试件。拉伸试验的标准试件如图 6-12 所示，试验前先在构件的中间等直部分上划两条垂直于杆轴线的横线，两横线之间的部分称为工作段，工作段间的标距为 l，试验数据是从工作段内测得的。试件两端加粗的部分是为了便于与试验机的夹头连接，并防止由于其他原因造成端部破坏。

一般规定，圆截面标准试件［图 6-12（a）］的标距 l 与横截面直径 d 的比例为：

$$l=10d \text{ 或 } l=5d$$

矩形截面标准试件图［6-12（b）］的标距 l 与横截面面积 A 的比例为：

$$l=11.3\sqrt{A} \text{ 或 } l=5.65\sqrt{A}$$

材料压缩试验采用的标准试件，如图 6-13 所示，试件一般为圆截面或正方形截面的短柱体。为防止试件在试验过程中被压弯，其长度 l 与横截面直径 d 或边长 b 的比值一般规定为 1～3。

用于材料拉伸和压缩试验的设备主要有拉力试验机、压力试验机和可作拉伸、压缩、剪切、弯曲等试验的万能试验机。这些设备是通过试验机的夹头或压座的位移，对夹紧在试验机夹头间的试件施加拉力或压力，并使试件发生相应的位移。试验机所能施加力的范围从几十千牛顿到几百兆牛顿。

二、低碳钢在拉伸时的力学性能

低碳钢是工程中广泛使用的材料，具有一定的典型性。在进行试件的拉伸试验时，使施加在试件上的荷载缓慢增加，直到试件破坏，同时试验机上的自动绘图工具可绘出试件在试验过程中工作段的伸长量 Δl 与荷载 F 间的关系曲线，该 F-Δl 曲线称为试件的拉伸图。低碳钢试件的拉伸图如图 6-14（a）所示。

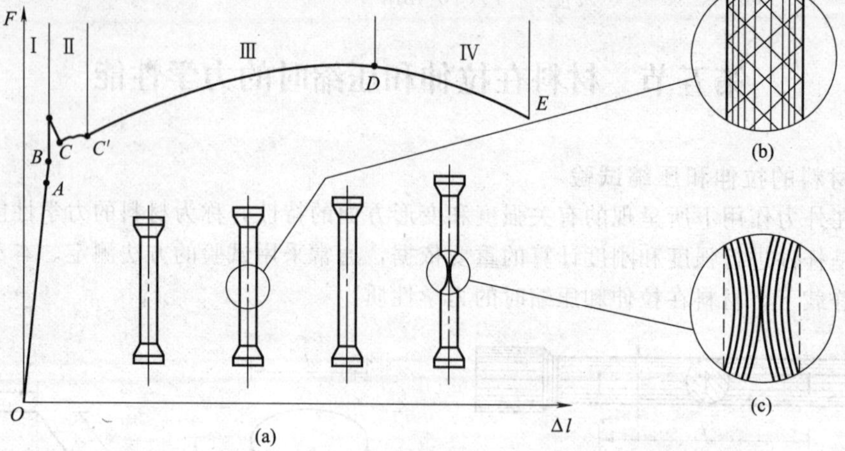

图 6-14

为消除试件尺寸的影响，了解材料本身的力学性能，通常将拉伸图的纵坐标 F 除以试件的横截面面积 A，即纵坐标为应力 $\sigma=F/A$；将拉伸图的横坐标 Δl 除以试件原标距 l，即横坐标为试件的纵向线应变 $\varepsilon=\Delta l/l$，可得到以应力 σ 为纵坐标、应变 ε 为横坐标的应力-应变曲线，即 σ-ε 曲线，如图 6-15 所示。

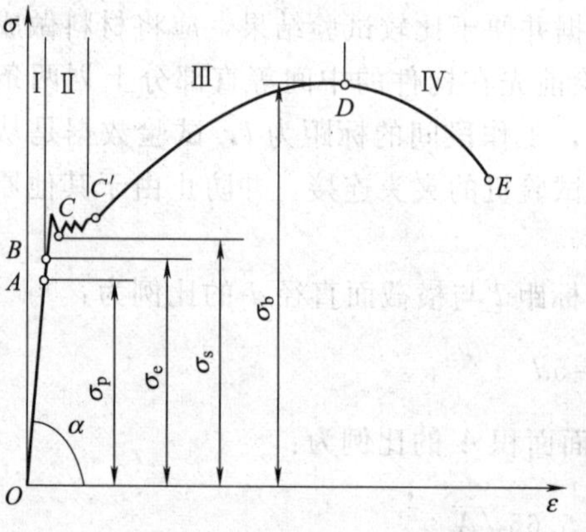

图 6-15

低碳钢拉伸时的应力-应变曲线（图 6-15）大致可分为四个阶段。

第Ⅰ阶段——弹性阶段（OB 段）。其中 OA 段为直线段，表明应力 σ 与应变 ε 呈线性关系，斜直线 OA 的斜率就是材料的弹性模量 E，即 $\sigma=E\varepsilon$，此时材料服从胡克定律，A 点是直线段的最高点，与之对应的应力称为材料的比例极限，用 σ_p表示。超过 A 点后，σ 与 ε 不再呈线性关系，但变形仍然是弹性的，B 点对应的应力称为弹性极限，用 σ_e 表示。由于 A、B 两点非常接近，它们所对应的两个极限值 σ_p 与 σ_e 虽含义不同，但数值上相差不大，在工程上对两者不严格区分。

第Ⅱ阶段——屈服阶段（BC' 段）。该段曲形呈上下波动的锯齿形，应力 σ 有幅度不大的波动，应变则有非常明显的增加，这种现象通常称为屈服或流动。这时在抛光的试件表面上可看见许多与试件轴线成 45°方向的滑移线，这是最大切应力使材料内晶体发生相对滑移引起的［图 6-14（b）］。屈服阶段最低点 C 点对应的应力称为材料的屈服极限，用 σ_s 表示。材料屈服时，构件几乎丧失了抵抗变形的能力，发生了较大的塑性变形，使构件不能正常工作，因此，屈服极限 σ_s 是衡量材料强度的重要指标，是强度设计的依据。

第Ⅲ阶段——强化阶段（$C'D$ 段）。过了屈服阶段后，材料又恢复了抵抗变形的能力，应变随着应力的增大而增大，这种现象称为材料的强化。强化阶段的最高点 D 点对应的应力称为材料的强度极限，用 σ_b 表示，它是材料破坏前所能承担的最大应力，也是衡量材料强度的重要指标。

第Ⅳ阶段——颈缩破坏阶段（DE 段）。应力达到强度极限 σ_b 后，试件的变形迅速增加，这时的变形集中在某一局部区域，该区域横截面出现局部收缩，称为颈缩现象［图 6-14 (c)］。这时应力迅速减小，试件很快被拉断。

试件拉断后，塑性变形保留下来，可在断口处把试件对接起来，如图 6-16 所示。量出标距间的长度 l_1，若原标距长为 l，则试件的相对塑性变形用百分比表示为：

$$\delta=\frac{l_1-l}{l}\times 100\% \tag{6-11}$$

式中，δ 为材料的延伸率，反映了材料在破坏时所发生的最大塑性变形程度，它是衡量材料塑性性能的重要指标。

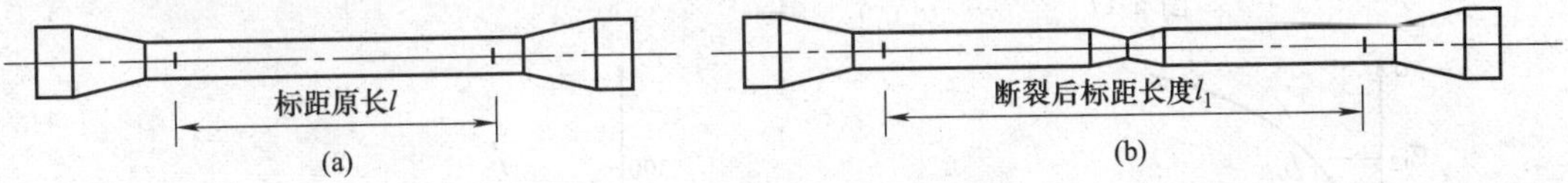

图 6-16

衡量材料塑性性能的另一个指标是断面收缩率。若试件原截面面积为 A，破坏后，断口处的最小截面面积为 A_1，则断面收缩率 ψ 的值为：

$$\psi=\frac{A-A_1}{A}\times 100\% \tag{6-12}$$

工程上根据材料破坏时有无明显的塑性变形，将材料分为两类，在破坏时有明显塑性变形（$\delta \geqslant 5\%$）的材料称为塑性材料，它的典型代表是低碳钢，其 δ 值为 20%～30%，ψ 值为 60%左右。在破坏时，无明显塑性变形（$\delta < 5\%$）的材料称为脆性材料，它的典型代表是铸铁，其 δ 值几乎为零。工程上常用的脆性材料还有混凝土、玻璃等。

材料拉伸试验时，如在强化阶段的某点 b 处卸载，如图 6-17 所示，则荷载与变形之间的关系遵循与 Oa 大致平行的直线 bc 回到 c 点，这一规律称为卸载规律。在强化阶段中，试件的变形，包括卸载后消失的弹性变形 Δl_e 和残留下来的塑性变形 Δl_p 两部分。若卸载后再加载，则荷载与变形之间的关系遵循卸载时的同一直线 bc 上升到 b 点，然后仍沿 bde 变化直到破坏。重新加载后，试件在线弹性范围内承受的最大荷载有所增加，即相当于提高了材料的屈服极限，但同时塑性变形和延伸率下降，这种现象称为冷作硬化。工程上常利用冷作硬化提高钢筋等材料在线弹性范围内的承载力。

三、其他塑性材料在拉伸时的力学性能

不同材料拉伸时的 σ-ε 曲线不一定都存在低碳钢的四个阶段。将如图 6-18 所示的几种材料在拉伸时的 σ-ε 曲线与图 6-15 所示低碳钢的 σ-ε 曲线比较可发现，强铝等材料没有屈服阶段，而其他三个阶段却很明显；另外一些材料如锰钢，则仅有弹性阶段和强化阶段，没有屈服阶段和局部变形阶段。这些材料的共同特点是延伸率 δ 较大，都属于塑性材料。

在工程实际中，对没有屈服阶段的塑性材料，通常规定以产生塑性应变 $\varepsilon_p=0.2\%$ 时的应力为名义屈服极限，以 $\sigma_{0.2}$ 表示。$\sigma_{0.2}$ 的数值是根据材料卸载规律确定的。如某种材料的 $\sigma\varepsilon$ 曲线，如图 6-19 所示，先在 ε 轴上取 $\varepsilon=0.002$ 的一点 C，由点 C 作与弹性阶段曲线平行

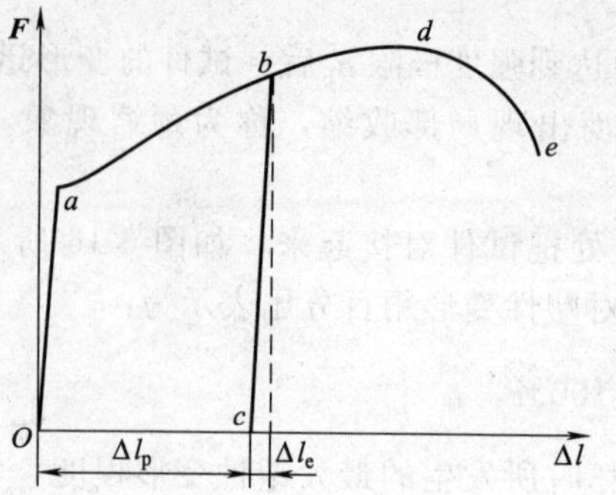

图 6-17

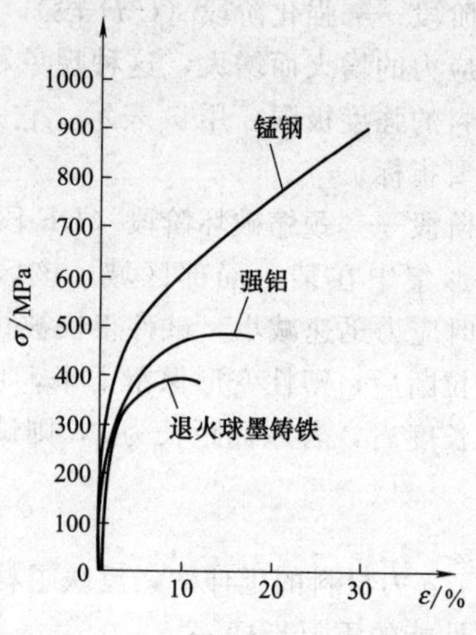

图 6-18

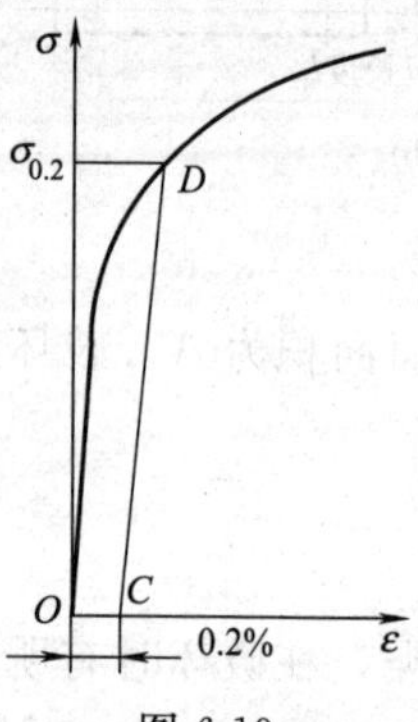

图 6-19

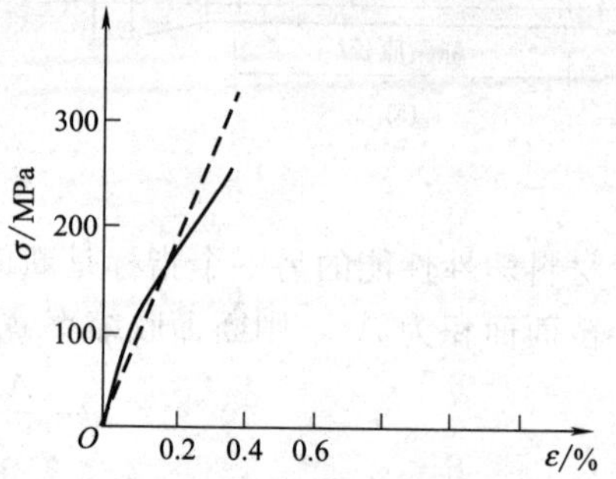

图 6-20

的直线，交曲线于 D 点，D 点的纵坐标即为这种材料的名义屈服极限 $\sigma_{0.2}$。

四、铸铁在拉伸时的力学性能

铸铁是典型的脆性材料，其 σ-ε 曲线如图 6-20 所示。与低碳钢的 σ-ε 曲线比较，它具有显著的特点，即：几乎从一开始就不是直线，没有低碳钢的四个变形阶段，并且试件断裂时的应力和应变都非常小，衡量脆性材料强度的唯一指标是强度极限 σ_b。针对这些特点，工程中规定以某一总应变时 σ-ε 曲线的割线（图 6-20 中的虚线）代替曲线在开始部分的直线，从而确定其弹性模量，并称为割线弹性模量。

砖石砌体、混凝土等脆性材料的弹性模量也是根据这一原则确定的。

五、材料在压缩时的力学性能

1. 低碳钢在压缩时的力学性质

金属的压缩试验是将试件放在试验机的二压座之间，然后以逐级增加的荷载施加轴向压力，如图 6-21（a）所示。与拉伸试验相同，得出低碳钢在压缩时的 σ-ε 关系曲线，如图 6-21（b）中的实线所示。为便于比较，在图 6-21（b）中用虚线给出了低碳钢在拉伸时的 σ-ε 曲线。

比较图 6-21（b）中的虚、实两条曲线，不难看出：在弹性阶段和屈服阶段两曲线基本重合，故低碳钢拉、压时的比例极限 σ_p、弹性极限 σ_e、屈服极限 σ_s 和弹性模量 E 等均相同；进入强化阶段后，试件在压缩时的应力 σ 随 ε 值的增大而明显增大，试件愈压愈扁，如图

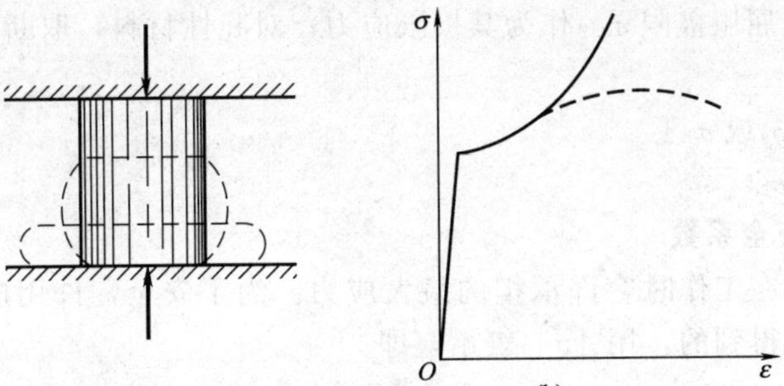

(a)　　(b)

图 6-21

6-21（a)所示。试件最后呈鼓形是由于其端部受到与压板间的摩擦，不能像其中间部分那样自由地发生横向变形而引起的。低碳钢在压缩过程中不会发生断裂，只是受压面积越来越大，所以低碳钢的压缩强度极限无法测定。对低碳钢一般不做压缩试验，因为从拉伸试验结果就可以了解到它在压缩时的主要力学性能。

类似的情况在一般的塑性材料中也存在，但有些材料（如铬钼硅合金钢）拉伸和压缩时的屈服极限并不相同，对这些材料需要通过压缩试验，了解其压缩时的主要力学性能。

2. 铸铁在压缩时的力学性质

与低碳钢等塑性材料不同，铸铁在压缩时的力学性质与拉伸有较大的区别。如图 6-22 所示，图（a）中实线表示铸铁压缩时的 σ-ε 曲线，虚线表示其拉伸时的 σ-ε 曲线。比较这两条曲线，铸铁压缩时的强度极限 σ_b 和延伸率 δ 都比拉伸时大得多；另外，铸铁压缩和拉伸时的 σ-ε 曲线中直线部分都非常短。

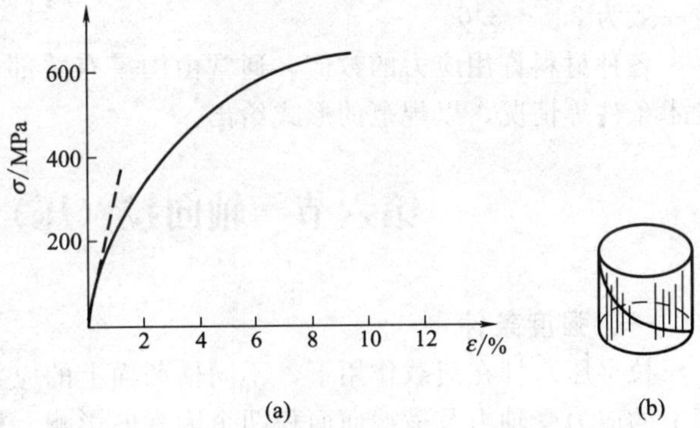

(a)　　(b)

图 6-22

铸铁试件受压破坏时，断口较为光滑，断口与试件轴线大约成 45°，如图 6-22（b）所示，这表明铸铁发生了剪切破坏，其抗剪能力比抗压能力差。

其他脆性材料，如混凝土、石材等，抗压强度也远高于抗拉强度、抗剪强度。因此脆性材料均宜用作受压构件，不宜用作受拉构件。

六、塑性、脆性材料的力学性能比较

① 在拉伸时，塑性材料的强度极限远大于脆性材料的强度极限。受拉构件一般宜采用塑性材料。

② 脆性材料的抗压强度极限远大于其抗拉强度极限。脆性材料宜用作受压构件。

③ 塑性材料在破坏前的变形较大，其抗冲击的能力强于脆性材料，所以塑性材料也适用于受冲击或受振动的构件。

七、许用应力与安全系数

1. 极限应力 σ^0

极限应力 σ^0 是指构件断裂或产生过大的变形不能正常使用的应力值。对于塑性材料，

取屈服极限 σ_s 或名义屈服极限 $\sigma_{0.2}$ 作为其极限应力；对脆性材料，取断裂时的强度极限 σ_b 作为极限应力，即：

塑性材料　$\sigma^0=\sigma_s$ 或 $\sigma_{0.2}$

脆性材料　$\sigma^0=\sigma_b$

2. 许用应力与安全系数

许用应力是构件在工作时容许承担的最大应力。为了安全，许用应力是将极限应力 σ^0 除以大于 1 的系数而得到的，用 $[\sigma]$ 表示，即：

$$[\sigma]=\frac{\sigma^0}{n}$$

式中，n 为大于 1 的系数，称为安全系数。安全系数的确定十分复杂，安全系数过大，将造成材料的浪费，而安全系数过小，则可能使构件发生破坏。

正确的选择安全系数要考虑以下几方面的问题。

① 实际工程材料的极限应力值，有可能低于这种材料由试件抽样试验的给定极限值。

② 实际构件尺寸可能会小于给定的尺寸。

③ 由于荷载估算存在较大的难度，实际荷载可能超过设计中采用的设计荷载。

④ 计算简图与实际结构有一定的差异，可能产生偏于不安全的结果。

在常温、静力荷载作用下，塑性材料的安全系数一般为 1.4～1.7；脆性材料的安全系数一般为 2.5～3.0。

各种材料许用应力的数值，通常由国家有关部门测定、分析，并结合国家生产力水平、技术条件等情况，以规范的形式给出。

第六节　轴向拉（压）杆的强度计算

一、强度条件

拉（压）杆在荷载作用下，不同横截面上的应力不一定相同，这是因为拉（压）杆横截面上的应力受轴力及横截面面积两个因素的影响。杆件中所有横截面上正应力的最大值称为最大工作应力，用 σ_{max} 表示，其所在的截面为危险截面。判断一个拉（压）杆在强度方面是否安全，要考查其最大工作应力 σ_{max} 是否超过材料的许用应力 $[\sigma]$。保证轴向拉（压）杆正常工作，不致破坏的强度条件是：

$$\sigma_{max}\leqslant[\sigma] \tag{6-13}$$

对于等直杆，由于横截面面积相同，所以强度条件可写为：

$$\sigma_{max}=\frac{F_{N_{max}}}{A}\leqslant[\sigma] \tag{6-14}$$

根据强度条件可对杆件进行强度校核，截面选择和承载力计算。

二、强度条件的应用

（1）强度校核　强度校核就是利用强度条件对杆件的强度进行验算。已知杆件的轴力 $\boldsymbol{F}_N$，截面面积 A 和材料的许用应力 $[\sigma]$，如果满足 $\sigma_{max}\leqslant[\sigma]$，则杆件的强度满足要求，否则杆件就可能发生破坏。

（2）截面选择　已知杆件的轴力 $\boldsymbol{F}_N$ 和材料的许用应力 $[\sigma]$，可根据强度条件确定杆件所需的横截面面积 A，计算公式为 $A\geqslant\frac{F_{N_{max}}}{[\sigma]}$

(3) 承载力计算

已知杆件横截面面积 A 和材料的需用应力 $[\sigma]$，可根据强度条件确定杆件所能承受的最大轴力 $F_{N_{max}}$，计算公式为 $F_{N_{max}} \leqslant [\sigma] A$，由最大轴力 $F_{N_{max}}$ 可进一步确定结构的最大承载力。

【例 6-5】 如图 6-23（a）所示结构，在刚性杆 AC 上作用有集中荷载 $F=120\text{kN}$，钢拉杆 BC 由∟56×8 的等边角钢制成，其许用应力 $[\sigma]=140\text{MPa}$。试校核拉杆 BC 的强度。

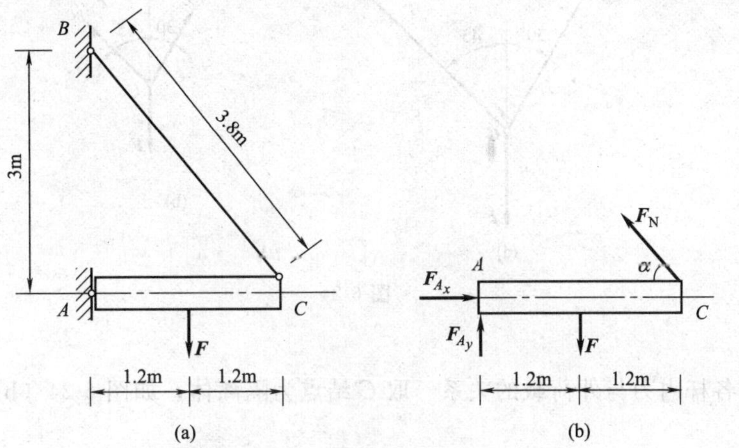

图 6-23

【解】

(1) 计算拉杆 BC 的轴力 $\boldsymbol{F}_N$　由刚性杆 AC［图 6-23（b）］的静力平衡方程 $\sum M_A=0$，得：

$$(F_N \sin\alpha)\times 2.4\text{m}=F\times 1.2\text{m}$$

又有：
$$\sin\alpha=\frac{3}{3.8}$$

故：
$$F_N=\frac{120\text{kN}\times 1.2\text{m}\times 3.8}{2.4\text{m}\times 3}=76\text{kN}$$

(2) 强度校核　由型钢表查得拉杆 BC 的横截面面积 $A=8.367\text{cm}^2$，则杆 BC 横截面上的应力为：

$$\sigma=\frac{F_N}{A}=\frac{76\times 10^3\text{N}}{8.367\times 10^{-4}\text{m}^2}=90.8\text{MPa}<[\sigma]=140\text{MPa}$$

故拉杆 BC 满足强度要求。

【例 6-6】 若例 6-5 中拉杆 BC 由等边角钢制成，但角钢型号未知，其他条件不变。试选择拉杆 BC 的角钢型号。

【解】

本题应先求拉杆 BC 所需截面面积，再由型钢表查出所需的角钢型号。

(1) 计算拉杆 BC 的轴力 $\boldsymbol{F}_N$　拉杆 BC 的轴力 $\boldsymbol{F}_N$ 已在例 6-5 中求出：

$$F_N=76\text{kN}$$

(2) 截面选择

$$A\geqslant\frac{F_N}{[\sigma]}=\frac{76\times 10^3\text{N}}{140\times 10^6\text{Pa}}=5.429\text{cm}^2$$

查型钢表可选∟56×5 的等边角钢，其横截面面积 $A'=5.415\text{cm}^2\approx5.429\text{cm}^2$，满足要求。

【例 6-7】 三角形杆系结构，如图 6-24 所示。AC 杆和 BC 杆均为直径 $d=20\text{mm}$ 的圆截面钢杆，材料的许用应力 $[\sigma]=150\text{MPa}$。试确定该结构的容许荷载 $[F]$。

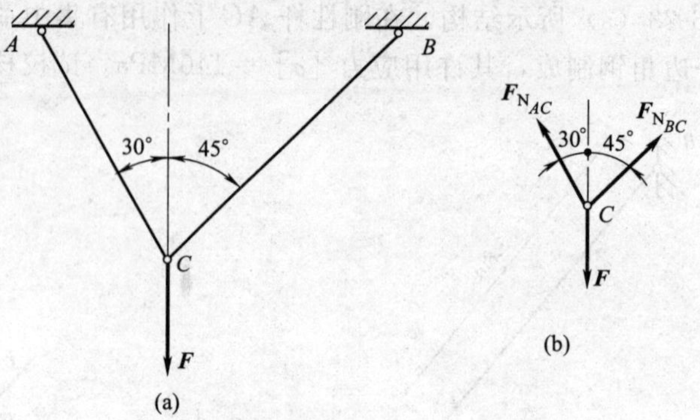

图 6-24

【解】

(1) 确定各杆内力与外荷载的关系　取 C 结点为隔离体，如图 6-24 (b) 所示。由平衡方程

$$\sum F_y=0:\quad F_{N_{AC}}\cos30°+F_{N_{BC}}\cos45°-F=0$$
$$\sum F_x=0:\quad F_{N_{BC}}\sin45°-F_{N_{AC}}\sin30°=0$$

可得：

$$F_{N_{AC}}=0.732F \tag{a}$$
$$F_{N_{BC}}=0.518F \tag{b}$$

(2) 求各杆的许用内力　AC 杆、BC 杆的许用内力均为：

$$[F_N]=A[\sigma]=\frac{\pi\times0.02^2\text{m}^2}{4}\times150\times10^6\text{Pa}=47.1\text{kN}$$

(3) 求许可荷载　由关系式 (a)，按 AC 杆确定结构的许可荷载 $[F]$ 为：

$$[F]=[F_N]/0.732=47.1\text{kN}/0.732=64\text{kN}$$

第七节　应力集中的概念

在研究拉（压）杆横截面上的应力时，我们曾有平面假设并认为杆横截面上的应力均匀分布，但实验证明，当杆横截面尺寸突然变化，如在杆件上钻孔、开槽等，都会造成横截面突变处的局部区域内，应力的急剧增大，离开突变区域稍远处，应力又趋于均匀。通常将这种横截面尺寸突然变化处应力急剧增大的现象称为应力集中。

一开有圆孔的受拉板条，如图 6-25 (a) 所示。在圆孔附近的局部区域内，应力急剧增大为 $\sigma_{\max}$ [图 6-25 (b)]。$\sigma_{\max}$ 与该截面上平均应力 σ_m 的比值称为理论应力集中系数，用 α 表示，即：

$$\alpha=\frac{\sigma_{\max}}{\sigma_m} \tag{6-15}$$

应力集中系数 α 反映了应力集中的程度，是一个大于1的系数，截面尺寸改变越急剧，应力集中的程度就越严重，α 值越大。对工程中常见的开孔、浅槽等应力集中情况，应力集中系数 α 可以从有关手册中查到。

应该指出，在静荷载情况下，由塑性材料及由组织不均匀的脆性材料（如铸铁）制成的杆件，可以不考虑应力集中的影响；由组织均匀的脆性材料制成的杆件，应考虑应力集中的影响。但在动荷载情况下，无论是塑性材料还是脆性材料制成的杆件，都应考虑应力集中的影响。

为了避免和减小应力集中对杆件的不利影响，在设计时应尽量使杆件外形平缓光滑，不使杆截面尺寸发生突然变化。当杆件上必须开有孔洞时，应尽量将孔洞置于低应力区内。

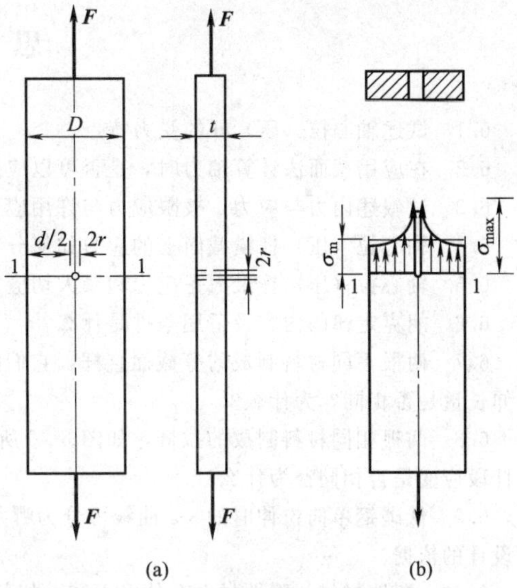

图 6-25

小　　结

1. 轴力 F_N 是轴向拉（压）杆横截面上的内力，轴力的特点是作用线与杆轴线重合。

2. 轴力图反映了内力随横截面位置的变化情况。

3. 轴向拉（压）杆横截面上只有均匀分布的正应力，45°斜截面上的切应力最大。横截面上的正应力计算公式为：

$$\sigma=\frac{F_N}{A}$$

4. 胡克定律反映了材料在线弹性范围内工作时，力与变形之间的关系。对轴向拉（压）杆，其表达式为：

$$\Delta l=\frac{F_N l}{EA}\quad 或\quad \sigma=E\varepsilon$$

5. 纵向线应变 ε 与横向线应变 ε' 之间的关系为：

$$\varepsilon'=-\nu\varepsilon$$

6. 低碳钢是典型的塑性材料，其拉伸时的应力-应变曲线可分为：弹性、屈服、强化和颈缩四个阶段。衡量其强度的指标有屈服极限 σ_s 和强度极限 σ_b。

7. 铸铁是典型的脆性材料，衡量其强度的唯一指标是强度极限 σ_b。

8. 衡量材料塑性性能的指标有延伸率 δ 和断面收缩率 ψ。

9. 受拉构件宜用塑性材料制造，脆性材料宜用作受压构件。

10. 材料的许用应力：$[\sigma]=\frac{\sigma^0}{n}$。

对塑性材料 $\sigma^0=\sigma_s$ 或 $\sigma_{0.2}$；对脆性材料 $\sigma^0=\sigma_b$。

11. 轴向拉（压）杆的强度条件，对等直杆为：$\sigma_{max}=\frac{F_{N_{max}}}{A}\leqslant[\sigma]$

思 考 题

6.1 试述轴心拉（压）杆的受力特点。

6.2 在应用截面法计算轴力时，是否可以应用力的可传性原理？为什么？

6.3 试叙述内力与应力，极限应力与许用应力的区别。

6.4 轴心拉（压）杆横截面上的应力如何分布？

6.5 轴心拉（压）杆最大正应力和最大切应力各发生在什么方位的截面上？其值为多少？

6.6 胡克定律的内容及适用条件是什么？

6.7 两根不同材料制成的等截面直杆，它们的横截面面积、杆长和承受的轴向拉力均相同，两杆的绝对伸长量是否相同？为什么？

6.8 两根相同材料制成的拉杆，如图 6-26 所示。试说明哪根杆件的变形大？图 6-26（b）所示杆件的各杆段应变是否相同？为什么？

6.9 低碳钢单向拉伸时的 σ-ε 曲线可分为哪几个阶段？对应的强度指标是什么？其中哪一个指标是强度设计的依据？

6.10 塑性材料与脆性材料有什么不同，如何区分？

6.11 最大轴力所在截面是否一定是危险截面？

6.12 三种材料的 σ-ε 曲线如图 6-27 所示。试说明哪种材料的强度高？哪种材料的塑性好？在弹性范围内哪种材料的弹性模量大？

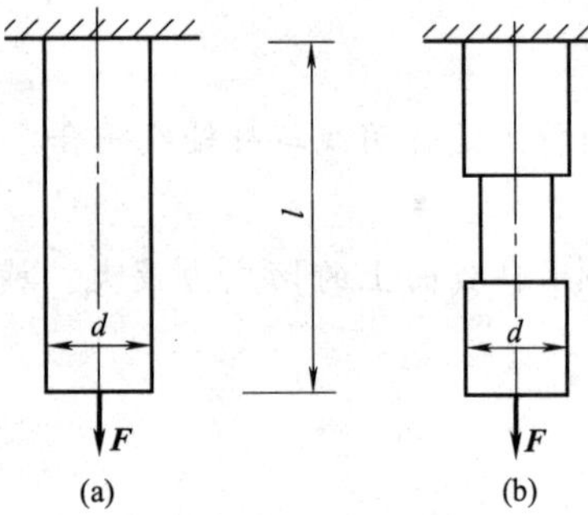

图 6-26

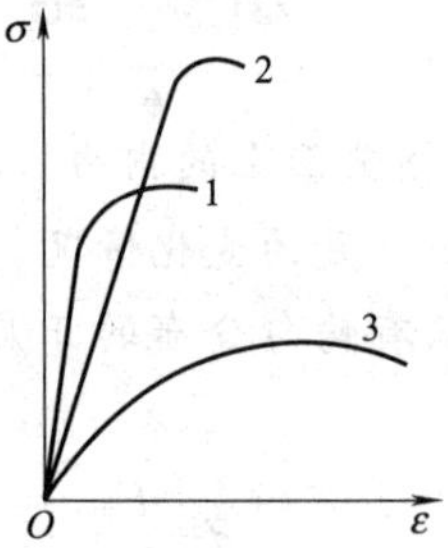

图 6-27

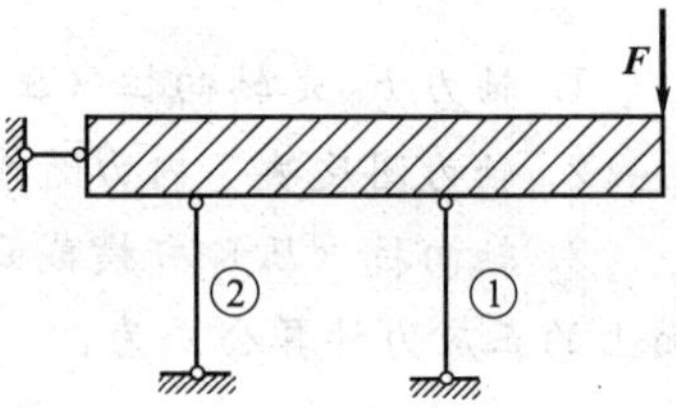

图 6-28

6.13 两根不同材料制成的圆截面拉杆，承受相同的轴向拉力，它们的横截面面积和长度都相同。试说明：横截面上的应力是否相同？强度是否相同？为什么？

6.14 如图 6-28 所示结构，用低碳钢制造杆①，用铸铁制造杆②，这样是否合理？为什么？

习 题

6.1 求如图 6-29 所示各杆上的轴力，并绘制轴力图。

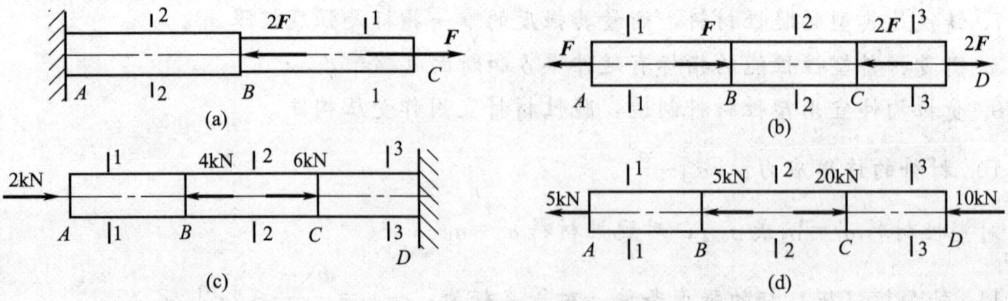

图 6-29

6.2　一段软绳的受力如图 6-30 所示，已知 $F_1=500N$，$F_2=400N$，$F_3=450N$，$F_4=450N$，$F_5=350N$，$F_6=550N$。求各指定截面处的轴力并绘制轴力图。

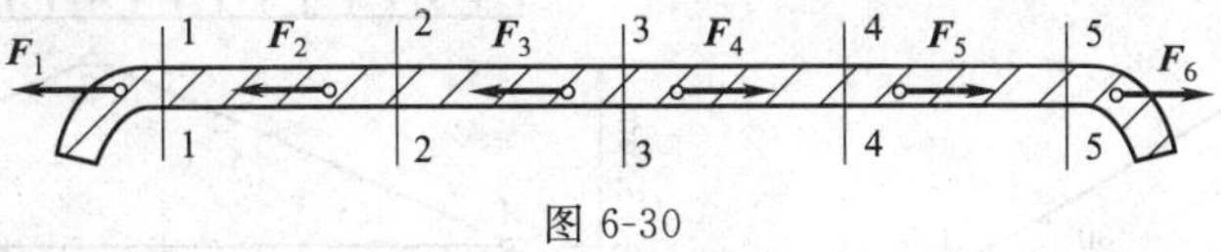

图 6-30

6.3　如图 6-31 所示混凝土柱。柱顶作用 $F=800kN$ 的压力，已知柱的横截面面积 $A_1=0.5m^2$，$A_2=0.6m^2$，混凝土的密度 $\rho=2.24\times10^3 kg/m^3$，试求该柱的最大压应力。

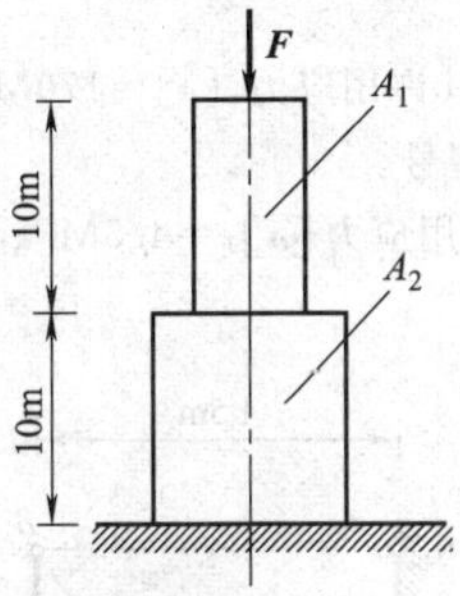

图 6-31

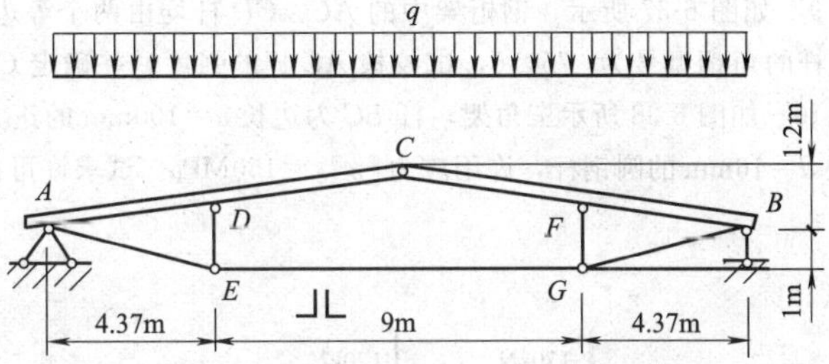

图 6-32

6.4　如图 6-32 所示屋架的下弦杆用两根∟75×8 的等边角钢制成，已知 $q=20kN/m$。求杆 AE 和 EG 横截面上的应力。

6.5　如图 6-33 所示一阶梯形截面杆，其弹性模量 $E=200GPa$，横截面面积 $A_Ⅰ=300mm^2$，$A_Ⅱ=250mm^2$，$A_Ⅲ=200mm^2$，作用力 $F_1=30kN$，$F_2=15kN$，$F_3=10kN$，$F_4=25kN$。试求每段杆的应变、伸长量及全杆的总伸长量。

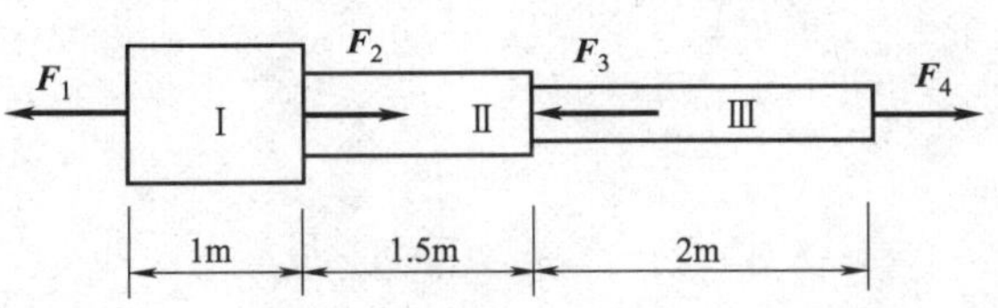

图 6-33

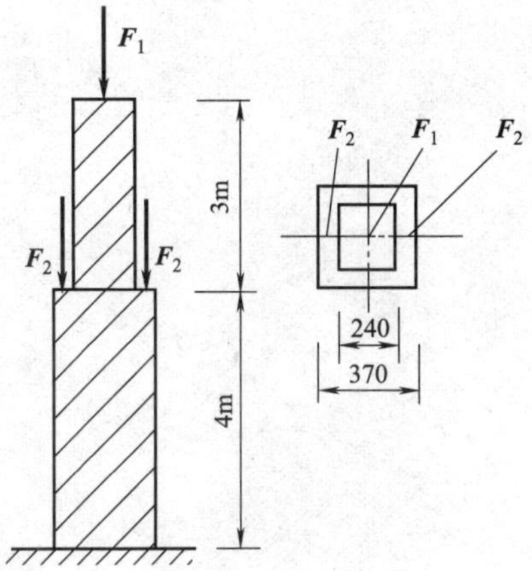

图 6-34

6.6　某砖柱，如图 6-34 所示。上柱截面为 $24\times24cm^2$，下柱截面为 $37\times37cm^2$，柱顶荷载 $F_1=40kN$，变阶处荷载 $F_2=30kN$。已知砖砌体的弹性模量 $E=2.16GPa$，砖柱自重略去不计。试求该砖柱柱顶的下沉量。

6.7　三角形杆系结构，如图 6-35 所示。AB 为直径 $d=22mm$ 的圆截面钢杆，AC 为边长 $a=75mm$ 的正方形木杆，已知钢材的许用应力 $[\sigma]=170MPa$，木材的许用应力 $[\sigma_C]=10MPa$，试校核 AB、AC 杆的强度。

6.8　三铰拱屋架，如图 6-36 所示。拉杆 AB 为圆截面钢杆，已知钢材的许用应力 $[\sigma]=170MPa$，试按强度条件选择钢杆的直径。

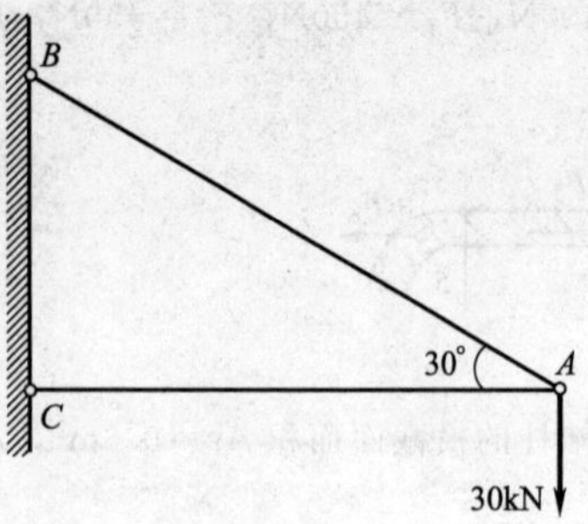

图 6-35

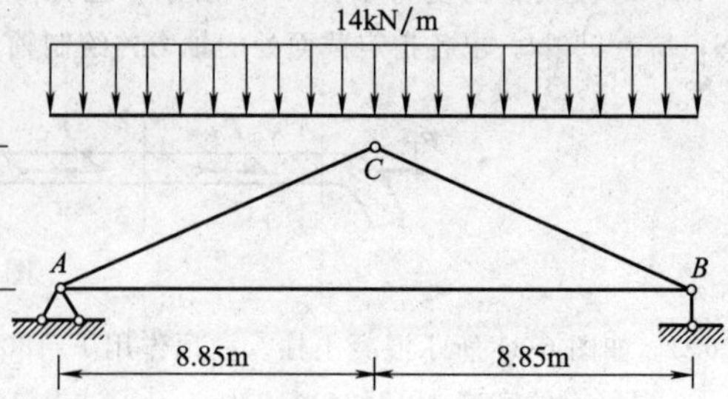

图 6-36

6.9　如图 6-37 所示，钢桁架中的 AC、CD 杆均由两个等边角钢组成，其许用应力 $[\sigma]=170\text{MPa}$。已知 AC 杆的角钢型号为∟75×6，试校核 AC 杆的强度，并确定 CD 杆的截面型号。

6.10　如图 6-38 所示三角架，杆 BC 为边长 $a=100\text{mm}$ 的正方形木杆，许用应力 $[\sigma]_1=4.5\text{MPa}$，杆 AB 为直径 $d=16\text{mm}$ 的圆钢杆，许用应力 $[\sigma]_2=150\text{MPa}$。试求许可荷载 $[F]$。

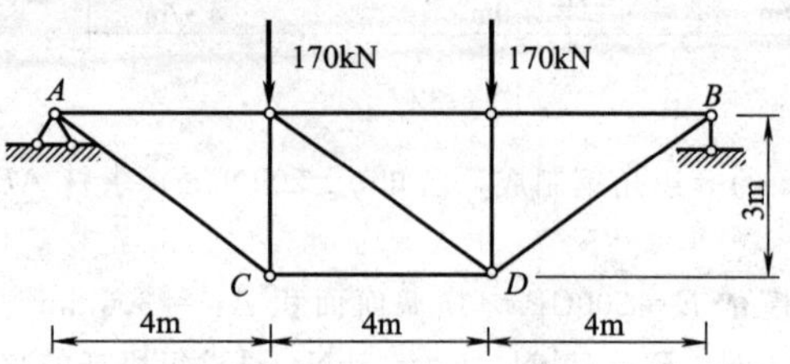

图 6-37

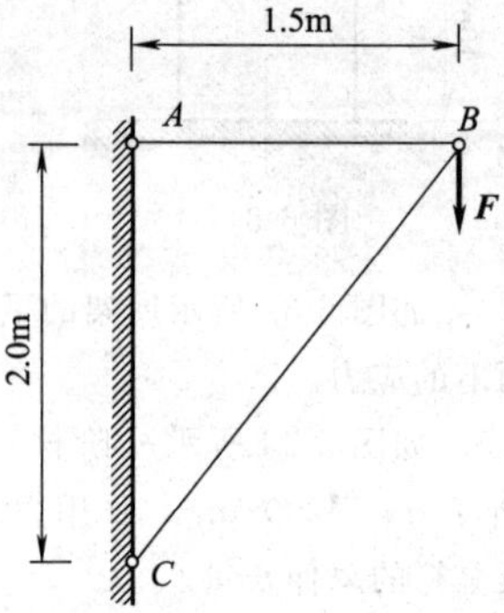

图 6-38

第七章　剪切与扭转

提要：本章介绍剪切与挤压杆件的受力和变形特征、剪切胡克定律与切应力互等定理；介绍圆轴扭转时的内力、应力及强度计算，介绍圆轴扭转时的变形及刚度计算。

第一节　剪切与挤压的概念

一、剪切

1. 剪切的概念

工程实践中，铆钉连接、销钉连接和螺栓连接等都是常见的剪切实例。图 7-1（a）所示为两块钢板用一铆钉连接的简图，当钢板受拉力 $\boldsymbol{F}$ 作用时，随着两块钢板沿 $\boldsymbol{F}$ 力方向的滑动，铆钉杆与钢板孔壁间产生压力，如图 7-1（b）所示。当拉力 $\boldsymbol{F}$ 增大时，铆钉杆可能沿 m-m 截面发生相对错动，如图 7-1（c）所示。

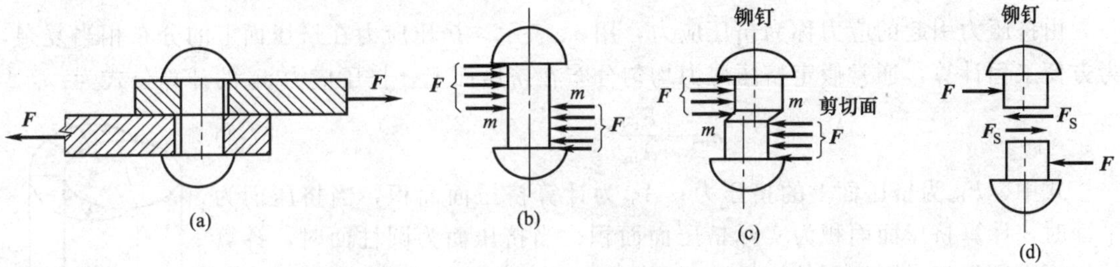

图 7-1

当杆件受到垂直于杆轴线的一对大小相等、方向相反、作用线平行且相距很近的外力作用时，两力间的横截面将沿外力的作用方向发生相对错动，这种变形称为剪切变形。

发生相对错动的截面称为剪切面，图 7-1（c）中的 m-m 截面为剪切面，剪切面上与截面相切的内力称为剪力，用 $\boldsymbol{F}_S$表示，如图 7-1（d）所示。

2. 剪切的计算

以图 7-1（a）中连接两钢板的铆钉为研究对象，其受力情况如图 7-2（a）所示。首先用截面法求 m-m 截面的内力，将铆钉沿 m-m 截面假想地截开，分为上下两部分，如图 7-2（b）所示。取其中任一部分为研究对象，根据静力平衡条件，在剪切面内必有一个与该截面相切的剪力 $\boldsymbol{F}_S$。

由平衡条件 $\sum F_x=0$，有：

$F-F_S=0$

解得　$F_S=F$。

由剪切面上的剪力引起的切应力，在剪切面上的分布情况比较复杂，为便于工程计算，一般假设切应力在剪切面上均匀分布，切应力的计算公式为：

$$\tau=\frac{F_S}{A} \qquad (7\text{-}1)$$

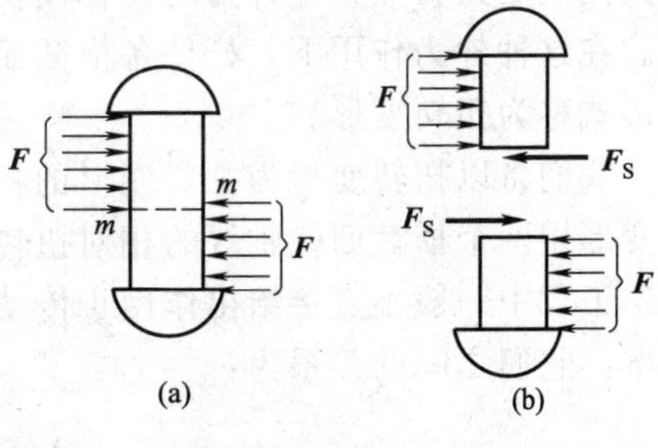

图 7-2

式中，F_S为剪切面上的剪力；A为剪切面的面积。

为了保证构件在工作中不发生剪切破坏，必须使构件工作时产生的切应力，不超过材料的许用切应力，故剪切强度条件为：

$$\tau=\frac{F_S}{A}\leqslant[\tau] \tag{7-2}$$

式中，$[\tau]$为材料的许用切应力，可从有关手册中查得。

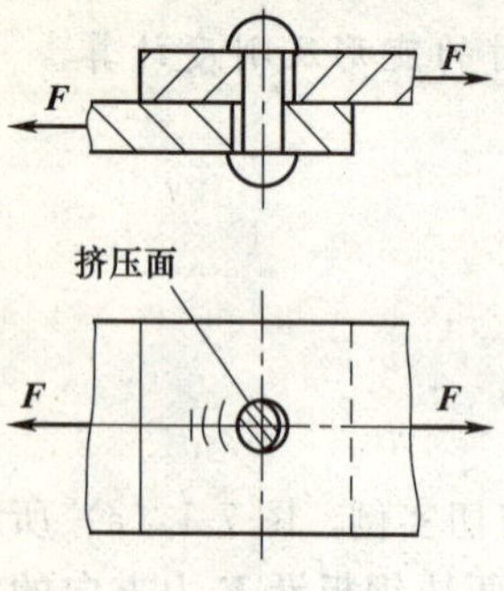

图 7-3

二、挤压

1. 挤压的概念

螺栓、铆钉和销钉等连接件，在受剪力作用发生剪切变形的同时，还在连接件和被连接件的接触面上相互压紧，这种局部受压的现象称为挤压。

如图 7-3 所示，在 **F** 力作用下，钢板孔壁和铆钉杆相互接触的表面上将承受一定的压力，当压力足够大时，钢板上的圆孔可能被压成图 7-3 所示的椭圆孔，或者铆钉的侧表面被压陷。

发生局部挤压的接触面称为挤压面，作用在挤压面上的压力称为挤压力。

2. 挤压的计算

由挤压力引起的应力称为挤压应力，用σ_{bs}表示。挤压应力在挤压面上的分布相当复杂，为方便工程计算，通常假定挤压应力均匀分布在挤压面上，挤压应力σ_{bs}的计算公式为：

$$\sigma_{bs}=\frac{F_{bs}}{A_{bs}} \tag{7-3}$$

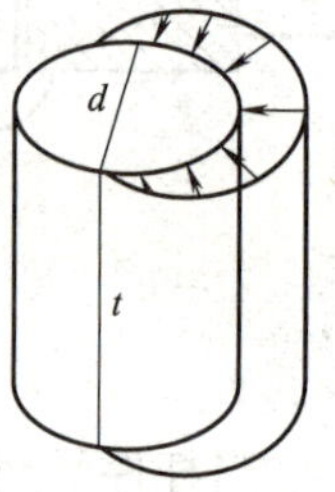

图 7-4

式中，F_{bs}为挤压面上的挤压力；A_{bs}为计算挤压面面积，当挤压面为平面时，计算挤压面面积为实际挤压面面积；当挤压面为圆柱面时，计算挤压面面积等于半圆柱面的正投影面积，即$A_{bs}=dt$（图 7-4）。

为保证联结件正常工作，应有足够的挤压强度，其强度条件为：

$$\sigma_{bs}=\frac{F_{bs}}{A_{bs}}\leqslant[\sigma_{bs}] \tag{7-4}$$

式中，$[\sigma_{bs}]$为材料的许用挤压应力，可从有关手册中查得。

第二节　圆轴扭转的概念

在工程实际中有许多发生扭转变形的杆件，例如汽车方向盘的操纵杆，如图 7-5（a）所示；机器的传动轴，如图 7-5（b）所示；打孔用的钻头，如图 7-5（c）所示等。这些杆件有共同的受力特点，即外力均为作用在垂直于杆轴线平面内的一对大小相等、方向相反的力偶。在这种外力作用下，杆件各横截面均绕杆轴线相对转动，杆轴线始终保持直线，这种变形形式称为扭转变形。

我们将以扭转变形为主要变形的杆件称为轴，其计算简图如图 7-5（d）所示。扭转轴的变形用两个横截面绕轴线的相对扭转角φ表示。

工程中一般不直接给出作用于传动轴上的外力偶矩，只给出传动轴的转速及其所传递的功率。它们之间的关系为：

$$\{M_e\}_{N\cdot m}=9549\frac{\{P\}_{kW}}{\{n\}_{r/min}} \tag{7-5}$$

式中，M_e为作用在轴上的外力偶矩；P 为传动轴所传递的功率；n 为传动轴的转速。

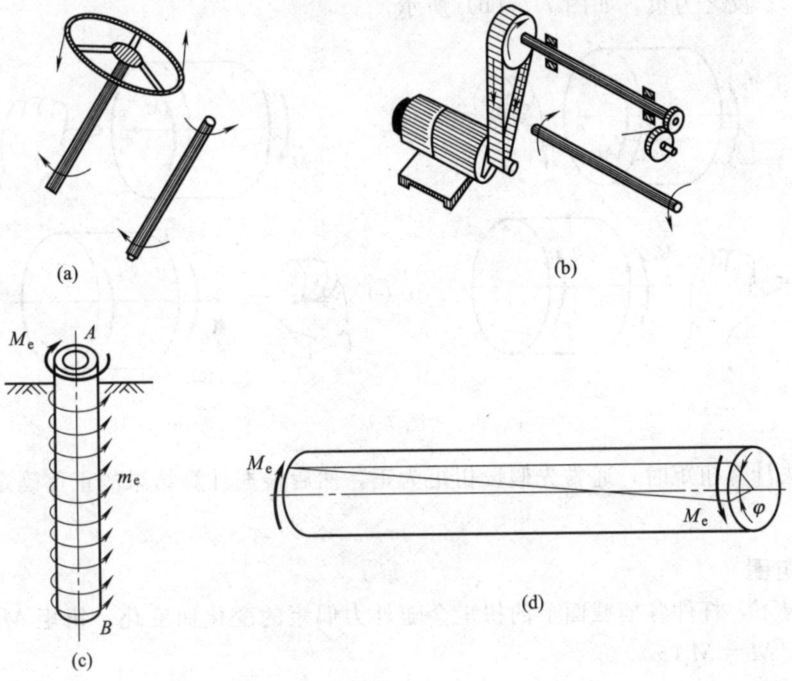

图 7-5

第三节　圆轴扭转时的内力

一、扭矩

等截面圆杆 AB，如图 7-6（a）所示。在其两端垂直于杆件轴线的平面内，作用一对方向相反、力偶矩均为 M_e的外力偶。

采用截面法分析圆杆 AB 的内力。在杆 AB 的任意横截面 m-m 处将杆假想地截成两部分，取其左段为研究对象，如图 7-6（b）所示。因隔离体处于平衡状态，故 m-m 横截面上必存在一个内力偶矩，用 M_t表示。内力偶矩 M_t的矢量方向与所在横截面垂直。

由平衡条件$\sum M_x=0$：

$$M_t-M_e=0$$

得：

$$M_e=M_t$$

式中，M_t称为 m-m 横截面上的扭矩。

若取 m-m 截面右段为研究对象，则求得 m-m截面上的扭矩与用左段为研究对象所求得的扭矩大小相等、方向相反，如图 7-6（c）所示。

为使两种算法所得到的同一截面上的扭矩不仅数值相等，而且正负号相同，对扭矩 M_t的正负号规定如下：按右手螺旋法则，让四个手

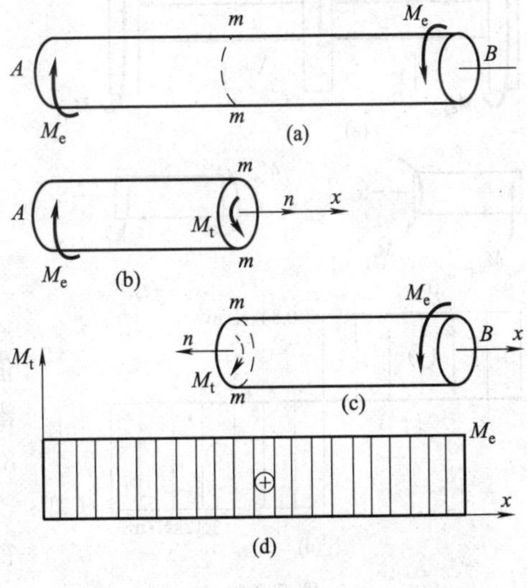

图 7-6

指与扭矩 M_t 的转向一致，大拇指伸出的方向与截面的外法线 n 方向一致时，M_t 为正，如图 7-7（a）所示；反之为负，如图 7-7（b）所示。

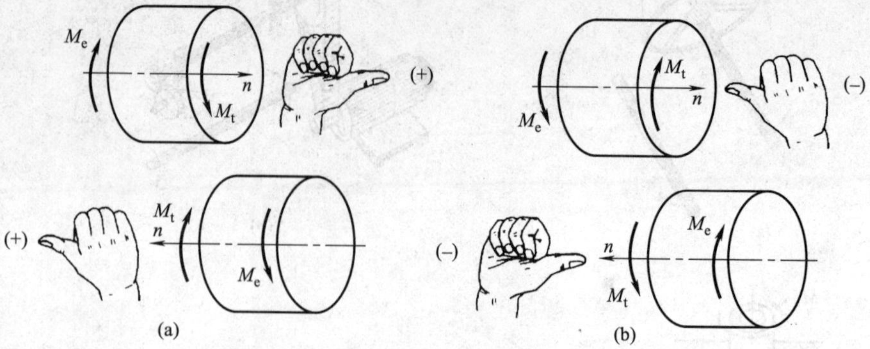

图 7-7

用截面法计算扭矩时，通常先假设扭矩为正，然后根据计算结果的正负确定扭矩的实际方向。

二、扭矩图

一般情况下，杆件各横截面上的扭矩会随外力偶矩的变化而变化，扭矩 M_t 是横截面位置 x 的函数，$M_t = M_t(x)$。

与轴力图类似，若以平行于杆轴线的坐标轴表示横截面的位置，以垂直于杆轴线的坐标轴表示相应横截面上的扭矩，绘制各横截面上扭矩沿轴线变化情况的图线，称为扭矩图，如图 7-6（d）所示。图中竖距表示各横截面上扭矩的大小，并用“+”、“−”号表示其方向。

【例 7-1】 如图 7-8（a）所示传动轴，已知转速 $n = 340\text{r/min}$，功率由主动轮 B 输入，输入功率 $P_B = 70\text{kW}$，通过从动轮 A、C 输出，输出功率分别为 $P_A = 30\text{kW}$，$P_C = 40\text{kW}$，试作此轴的扭矩图。

【解】（1）计算外力偶矩　由式（7-5）分别计算 A、B、C 三轮上的外力偶矩：

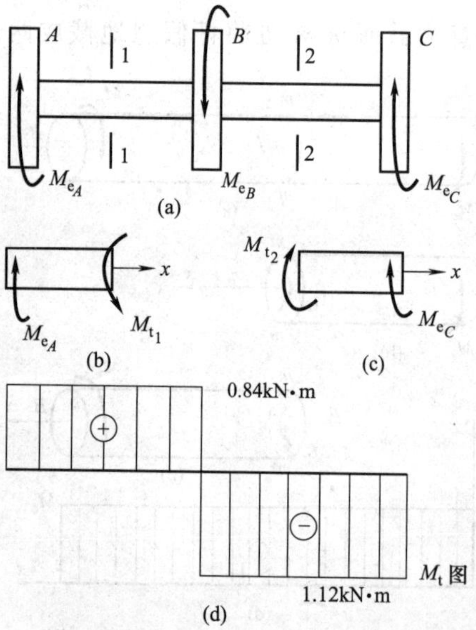

图 7-8

$$M_{e_A} = 9549 \times \frac{P_A}{n} = 9549 \times \frac{30\text{kW}}{340\text{r/min}} \approx 843\text{N}\cdot\text{m} \approx 0.84\text{kN}\cdot\text{m}$$

$$M_{e_B} = 9549 \times \frac{P_B}{n} = 9549 \times \frac{70\text{kW}}{340\text{r/min}} \approx 1966\text{N}\cdot\text{m} \approx 1.97\text{kN}\cdot\text{m}$$

$$M_{e_C} = 9549 \times \frac{P_C}{n} = 9549 \times \frac{40\text{kW}}{340\text{r/min}} \approx 1123\text{N}\cdot\text{m} \approx 1.12\text{kN}\cdot\text{m}$$

（2）计算扭矩　设 AB、BC 段的扭矩均为正值，并分别用 M_{t_1}、M_{t_2} 表示。应用截面法，假想沿 1-1 截面将轴截开，取左段为研究对象，如图 7-8（b）所示。列出平衡方程。

由 $\sum M_x = 0$：$M_{t_1} - M_{e_A} = 0$

得 AB 段扭矩：

$$M_{t_1} = M_{e_A} = 0.84\text{kN}\cdot\text{m}$$

同理，如图 7-8（c）所示，取 2-2 截面的右段为研究对象，可求得 BC 段扭矩。

$$M_{t_2}=-M_{e_C}=-1.12\mathrm{kN\cdot m}$$

（3）作扭矩图　根据 AB、BC 段的扭矩值，作轴的扭矩图，如图 7-8（d）所示。由扭矩图可看出，最大扭矩发生在 BC 段各截面上，其值为 $|M_t|_{max}=M_{t_2}=1.12\mathrm{kN\cdot m}$。

第四节　切应力互等定理与剪切胡克定律

一、切应力互等定理

在一薄壁圆筒表面上绘制多条等间距的圆周线和纵向水平线，使其表面形成许多大小相同的矩形网格，如图 7-9（a）所示。然后在该薄壁圆筒的两端施加一对等值反向的外力偶，使其产生扭转变形，如图 7-9（b）所示。结果显示：在小变形情况下，各圆周线的大小和间距没有变化，只是绕筒轴线作相对转动；各纵向线仍为直线，但都倾斜了相同的角度，所有矩形都变成了同样形状和大小的平行四边形。

由实验现象，可做出以下推断：由于两任意圆周线间的距离不变，故圆筒横截面上没有正应力 σ 存在；因垂直于半径的小方格发生了相对错动，所以圆筒横截面上必然存在切应力 τ，且其方向垂直于半径；而圆筒表面上每个方格的直角都改变了相同的角度 γ，如图 7-9（b）所示，这种直角的改变量 γ，称为切应变；因圆筒壁很薄，可以认为沿壁厚切应力 τ 及切应变 γ 都是均匀分布的。

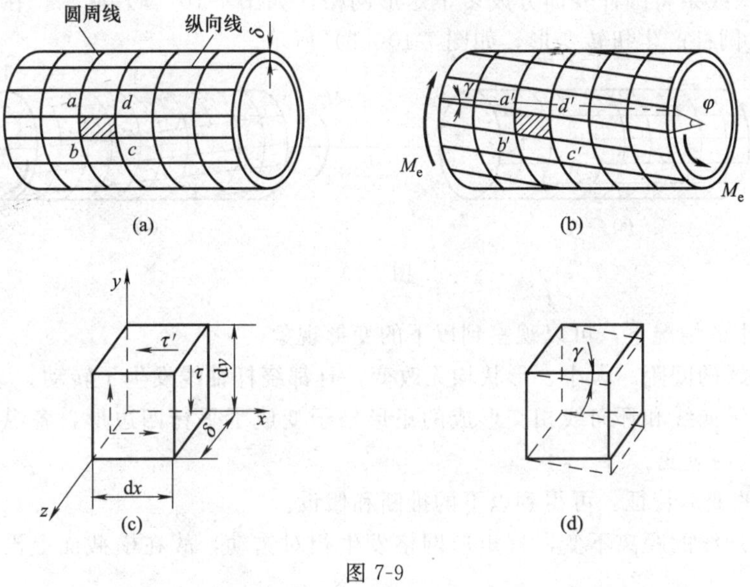

图 7-9

从薄壁圆筒上切取一边长分别为 dx、dy 和 δ 的微单元体，如图 7-9（c）所示，在单元体的左、右两个侧面上分别作用有剪力 $\tau\delta\mathrm{d}y$。这对等值、反向的剪力构成一力偶（$\tau\delta\mathrm{d}y$）dx，使该单元体有转动趋势。由于该单元体现处于平衡状态，因而在它的顶面和底面上，必须存在一反向力偶与之平衡。根据平衡条件：

$$(\tau'\delta\mathrm{d}x)\mathrm{d}y=(\tau\delta\mathrm{d}y)\mathrm{d}x$$

有：
$$\tau'=\tau$$

即在单元体两个互相垂直的平面上，同时存在垂直于公共棱边且数值相等的切应力，其方向均指向或背离两平面的交线。这种关系称为切应力互等定理。

二、剪切胡克定律

如果单元体上只存在切应力而无正应力，这种单元体的受力状态称为纯剪切应力状态，如图 7-9（c）所示。

如图 7-9（d）所示，在切应力 τ 和 τ' 的作用下，单元体的直角发生微小改变。可以证明，当切应力 τ 不超过材料的剪切比例极限 τ_p 时，切应力与切应变 γ 成正比，即：

$$\tau = G\gamma \tag{7-6}$$

式（7-6）称为剪切胡克定律。式中 G 为比例常数，称材料的切变模量，与材料性质有关，可用实验的方法得出，常用单位为 GPa。

材料的切变模量 G 与弹性模量 E、泊松比 ν 的关系为：

$$G = \frac{E}{2(1+\nu)} \tag{7-7}$$

第五节　圆轴扭转时的应力与强度计算

一、圆轴扭转时横截面上的应力

1. 变形现象与假设

在圆截面直杆的表面画上许多等距离的平行于杆轴线方向的纵向线和垂直于杆轴线方向的圆周线，这些线条将圆杆表面分成多个矩形网格，如图 7-10（a）所示。在杆件两端施加外力偶矩 M_e，圆杆产生扭转变形，如图 7-10（b）所示。

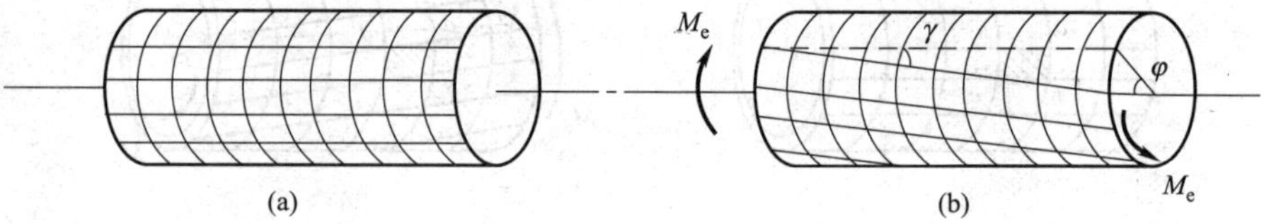

图 7-10

在变形微小的情况下，可以观察到以下的变形现象。

① 各圆周线的间距、大小、形状均无改变，且都绕杆轴线发生了转动。

② 原来由纵向线和环向线相交形成的矩形格子变成了平行四边形，各纵向线都倾斜一个角度 γ，产生切应变。

根据以上的变形特征，可得到以下的推断和假设。

① 由于圆周线的距离不变，且矩形网格发生相对错动，故在横截面上没有正应力，只有切应力。

② 假设圆杆的横截面在杆扭转变形时，只是像刚性圆盘一样在原来的位置上绕杆轴线转动了一个角度，它仍保持为平面，这个假设称为圆轴扭转时的平面假设。

2. 横截面上的切应力

可以证明，圆轴扭转时横截面上任意点处的切应力 $\tau(\rho)$ 与该点到圆心的距离 ρ 及该截面的扭矩 M_t 成正比，与该截面的极惯性矩 I_p 成反比。由于切应变 $\gamma(\rho)$ 发生在垂直于半径的平面内，因此 $\tau(\rho)$ 的方向也与半径垂直，如图 7-11 所示。横截面上任一点处的切应力计算公式为：

$$\tau(\rho)=\frac{M_t\rho}{I_p} \tag{7-8}$$

由式（7-8）可知，当 ρ 等于横截面半径 r 时，切应力达最大值，如图 7-11 所示。即：

$$\tau_{\max}=\frac{M_t\rho_{\max}}{I_p}=\frac{M_t r}{I_p}$$

令 $W_p=\dfrac{I_p}{r}$，则圆轴扭转时，横截面上的最大切应力为：

$$\tau_{\max}=\frac{M_t}{W_p} \tag{7-9}$$

式中，W_p称为扭转截面系数，只与截面形状、尺寸有关，常用单位为 m^3 或 mm^3。式（7-8）和式（7-9）均只适用于圆轴在线弹性范围内的扭转。

实心圆轴和空心圆轴横截面上的切应力分布，如图 7-12（a）、（b）所示。

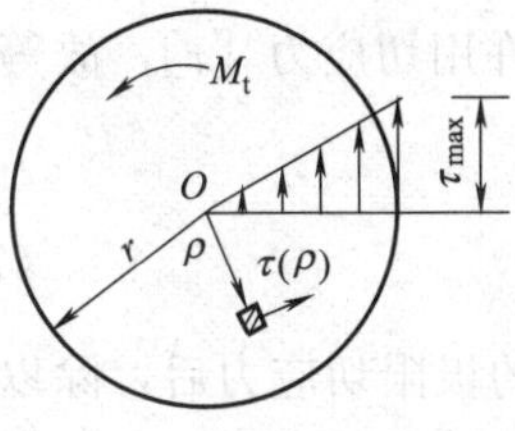

图 7-11

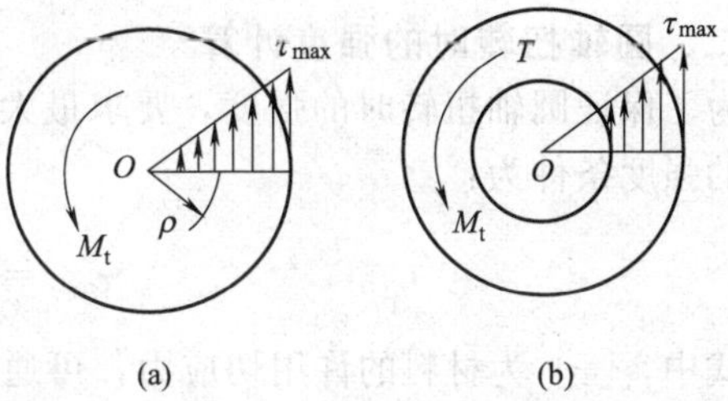

图 7-12

3. 截面扭转系数 W_p 的计算

直径为 d 的实心圆截面［图 7-13（a）］的扭转截面系数 W_p 为：

$$W_p=\frac{I_p}{r}=\frac{I_p}{d/2}=\frac{\pi d^4/32}{d/2}=\frac{\pi d^3}{16}$$

内外径之比 $\alpha=d/D$ 的空心圆截面［图 7-13（b）］的扭转截面系数 W_p 为：

$$W_p=\frac{I_p}{D/2}=\frac{\pi D^4(1-\alpha^4)/32}{D/2}=\frac{\pi D^3}{16}(1-\alpha^4)$$

【例 7-2】 内径 $d=60$mm，外径 $D=100$mm 的空心圆轴的横截面，如图 7-14 所示。在扭矩 $M_t=8$kN·m 作用时，计算 $\rho=40$mm 的 A 点处的切应力及横截面上的最大、最小切应力。

【解】（1）计算截面的极惯性矩

$$\boldsymbol{I}_p=\frac{\pi(D^4-d^4)}{32}=\frac{\pi(100^4-60^4)\,\text{mm}^4}{32}=85.45\times10^5\,\text{mm}^4=85.45\times10^{-7}\,\text{m}^4$$

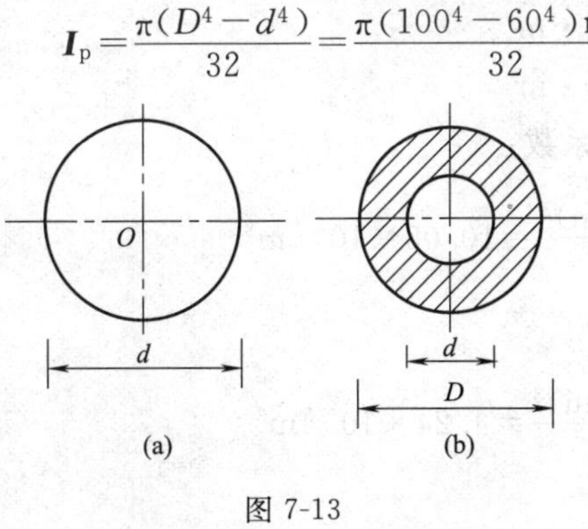

图 7-13

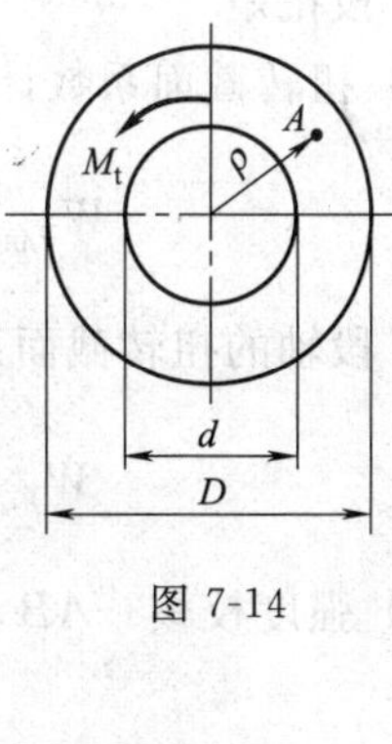

图 7-14

(2) 计算切应力　由式（7-8）得 A 点处的切应力 τ_A 为：

$$\tau_A=\frac{M_t\rho}{I_p}=\frac{8\times10^3\,\text{N}\cdot\text{m}\times40\times10^{-3}\,\text{m}}{85.45\times10^{-7}\,\text{m}^4}=37.5\text{MPa}$$

最大切应力发生在空心圆轴外表面，即 $\rho=\frac{D}{2}$ 处，有：

$$\tau_{\max}=\frac{M_t\cdot\frac{D}{2}}{I_p}=\frac{8\times10^3\,\text{N}\cdot\text{m}\times\frac{1}{2}\times100\times10^{-3}\,\text{m}}{85.45\times10^{-7}\,\text{m}^4}=46.8\text{MPa}$$

最小切应力发生在空心圆轴内表面，即 $\rho=\frac{d}{2}$ 处，有：

$$\tau_{\min}=\frac{M_t\cdot\frac{d}{2}}{I_p}=\frac{8\times10^3\,\text{N}\cdot\text{m}\times\frac{1}{2}\times60\times10^{-3}\,\text{m}}{85.45\times10^{-7}\,\text{m}^4}=28.1\text{MPa}$$

二、圆轴扭转时的强度计算

为了保证圆轴扭转时的强度，要求最大切应力不超出材料的许用切应力 $[\tau]$，故等截面圆轴的强度条件为：

$$\tau_{\max}=\frac{M_{t_{\max}}}{W_p}\leqslant[\tau] \tag{7-10}$$

式中，$[\tau]$ 为材料的许用切应力，可通过扭转试验测得材料的极限切应力后，除以安全系数得到。各种材料的许用切应力可查关规范。

与轴向拉压杆的强度计算类似，利用圆轴扭转时的强度条件可解决强度校核、截面选择、承载力计算三类问题。在荷载相同的情况下，强度相等的空心圆轴的重量比实心圆轴轻得多，采用空心圆轴可节省材料。

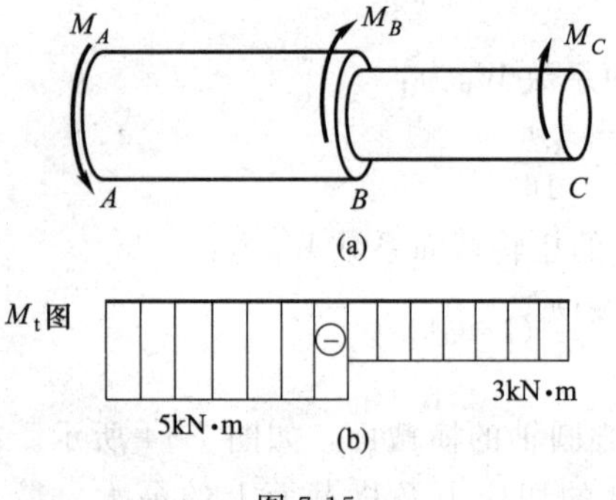

图 7-15

【例 7-3】 一钢制阶梯形圆轴，如图 7-15（a）所示。AB、BC 段的直径 $D_{AB}=80\text{mm}$、$D_{BC}=60\text{mm}$，$M_A=5\text{kN}\cdot\text{m}$，$M_B=2\text{kN}\cdot\text{m}$，$M_C=3\text{kN}\cdot\text{m}$。若材料的许用切应力 $[\tau]=80\text{MPa}$，试校核该轴的强度。

【解】 (1) 内力计算　作圆轴的扭矩图，如图 7-15（b）所示。

AB 段扭矩　　$M_{t_{AB}}=-5\text{kN}\cdot\text{m}$

BC 段扭矩　　$M_{t_{BC}}=-3\text{kN}\cdot\text{m}$

(2) 扭转截面系数计算　AB 段轴的扭转截面系数：

$$W_{p_{AB}}=\frac{\pi D_{AB}^3}{16}=\frac{\pi\times(80\times10^{-3}\,\text{m})^3}{16}=10.05\times10^{-5}\,\text{m}^3$$

BC 段轴的扭转截面系数：

$$W_{p_{BC}}=\frac{\pi D_{BC}^3}{16}=\frac{\pi\times(60\times10^{-3}\,\text{m})^3}{16}=4.24\times10^{-5}\,\text{m}^3$$

(3) 强度校核　AB 段轴的最大切应力：

$$\tau_{\max_1}=\frac{|M_{t_{AB}}|}{W_{p_{AB}}}=\frac{5\times10^3\,\mathrm{N\cdot m}}{10.05\times10^{-5}\,\mathrm{m}^3}=49.75\mathrm{MPa}$$

BC 段轴的最大切应力：

$$\tau_{\max_2}=\frac{|M_{t_{BC}}|}{W_{p_{BC}}}=\frac{3\times10^3\,\mathrm{N\cdot m}}{4.24\times10^{-5}\,\mathrm{m}^3}=70.75\mathrm{MPa}$$

$$\tau_{\max}=\tau_{\max_2}=70.75\mathrm{MPa}<[\tau]=80\mathrm{MPa}$$

故该轴满足强度要求。

第六节　圆轴扭转时的变形与刚度计算

一、圆轴扭转时的变形

轴的扭转变形可用两横截面绕轴线的相对扭转角来衡量［如图 7-10（b）中的 φ］，可以证明，当轴的扭矩为 M_t，极惯性矩为 I_p时，相距为 l 的两横截面间的相对扭转角为：

$$\varphi=\frac{M_t l}{GI_p} \tag{7-11}$$

式（7-11）中，扭转角 φ 的单位为 rad（弧度）；GI_p 称为圆轴的抗扭刚度。GI_p 的值越大，φ 值越小。

圆轴单位长度扭转角 θ 为：

$$\theta=\frac{\varphi}{l}=\frac{M_t}{GI_p}(\mathrm{rad/m})=\frac{M_t}{GI_p}\times\frac{180^\circ}{\pi}\ (^\circ/\mathrm{m}) \tag{7-12}$$

式（7-11）和式（7-12）仅适用于等直圆杆在线弹性范围内工作时。

二、圆轴扭转时的刚度计算

圆轴扭转时，除应满足强度条件外，还应满足刚度条件。工程上，通常是限制圆轴的最大单位长度扭转角 $\theta_{\max}$ 不超过规定的单位长度许用扭转角［θ］，故圆轴扭转时的刚度条件为：

$$\theta_{\max}=\frac{M_{t_{\max}}}{GI_p}\times\frac{180^\circ}{\pi}\leqslant[\theta] \tag{7-13}$$

式（7-13）中的单位长度许用扭转角［θ］可从有关工程手册中查到。

【例 7-4】 某传动轴受到扭矩 $M_t=1\mathrm{kN\cdot m}$ 的作用，材料的许用切应力 $[\tau]=40\mathrm{MPa}$，切变模量 $G=80\mathrm{GPa}$，单位长度许用扭转角 $[\theta]=1(^\circ)/\mathrm{m}$。试设计该轴的直径。

【解】 （1）按强度条件设计

由
$$\tau_{\max}=\frac{M_{t_{\max}}}{W_p}\leqslant[\tau] \quad 及 \quad W_p=\frac{\pi d^3}{16}$$

得：

$$d\geqslant\sqrt[3]{\frac{16M_{t_{\max}}}{\pi[\tau]}}=\sqrt[3]{\frac{16\times1\times10^3\,\mathrm{N\cdot m}}{\pi\times40\times10^6\,\mathrm{Pa}}}=50.31\mathrm{mm}$$

（2）按刚度条件设计

由
$$\theta=\frac{M_{t_{\max}}}{GI_p}\times\frac{180^\circ}{\pi}\leqslant[\theta] \quad 及 \quad I_p=\frac{\pi d^4}{32}$$

得：

$$d \geqslant \sqrt[4]{\frac{32M_{t_{max}} \times 180}{\pi^2 G[\theta]}} = \sqrt[4]{\frac{32 \times 1 \times 10^3 \text{N} \cdot \text{m} \times 180}{\pi^2 \times 80 \times 10^9 \text{Pa} \times 1(°)/\text{m}}} = 51.97\text{mm}$$

为同时满足强度条件和刚度条件，传动轴的直径应取 $d=52\text{mm}$。

第七节　矩形截面杆件扭转简介

在工程实际中，经常会遇到一些非圆截面的受扭构件，如房屋建筑中的雨篷梁就受到扭矩的作用。实验表明，当非圆截面杆受扭时，其横截面将由平面变为曲面，产生所谓的“翘曲”现象。因此，根据平面假设建立的圆轴扭转公式，不再适用于非圆截面杆件。本节主要介绍矩形截面杆件扭转时的应力和变形。

取一矩形截面杆件，如图 7-16（a）所示。在杆件表面分别画上平行于轴线和垂直于轴线的等距离直线，形成正方形网格。在杆件两端垂直于轴线的平面内施加一对外力偶矩 M_e，如图 7-16（b）所示。当杆件的变形在弹性范围内时，有以下几点。

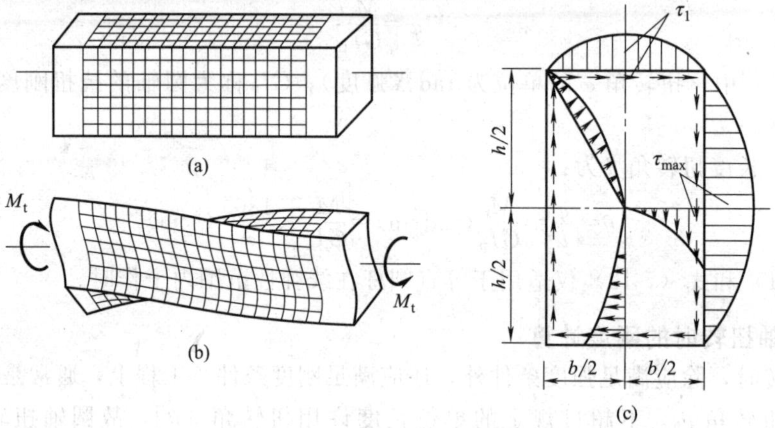

图 7-16

① 所有横线（垂直于杆轴线）都变为曲线，原为平面的横截面已不再是一个平面。

② 相邻横截面的翘曲程度相同，纵向纤维的长度不变，故认为横截面上无正应力。

③ 由于小方格的直角发生了不同程度的改变，说明横截面上存在切应力。因矩形长边中点处网格的角变形最大，短边中点处网格的角变形也较大，而截面棱角处的网格直角无变化，可以推断：矩形截面长边中点处的切应力最大，而棱角处的切应力为零。其他各点的切应力随其所在位置不同而变化。

由变形观察结果结合弹性力学分析，可得出矩形截面杆件扭转时，横截面上应力的分布规律如图 7-16（c）所示。

根据研究结果，横截面长边中点处的切应力值为：

$$\tau_{max} = \frac{M_t}{W_t} = \frac{M_t}{ahb^2} \tag{7-14}$$

横截面短边中点处的切应力值为：

$$\tau_1 = \gamma \tau_{max} \tag{7-15}$$

截面相对扭转角为：

$$\varphi=\frac{M_{t}l}{GI_{t}}=\frac{M_{t}l}{G\beta hb^{3}} \tag{7-16}$$

式（7-14）～式（7-16）中，h 和 b 分别代表矩形截面长边和短边的长度，系数 α、β、γ 与比值 h/b 有关，其值见表 7-1 所列。

表 7-1　矩形截面杆扭转系数

$\frac{h}{b}$	1.0	1.2	1.5	1.75	2.0	2.5	3.0	4.0	5.0	6.0	8.0	10.0	∞
α	0.208	0.219	0.231	0.239	0.246	0.258	0.267	0.282	0.291	0.299	0.307	0.313	0.333
β	0.141	0.166	0.196	0.214	0.229	0.249	0.263	0.281	0.291	0.299	0.307	0.313	0.333
γ	1.00	0.93	0.86	0.82	0.80	0.77	0.75	0.74	0.74	0.74	0.74	0.74	0.74

小　　结

1. 当杆件受到垂直于杆轴线的一对大小相等、方向相反、作用线平行且相距很近的外力作用时，两力间的横截面将沿外力的作用方向发生相对错动，这种变形称为剪切变形。在剪切变形的同时，连接件与被连接的构件，因相互接触而产生挤压。

2. 工程中采用实用计算的方法，建立剪切强度条件和挤压强度条件，保证构件的正常工作，即：

$$\tau=\frac{F_{s}}{A}\leqslant[\tau],\ \sigma_{bs}=\frac{F_{bs}}{A_{bs}}\leqslant[\sigma_{bs}]$$

3. 在单元体两个互相垂直的平面上，同时存在垂直于公共棱边且数值相等的切应力，其方向均指向或背离两垂直平面的交线。这种关系称为切应力互等定理。

4. 剪切胡克定律是指当切应力 τ 不超过材料的剪切比例极限 τ_{p} 时，切应力与切应变 γ 成正比，即 $\tau=G\gamma$。

5. 圆轴受垂直于杆轴线平面内的一对大小相等、方向相反的力偶作用时，杆件各横截面均绕杆轴线转动，杆轴线始终保持直线，这种变形称为扭转变形。

6. 扭矩 M_{t} 是受扭构件横截面上的内力，它是由作用在与杆轴线垂直的横截面上的外力偶矩引起的。

7. 扭转圆轴横截面上任一点的切应力与该点到圆心的距离成正比，圆心处切应力为零，最大切应力发生在圆轴边缘各点处。

$$\tau(\rho)=\frac{M_{t}\rho}{I_{p}},\ \tau_{max}=\frac{M_{t}}{W_{p}}$$

8. 等直圆轴扭转时的强度条件为：

$$\tau_{max}=\frac{M_{t_{max}}}{W_{p}}\leqslant[\tau]$$

利用圆轴扭转时的强度条件可解决强度校核、截面选择、承载力计算三类问题。

9. 在荷载相同的情况下，强度相等的空心圆轴的重量比实心圆轴轻得多，采用空心圆轴可节省材料。

10. 等直圆轴扭转时的变形，用两横截面间绕杆轴线的相对扭转角表示，其计算公式为：

$$\varphi=\frac{M_t l}{GI_p}$$

11. 等直圆轴扭转时的刚度条件为：

$$\theta_{max}=\frac{M_{t_{max}}}{GI_p}\times\frac{180°}{\pi}\leqslant[\theta]$$

12. 矩形截面杆受扭后，其横截面不再是平面，而是发生明显的翘曲。因此，根据平面假设建立的圆轴扭转计算公式，不再适用于矩形截面杆件。矩形截面杆自由扭转时，横截面上没有正应力，只有切应力，且长边中点处的切应力最大，而棱角处的切应力为零。

思 考 题

7.1 剪切的受力特征和变形特征是什么？

7.2 试述圆轴扭转时的受力特点和变形特点。

7.3 如图 7-17 所示各杆中，哪个杆将发生扭转变形？

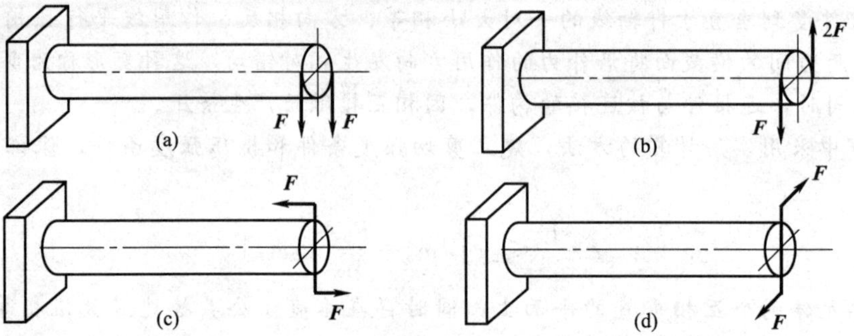

图 7-17

7.4 圆轴扭转时横截面上切应力的分布有什么特征？

7.5 横截面面积相同的情况下，空心轴与实心轴哪个抗扭强度高？

7.6 找出如图 7-18 所示受扭圆轴横截面上切应力分布图的错误并修正。

7.7 圆轴扭转时的变形怎样计算？在其他条件不变的情况下，若圆轴直径增大一倍，单位长度扭转角将怎样变化？

7.8 两根不同材料制成的等截面圆轴，它们的直径和承受的外力偶矩均相同，两轴的单位长度扭转角是否相同？为什么？

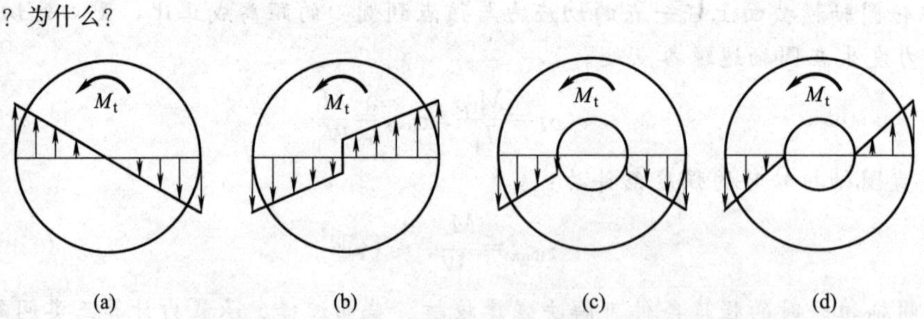

图 7-18

7.9 当圆轴的刚度条件不满足要求时，采用下面哪种措施更合理，为什么？

① 改用优质材料；

② 增大圆轴的直径。

习　题

7.1　试画出如图 7-19 所示轴的扭矩图。

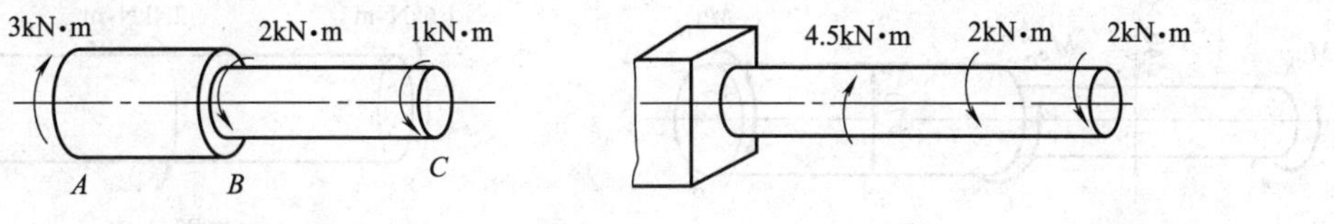

图 7-19

7.2　某圆轴上作用有四个外力偶矩，如图 7-20 所示。已知 $\boldsymbol{M}_{e_1}=2\text{kN}\cdot\text{m}$，$\boldsymbol{M}_{e_2}=1.2\text{kN}\cdot\text{m}$，$\boldsymbol{M}_{e_3}=0.4\text{kN}\cdot\text{m}$，$\boldsymbol{M}_{e_4}=0.4\text{kN}\cdot\text{m}$。

① 绘制该轴的扭矩图，计算最大扭矩；

② 若将外力偶矩 M_{e_1} 和 M_{e_2} 的位置对调，最大扭矩将如何变化？

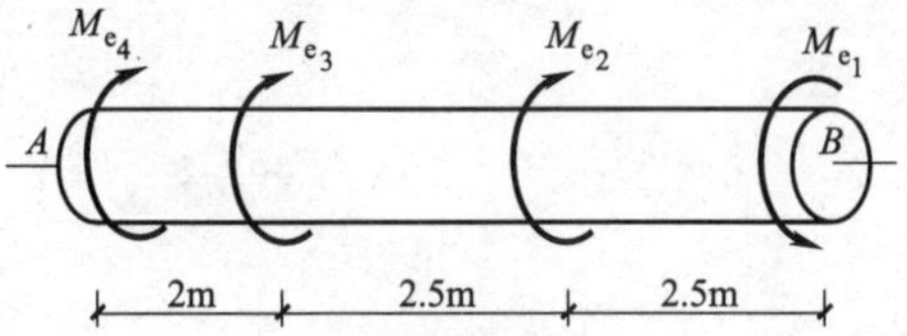

图 7-20

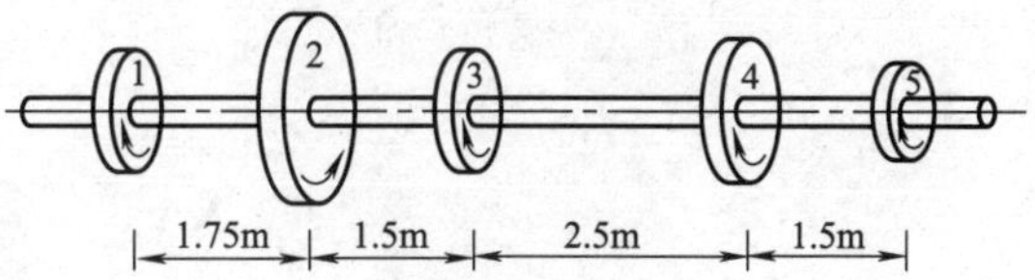

图 7-21

7.3　传动轴如图 7-21 所示，已知转速为 200r/min，由主动轮 2 输入功率 80kW，由从动轮 1、3、4 和 5 分别输出功率为 25kW、15kW、30kW 和 10kW。试画出该轴的扭矩图。

7.4　实心圆轴两端作用 $M_e=12\text{kN}\cdot\text{m}$ 的外力偶矩，如图 7-22 所示。已知圆轴的直径 $d=100\text{mm}$，试求该轴的最大切应力及图示截面上 A 点处的切应力。

7.5　阶梯轴 AB，如图 7-23 所示。已知 $d_1=40\text{mm}$，$d_2=70\text{mm}$，外力偶矩 $M_B=1500\text{N}\cdot\text{m}$，$M_A=600\text{N}\cdot\text{m}$，$M_C=900\text{N}\cdot\text{m}$，$[\tau]=60\text{MPa}$。试校核该轴的强度。

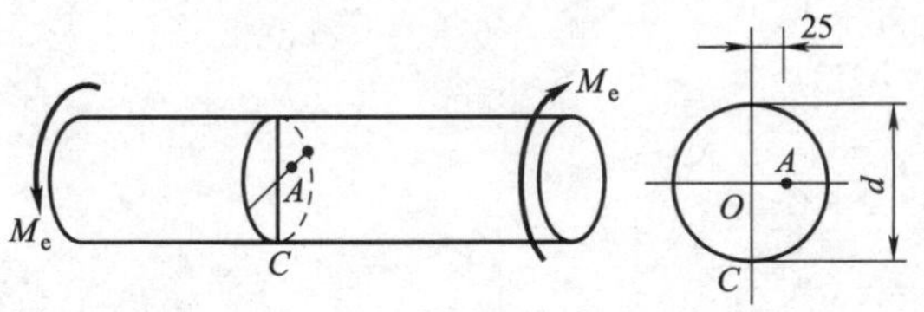

图 7-22

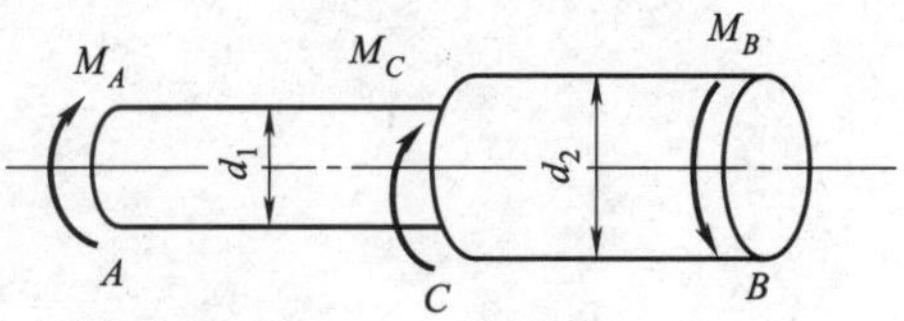

图 7-23

7.6　传动轴及其所受外力偶，如图 7-24 所示。轴材料的切变模量 $G=80\text{GPa}$，直径 $d=40\text{mm}$。试求该轴的总扭转角 φ_{AC}。

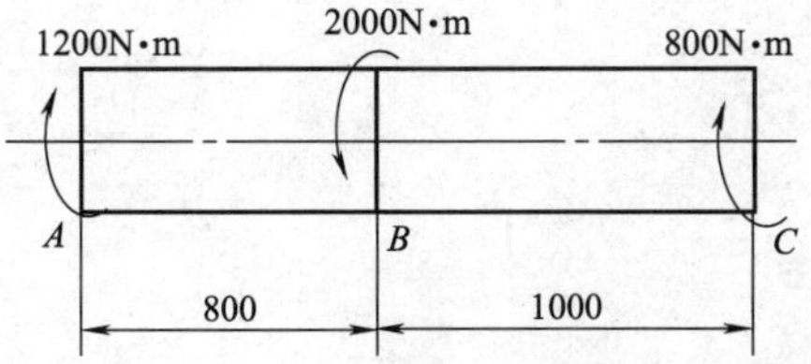

图 7-24

7.7　阶梯轴 AB，如图 7-25 所示。AC 段直径 $d_1=40\text{mm}$，CB 段直径 $d_2=70\text{mm}$，外力偶矩 $M_{e_B}=1500\text{N}\cdot\text{m}$，$M_{e_A}=600\text{N}\cdot\text{m}$，$M_{e_C}=900\text{N}\cdot\text{m}$，$G=80\text{GPa}$，$[\tau]=60\text{MPa}$，$[\theta]=2(°)/\text{m}$。试校核该轴的强度和刚度。

7.8　圆截面钢轴，如图 7-26 所示。材料的切变模量 $G=80\text{GPa}$，许用切应力 $[\tau]=100\text{MPa}$，许用单位长度扭转角 $[\theta]=0.5\ (°)/\text{m}$。试设计该轴直径。

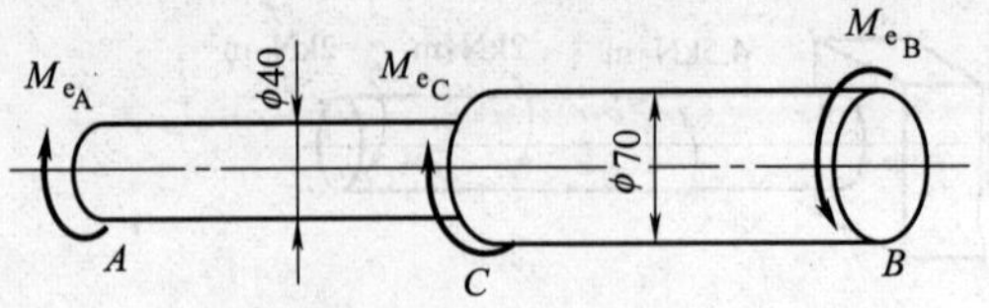

图 7-25

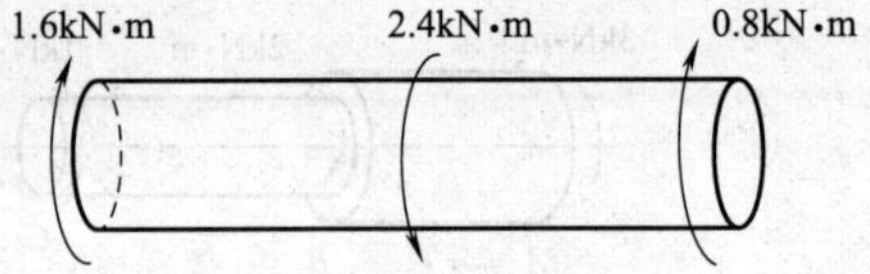

图 7-26

第八章 平 面 弯 曲

提要：本章主要介绍杆件平面弯曲时的内力、应力与强度计算；介绍杆件平面弯曲时的变形与刚度计算。

第一节 平面弯曲的概念

杆件的轴线在外力作用下由直线变为曲线，这种变形通常称为弯曲变形，简称为弯曲。以弯曲为主要变形的杆件称作梁。实际工程中存在大量受弯的杆件，如楼板梁、桥梁结构中的梁、单位长度的挡土墙等，分别如图 8-1（a）～（c）所示。

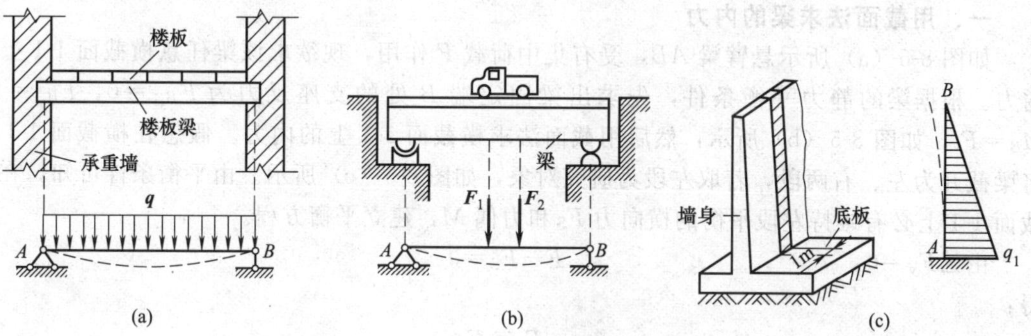

图 8-1

梁横截面一般都存在纵向对称轴，如图 8-2 中的 y 轴。纵向对称轴与梁轴线所组成的平面称为纵向对称面，如图 8-3 所示。如果作用在梁上的所有外力（或外力的合力）均作用在梁的纵向对称面内，则梁变形后的轴线是位于梁的纵向对称面内的一条平面曲线，这种弯曲称为平面弯曲，如图 8-3 所示。

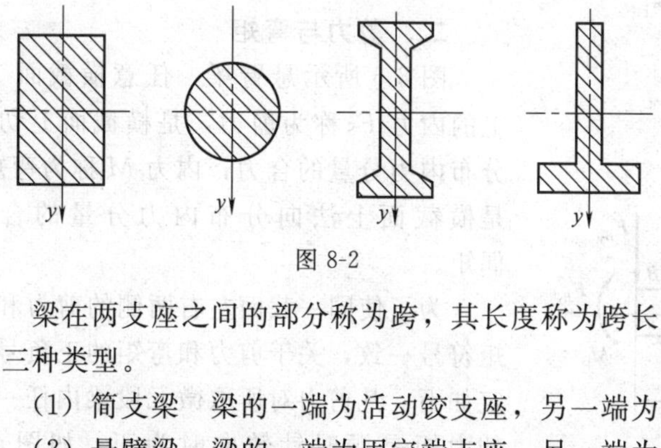

图 8-2

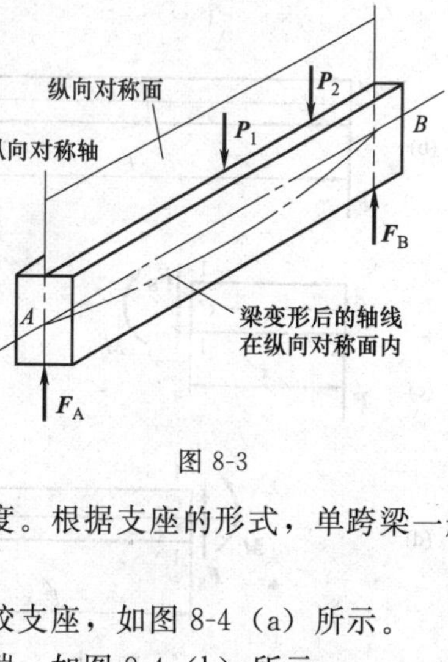

图 8-3

梁在两支座之间的部分称为跨，其长度称为跨长或跨度。根据支座的形式，单跨梁一般有三种类型。

（1）简支梁　梁的一端为活动铰支座，另一端为固定铰支座，如图 8-4（a）所示。

（2）悬臂梁　梁的一端为固定端支座，另一端为自由端，如图 8-4（b）所示。

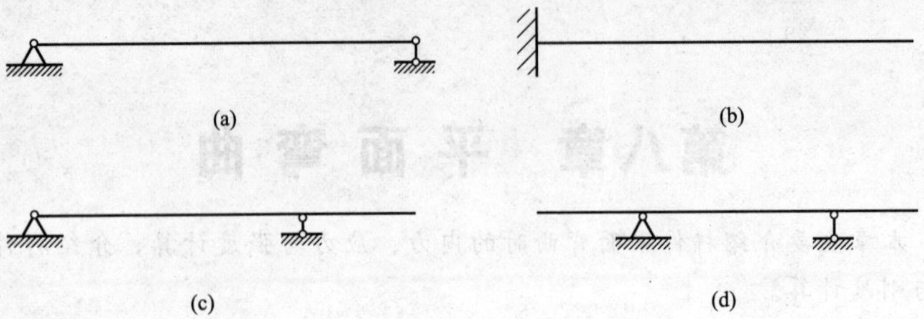

图 8-4

（3）外伸梁　一端或两端伸出支座以外的简支梁，如图 8-4（c）、（d）所示。

第二节　平面弯曲梁的内力——剪力与弯矩

一、用截面法求梁的内力

如图 8-5（a）所示悬臂梁 AB，受有集中荷载 F 作用，现欲求该梁任意横截面 1-1 上的内力。根据梁的静力平衡条件，先求出梁固定端 B 处的支座反力为 $F_{B_x}=0$，$F_{B_y}=F$，$M_B=Fl$，如图 8-5（b）所示，然后用截面法求横截面 1-1 上的内力。假想在横截面 1-1 处将梁截开为左、右两段，若取左段为研究对象，如图 8-5（c）所示。由平衡条件可知，在横截面 1-1 上必有维持左段平衡的横向力 F_S和力偶 M，建立平衡方程。

由 $\sum F_y=0$：

$$F-F_S=0$$

得：

$$F_S=F$$

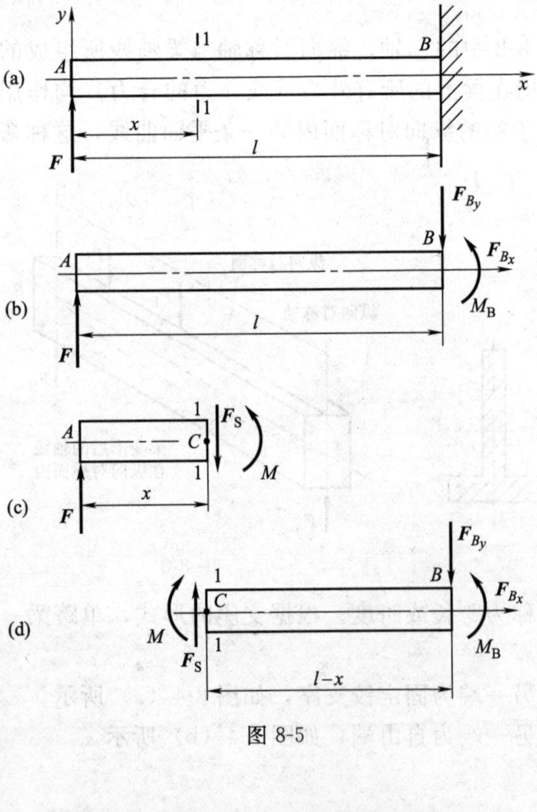

图 8-5

以左段隔离体的截面形心 C 为矩心，建立平衡方程。

由 $\sum M_C=0$：$M-Fx=0$

得：

$$M=Fx$$

如果取右段为研究对象，同样可以求得横截面 1-1 上的内力 F_S和 M，两者数值相等，方向相反，如图 8-5（d）所示。

二、剪力与弯矩

图 8-5 所示悬臂梁，任意横截面 1-1 上的内力 F_S称为剪力，是横截面上切向分布内力分量的合力；内力 M 称为弯矩，是横截面上法向分布内力分量的合力偶矩。

为了使同一截面左右两侧的剪力和弯矩符号一致，关于剪力和弯矩的正负号规定如下：凡剪力对所取微元段梁内任一点的力矩是顺时针转向时为正，如图 8-6

（a）所示；反之为负，如图 8-6（b）所示；凡弯矩使所取微元段梁产生上凹下凸弯曲变形的为正，如图 8-7（a）所示；反之为负，如图 8-7（b）所示。

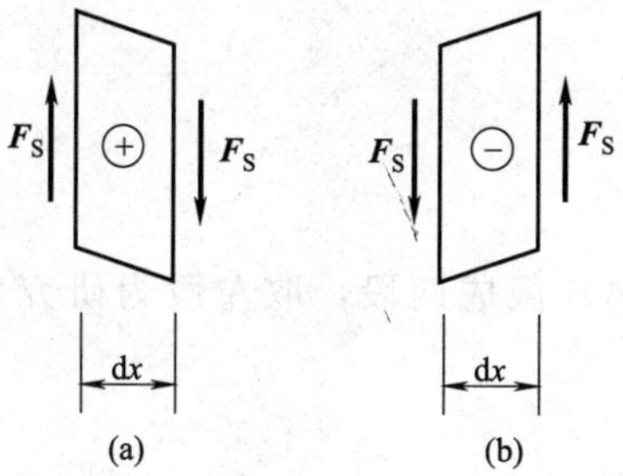

图 8-6

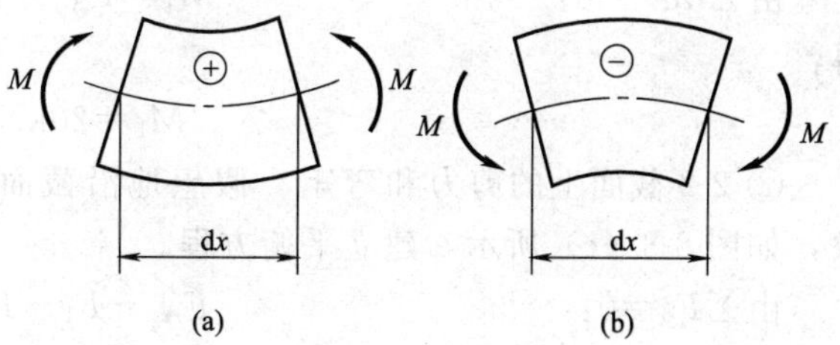

图 8-7

在用截面法求弯曲内力时，横截面上的剪力、弯矩的方向一般按正方向假设，根据计算结果的正负确定它们的实际方向。

【例 8-1】 如图 8-8（a）所示简支梁 AB，受集中荷载 $F_1=F_2=20\text{kN}$ 作用。求简支梁横截面 1-1、2-2 和 3-3 上的剪力和弯矩。

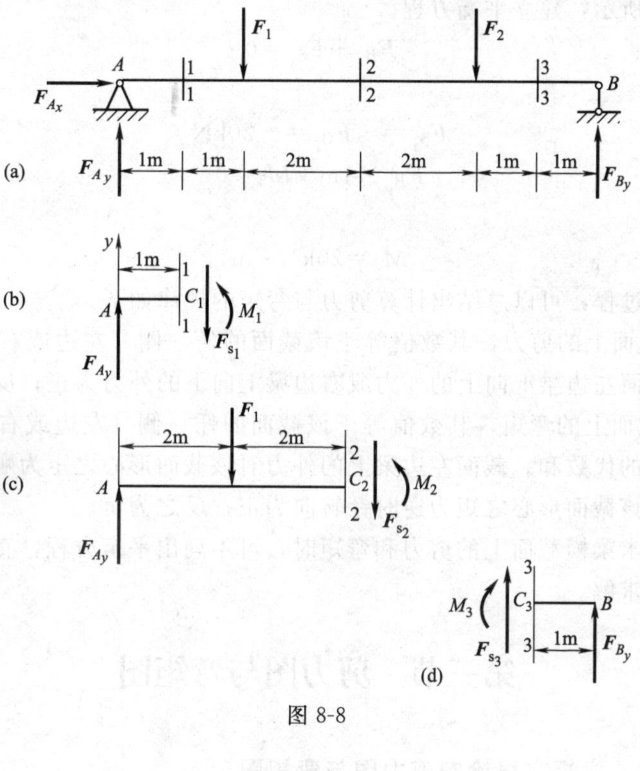

图 8-8

【解】

（1）求支座反力　由梁的平衡方程，求得支座反力为：

$$F_{A_x}=0;\ F_{A_y}=F_{B_y}=20\text{kN}\ (\uparrow)$$

（2）求各横截面上的剪力和弯矩

① 1-1 截面上的剪力和弯矩　假想地沿截面 1-1 将梁 AB 截成两段，取左段为研究对象，如图 8-8（b）所示。建立平衡方程（设被截开的 1-1、2-2、3-3 截面的形心分别为 C_1、C_2、C_3）。

由$\sum F_y=0$：　　$F_{A_y}-F_{S_1}=0$

得：

$$F_{S_1}=F_{A_y}=20\text{kN}$$

由$\sum M_{C_1}=0$：　　$M_1-F_{A_y}\times 1\text{m}=0$

得：

$$M_1=20\text{kN}\cdot\text{m}$$

② 2-2 截面上的剪力和弯矩　假想地沿截面 2-2 将梁 AB 截成两段，取左段为研究对象，如图 8-8（c）所示，建立平衡方程。

由$\sum F_y=0$：　　$F_{A_y}-F_1-F_{S_2}=0$

得：

$$F_{S_2}=F_{A_y}-F_1=20\text{kN}-20\text{kN}=0$$

由$\sum M_{C_2}=0$：　　$M_2-F_{A_y}\times 4\text{m}+F_1\times 2\text{m}=0$

得：

$$M_2=20\text{kN}\times 4\text{m}-20\text{kN}\times 2\text{m}=40\text{kN}\cdot\text{m}$$

③ 3-3 截面上的剪力和弯矩　假想地沿截面 3-3 将梁 AB 截成两段，取右段为研究对象，如图 8-8（d）所示，建立平衡方程。

由$\sum F_y=0$：　　$F_{B_y}+F_{S_3}=0$

得：

$$F_{S_3}=-F_{B_y}=-20\text{kN}$$

由$\sum M_{C_3}=0$：　　$F_{B_y}\times 1\text{m}-M_3=0$

得：

$$M_3=20\text{kN}\cdot\text{m}$$

由上面的计算过程，可以总结出计算剪力与弯矩的规律如下。

① 梁任一横截面上的剪力，其数值等于该截面的任一侧（左边或右边）梁上所有横向外力的代数和。截面左边梁上向上的外力或右边梁上向下的外力为正；反之为负。

② 梁任一横截面上的弯矩，其数值等于该截面的任一侧（左边或右边）梁上所有外力对截面形心的力矩的代数和。截面左边梁上的外力对该截面形心之矩为顺时针转向，或截面右边梁上的外力对该截面形心之矩为逆时针转向为正；反之为负。

应用这些规律求梁横截面上的剪力和弯矩时，可不列出平衡方程，直接根据该截面左边或右边梁上的外力求解。

第三节　剪力图与弯矩图

一、利用剪力、弯矩方程绘制剪力图与弯矩图

由前面分析可知，梁横截面上的剪力与弯矩值随截面位置变化。如果沿梁轴线方向选取坐标 x 表示横截面的位置，则梁内各截面的剪力和弯矩都可表示为 x 的函数，有：

$$\left.\begin{aligned}F_S&=F_S(x)\\M&=M(x)\end{aligned}\right\}\tag{8-1}$$

式（8-1）分别称为梁的剪力方程和弯矩方程。

以平行于梁轴线的 x 坐标表示横截面的位置，以垂直于梁轴线的坐标表示相应横截面

上的剪力或弯矩值，利用剪力方程和弯矩方程，绘出梁各横截面上的剪力和弯矩沿梁轴线变化情况的图线，这样的图线分别称为剪力图和弯矩图。

绘图时将正值剪力画在 x 轴上侧，负值剪力画在 x 轴下侧；正值弯矩画在 x 轴下侧，负值弯矩画在 x 轴上侧，即弯矩图总是画在梁纵向纤维受拉的一侧，因此在弯矩图上一般不必再标注正、负号。

【例 8-2】 如图 8-9（a）所示，简支梁 AB 的 C 点处受集中力 F 作用，试列出该梁的剪力方程和弯矩方程，并绘制剪力图和弯矩图。

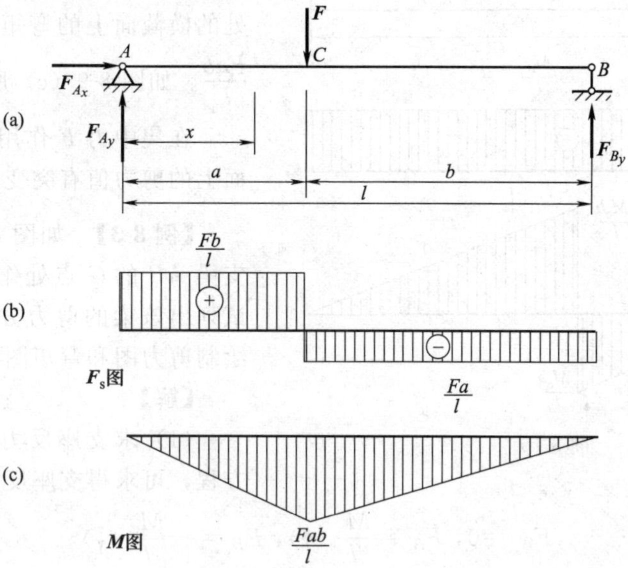

图 8-9

【解】

（1）求支座反力　对于简支梁，要首先计算支座反力，这是因为计算横截面上的剪力和弯矩时，不论取截面的哪一侧为隔离体，其上外力均包括一个支座反力。由梁 AB 的平衡方程，可求得支座反力：

$$F_{A_x}=0,\ F_{A_y}=\frac{Fb}{l}\ (\uparrow),\ F_{B_y}=\frac{Fa}{l}\ (\uparrow)$$

（2）求剪力方程和弯矩方程　对于 AB 梁，由于在 C 点处受集中力 F 作用，梁在 AC 和 CB 段内的剪力不能用同一方程表示。将梁分为 AC 和 CB 两段，分别建立剪力方程和弯矩方程。

在 AC 段内取距 A 点为 x 的任意横截面，求得梁的剪力方程和弯矩方程分别为：

$$F_S(x)=F_{A_y}=\frac{Fb}{l}\quad (0<x<a) \tag{a}$$

$$M(x)=F_{A_y}x=\frac{Fb}{l}x\quad (0\leqslant x\leqslant a) \tag{b}$$

在 CB 段内取距 A 点为 x 的任意横截面，求得梁的剪力方程和弯矩方程分别为：

$$F_S(x)=F_{A_y}-F=\frac{Fb}{l}-F=-\frac{Fa}{l}\quad (a<x<l) \tag{c}$$

$$M(x)=F_{A_y}x-F(x-a)=\frac{Fb}{l}x-F(x-a)$$

$$=\frac{Fa}{l}(l-x)\quad(a\leqslant x\leqslant l)\tag{d}$$

（3）绘制剪力图和弯矩图　根据剪力方程式（a）、式（c）和弯矩方程式（b）、式（d）绘制剪力图和弯矩图，如图 8-9（b）、（c）所示。

由图 8-9（b）可知，在 $a<b$ 的情况下，梁 AC 段的任一截面上的剪力值为最大，$F_{S_{max}}=\frac{Fb}{2}$；而在集中力 F 作用点处的横截面上的弯矩值为最大，$M_{max}=\frac{Fab}{l}$。如图 8-9（c）所示。

在集中力 F 作用处的左、右两侧截面上的剪力值有突变。

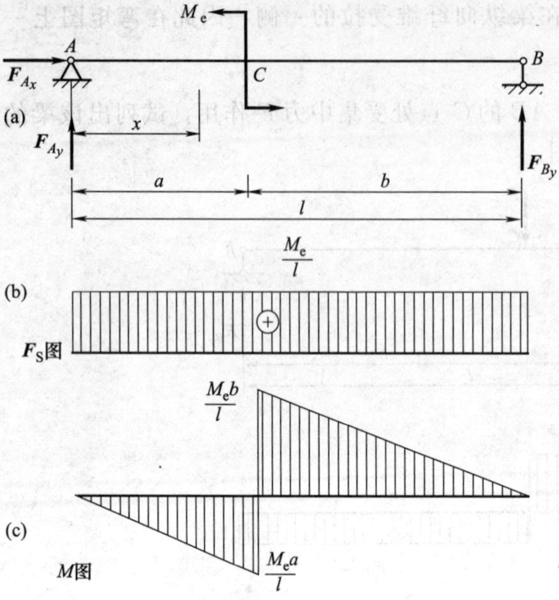

图 8-10

【例 8-3】 如图 8-10（a）所示，简支梁 AB 的 C 点处作用有集中力偶 M_e。试列出该梁的剪力方程和弯矩方程，并绘制剪力图和弯矩图。

【解】

（1）求支座反力　由梁 AB 的平衡方程，可求得支座反力：

$$F_{A_x}=0,\ F_{A_y}=\frac{M_e}{l}\ (\uparrow),\ F_{B_y}=-\frac{M_e}{l}\ (\downarrow)$$

（2）求剪力方程和弯矩方程　由于在 C 点处受集中力偶 M_e 作用，梁在 AC 和 CB 段内的弯矩不能用同一方程表示。将梁分为 AC 和 CB 两段，分别建立剪力方程和弯矩方程。

在 AC 段内取距 A 点为 x 的任意横截面，求得梁的剪力方程和弯矩方程分别为：

$$F_S(x)=F_{A_y}=\frac{M_e}{l}\quad(0<x\leqslant a)\tag{a}$$

$$M(x)=F_{A_y}x=\frac{M_e}{l}x\quad(0\leqslant x<a)\tag{b}$$

在 CB 段内取距 A 点为 x 的任意横截面，求得梁的剪力方程和弯矩方程分别为：

$$F_S(x)=F_{A_y}=\frac{M_e}{l}\quad(a\leqslant x<l)\tag{c}$$

$$M(x)=F_{A_y}x-M_e=-\frac{M_e}{l}(l-x)\quad(a<x\leqslant l)\tag{d}$$

（3）绘制剪力图和弯矩图　根据剪力方程式（a）、式（c）和弯矩方程式（b）、式（d）绘制剪力图和弯矩图，如图 8-10（b）、（c）所示。

由图 8-10（c）可知，在 $a<b$ 的情况下，集中力偶作用处的右侧截面上的弯矩值为最大，$|M|_{max}=\frac{M_e b}{l}$；在集中力偶作用处，其左、右两侧截面上的剪力没有变化，如图 8-10（b）所示。

在集中力偶作用处，其左、右两侧截面上的弯矩值有突变。

【例 8-4】 如图 8-11（a）所示，简支梁 AB 受均布荷载 q 作用，试列出该梁的剪力方程和弯矩方程，并绘制剪力图和弯矩图。

【解】

(1) 求支座反力　由梁 AB 的平衡方程，可求得支座反力。

$$F_{A_x}=0,\ F_{A_y}=\frac{ql}{2}\ (\uparrow),\ F_{B_y}=\frac{ql}{2}\ (\uparrow)$$

(2) 求剪力方程和弯矩方程　用假想的截面将梁在距 A 点为 x 处截开，如图 8-11 (b) 所示。取左段或右段为隔离体，求得梁的剪力方程和弯矩方程分别为：

$$F_S(x)=F_{A_y}-qx=\frac{ql}{2}-qx\quad (0<x<l)$$

$$M(x)=F_{A_y}x-qx\cdot\frac{x}{2}=\frac{ql}{2}x-\frac{q}{2}x^2\quad (0\leqslant x\leqslant l)$$

(3) 绘制剪力图和弯矩图　根据剪力方程和弯矩方程绘制剪力图和弯矩图，如图 8-11 (c)、(d) 所示。

由图 8-11 (c)、(d) 可知，梁跨中截面上的弯矩值为最大，$M_{max}=\frac{ql^2}{8}$，此截面上 $F_S=0$；而在梁的两个支座截面处剪力值为最大，$|F_S|_{max}=\frac{ql}{2}$。

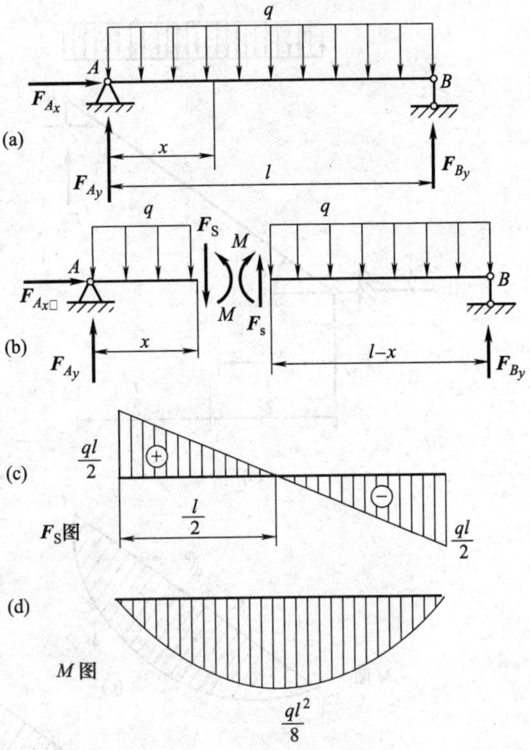

图 8-11

【例 8-5】 如图 8-12 (a) 所示，简支斜梁 AB 受均布荷载 q 作用，试列出该梁的内力方程，并绘制内力图。

【解】

(1) 求支座反力　由斜梁 AB 的平衡方程，可求得支座反力。

$$F_{A_y}=F_{B_y}=\frac{1}{2}ql\ (\uparrow)\qquad F_{A_x}=0$$

(2) 求内力方程　用假想的截面将梁在距 A 点为 x 处（K 截面）截开，取左段为隔离体，如图 8-12 (b) 所示。

由 $\sum M_K=0$，得斜梁的弯矩方程为：

$$M_K=\frac{ql}{2}x-\frac{1}{2}qx^2\quad (0\leqslant x\leqslant l)$$

由 $\sum F_T=0$，得斜梁的剪力方程为：

$$F_{S_K}=\left(\frac{ql}{2}-qx\right)\cos\alpha\quad (0<x<l)$$

由 $\sum F_N=0$，得斜梁的轴力方程为：

$$F_{N_K}=\left(-\frac{ql}{2}+qx\right)\sin\alpha\quad (0<x<l)$$

(3) 绘制内力图　根据内力方程绘制内力图，斜梁 AB 的 M、F_S、F_N 图分别如图 8-12 (c)、(d)、(e) 所示。

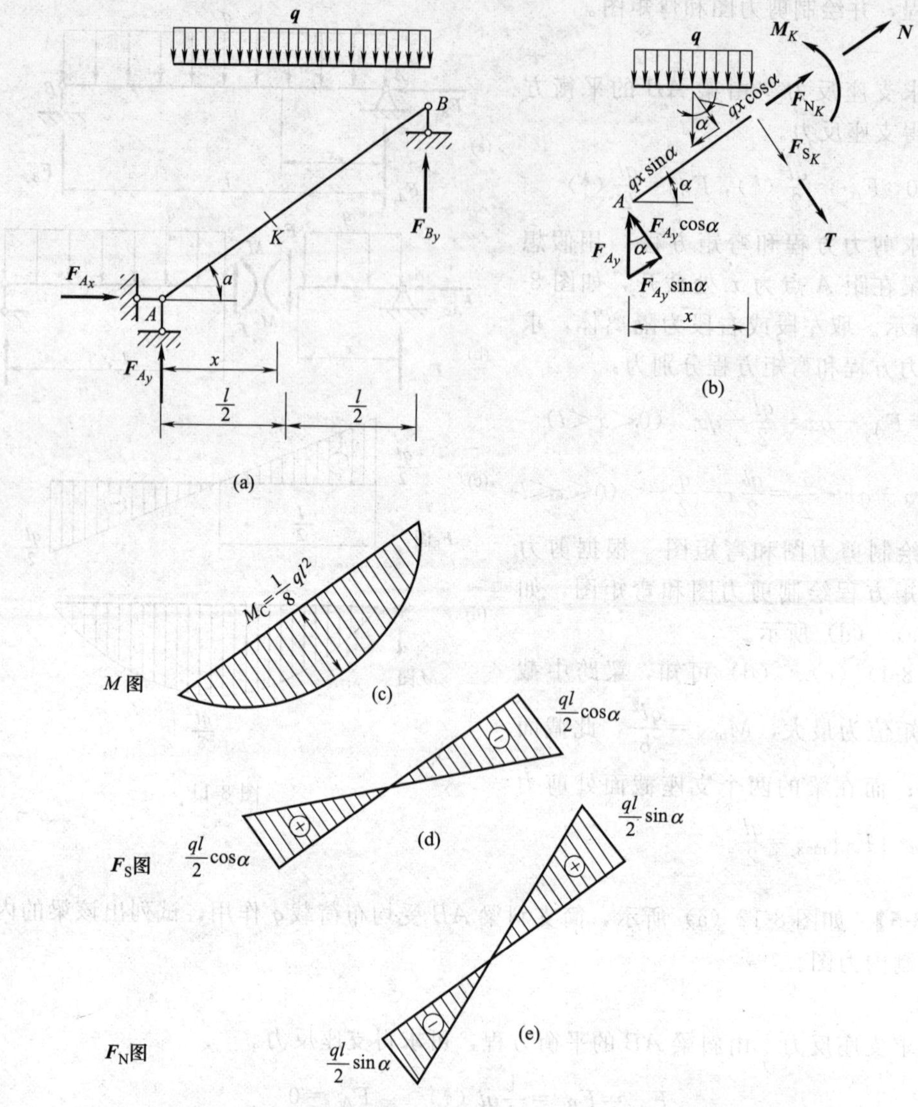

图 8-12

二、利用弯矩、剪力和分布荷载集度间的关系绘制剪力图与弯矩图

在例 8-4 中，求得均布荷载作用下简支梁的剪力方程、弯矩方程分别为：

$$F_S(x)=\frac{ql}{2}-qx$$

$$M(x)=\frac{ql}{2}x-\frac{q}{2}x^2$$

若将其对 x 求一阶导数，则有：

$$\frac{dM(x)}{dx}=\frac{ql}{2}-qx$$

$$\frac{dF_S(x)}{dx}=-q$$

上述两式表明，弯矩 $M(x)$ 对 x 的一阶导数等于剪力 $F_S(x)$；剪力 $F_S(x)$ 对 x 的一阶导数等于荷载集度 q，若规定分布荷载集度 $q(x)$ 向上为正，则：

$$\frac{dM(x)}{dx}=F_s(x) \tag{8-2}$$

$$\frac{dF_s(x)}{dx}=q(x) \tag{8-3}$$

由式（8-2）和式（8-3）还可得到：

$$\frac{d^2M(x)}{dx^2}=q(x) \tag{8-4}$$

实际上，上述关系在直梁中是普遍存在的，称为弯矩、剪力和分布荷载集度之间的微分关系，它们有助于校核和绘制剪力图和弯矩图。

根据弯矩、剪力和分布荷载集度之间的微分关系，可以得出剪力图与弯矩图的一些规律。

① 梁上某段无荷载作用（$q=0$）时，该梁段的剪力 F_s 为常数，剪力图为水平线；弯矩 M 为 x 的一次函数，弯矩图为斜直线。

② 梁上某段受均布荷载作用（q 为常数）时，该梁段的剪力 F_s 为 x 的一次函数，剪力图为斜直线；弯矩 M 为 x 的二次函数，弯矩图为二次抛物线。在剪力 $F_s=0$ 处，弯矩图的斜率为零，此处的弯矩为极值。

③ 在集中力作用处，剪力图有突变，突变值即为作用于该处集中力的值；此处弯矩图的斜率也发生变化，所以弯矩图在这里有一折角。

④ 在集中力偶作用处，弯矩图有突变，突变值即为作用于该处集中力偶的值；剪力图没有变化，在集中力偶作用处两侧剪力值相同。

上述内力图的形状特征可归纳为表 8-1。利用内力图的规律，不仅有助于检查剪力图和弯矩图的正确性，还可以更加简捷而迅速地作出剪力图和弯矩图。其步骤如下：根据梁上荷载和支承情况将梁分为若干段，由各段内的荷载情况判断剪力图和弯矩图的形状；求出控制截面上的剪力值和弯矩值，逐段绘制梁的剪力图和弯矩图。

表 8-1　在几种载荷下 F_s 图与 M 图的特征

梁上荷载情况 / F_s、M 图特征	无载荷 $q=0$		均布载荷		集中载荷	集中力偶
	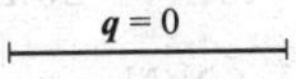		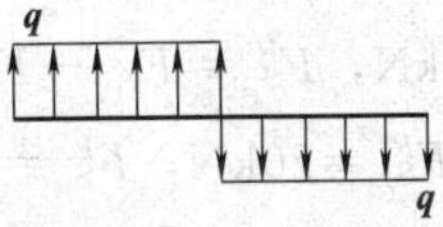		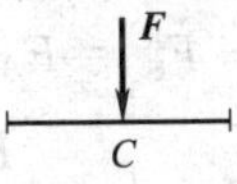	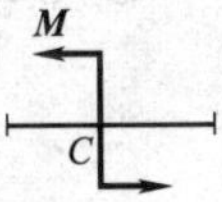
F_s 图特征	水平直线		上倾斜直线	下倾斜直线	在 C 截面有突变	在 C 截面无变化
	$F_s>0$	$F_s<0$	$q>0$	$q<0$		
	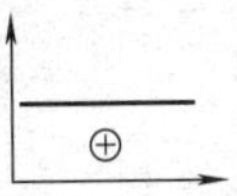	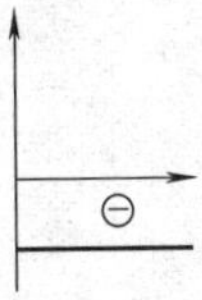			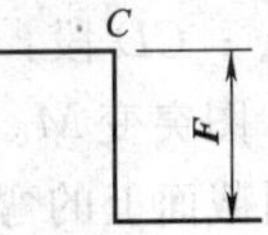	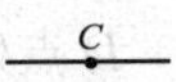
M 图特征	下倾斜直线	上倾斜直线	上凸的二次抛物线	下凹的二次抛物线	在 C 截面有转折角	在 C 截面有突变
			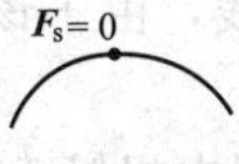	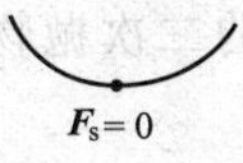	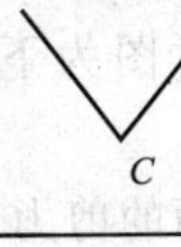	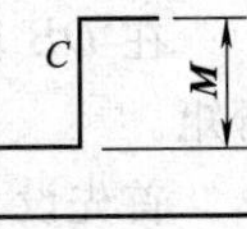

【例 8-6】 简支梁 AB 及所受外荷载，如图 8-13（a）所示。试作该梁的剪力图和弯矩图。

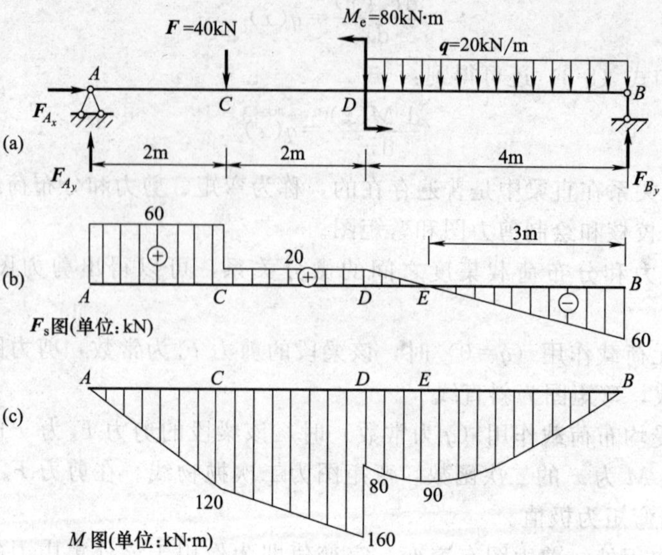

图 8-13

【解】

（1）求支座反力

$$F_{A_x}=0,\ F_{A_y}=60\text{kN}(\uparrow),F_{B_y}=60\text{kN}(\uparrow)$$

（2）作剪力图

① 分段：把梁 AB 分为 AC、CD、DB 三段。

② 初步判断各段图形形状

AC 段：一；CD 段：一；DB 段：\

C 点处 F_S 图突变 $F=40$kN。

③ 求控制截面上的剪力

$$F_{S_A}^R=F_{A_y}=60\text{kN},\ F_{S_C}^R=F_{A_y}-F=60\text{kN}-40\text{kN}=20\text{kN},$$
$$F_{S_D}=F_{S_C}^R=20\text{kN},\ F_{S_B}^L=-F_{B_y}=-60\text{kN}$$

④ 作图：以直线连接各控制截面上剪力的坐标，作出剪力图，如图 8-13（b）所示。

（3）作弯矩图

① 分段，初步判断各段图形形状：把梁 AB 仍分 AC、CD、DB 三段。

AC 段：\；CD 段：\；DB 段：∪

D 点处 M 图突变 $M_e=80\text{kN}\cdot\text{m}$

② 求控制截面上的弯矩

$M_A=0$，$M_C=F_{A_y}\times 2\text{m}=120\text{kN}\cdot\text{m}$　$M_B=0$

$M_D^L=F_{A_y}\times 4\text{m}-F\times 2\text{m}=160\text{kN}\cdot\text{m}$

$M_D^R=F_{A_y}\times 4\text{m}-F\times 2\text{m}-M_e=80\text{kN}\cdot\text{m}$

在 DB 段，M 图为下凸的二次抛物线，由于该段内有 $F_S=0$ 的截面，故需确定极值弯矩。

首先设 E 截面的剪力 $F_S=0$，由 F_S图中相似三角形的比例关系有：20∶60＝DE∶EB，

得 $EB=3\text{m}$。E 截面弯矩即为极值弯矩，其值为：

$$M_E=F_{B_y}\times 3\text{m}-q\times 3\text{m}\times 1.5\text{m}=60\text{kN}\times 3\text{m}-20\text{kN/m}\times 3\text{m}\times 1.5\text{m}=90\text{kN}\cdot\text{m}$$

③ 作图　以直线连接 M_A，M_C 和 M_D^L 的坐标，可得 AC 及 CD 段的弯矩图；按下凸的二次抛物线将 M_D^R，M_E 和 M_B 的坐标相连，即可得 DB 段的弯矩图。全梁弯矩图如图 8-13（c）所示。

（4）确定 $|F_S|_{max}$，$|M|_{max}$

由图 8-13（b）可知：$|F_S|_{max}=60\text{kN}$，发生在 A 点稍右至 C 点稍左区间和 B 点稍左截面上。

由图 8-13（c）可知：$|M|_{max}=160\text{kN}\cdot\text{m}$，发生在 D 点稍左截面上。

三、用区段叠加法作梁的弯矩图

叠加法作梁的弯矩图采用的是叠加原理，叠加原理是指梁受多个荷载共同作用时，某一横截面上的弯矩等于梁在各个荷载单独作用下同一横截面上弯矩的代数和。如图 8-14（a）所示简支梁 AB，同时承受均布荷载 q 和端部力矩 M_A、M_B 的作用，其弯矩图［图 8-14（d）］可由简支梁受端部力矩 M_A、M_B 单独作用下的弯矩图［图 8-14（b）］与简支梁受均布荷载 q 单独作用下的弯矩图［图 8-14（c）］叠加得到。

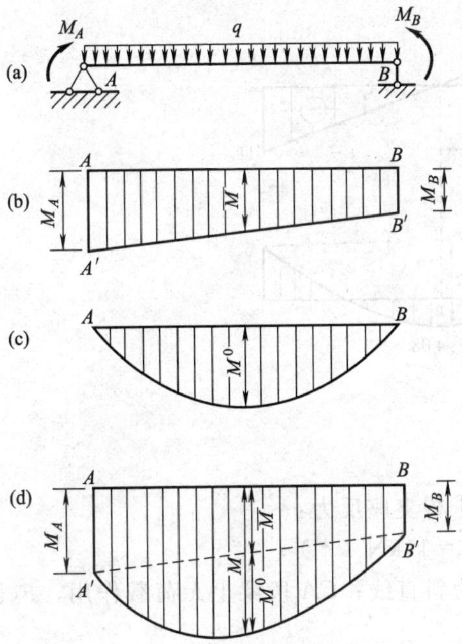

图 8-14

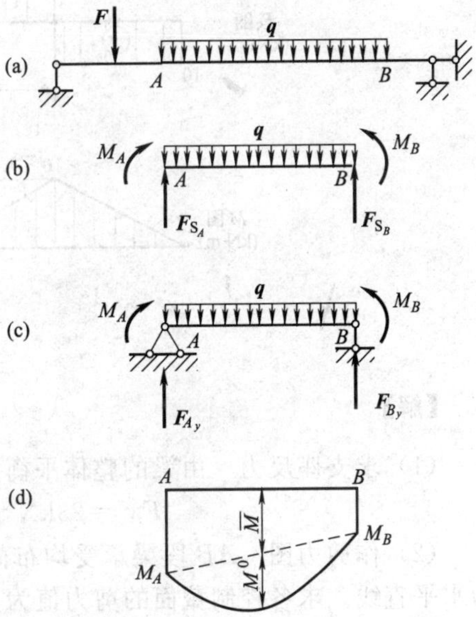

图 8-15

应该注意，弯矩图的叠加，是指弯矩图纵坐标的叠加。因此，图 8-14（d）中的纵坐标 $M^0=\dfrac{ql^2}{8}$必须沿垂直于杆轴 AB 的方向量取，而不是垂直于图中的虚线 $A'B'$。

图 8-15（a）所示杆件中 AB 段的弯矩图可用区段叠加法绘制。AB 段的隔离体如图 8-15（b）所示，其上除均布荷载 q 外，还有杆端弯矩 M_A、M_B 和杆端剪力 F_{S_A}、F_{S_B}。为了说明 AB 段弯矩图的特性，将它与图 8-15（c）所示的简支梁相比较。设简支梁承受相同的均布荷载 q 与端部力矩 M_A、M_B 的作用，其支座反力为 F_{A_y}、F_{B_y}。对于图 8-15（b）和图 8-15（c）分别应用平衡方程，可求得 $F_{S_A}=F_{A_y}$、$F_{S_B}=F_{B_y}$，因此两者的受力情况完全相同。

这样，作 AB 段弯矩图的问题就可转化为作相应简支梁弯矩图的问题，简支梁的弯矩图可采用叠加法，如图 8-15（d）所示。用区段叠加法作弯矩图的步骤可归纳如下。

① 选取梁上外荷载不连续点（如集中力作用点、集中力偶作用点、分布荷载的起点和终点等）作为控制截面，求出其弯矩值。

② 分段绘制弯矩图。当控制截面间无荷载时，用直线连接两控制截面的弯矩值，即得该段弯矩图；当控制截面间有荷载作用时，先用虚线连接两控制截面的弯矩值，然后以此虚线为基线，再叠加上该段梁在荷载单独作用下相应简支梁的弯矩图，即得该段弯矩图。

【例 8-7】 作图 8-16（a）所示外伸梁的内力图。

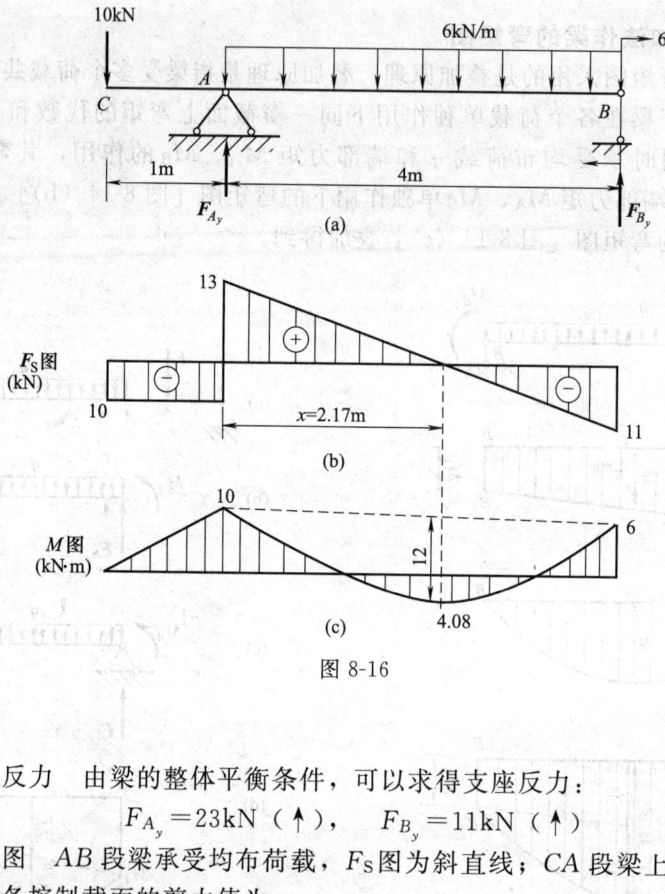

图 8-16

【解】

（1）求支座反力　由梁的整体平衡条件，可以求得支座反力：

$$F_{A_y}=23\text{kN}\ (\uparrow),\quad F_{B_y}=11\text{kN}\ (\uparrow)$$

（2）作剪力图　AB 段梁承受均布荷载，F_S图为斜直线；CA 段梁上无荷载作用，F_S图为水平直线。求各控制截面的剪力值为：

$$F_{S_C}^R=-10\text{kN}$$

$$F_{S_A}^R=-10+23=13\ (\text{kN})$$

$$F_{S_B}^L=-11\text{kN}$$

根据各控制截面的剪力值，可绘制出剪力图，如图 8-16（b）所示。

（3）作弯矩图　选 C、A、B 为控制截面，求各控制截面的弯矩值为：

$$M_C=0$$

$$M_A=-10\times1=-10\ (\text{kN}\cdot\text{m})$$

$$M_B^L=-6\text{kN}\cdot\text{m}$$

根据各控制截面的弯矩值，可绘制出弯矩图，如图 8-16（c）所示。其中 AB 段的弯矩图是根据叠加原理绘出的，即以 A、B 截面的弯矩值的连线为基线，在其上叠加相应简支梁的弯矩图——一条二次抛物线。其跨中弯矩为：

$$\frac{ql^2}{8}=\frac{6\times4^2}{8}=12\ (\text{kN}\cdot\text{m})$$

最后计算 AB 段内弯矩的最大值 $M_{\max}$，首先确定发生最大弯矩的截面位置。F_s图的零点对应于弯矩图的极值点，由剪力图中 AB 段的相似比例关系可求出剪力零点的位置：

$$\frac{13}{11}=\frac{x}{4-x}$$

$$x=2.17\text{m}$$

则 $M_{\max}=-10\times3.17+23\times2.17-\frac{1}{2}\times6\times2.17^2=4.08\ (\text{kN}\cdot\text{m})$

第四节　平面弯曲梁的应力计算

梁弯曲时，横截面上一般产生两种内力，即剪力和弯矩，如图 8-17 所示。剪力 F_S与横截面相切，它只能由切向内力元素 $\tau\text{d}A$ 组成，弯矩 M 作用在与横截面垂直的纵向对称平面内，它只能由法向应力元素 $\sigma\text{d}A$ 组成。因此，梁在弯曲时的横截面上一般既有正应力又有切应力。

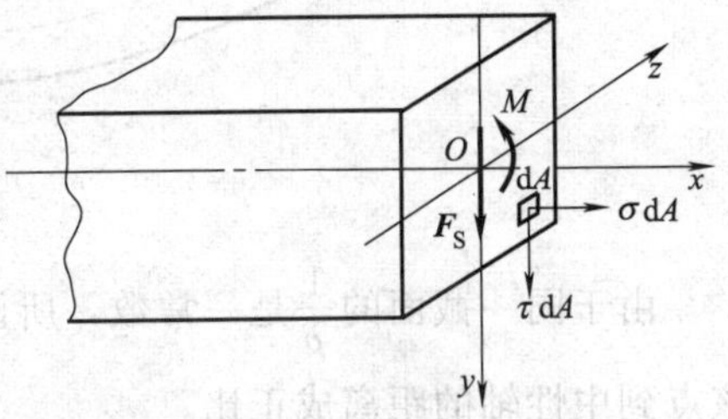

图 8-17

一、梁横截面上的正应力

首先，我们以弯曲时横截面上只有弯矩，没有剪力的纯弯曲梁为研究对象，分析梁横截面上的正应力。

(1) 几何方面　首先通过试验观察纯弯曲梁的变形情况，取一等直的矩形截面梁如图 8-18 (a) 所示。在其侧表面画两条相邻的横向线 mm 和 nn 代表横截面的位置，并在两横向线之间靠近梁上边缘和下边缘处分别画两条纵向线 ab 和 cd 表示纵向纤维。

在梁的两端施加力矩为 M_e的外力偶，使梁处于纯弯状态。梁受弯后的变形如图 8-18 (b) 所示，两横向线 mm 和 nn 仍为直线，两纵向线 ab 和 cd 变为弧线且与两横向线 mm 和 nn 保持正交。靠近梁下边缘的纵向线 cd 伸长，靠近梁上边缘的纵向线 ab 缩短。由以上变形特征可得到以下推论。

① 纯弯曲梁的横截面在变形前为平面，变形后仍为平面，且垂直于挠曲了的梁轴线，通常将这一结论称为梁弯曲时的平面假设。

② 若假设梁由许多纵向纤维组成，根据变形的连续性可知，梁中一定有既不伸长也不缩短的纤维层，此层称为中性层。中性层与梁横截面的交线称为中性轴，如图 8-18 (c) 所示。

若从图 8-18 (b) 所示的梁中截取长度为 $\text{d}x$ 的一段来研究，将梁的轴线取为 x 轴，横截面的纵向对称轴为 y 轴，中性轴取为 z 轴，如图 8-19 所示。若设中性层$\widehat{O_1O_2}$的曲率半径为 ρ，两横截面的相对转角为 $\text{d}\theta$，那么距中性层为 y 处的纵向纤维的变形为：

$$\Delta l=\widehat{B'B}=y\text{d}\theta$$

该处的线应变为：

$$\varepsilon=\frac{\Delta l}{\text{d}x}=\frac{y\text{d}\theta}{\rho\text{d}\theta}=\frac{y}{\rho} \tag{8-5a}$$

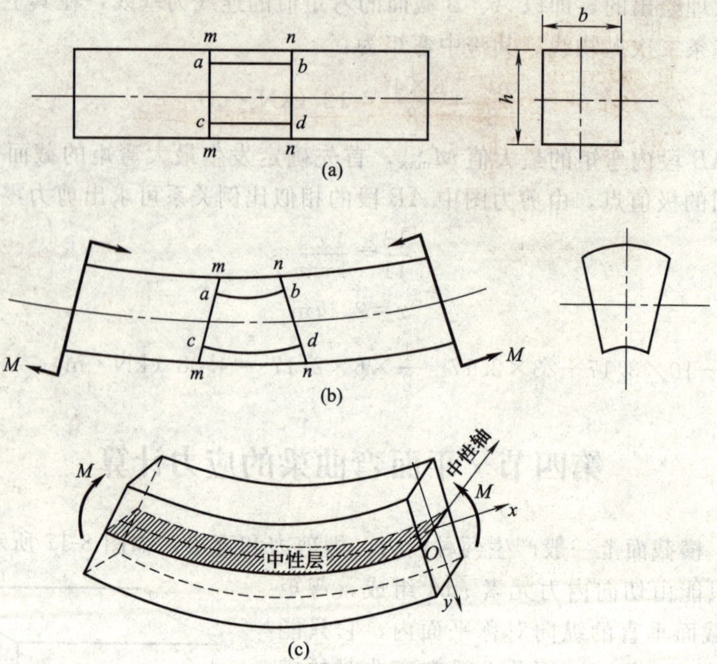

图 8-18

由于同一截面的$\frac{1}{\rho}$是一常数，所以式（8-5a）表明梁横截面上任一点处的纵向线应变与该点到中性轴的距离成正比。

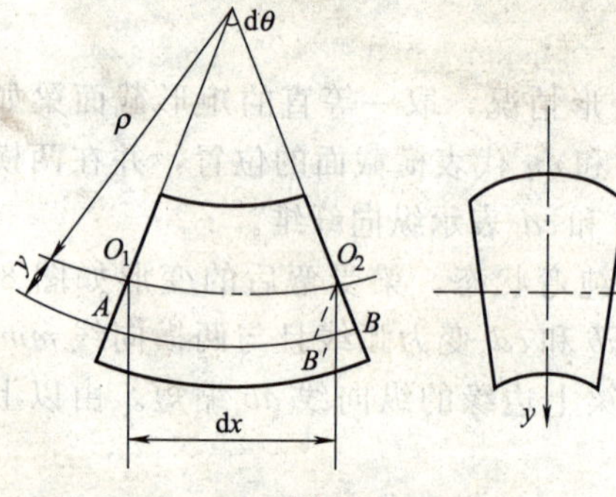

图 8-19

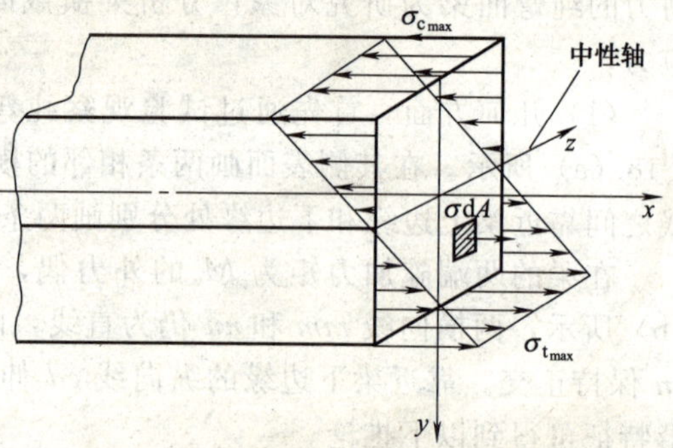

图 8-20

（2）物理方面　在线弹性范围内，由胡克定律知：

$$\sigma = E\varepsilon$$

将式（8-5a）代入上式得：

$$\sigma = E\varepsilon = E\frac{y}{\rho} \tag{8-5b}$$

由式（8-5b）可知，横截面上任一点处的正应力与该点到中性轴的距离成正比。正应力的大小沿截面高度线性变化，截面上、下边缘处的正应力绝对值最大，中性轴上的正应力为零。在距中性轴等距离的同一横线上各点处的正应力相同，如图 8-20 所示。

（3）静力学方面　如图 8-20 所示，在梁的横截面上取微面积 dA，其上的法向微内力为 σdA，此微内力沿梁轴线方向的合力为$\int_A \sigma dA$，它应等于该横截面上的轴力 F_N，同时它对 z

轴的合力偶矩为 $\int_A y\sigma \mathrm{d}A$，并应等于该横截面上的弯矩 M，有：

$$F_N=\int_A \sigma \mathrm{d}A=0 \tag{8-5c}$$

$$M=\int_A y\sigma \mathrm{d}A \tag{8-5d}$$

将式（8-5b）代入式（8-5c），得：

$$F_N=\frac{E}{\rho}\int_A y\mathrm{d}A=\frac{E}{\rho}S_z=0$$

即：

$$S_z=0$$

S_z是横截面对中性轴 z 的静矩，$S_z=0$ 说明横截面上的中性轴 z 是形心轴。

将式（8-5b）代入式（8-5d），得：

$$M=\frac{E}{\rho}\int_A y^2\mathrm{d}A=\frac{E}{\rho}I_z$$

即：

$$\frac{1}{\rho}=\frac{M}{EI_z} \tag{8-6}$$

将式（8-6）代入式（8-5b）可得纯弯曲梁横截面上任一点处的正应力计算公式为：

$$\sigma=E\frac{y}{\rho}=Ey\frac{M}{EI_z}=\frac{My}{I_z} \tag{8-7}$$

式中，M 为横截面上的弯矩；y 为所求正应力点到中性轴的距离；I_z为横截面对中性轴 z 的惯性矩。

应用式（8-7）计算正应力时，通常不考虑式中 M 和 y 的正负号，而以其绝对值代入，正应力 σ 的正负号可根据梁的变形情况直接判断，以中性轴为界，梁受弯变形后凸边一侧为拉应力，凹边一侧为压应力。

由式（8-7）可知，当 $y=y_{max}$ 即横截面上离中性轴距离最远的各点处，弯曲正应力达到最大值。

$$\sigma_{max}=\frac{My_{max}}{I_z}=\frac{M}{\dfrac{I_z}{y_{max}}}$$

令 $W_z=\dfrac{I_z}{y_{max}}$，W_z称为弯曲截面系数，是只与横截面的形状、尺寸有关的截面几何性质参数，常用单位为 mm^3 或 m^3。

梁横截面上的最大正应力可表示为：

$$\sigma_{max}=\frac{M}{W_z} \tag{8-8}$$

矩形、圆形和圆环形截面的 W_z 值从表 5-1 中查出 I_z值后分别计算如下所述。

矩形截面杆件［图 8-21（a）］：

$$W_z=\frac{I_z}{y_{max}}=\frac{\dfrac{bh^3}{12}}{\dfrac{h}{2}}=\frac{bh^2}{6}$$

圆形截面杆件［图 8-21（b）］：

$$W_z=\frac{I_z}{y_{max}}=\frac{\dfrac{\pi d^4}{64}}{\dfrac{d}{2}}=\frac{\pi d^3}{32}$$

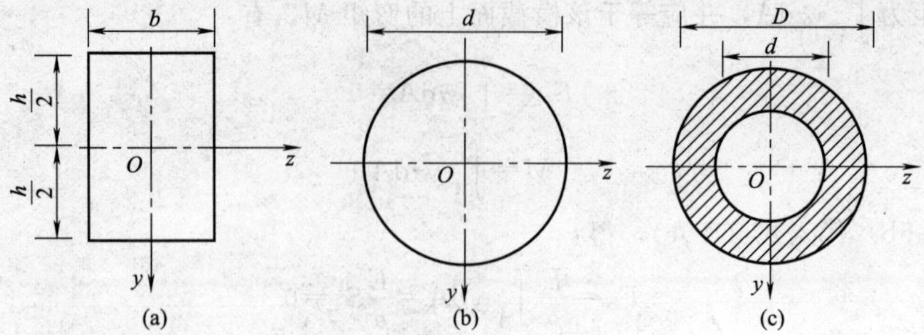

图 8-21

圆环形截面杆件［图 8-21（c）］，设内外径之比 $\alpha=\dfrac{d}{D}$。

$$W_z=\frac{I_z}{y_{\max}}=\frac{\dfrac{\pi D^4(1-\alpha^4)}{64}}{\dfrac{D}{2}}=\frac{\pi D^3(1-\alpha^4)}{32}$$

型钢的截面几何性质参数可从型钢表中查出。式（8-6）和式（8-7）只适用于线弹性范围内（$\sigma_{\max}<\sigma_{\mathrm{p}}$）的平面弯曲。

通常在梁弯曲时，横截面上既有弯矩又有剪力时，称为横力弯曲。可以证明，对横力弯曲的梁，当梁的跨度与横截面高度之比大于 5 时，用式（8-6）计算的正应力是足够精确的，且跨高比越大，误差越小。

【例 8-8】 横截面为矩形的简支梁 AB，跨中受集中力 $F=20\text{kN}$ 作用，如图 8-22（a）、（b）所示。试计算梁的最大弯曲正应力和危险截面上 K 点的弯曲正应力。

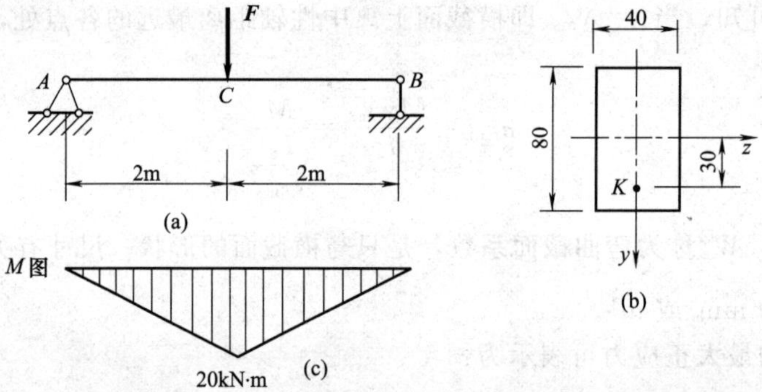

图 8-22

【解】

（1）作简支梁的弯矩图　作简支梁的弯矩图，如图 8-22（c）所示。弯矩图显示跨中 C 截面弯矩最大，为危险截面。

最大弯矩为：

$$M_{\max}=\frac{1}{4}Fl=\frac{1}{4}\times 20\text{kN}\times 4\text{m}=20\text{kN}\cdot\text{m}$$

（2）计算梁跨中截面上的最大弯曲正应力　梁的弯曲截面系数为：

$$W_z=\frac{bh^2}{6}=\frac{40\text{mm}\times(80\text{mm})^2}{6}=426.7\times 10^2\text{mm}^3$$

由式（8-7）得：

$$\sigma_{max}=\frac{M_{max}}{W_z}=\frac{20\times10^3}{426.7\times10^2\times10^{-9}}=468.7\ (\text{MPa})$$

(3) 计算梁跨中截面上 K 点处的弯曲正应力 σ_K　梁的惯性矩为：

$$I_z=\frac{bh^3}{12}=\frac{40\text{mm}\times(80\text{mm})^3}{12}=170.7\times10^4\text{mm}^4$$

$$y_K=30\text{mm}$$

由式（8-7）得：

$$\sigma_K=\frac{M_{max}y_K}{I_z}=\frac{20\times10^3\text{N}\cdot\text{m}\times30\times10^{-3}\text{m}}{170.7\times10^4\times10^{-12}\text{m}^4}=351.5\text{MPa}$$

二、梁横截面上的切应力

1. 矩形截面梁的切应力

如图 8-23（a）、（b）所示矩形截面上，有沿 y 轴方向作用的剪力 F_S。若此矩形截面梁的高度 h 大于宽度 b，则可作如下假设：

① 截面上每一点处的切应力 τ 的方向都平行于截面上剪力 F_S 的方向；

② 距中性轴等距离的各点处的切应力相等。

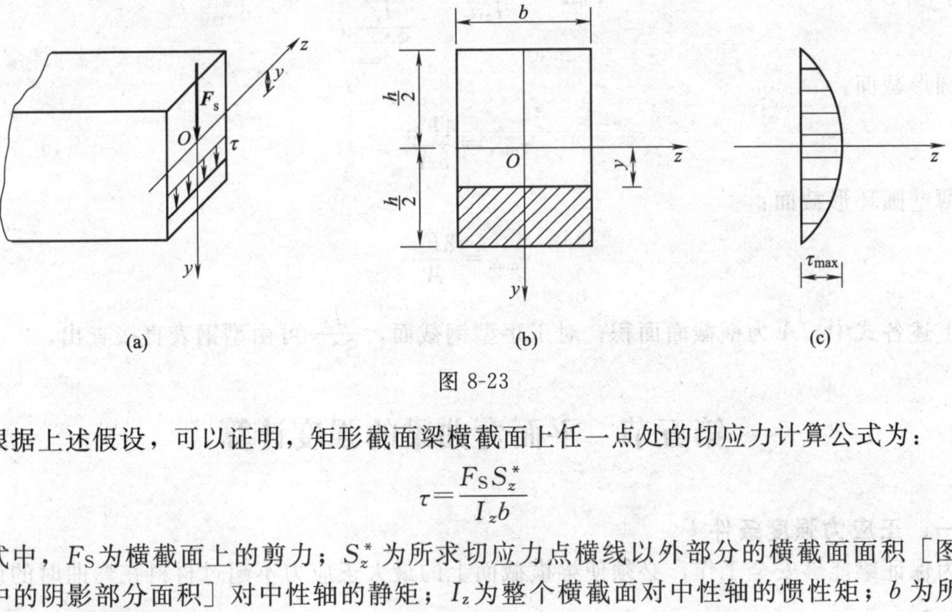

图 8-23

根据上述假设，可以证明，矩形截面梁横截面上任一点处的切应力计算公式为：

$$\tau=\frac{F_S S_z^*}{I_z b} \tag{8-9}$$

式中，F_S 为横截面上的剪力；S_z^* 为所求切应力点横线以外部分的横截面面积［图 8-23（b）中的阴影部分面积］对中性轴的静矩；I_z 为整个横截面对中性轴的惯性矩；b 为所求切应力点处的横截面宽度。

由静矩的计算公式，有：

$$S_z^*=\left(\frac{h}{2}-y\right)b\times\left[y+\frac{1}{2}\times\left(\frac{h}{2}-y\right)\right]=\frac{b}{2}\left(\frac{h^2}{4}-y^2\right)$$

将上式代入式（8-9），得：

$$\tau=\frac{F_S}{2I_z}\left(\frac{h^2}{4}-y^2\right) \tag{8-10}$$

由式（8-10）可知，矩形截面梁横截面上的切应力 τ 沿截面高度按二次抛物线规律分布［图 8-23（c）］，截面上、下边缘处的切应力为零，中性轴处的切应力最大，最大切应力 τ_{max} 是截面平均切应力的 1.5 倍，即：

$$\tau_{max}=1.5\frac{F_S}{A}=1.5\frac{F_S}{bh} \tag{8-11}$$

2. 其他常见截面梁的切应力

工程中常见的工字形、圆形和薄壁圆环形截面梁的切应力可按式（8-8）计算，最大切应力也发生在中性轴上。如图 8-24 所示，其值如下所述。

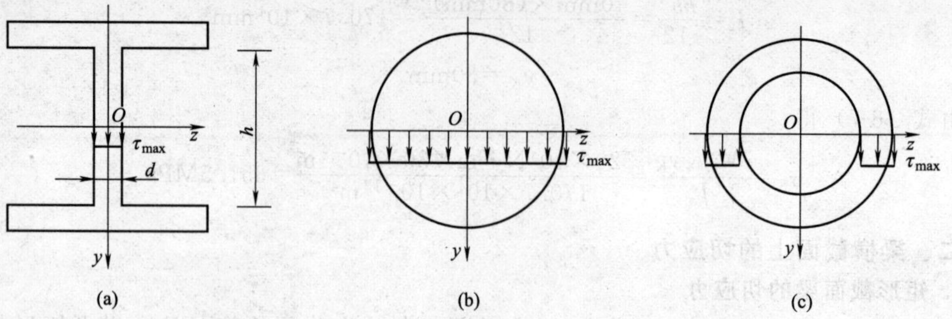

图 8-24

工字形截面：

$$\tau_{max}=\frac{F_S S_{z_{max}}^*}{I_z d}=\frac{F_S}{\dfrac{I_z}{S_{z_{max}}^*}d} \tag{8-12}$$

圆形截面：

$$\tau_{max}=\frac{4F_S}{3A} \tag{8-13}$$

薄壁圆环形截面：

$$\tau_{max}=\frac{2F_S}{A} \tag{8-14}$$

上述各式中，A 为横截面面积；对工字型钢截面，$\frac{I_z}{S_{z_{max}}^*}$可由型钢表直接查出。

第五节　平面弯曲梁的强度计算

一、正应力强度条件

为保证梁能够安全工作，必须使梁横截面上的最大正应力不超过材料在弯曲时的许用正应力 $[\sigma]$。

对塑性材料，由于其许用拉应力与许用压应力相等（$[\sigma_t]=[\sigma_c]=[\sigma]$），因此，等直梁的正应力强度条件为：

$$\sigma_{max}=\frac{M_{max}}{W_z}\leqslant[\sigma] \tag{8-15}$$

对脆性材料，由于其许用拉应力$[\sigma_t]$与许用压应力$[\sigma_c]$不相等，因此应分别验算梁的最大拉应力和最大压应力，梁的正应力强度条件为：

$$\left.\begin{aligned}\sigma_{t_{max}}&\leqslant[\sigma_t]\\ \sigma_{c_{max}}&\leqslant[\sigma_c]\end{aligned}\right\} \tag{8-16}$$

二、切应力强度条件

梁在满足正应力强度条件的同时，还应满足切应力强度条件。切应力强度条件要求梁内

的最大切应力 τ_{max} 不超过材料的许用切应力［τ］。对等直梁，全梁的最大切应力发生在剪力最大的截面上，故切应力的强度条件为：

$$\tau_{max}=\frac{F_{S_{max}}S^{*}_{z_{max}}}{I_z b}\leqslant[\tau] \tag{8-17}$$

利用强度条件可解决强度校核、截面选择和承载力计算三类强度计算问题。

大多数情况下，梁的弯曲正应力比切应力大的多，故通常先按正应力强度条件来计算，再用切应力强度条件进行校核。只有在少数情况下，梁的切应力强度条件起控制作用，如梁的跨高比较小而荷载又较大时，或在支座处有很大的集中荷载等。

【例 8-9】 矩形截面悬臂木梁，受均布荷载作用，如图 8-25（a）、（b）所示。梁横截面尺寸为 $b\times h=120\times180\text{mm}^2$，材料的许用正应力 $[\sigma]=10\text{MPa}$，许用切应力 $[\tau]=1.1\text{MPa}$。试校核此梁的强度。

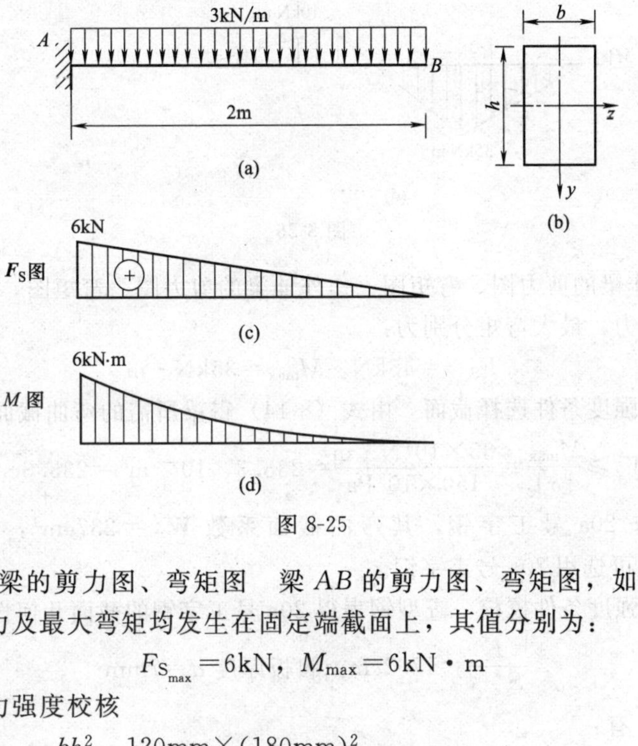

图 8-25

【解】　（1）作梁的剪力图、弯矩图　梁 AB 的剪力图、弯矩图，如图 8-25（c）、（d）所示。梁的最大剪力及最大弯矩均发生在固定端截面上，其值分别为：

$$F_{S_{max}}=6\text{kN}，M_{max}=6\text{kN}\cdot\text{m}$$

（2）梁的正应力强度校核

弯曲截面系数 $W_z=\dfrac{bh^2}{6}=\dfrac{120\text{mm}\times(180\text{mm})^2}{6}=64.8\times10^4\text{mm}^3$

由式（8-7），有：

$$\sigma_{max}=\frac{M_{max}}{W_z}=\frac{6\times10^3\text{N}\cdot\text{m}}{64.8\times10^4\times10^{-9}\text{m}^3}=9.26\text{MPa}<[\sigma]=10\text{MPa}$$

（3）梁的切应力强度校核

横截面面积 $A=b\times h=120\text{mm}\times180\text{mm}=21.6\times10^3\text{mm}^2$

$$\tau_{max}=1.5\frac{F_{S_{max}}}{A}=1.5\times\frac{6\times10^3\text{N}}{21.6\times10^3\times10^{-6}\text{m}^2}=0.42\text{MPa}<[\tau]=1.1\text{MPa}$$

梁的正应力、切应力强度条件均能满足。

【例 8-10】 由普通热轧工字钢制成的外伸梁，如图 8-26（a）、（b）所示。钢材的许用正应力 $[\sigma]=150\text{MPa}$，许用切应力 $[\tau]=100\text{MPa}$。试选择工字钢型号。

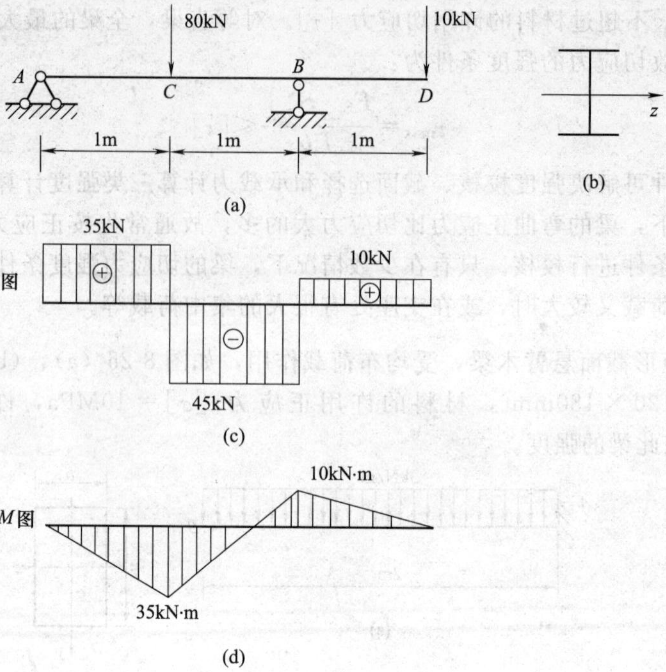

图 8-26

【解】 (1) 作梁的剪力图、弯矩图 作外伸梁的剪力图、弯矩图，如图 8-26 (c)、(d) 所示。梁内最大剪力、最大弯矩分别为：

$$F_{S_{max}}=45\text{kN},\ M_{max}=35\text{kN}\cdot\text{m}$$

(2) 按正应力强度条件选择截面 由式 (8-14) 得梁所需的弯曲截面系数为：

$$W_z\geqslant\frac{M_{max}}{[\sigma]}=\frac{35\times10^3\text{N}\cdot\text{m}}{150\times10^6\text{Pa}}=233.3\times10^{-6}\text{m}^3=233.3\text{cm}^3$$

查型钢表，选 20a 号工字钢，其弯曲截面系数 $W_z=237\text{cm}^3$，比计算所需 $W_z=233.3\text{cm}^3$ 略大，故可选用 20a 号工字钢。

(3) 按切应力强度条件校核 查型钢表得 20a 号工字钢的截面几何性质为：

$$\frac{I_z}{S^*_{z_{max}}}=17.2\text{cm}，腹板厚度\ d=7\text{mm}$$

由式 (8-11)，有：

$$\tau_{max}=\frac{F_{S_{max}}S^*_{z_{max}}}{I_zd}=\frac{F_{S_{max}}}{\frac{I_z}{S^*_{z_{max}}}d}=\frac{45\times10^3\text{N}}{17.2\times10^{-2}\text{m}\times7\times10^{-3}\text{m}}=37.4\text{MPa}<[\tau]=100\text{MPa}$$

满足切应力强度条件，该梁可选用 20a 号工字钢。

【例 8-11】 T 形截面铸铁梁，如图 8-27 (a) 所示。已知形心坐标 $y_c=30\text{mm}$，材料的许用拉应力 $[\sigma_t]=30\text{MPa}$，许用压应力 $[\sigma_c]=60\text{MPa}$，试校核该梁的强度。

【解】 (1) 作梁的弯矩图 作梁的弯矩图，如图 8-27 (c) 所示。由弯矩图可知梁的最大正弯矩位于 C 截面，最大负弯矩位于 B 截面，其值分别为：

$$M_C=0.75\text{kN}\cdot\text{m},\ M_B=-1\text{kN}\cdot\text{m}$$

(2) 计算所需截面几何参数 该 T 形截面对中性轴 z 的惯性矩 I_z 已在例 5-2 中求出：

$$I_z=136\text{cm}^4$$

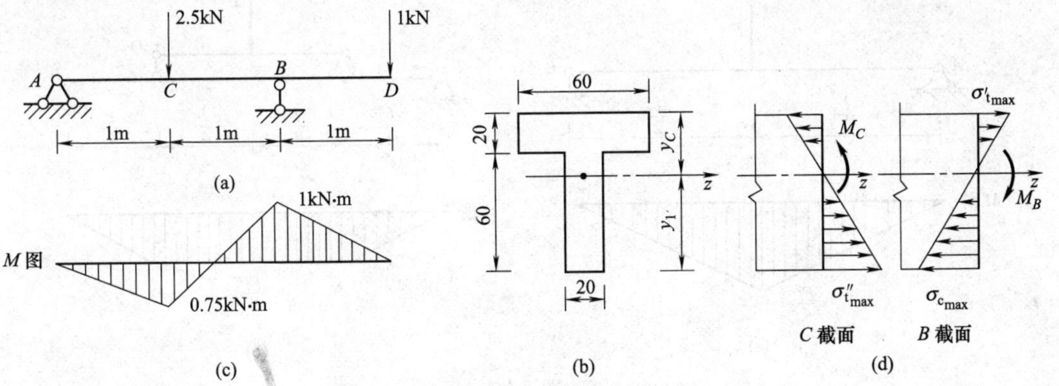

图 8-27

(3) 强度校核　由于中性轴 z 不是 T 形截面的对称轴，同一截面上的最大拉、压应力绝对值不相等。图 8-27（d）为 C 截面和 B 截面的正应力分布图。因为$|M_B|>|M_C|$，故最大压应力发生在 B 截面的下边缘处，最大拉应力发生在 C 截面下边缘还是 B 截面上边缘处，需要通过计算判断。

最大压应力：

$$\sigma_{c_{max}}=\frac{|M_B|y_1}{I_z}=\frac{1\times10^3\text{N}\cdot\text{m}\times50\times10^{-3}\text{m}}{136\times10^{-8}\text{m}^4}=37\text{MPa}<[\sigma_c]=60\text{MPa}$$

最大拉应力：

$$B\text{ 截面}\quad \sigma'_{t_{max}}=\frac{|M_B|y_C}{I_z}=\frac{1\times10^3\text{N}\cdot\text{m}\times30\times10^{-3}\text{m}}{136\times10^{-8}\text{m}^4}=22\text{MPa}$$

$$C\text{ 截面}\quad \sigma''_{t_{max}}=\frac{M_C y_1}{I_z}=\frac{0.75\times10^3\text{N}\cdot\text{m}\times50\times10^{-3}\text{m}}{136\times10^{-8}\text{m}^4}\approx28\text{MPa}$$

故最大拉应力发生在 C 截面下边缘处，其值为：

$$\sigma_{t_{max}}=28\text{MPa}<[\sigma_t]=30\text{MPa}$$

因此该梁强度满足要求。

三、提高梁弯曲强度的主要措施

在梁的设计中，通常起控制作用的是弯曲正应力强度条件：

$$\sigma=\frac{M_{max}}{W_z}\leqslant[\sigma]$$

从这一条件可知，降低最大弯矩 M_{max}，提高弯曲截面系数 W_z，是提高梁承载能力的主要途径。具体措施如下所述。

1. 合理布置梁的荷载和支座

如图 8-28（a）所示简支梁 AB，受集中荷载 F 作用，若在梁的中部增设一根辅助梁 CD，使 F 通过辅助梁 CD 作用到简支梁 AB 上［图 8-28（b）］，则梁的最大弯矩值可减小一半。

如图 8-29（a）所示简支梁 AB，受均布荷载 q 作用，若将梁的支座向跨中移动 $0.2l$，如图 8-29（b）所示，则梁的最大弯矩仅为原来的 1/5。

2. 合理选择梁截面

梁的合理截面是在横截面面积相同的情况下，得到最大的弯曲截面系数。如图 8-30（a）、（b）所示的矩形截面，采用竖放时的弯曲截面系数明显大于平放时，因此竖放的矩形截面较平放合理。由于梁横截面上的最大正应力位于截面的上、下边缘，为充分发挥材料作

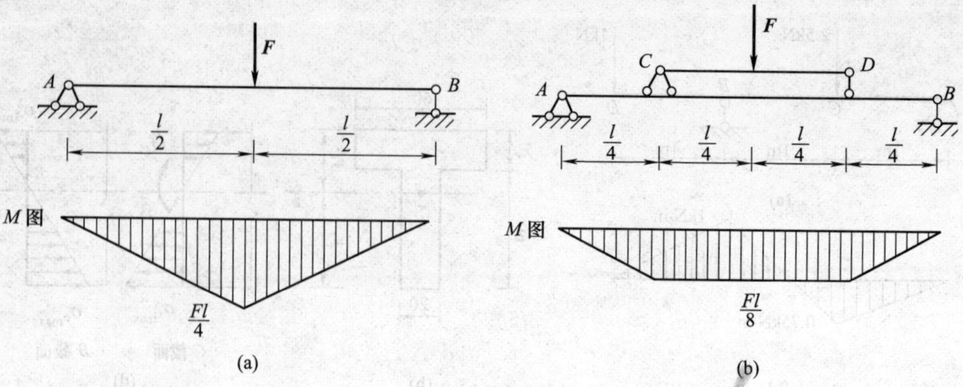

图 8-28

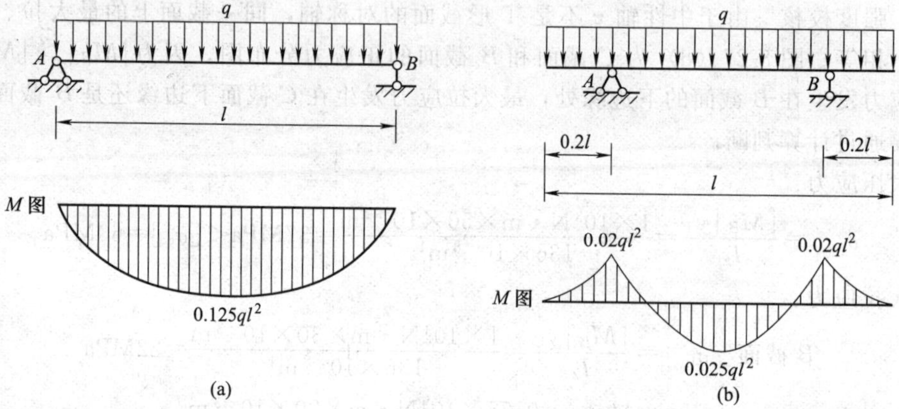

图 8-29

用，可将截面面积尽量布置在远离中性轴的地方，如工字形截面［图 8-30（c）］等。

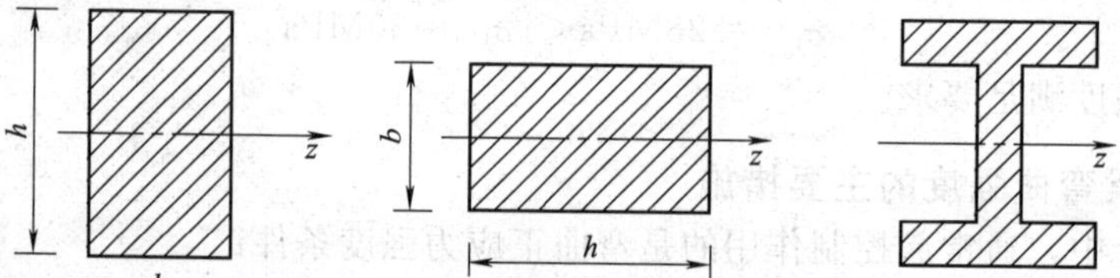

图 8-30

对由塑性材料制成的梁，由于塑性材料抗拉、抗压强度相同，可采用以中性轴为对称轴的截面形式，如工字形、矩形、圆形等；对由脆性材料制成的梁，由于脆性材料的抗拉强度远低于抗压强度，可采用形心轴（中性轴）偏于受拉一侧的截面形式，如T形截面（图8-31）等，充分利用材料的力学性能。

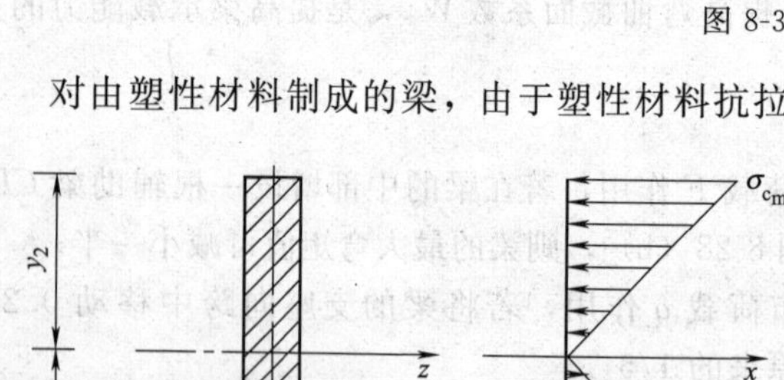

图 8-31

3. 采用变截面梁

等截面梁是按梁的最大弯矩值进行

截面设计的，弯矩较小的截面处，材料强度未得到充分利用。为节省材料、减轻构件自重，梁的截面应随弯矩的变化而变化。在弯矩较大处，采用较大的截面；在弯矩较小处，采用较小的截面，这种梁称为变截面梁。

最合理的变截面梁是等强度梁，即梁各横截面上的最大正应力都等于材料的许用正应力 $[\sigma]$，有：

$$\sigma_{\max}=\frac{M(x)}{W(x)}=[\sigma]$$

由于等强度梁在加工制造中存在一定的困难，工程实际中采用较多的是近似等强度的变截面梁，如房屋阳台下的挑梁［图 8-32（a）］、鱼腹式吊车梁［图 8-32（b）］等。

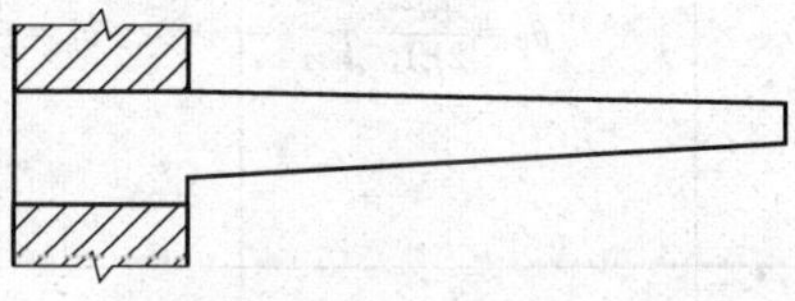
(a)

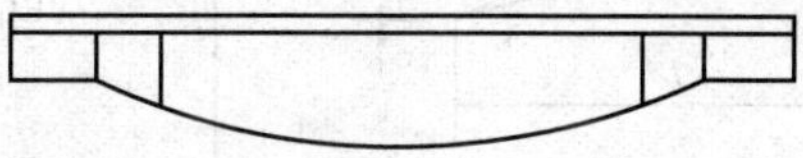
(b)

图 8-32

第六节　平面弯曲梁的变形与刚度计算

一、平面弯曲梁的变形

图 8-33 所示简支梁 AB，在集中力 F 作用下，产生平面弯曲变形，其轴线由直线变为平面曲线。弯曲变形后的轴线仍在梁的纵向对称平面内，是一根光滑的平面曲线，该曲线称为梁的挠曲线。

梁的变形，通常用梁中各个横截面的位移来度量。横截面形心在 v 方向的线位移，称为该截面的挠度，用 v 表示；横截面绕其中性轴转过的角度，称为该截面的转角，用 θ 表示。关于挠度和转角的符号规定为：挠度向下为正，反之为负；转角以顺时针转向为正，反之为负。图 8-33 中 D 截面的挠度和转角均为正。在小变形条件下，横截面在 x 方向的线位移与 v 相比很小，可略去不计。所以，挠度和转角可作为度量梁变形的两个基本量。

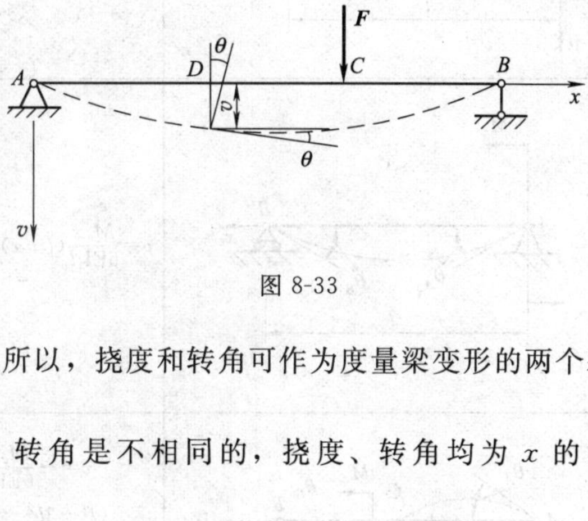

图 8-33

一般情况下，梁的各个横截面的挠度、转角是不相同的，挠度、转角均为 x 的函数，即：

$$v=v(x) \tag{8-18a}$$

$$\theta=\theta(x) \tag{8-18b}$$

式（8-18a）和（8-18b）分别称为梁的挠曲线方程和转角方程。几种常用梁在简单荷载作用下的变形，列于表 8-2。

表 8-2 梁在简单荷载作用下的挠曲线方程、端截面转角和最大挠度

梁的简图	挠曲线方程	端截面转角	最大挠度
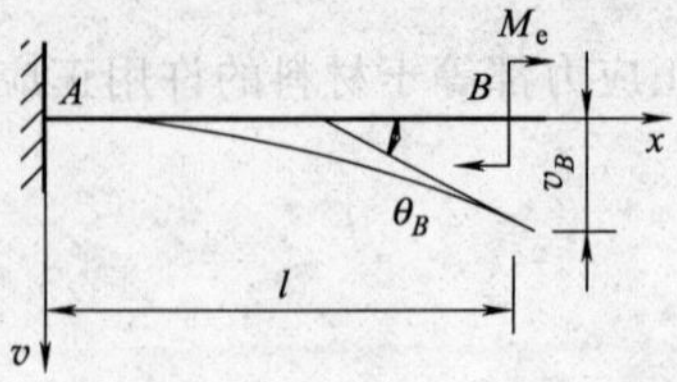	$=\frac{M_e x^2}{2EI_z}$	$\theta_B=\frac{M_e l}{EI_z}$	$v_B=\frac{M_e l^2}{2EI_z}$
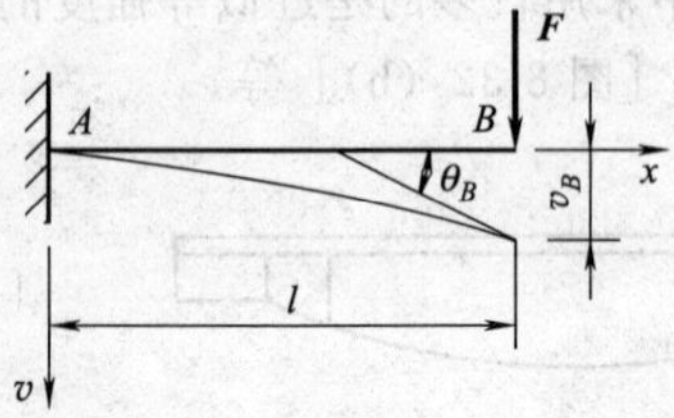	$v=\frac{Fx^2}{6EI_z}(3l-x)$	$\theta_B=\frac{Fl^2}{2EI_z}$	$v_B=\frac{Fl^3}{3EI_z}$
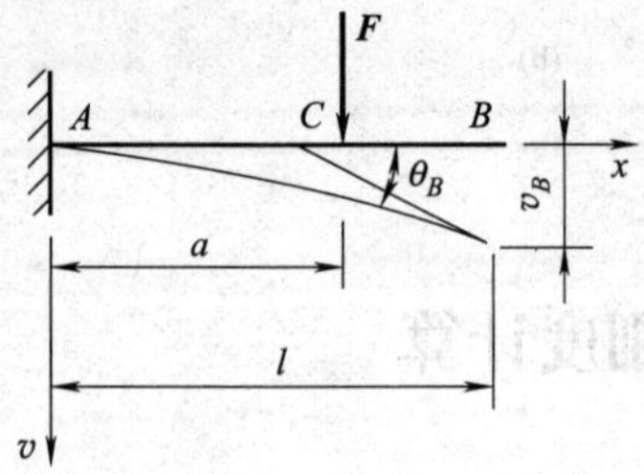	$v=\frac{Fx^2}{6EI_z}(3a-x)$ $0\leqslant x\leqslant a$ $v=\frac{Fa^2}{6EI_z}(3x-a)$ $a\leqslant x\leqslant l$	$\theta_B=\frac{Fa^2}{2EI_z}$	$v_B=\frac{Fa^2}{6EI_z}(3l-a)$
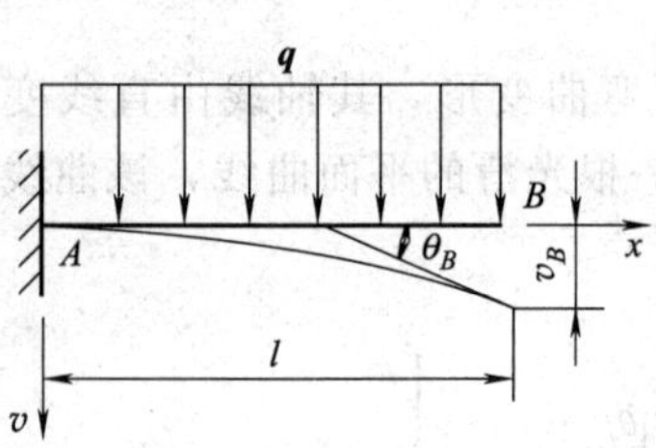	$v=\frac{qx^2}{24EI_z}(x^2-4lx+6l^2)$	$\theta_B=\frac{ql^3}{6EI_z}$	$v_B=\frac{ql^4}{8EI_z}$
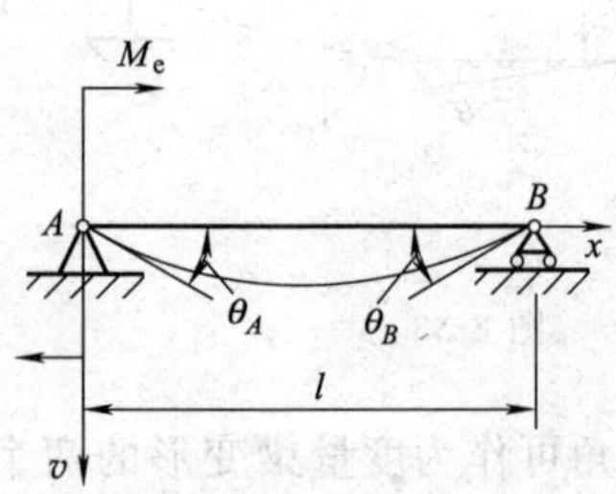	$v=\frac{M_e x}{6EI_z l}(l-x)(2l-x)$	$\theta_A=\frac{M_e l}{3EI_z}$ $\theta_B=-\frac{M_e l}{6EI_z}$	$x=\left(1-\frac{1}{\sqrt{3}}\right)l$, $v_{max}=\frac{M_e l^2}{9\sqrt{3}EI_z}$ $x=\frac{l}{2}, v=\frac{M_e l^2}{16EI_z}$
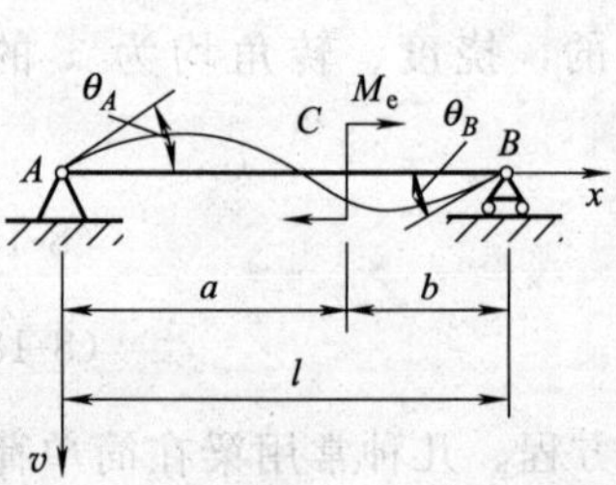	$v=-\frac{M_e x}{6EI_z l}$ $(l^2-3b^2-x^2)$ $0\leqslant x\leqslant a$ $v=\frac{M_e}{6EI_z l}$ $[-x^3+3l(x-a)^2+$ $(l^2-3b^2)x]$ $a\leqslant x\leqslant l$	$\theta_A=-\frac{M_e}{6EI_z l}$ (l^2-3b^2) $\theta_B=-\frac{M_e}{6EI_z l}$ (l^2-3a^2)	在 $x=\sqrt{\frac{l^2-3b^2}{3}}$ 处 $v_{max}=-\frac{M_e}{9\sqrt{3}EI/l}$ $(l^2-3b^2)^{3/2}$ 在 $x=\sqrt{\frac{l^2-3a^2}{3}}$ 处 $v_{max}=-\frac{M_e}{9\sqrt{3}EI/l}$ $(l^2-3a^2)^{3/2}$

续表

梁的简图	挠曲线方程	端截面转角	最大挠度
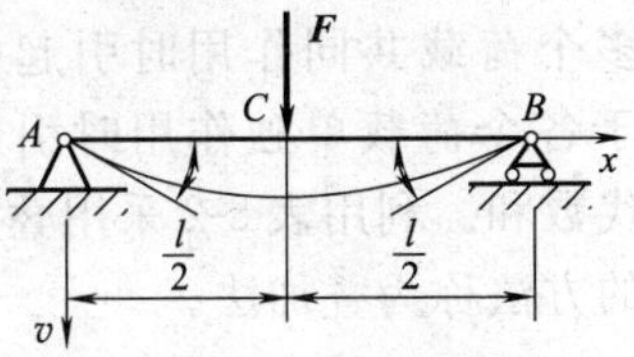	$v=\frac{Fx}{48EI_z}(3l^2-4x^2)$ $0\leqslant x\leqslant\frac{l}{2}$	$\theta_A=-\theta_B=\frac{Fl^2}{16EI_z}$	$v_{\max}=\frac{Fl^3}{48EI_z}$
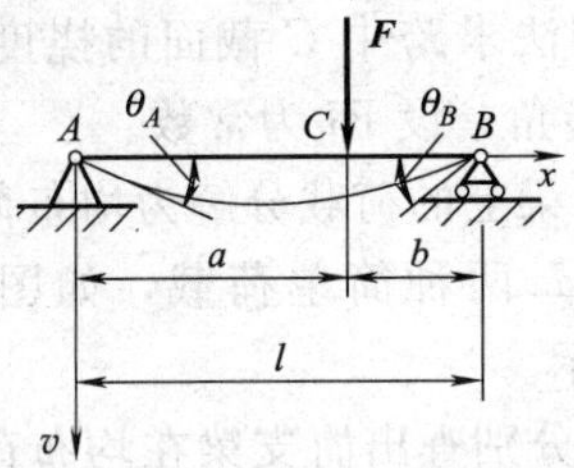	$v=\frac{Fbx}{6EI_zl}(l^2-x^2-b^2)$ $0\leqslant x\leqslant a$ $v=\frac{Fb}{6EIzl}\left[\frac{l}{b}(x-a)^3+(l^2-b^2)x-x^3\right]$ $a\leqslant x\leqslant l$	$\theta_A=\frac{Fab(l+b)}{6EI_zl}$ $\theta_B=-\frac{Fab(l+a)}{6EI_zl}$	设 $a>b$，$x=\sqrt{\frac{l^2-b^2}{3}}$ 处，$v_{\max}=\frac{Fb\sqrt{(l^2-b^2)^3}}{9\sqrt{3}EI_zl}$ 在 $x=\frac{l}{2}$ 处，$v_{L/2}=\frac{Fb(3l^2-4b^2)}{48EI_z}$
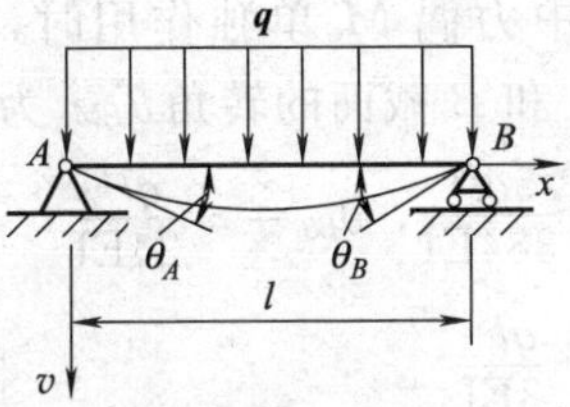	$v=\frac{qx}{24EI_z}(l^3-2lx^2+x^3)$	$\theta_A=-\theta_B=\frac{ql^3}{24EI_z}$	$v_{\max}=\frac{5ql^4}{384EI_z}$
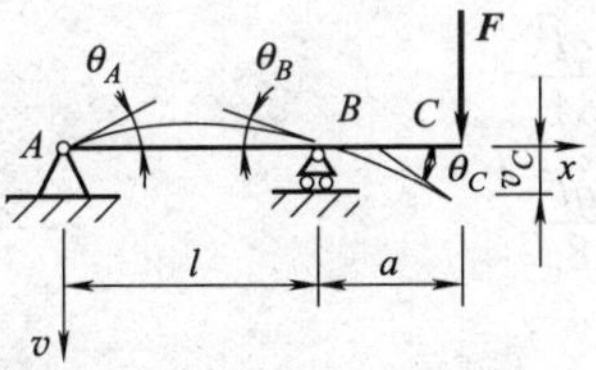	$v=-\frac{Fax}{6EI_zl}(l^2-x^2)$ $0\leqslant x\leqslant l$ $v=\frac{F(x-l)}{6EIz}[a(3x-l)-(x-l)^2]$ $l\leqslant x\leqslant(l+a)$	$\theta_A=-\frac{1}{2}\theta_B=-\frac{Fal}{6EI_z}$ $\theta_C=\frac{Fa}{6EI_z}(2l+3a)$	$v_C=\frac{Fa^2}{3EI_z}(l+a)$
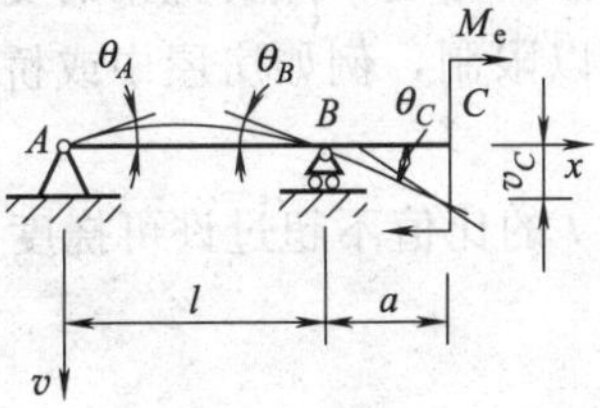	$v=-\frac{M_ex}{6EI_zl}(x^2-l^2)$ $0\leqslant x\leqslant l$ $v=\frac{M_e}{6EI_z}(3x^2-4xl+l^2)$ $l\leqslant x\leqslant(l+a)$	$\theta_A=-\frac{1}{2}\theta_B=-\frac{M_el}{6EI_z}$ $\theta_C=\frac{M_e}{3EI_z}(l+3a)$	$v_C=\frac{M_ea}{6EI_z}(2l+3a)$
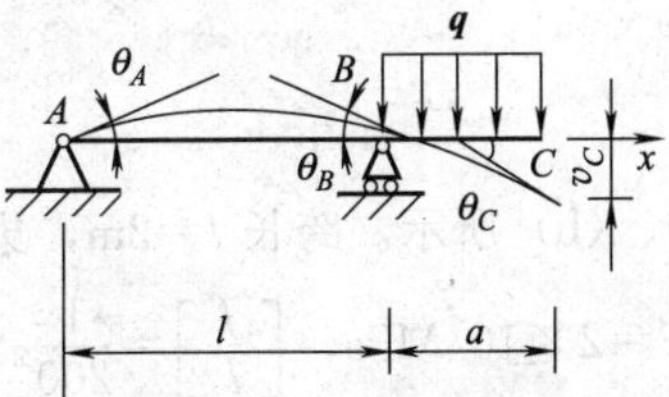	$v=-\frac{qa^2}{12EI_z}\left(lx-\frac{x^3}{l}\right)$ $0\leqslant x\leqslant l$ $v=\frac{qa^2}{12EI_z}\left[\frac{x^3}{l}-\frac{(2l+a)(x-l)^3}{al}+\frac{(x-l)^4}{2a^2}-lx\right]$ $l\leqslant x\leqslant(l+a)$	$\theta_A=-\frac{1}{2}\theta_B=-\frac{qa^2l}{12EI_z}$ $\theta_C=\frac{qa^2}{6EI_z}(l+a)$	$v_C=\frac{qa^3}{24EI_z}(3a+4l)$

二、用叠加法求梁的变形

可以证明，当梁的变形微小且材料在线弹性范围内工作时，梁的变形满足线性叠加原理，即：在多个荷载共同作用时引起的梁的变形，等于各个荷载单独作用时引起的梁的变形的代数和。利用表 8-2 采用叠加原理求梁变形的方法称为叠加法。

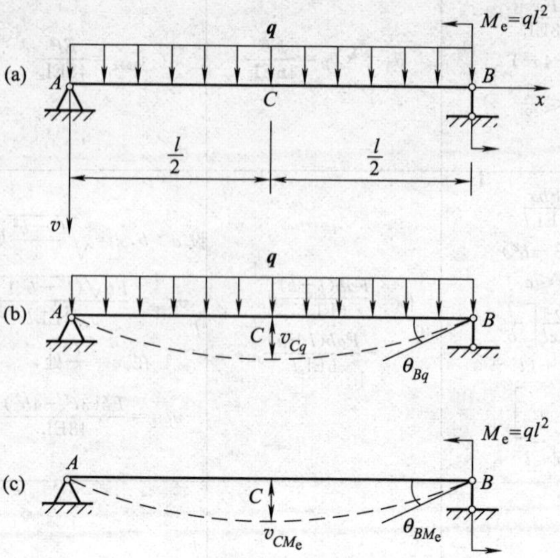

图 8-34

【例 8-12】 简支梁如图 8-34（a）所示。试用叠加法求跨中 C 截面的挠度和支座 B 截面的转角，设 EI 为常数。

【解】 将梁上的荷载分解为均布荷载 q 和集中力偶 M_e 两种简单荷载，如图 8-34（b）、（c）所示。

由表 8-2 分别查出简支梁在均布荷载 q 单独作用时，C 截面的挠度 v_{Cq} 和 B 截面的转角 θ_{Bq}；集中力偶 M_e 单独作用时，C 截面的挠度 v_{CM_e} 和 B 截面的转角 θ_{BM_e} 为：

$$v_{Cq}=\frac{5ql^4}{384\mathrm{EI}}，\theta_{Bq}=-\frac{ql^3}{24\mathrm{EI}}$$

$$v_{CM_e}=\frac{M_e l^2}{16\mathrm{EI}}=\frac{ql^4}{16\mathrm{EI}}，\theta_{BM_e}=-\frac{M_e l}{3\mathrm{EI}}=-\frac{ql^3}{3\mathrm{EI}}$$

根据叠加原理，两种荷载共同作用下的挠度 v_C 和转角 θ_B 为：

$$v_C=v_{Cq}+v_{CM_e}=\frac{5ql^4}{384\mathrm{EI}}+\frac{ql^4}{16\mathrm{EI}}=\frac{29ql^4}{384}$$

$$\theta_B=\theta_{Bq}+\theta_{BM}=-\frac{ql^3}{24\mathrm{EI}}-\frac{ql^3}{3\mathrm{EI}}=-\frac{3ql^3}{8}$$

三、梁的刚度计算

在梁的设计中，不仅要求梁有足够的强度，还要求梁有足够的刚度，即要把梁的变形控制在工程许可的范围内。在土木工程中，通常要对梁的挠度加以限制，例如房屋中或桥梁结构中的梁若挠度过大，均会影响其正常使用。

梁的刚度条件为在荷载作用下产生的最大挠度 $v_{\max}$ 与跨长 l 的比值不超过许可挠度 $[f]$ 与跨长 l 的比值 $\left[\frac{f}{l}\right]$，即：

$$\frac{v_{\max}}{l}\leqslant\left[\frac{f}{l}\right] \tag{8-19}$$

$\left[\frac{f}{l}\right]$ 的值根据工程用途不同，可在有关规范中查到。

【例 8-13】 承受集中荷载作用的工字钢梁，如图 8-35（a）、（b）所示。跨长 $l=2\mathrm{m}$，集中荷载 $F=25\mathrm{kN}$，钢材的许用正应力 $[\sigma]=165\mathrm{MPa}$，弹性模量 $E=2\times10^5\,\mathrm{MPa}$，$\left[\frac{f}{l}\right]=\frac{1}{200}$。试选择工字钢型号。

【解】 （1）选择工字钢型号

作悬臂梁的弯矩图，如图 8-35（c）所示。梁的最大弯矩为：

$$M_{max}=50kN \cdot m$$

按强度条件，该梁所需的弯曲截面系数为：

$$W_z \geqslant \frac{M_{max}}{[\sigma]}=\frac{50\times10^3 N \cdot m}{165\times10^6 Pa}=3.03\times10^{-4}m^3=303cm^3$$

查型钢表，选用 22a 号工字钢，其弯曲截面系数及惯性矩分别为：

$$W_z=309cm^3，I_z=3400cm^4$$

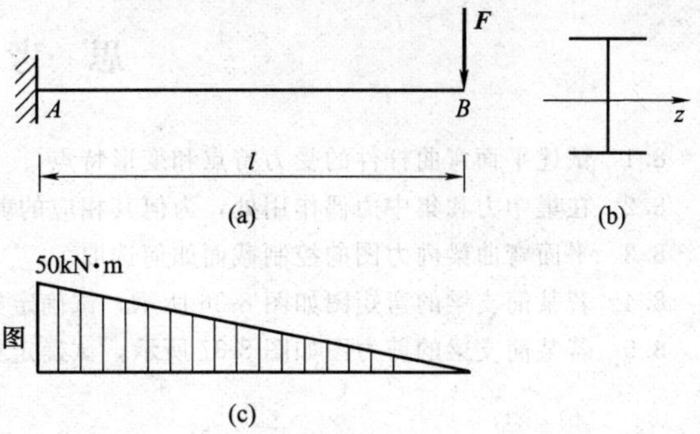

图 8-35

（2）校核梁的刚度　悬臂梁的最大挠度发生在自由端，查表 8-2 得 $v_{max}=\frac{Fl^3}{3EI}$，故有：

$$\frac{v_{max}}{l}=\frac{Fl^2}{3EI}=\frac{25\times10^3N\times(2m)^2}{3\times2\times10^5\times10^6Pa\times3400\times10^{-8}m^4}$$

$$=\frac{1}{204}<\left[\frac{f}{l}\right]=\left[\frac{1}{200}\right]$$

所以，选用 22a 号工字钢可满足强度和刚度要求。

小　　结

1. 平面弯曲是指作用在梁上的所有外力（或外力的合力）均作用在梁的纵向对称面内，梁变形后的轴线仍位于梁的纵向对称面内。

2. 平面弯曲梁横截面上的内力有剪力 F_s 和弯矩 M。

3. 绘制剪力图和弯矩图可利用的方法有：剪力方程和弯矩方程；剪力、弯矩和荷载集度之间的关系；区段叠加法。

4. 用区段叠加法作弯矩图时，应注意弯矩图的叠加，是指弯矩图纵坐标的叠加，而不是弯矩图的简单拼合。

5. 斜梁横截面上的内力包括轴力、剪力和弯矩。

6. 平面弯曲梁上既有正应力 σ，又有切应力 τ，其计算公式分别为：

$$\sigma=\frac{My}{I_z}；\ \tau=\frac{F_s S_z^*}{I_z b}$$

最大正应力发生在横截面的上、下边缘处，中性轴上的正应力为零；最大切应力发生在中性轴上，横截面的上、下边缘处切应力为零。

7. 平面弯曲梁应同时满足正应力及切应力强度条件，一般情况下正应力强度条件起控制作用。对等直梁强度条件分别为：

$$\sigma_{max}=\frac{M_{max}}{W_z}\leqslant[\sigma]；\ \tau_{max}=\frac{F_{s_{max}} S^*_{z_{max}}}{I_z b}\leqslant[\tau]$$

8. 梁的变形用挠度 v 和转角 θ 来度量。利用表 8-2 和叠加原理求梁变形的方法称为叠加法。

9. 梁的刚度条件为：

$$\frac{v_{max}}{l}\leqslant\left[\frac{f}{l}\right]$$

思 考 题

8.1 试述平面弯曲杆件的受力特点和变形特点。

8.2 在集中力和集中力偶作用处，为何其相应的剪力图和弯矩图会发生突变？

8.3 平面弯曲梁内力图的控制截面如何选取。

8.4 若某简支梁的弯矩图如图 8-36 所示，试确定梁上的荷载及剪力图。

8.5 若某简支梁的剪力图如图 8-37 所示，试确定梁上的荷载及弯矩图。已知梁上没有集中力偶作用。

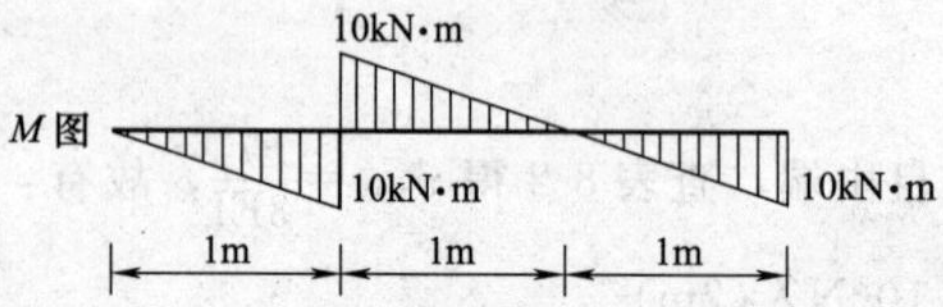

图 8-36

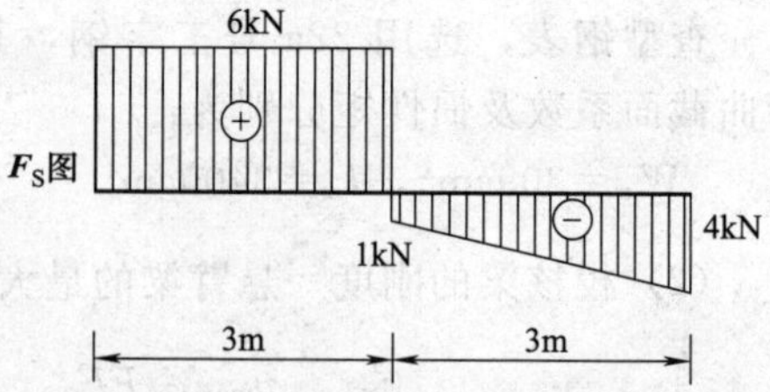

图 8-37

8.6 如图 8-38 所示各梁的弯矩图和剪力图，试利用 M、F_S 和 q 的关系以及内力的突变规律，检查其正确性并加以改正。

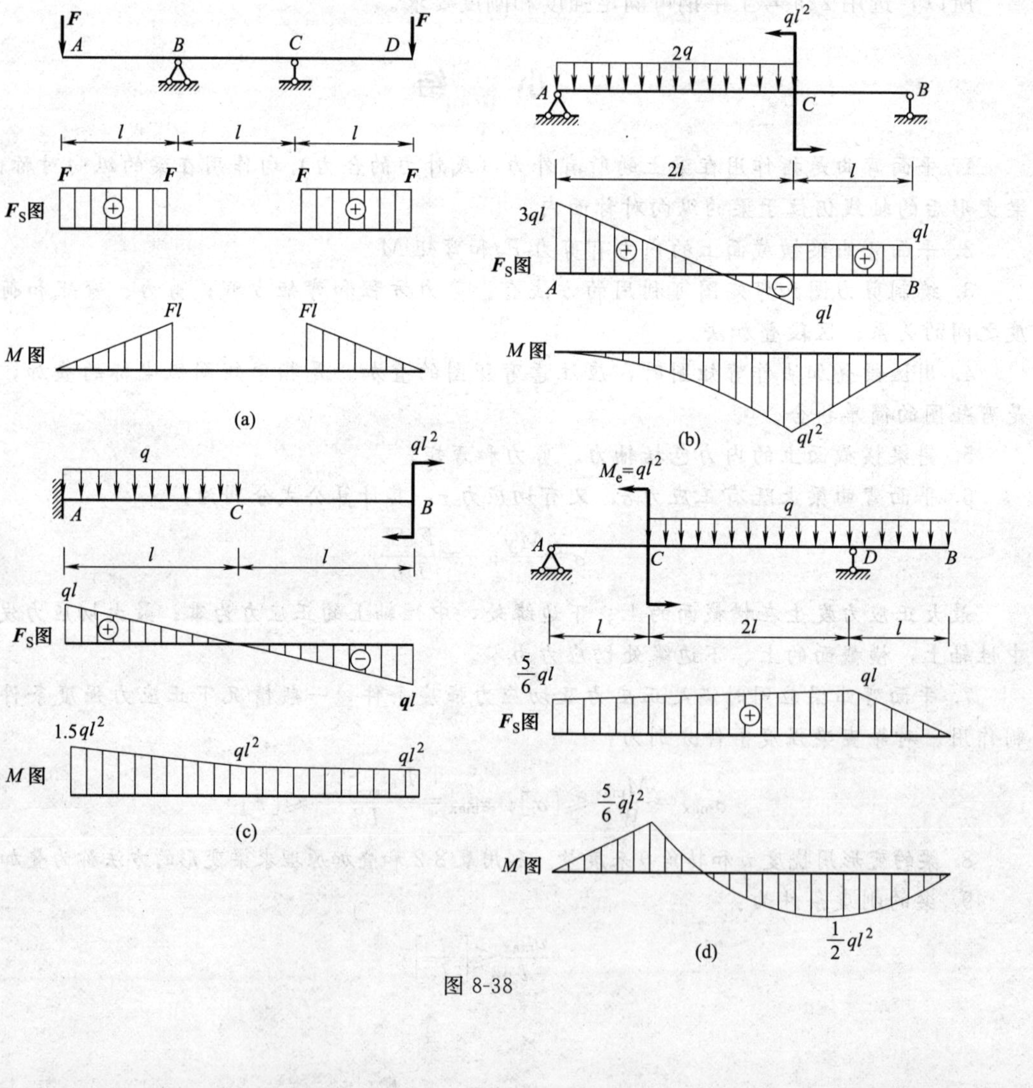

图 8-38

8.7　弯曲正应力沿梁截面高度是如何分布的？试画出图 8-39 所示各横截面的弯曲正应力沿截面高度的分布图。

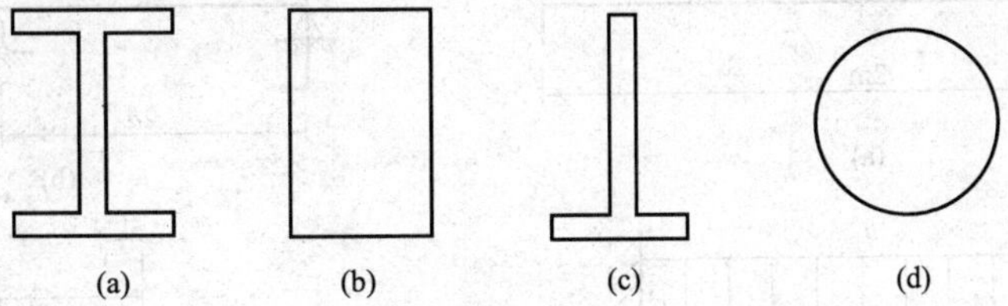

图 8-39

8.8　梁横截面上的最大弯曲正应力，最大弯曲切应力各发生在横截面上的什么位置？

8.9　形状、尺寸、支撑和荷载相同的两根梁，一根为木梁，一根为钢梁。试问两根梁的最大弯曲正应力，最大弯曲切应力是否相同？梁的变形是否相同？为什么？

8.10　为提高梁的强度，可采取哪些措施？

习　题

8.1　求图 8-40 所示各梁指定截面上的剪力和弯矩。

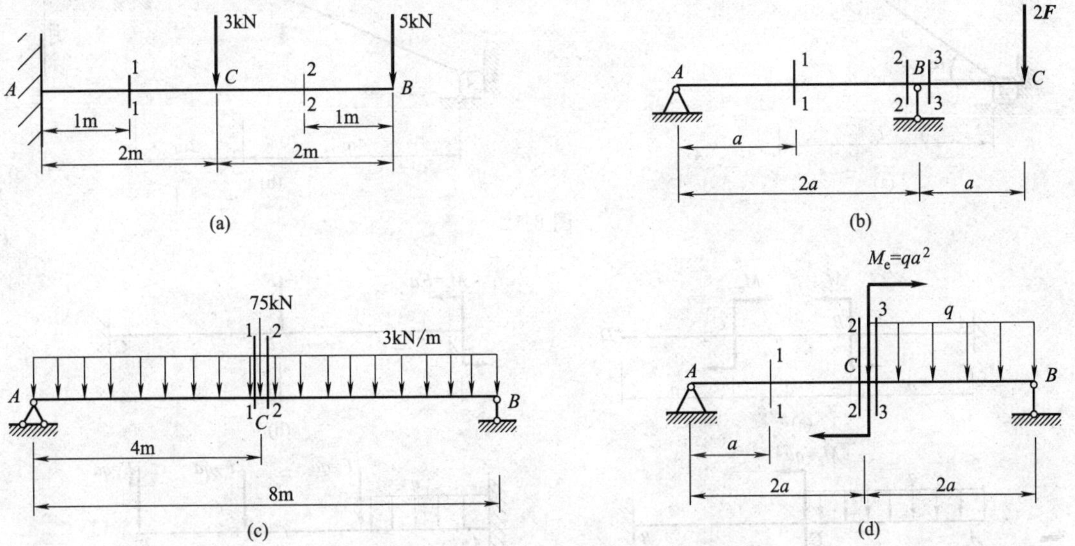

图 8-40

8.2　写出图 8-41 所示各梁的剪力方程和弯矩方程，绘制剪力图和弯矩图，并求出绝对值最大的剪力值和弯矩值。

8.3　作图 8-42 所示各斜梁的内力图。

8.4　用内力与分布荷载集度间的微分关系作图 8-43 所示各梁的剪力图和弯矩图。

8.5　用区段叠加法作图 8-44 所示各梁的弯矩图。

8.6　横截面为矩形的简支梁，如图 8-45 所示。试计算梁的最大弯曲正应力和危险截面上 a 点、b 点的弯曲正应力。

8.7　一矩形截面梁，如图 8-46 所示。计算梁的最大切应力和危险截面上 a 点、b 点的切应力。

8.8　一矩形截面外伸木梁，如图 8-47 所示。已知材料的许用正应力 $[\sigma]=10\text{MPa}$，许用切应力 $[\tau]=2\text{MPa}$，试校核该梁的强度。

8.9　由工字钢制成的外伸梁，如图 8-48 所示。在外伸端 C 处作用有集中力 $F=20\text{kN}$，若已知 $[\sigma]=160\text{MPa}$，$[\tau]=100\text{MPa}$。试选择工字钢型号。

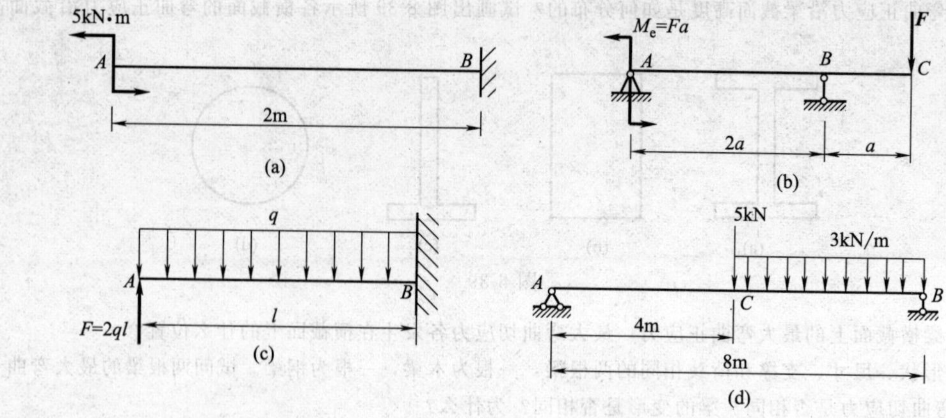

图 8-41

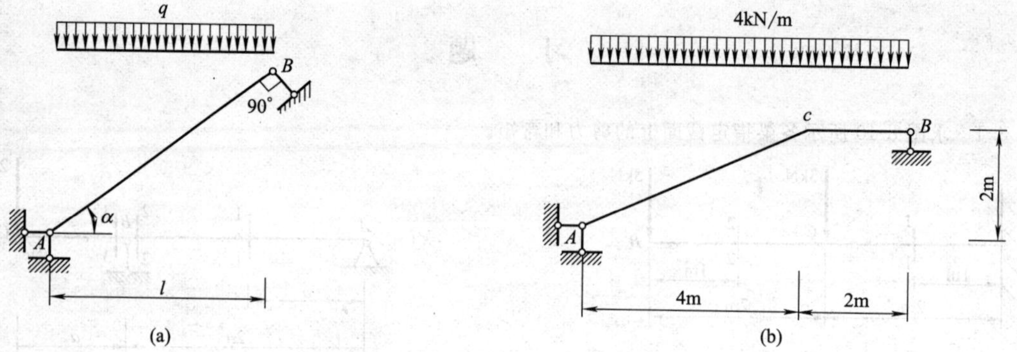

图 8-42

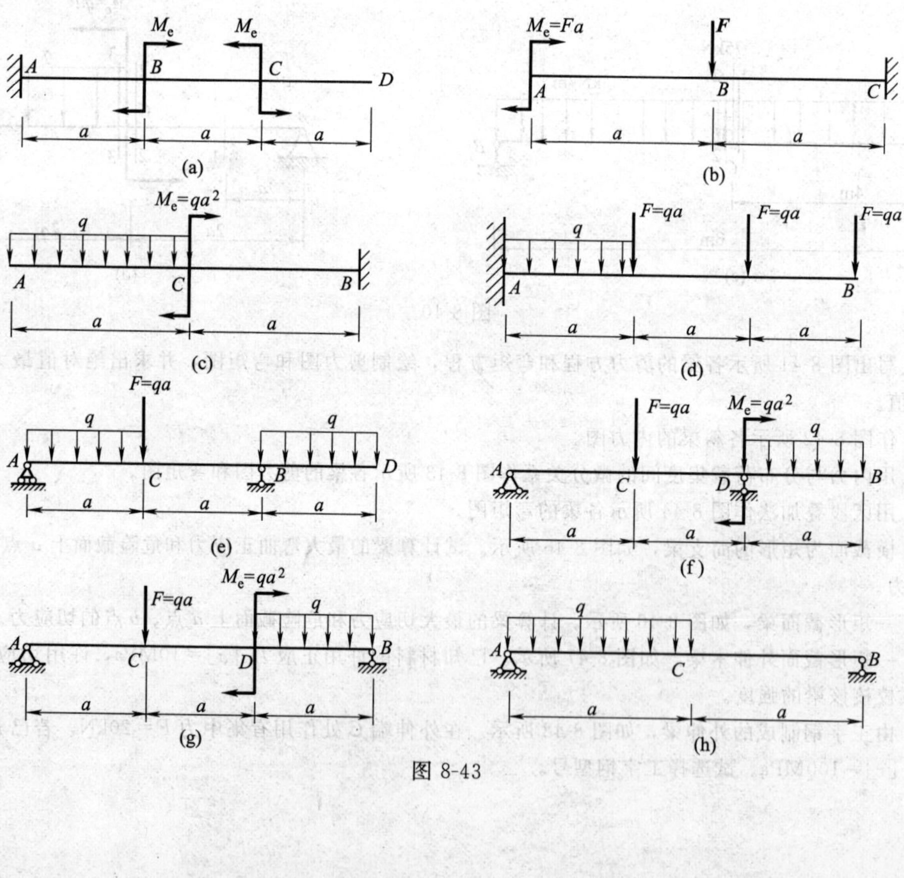

图 8-43

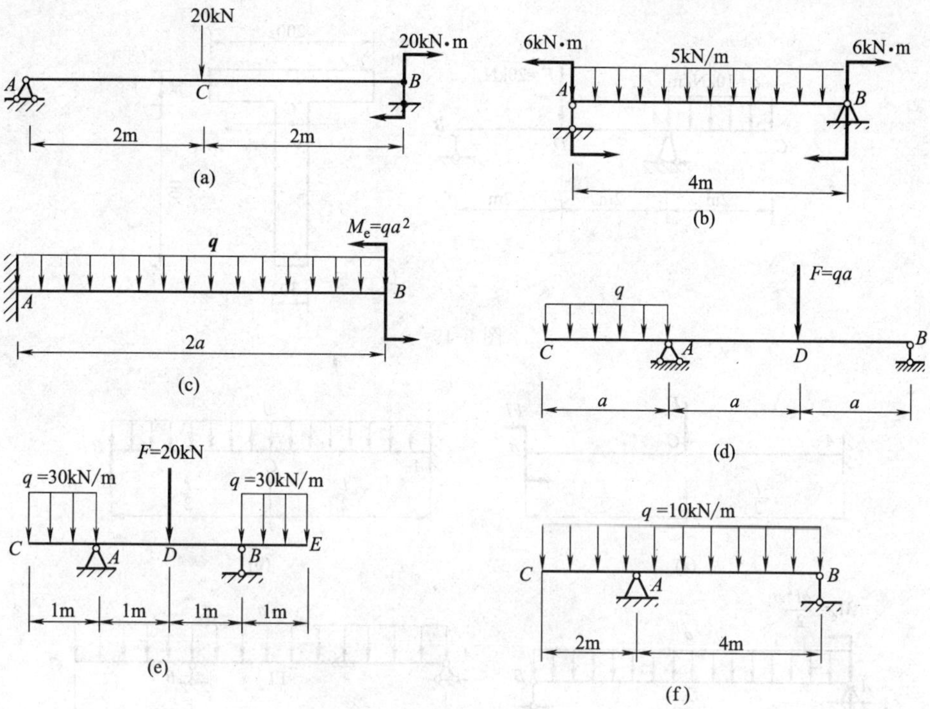

图 8-44

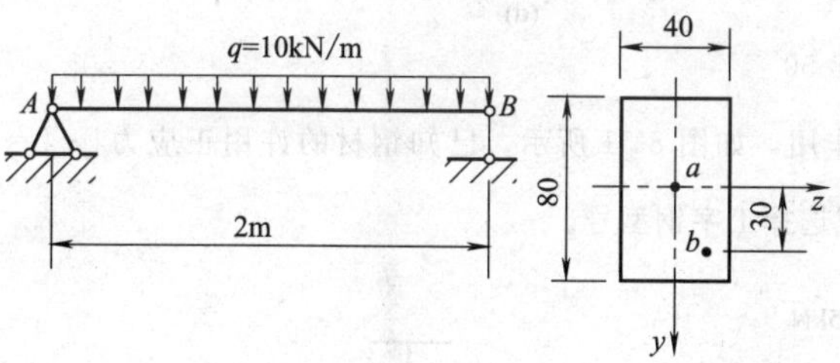

图 8-45

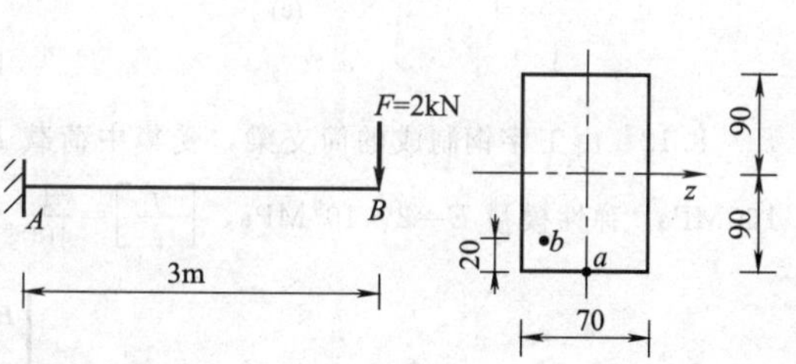

图 8-46

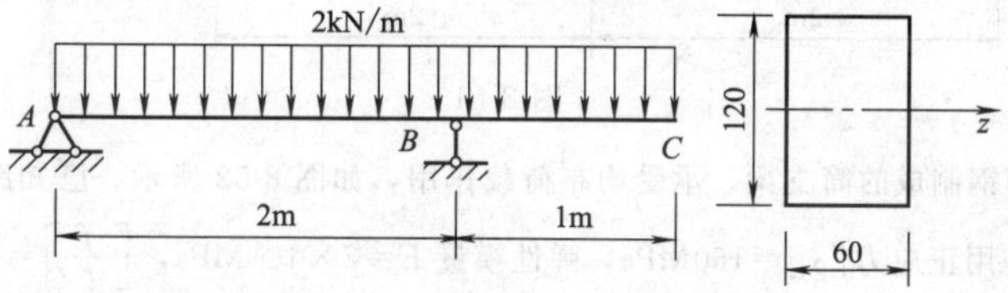

图 8-47

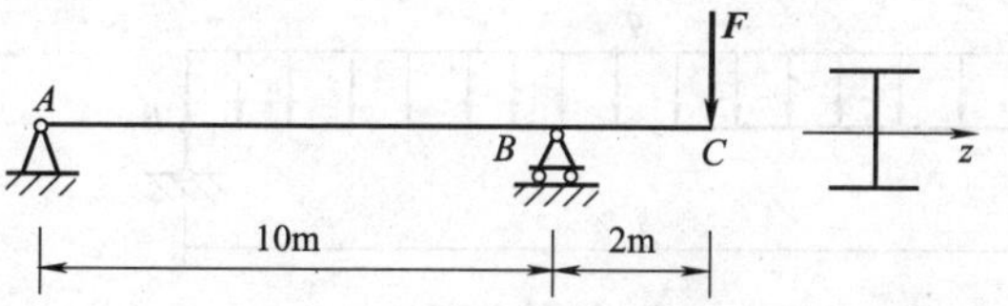

图 8-48

8.10　铸铁梁的横截面尺寸和所受荷载，如图 8-49 所示。材料的许用拉应力 $[\sigma_t]=40\text{MPa}$，许用压应力 $[\sigma_c]=100\text{MPa}$。试按正应力强度条件校核梁的强度。

8.11　用叠加法求图 8-50 所示各梁 C 截面的挠度和 B 截面的转角，已知 EI 为常数。

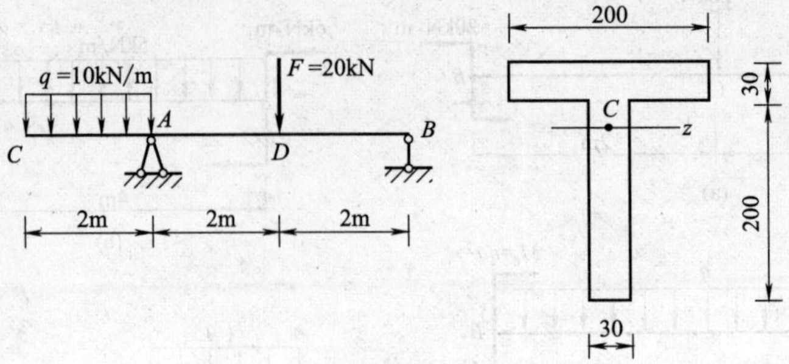

图 8-49

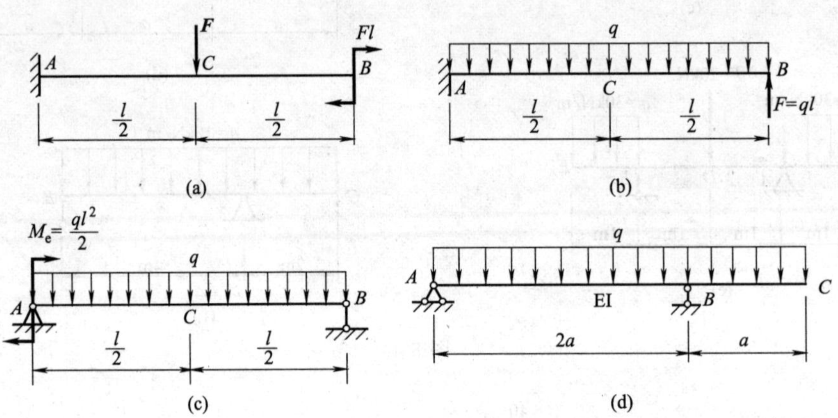

图 8-50

8.12 由工字钢制成的简支梁，受集中荷载 F 作用，如图 8-51 所示。已知钢材的许用正应力 $[\sigma]=160\text{MPa}$，弹性模量 $E=2\times10^5\text{MPa}$，$\left[\dfrac{f}{l}\right]=\dfrac{1}{400}$。试选择工字钢型号。

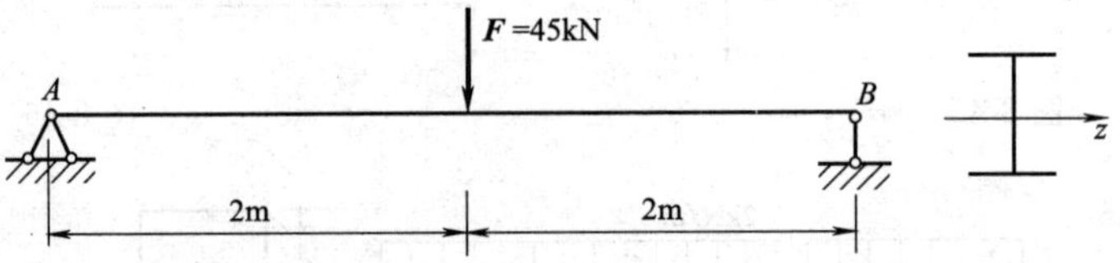

图 8-51

8.13 由 22a 工字钢制成的简支梁，承受均布荷载作用，如图 8-52 所示。已知跨长 $l=6\text{m}$，均布荷载 $q=10\text{kN/m}$，钢材的许用正应力 $[\sigma]=160\text{MPa}$，弹性模量 $E=2\times10^5\text{MPa}$，$\left[\dfrac{f}{l}\right]=\dfrac{1}{200}$。试校核梁的强度和刚度。

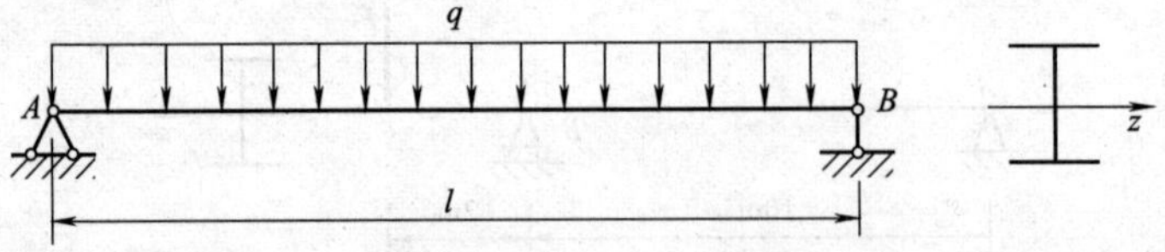

图 8-52

第九章　应力状态与强度理论

提要： 本章主要介绍应力状态的概念、平面应力状态分析；常见的四种强度理论及其应用。

第一节　应力状态的概念

一、一点处应力状态的概念

在研究轴向拉（压）杆、扭转轴及平面弯曲梁的强度问题时，是根据杆件横截面上的最大应力建立强度条件来进行强度计算的。实际上杆件的破坏不一定都发生在横截面上，有时也发生在斜截面上。例如铸铁试件压缩时，沿与轴线大约成45°～55°角的斜截面破坏；铸铁圆轴扭转时，沿45°螺旋面破坏。由轴向拉压杆斜截面上的应力分析可知，同一点处的应力，会随所截取的截面方位不同而变化；从梁横截面上各点的应力分析可知，同一截面上沿梁高各点的应力一般是不同的，并且在某些点处可能同时存在较大的正应力和切应力。为了找出危险点，分析各种破坏现象，建立复杂受力情况下的强度条件，必须研究受力构件内任一点处不同方位截面上的应力情况。受力构件内某一点处沿各个方位截面上的应力情况称为一点处的应力状态。

二、应力状态的表示方法

为了研究构件内某点的应力状态，可以围绕该点截取一个微小的正六面体，简称单元体。由于单元体各边边长均很小，故可以认为单元体各面上的应力是均匀分布的，并且每对相互平行的平面上的应力大小相等。在知道了单元体的三个互相垂直平面上的应力后，单元体上任一截面上的应力都可以利用截面法求出，则该点处的应力状态就可以确定了。因此，可以用单元体的三个相互垂直平面上的应力来表示一点处的应力状态。

如图9-1（a）所示轴向拉杆，横截面上仅有正应力σ，A点处的应力状态，可以用图9-1（b）所示单元体表示。单元体除横截面外其余各面上均没有应力，因此可以简化为平面图形，如图9-1（c）所示。

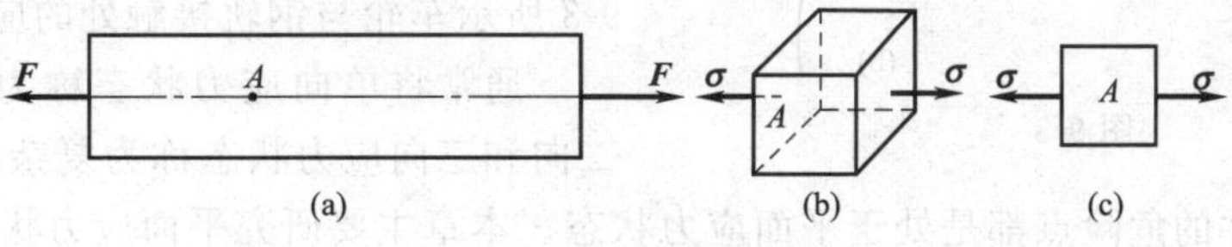

图 9-1

图9-2（a）所示矩形截面悬臂梁，横截面上既有正应力σ，又有切应力τ，应力分布如图9-2（b）所示。m-m横截面上A、B、C、D四点的应力状态，可以用图9-2（c）所示单元体表示，图9-2（d）为单元体的简化图形。

三、应力状态的分类

可以证明，对于受力构件内任一点，总可以找到三个互相垂直的平面，其上只有正应力而没有切应力，这些切应力为零的平面称为主平面。作用在主平面上的正应力称为主应力，

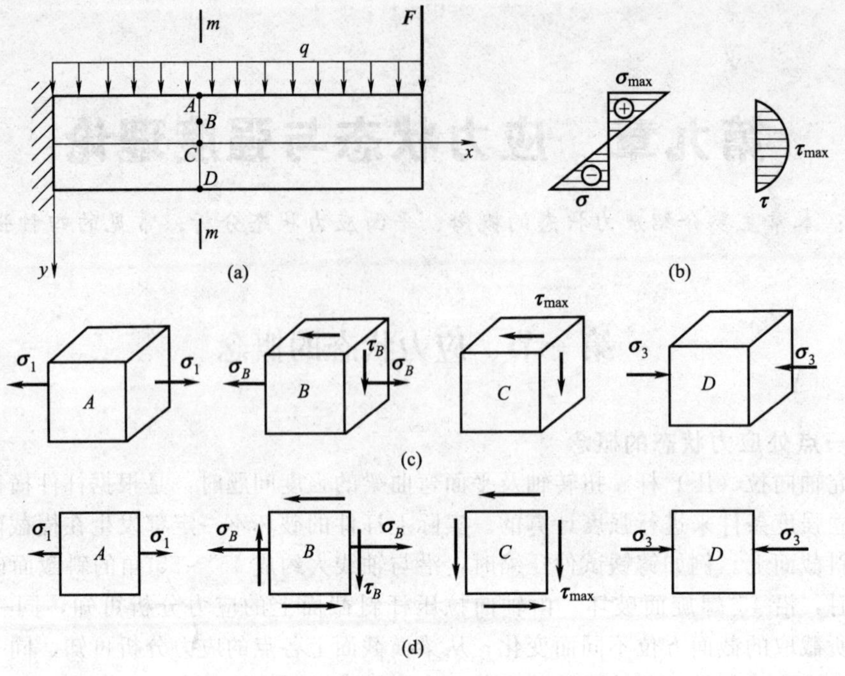

图 9-2

用符号 σ_1、σ_2、σ_3 表示，并按代数值大小排序，即 $\sigma_1 \geqslant \sigma_2 \geqslant \sigma_3$。由三对互相垂直的主平面组成的单元体，称为主单元体。图 9-1（b）所示单元体和图 9-2（c）所示 A、D 两单元体均为主单元体。

一点处的应力状态可以用该点处的三个主应力来表示，根据主应力不为零的数目，可将应力状态分为三类。

（1）单向应力状态　三个主应力中只有一个主应力不为零。如图 9-1（b）所示单元体和图 9-2（c）中的 A、D 两个单元体。

（2）二向应力状态　三个主应力中有两个主应力不为零。二向应力状态也称为平面应力状态。如图 9-2（c）中的 B、C 两个单元体。

（3）三向应力状态　三个主应力都不等于零。三向应力状态也称为空间应力状态。如图 9-3 所示车轮与钢轨接触处的应力状态。

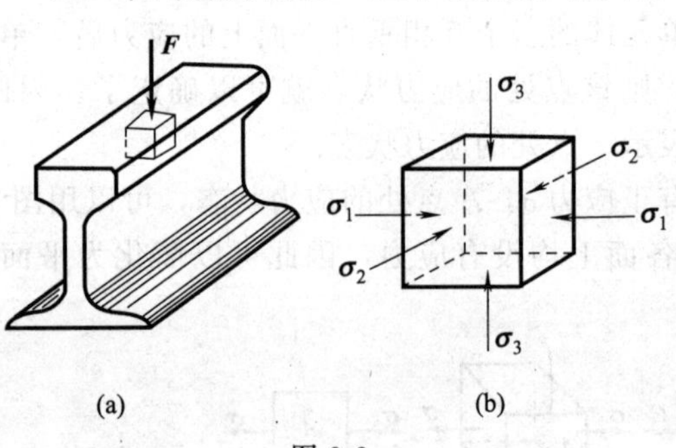

图 9-3

通常将单向应力状态称为简单应力状态，二向和三向应力状态称为复杂应力状态。工程中许多受力构件的危险点都是处于平面应力状态。本章主要研究平面应力状态。

第二节　平面应力状态分析

一、任意斜截面上的应力

如图 9-4（a）所示单元体是平面应力状态的一般形式。在 x 平面（外法线沿 x 轴的平面）上作用有 σ_x、τ_x；在 y 平面（外法线沿 y 轴的平面）上作用有 σ_y、τ_y。设任一斜截面 ef 的外法线 n 与 x 轴的夹角为 α，该斜截面简称 α 截面，用 σ_α、τ_α 分别表示 α 截面上的正应

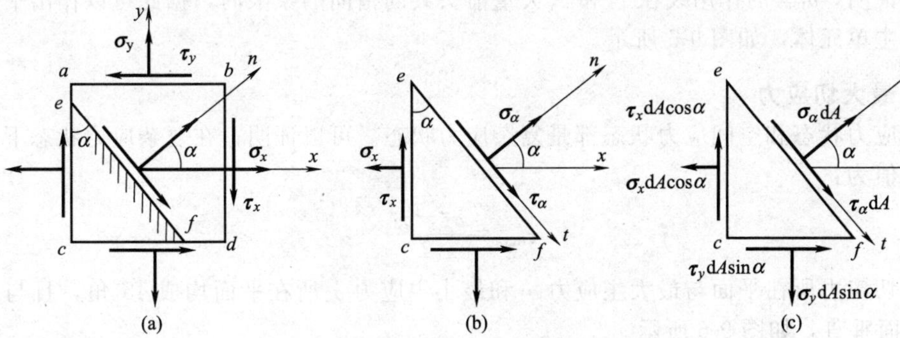

图 9-4

力和切应力。

利用截面法，取 ecf 为研究对象，如图 9-4（b）所示。设 α 截面的面积为 dA，则 ec 和 cf 平面的面积分别为 $dA\cos\alpha$、$dA\sin\alpha$，研究对象的受力情况，如图 9-4（c）所示。利用平衡方程 $\sum F_n=0$ 、$\sum F_t=0$ 可解得：

$$\sigma_\alpha=\frac{\sigma_x+\sigma_y}{2}+\frac{\sigma_x-\sigma_y}{2}\cos2\alpha-\tau_x\sin2\alpha \tag{9-1}$$

$$\tau_\alpha=\frac{\sigma_x-\sigma_y}{2}\sin2\alpha+\tau_x\cos2\alpha \tag{9-2}$$

这就是任意斜截面上的应力计算公式。它表明：对于平面应力状态，只要已知单元体一对互相垂直平面上的应力，就可以求出任意 α 斜截面上的应力。

在式（9-1）、式（9-2）中规定：α 角以自 x 轴正向逆时针转至斜截面的外法线 n 时为正，反之为负；正应力以拉应力为正，压应力为负；切应力以对单元体内任一点产生顺时针转向的力矩时为正，反之为负。

二、主平面位置及主应力数值

设主平面的外法线与 x 轴的夹角为 α_0，根据主平面的定义由式（9-2）得：

$$\tau_{\alpha_0}=\frac{\sigma_x-\sigma_y}{2}\sin2\alpha_0+\tau_x\cos2\alpha_0=0$$

有：
$$\tan2\alpha_0=\frac{-2\tau_x}{\sigma_x-\sigma_y} \tag{9-3}$$

满足式（9-3）的 α_0 角有：α_0 和 $\alpha_0\pm90°$。这表明两个主平面是相互垂直的，两个主应力也必相互垂直。

将式（9-1）对 α 求导，并令 $\frac{d\sigma_\alpha}{d\alpha}=0$，得：

$$\frac{d\sigma_\alpha}{d\alpha}=\frac{\sigma_x-\sigma_y}{2}(-2\sin2\alpha)-\tau_x(2\cos2\alpha)=0$$

即：
$$\frac{\sigma_x-\sigma_y}{2}\sin2\alpha+\tau_x\cos2\alpha=0$$

将上式与式（9-2）比较可知，正应力 σ_α 为极值的平面就是切应力 τ_α 等于零的平面，即主平面。因此两个主平面上的主应力分别是最大正应力和最小正应力。

由式（9-3）求出 $\cos2\alpha_0$ 和 $\sin2\alpha_0$，代入式（9-1），可得两个主平面上的主应力，即最大正应力和最小正应力为：

$$\left.\begin{matrix}\sigma_{max}\\ \sigma_{min}\end{matrix}\right\}=\frac{\sigma_x+\sigma_y}{2}\pm\sqrt{\left(\frac{\sigma_x-\sigma_y}{2}\right)^2+\tau_x^2} \tag{9-4}$$

可以证明，$\sigma_{\max}$的作用线在τ_x和τ_y矢量箭头共同指向的象限内，据此可以作出平面应力状态下的主单元体，如图 9-5 所示。

三、最大切应力

平面应力状态和空间应力状态都是复杂应力状态。可以证明，在复杂应力状态下，最大切应力的值为：

$$\tau_{\max}=\frac{\sigma_1-\sigma_3}{2} \tag{9-5}$$

最大切应力所在平面与最大主应力σ_1和最小主应力σ_3所在平面均成 45°角，且与主应力σ_2所在平面垂直，如图 9-6 所示。

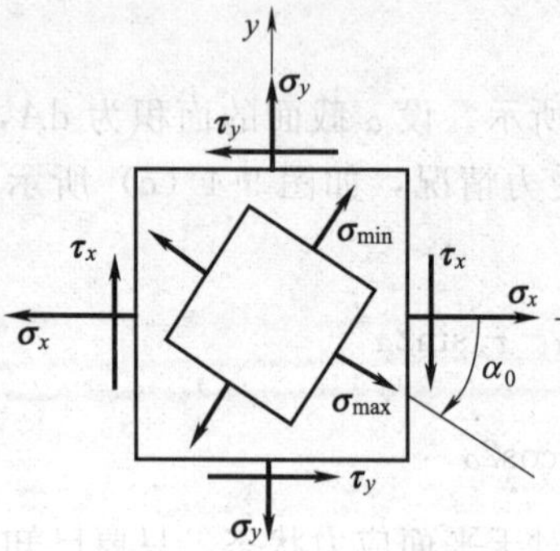

图 9-5

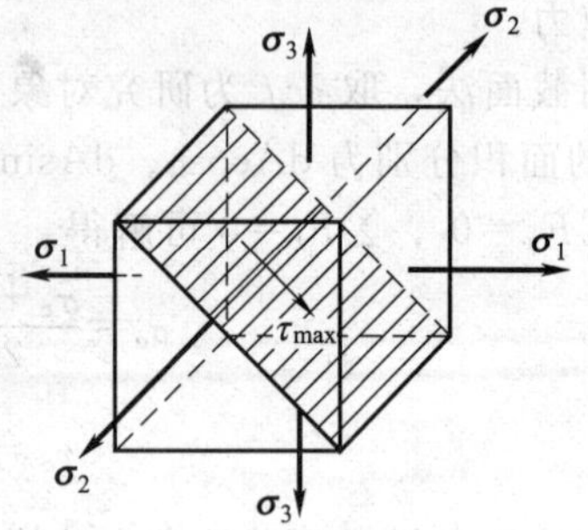

图 9-6

【例 9-1】 试利用应力状态理论，分析图 9-7（a）所示铸铁圆轴扭转时的破坏现象。

【解】 圆轴扭转时，最大切应力发生在圆轴的外表面，表面上的点处于纯剪切应力状态，且$\tau_x=-\tau_y=\dfrac{M_t}{W_p}$，如图 9-7（b）所示。

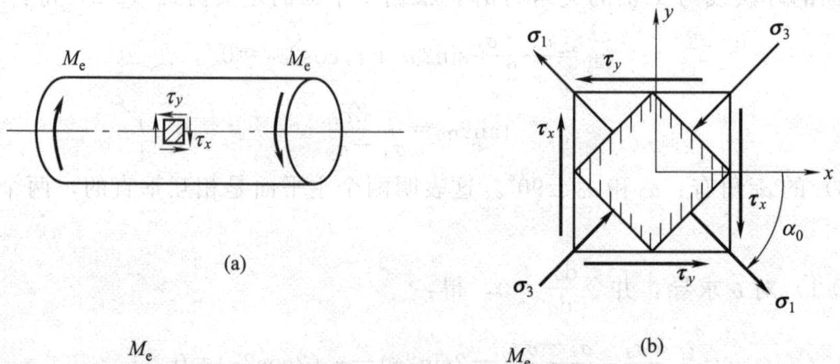

(a) (b) (c)

图 9-7

由式（9-4）可得：

$$\left.\begin{matrix}\sigma_{\max}\\ \sigma_{\min}\end{matrix}\right\}=\frac{\sigma_x+\sigma_y}{2}\pm\sqrt{\left(\frac{\sigma_x-\sigma_y}{2}\right)^2+\tau_x^2}=\pm\tau_x$$

故有：　　$\sigma_1=\tau_x$，$\sigma_2=0$，$\sigma_3=-\tau_x$

由式（9-3）可得：

$$\tan 2\alpha_0=\frac{-2\tau_x}{\sigma_x-\sigma_y}=-\infty$$

所以：　　$\alpha_0=-45°$，$\alpha_0+90°=45°$

主单元体如图 9-7（b）所示。由以上分析可知，圆轴扭转时主应力 σ_1 的方向与轴线成 45°夹角。由于铸铁的抗拉强度低于抗剪强度，故铸铁圆轴扭转时沿与轴线呈 45°夹角的螺旋面破坏，如图 9-7（c）所示。

【例 9-2】 某单元体各面上的应力如图 9-8（a）所示。应力单位为 MPa。试用解析法求：①α 斜截面上的应力；②主应力值与主平面位置，并画出主单元体。

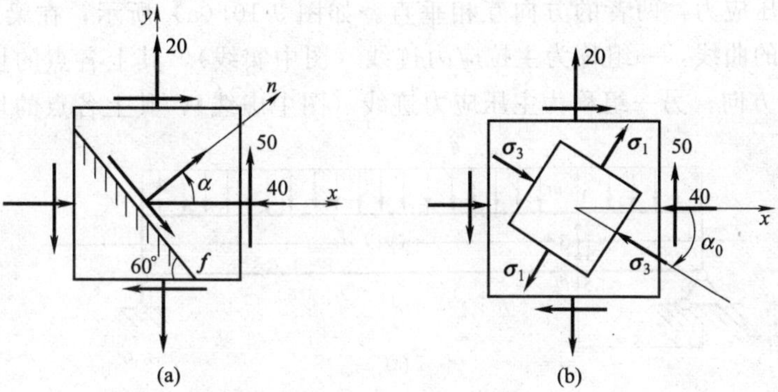

图 9-8

【解】　（1）由图 9-8（a）可知：

$$\sigma_x=-40\text{MPa};\ \sigma_y=20\text{MPa};\ \tau_x=-50\text{MPa};\ \alpha=30°$$

代入式（9-1）、式（9-2），得：

$$\begin{aligned}\sigma_{30°}&=\frac{\sigma_x+\sigma_y}{2}+\frac{\sigma_x-\sigma_y}{2}\cos 2\alpha-\tau_x\sin 2\alpha\\&=\frac{-40\text{MPa}+20\text{MPa}}{2}+\frac{-40\text{MPa}-20\text{MPa}}{2}\times\cos 60°+50\text{MPa}\times\sin 60°\\&=18.3\text{MPa}\end{aligned}$$

$$\begin{aligned}\tau_{30°}&=\frac{\sigma_x-\sigma_y}{2}\sin 2\alpha+\tau_x\cos 2\alpha\\&=\frac{-40\text{MPa}-20\text{MPa}}{2}\times\sin 60°-50\text{MPa}\times\cos 60°=-51\text{MPa}\end{aligned}$$

（2）由式（9-4）得：

$$\begin{aligned}\left.\begin{matrix}\sigma_{max}\\\sigma_{min}\end{matrix}\right\}&=\frac{\sigma_x+\sigma_y}{2}\pm\sqrt{\left(\frac{\sigma_x-\sigma_y}{2}\right)^2+\tau_x^2}\\&=\frac{-40\text{MPa}+20\text{MPa}}{2}\pm\sqrt{\left(\frac{-40\text{MPa}-20\text{MPa}}{2}\right)^2+(-50\text{MPa})^2}\\&=\begin{matrix}48.3\text{MPa}\\-68.3\text{MPa}\end{matrix}\end{aligned}$$

按主应力排序规定，有：$\sigma_1=48.3\text{MPa}$，$\sigma_2=0$，$\sigma_3=-68.3\text{MPa}$

由式（9-3）得：

$$\tan 2\alpha_0=\frac{-2\tau_x}{\sigma_x-\sigma_y}=\frac{-2\times(-50\text{MPa})}{-40\text{MPa}-20\text{MPa}}=-1.667$$

得：

$$\alpha_0=-29.52°,\ \alpha_0+90°=60.48°$$

由此作出主单元体，如图 9-8（b）所示。

四、梁的主应力迹线

图 9-9（a）所示矩形截面简支梁，受均布荷载作用，在 m-m 截面上围绕五个点各取出一个单元体。梁上、下边缘处的 1 点、5 点分别处于单向压缩和单向拉伸应力状态，其他各点均处于平面应力状态。根据单元体上的应力，可确定这些单元体的主应力及主平面位置，如图 9-9（b）所示。

由图 9-9（b）可知，除梁的上、下边缘点外，其他各点处的两个主应力一个为主拉应力，另一个为主压应力，两者的方向互相垂直。如图 9-10（a）所示，在梁的 xy 平面内可以绘制两组正交的曲线，一组称为主拉应力迹线（图中实线），其上各点的切线方向为该点处主拉应力 σ_1 的方向；另一组称为主压应力迹线（图中虚线），其上各点的切线方向为该点

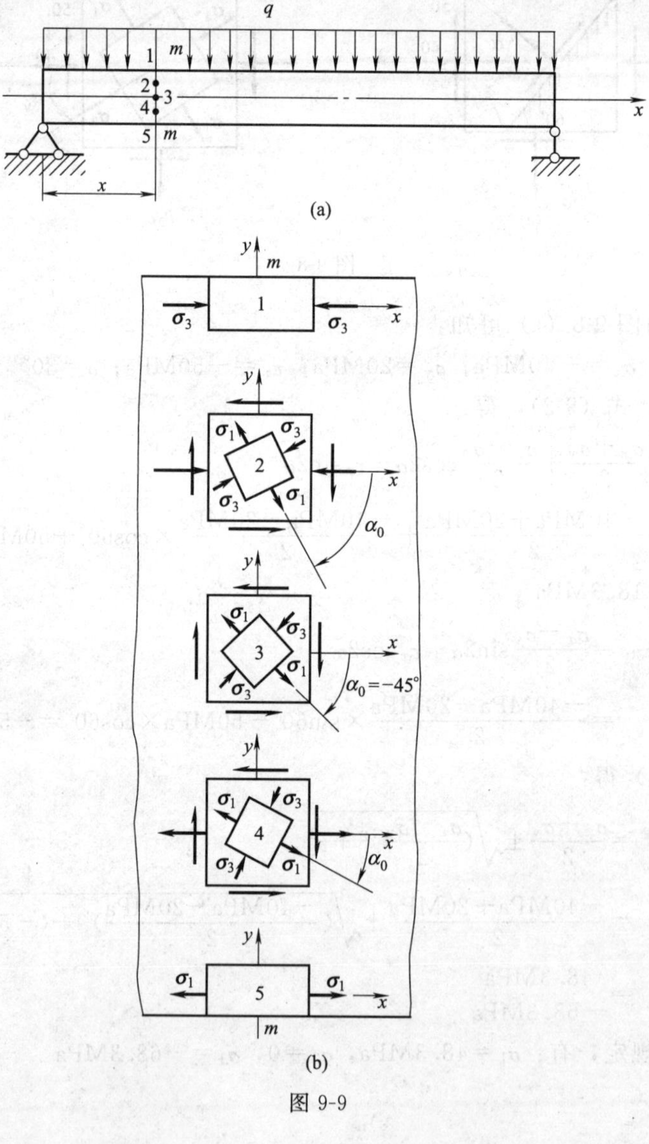

图 9-9

处主压应力 σ_3 的方向。在钢筋混凝土梁内主要承受拉力的纵向钢筋，应大致按照主拉应力迹线来配置，以承担梁内各点处的最大拉应力，如图 9-10（b）所示。

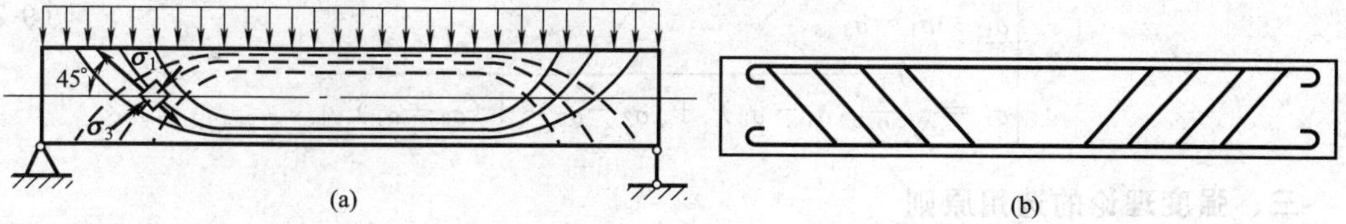

图 9-10

同样，可得到集中荷载作用下悬臂梁的主应力迹线［图 9-11（a）］及钢筋混凝土悬臂梁的配筋［图 9-11（b）］。

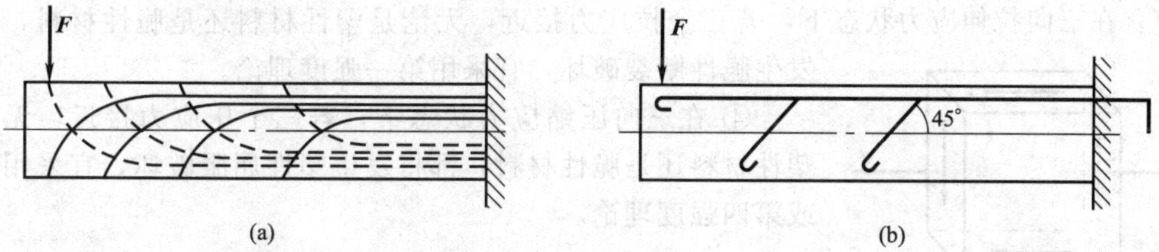

图 9-11

第三节　强度理论简介

一、强度理论的概念

单向应力状态和纯剪切应力状态的强度条件可表示为：

$$\sigma_{max} \leqslant [\sigma], \quad \tau_{max} \leqslant [\tau]$$

许用应力 $[\sigma]$ 和 $[\tau]$ 是通过材料试验测出材料失效时的极限应力再除以安全系数得到的。对于复杂应力状态，三个主应力 σ_1、σ_2 和 σ_3 之间，有无穷多种比例关系，要在每一种比例关系下都通过对材料的直接试验确定其极限值，几乎是不可能实现的。长期以来，人们对材料的破坏现象和引起破坏的因素进行分析，认为不论材料破坏的表面现象如何复杂，其破坏形式主要可分为两类：一类是脆性断裂破坏；一类是塑性屈服破坏。并认为材料某种形式的破坏主要是由某一因素引起的，与材料的应力状态无关，只要导致材料破坏的该因素达到极限值，材料就会破坏。这样就可以利用简单应力状态的试验结果来建立复杂应力状态下的强度条件。这种关于材料破坏因素的假说及基于假说所建立的强度计算准则，称为强度理论。

二、常见的四种强度理论

按材料破坏的两种形式，强度理论也分为两类：一类是关于脆性断裂破坏的最大拉应力理论（第一强度理论）和最大拉应变理论（第二强度理论）；一类是关于塑性屈服破坏的最大切应力理论（第三强度理论）和形状改变比能理论（第四强度理论）。

四种强度理论，可用统一形式表示为：

$$\sigma_r \leqslant [\sigma] \tag{9-6}$$

式中，σ_r 称为相当应力，可以证明四种强度的相当应力为：

$$
\begin{cases}
\sigma_{r_1}=\sigma_1 \\
\sigma_{r_2}=\sigma_1-\nu(\sigma_2+\sigma_3) \\
\sigma_{r_3}=\sigma_1-\sigma_3 \\
\sigma_{r_4}=\sqrt{\dfrac{1}{2}\left[(\sigma_1-\sigma_2)^2+(\sigma_2-\sigma_3)^2+(\sigma_3-\sigma_1)^2\right]}
\end{cases}
\tag{9-7}
$$

三、强度理论的选用原则

强度理论的选用与材料的类别和应力状态等因素有着密切的关系，一般可按以下原则选用。

① 塑性材料通常发生塑性屈服破坏，宜采用第三或第四强度理论。

② 脆性材料通常发生脆性断裂破坏，宜采用第一强度理论。在二向拉压状态下，当压应力值较大时，可采用第二强度理论。

③ 在三向拉伸应力状态下，若三个拉应力接近，无论是塑性材料还是脆性材料，都将发生脆性断裂破坏，宜采用第一强度理论。

④ 在三向压缩应力状态下，若三个压应力接近，无论是塑性材料还是脆性材料，都将发生塑性屈服破坏，宜采用第三或第四强度理论。

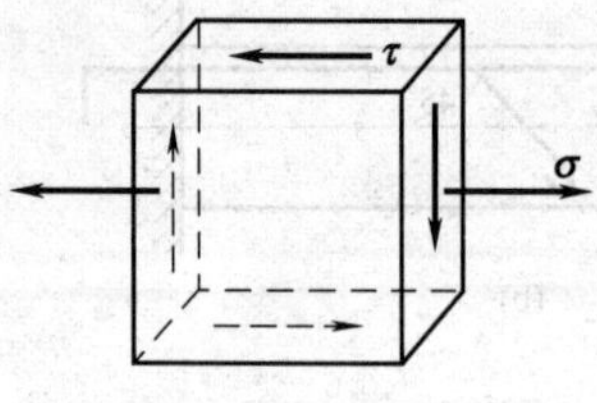

图 9-12

四、强度理论的应用

对于梁等受力构件，危险点常处于图 9-12 所示的平面应力状态，由式（9-4）可得单元体的主应力为：

$$\sigma_1=\frac{\sigma}{2}+\sqrt{\left(\frac{\sigma}{2}\right)^2+\tau^2}\text{，}\sigma_2=0\text{，}\sigma_3=\frac{\sigma}{2}-\sqrt{\left(\frac{\sigma}{2}\right)^2+\tau^2}$$

按第三强度理论建立的强度条件为：

$$\sigma_{r_3}=\sqrt{\sigma^2+4\tau^2}\leqslant[\sigma] \tag{9-8}$$

按第四强度理论建立的强度条件为：

$$\sigma_{r_4}=\sqrt{\sigma^2+3\tau^2}\leqslant[\sigma] \tag{9-9}$$

【例 9-3】 工字形截面简支梁，如图 9-13（a）所示。材料的许用正应力$[\sigma]=150\text{MPa}$。

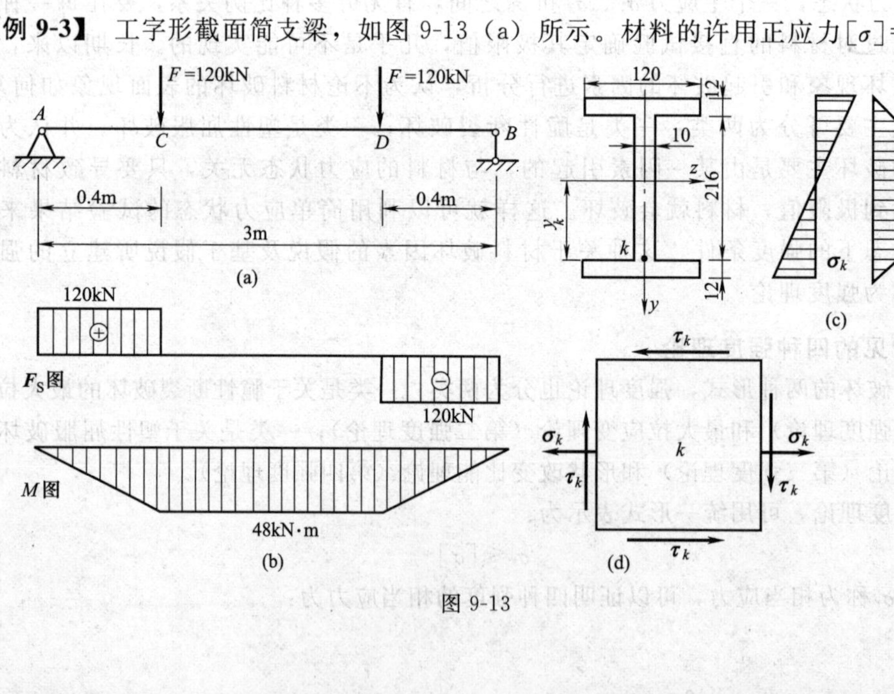

图 9-13

试按第四强度理论校核危险截面上 k 点的强度。

【解】 (1) 确定危险截面　作梁的剪力、弯矩图，如图 9-13 (b) 所示。C（或 D）截面剪力、弯矩值最大，故危险截面位于 C（或 D）截面。

$$M_{\max}=48\text{kN}\cdot\text{m},\ F_{s_{\max}}=120\text{kN}$$

(2) 截面几何性质计算

$$I_z=\frac{120\text{mm}\times(240\text{mm})^3}{12}-\frac{110\text{mm}\times(216\text{mm})^3}{12}\approx4586\times10^4\text{mm}^4=4586\text{cm}^4$$

$$S^*_{z_k}=120\text{mm}\times12\text{mm}\times(\frac{216\text{mm}}{2}+6\text{mm})\approx164\times10^3\text{mm}^3=164\text{cm}^3$$

(3) 分析危险截面上 k 点的应力　k 点位于工字形截面翼缘和腹板的交接处，既有正应力 σ_k，又有切应力 τ_k，如图 9-13 (c) 所示。

$$\sigma_k=\frac{M_{\max}y_k}{I_z}=\frac{48\times10^3\text{N}\cdot\text{m}\times108\times10^{-3}\text{m}}{4586\times10^{-8}\text{m}^4}=113\text{MPa}$$

$$\tau_k=\frac{F_{s_{\max}}S_z^*}{I_zb}=\frac{120\times10^3\text{N}\times164\times10^{-6}\text{m}^3}{4586\times10^{-8}\text{m}^4\times10\times10^{-3}\text{m}}=42.9\text{MPa}$$

k 点的应力状态，如图 9-13 (d) 所示。

(3) 校核 k 点的强度　由第四强度理论，有：

$$\sigma_{r_4}=\sqrt{\sigma_k^2+3\tau_k^2}=\sqrt{(113\text{MPa})^2+3\times(42.9\text{MPa})^2}$$
$$=135\text{MPa}<[\sigma]=150\text{MPa}$$

所以，该梁危险截面上 k 点的强度满足要求。

小　结

1. 一点处的应力状态反映了构件内某一点在各个方位截面上的应力情况。一点处的应力状态可以用单元体三个互相垂直平面上的应力来表示。

2. 应力状态可按主应力不为零的数目分为单向应力状态、二向应力状态（平面应力状态）和三向应力状态（空间应力状态）。

3. 单元体上切应力为零的平面为主平面，主平面上的正应力为主应力。主应力按代数值大小顺序排列为：$\sigma_1\geqslant\sigma_2\geqslant\sigma_3$。在受力构件的任一点处，总可以找到由三个相互垂直的主平面组成的主单元体。

4. 平面应力状态下的重要公式

任意斜截面上的应力：

$$\sigma_\alpha=\frac{\sigma_x+\sigma_y}{2}+\frac{\sigma_x-\sigma_y}{2}\cos2\alpha-\tau_x\sin2\alpha$$

$$\tau_\alpha=\frac{\sigma_x-\sigma_y}{2}\sin2\alpha+\tau_x\cos2\alpha$$

主应力：

$$\begin{matrix}\sigma_{\max}\\ \sigma_{\min}\end{matrix}=\frac{\sigma_x+\sigma_y}{2}\pm\sqrt{(\frac{\sigma_x-\sigma_y}{2})^2+\tau_x^2}$$

主平面方位角：

$$\tan2\alpha_0=\frac{-2\tau_x}{\sigma_x-\sigma_y}$$

5. 梁的主拉应力迹线上各点的切线方向，为该点处主拉应力 σ_1 的方向；主压应力迹线上各点的切线方向，为该点处主压应力 σ_3 的方向。主拉应力迹线与主压应力迹线正交。

6. 三向应力状态的最大切应力 $\tau_{\max}=\dfrac{\sigma_1-\sigma_3}{2}$，最大切应力所在截面与 σ_2 所在主平面垂直，与 σ_1 和 σ_3 所在主平面各成 45°角。

7. 常用的四个强度理论的统一表达式为：$\sigma_r\leqslant[\sigma]$，其中相当应力 σ_r 分别为：

$$\sigma_{r_1}=\sigma_1$$

$$\sigma_{r_2}=\sigma_1-\nu(\sigma_2+\sigma_3)$$

$$\sigma_{r_3}=\sigma_1-\sigma_3$$

$$\sigma_{r_4}=\sqrt{\frac{1}{2}[(\sigma_1-\sigma_2)^2+(\sigma_2-\sigma_3)^2+(\sigma_3-\sigma_1)^2]}$$

8. 强度理论的选用主要取决于材料的类别和材料上的危险点所处的应力状态。

思 考 题

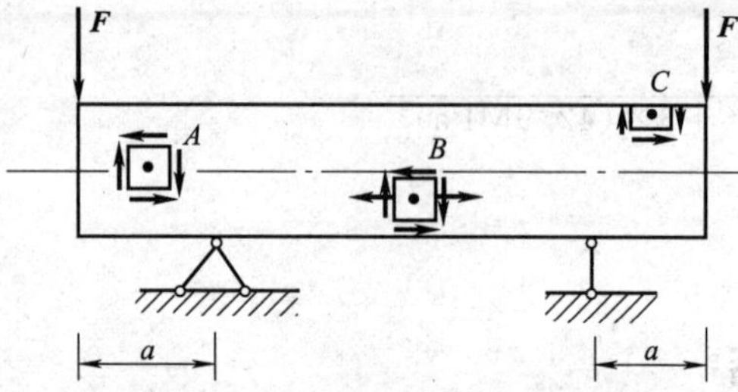

图 9-14

9.1 什么是一点处的应力状态？为什么要研究一点处的应力状态？

9.2 单元体两平行平面上的应力有何特点？何谓主单元体？

9.3 外伸梁如图 9-14 所示，图中给出了 A、B、C 三点处的应力状态。试指出并改正各单元体上所给应力的错误。

9.4 何谓主应力？写出图 9-15 所示单元体的三个主应力的数值（应力单位：MPa）。

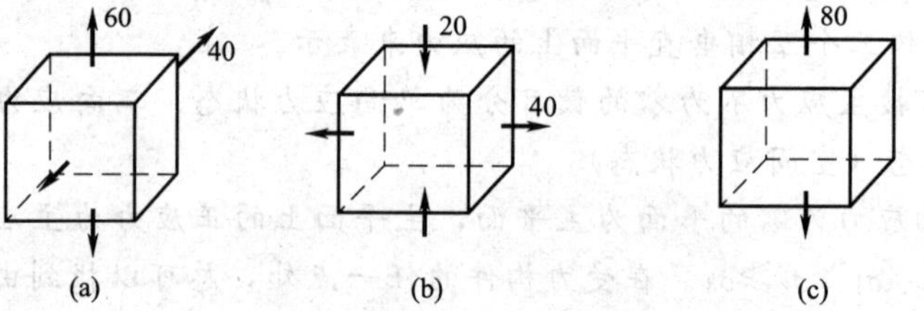

图 9-15

9.5 低碳钢圆轴扭转时沿什么方位的截面破坏？为什么？

9.6 什么是主应力迹线？其在工程上的意义如何？

9.7 为什么要提出强度理论？常用的四个强度理论是什么？怎样选用？

9.8 冬天自来水管会因结冰时受内压力而胀破，显然，水管中的冰也受同样的反作用力，为什么冰不碎而水管破裂？是因为冰的强度比水管高吗？

习 题

9.1 求图 9-16 所示各单元体指定斜截面上的应力（应力单位：MPa）。

9.2 已知各单元体应力状态如图 9-17 所示，求主应力值和主平面位置，并画出主单元体（应力单位：MPa）。

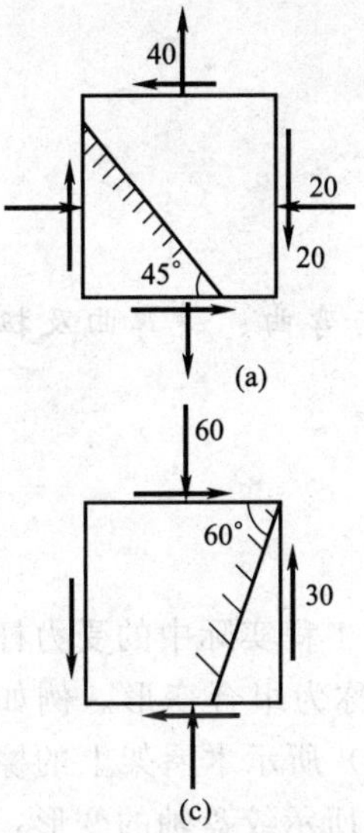

图 9-16

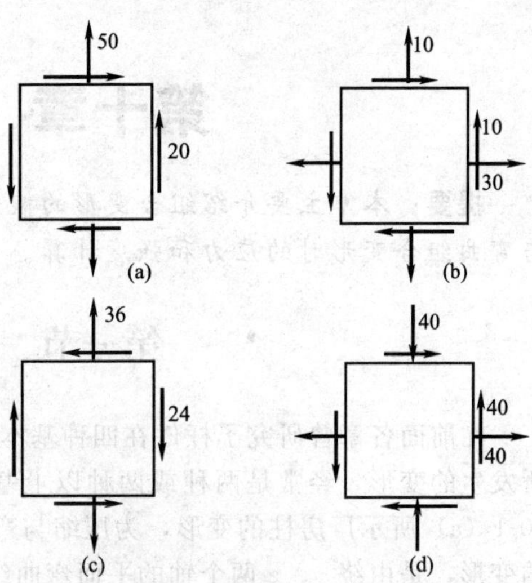

图 9-17

9.3　求图 9-18 所示单元体的主应力值和最大切应力值（应力单位：MPa）。

9.4　工字形截面梁，如图 9-19 所示。已知材料的许用正应力$[\sigma]=150$MPa。试按第三强度理论校核危险截面上k点的强度。

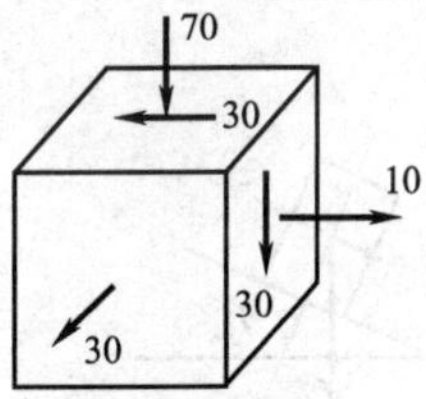

图 9-18

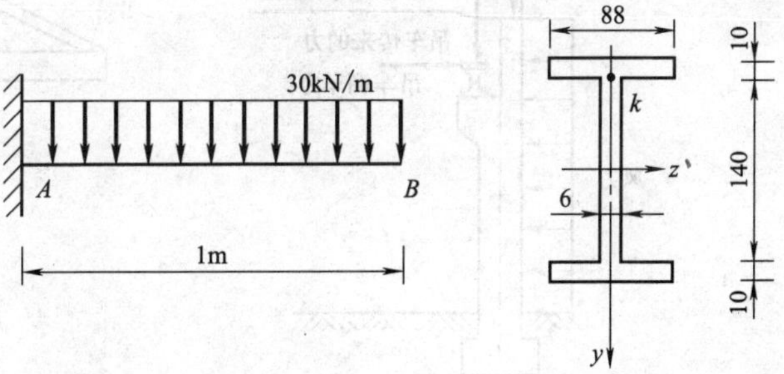

图 9-19

9.5　简支钢板梁受力如图 9-20 所示。已知钢材的许用应力$[\sigma]=170$MPa。试按第四强度理论对危险截面上腹板和翼缘交界处的k点作强度校核。

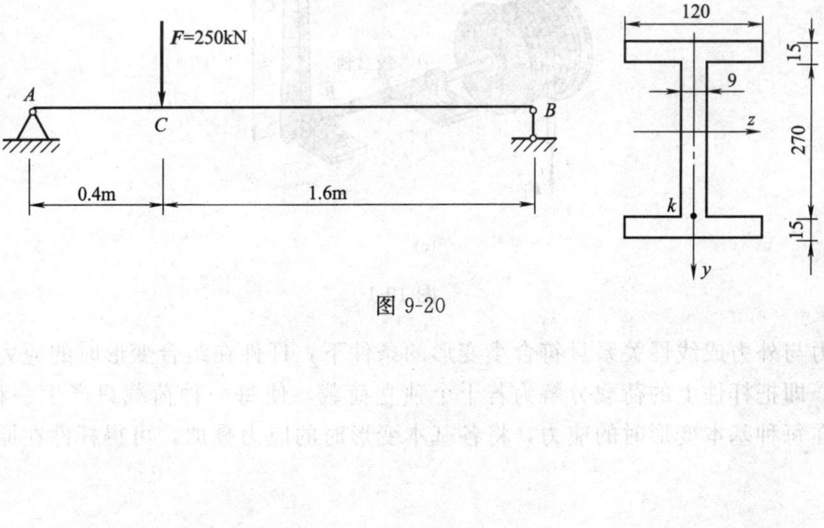

图 9-20

第十章 组合变形

提要：本章主要介绍组合变形的概念；杆件在拉伸（压缩）与弯曲、斜弯曲及扭转与弯曲组合变形时的应力和强度计算。

第一节 组合变形的概念

在前面各章曾研究了杆件在四种基本变形时的应力和强度计算。工程实际中的受力杆件所发生的变形，经常是两种或两种以上基本变形的组合，这种变形称为组合变形。例如图10-1（a）所示厂房柱的变形，为压缩与弯曲的组合变形；图10-1（b）所示木屋架上的檩条的变形，是由绕 y、z 两个轴的平面弯曲组成的斜弯曲；图10-1（c）所示绞盘轴的变形，为扭转与弯曲的组合变形。

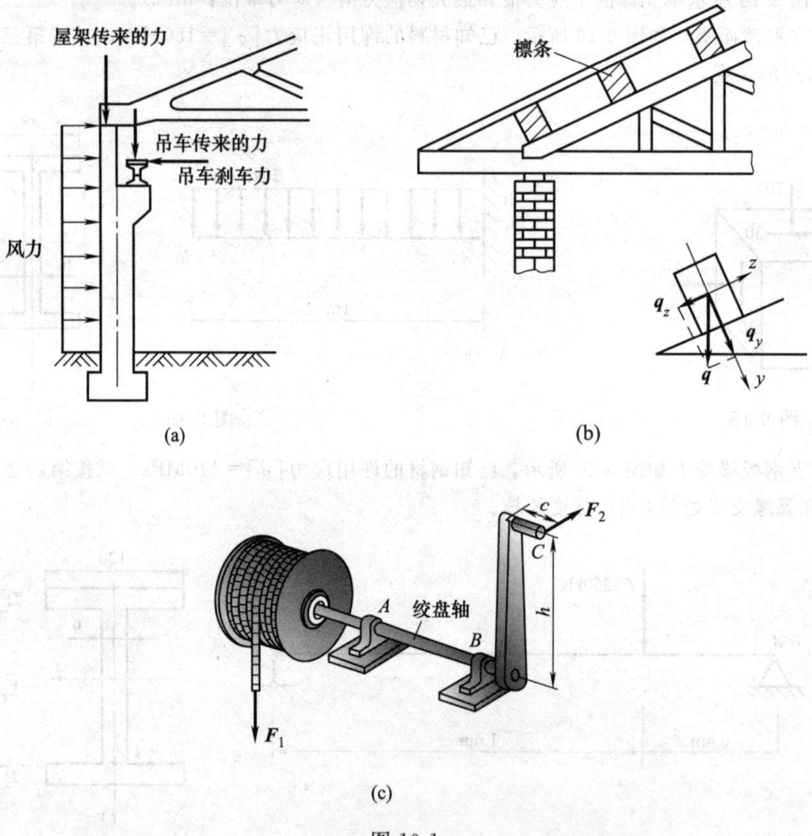

图 10-1

在应力与外力成线性关系且符合小变形的条件下，杆件在组合变形时的应力可通过叠加原理求解。即把杆件上的荷载分解为若干个独立荷载，使每一种荷载只产生一种基本变形，计算杆件在每种基本变形时的应力，将各基本变形时的应力叠加，可得杆件在原荷载作用下的应力。

第二节　拉伸（压缩）与弯曲的组合

一、在轴向力和横向力共同作用下的杆件

在轴向力作用下，杆件将发生轴向拉伸（压缩）变形；在横向力作用下，杆件将发生平面弯曲变形。在轴向力和横向力共同作用下，杆件将发生拉伸（压缩）与弯曲的组合变形。

通常求解组合变形问题可分为四个步骤。

① 外力分析　通过对外力的简化和分解，将组合变形分解为几种基本变形。

② 内力分析　作各基本变形时杆件的内力图，确定危险截面。确定危险截面时，应特别注意弯矩值最大的截面。

③ 应力分析　分析危险截面在各基本变形时的应力，确定危险点。

④ 强度计算　根据危险点的应力状态，建立强度条件进行强度计算。

【例 10-1】　三角形托架如图 10-2（a）所示，横梁 AB 采用 16 号工字钢。已知作用在 B 点的集中荷载 $F=10\text{kN}$，材料的许用应力 $[\sigma]=90\text{MPa}$，试校核 AB 梁的强度。

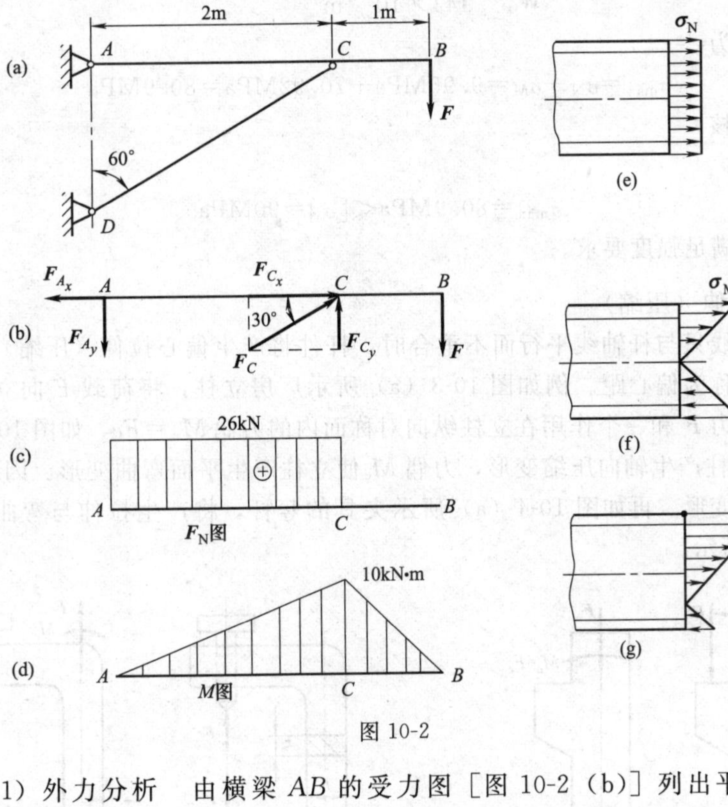

图 10-2

【解】（1）外力分析　由横梁 AB 的受力图［图 10-2（b）］列出平衡方程 $\sum M_A=0$，得：

$$F_C\sin30^\circ\times2\text{m}-F\times3\text{m}=0$$

$$F_C=\frac{F\times3\text{m}}{\sin30^\circ\times2\text{m}}=\frac{10\text{kN}\times3\text{m}}{\sin30^\circ\times2\text{m}}=30\text{kN}$$

再由 $\sum F_x=0$ 和 $\sum F_y=0$ 求得 A 支座处的反力为：

$$F_{A_x}=26\text{kN}，F_{A_y}=5\text{kN}$$

在轴向力 F_{A_x} 和 F_{C_x} 作用下，横梁 AB 的 AC 段发生拉伸变形；在横向力 F_{A_y}、F_{C_y} 和 F 作用下，横梁 AB 的 AC 段发生弯曲变形。所以 AC 段发生拉伸与弯曲的组合变形。

(2) 内力分析　由 AB 杆的轴力图［10-2 (c)］和弯矩图［10-2 (d)］可知，危险截面为 C 稍左的截面，其内力值为：

$$F_{N_C}=26\text{kN}, \quad M_C=10\text{kN}\cdot\text{m}$$

(3) 应力分析　在轴力 F_{N_C} 和弯矩 M_C 单独作用下，危险截面上的应力分布分别如图 10-2 (e)、(f) 所示。根据叠加后危险截面上的应力分布［10-2 (g)］可知，上边缘各点处的应力最大（拉应力）。故危险截面上边缘各点为危险点。

由型钢表可查得 16 号工字钢的截面面积 $A=26.1\text{cm}^2$，弯曲截面系数 $W_z=141\text{cm}^3$，所以在危险点处有以下一些。

由轴力引起的拉应力为：

$$\sigma_N=\frac{F_{N_C}}{A}=\frac{26\times10^3\text{N}}{26.1\times10^{-4}\text{m}^2}=9.96\text{MPa}$$

由弯矩引起的最大拉应力为：

$$\sigma_M=\frac{M_C}{W_z}=\frac{10\times10^3\text{N}\cdot\text{m}}{141\times10^{-6}\text{m}^3}=70.92\text{MPa}$$

总的拉应力为：

$$\sigma_{\max}=\sigma_N+\sigma_M=9.96\text{MPa}+70.92\text{MPa}=80.9\text{MPa}$$

(4) 强度校核

由于：

$$\sigma_{\max}=80.9\text{MPa}<[\sigma]=90\text{MPa}$$

故横梁 AB 满足强度要求。

二、偏心拉伸（压缩）

当荷载作用线只与杆轴线平行而不重合时，杆件将产生偏心拉伸（压缩）。荷载作用线至杆轴线的距离称为偏心距。例如图 10-3 (a) 所示厂房立柱，将荷载 F 向立柱轴线简化，得到一个轴向压力 F 和一个作用在立柱纵向对称面内的力偶 $M_e=Fe$，如图 10-3 (b) 所示。轴向压力 F 使立柱产生轴向压缩变形，力偶 M_e 使立柱产生平面弯曲变形。因此立柱产生压缩与弯曲的组合变形。再如图 10-4 (a) 所示夹具的竖杆，将产生拉伸与弯曲的组合变形，如图 10-4 (b) 所示。

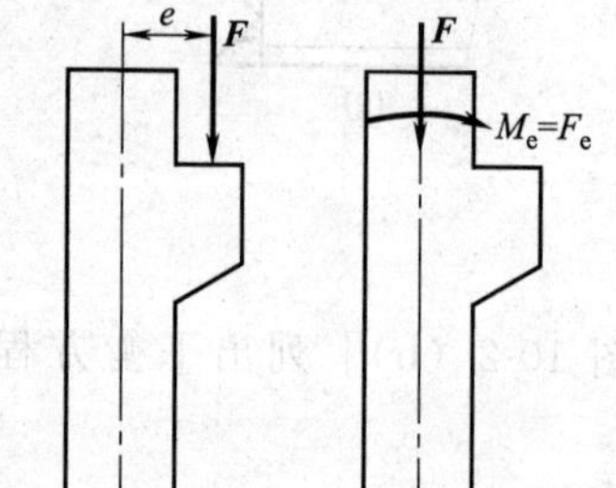

图 10-3

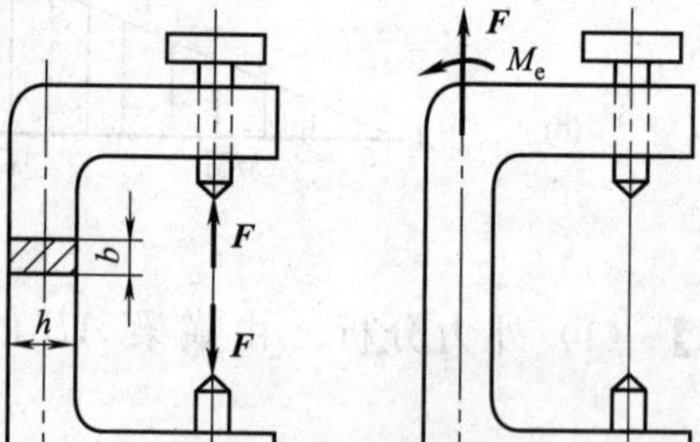

图 10-4

【例 10-2】 矩形截面受压柱，如图 10-5（a）所示。其中 F_1 的作用线与下柱轴线重合，F_2 的作用线在 y 轴上，已知 $F_1=F_2=80\text{kN}$，$h=300\text{mm}$，如要求下柱的截面上不出现拉应力，求 F_2 的偏心矩 e 的大小。

【解】 (1) 外力分析　由于 F_1 的作用线与下柱轴线重合，使下柱产生轴向压缩变形；F_2 的作用线不通过下柱截面形心，将其向截面形心简化后，产生轴向压力 F_2 和绕 z 轴的力偶 $M_e=F_2e$，如图 10-5（b）所示。下柱在 F_1、F_2 共同作用下将产生压缩与弯曲的组合变形。

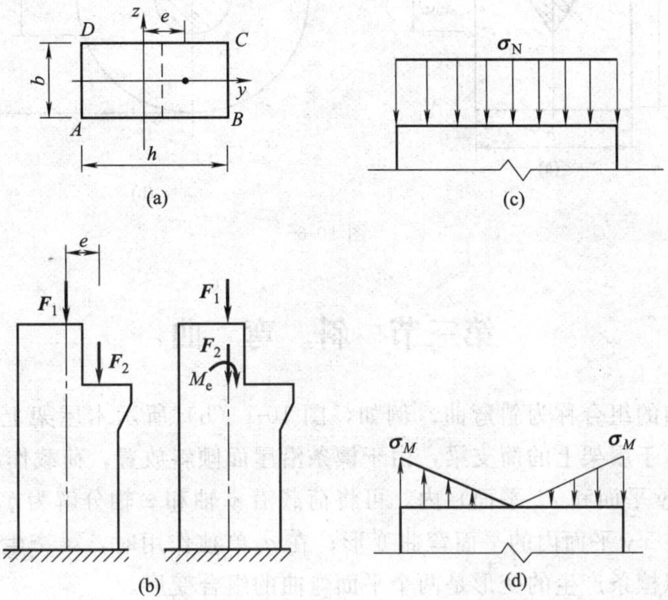

图 10-5

(2) 内力分析　下柱横截面上的内力如下所述。

轴力：$$F_N=-F-F=-80\text{kN}-80\text{kN}=-160\text{kN}$$

弯矩：$$M=M_e=F_2e$$

(3) 应力分析　下柱横截面上，在轴力 F_N 和弯矩 M 单独作用下的应力分布分别如图 10-5（c）、（d）所示，叠加后的最大拉应力会出现在 AD 边缘上，其值为：

$$\sigma_{t_{max}}=\frac{F_N}{A}+\frac{M}{W_z}=\frac{F_N}{b\times h}+\frac{F_2e}{\frac{1}{6}b\times h^2}$$

(4) 求偏心矩 e 的大小　下柱横截面上不出现拉应力的条件是 $\sigma_{t_{max}}=0$，即：

$$\sigma_{t_{max}}=\frac{F_N}{b\times h}+\frac{F_2e}{\frac{1}{6}b\times h^2}=0$$

得：$$e=-\frac{F_Nh}{6F_2}=-\frac{(-160\text{kN})\times 300\text{mm}}{6\times 80\text{kN}}=100\text{mm}$$

由此结果可知，当偏心压力作用在 y 轴上，只要偏心矩 $e\leqslant 100\text{mm}$，截面上就不会出现拉应力。

可以证明，当偏心压力作用在截面形心周围的某个小区域内时，截面上不会出现拉应力。截面形心周围的这个小区域称为截面核心。对混凝土、砖石材料制成的构件，由于其抗拉强度远低于抗压强度，当构件偏心受压时，如果偏心压力作用在截面核心内，就可避免在截面上引起拉应力。矩形和圆形截面的截面核心，如图 10-6 中的阴影线所示。

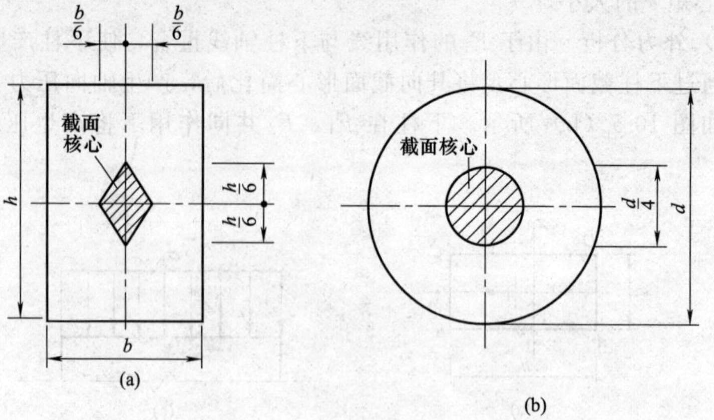

图 10-6

第三节　斜　弯　曲

两个平面弯曲的组合称为斜弯曲。例如，图 10-1（b）所示木屋架上的矩形截面檩条，其计算简图是支承于屋架上的简支梁，由于檩条沿屋面倾斜放置，荷载作用线不在梁的两个纵向对称平面（xy 平面和 xz 平面）内，可将荷载沿 y 轴和 z 轴分解为 q_y 和 q_z。在 q_y 单独作用时，梁产生在 xy 平面内的平面弯曲变形；在 q_z 单独作用时，梁产生在 xz 平面内的平面弯曲变形。所以檩条产生的变形是两个平面弯曲的组合变形。

【例 10-3】 一木屋架上的木檩条，为 $b\times h=120\text{mm}\times180\text{mm}$ 的矩形截面，跨度 $l=4\text{m}$，简支在屋架上，承受屋面荷载 $q=2\text{kN/m}$（包括檩条自重），如图 10-7（a）、（b）所示。已知材料的许用应力 $[\sigma]=10\text{MPa}$，试校核该檩条的强度。

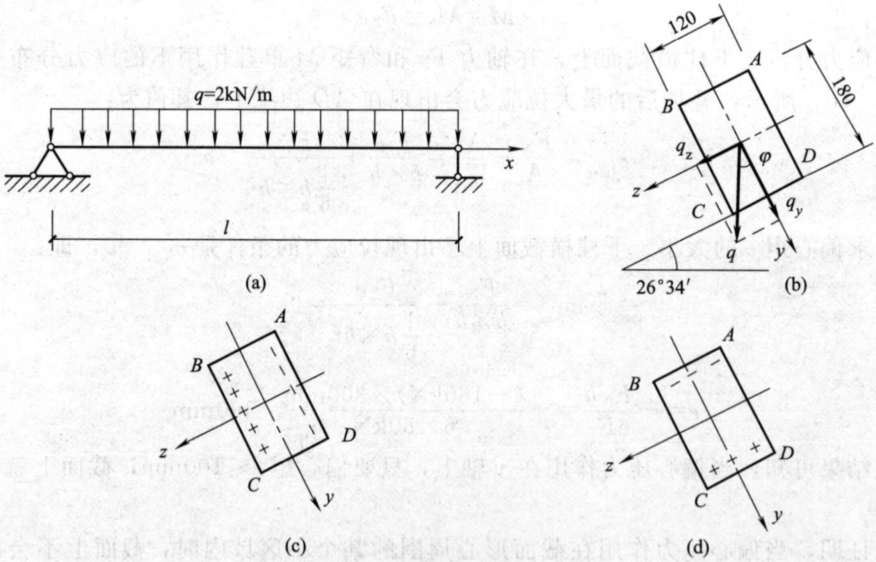

图 10-7

【解】　(1) 外力分析　将荷载 q 沿 y、z 轴分解，$\varphi=26°34'$，有：

$$q_z=q\sin\varphi=2\text{kN/m}\times\sin26°34'=0.89\text{kN/m}$$

$$q_y=q\cos\varphi=2\text{kN/m}\times\cos26°34'=1.79\text{kN/m}$$

在 q_y 和 q_z 共同作用下，檩条发生斜弯曲变形。

(2) 内力分析　简支梁在均布荷载作用下，跨中弯矩最大，故跨中截面为危险截面。

檩条在 q_z 单独作用下，发生在 xz 平面内的平面弯曲变形，跨中最大弯矩为：

$$M_y=\frac{1}{8}q_z l^2=\frac{1}{8}\times0.89\text{kN/m}\times(4\text{m})^2=1.78\text{kN}\cdot\text{m}$$

檩条在 q_y 单独作用下，发生在 xy 平面内的平面弯曲变形，跨中最大弯矩为：

$$M_z=\frac{1}{8}q_y l^2=\frac{1}{8}\times1.79\text{kN/m}\times(4\text{m})^2=3.58\text{kN}\cdot\text{m}$$

(3) 应力分析　危险截面上，在 M_y 作用下，BC、AD 边各点分别为最大拉、压应力点［图 10-7 (c)］；在 M_z 作用下，CD、BA 边各点分别为最大拉、压应力点［图 10-7 (d)］。叠加后，C、A 两点分别为最大拉应力点和最大压应力点，最大拉、压应力绝对值相等，其值为：

$$\sigma_{\max}=\frac{M_z}{W_z}+\frac{M_y}{W_y}=\frac{M_z}{\frac{1}{6}bh^2}+\frac{M_y}{\frac{1}{6}hb^2}$$

$$=\frac{3.58\times10^3\text{N}\cdot\text{m}}{\frac{1}{6}\times120\times10^{-3}\text{m}\times(180\times10^{-3}\text{m})^2}+\frac{1.78\times10^3\text{N}\cdot\text{m}}{\frac{1}{6}\times180\times10^{-3}\text{m}\times(120\times10^{-3}\text{m})^2}$$

$$=9.64\text{MPa}$$

(4) 强度校核　由于 $\sigma_{\max}=9.64\text{MPa}<[\sigma]=10\text{MPa}$，故该檩条满足强度要求。

第四节　扭转与弯曲的组合

工程中有些材料在荷载作用下发生扭转变形的同时，还发生弯曲变形。当杆件发生扭转与弯曲的组合变形时，与前面讲过的几种组合变形不同的是，杆件内的危险点不再处于单向应力状态，而是处于复杂应力状态，需应用强度理论对杆件进行强度计算。

图 10-8 (a) 所示为一处于水平位置的直角曲拐，将作用在 C 端的集中力 F 向 AB 杆的 B 截面形心平移，得到一个力 F 和一个作用在 B 截面内的力偶 $M_e=Fa$［图 10-8 (b)］，AB 杆发生扭转与弯曲的组合变形。

由 AB 杆的弯矩图［图 10-8 (c)］和扭矩图［图 10-8 (d)］可知，A 截面为危险截面，其上必存在弯曲正应力和扭转切应力。由 A 截面的应力分布图［图 10-8 (e)］可知，C、D 两点为危险点。C 点的应力状态，如图 10-8 (f) 所示。对由塑性材料制成的轴，在危险点 C、D 中只需校核一点的强度即可。

由图 10-8 (f) 可知，C 点处于平面应力状态。对于平面应力状态，按第三、第四强度理论建立的强度条件为：

$$\sigma_{r_3}=\sqrt{\sigma^2+4\tau^2}\leqslant[\sigma]$$

$$\sigma_{r_4}=\sqrt{\sigma^2+3\tau^2}\leqslant[\sigma]$$

对圆截面杆，$\sigma=\dfrac{M}{W_z}$，$\tau=\dfrac{M_t}{W_p}$；并利用 $W_p=2W_z$，可得：

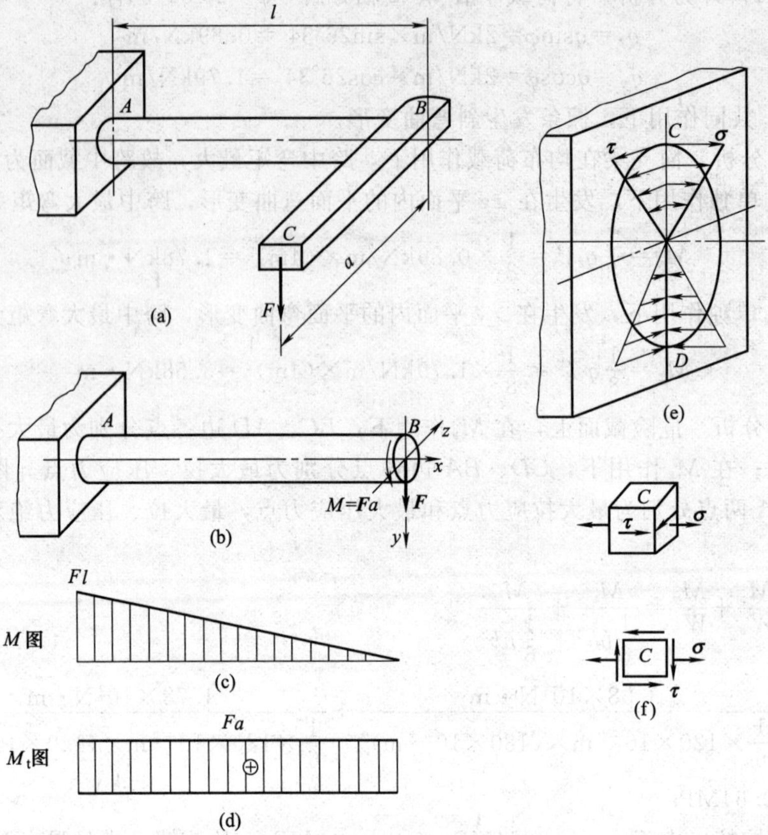

图 10-8

$$\sigma_{r_3}=\frac{\sqrt{M^2+M_t^2}}{W_z}\leqslant[\sigma] \tag{10-1}$$

$$\sigma_{r_4}=\frac{\sqrt{M^2+0.75M_t^2}}{W_z}\leqslant[\sigma] \tag{10-2}$$

小 结

1. 组合变形是由几种基本变形组合而成的。求解组合变形杆件的应力时，可采用叠加法，即首先将组合变形分解为几种基本变形，然后计算在各基本变形下的应力，最后进行叠加。

2. 组合变形问题的强度计算，可归纳为下面两类。

① 危险点为单向应力状态：在拉伸（压缩）与弯曲的组合、斜弯曲时，杆件危险点的应力状态主要为单向应力状态。

在进行强度校核时，只需求出危险点的最大正应力 σ_{max}，按轴向拉（压）杆强度条件计算，即强度条件为：

$$\sigma_{max}\leqslant[\sigma]$$

② 危险点为复杂应力状态：在扭转与弯曲的组合变形时，杆件的危险点处于平面应力状态，需利用强度理论建立强度条件进行强度计算。若杆件为由塑性材料制成的圆轴，则按

第三强度理论和第四强度理论建立的强度条件分别为：

$$\sigma_{r_3}=\frac{\sqrt{M^2+M_t^2}}{W_z}\leqslant[\sigma]$$

$$\sigma_{r_4}=\frac{\sqrt{M^2+0.75M_t^2}}{W_z}\leqslant[\sigma]$$

3. 当偏心压力作用在截面形心周围的一个小区域内时，横截面上只有压应力而没有拉应力，这个小区域就是截面核心。

思　考　题

10.1　什么是组合变形？如何计算组合变形杆件横截面上的应力？

10.2　如何确定组合变形杆件的危险截面和危险点？

10.3　为什么对拉（压）与弯曲的组合变形和斜弯曲的杆件进行强度计算时，不用强度理论，而在扭转与弯曲组合变形时，必须用强度理论？

10.4　什么是截面核心？它在工程应用中有何意义？

10.5　试分析图 10-9 所示曲杆中，AB、BC 和 CD 段各存在什么内力？会产生何种变形？

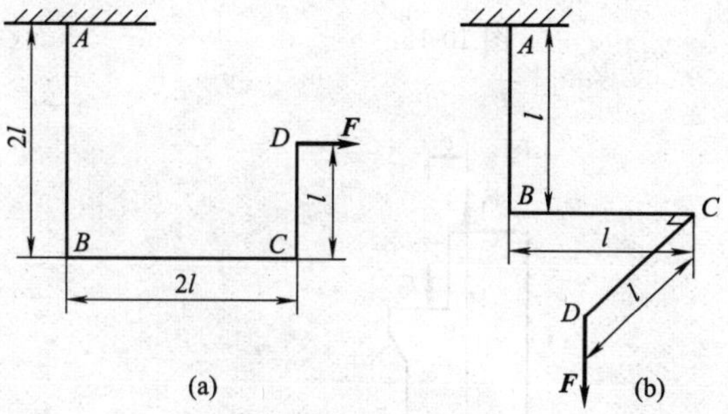

图 10-9

10.6　矩形截面悬臂梁如图 10-10 所示，在自由端作用有垂直于梁轴线方向的力 **F**，其作用线方向如图中虚线所示，该梁将发生什么变形？

10.7　确定图 10-11 所示受力杆件的危险截面及最大拉应力点。

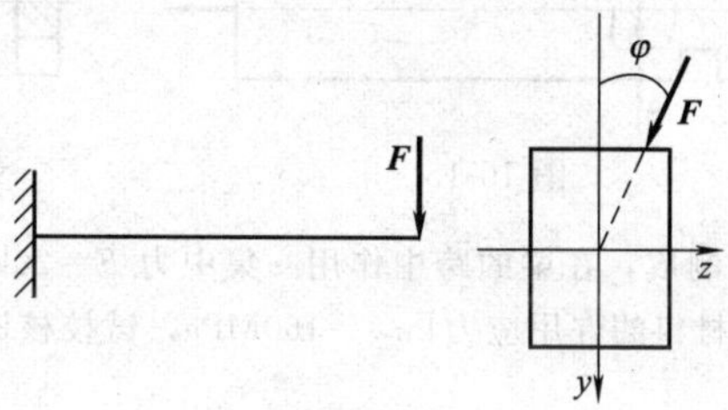

图 10-10

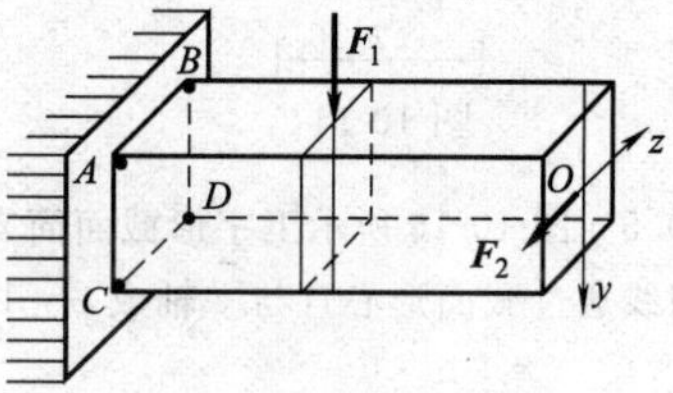

图 10-11

习　　题

10.1　图 10-12 所示一夹具，在夹紧零件时，夹具受到的压力为 $F=2\text{kN}$。已知压力 F 与夹具竖杆轴线的距离为 $e=60\text{mm}$，竖杆横截面为矩形，$b=10\text{mm}$，$h=22\text{mm}$，材料的许用应力 $[\sigma]=170\text{MPa}$。试校核此夹具竖杆的强度。

10.2　简易悬臂吊车，如图 10-13 所示。起吊重力 $F=15\text{kN}$，$\alpha=30°$，横梁 AB 为 25a 号工字钢，$[\sigma]=100\text{MPa}$，试校核梁 AB 的强度。

10.3　图 10-14 所示为矩形截面厂房柱，已知 $F_1=100\text{kN}$，$F_2=45\text{kN}$，$e=200\text{mm}$。若要使立柱截面内不出现拉应力，求柱截面高度。

10.4　图 10-15 所示杆件受轴向拉力 $F=12\text{kN}$ 作用，材料的许用应力 $[\sigma]=100\text{MPa}$。试求切口的允许深度。

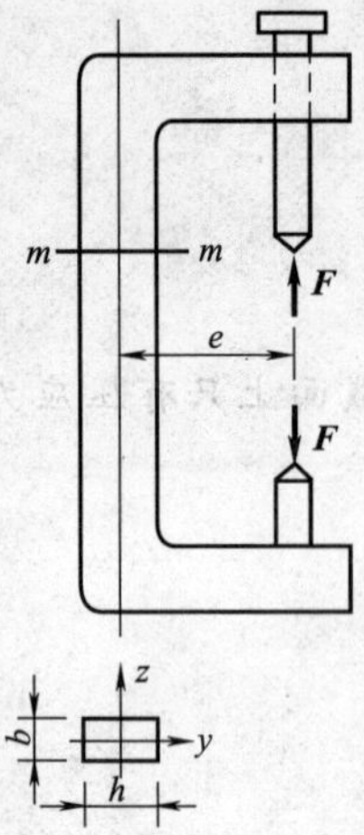

图 10-12

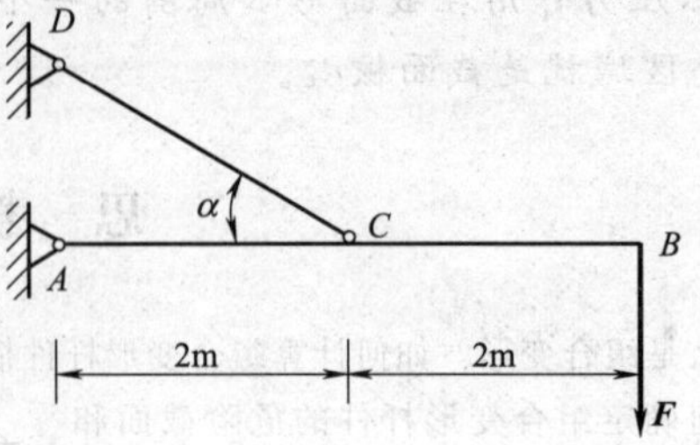

图 10-13

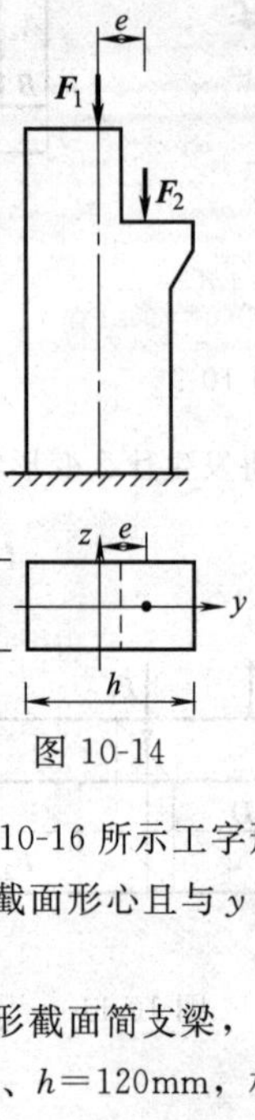

图 10-14

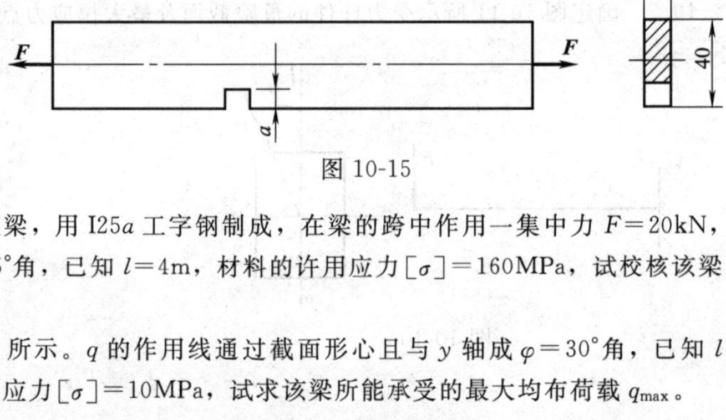

图 10-15

10.5　图 10-16 所示工字形截面简支梁，用 I25a 工字钢制成，在梁的跨中作用一集中力 $F=20\text{kN}$，$\boldsymbol{F}$ 的作用线通过截面形心且与 y 轴成 $\varphi=15°$角，已知 $l=4\text{m}$，材料的许用应力$[\sigma]=160\text{MPa}$，试校核该梁的强度。

10.6　矩形截面简支梁，如图 10-17 所示。q 的作用线通过截面形心且与 y 轴成 $\varphi=30°$角，已知 $l=3\text{m}$、$b=80\text{mm}$、$h=120\text{mm}$，材料的许用应力$[\sigma]=10\text{MPa}$，试求该梁所能承受的最大均布荷载 $q_{\max}$。

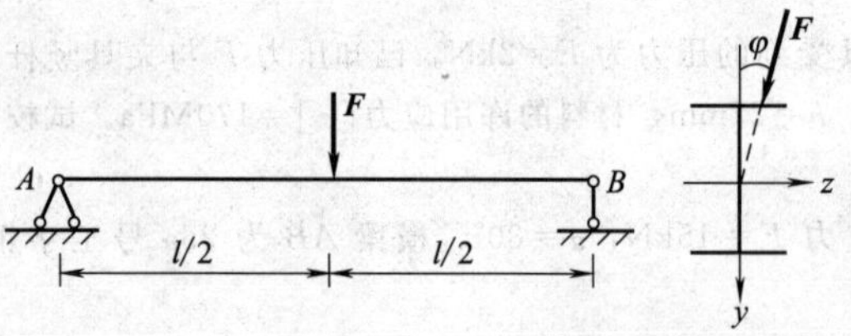

图 10-16

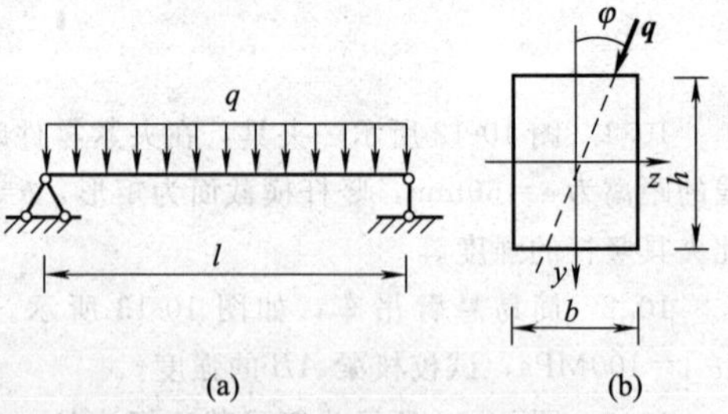

图 10-17

10.7　矩形截面悬臂梁，如图 10-18 所示。试确定危险截面、危险点所在位置，并计算梁内最大正应力的值。

10.8　图 10-19 所示折杆的 AB 段为圆截面，AB 垂直于 CB，已知 AB 杆的直径 $d=100\text{mm}$，材料的许

用应力$[\sigma]=80\mathrm{MPa}$。试按第三强度理论由杆 AB 的强度条件确定许用荷载$[\boldsymbol{F}]$。

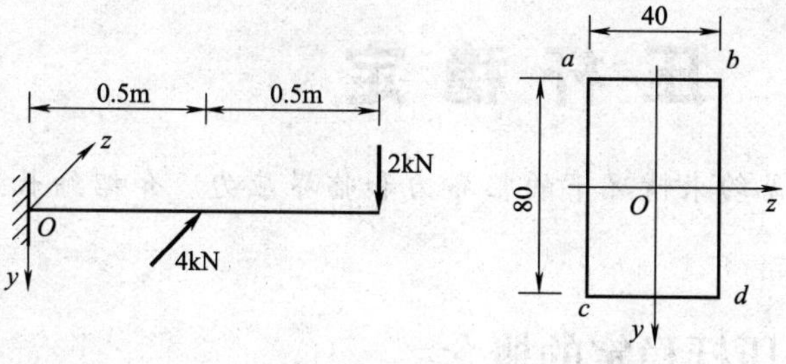

图 10-18

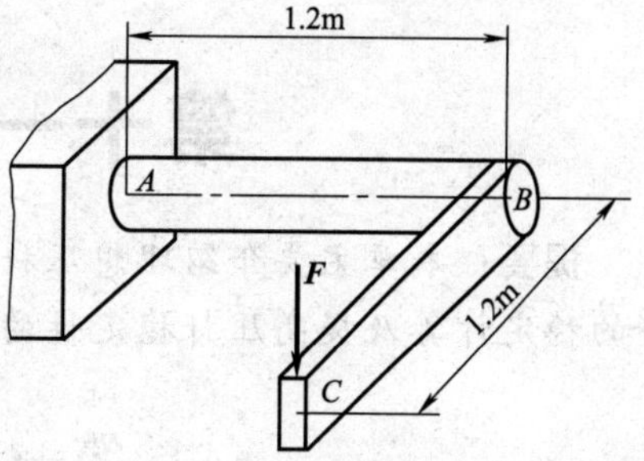

图 10-19

第十一章 压杆稳定

提要：本章主要介绍理想压杆在常见约束情况下的临界力和临界应力。介绍细长压杆的稳定计算及提高压杆稳定性的措施。

第一节 压杆稳定的概念

对于拉杆和短粗的压杆，当杆件横截面上的应力超过材料的抗拉、抗压极限应力时，就会发生破坏。这类杆件的破坏属于强度问题。但对于细长压杆，在杆内的应力远未达到材料的抗压极限应力时，其直线的平衡形式就可能突然转变为弯曲形式，从而丧失承载能力而发生破坏。这类杆件的破坏属于稳定问题。细长压杆，由于不能保持原有直线形状的平衡而突然发生弯曲破坏的现象，称为压杆的失稳。稳定问题与前面研究过的强度、刚度问题一样，对杆件的设计是十分重要的。

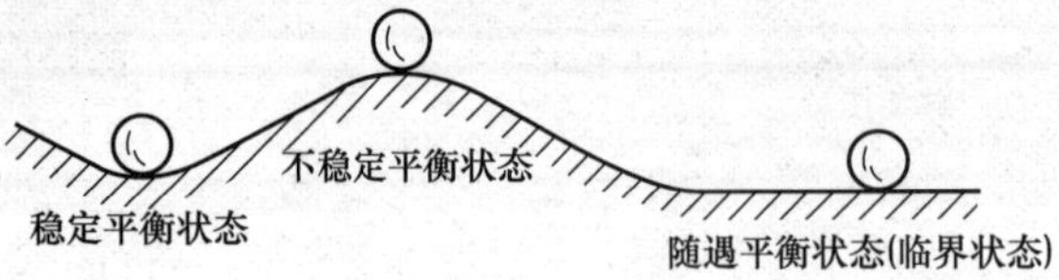

图 11-1

压杆的稳定，实质上是受压杆件能保持原有直线平衡形式的稳定性。一个小球可能处于的三种平衡状态，如图 11-1 所示。细长杆件受压时，也像小球一样，可能处于三种平衡状态。如图 11-2（a）所示，两端铰支的细长杆件，当轴向压力 F 小于某一极限值 F_{cr} 时，压杆保持直线状态，此时若压杆受到微小的横向干扰力，会发生弯曲变形，但当干扰力撤除后，压杆就会恢复其原有的直线平衡状态，此时压杆处于稳定的平衡状态；如图 11-2（b）所示，当轴向压力 F 增大到某一极限值 F_{cr} 时，一旦受到横向干扰力作用，直杆就会弯曲，即使除去干扰力，压杆也不能恢复原有的直线形状，仍会处于微弯的平衡状态，此时压杆处于由稳定平衡过渡到不稳定平衡的临界状态，压杆在临界状态所受的极限压力称为临界力，用 F_{cr} 表示；如图 11-2（c）所示，当轴向压力 F 超过临界力 F_{cr} 时，只要受到横向干扰力作用，压杆将持续弯曲，直到折断，此时压杆处于不稳定的平衡状态。因此研究压杆的稳定问题，关键在于确定临界力 F_{cr}。

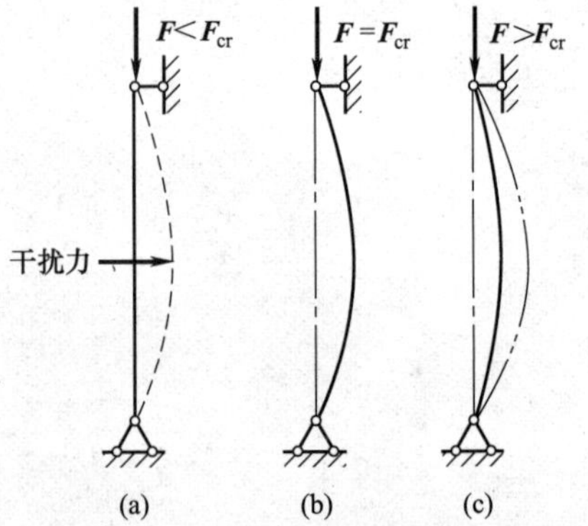

图 11-2

第二节 压杆的临界力与临界应力

一、常见杆端约束下理想压杆的临界力

理想压杆是指由均质材料制成，轴线为直线，外力作用线与杆件轴线重合的受压杆。可以证明，当材料、杆长和截面形状、尺寸一定时，理想压杆的临界力与杆端约束有关，杆端

约束越强，临界力越大。四种常见杆端约束下理想压杆的临界力及相关内容列于表 11-1 中。

表 11-1　各种支承情况下等截面细长杆的临界力

支撑情况	两端铰支	一端固定 一端自由	一端固定、一端可上下 移动但不能转动	一端固定 一端铰支
失稳时变形曲线形状	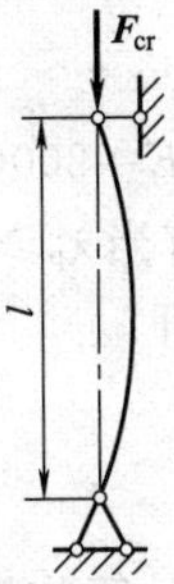	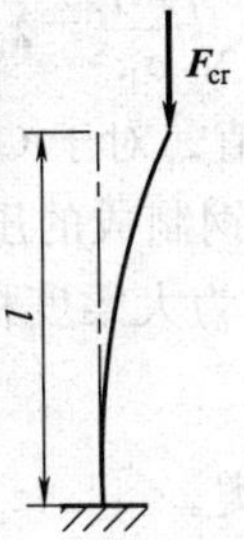	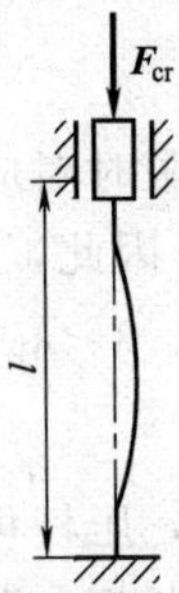	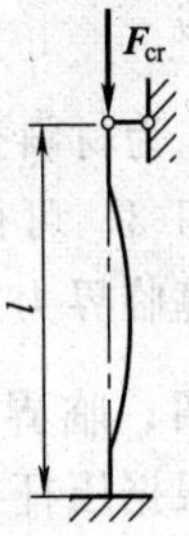
临界力 F_{cr}	$\frac{\pi^2 EI}{l^2}$	$\frac{\pi^2 EI}{(2l)^2}$	$\frac{\pi^2 EI}{(0.5l)^2}$	$\frac{\pi^2 EI}{(0.7l)^2}$
计算长度 l_0	l	$2l$	$0.5l$	$0.7l$
长度系数 μ	1	2	0.5	0.7

由表 11-1 可以看出，各种支撑情况下的临界力计算公式形式相似，只是分母中 l 前面的系数不同，因此其统一形式可写为：

$$F_{cr}=\frac{\pi^2 EI}{(\mu l)^2}=\frac{\pi^2 EI}{(l_0)^2} \tag{11-1}$$

式（11-1）称为欧拉公式，其中的 μ 称为长度系数，反映了不同的杆端支撑对临界力的影响，其值见表 11-1 所列；l_0 称为压杆的计算长度，$l_0=\mu l$。

二、压杆的临界应力

将临界力 F_{cr} 除以压杆的横截面面积 A，便得到压杆的临界应力 σ_{cr}，即：

$$\sigma_{cr}=\frac{F_{cr}}{A}=\frac{\pi^2 EI}{(\mu l)^2 A}$$

引入截面惯性半径 $i=\sqrt{\frac{I}{A}}$，可得：

$$\sigma_{cr}=\frac{\pi^2 E}{\left(\frac{\mu l}{i}\right)^2}$$

再令 $\lambda=\frac{\mu l}{i}$，则有：

$$\sigma_{cr}=\frac{\pi^2 E}{\lambda^2} \tag{11-2}$$

式（11-2）称为欧拉临界应力计算公式，是欧拉公式（11-1）的另一种表达形式。λ 称为压杆的长细比或柔度，是一个量纲为 1 的量。λ 值综合反映了杆长、约束情况及截面形状和尺寸对临界应力的影响。λ 值越大，临界应力 σ_{cr} 越小，压杆越容易失稳；反之 λ 值越小，临界应力 σ_{cr} 越大，压杆越不容易失稳。

三、欧拉公式的适用范围

欧拉公式的适用条件是临界应力 σ_{cr} 不超过材料的比例极限 σ_p，即：

$$\sigma_{cr}=\frac{\pi^2 E}{\lambda^2}\leqslant\sigma_p$$

或

$$\lambda\geqslant\sqrt{\frac{\pi^2 E}{\sigma_p}}=\lambda_p \tag{11-3}$$

λ_p 为材料达到比例极限时对应的柔度值。对于 Q235 钢，$E=200\text{GPa}$，$\sigma_p=200\text{MPa}$，由式（11-3）可得 $\lambda_p\approx100$。因此，用 Q235 钢制成的压杆，只有当 $\lambda_p\geqslant100$ 时，才能用欧拉公式计算临界力或临界应力。$\lambda\geqslant\lambda_p$ 的压杆称为大柔度杆或细长杆。

四、临界应力总图

根据压杆柔度 λ 不同，压杆可分为三类。

（1）大柔度杆或称细长杆　其柔度 $\lambda\geqslant\lambda_p$，可用欧拉公式计算临界力或临界应力。

（2）中柔度杆或称中长杆　其柔度 $\lambda_s\leqslant\lambda<\lambda_p$，工程中对这类压杆采用以试验为基础建立的经验公式计算临界应力。经验公式主要有直线型和抛物线型两种。这里仅介绍直线型经验公式，其形式为：

$$\sigma_{cr}=a-b\lambda \tag{11-4}$$

式（11-4）中的 a，b 均为与材料有关的常数。对 Q235 钢制成的压杆，$a=304\text{MPa}$，$b=1.12\text{MPa}$。

λ_s 是应用直线公式的最小柔度值，对塑性材料由屈服极限 σ_s 决定，当 $\sigma_{cr}=\sigma_s$ 时，有：

$$\lambda_s=\frac{a-\sigma_s}{b} \tag{11-5}$$

对 Q235 钢，由于 $\sigma_s=235\text{MPa}$，由式（11-5）得 $\lambda_s\approx62$。

常用材料的 a、b、λ_p 和 λ_s 值见表 11-2 所列。

表 11-2　一些常用材料的 a、b、λ_p、λ_s 值

材料		a/MPa	b/MPa	λ_p	λ_s
Q235 钢	$\sigma_s=235\text{MPa}$ $\sigma_b\geqslant372\text{MPa}$	304	1.12	100	62
优质碳钢	$\sigma_s=306\text{MPa}$ $\sigma_b\geqslant470\text{MPa}$	460	2.57	100	60
硅钢	$\sigma_s=353\text{MPa}$ $\sigma_b\geqslant510\text{MPa}$	577	3.74	100	60
铬钼钢		980	5.29	55	0
硬铝		392	3.26	50	0
松木		28.7	0.199	59	0

（3）小柔度杆或称短粗杆　其柔度 $\lambda<\lambda_s$，这类压杆不会发生失稳，只可能因强度不够而发生破坏，属强度计算问题，临界应力 $\sigma_{cr}=\sigma^0$

对塑性材料　　$\sigma_{cr}=\sigma^0=\sigma_s$

对脆性材料　　$\sigma_{cr}=\sigma^0=\sigma_b$

由以上分析可知，压杆的临界应力与长细比 λ 有关。临界应力与长细比的关系曲线（图 11-3），称为临界应力总图。

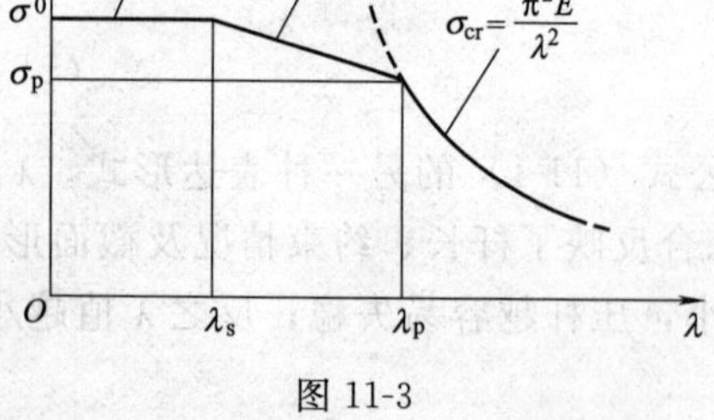

图 11-3

【例 11-1】 由 Q235 钢制成，直径 $d=100\text{mm}$ 的圆钢压杆，一端铰支、一端固定，如图 11-4 所示。已知钢材的弹性模量 $E=200\text{GPa}$，试计算此压杆的临界力。

【解】 由表 11-2 查得 Q235 钢的 $\lambda_p=100$。该压杆为圆截面杆件，圆截面杆件对其任一形心轴的惯性半径均相同，其值为：

$$i=\sqrt{\frac{I}{A}}=\sqrt{\frac{\frac{\pi}{64}d^4}{\frac{\pi}{4}d^2}}=\frac{d}{4}=\frac{100\text{mm}}{4}=25\text{mm}$$

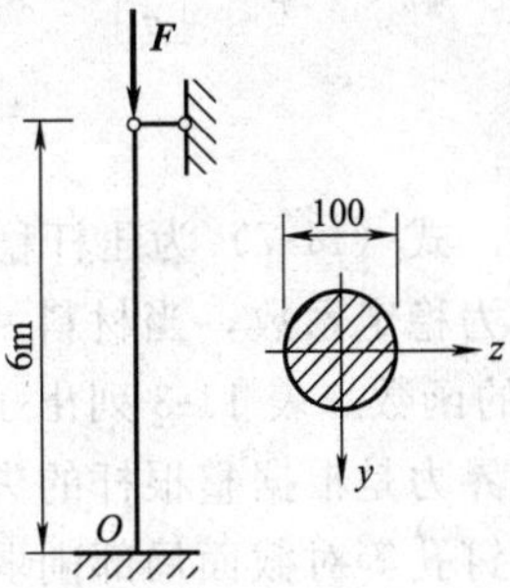

图 11-4

由已知条件，该压杆一端铰支、一端固定，其长度系数 $\mu=0.7$。故压杆的柔度 λ 为：

$$\lambda=\frac{\mu l}{i}=\frac{0.7\times6\times10^3\text{mm}}{25\text{mm}}=168>\lambda_p=100$$

该压杆属大柔度杆，其临界力采用欧拉公式计算：

$$F_{cr}=\frac{\pi^2EI}{(\mu l)^2}=\frac{\pi^2\times200\times10^9\text{Pa}\times\frac{\pi\times(100\times10^{-3}\text{m})^4}{64}}{(0.7\times6\text{m})^2}=549\text{kN}$$

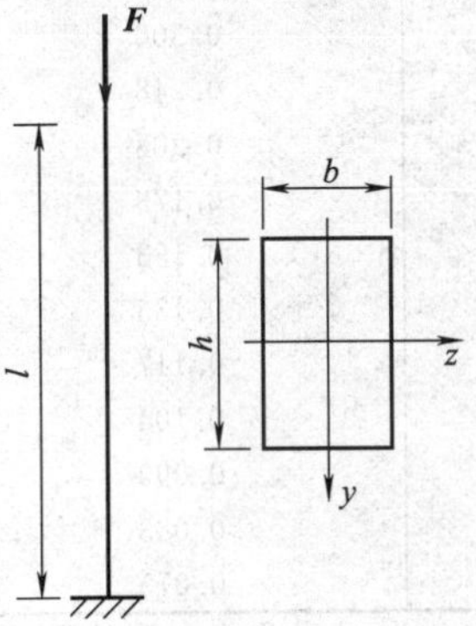

图 11-5

【例 11-2】 矩形截面钢压杆由 Q235 钢制成，如图 11-5 所示。已知压杆的长度 $l=2\text{m}$，截面为 $b\times h=40\text{mm}\times90\text{mm}$，弹性模量 $E=200\text{GPa}$。试计算此压杆的临界应力。

【解】 由表 11-2 查得 Q235 钢的 $\lambda_p=100$，截面对 y 轴、z 轴的惯性半径分别为：

$$i_y=\sqrt{\frac{I_y}{A}}=\frac{b}{2\sqrt{3}}=\frac{40\text{mm}}{2\sqrt{3}}=11.55\text{mm}$$

$$i_z=\sqrt{\frac{I_z}{A}}=\frac{h}{2\sqrt{3}}=\frac{90\text{mm}}{2\sqrt{3}}=25.98\text{mm}$$

由于 $i_y<i_z$，故压杆会绕 y 轴失稳。

由图 11-5 可知，压杆一端固定，一端自由，其长度系数 $\mu=2$。压杆的柔度 λ_y 为：

$$\lambda_y=\frac{\mu l}{i_y}=\frac{2\times2\text{m}}{11.55\times10^{-3}\text{m}}=346>\lambda_p=100$$

该压杆属大柔度杆，其临界应力采用欧拉公式计算：

$$\sigma_{cr}=\frac{\pi^2E}{\lambda_y^2}=\frac{\pi^2\times200\times10^9\text{Pa}}{346^2}=16.5\text{MPa}$$

第三节　压杆的稳定计算

一、压杆的稳定条件

当压杆中的应力达到临界应力 σ_{cr} 时，压杆将丧失稳定。为了保证压杆能安全工作，压杆应满足的稳定条件为：

$$\sigma=\frac{F_N}{A}\leqslant[\sigma]_{st}=\frac{\sigma_{cr}}{n_{st}} \tag{11-6}$$

式中，$[\sigma]_{st}$为稳定许用应力；n_{st}为稳定安全系数。

若令 $\varphi=\frac{[\sigma]_{st}}{[\sigma]}$，则由式（11-6）可得：

$$\frac{F_N}{\varphi A}\leqslant[\sigma] \tag{11-7}$$

式（11-7）为压杆稳定条件的另一表达式。式中［σ］为强度计算时的许用正应力；φ称为稳定系数，当材料一定时，由于临界应力σ_{cr}和稳定安全系数n_{st}均随λ变化，所以φ是λ的函数，表11-3列出了部分常用材料的φ值；式中A为压杆的横截面面积，因为压杆的临界力是根据整根杆的失稳确定的，所以在稳定计算中，A按杆件的毛截面面积计算，不考虑钉孔等对截面局部削弱的影响。

表 11-3 几种常用材料中心受压杆的 φ 值

λ	Q235 钢(b 类截面)	16Mn 钢	木材
0	1.000	1.000	1.000
20	0.981	0.973	0.932
40	0.927	0.895	0.822
60	0.842	0.776	0.668
80	0.731	0.627	0.470
100	0.604	0.462	0.300
110	0.536	0.384	0.248
120	0.466	0.325	0.208
130	0.401	0.279	0.178
140	0.349	0.242	0.153
150	0.306	0.213	0.133
160	0.272	0.188	0.117
170	0.243	0.168	0.104
180	0.218	0.151	0.093
190	0.197	0.136	0.083
200	0.180	0.124	0.075

【例 11-3】 如图11-6（a）所示三角架中，BC为圆截面钢杆（Q235钢），已知$F=30\text{kN}$，$a=1\text{m}$，$d=0.04\text{m}$，材料的许用应力$[\sigma]=150\text{MPa}$。试①校核BC杆的稳定性；②从BC杆的稳定考虑，求结构所能承受的最大荷载$F_{1_{max}}$；③从BC杆的强度考虑，求结构所能承受的最大荷载$F_{2_{max}}$，并与$F_{1_{max}}$比较。

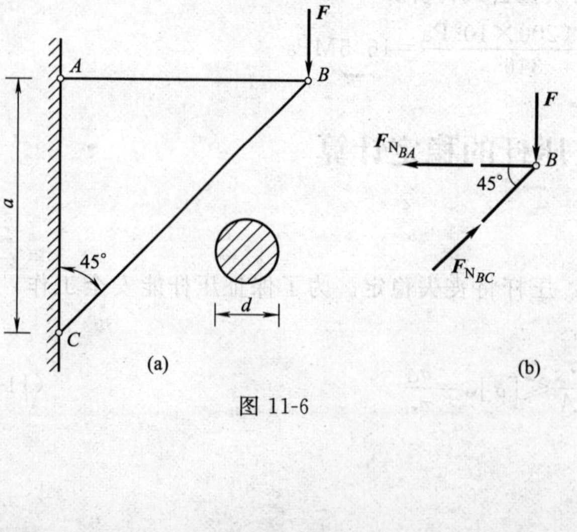

图 11-6

【解】

(1) 校核BC杆的稳定性

① 计算BC杆的受力 考虑结点B的平衡［图11-6（b）］，由$\Sigma F_y=0$可得：

$$F_{N_{BC}}\sin45°-F=0$$

$$F_{N_{BC}}=\frac{F}{\sin45°} \tag{11-8}$$

将$F=30\text{kN}$ 代入式（11-8）得：

$$F_{N_{BC}}=\frac{30}{\sin45°}=42.4\text{kN}$$

② 计算杆的柔度 圆形截面的惯

性半径

$$i=\sqrt{\frac{I}{A}}=\frac{d}{4}=\frac{0.04\text{m}}{4}=0.01\text{m}$$

BC 杆为两端铰支压杆，$\mu=1$。由图 11-6（a）可知，BC 杆的长度 $l=\sqrt{2}a$。

柔度：
$$\lambda=\frac{\mu l}{i}=\frac{1\times\sqrt{2}\times 1\text{m}}{0.01\text{m}}=141.4$$

查表 11-3 得：
$$\varphi=0.343$$

③ 校核 BC 杆的稳定性　BC 杆的横截面面积

$$A=\frac{\pi d^2}{4}=\frac{\pi\times(0.04)^2}{4}=1.26\times10^{-3}\text{m}^2$$

$$\frac{F_{N_{BC}}}{\varphi A}=\frac{42.4\times10^3\text{N}}{0.343\times1.26\times10^{-3}\text{m}^2}=98\text{MPa}<[\sigma]=150\text{MPa}$$

所以，BC 杆的稳定性满足要求。

（2）按 BC 杆的稳定条件，求结构所能承受的最人荷载 $F_{1_{max}}$

由稳定条件可得 BC 杆能承受的最大压力为：

$$F_{N_{BC,max}}=\varphi A[\sigma]=0.343\times1.26\times10^{-3}\text{m}^2\times150\times10^6\text{Pa}=64.8\text{kN}$$

由式（11-8）可得，结构所能承受的最大荷载为：

$$F_{1_{max}}=F_{N_{BC,max}}\times\sin45^\circ=64.8\text{kN}\times\sin45^\circ=45.8\text{kN}$$

（3）按 BC 杆的强度条件，求结构所能承受的最大荷载 $F_{2_{max}}$

由强度条件可得 BC 杆能承受的最大压力为：

$$F_{N_{BC,max}}=A[\sigma]=1.26\times10^{-3}\text{m}^2\times150\times10^6\text{Pa}=189\text{kN}$$

由式（a）可得，结构所能承受的最大荷载为：

$$F_{2_{max}}=F_{N_{BC,max}}\times\sin45^\circ=189\text{kN}\times\sin45^\circ=133.6\text{kN}$$

$F_{1_{max}}$ 与 $F_{2_{max}}$ 比较可知，BC 杆的稳定承载力比强度承载力小的多，忽略压杆的稳定问题将是十分危险的。

二、提高压杆稳定性的措施

由临界应力的计算公式可知，当材料一定时，影响压杆临界应力的因素有截面的形状、尺寸、杆端约束及压杆的长度。因此，要提高压杆的稳定性，可以考虑下面几种措施。

1. 选择合理的截面形式

在截面面积相同的情况下，应尽可能将材料布置在远离中性轴的地方，以提高惯性矩 I 的值，增大惯性半径 i，从而减小压杆的柔度 λ，提高压杆的临界应力。例如，采用空心圆截面比用实心圆截面合理（图 11-7）；四根角钢分散布置在截面的四角比集中布置在截面形心附近合理（图 11-8）。

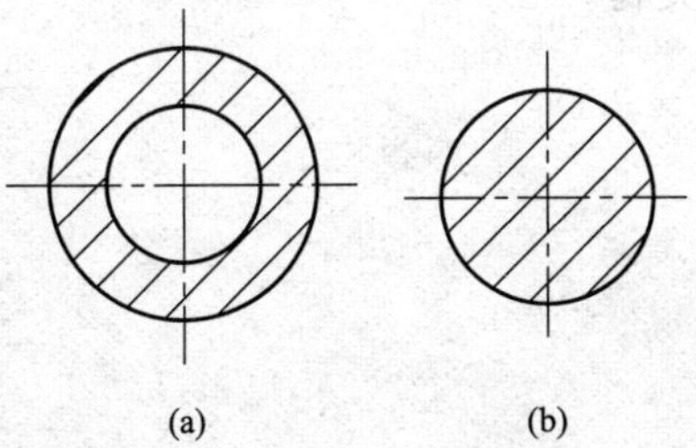

(a)　(b)

图 11-7

(a)　(b)

图 11-8

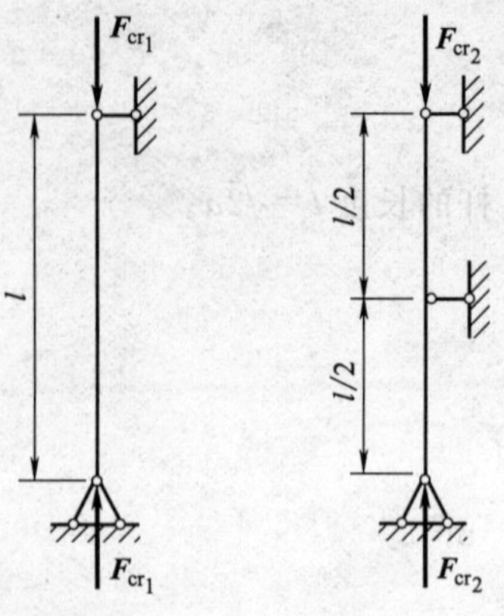

图 11-9

2. 减小压杆的长度

柔度 λ 与杆长 l 成正比，为减小柔度 λ，提高临界应力，应尽可能减小压杆的长度 l。如可在压杆中点增设支座（图 11-9），使其计算长度减为原来的一半，这时临界应力为原来的 4 倍。

3. 加强杆端约束

杆端约束越强，压杆长度系数 μ 越小，柔度 λ 越小，临界应力越大，所以应尽可能加强杆端约束。如将两端铰支的压杆改为两端固定时，其计算长度会减少一半，临界应力为原来的 4 倍。

应该指出，临界应力也与材料的性能有关。对细长杆，由欧拉公式可知，临界应力与材料的弹性模量 E 成正比，但对同类材料，如钢材，由于各种钢材的弹性模量 E 大致相同，所以采用高强度钢材并不能有效提高压杆的临界应力，因此为提高压杆稳定性而采用价格较高的高强度钢材是不合适的；对中长杆和短粗杆，由于临界应力与材料强度有关，选用强度较高的优质材料可以明显提高压杆的临界应力。

小　结

1. 受压杆件的稳定问题，在结构设计中占有重要的地位。压杆稳定是指压杆能保持其原有直线平衡形式的稳定性。压杆失稳是指压杆不能保持原有直线平衡形式的稳定而发生弯曲破坏。压杆由稳定平衡过渡到不稳定平衡的压力界限值，称为临界力。

2. 细长压杆失稳时，横截面上的应力远小于材料的强度极限应力。因此，仅按强度要求设计压杆是十分危险的。

3. 计算临界力 F_{cr} 和临界应力 σ_{cr} 的欧拉公式分别为：

$$F_{cr}=\frac{\pi^2 EI}{(\mu l)^2},\ \sigma_{cr}=\frac{\pi^2 E}{\lambda^2}$$

只有对大柔度杆，即 $\lambda \geqslant \lambda_p=\pi\sqrt{\frac{E}{\sigma_p}}$ 的杆，才能应用欧拉公式。

4. 柔度 λ 是影响压杆稳定性的一个重要物理量，其计算公式为 $\lambda=\frac{\mu l}{i}$。λ 值综合反映了压杆的长度、横截面的形状和尺寸及杆端约束情况对临界应力的影响。λ 值越大，临界应力越小，压杆越易失稳；反之，压杆越不易失稳。

5. 压杆总是沿着柔度 λ 大的方向失稳。因此，对两端约束沿两个方向相同的压杆，总是沿惯性半径 i 值小的方向，即惯性矩 I 值小的方向失稳。

6. 压杆的稳定计算公式为：

$$\frac{F_N}{\varphi A}\leqslant[\sigma]$$

思 考 题

11.1　为什么要研究压杆的稳定性？在设计细长压杆时，如果只考虑强度而不考虑稳定，是偏于安全还是偏于不安全?

11.2　何谓稳定平衡？何谓不稳定平衡？何谓压杆失稳？

11.3　什么是临界力和临界应力？

11.4　细长压杆两端的支承情况对临界力有什么样的影响？

11.5　何谓压杆的柔度？影响柔度的因素有哪些？柔度对临界应力有何影响？

11.6　欧拉公式的适用范围是什么？对非大柔度杆如何计算临界应力？

11.7　提高压杆稳定性的措施有哪些？

11.8　如图 11-10（a）所示，将一张卡片纸竖直立在桌面上，其自重就可以将它压弯。若如图 11-10（b）所示，将纸卡折成角钢形，其自重就不能将它压弯了。若如图 11-10（c）所示，将纸卡卷成圆筒形竖立在桌面上，则在它的顶部加上小砝码也不会把它压弯。为什么？

11.9　如图 11-11 所示的四根压杆，它们的材料，截面均相同，试判断哪根压杆最容易失稳？哪根压杆最不容易失稳？

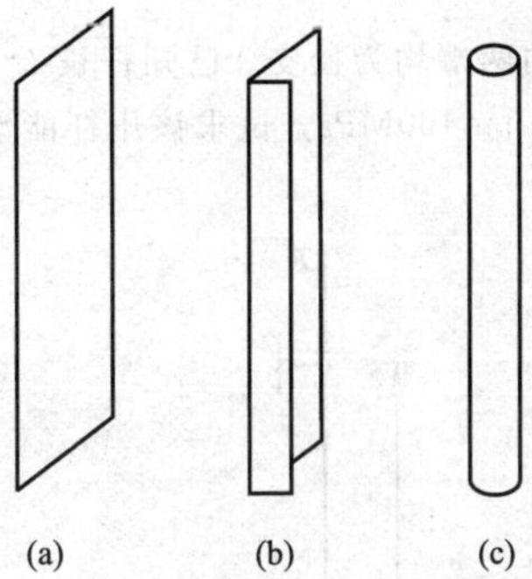

图 11-10

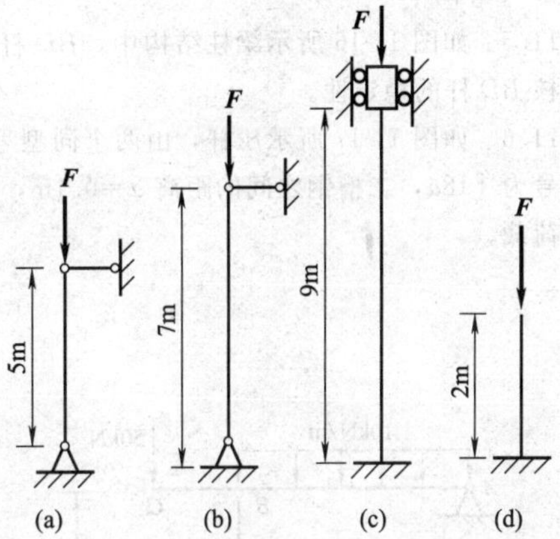

图 11-11

11.10　图 11-12 所示为几种截面形状的中心受压直杆，两端均为铰接支撑，试确定杆件将绕哪根形心轴弯曲失稳。

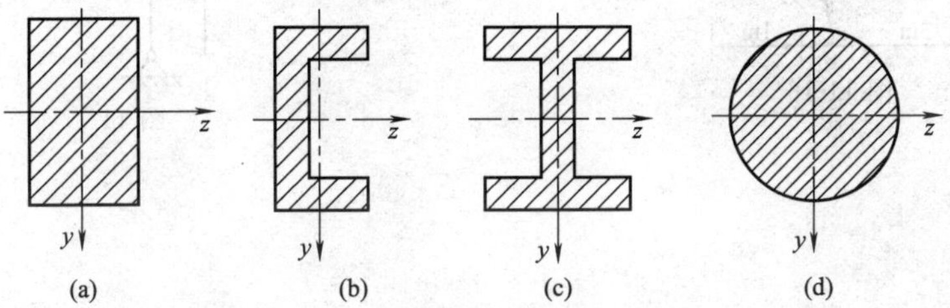

图 11-12

习　题

11.1　两端铰支的圆截面钢杆（Q235 钢），已知 $l=2\text{m}$，$d=0.04\text{m}$，材料的弹性模量 $E=210\text{GPa}$。试求该杆的临界力和临界应力。

11.2　矩形截面木压杆，如图 11-13 所示。已知 $l=4\text{m}$，$b=10\text{cm}$，$h=15\text{cm}$，材料的弹性模量 $E=10\text{GPa}$，$\lambda_p=110$。试求该压杆的临界力。

11.3　由两个［10 号槽钢组成的压杆，一端固定，一端自由，如图 11-14 所示。欲使该压杆在 xOy 和 xOz 两个平面内具有相同的稳定性，求 a 值的大小。

11.4　如图 11-15 所示结构，BD 杆是边长为 a 的正方形截面木杆。已知 $l=2\text{m}$，$a=0.1\text{m}$，木材的许

用应力$[\sigma]=10MPa$。试从BD杆的稳定考虑，计算该结构所能承受的最大荷载F_{max}。

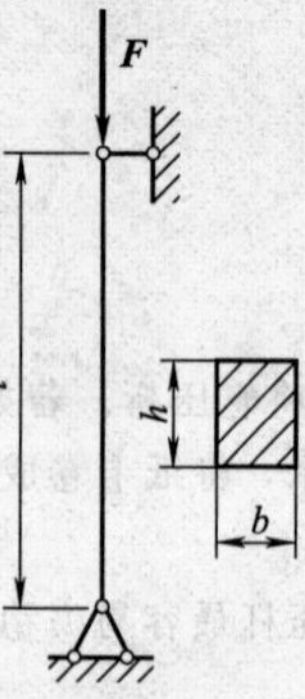

图 11-13

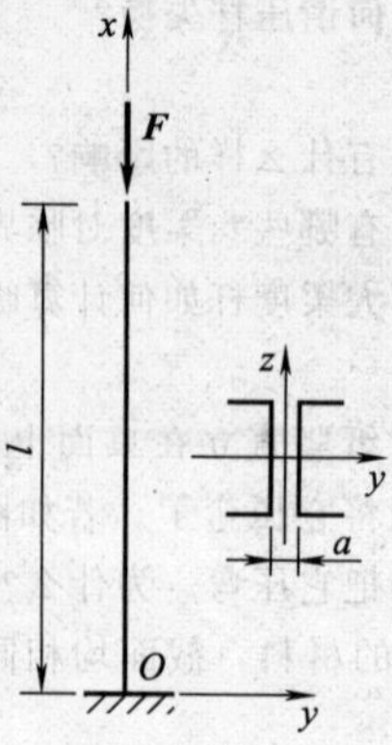

图 11-14

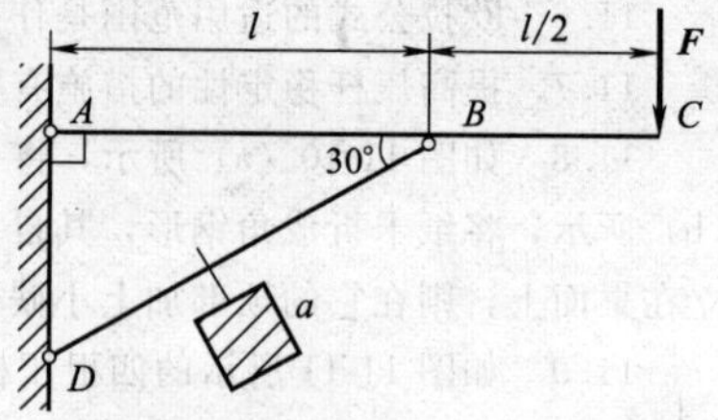

图 11-15

11.5　如图 11-16 所示梁柱结构中，BD杆为圆截面木杆，直径$d=20cm$，其许用应力$[\sigma]=10MPa$。试校核BD杆的稳定性。

11.6　如图 11-17 所示压杆，由两个同型号的槽钢组成，杆的两端均为铰支。已知杆长$l=6m$，槽钢的型号为［18a，二槽钢之间的距离$a=0.1m$，材料的许用应力$[\sigma]=160MPa$，试求该压杆能承受的最大安全荷载。

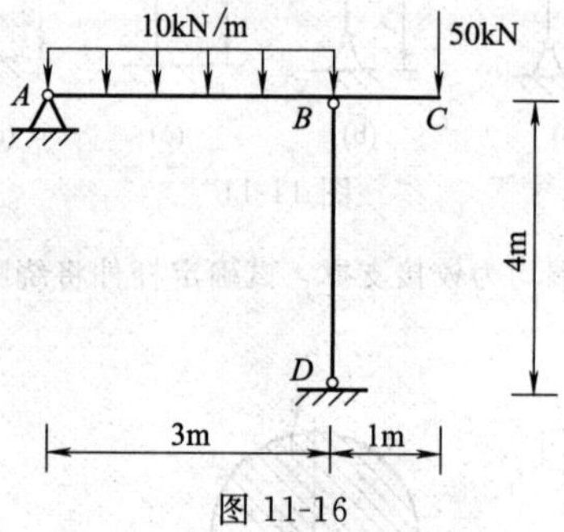

图 11-16

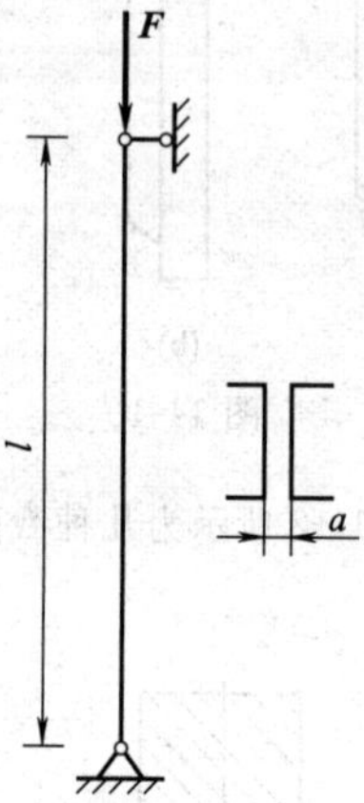

图 11-17

第十二章　平面体系的几何组成分析

提要： 本章介绍几何不变体系、几何可变体系、自由度、约束等基本概念，以及平面几何不变体系的基本组成规律和对平面体系进行几何组成分析的方法。

第一节　几何组成分析的几个概念

一、几何不变体系和几何可变体系

杆系结构是由若干个杆件相互连接而形成的体系。结构杆件在荷载作用下，由于截面应力产生的材料应变是非常小的。在平面体系的几何组成分析中，如果忽略杆件的材料变形，认为杆件、地基都是不变形的刚体，杆系结构按几何组成特征可分为两大类。

1. 几何不变体系

由两根杆件 AB、AC 用铰与墙体组成的三脚架 ABC，及由杆件 AC 、BD 与基础固接，顶端用杆件 AB 铰接组成的排架体系，如图 12-1（a)、(b）所示。这两个体系在不计杆件材料变形的条件下是牢固的杆件体系。

我们将这类在不考虑材料应变的条件下，几何形状和位置均不能改变的体系，称为几何不变体系。

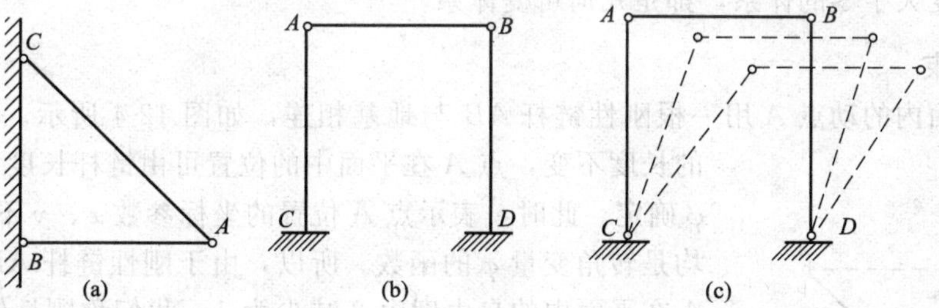

图 12-1

2. 几何可变体系

由杆件 AB、AC、BD 用铰与基础构成的支架，如图 12-1（c）所示。显然，这个支架是不牢固的，在外力等作用下容易倾倒。

我们将这类在不考虑材料应变的条件下，其几何形状或位置可以改变的体系，称为几何可变体系。

3. 几何组成分析及目的

几何组成分析是指对体系的几何可变与否进行的分析和判断。这里只讨论平面体系的几何组成分析。

一般工程结构在使用过程中，应保持自身的几何形状和位置不变，必须是几何不变体系，而不能采用几何可变体系。平面体系几何组成分析的主要目的，是检查一个体系是否几何不可变，或如何保证它成为几何不变体系；通过对平面体系的几何组成分析，还能区分静定结构和超静定结构，为结构的内力分析打下基础。

二、平面体系的自由度

自由度是确定物体位置所需要的独立坐标数目。

1. 点的自由度

平面内一动点 A 的运动情况，如图 12-2 所示。点 A 在平面内既能沿水平方向移动，又可以沿竖直方向移动，其位置需用两个坐标 x 和 y 来确定，所以一个点在平面内有 2 个自由度。

2. 刚片的自由度

平面内的一刚片，如图 12-3 所示。刚片上任一点 A 在平面内的位置可用两个坐标 x、y 表示，而刚片的转动可用刚片内过点 A 的任一直线 AB 的倾角 φ 来确定。用三个相互独立的参数 x、y、φ 能确定一个刚片在平面中的位置，所以一个刚片在平面内有 3 个自由度。

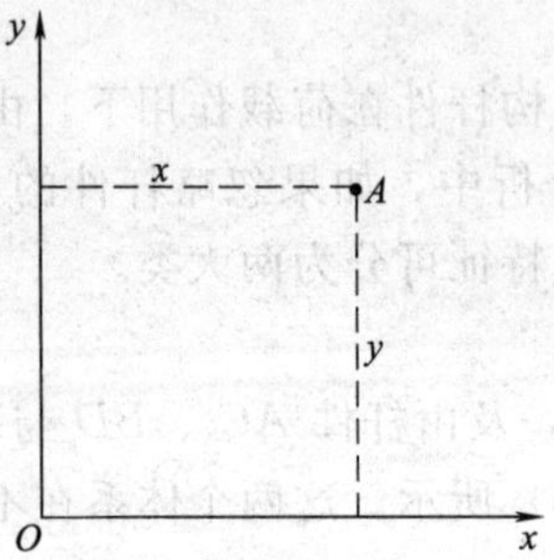

图 12-2

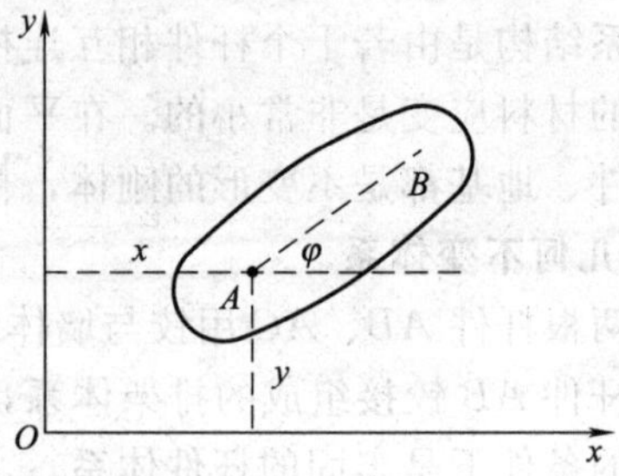

图 12-3

平面体系的自由度，是指体系在运动时用来确定该体系在平面内的位置所需的独立坐标数目。自由度大于零的体系，都是几何可变体系。

三、约束

若将平面内的动点 A 用一根刚性链杆 AB 与地基相连，如图 12-4 所示。由于链杆 AB 的长度不变，点 A 在平面中的位置可由链杆长度 l 和转角变量 φ 确定。此时，表示点 A 位置的坐标参数 x、y 不再相互独立，均是转角变量 φ 的函数。所以，由于刚性链杆 AB 的存在，点 A 在平面中的自由度由 2 减少为 1，我们称刚性链杆 AB 为一个约束。

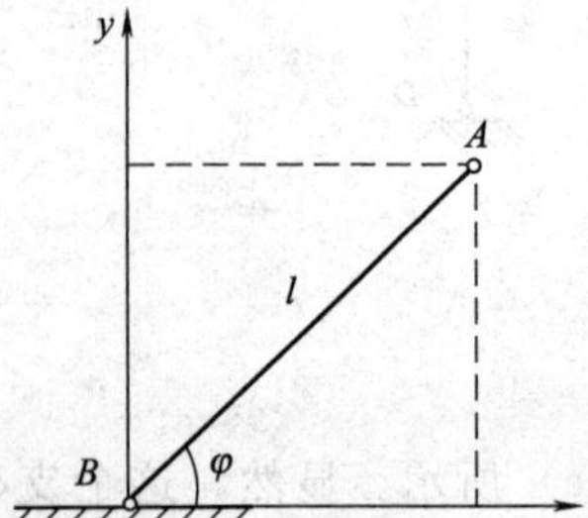

图 12-4

约束又称联系，它是使体系自由度减少的因素。约束是通过限制体系中刚片间的相对运动来减少体系自由度数的。常见的约束装置有链杆、铰和刚节点，减少一个自由度的装置，就称为一个约束。

1. 链杆

刚性构件不论直杆或曲杆、折杆，只要杆件两端用铰链与其他杆件相连，且杆上无荷载与其他约束，都可称为链杆。一个链杆可以减少一个自由度，则一个链杆相当于一个约束。

折线链杆和曲线链杆，在约束上等同于直线链杆。

2. 铰

同时连接两个刚片的铰称为简单铰，也称为单铰。刚片Ⅰ、Ⅱ用一个简单铰 A 连接成一个体系，如图 12-5 所示。当刚片Ⅰ的位置由 A 点的坐标 x、y 和倾角 φ_1 确定后，刚片Ⅱ只能绕 A 点转动，确定其位置仅需一个参数 φ_2 即可。此时的两刚片体系在平面内独立的自由度数目，由两刚片各自独立时的 6 个变为 4 个，一个简单铰约束减少了两个自由度。

一个简单铰能减少两个自由度，相当于两个约束。

当一个铰同时连接两个以上的刚片时，这种铰称为复合铰，如图 12-6 所示。一般而言，连接 n 个刚片的复合铰相当于（$n-1$）个简单铰，也相当于 $2(n-1)$ 个约束。

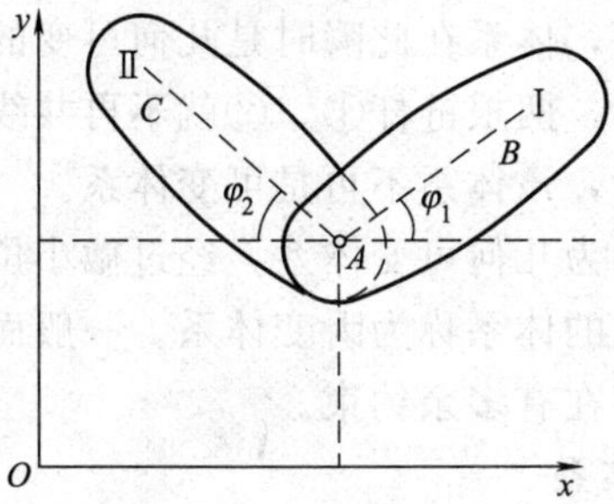

图 12-5

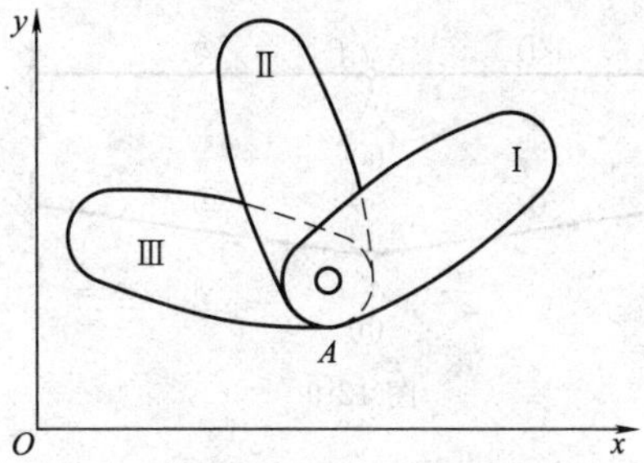

图 12-6

3. 刚结点

将两个刚片连接成一个整体的结点，称为简单刚结点。两刚片Ⅰ、Ⅱ由一刚结点连接，如图 12-7 所示。通过分析可知，连接两个刚片的刚结点能减少三个自由度。

一个简单刚结点能减少三个自由度，相当于三个约束。

当一个刚性结点同时连接两个以上的刚片时，称为复合刚结点。一般而言，连接 n 个刚片的复合刚结点相当于（$n-1$）个简单刚结点，也相当于 $3(n-1)$ 个约束。

4. 多余约束

如果在一个体系中增加一个约束，而体系的自由度并不减少，则该约束为多余约束；否则，为非多余约束。

如图 12-8（a）、（b）所示，点 A 用两根不共线的链杆①、②与地基的连接，减少了点 A 的两个自由度，A 点被固定，链杆①、②是固定点 A 必要的约束，即非多余约束。

如果用不在同一直线上的三根链杆将点 A 与地基相连，如图 12-8（b）所示，实际上三根链杆只减少了两个自由度。这三根链杆中只有两根是非多余约束，而有一根是多余约束。多余约束与非多余约束有时是相对的，可以将如图 12-8（b）所示体系三根链杆中的任何一根视作为多余约束。

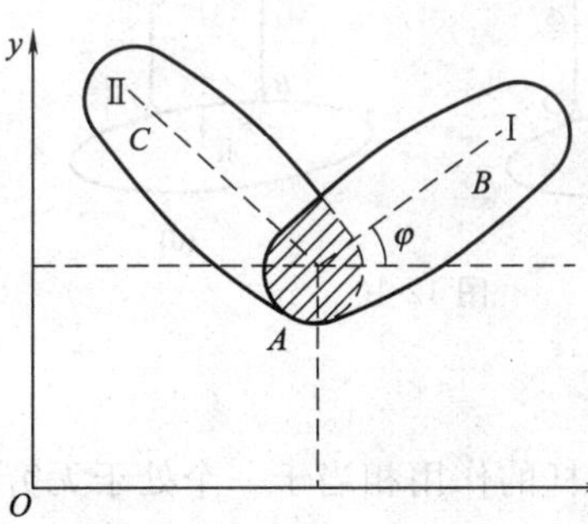

图 12-7

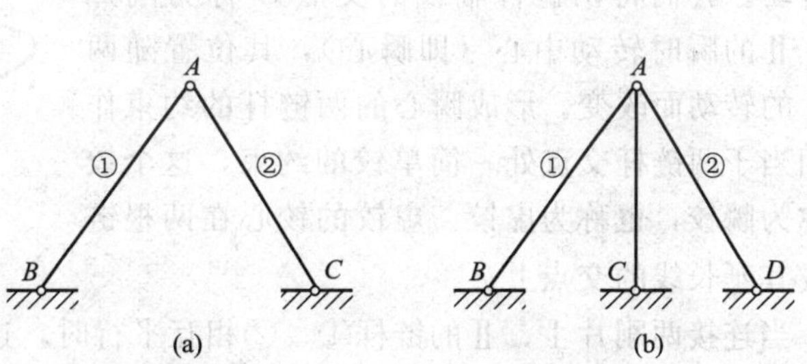

图 12-8

在平面体系几何组成分析时，一个体系中如果有多个约束存在，必须分清哪些约束是非多余约束，哪些约束是多余约束。只有非多余约束对体系的自由度有影响，而多余约束对体系的自由度没有影响。

四、瞬变体系和常变体系

1. 瞬变体系

如图 12-9（a）、(b）所示，将点 A 用位于同一直线的两根链杆①、②与基础连接，此时 A 点同时可以绕 B 点和 C 点转动，在 A 点两圆弧有公切线，A 点在公切线方向上的运动是可能发生的，体系在此瞬时是几何可变的。当微小运动产生后，两根链杆①、②就不再共线，运动也就不再继续，该体系不再是可变体系。

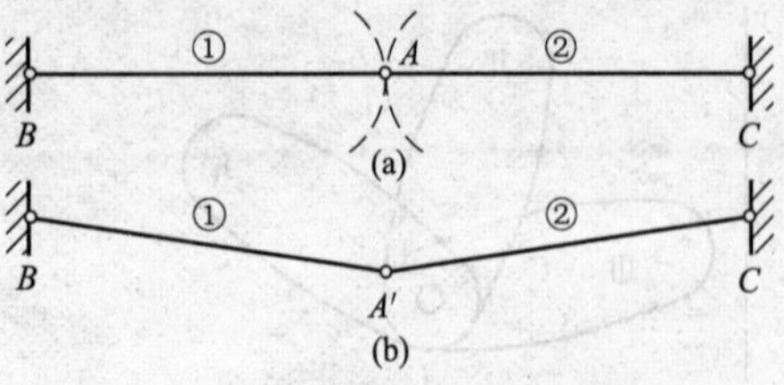

图 12-9

这种原来为几何可变体系，经过微小位移后又成为几何不变的体系称为瞬变体系。一般而言，瞬变体系中会存在有多余约束。

2. 常变体系

相对于瞬变体系而言，如果一个几何可变体系发生较大位移后仍为几何可变体系，则称为常变体系，如图 12-1（c）所示。

瞬变体系和常变体系统称为几何可变体系，它们都不能应用于实际工程中。

五、实铰与瞬铰

一个简单铰相当于两个约束，也相当于两根不共线的链杆；反之，两根不共线的链杆可构成一个简单铰，但由两根不共线链杆构成一个铰的形式不是唯一的。

1. 实铰

如图 12-10（a）所示，两刚片用不共线的链杆①、②连接，两链杆交于刚片Ⅰ上的一点 A，这种由两根链杆交于一点构成的铰称为为实铰，它等价于一个简单铰，如图 12-10（b）所示。

2. 瞬铰

如图 12-10（c）所示，连接两刚片的不共线链杆①、②不交于一点，若刚片Ⅱ不动，刚片Ⅰ上的 A、C 两点可能发生分别垂直于链杆①、②的位移，刚片Ⅰ将绕链杆①、②延长线的交点 O 转动；反之若设刚片Ⅰ不动，则刚片Ⅱ也将绕 O 点转动。我们将两链杆轴线的交点 O 称为刚片Ⅰ、Ⅱ的瞬时转动中心（即瞬心），其位置随两刚片的转动而改变。形成瞬心的两链杆的约束作用相当于两链杆交点处一简单铰的约束，这个铰可称为瞬铰，也称为虚铰。虚铰的铰心在两根链杆或其延长线的交点上。

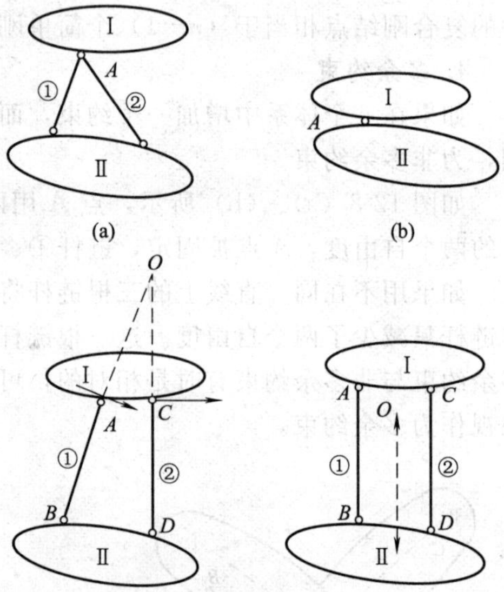

图 12-10

当连接两刚片Ⅰ、Ⅱ的链杆①、②相互平行时，这两个链杆的作用相当于一个处于无穷远的“铰”。由两平行链杆延长线，可构成在无穷远处的虚铰，如图 12-10（d）所示。

第二节　平面几何不变体系的组成规律

本节讨论无多余约束的平面几何不变体系的最基本组成规律。在几何不变体系组成分析中，无多余约束的几何不变体系的基本组成规律是以三角形的几何不变性质为基础的。

一、一个点与一个刚片的连接

为探讨一个点与一个刚片构成无多与约束几何不变体系的规律，将点 A 和刚片Ⅰ用两不共线的链杆①、②连接，如图 12-11（a）所示。假想在 A 点将链杆 AB、AC 分开，链杆 AB 上的点 A 可绕 B 点沿圆弧 M 运动，同样链杆 AC 上的点 A 可绕 C 点沿圆弧 N 运动。由于圆弧 M、N 相交，因此点 A 既不能沿圆弧 M 运动，也不能沿圆弧 N 运动，只能被完全固定，如图 12-11（b）所示。若视刚片Ⅰ不动，则点 A 没有自由度，体系内没有多余约束。由此得到一个点与一个刚片体系的组成规律。

【规律 1】 一个点与一刚片之间用两根不共线的链杆连接，则组成一个几何不变体系，且无多余约束。

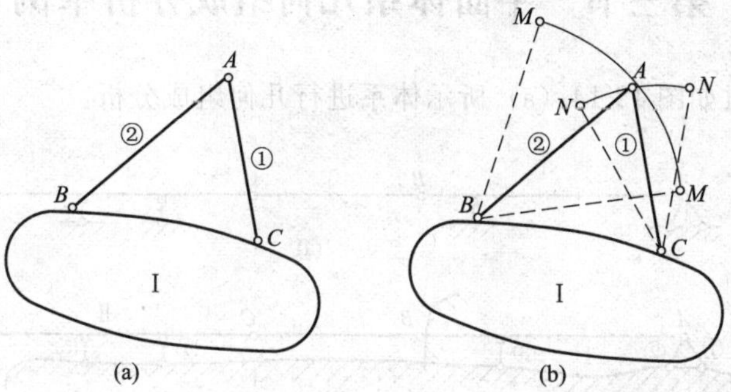

图 12-11

如图 12-11（a）所示，这种由两根不共线的链杆联结一个新结点的装置称为二元体。

可以得到结论：在一个已知几何体系上依次增加或依次拆除二元体，不改变原体系的几何性质。这个结论也称为二元体规律，利用二元体规律能简化几何组成分析的过程。

二、两个刚片间的连接

若将如图 12-11（a）所示二元体中的任意链杆②视为刚片Ⅱ，即得如图 12-12（a）所示的二刚片体系。由于图 12-11（a）所示二元体是没有多余约束的几何不变体系，由此得到二刚片体系的组成规则。

【规律 2】 两刚片之间用一个铰和一根不通过该铰的链杆连接，则组成一个几何不变体系，且无多余约束。

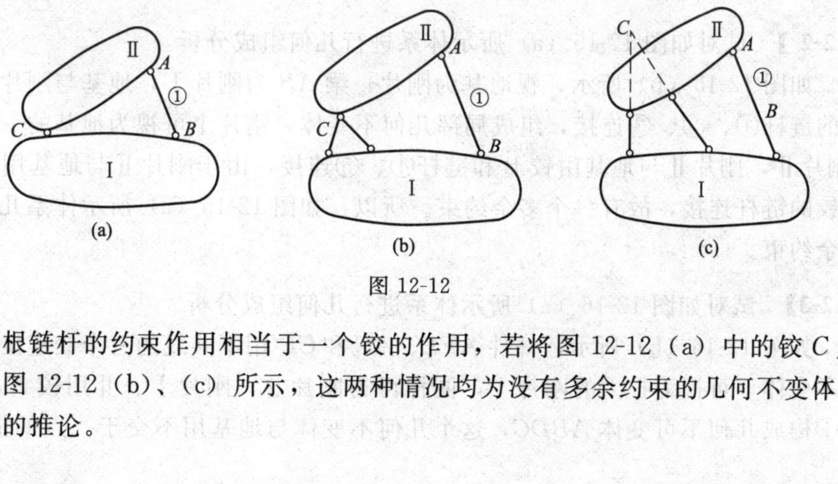

图 12-12

由于两根链杆的约束作用相当于一个铰的作用，若将图 12-12（a）中的铰 C 用两根链杆代替，如图 12-12（b）、（c）所示，这两种情况均为没有多余约束的几何不变体系，由此得出规律 2 的推论。

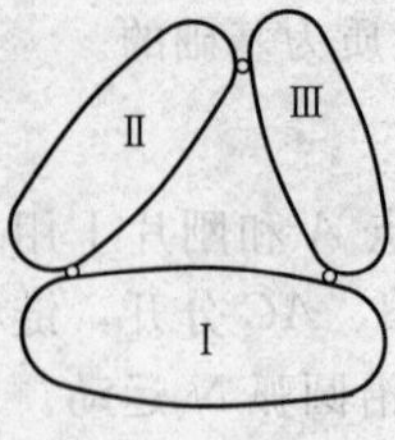

图 12-13

【推论】 两刚片之间用三根链杆相连，且三根链杆既不交于同一点也不完全平行，则组成一个几何不变体系，且无多余约束。

三、三刚片之间的连接

若将如图 12-12（a）所示体系中链杆①视为刚片Ⅲ，即得如图 12-13所示的三刚片体系。由于图 12-12（a）所示体系为没有多余约束的几何不变体系，由此得到三刚片体系的组成规律。

【规律 3】 三个刚片间用三个铰两两连接，且三个铰不在同一直线上，则组成一个几何不变体系，且无多余约束。

如果连接三刚片体系的同时有虚铰和实铰，规律 3 仍然适用。

第三节　平面体系几何组成分析举例

【例 12-1】 试对如图 12-14（a）所示体系进行几何组成分析。

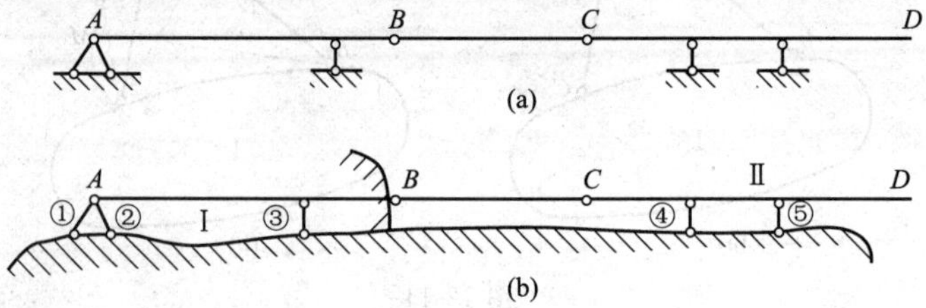

图 12-14

【解】 如图 12-14（b）所示，视地基为刚片，梁 AB 与地基由三根不交于一点的链杆①、②、③连接，组成局部几何不变部分，视为刚片Ⅰ；视梁 CD 为刚片Ⅱ，刚片Ⅰ与刚片Ⅱ由链杆④、⑤组成的无穷远的虚铰和不通过该虚铰的梁 BC 连接，组成没有多余约束的几何不变体系。所以，如图 12-14（a）所示体系几何不变，且无多余约束。

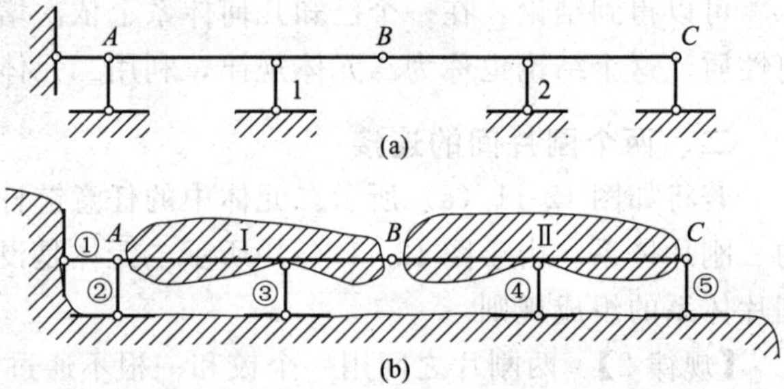

图 12-15

【例 12-2】 试对如图 12-15（a）所示体系进行几何组成分析。

【解】 如图 12-15（b）所示，视地基为刚片，梁 AB 为刚片Ⅰ，地基与刚片Ⅰ由三根不交于一点的链杆①、②、③连接，组成局部几何不变体，刚片Ⅰ可视为地基的一部分；将梁 BC 视为刚片Ⅱ，刚片Ⅱ与地基由铰 B 和链杆④、⑤连接，由于刚片Ⅱ与地基用一个铰和两根不通过铰的链杆连接，故有一个多余约束。所以，如图 12-15（a）所示体系几何不变，但有一个多余约束。

【例 12-3】 试对如图 12-16（a）所示体系进行几何组成分析。

【解】 如图 12-16（b）所示；杆件 AFE、AC 和 CF 用不共线的三个铰连接，构成一个局部几何不变体，可视为扩大的刚片Ⅰ，同样可得刚片Ⅱ；刚片Ⅰ、Ⅱ用铰 E 和不通过该铰的链杆①构成几何不可变体 $ABDC$，这个几何不变体与地基用不交于一点的链杆②、③、

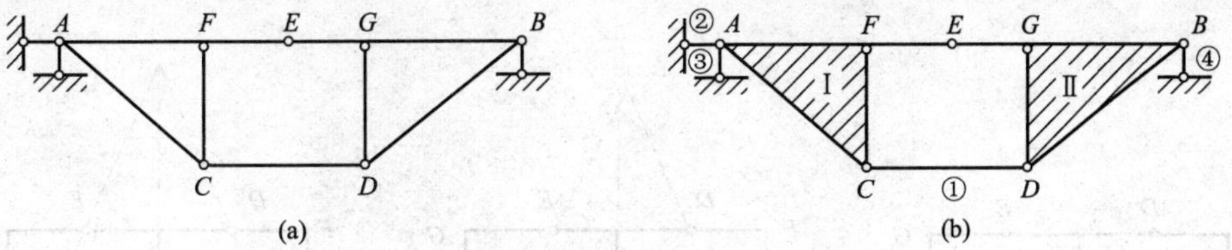

图 12-16

④连接，则如图 12-16（a）所示体系几何不变，且无多余约束。

【例 12-4】 试对如图 12-17（a）所示体系进行几何组成分析。

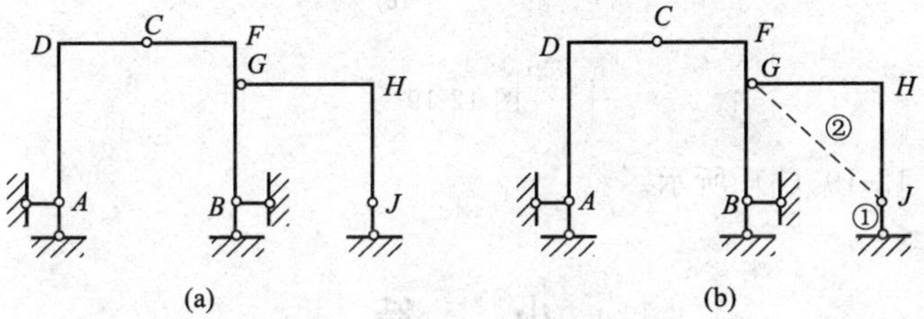

图 12-17

【解】 如图 12-17（a）所示，分别视杆件 ADC 和 BFC 为两个刚片，这两个刚片与地基用不共线的三个铰 A、B、C 连接，组成局部不变体 ABC；再视杆件 GHJ 为另一刚片，其与局部不变体 ABC 由一个铰 G 和不通过该铰的 J 点支座的竖向链杆连接，则如图 12-17（a）所示体系几何不变，且无多余约束。

另外，如图 12-17（b）所示，虽然杆件 GHJ 为折线杆，但在几何组成分析中可视为一直线杆，认为局部不变体 ABC 与点 J 由两根不共线的链杆①、②连接，分析结论是相同的。

【例 12-5】 试对如图 12-18（a）所示体系进行几何组成分析。

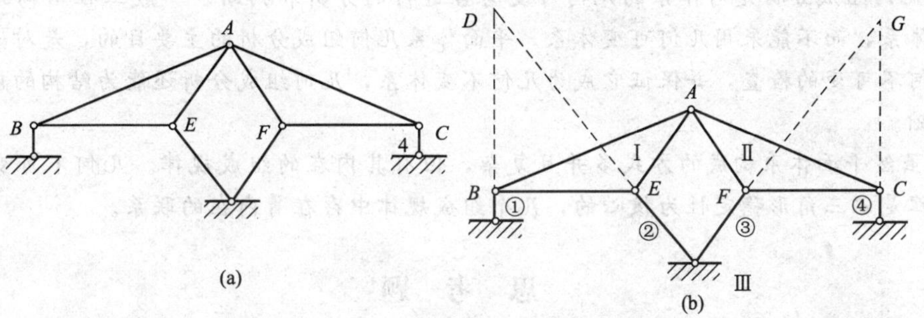

图 12-18

【解】 如图 12-18（b）所示，分别视三角形 ABE、AFC 为刚片Ⅰ、Ⅱ，地基为刚片Ⅲ，刚片Ⅰ、Ⅱ由铰 A 连接，连接刚片Ⅰ、Ⅲ的链杆①、②的虚铰为 D，连接刚片Ⅱ、Ⅲ的链杆③、④的虚铰为 G，由于三铰 A、D、G 不共线，所以图 12-18（a）所示体系几何不变，且无多余约束。

【例 12-6】 试对如图 12-19（a）所示体系进行几何组成分析。

【解】 如图 12-19（b）所示，视 BDE 为一刚片，分别将折线链杆 AFD 和 CGE 用直杆①、②代替，刚片 BDE 通过链杆①、②、③与地基连接，若链杆①、②、③不交于一点，则整个体系几何不变，且无多余约束；若链杆①、②、③交于一点，则整个体系几何瞬变且

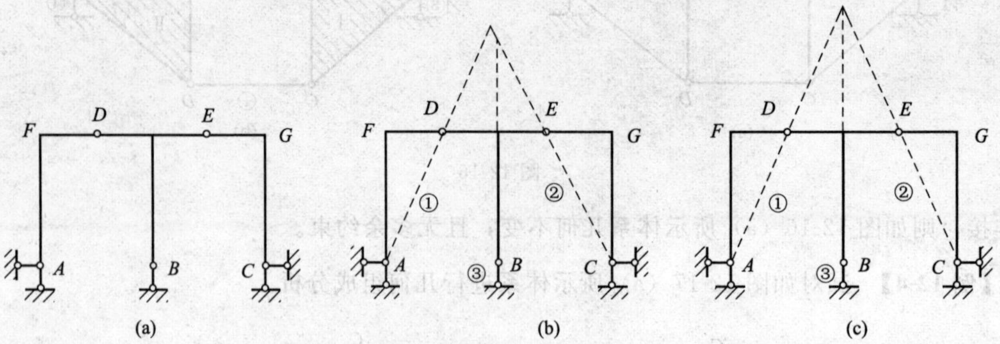

图 12-19

无多余约束，如图 12-19（c）所示。

小　结

1. 在平面体系的几何组成分析中，忽略了杆件的材料变形，认为杆件、地基都是不变形的刚体，杆系结构按几何组成特征可为两大类。

- 平面体系
  - 几何不变体系
    - 无多余约束体系
    - 有多余约束体系
  - 几何可变体系
    - 常变体系
    - 瞬变体系

2. 几何组成分析是对体系的几何可变与否进行的分析和判断。一般工程结构必须是几何不变体系，而不能采用几何可变体系。平面体系几何组成分析的主要目的，是对一个体系是否几何不可变的检查，并保证它成为几何不变体系，几何组成分析还能为结构的内力分析打下基础。

3. 虽然平面体系构成的方式多并且复杂，但有其内在的组成规律。几何不可变体系的组成规律是以三角形稳定性为核心的，几个组成规律中存在着内在的联系。

思 考 题

12.1　什么是几何不变体系和几何可变体系？

12.2　什么叫自由度？什么叫约束？

12.3　实铰和虚铰在形式与作用上有什么异同？

12.4　如何区别非多余约束和多余约束？

12.5　瞬变体系的特点是什么？

14.6　无多余约束几何不变体系的几个简单组成规律间有何关系？

习　题

12.1　试对如图 12-20 所示体系进行几何组成分析。

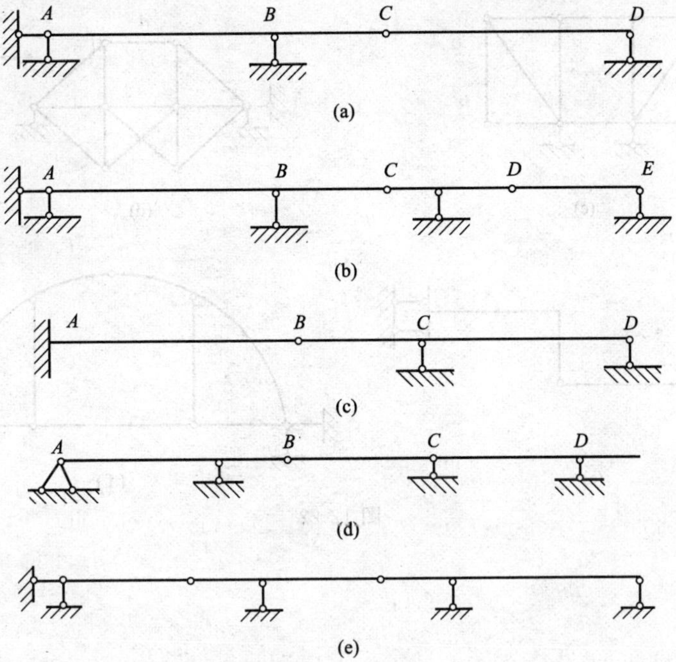

图 12-20

12.2　试对如图 12-21 所示体系作几何组成分析。

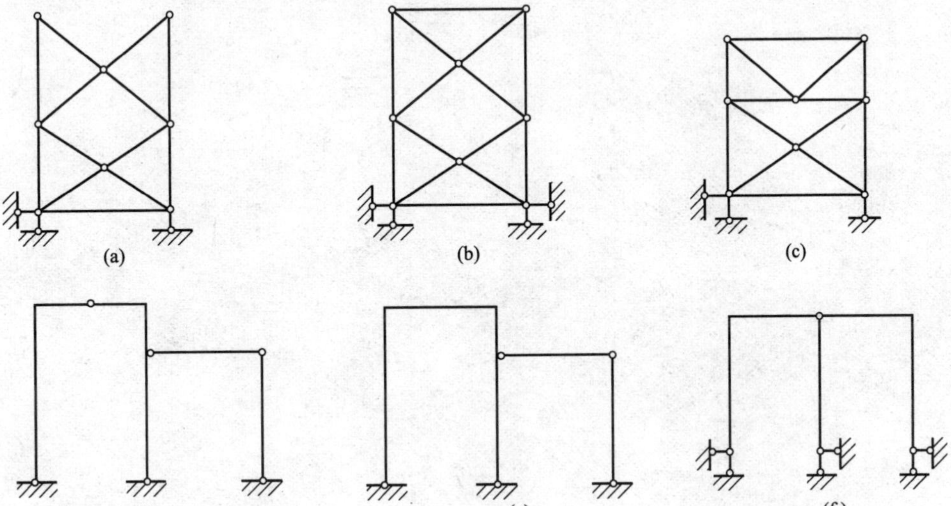

图 12-21

12.3　试对如图 12-22 所示体系作几何组成分析。

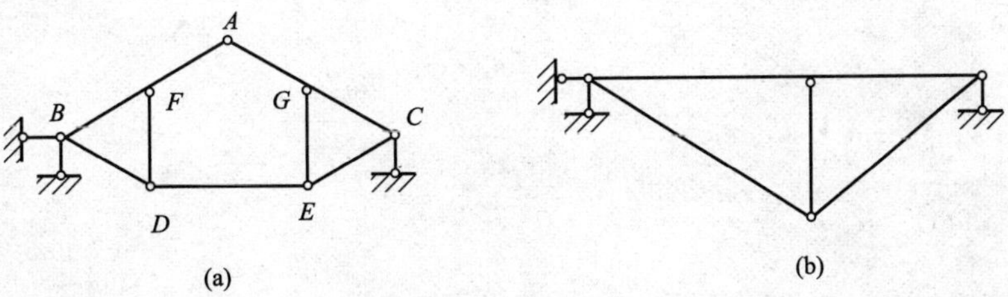

图 12-22

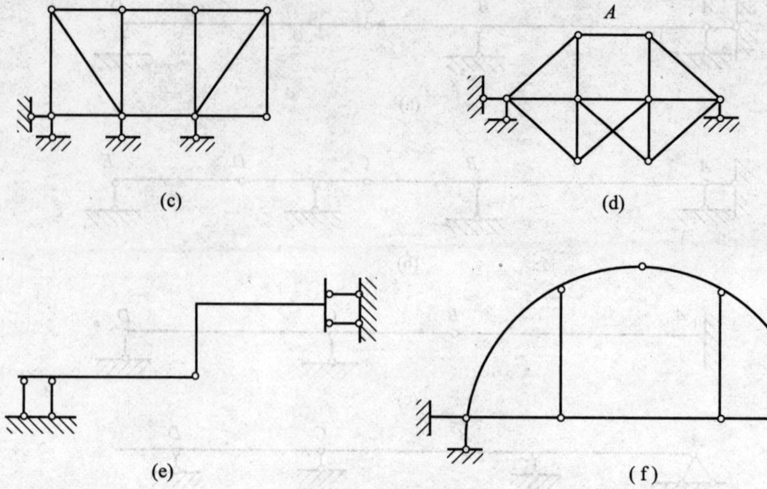

图 12-22

第十三章　静定结构的受力分析

提要：本章主要介绍多跨静定梁、静定平面刚架、三铰拱、静定平面桁架及组合结构等结构的特征、受力特点、内力计算方法和内力图的绘制。

第一节　多跨静定梁

一、多跨静定梁的特点

多跨静定梁是由若干伸臂梁和简支梁用铰连接而成的静定结构，在工程结构中常用来跨越几个相连的跨度，如桥梁和房屋的檩条等。

1. 多跨静定梁的几何组成特征

如图 13-1（a）所示的多跨静定梁结构，计算简图如图 13-1（b）、（c）所示，是一个无多余约束的几何不变体系。其中，AC 段为一外伸梁，是一个几何不变体系，可单独承受荷载，称为基本部分；而其余各部分要依靠基本部分 AC 才能保证它的几何不变性，需有基本部分的支承，才能承受荷载，相对于基本部分 AC 而言，这些部分为附属部分。

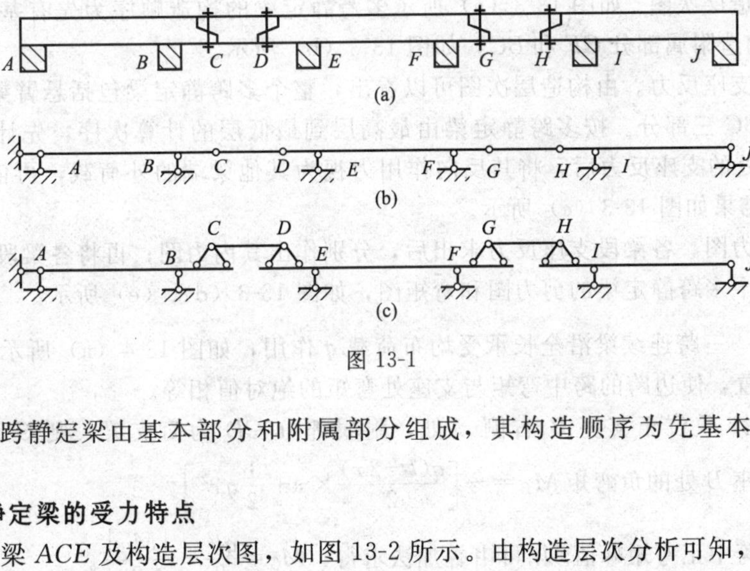

图 13-1

因此，多跨静定梁由基本部分和附属部分组成，其构造顺序为先基本部分，后附属部分。

2. 多跨静定梁的受力特点

多跨静定梁 ACE 及构造层次图，如图 13-2 所示。由构造层次分析可知，作用在基本部分（梁 ABC）上的均布荷载 $\boldsymbol{q}$，并不影响附属部分（梁 CDE）；而作用于附属部分上的集中荷载 $\boldsymbol{F}$，会以支座反力的形式影响基本部分。

多跨静定梁是主从结构，其受力特点是：作用于基本部分的荷载，对附属部分没有影响；作用于附属部分的荷载，对附属部分和基本部分都有影响。

二、多跨静定梁受力分析的一般步骤

根据多跨静定梁的几何组成特征和受力特点，多跨静定梁的内力计算包括以下几步。

① 用静力平衡条件求出全部支座反力和内力。为了避免解联立方程，应按其构成的反

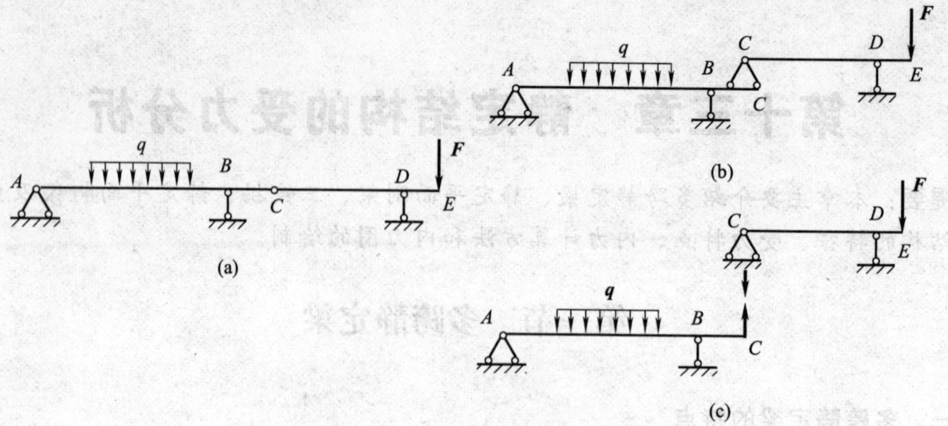

图 13-2

顺序，遵循先附属部分后基本部分的计算原则，先计算高层次的附属部分，后计算低层次的附属部分。

② 然后将附属部分的支座反力反向作用于基本部分，计算其内力。

③ 将各单跨梁的内力图联成一体，得多跨静定梁的内力图。

【例 13-1】 分析如图 13-3（a）所示的多跨静定梁并作内力图。

【解】

（1）作构造层次图。如图 13-3（a）所示多跨静定梁的构造顺序为先有基本部分悬臂梁 AB，再依次构造附属部分 CF 和 BC，如图 13-3（b）所示。

（2）计算支座反力。由构造层次图可以看出，整个多跨静定梁包括悬臂梁 AB、伸臂梁 CF 和简支梁 BC 三部分。按多跨静定梁由最高层到最低层的计算次序，先计算 BC 梁，求出支座 B、C 处的支座反力后，将其反向作用力视为其他梁端的外荷载，再依次计算梁 CF 和 AB。计算结果如图 13-3（c）所示。

（3）作内力图。各梁段支座反力求出后，分别作出其内力图；再将各梁段的内力图联在一起，即得整个多跨静定梁的剪力图和弯矩图，如图 13-3（d）、（e）所示。

【例 13-2】 三跨连续梁沿全长承受均布荷载 $\boldsymbol{q}$ 作用，如图 13-4（a）所示。试确定梁中铰 C、D 的位置，使边跨的跨中弯矩与支座处弯矩的绝对值相等。

【解】 设铰 C 位于支座 B 右侧 x 处，附属部分 CD 为简支梁，则 C 支座的反力为 $\dfrac{q(l-2x)}{2}$，支座 B 处的负弯矩 $M_B=-\left[\dfrac{q(l-2x)}{2}\times x+\dfrac{1}{2}qx^2\right]$。

边跨 AB 跨中正弯矩峰值 M_G 可由叠加法求得，$M_G=\dfrac{ql^2}{8}-\dfrac{|M_B|}{2}$。

为使边跨的跨中弯矩 M_G 与支座 B 处负弯矩 M_B 的绝对值相等，有 $M_G=|M_B|$，由 $M_G=\dfrac{ql^2}{8}-\dfrac{|M_B|}{2}$ 可得：

$$\frac{ql^2}{8}-\frac{|M_B|}{2}=|M_B|$$

求得：

$$|M_B|=\frac{ql^2}{12}$$

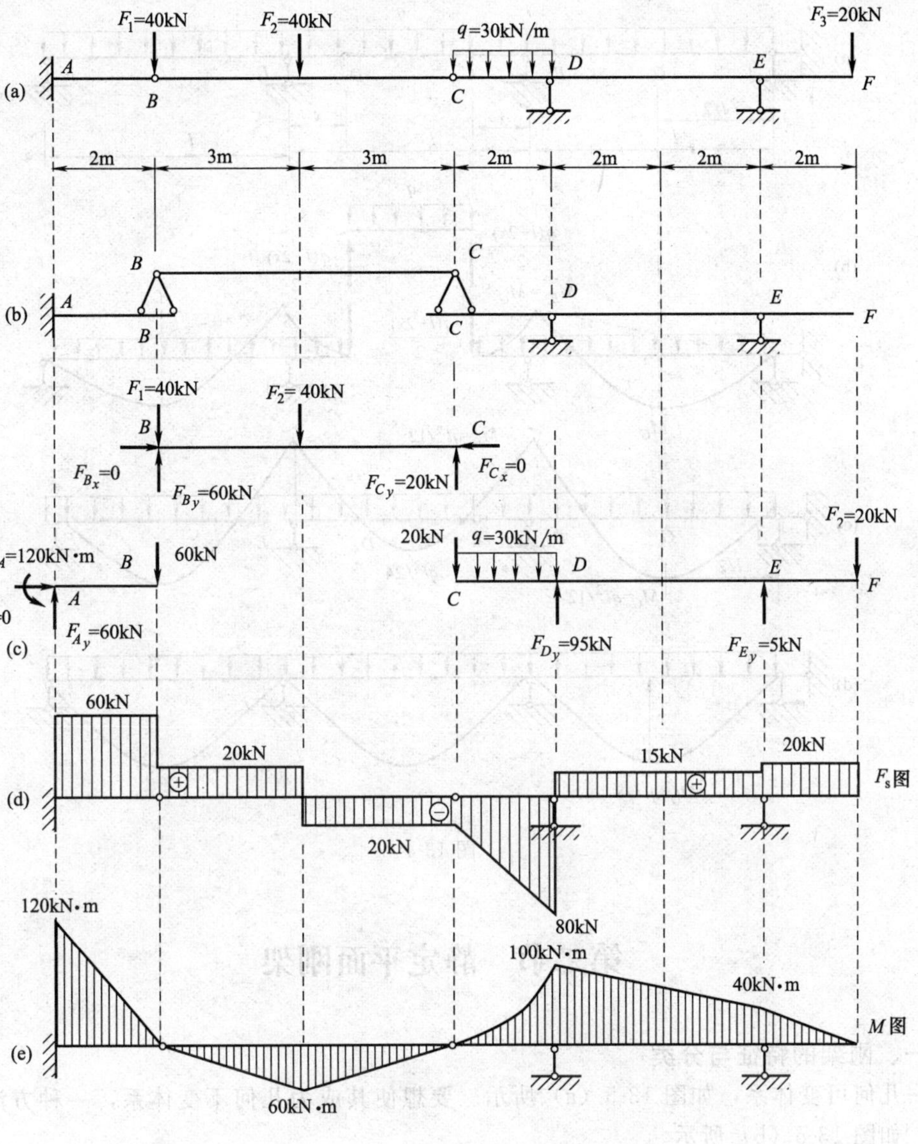

图 13-3

将 $M_B=-\left[\frac{q(l-2x)}{2}\times x+\frac{1}{2}qx^2\right]$带入上式，有$\left[\frac{q(l-2x)}{2}\times x+\frac{1}{2}qx^2\right]=\frac{ql^2}{12}$

解得：

$$x=\frac{3-\sqrt{3}}{6}l$$

若将图 13-4（a）所示三跨连续梁改用三个跨度均为 l 的简支梁，其弯矩图如图 13-4（d）所示。通过对两个弯矩图的比较发现，由于多跨静定梁设置了带伸臂的基本部分，不仅使中间支座处产生了负弯矩，还会降低跨中正弯矩，也减小了附属部分的跨度。因此多跨静定梁较相应的多个简支梁弯矩分布均匀，截面设计可以更经济，但增加了构造的复杂程度。分析如图 13-4（b）、（c）所示。

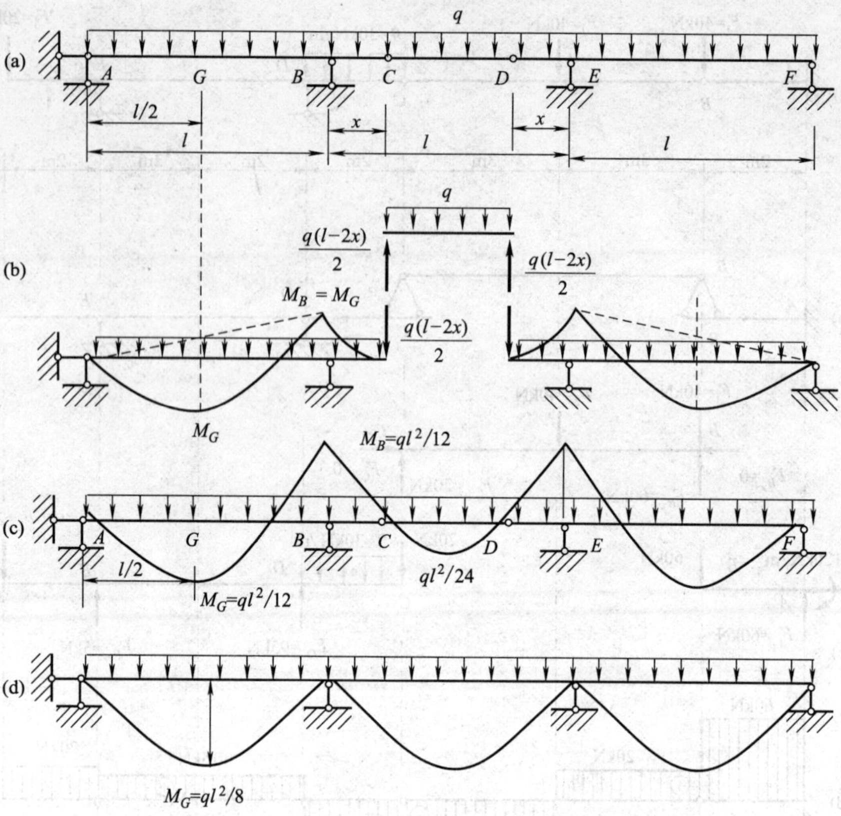

图 13-4

第二节　静定平面刚架

一、刚架的特征与分类

一几何可变体系，如图 13-5（a）所示。要想使其成为几何不变体系，一种方法是增设斜杆，如图 13-5（b）所示。

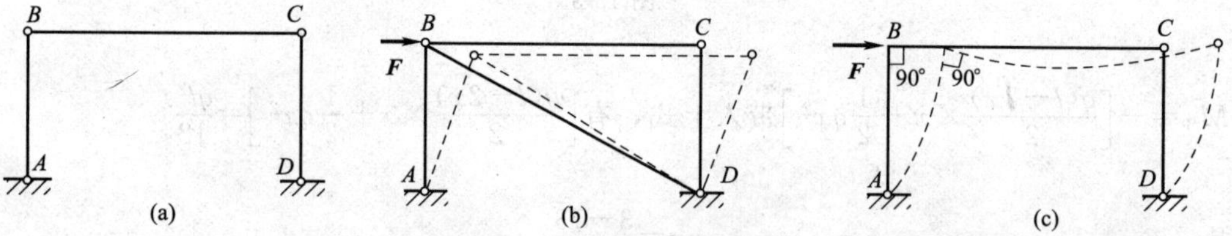

图 13-5

另一种方法是把铰结点 B 或铰结点 C 改为刚结点，如图 13-5（c）所示。这种由若干不同方向直杆全部或部分用刚结点连接而组成的结构称为刚架。刚架在受力后，刚结点所连的各杆件间的角度保持不变。因为刚结点对各杆端的转动有约束作用，刚结点可以承受和传递弯矩，因此刚架中各杆内力分布较均匀。

此外，刚结点约束可以减少结构中杆件的数量，使刚架具有形成较大的空间和制作方便等优点。刚架的应用极广，在工业与民用建筑、水工建筑和桥梁工程中，刚架都被广泛采用。

工程中常用的静定平面刚架形式有悬臂刚架、简支刚架和三铰刚架，分别如图 13-6 (a)、(b)、(c) 所示。利用这三种刚架还可构成组合刚架，如图 13-6 (d)、(e) 所示。

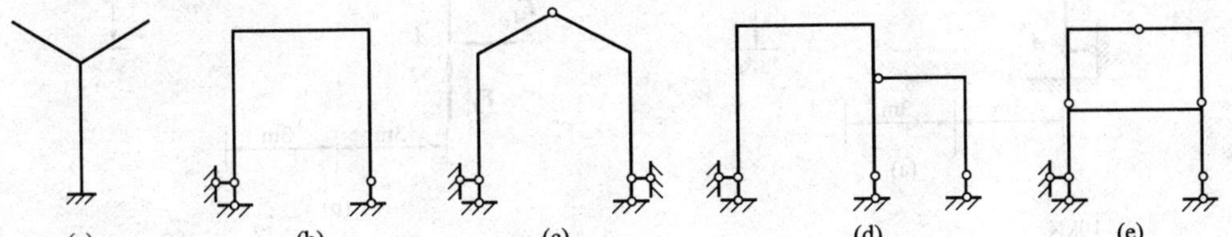

图 13-6

二、刚架的支座反力与内力

1. 刚架的支座反力

刚架支座反力的计算是内力计算的前提，其计算是以静力平衡方程为基础的。一般悬臂刚架和简支刚架取整体为研究对象，列平衡方程计算；三铰刚架可以取刚架的一半和整体或分别取两个半刚架为对象计算；对多层和多跨刚架则需首先分析几何组成，然后先计算附属部分，再计算基本部分。

2. 刚架的内力

刚架各杆的内力有弯矩 M、剪力 F_s 和轴力 F_N。为明确表示杆件的内力，一般用两个下脚标，第一个表示内力所属截面，第二个表示该截面所在杆件的另一端。例如 AB 杆 A 端截面的弯矩、剪力和轴力分别表示为 M_{AB}、$F_{S_{AB}}$ 和 $F_{N_{AB}}$；而 M_{BA}、$F_{S_{BA}}$ 和 $F_{N_{BA}}$ 则分别表示 AB 杆 B 端截面的弯矩、剪力和轴力。

刚架中杆件的轴力和剪力的正负号规定与梁相同，轴力图和剪力图可画在杆件的任一侧，但必须注明正负号；弯矩不规定正负，画在杆件的受拉侧。

静定平面刚架的内力计算方法与静定梁基本相同。

① 由刚架整体或某些部分的静力平衡条件求出支座反力。

② 根据荷载作用情况，将刚架分解为若干杆段，求出各杆端内力。

③ 由杆端内力并运用叠加原理逐杆绘制内力图，从而得到整个刚架的内力图。

【例 13-3】 作如图 13-7 (a) 所示刚架的内力图。

【解】

(1) 求支座反力　截断刚架支座 A、B，隔离体如图 13-7 (b) 所示，共有三个未知的支座反力 F_{A_x}、F_{A_y}、F_{B_y}。应用静力平衡条件求各支座反力。

$$\sum F_x=0 \qquad 10-F_{A_x}=0 \qquad F_{A_x}=10\text{kN}\ (\leftarrow)$$

$$\sum M_A=0 \qquad 10\times6+10\times3-F_{B_y}\times6=0 \qquad F_{B_y}=15\text{kN}\ (\uparrow)$$

$$\sum F_y=0 \qquad F_{A_y}+F_{B_y}-10=0 \qquad F_{A_y}=-F_{B_y}+10=-15+10=-5(\text{kN})\ (\downarrow)$$

(2) 求各杆端内力　将刚架各杆在杆端处截开，得到各杆端及结点的隔离体，如图 13-7 (c) 所示。对各杆应用静力平衡方程，可求出各杆端力。

① 取隔离体 CD 段　$\sum F_x=0 \qquad F_{S_{CD}}=10\text{kN}$

$$\sum F_y=0 \qquad F_{N_{CD}}=0$$

$$\sum M_C=0 \qquad M_{CD}=10\times2=20\ (\text{kN}\cdot\text{m})\ (\text{左侧受拉})$$

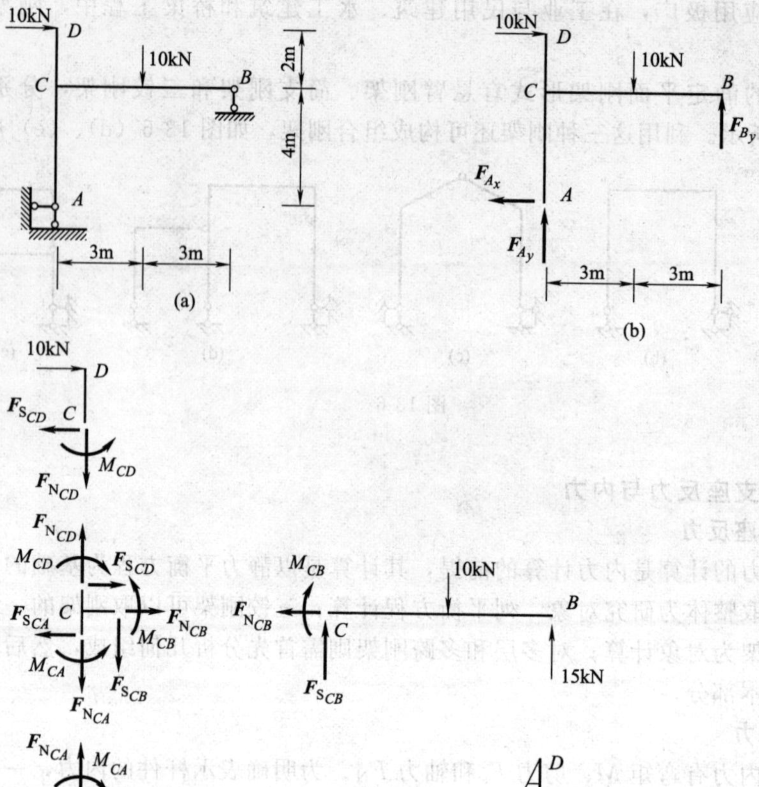

图 13-7

② 取隔离体 CA 段　$\sum F_x=0$　　$F_{S_{CA}}=10\text{kN}$

$\sum F_y=0$　　$F_{N_{CA}}=5\text{kN}$

$\sum M_C=0$　　$M_{CA}=10\times4=40$（kN·m）（右侧受拉）

$M_{AC}=0$

③ 取隔离体 CB 段　$\sum F_x=0$　　$F_{N_{CB}}=0$

$$\sum F_y=0 \quad F_{S_{CB}}=-5\text{kN}$$

$$\sum M_C=0 \quad M_{CB}=15\times6-10\times3=60\ (\text{kN}\cdot\text{m})\text{（下侧受拉）}$$

$$M_{BC}=0$$

（3）绘制内力图

① 绘制弯矩图。先将计算出来的各杆端弯矩画在杆件受拉的一侧。由于 CB 杆上有集中荷载作用，将两杆端弯矩先用虚线相连再以此虚线为临时基线，再叠加相应简支梁在集中荷载单独作用下的弯矩图；其余各杆上无荷载作用，将两杆端弯矩直接用直线相连。刚架弯矩图，如图 13-7（d）所示。

② 绘制剪力图。根据上述计算结果及剪力与荷载集度的关系，可绘制出刚架的剪力图，如图 13-7（e）所示。

③ 绘制轴力图。根据计算结果可绘制出刚架轴力图，如图 13-7（f）所示。

（4）校核　取如图 13-7（c）中的结点 C 为隔离体，由于：

$$\sum F_x=10-10=0,\ \sum F_y=5-5+0=0,\ \sum M_C=60-20-40=0$$

该结点满足平衡条件。

【例 13-4】 作如图 13-8（a）所示刚架的内力图。

【解】

（1）求支座反力。由刚架的整体平衡条件可求得：

$$\sum F_x=0,\ 5\times4-F_{B_x}=0,\ F_{B_x}=20\text{kN}\ (\leftarrow)$$

$$\sum M_B=0,\ 30\times3+15-F_{A_y}\times6=0,\ F_{A_y}=17.5\text{kN}\ (\uparrow)$$

$$\sum F_y=0,\ F_{A_y}+F_{B_y}-30=0,\ F_{B_y}=12.5\text{kN}\ (\uparrow)$$

（2）求各杆端内力

① 取 AC 杆为隔离体，如图 13-8（e）所示，由平衡条件可得：

$$M_{AC}=0,\ M_{CA}=\frac{1}{2}\times5\times4^2=40\ (\text{kN}\cdot\text{m})\text{（左侧受拉）}$$

$$F_{S_{AC}}=0,\ F_{S_{CA}}=-5\times4=-20\text{kN}$$

$$F_{N_{AC}}=F_{N_{CA}}=-17.5\text{kN}$$

② 为求 CD 杆内力，取隔离体 AC 如图 13-8（f）所示，由平衡条件可得：

$$M_{CD}=-\frac{1}{2}\times5\times4^2=-40\ (\text{kN}\cdot\text{m})\text{（上侧受拉）}$$

$$F_{S_{CD}}=17.5\text{kN}$$

$$F_{N_{CD}}=-5\times4=-20\text{kN}$$

③ 取 CD 杆为隔离体，如图 13-8（g）所示，由平衡条件可得：

$$M_{DC}=17.5\times6-40-30\times3=-25\ (\text{kN}\cdot\text{m})\text{（上侧受拉）}$$

$$F_{S_{DC}}=17.5-30=-12.5\text{kN}$$

$$F_{N_{DC}}=-20\text{kN}$$

④ 取 BD 杆为隔离体，如图 13-8（h）所示，由平衡条件可得：

$$M_{DB}=-20\times2=-40\ (\text{kN}\cdot\text{m})\text{（右侧受拉）},\ M_{BD}=0$$

$$F_{S_{CA}}=F_{S_{AC}}=20\text{kN}$$

$$F_{N_{DB}}=F_{N_{BD}}=-12.5\text{kN}$$

（3）绘制内力图

① 绘制弯矩图。先将计算出来的杆端弯矩画在杆件受拉的一侧。AC 杆上有均布荷载作

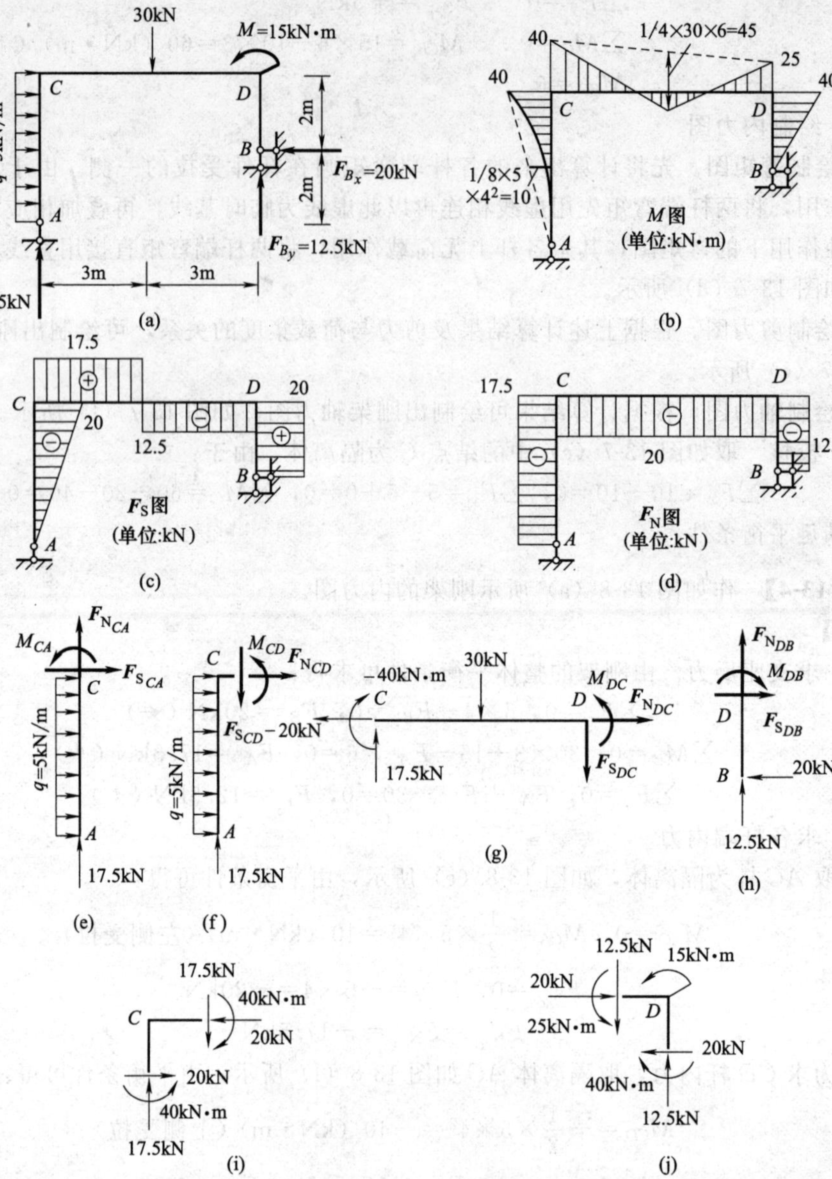

图 13-8

用，将两杆端弯矩先用虚线相连再以此虚线为临时基线，将相应简支梁在均布荷载单独作用下的弯矩图叠加上即可；CD 杆上有集中荷载作用，将两杆端弯矩先用虚线相连再以此虚线为临时基线，将相应简支梁在集中荷载单独作用下的弯矩图叠加上即可；DB 杆上无荷载作用，将两杆端弯矩直接用直线相连。刚架弯矩图，如图 13-8（b）所示。

② 绘制刚架的剪力图、轴力图，如图 13-8（c）、（d）所示。

（4）校核

① 刚结点 C 的隔离体受力图，如图 13-8（i）所示。由于：

$$\sum F_x=20-20=0,\ \sum F_y=17.5-17.5=0,\ \sum M_C=40-40=0$$

则该结点 C 满足平衡条件。

② 刚结点 D 的隔离体受力图，如图 13-8（j）所示。由于：

$$\sum F_x = 20 - 20 = 0,\ \sum F_y = 12.5 - 12.5 = 0,\ \sum M_D = 25 + 15 - 40 = 0$$

则结点 D 满足平衡条件。

【例 13-5】 作如图 13-9（a）所示刚架的内力图。

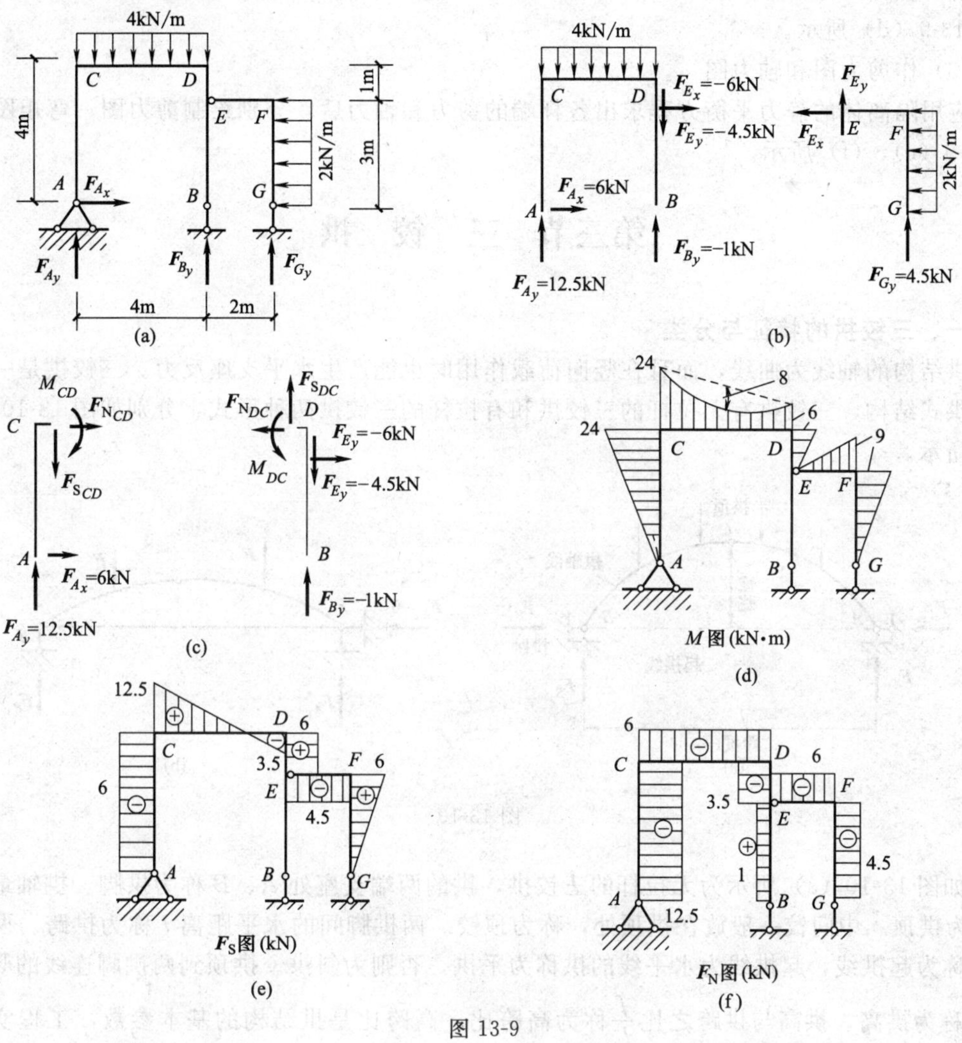

图 13-9

【解】

（1）求支座反力。如图 13-9（a）所示为一组合刚架，由基本部分 $ABCD$ 和附属部分 EFG 组成，其受力如图 13-9（b）所示。

首先取附属部分 EFG 为隔离体：

$$\sum M_E = 0 \quad \frac{1}{2} \times 2 \times 3^2 - F_{Gy} \times 2 = 0 \quad F_{G_y} = 4.5\text{kN}\ (\uparrow)$$

$$\sum F_x = 0 \qquad F_{E_x} = -6\text{kN}$$

$$\sum F_y = 0 \qquad F_{E_y} = -4.5\text{kN}$$

再取基本部分 $ABCD$ 为隔离体，可求出各支座的支反力：

$$F_{A_x} = 6\text{kN},\ F_{A_y} = 12.5\text{kN},\ F_{D_y} = -1\text{kN}$$

（2）作弯矩图

以 CD 杆为例，如图 13-9（c）所示。

对隔离体 AC　　$M_{CD}=F_{A_x}\times 4=6\times 4=24$（kN·m）（上侧受拉）

对隔离体 BD　　$M_{DC}=-F_{E_x}\times 1=-(-6)\times 1=6$（kN·m）（上侧受拉）

求出各杆端弯矩并画在受拉的一侧，再叠加各杆相应简支梁的弯矩图，得刚架弯矩图，如图 13-9（d）所示。

（3）作剪力图和轴力图

应用隔离体的静力平衡方程求出各杆端的剪力和轴力后，分别绘制剪力图、弯矩图，如图 13-9（e）、（f）所示。

第三节　三　铰　拱

一、三铰拱的特征与分类

拱结构的轴线为曲线，而且在竖向荷载作用时也能产生水平支座反力。三铰拱是一种静定的拱式结构，三铰拱有无拉杆的三铰拱和有拉杆的三铰拱两种形式，分别如图 13-10（a）、（b）所示。

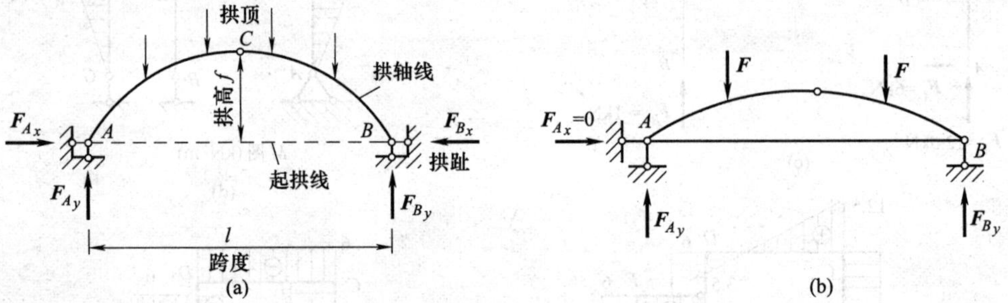

图 13-10

如图 13-10（a）所示为无拉杆的三铰拱，拱的两端支座处 A、B 称为拱脚。拱轴最高处 C 称为拱顶。中间铰一般放在拱顶处，称为顶铰。两拱脚间的水平距离 l 称为拱跨。两拱脚连线称为起拱线，起拱线为水平线的拱称为平拱，否则为斜拱。拱顶到两拱脚连线的竖向距离 f 称为拱高。拱高与拱跨之比 $\frac{f}{l}$ 称为高跨比，高跨比是拱结构的基本参数，工程实际中高跨比约在 1 至 $\frac{1}{10}$ 之间。在两个铰支座 A、B 处，水平支座反力指向拱内，又称为水平推力。

如图 13-10（b）所示为有拉杆三铰拱，拉杆的内力代替了无拉杆三铰拱的水平推力。

二、三铰拱的计算

1. 支座反力计算

如图 13-11（a）所示三铰拱，有四个支座反力 F_{A_x}、F_{A_y}、F_{B_x}、F_{B_y}。取拱的整体为隔离体。

由 $\sum M_B=0$，得：　　$$F_{A_y}=\frac{1}{l}(F_1b_1+F_2b_2)=\frac{\sum F_ib_i}{l}\ (\uparrow) \tag{13-1a}$$

由 $\sum M_A=0$，得：　　$$F_{B_y}=\frac{1}{l}(F_1a_1+F_2a_2)=\frac{\sum F_ia_i}{l}\ (\uparrow) \tag{13-1b}$$

由$\sum F_x=0$，得：　　$F_{A_x}-F_{B_x}=0 \quad F_{A_x}=F_{Bx}=F_x$　　(13-1c)

再取左半拱为隔离体，由

$$\sum M_C=0，得：\quad F_{A_x}=\frac{F_{A_y}\dfrac{l}{2}-F_1\left(\dfrac{l}{2}-a_1\right)}{f}\ (\rightarrow) \tag{13-1d}$$

为了便于比较，现取一个跨度与荷载及其作用位置都与三铰拱相同的相应简支梁，其支座反力分别以 $F^0_{A_y}$、$F^0_{B_y}$ 表示，如图 13-11（b）所示。在竖向荷载作用下，三铰拱的竖向支座反力与其代梁的支座反力相同，即：

$$F_{A_y}=F^0_{A_y} \tag{13-2}$$

$$F_{B_y}=F^0_{B_y} \tag{13-3}$$

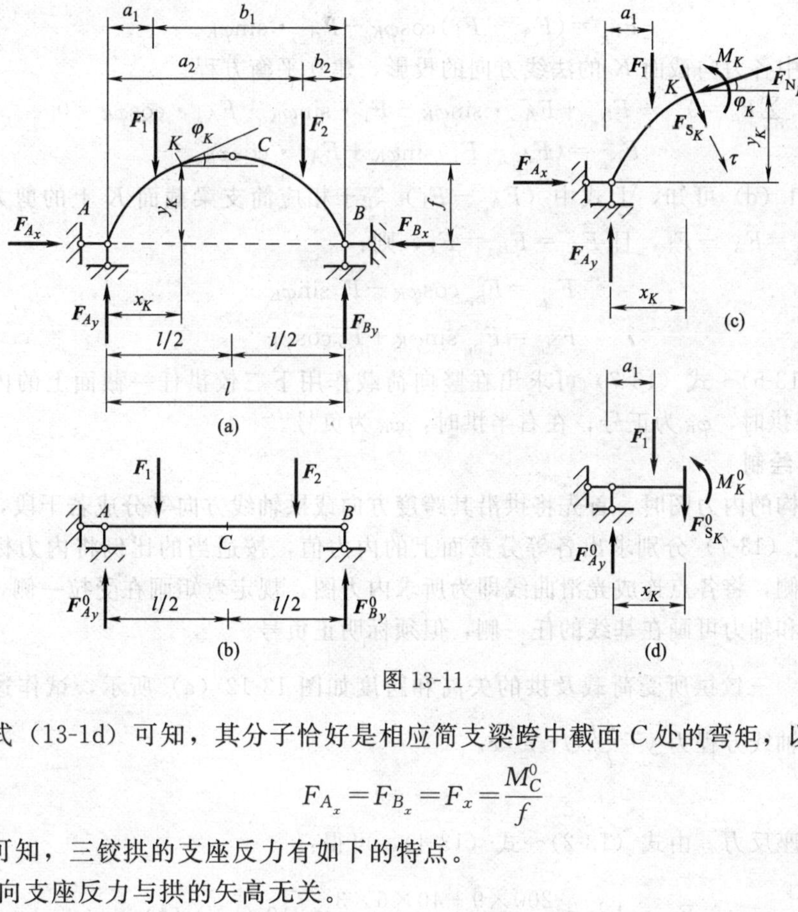

图 13-11

分析式（13-1d）可知，其分子恰好是相应简支梁跨中截面 C 处的弯矩，以 M^0_C表示。

$$则：\quad F_{A_x}=F_{B_x}=F_x=\frac{M^0_C}{f} \tag{13-4}$$

由此可知，三铰拱的支座反力有如下的特点。

① 竖向支座反力与拱的矢高无关。

② 拱的水平推力与拱轴的曲线形式无关，而与拱的矢高 f 成反比。即拱愈高水平推力愈小，反之，拱愈低水平推力愈大。

2. 内力计算

如图 13-11（a）所示三铰拱，在 K 处用一截面将拱截开，截面 K 形心坐标为（x_K，y_K），截面 K 处拱轴切线与水平线所成的锐角 φ_K；截面 K 的内力有弯矩 M_K、剪力 F_{S_K} 和轴力 F_{N_K}，如图 13-11（c）所示。拱的内力弯矩 M、剪力 F_S 符号规定与梁的规定相同，轴力 F_N 与前面相反，即轴向压力为正，轴向拉力为负。几何参数可由拱轴方程 $y=f(x)$ 及其导数$\dfrac{dy}{dx}=\tan\varphi$ 求出。

如图 13-11（c）所示，取三铰拱 K 点左侧为隔离体，计算截面 K 上的内力。

由 $\sum M_K=0$，得：

$$M_K=[F_{A_y}x_K-F_1(x_K-a_1)]-F_{A_x}y_K$$

上式中括号内的值恰好等于拱相应简支梁截面 K 上的弯矩 M_K^0，如图 13-11（d）所示。故上式可写为：

$$M_K=M_K^0-F_xy_K \tag{13-5}$$

式中，y_K 是 K 点到直线 AB 的垂直距离；F_x 是拱的水平反力；弯矩 M_K 以使拱的内面产生拉应力为正。

将隔离体中各力向截面 K 的切线方向的投影，建立平衡方程

$$\sum F_\tau=0 \quad F_{S_K}-F_{A_y}\cdot\cos\varphi_K+F_1\cdot\cos\varphi_K+F_{A_x}\cdot\sin\varphi_K$$

得：

$$F_{S_K}=(F_{A_y}-F_1)\cos\varphi_K-F_{A_x}\cdot\sin\varphi_K$$

将隔离体中各力向截面 K 的法线方向的投影，建立平衡方程

$$\sum F_n=0 \quad -F_{N_K}+F_{A_y}\cdot\sin\varphi_K-F_1\cdot\sin\varphi_K+F_{A_x}\cdot\cos\varphi_K=0$$

得：

$$F_{N_K}=(F_{A_y}-F_1)\sin\varphi_K+F_{A_x}\cdot\cos\varphi_K$$

由图 13-11（d）可知，上式中（$F_{A_y}-F_1$）等于相应简支梁截面 K 上的剪力 F_{SK}^0，有 $F_{S_K}^0=F_{A_y}^0-F_1=F_{A_y}-F_1$，且 $F_{A_x}=F_{B_x}=F_x$，则：

$$F_{S_K}=F_{S_K}^0\cos\varphi_K-F_x\sin\varphi_K \tag{13-6}$$

$$F_{N_K}=F_{S_K}^0\sin\varphi_K+F_x\cos\varphi_K \tag{13-7}$$

利用式（13-5）～式（13-7）可求出在竖向荷载作用下三铰拱任一截面上的内力。规定截面 K 在左半拱时，φ_K 为正号；在右半拱时，φ_K 为负号。

3. 内力图绘制

绘制拱结构的内力图时，首先将拱沿其跨度方向或拱轴线方向等分成若干段，然后利用式（13-5）～式（13-7）分别求出各等分截面上的内力值，按适当的比例将内力标在拱轴线或水平基线两侧，将各点连成光滑曲线即为所求内力图。规定弯矩画在受拉一侧，不需标注正负号，剪力和轴力可画在基线的任一侧，但须标明正负号。

【例 13-6】 三铰拱所受荷载及拱的矢高和跨度如图 13-12（a）所示，试作这个三铰拱的内力图。拱轴线方程为 $y=\dfrac{4f}{l^2}(l-x)x$。

【解】

（1）求支座反力。由式（13-2）～式（13-4），可得：

$$F_{A_y}=F_{A_y}^0=\frac{200\times9+40\times6\times3}{12}=210\ (\text{kN})\ (\uparrow)$$

$$F_{B_y}=F_{B_y}^0=\frac{200\times3+40\times6\times9}{12}=230\ (\text{kN})\ (\uparrow)$$

$$F_{A_x}=F_{B_x}=F_x=\frac{M_C^0}{f}=\frac{210\times6-200\times3}{4}=162\ (\text{kN})\ (\rightarrow\leftarrow)$$

（2）计算拱内各截面内力。由已知条件，求拱的拱轴方程：

$$y=\frac{4f}{l^2}(l-x)x=\frac{4\times4}{12^2}(12-x)x=\frac{x}{9}(12-x)$$

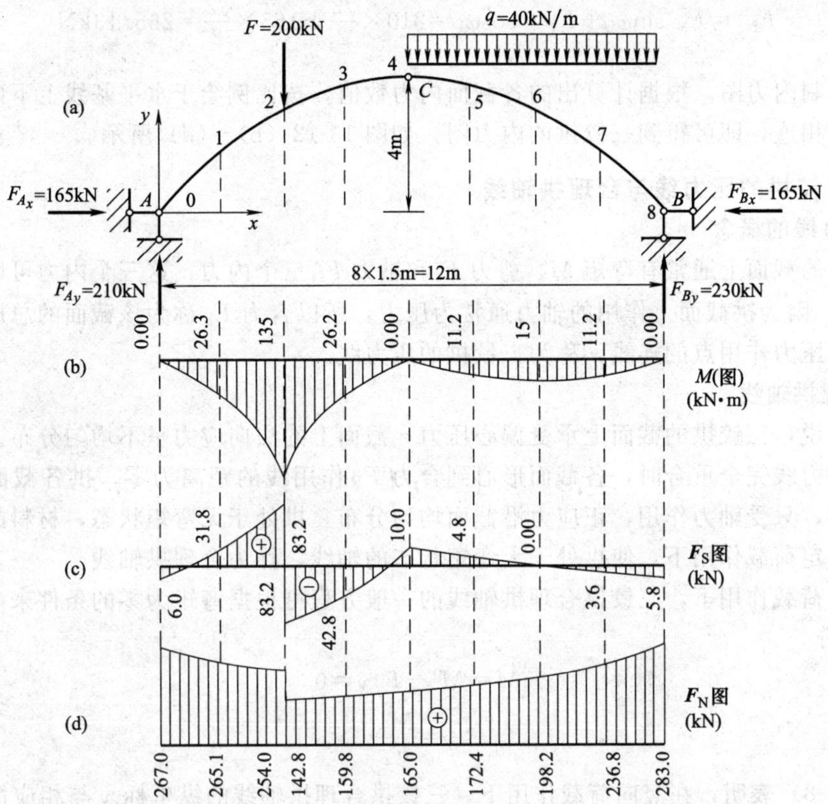

图 13-12

拱上任一点的斜率为：

$$\tan\varphi=\frac{\mathrm{d}y}{\mathrm{d}x}=\frac{1}{9}(12-2x)=\frac{4}{3}-\frac{2}{9}x$$

为绘制三铰拱内力图，沿 x 轴每隔 1.5m 取一个截面，将拱分为 8 等份，分别计算各段截面内的内力。现以截面 1 为例，求出其弯矩、剪力及轴力。

在截面 1 处，$x=1.5\text{m}$

$$y_1=\frac{1.5}{9}\times(12-1.5)=1.75\ (\text{m})$$

$$\tan\varphi=\frac{4}{3}-\frac{2}{9}\times1.5=1.0$$

$$\varphi_1=45^\circ$$

$$\sin\varphi_1=\cos\varphi_1=\frac{\sqrt{2}}{2}$$

分别用式（13-5）～式（13-7）计算截面 1 的弯矩、剪力和轴力：

$$M_1=M_1^0-F_x\cdot y_1=210\times1.5-165\times1.75=26.25\ (\text{kN}\cdot\text{m})$$

$$F_{S_1}=F_{S_1}^0\cdot\cos\varphi_1-F_x\cdot\sin\varphi_1=210\times\frac{\sqrt{2}}{2}-165\times\frac{\sqrt{2}}{2}=31.8\text{kN}$$

$$F_{N_1}=F_{S_1}^0\sin\varphi_1+F_x\cdot\cos\varphi_1=210\times\frac{\sqrt{2}}{2}+165\times\frac{\sqrt{2}}{2}=265.13\text{kN}$$

（3）绘制内力图。根据计算出的各截面内力数值，按比例绘于水平基线上下两侧，然后用光滑曲线相连，即可得到三铰拱的内力图，如图 13-12（b）～（d）所示。

三、三铰拱的压力线与合理拱轴线

1. 压力线的概念

三铰拱的截面上通常有弯矩 M、剪力 F_s和轴力 F_N三个内力，这三个内力可以合成为一个合力 F_R。因为拱截面上作用的轴力通常为压力，所以合力 F_R称为该截面的总压力。三铰拱各截面总压力作用点的连线，称为三铰拱的压力线。

2. 合理拱轴线

一般来说，三铰拱的截面上承受偏心压力，截面上的法向应力呈不均匀分布。当拱的轴线恰好与压力线完全重合时，各截面形心到合力 F_R作用线的距离为零，拱各截面上将没有弯矩和剪力，只受轴力作用，正应力沿截面均匀分布，拱处于无弯矩状态，材料的使用最为经济。在固定荷载作用下，使拱处于无弯矩状态的轴线，称为合理拱轴线。

在竖向荷载作用下，三铰拱合理拱轴线的一般方程可根据弯矩为零的条件来确定。由式(13-5)，有：

$$M=M^0-F_xy=0$$

得：

$$y=\frac{M^0}{F_x} \tag{13-8}$$

式（13-8）表明，在竖向荷载作用下，三铰拱合理拱轴线的纵坐标 y 与相应简支梁弯矩图的竖标成正比。当荷载已知时，只需求出相应简支梁的弯矩方程，然后除以常数 F_x，便得到合理拱轴线方程。

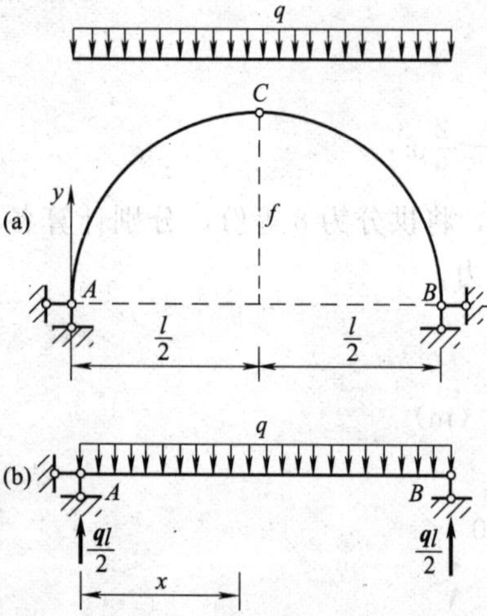

图 13-13

【例 13-7】 求如图 13-13（a）所示三铰拱在竖向满跨均布荷载 q 作用下的合理拱轴线。

【解】

取支座 A 为坐标原点，坐标系如图 13-13（a）所示。

拱的相应简支梁如图 13-13（b）所示，其弯矩方程为：

$$M^0=\frac{ql}{2}x-\frac{q}{2}x^2$$

拱的水平推力为 $F_{A_x}=F_{B_x}=F_x=\dfrac{M_C^0}{f}=\dfrac{ql^2}{8f}$

由式（13-8）可得三铰拱的合理拱轴方程为：

$$y=\frac{M^0}{F_x}=\frac{4f}{l^2}x(l-x)$$

可见，三铰拱在竖向满跨均布荷载 q 作用下，其合理拱轴线为二次抛物线。合理拱轴是针对某一种特定荷载而言的，当荷载的作用位置或性质发生变化时，合理拱轴的方程也会相应的改变。

第四节　静定平面桁架

一、桁架的特征与分类

桁架是由若干直杆在两端用铰连接而成的杆系结构，当荷载只作用在结点上时，各杆只有轴力，横截面上应力分布均匀。与梁相比，桁架材料的使用经济、合理。

桁架的用途广泛，常用于桥梁、屋架、水闸闸门构架、输电塔架及其他大跨度结构中。一钢筋混凝土屋架的示意图，如图 13-14（a）所示。

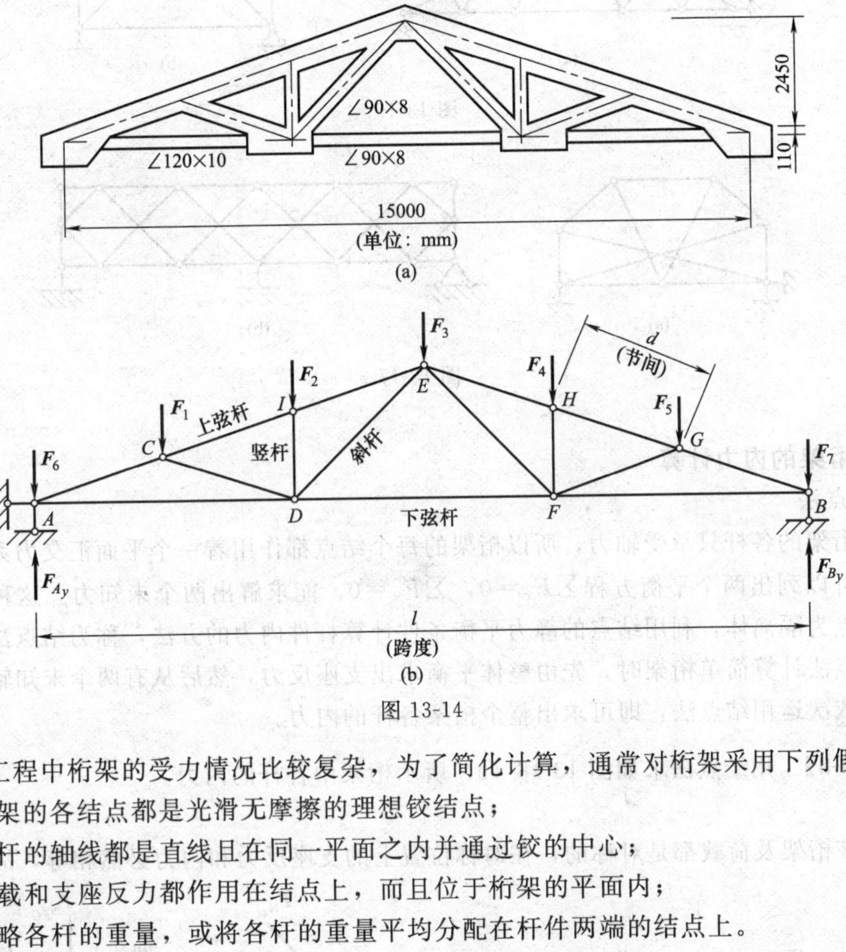

图 13-14

实际工程中桁架的受力情况比较复杂，为了简化计算，通常对桁架采用下列假定。

① 桁架的各结点都是光滑无摩擦的理想铰结点；

② 各杆的轴线都是直线且在同一平面之内并通过铰的中心；

③ 荷载和支座反力都作用在结点上，而且位于桁架的平面内；

④ 忽略各杆的重量，或将各杆的重量平均分配在杆件两端的结点上。

满足上述特点的桁架称为理想桁架，理想桁架中的各杆均为二力杆。根据上述假定，得到如图 13-14（a）所示钢筋混凝土屋架的计算简图，如图 13-14（b）所示。

根据桁架的几何构造特点，桁架可分为简单桁架、联合桁架和复杂桁架三类。

（1）简单桁架　由基础或一个基本铰接三角形开始，逐次用不再同一条直线上的两个链杆连接一个新结点，这样构成的桁架称为简单桁架，如图 13-15 所示。

（2）联合桁架　由几个简单桁架组成的几何不变的铰接体系，称为联合桁架，如图 13-16 所示。

（3）复杂桁架　凡不属于简单桁架和联合桁架的桁架，称为复杂桁架，如图 13-17 所示。

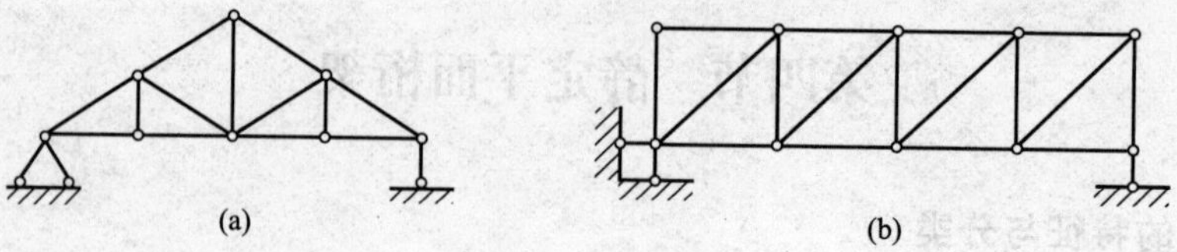

图 13-15

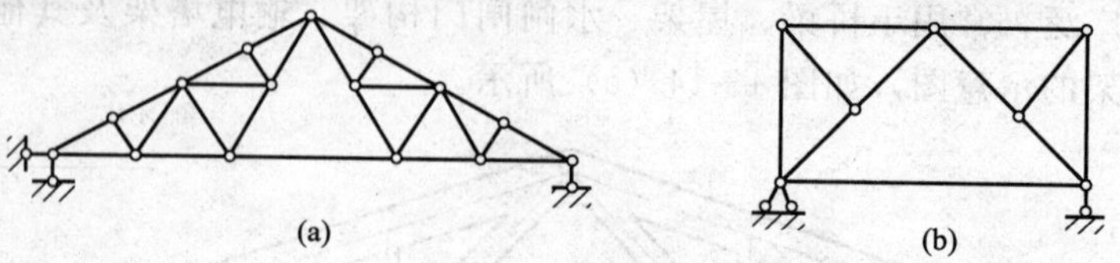

图 13-16

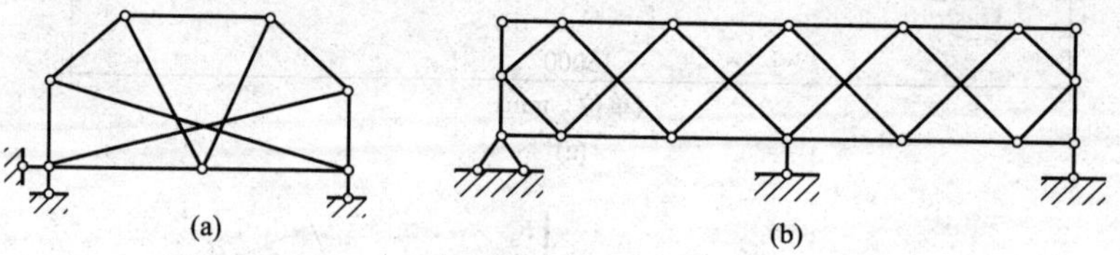

图 13-17

二、桁架的内力计算

1. 结点法

由于桁架的各杆只承受轴力，所以桁架的每个结点都作用着一个平面汇交力系。对每个桁架结点可以列出两个平衡方程$\sum F_x=0$，$\sum F_y=0$，能求解出两个未知力。这种截取桁架的一个结点为隔离体，利用结点的静力平衡条件计算杆件内力的方法，称为结点法。

用结点法计算简单桁架时，先由整体平衡求出支座反力，然后从有两个未知轴力的铰结点处开始依次运用结点法，即可求出整个桁架各杆的内力。

【例 13-8】 用结点法求如图 13-18（a）所示桁架中各杆的内力。

【解】

由于该桁架及荷载都是对称的，在对称位置上的支座反力和内力必然相等，故只需计算

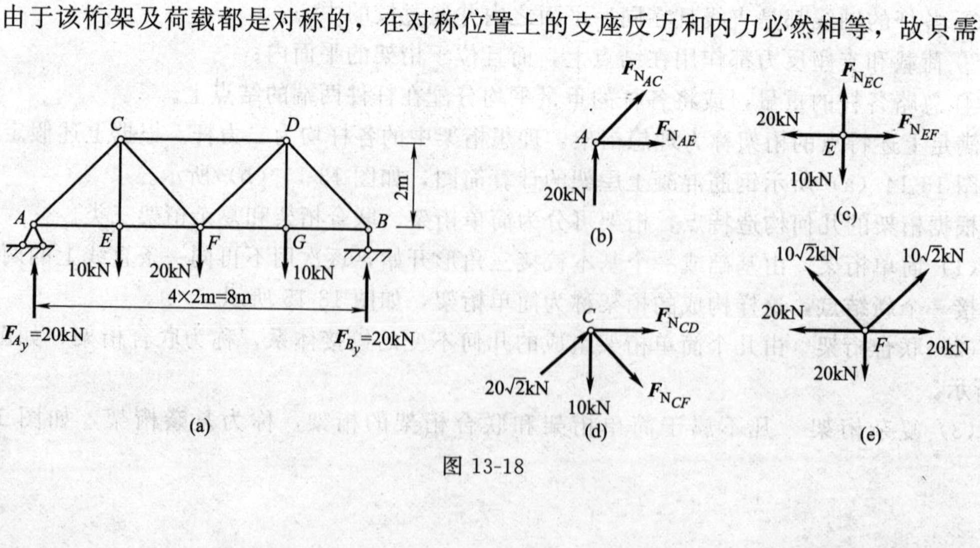

图 13-18

半边桁架的内力。

（1）计算桁架的支座反力

$$F_{A_y}=F_{B_y}=20\text{kN}\ (\uparrow)\qquad F_{A_x}=0$$

（2）计算各杆内力。求出反力后，从仅有两个未知轴力的结点开始，逐次截取桁架结点求出各杆的内力。在杆件内力未知时，假定杆件承受拉力。

① 结点 A 为隔离体，如图 13-18（b）所示。

$$\sum F_y=0\quad F_{N_{AC}}\times\sin45°+20=0$$

$$F_{AC}=-20\sqrt{2}\text{kN}$$

$$\sum F_x=0\quad F_{N_{AE}}+F_{N_{AC}}\times\cos45°=0$$

$$F_{N_{AE}}=-F_{N_{AC}}\times\frac{\sqrt{2}}{2}=-(-20\sqrt{2})\times\frac{\sqrt{2}}{2}=20\ (\text{kN})$$

② 结点 E 为隔离体，如图 13-18（c）所示。

$$\sum F_y=0\quad F_{N_{EC}}-10=0$$

$$F_{N_{EC}}=10\text{kN}$$

$$\sum F_x=0\quad F_{N_{EF}}-20=0$$

$$F_{N_{EF}}=20\text{kN}$$

③ 结点 C 为隔离体，如图 13-18（d）所示。

$$\sum F_y=0\quad -F_{N_{CF}}\times\cos45°-10+20\sqrt{2}\times\cos45°=0$$

$$F_{N_{CF}}=-10\sqrt{2}+20\sqrt{2}=10\sqrt{2}\ (\text{kN})$$

$$\sum F_x=0\quad F_{N_{CD}}+F_{N_{CF}}\times\sin45°+20\sqrt{2}\times\sin45°=0$$

$$F_{N_{CD}}=-10\sqrt{2}\times\frac{\sqrt{2}}{2}-20\sqrt{2}\times\frac{\sqrt{2}}{2}=-30\ (\text{kN})$$

另半边桁架杆件的内力，可根据对称性求得。

（3）校核。取结点 F 为隔离体，如图 13-18（e）所示。

$$\sum F_x=20+10\sqrt{2}\times\cos45°-20-10\sqrt{2}\times\cos45°=0$$

$$\sum F_y=10\sqrt{2}\times\sin45°+10\sqrt{2}\times\sin45°-20=0$$

F 结点平衡条件满足，内力计算准确。

桁架中内力为零的杆称为零杆。计算中若能先判断出零杆或直接观察出杆的内力，可使计算得到简化，这种情况有以下几种。

① 对于两杆结点，当没有外力作用于该结点时，则两杆均为零杆，如图 13-19（a）所示；当外力沿其中一杆的方向作用时，该杆内力与外力相等，另一杆为零杆，如图 13-19（b）所示。

② 对于三杆结点，若其中两杆共线，当无外力作用时，则第三杆为零杆，其余两杆内力相等，且内力性质相同（均为拉力或压力），如图 15-19（c）所示。

③ 对于四杆结点，当杆件两两共线，且无外力作用时，则共线的各杆内力相等，且性质相同，如图 13-19（d）所示。

2. 截面法

截面法是选择一适当的截面切断欲求内力的杆件，形成一个平面一般力系，可建立三个静力平衡方程 $\sum F_x=0$，$\sum F_y=0$，$\sum M=0$，能求出三个未知内力。

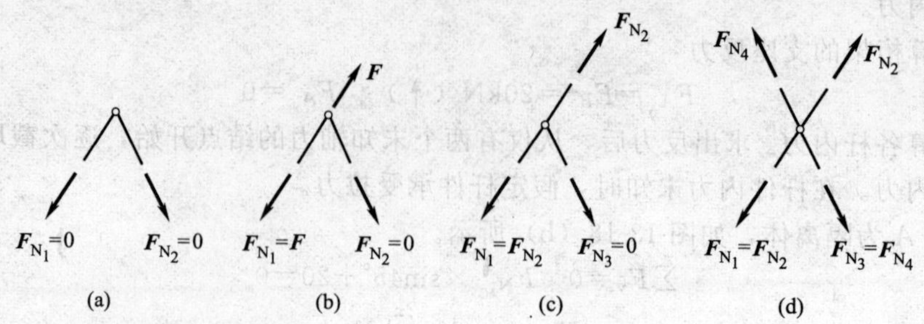

图 13-19

有的桁架杆件用截面法一次不易求得内力，可以联合使用结点法与截面法求解。

【例 13-9】 用截面法计算如图 13-20（a）所示桁架指定杆 a、b、c 的内力。

【解】

（1）计算支座反力 $F_{A_y}=F_{B_y}=30\text{kN}\ (\uparrow)$ $\quad F_{A_x}=0$

（2）计算指定杆 a、b、c 的内力 用截面 m-m 切断杆件 a、b、c，取截面左部分为隔离体，如图 13-20（b）所示。

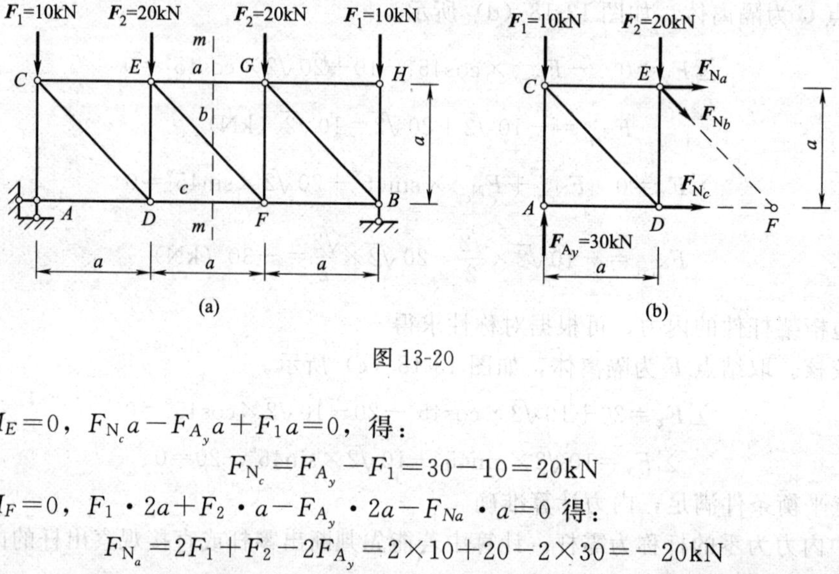

图 13-20

由 $\sum M_E=0$，$F_{N_c}a-F_{A_y}a+F_1a=0$，得：

$$F_{N_c}=F_{A_y}-F_1=30-10=20\text{kN}$$

由 $\sum M_F=0$，$F_1\cdot 2a+F_2\cdot a-F_{A_y}\cdot 2a-F_{Na}\cdot a=0$ 得：

$$F_{N_a}=2F_1+F_2-2F_{A_y}=2\times10+20-2\times30=-20\text{kN}$$

由 $\sum F_y=0$，$F_{A_y}-F_1-F_2-F_{N_b}\cos45^\circ=0$，得：

$$F_{N_b}=\sqrt{2}\times(F_{A_y}-F_1-F_2)=\sqrt{2}\times(30-10-20)=0$$

【例 13-10】 求图 13-21（a）所示桁架中指定杆件 a、b 的内力。

【解】 用截面 m-m 将桁架截开，取截面上部分为隔离体，如图 13-21（b）所示。虽然这个隔离体有 F_{N_a}、$F_{N_{CD}}$、$F_{N_{EF}}$、$F_{N_{GH}}$ 四个未知力，但这四个未知力中的三个未知力 $F_{N_{CD}}$、$F_{N_{EF}}$、$F_{N_{GH}}$ 平行，应用 $\sum F_x=0$ 即可求出未知力 F_{N_a}。

由 $\sum F_x=0$，得：$-F-F_{N_a}\cos45^\circ=0$

$$F_{N_a}=-\sqrt{2}F$$

为求 F_{N_b}，取结点 B 为隔离体，如图 13-21（c）所示，由 $\sum F_y=0$，得：

$$-F_{N_a}\sin45^\circ-F_{N_{BC}}\sin45^\circ=0$$

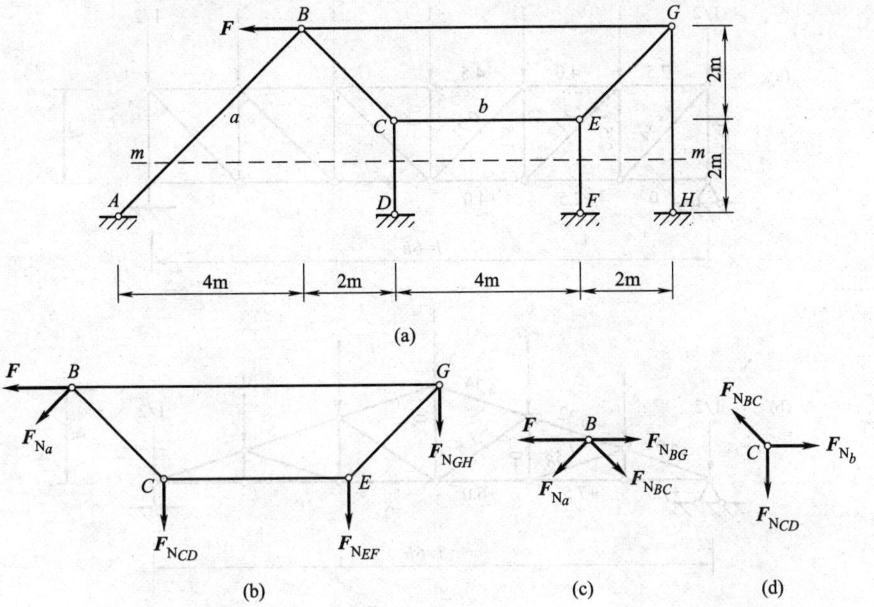

图 13-21

$$F_{N_{BC}}=-F_{N_a}=-(-\sqrt{2}F)=\sqrt{2}F$$

再取结点 C 为隔离体，如图 13-21（d）所示，由 $\sum F_x=0$，得：

$$F_{N_b}-F_{N_{BC}}\cos45^\circ=0$$

$$F_{N_b}=F_{N_{BC}}\cos45^\circ=\sqrt{2}F\times\frac{\sqrt{2}}{2}=F$$

三、几种不同外形桁架的力学性能比较

桁架各杆的内力与桁架的形状、杆件的布置及荷载的作用情况有关，下面就三种常见的平行弦桁架、三角形桁架和抛物线折弦桁架的力学性能进行比较。

三种桁架在相同的荷载、相同跨度和相同高度情况下各杆的内力分布，如图 13-22 所示。

1. 平行弦桁架

平行弦桁架，如图 13-22（a）所示。平行弦桁架杆中的内力分布不均匀，上、下弦杆内力由支点向跨中递增，腹杆内力则由支点向跨中递减。为适应内力变化，若采用不同截面，会增加拼接难度，若采用同一截面，又造成材料浪费。但平行弦桁架的结点形式相似，弦杆、斜杆、竖杆长度分别相等，便于标准化生产。

2. 三角形桁架

三角形桁架，如图 13-22（b）所示。三角形桁架的内力分布不均匀，上、下弦杆内力由支点向跨中递减，腹杆内力则由支点向跨中递增。这种桁架由于靠近支座的弦杆内力最大，如各段弦杆采用同样的截面，会造成浪费。且其端结点处上下弦之间夹角较小，构造比较复杂，制作困难。但它的两斜面外形符合屋顶构造的需要，在跨度较小的屋架结构中常被采用。

3. 抛物线形桁架

抛物线形桁架，如图 13-22（c）所示。抛物线形桁架的下弦杆内力完全相同，上弦各杆

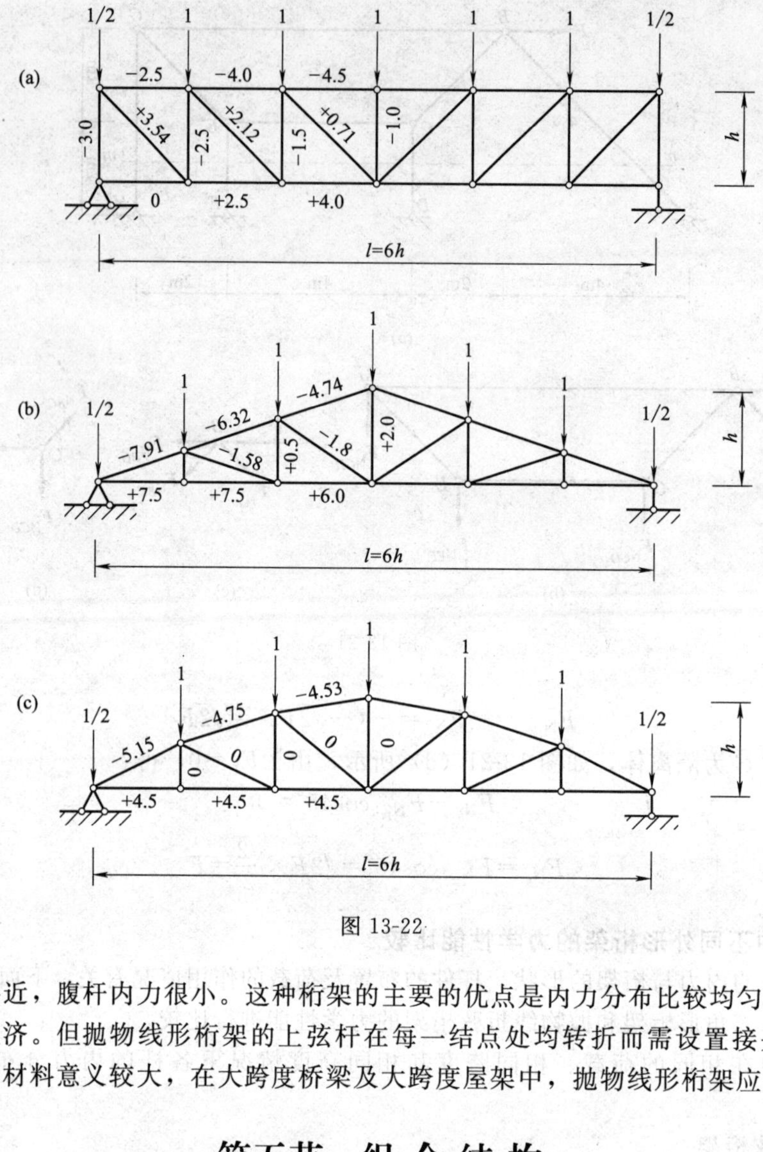

图 13-22

的内力也很接近，腹杆内力很小。这种桁架的主要的优点是内力分布比较均匀，因而在材料使用上最为经济。但抛物线形桁架的上弦杆在每一结点处均转折而需设置接头，构造较复杂。由于节约材料意义较大，在大跨度桥梁及大跨度屋架中，抛物线形桁架应用得较多。

第五节　组合结构

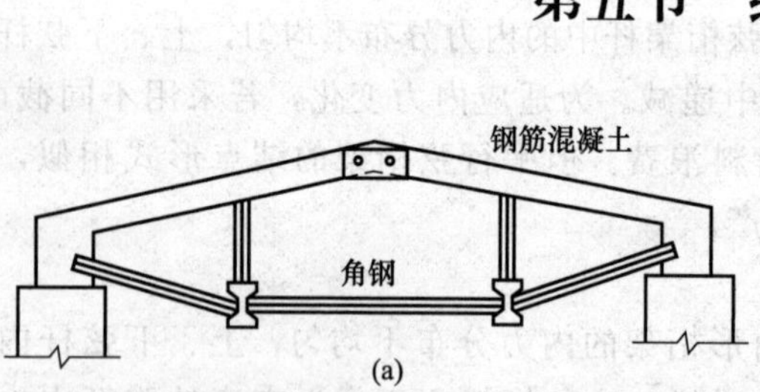

图 13-23

如图 13-23（a）所示，屋架的上弦是钢筋混凝土制作的受弯构件，下弦和竖杆是由型钢制作的两端相当于铰接的链杆，计算简图如图 15-23（b）所示。这种由承受弯矩、剪力、轴力的梁式杆和仅有轴力的链杆组合而成的结构，称为组合结构。

组合结构内力计算的关键是正确区分梁式杆和轴力杆。组合结构中的梁式杆承受横向力作用，可产生弯曲变形，截面上一般有弯矩、剪力和轴力，又称受弯构件；链杆两端铰接，且无横向力作用，只产生轴向变形，截面上只有轴力，又称为二力杆。

组合结构的内力计算，一般是先计算支座反力，然后计算各链杆的轴力，最后计算各梁式杆的内力，绘制内力图。

【例 13-11】 作图 13-24（a）所示组合结构的内力图。

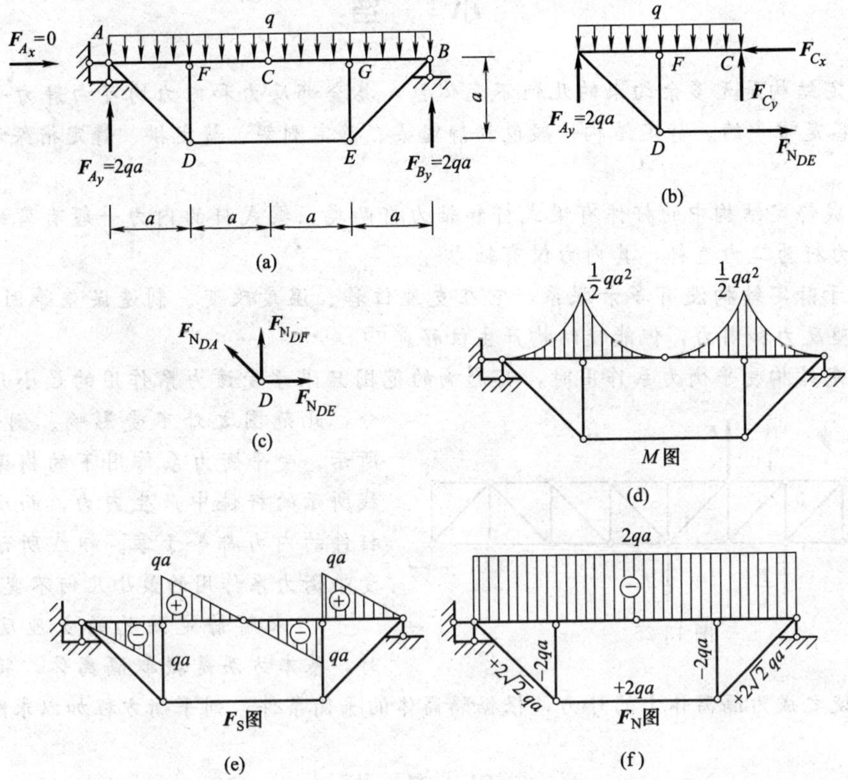

图 13-24

【解】 该结构 AC、CB 杆为梁式杆，其余各杆均为轴力杆。

(1) 求支座反力　$F_{A_x}=0$，$F_{A_y}=2qa$（↑），$F_{B_y}=2qa$（↑）

(2) 计算轴力杆的内力。取半边结构为隔离体，如图 13-24（b）所示。

由 $\sum F_y=0$，有：
$$F_{C_y}=0$$

由 $\sum M_C=0$，有：
$$F_{N_{DE}}\cdot a+\frac{1}{2}q(2a)^2-F_{A_y}\cdot 2a=0$$

得：
$$F_{N_{DE}}=2qa$$

由 $\sum F_x=0$，有：
$$F_{C_x}=F_{N_{DE}}=2qa$$

取结点 D 为隔离体，如图 13-24（c）所示。

由 $\sum F_x=0$，有：
$$F_{N_{DE}}-F_{N_{DA}}\cos 45^\circ=0$$

得：
$$F_{N_{DA}}=2\sqrt{2}qa$$

由 $\sum F_y=0$，有：
$$F_{N_{DF}}+F_{N_{DA}}\sin 45^\circ=0$$

得：
$$F_{N_{DF}}=-2qa$$

(3) 计算梁式杆内力、绘制内力图
$$F_{N_{AF}}=F_{N_{FC}}=F_{N_{CG}}=F_{N_{GB}}=-2qa$$

$$F_{s_A}=0，F_{s_F}^{左}=-qa，F_{s_F}^{右}=qa$$

$$M_F=\frac{1}{2}qa^2\ （上侧受拉），M_C=0$$

利用原结构的对称性绘制结构的内力图，如图 13-24（d）～(f) 所示。

小　结

1. 静定结构是无多余约束的几何不变体系，其全部反力和内力均可由静力平衡方程求出，且解答是唯一的。静定结构一般包括静定梁、静定刚架、静定拱、静定桁架和静定组合结构等。

2. 组成静定结构中的杆件有梁式杆和轴力杆两类，梁式杆的内力一般有弯矩、剪力和轴力；轴力杆为二力直杆，其内力仅有轴力。

3. 由于静定结构没有多余联系，它在支座位移、温度改变、制造误差等因素影响下，不产生支座反力和内力，但能使结构产生位移。

4. 静定结构受平衡力系作用时，其影响的范围只限于受该力系作用的最小几何不变部分，此范围之外不受影响。例如图 13-25 所示，受平衡力系作用下的桁架，只在粗线所示的杆件中产生内力，而反力和其他杆件的内力都等于零。粗线所示部分就是受平衡力系作用的最小几何不变部分。

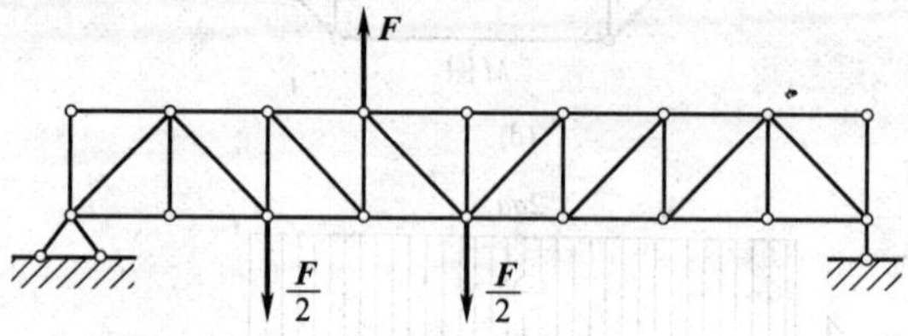

图 13-25

5. 求解静定结构的支座反力和内力时，基本方法是截取隔离体，将未知力暴露出来，使之成为隔离体上的外力，根据隔离体的平衡条件，列平衡方程加以求解。

思　考　题

13.1　多跨静定梁的基本组成特征是什么？

13.2　在同样荷载作用下，多跨静定梁的弯矩分布与由同样跨数的独立简支梁组成的多跨梁的弯矩分布有什么不同？

13.3　刚架的特点有哪些？

13.4　试比较拱与梁的受力特点。

13.5　什么是三铰拱的合理拱轴？三铰拱的合理拱轴与哪些因素有关？

13.6　计算桁架内力时，怎样利用其几何组成特点简化计算，以避免解算联立方程？

习　题

13.1　作如图 13-26 所示多跨静定梁的 M、F_S图。

13.2　试选择铰的位置 x，使如图 13-27 所示三跨静定梁中间一跨的跨中弯矩与两个边跨的支座弯矩的绝对值相等。

13.3　作如图 13-28 所示刚架的内力图。

13.4　作如图 13-29 所示刚架的内力图。

13.5　求如图 13-30 所示抛物线三铰拱的支座反力，并求截面 D 的内力。拱轴方程为 $y=\frac{4f}{l^2}(l-x)x$。

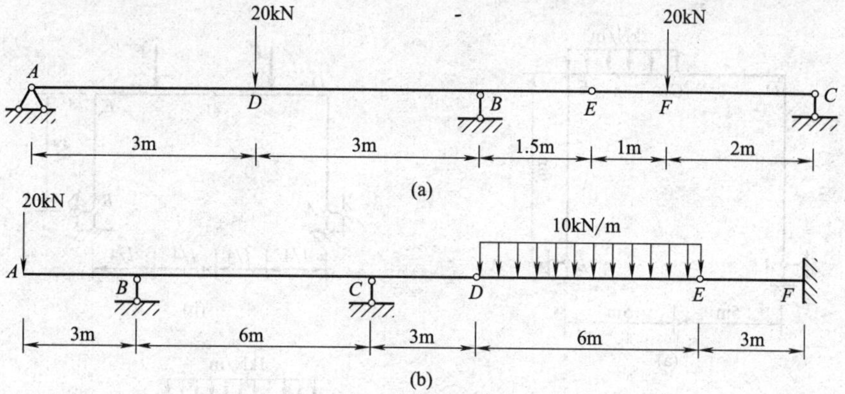

图 13-26

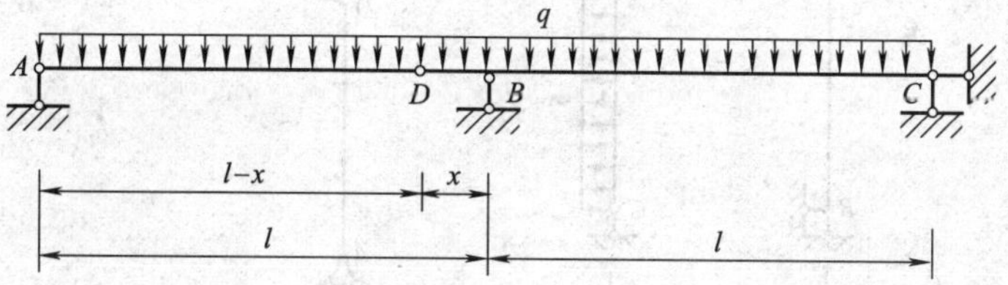

图 13-27

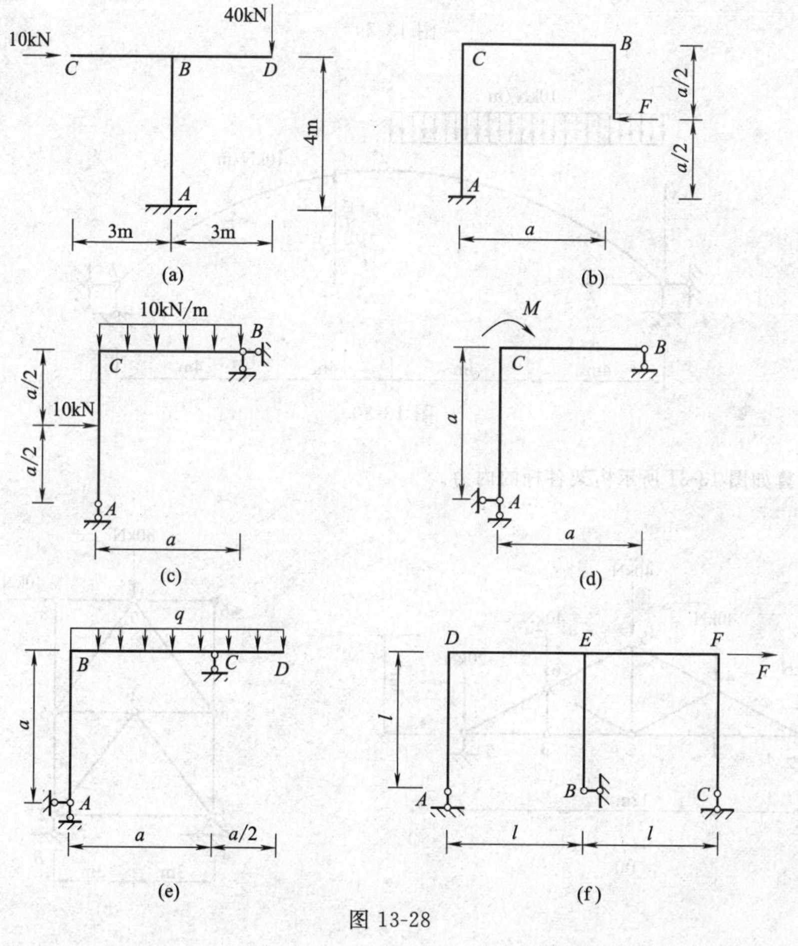

图 13-28

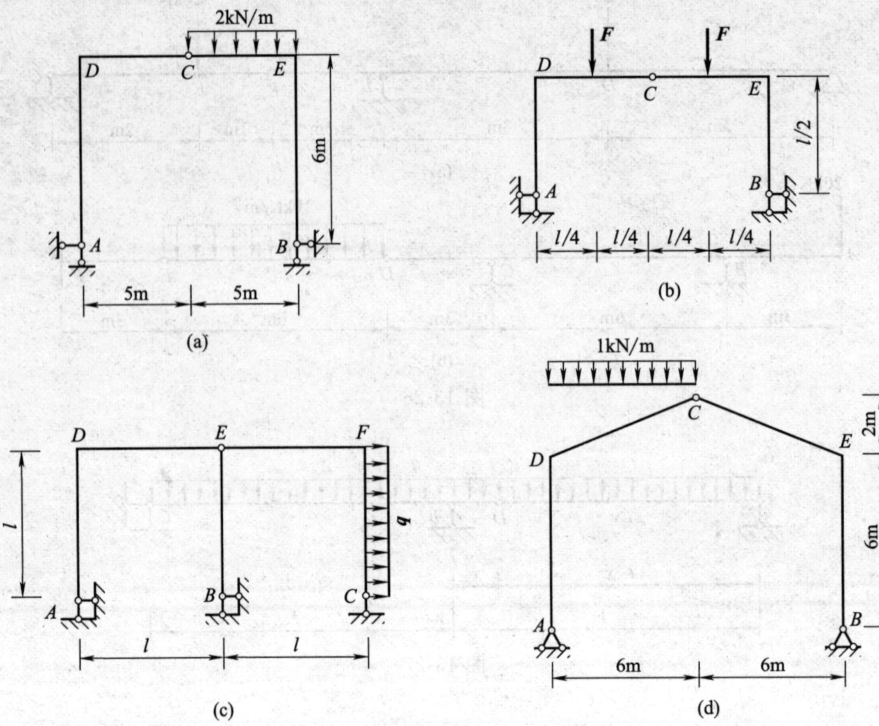

图 13-29

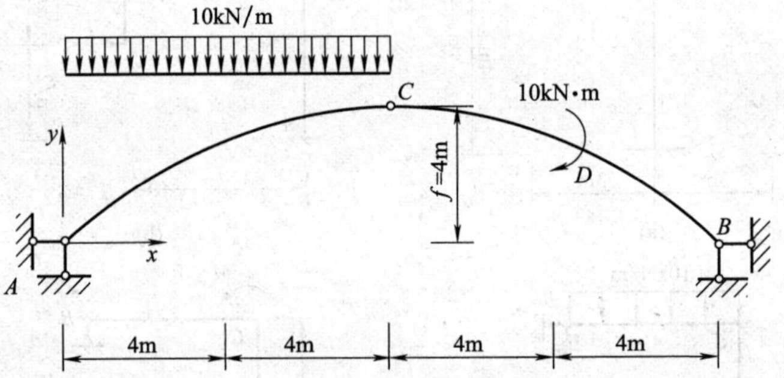

图 13-30

13.6　计算如图 13-31 所示桁架各杆的内力。

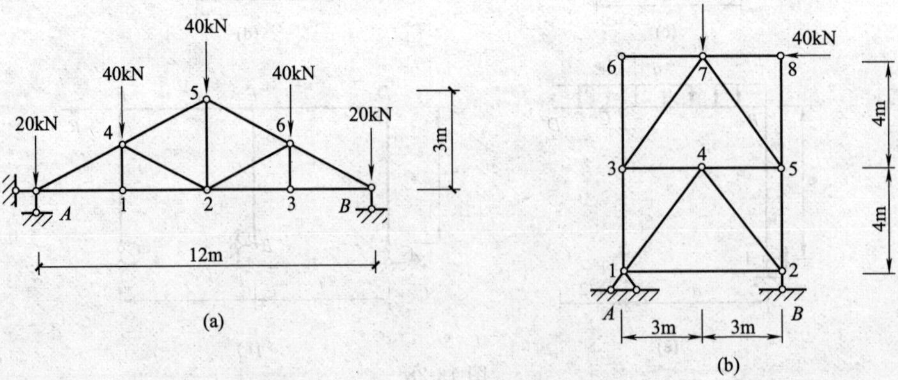

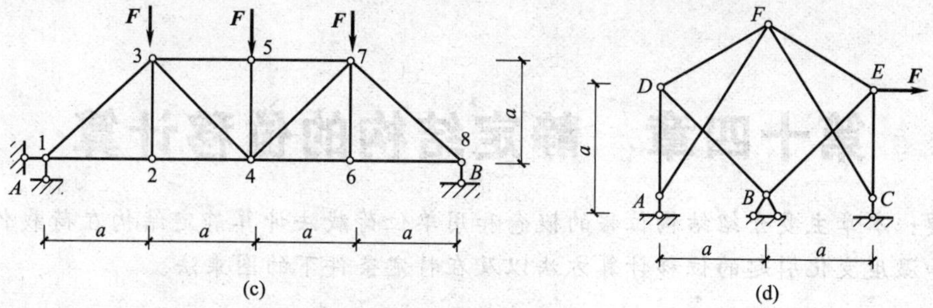

图 13-31

13.7　求如图 13-32 所示桁架中指定杆件的内力。

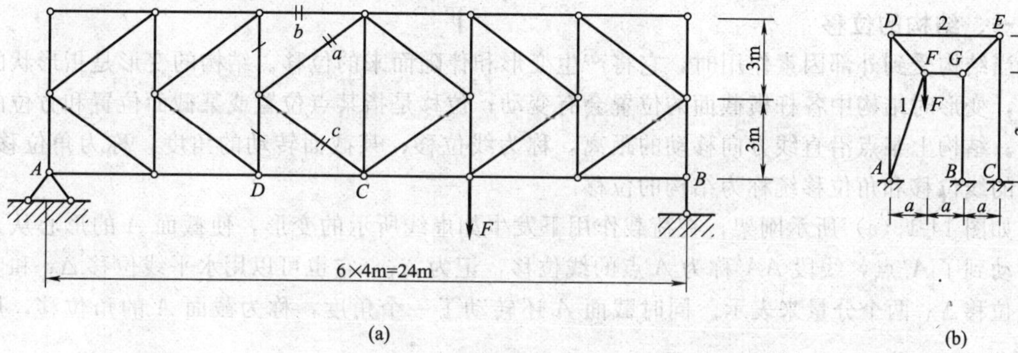

图 13-32

13.8　求如图 13-33 所示组合屋架的各杆的内力，并绘出杆 AC、BC 的弯矩图。

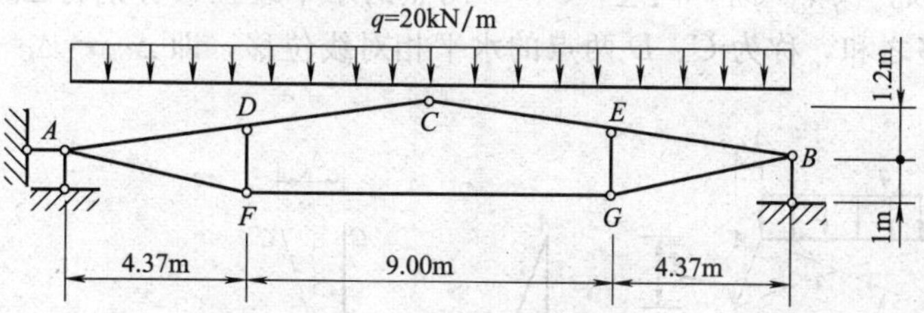

图 13-33

第十四章 静定结构的位移计算

提要：本章主要介绍结构位移的概念和用单位荷载法计算静定结构在荷载作用、支座移动和温度变化引起的位移计算方法以及在特定条件下的图乘法。

第一节 结构位移的概念与虚功原理

一、结构的位移

当结构受到外部因素作用时，它将产生变形和伴随而来的位移。结构的变形是指形状的改变，变形时结构中各杆横截面的位置会有变动；位移是指某点位置或某截面位置和方位的移动。结构上某点沿直线方向移动的距离，称为线位移；某截面转动的角度，称为角位移。结构的线位移和角位移统称为结构的位移。

如图 14-1（a）所示刚架，在荷载作用下发生如虚线所示的变形，使截面 A 的形心从 A 点移动到了 A'点，线段 AA'称为 A 点的线位移，记为 Δ_A，它也可以用水平线位移 Δ_{A_x} 和竖向线位移 Δ_{A_y} 两个分量来表示。同时截面 A 还转动了一个角度，称为截面 A 的角位移，用 φ_A 表示。

如图 14-1（b）所示刚架，在荷载作用下发生虚线所示变形，截面 A 发生了 φ_A 角位移，同时截面 B 发生了 φ_B 的角位移。这两个截面的方向相反的角位移之和，称为截面 A、B 的相对角位移，即 $\varphi_{AB}=\varphi_A+\varphi_B$。同理，$C$、$D$ 两点的水平线位移分别为 Δ_C 如 Δ_D，这两个指向相反的水平位移之和，称为 C、D 两点的水平相对线位移，即 $\Delta_{CD}=\Delta_C+\Delta_D$。

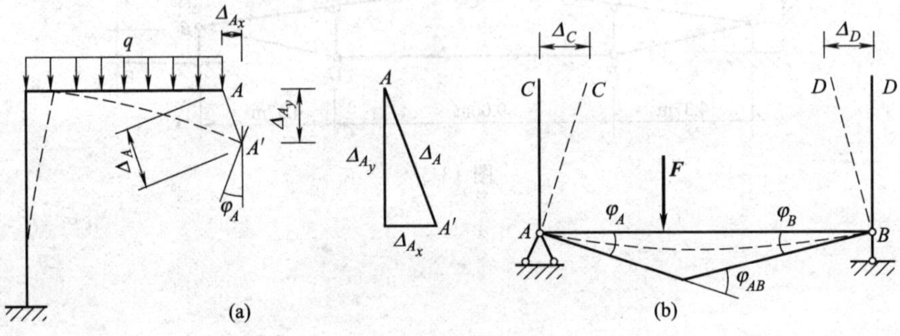

图 14-1

静定结构由于支座沉降等因素作用，也可使结构或杆件产生位移，但结构的各杆件并不产生内力，也不产生变形，这种位移称为刚体位移。

引起结构位移的主要因素有荷载作用、温度改变、支座移动及杆件几何尺寸制造误差和材料收缩变形等。

一般情况下，结构的线位移、角位移或者相对位移，与结构原来的几何尺寸相比都是极其微小的。

结构位移计算的目的有三个。

（1）验算结构的刚度　结构在荷载作用下如果变形过大，即使不破坏也不能正常使用。要计算结构的位移，保证结构的位移不超过规范规定的允许值，这一计算过程称为刚度验算。

（2）为计算超静定结构做准备　在计算超静定结构内力时，除利用静力平衡条件外，还需要考虑变形协调条件，因此要计算结构的位移。

（3）保证施工　在结构的施工过程中，也常要知道结构的位移，以确保施工安全和拼装就位。

这里只讨论线弹性变形体系在小变形条件下的位移计算。线弹性变形体系是指位移与荷载呈线性关系，当荷载撤除后，位移将完全消失。线弹性体系也称为线性变形体系，在其计算时，可以应用叠加原理。

二、虚功与虚功原理

1. 功、实功和虚功

力所做的功与其作用点位移路线的形状、路程的长短有关。若体系作用一个不变的集中力，该力所做的功等于力的大小与其作用点沿力作用线方向产生的位移的乘积。

做功的“力”可以是一个力，也可以是一个力偶，还可以是一对力或一个力系，统称为广义力 F；与力相应的位移可以是线位移、角位移，也可以是相对的线位移、角位移或一组位移，统称为广义位移 Δ。如果功用 W 表示，有：

$$W=F\Delta \tag{14-1}$$

广义力和广义位移的乘积具有功的量纲。

在定义“功”时，对产生位移的原因并未给予任何限制。也就是说，位移可以是由于做功的力 F 产生的，也可以是由其他原因产生的。

力在自身所引起的位移上做功，称为实功。

当作用力与经历的位移两者无因果关系，即力在其他因素引起的位移上做的功称为虚功。

如图 14-2（a）所示简支梁在荷载 F_1 作用达到平衡状态时，F_1 作用点沿 F_1 方向上产生的位移为 Δ_1，即此位移是 F_1 作用而引起的，如图 14-2（b）所示。这时荷载 F_1 在位移 Δ_1 上所做的功 W_1 是实功，$W_1=\frac{1}{2}F_1\Delta_1$。

如图 14-2（a）所示简支梁，在荷载 F_1 作用达到平衡状态时，如果由于荷载或温度变化等其他外因，使该梁继续发生微小变化而达到虚曲线所示位置，力 F_1 对相应位移 Δ_2 所做的功就是虚功。在虚功中，力与位移是无因果关系、彼此独立的两个因素。因此，可将两者看成是分别属于同一体系的两种彼此无关的状态，力系所属的状态称为力状态或第一状态，如图 14-2（b）所示；位移所属状态为位移状态或第二状态，如图 14-2（c）所示。若用 W_2 表示第一状态的力在第二状态位移上所做的虚功，则有 $W_2=F_1\Delta_2$。

“虚功”并非不存在的意思，它强调的是力与位移是无因果关系、彼此独立的特点。

2. 变形体虚功原理

在荷载作用等因素影响下会产生变形的结构，称为变形体。变形体系的虚功原理可表述为：变形体系在任意平衡力系作用下，若体系可能有位移和变形，则体系上所有外力在位移上所做的虚功总和等于各微段内力在其变形上所作的虚功总和，即外力虚功等于内力虚功。

有：

$$W_{外}=W_{内} \tag{14-2}$$

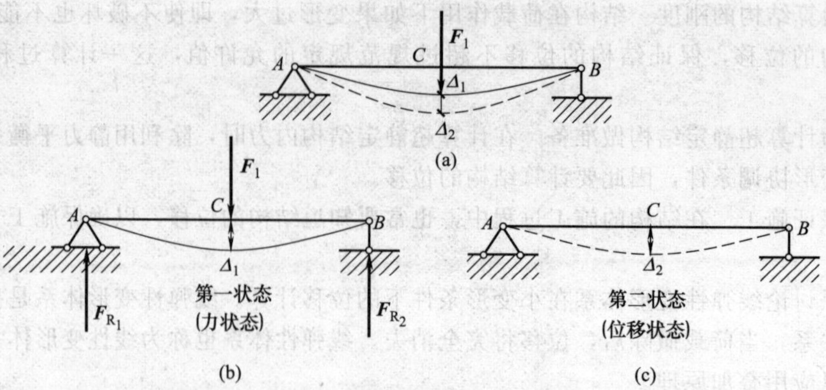

图 14-2

上式又称为虚功方程。做虚功需要两个状态，一个是力状态，另一个是与力状态无关的位移状态。若取第一个状态为实际状态，第二状态为虚拟状态，也就是虚功中力状态是实际的，位移状态是虚拟的，这时虚功原理也称为虚位移原理；反之，若取第一个状态为虚拟状态，第二状态为实际状态，也就是虚功中力状态是虚拟的，位移状态是实际的，这时虚功原理也称为虚力原理。

第二节　单位荷载法计算位移

如图 14-3（a）所示，刚架在荷载作用、支座移动或温度变化等因素影响下，产生了如虚线所示的实际变形，此状态为位移状态。为求如图 14-3（a）所示刚架 K 点沿 k-k 方向的位移 Δ，现虚设如图 14-3（b）所示刚架的力状态，即在刚架 K 点沿拟求位移 Δ 的 k-k 方向虚加一个集中力 F，为使计算简便令 $\overline{F}=1$。

为求外力虚功 $W_{外}$，在位移状态中给出了实际位移 Δ、C_1、C_2 和 C_3，在力状态中可求出 $\overline{F}=1$ 作用下的支座反力 $\overline{F}_{R_1}$、$\overline{F}_{R_2}$、$\overline{F}_{R_3}$。力状态上的外力在位移状态上相应位移做的虚功为：

$$W_{外}=\overline{F}\Delta+\overline{F}_{R_1}C_1+\overline{F}_{R_2}C_2+\overline{F}_{R_3}C_3$$
$$=1\times\Delta+\sum\overline{F}_{R_i}C_i$$

为求变形虚功，在位移状态中任取一 ds 微段，微段上的变形位移分别为 du、$d\eta$ 和 $d\varphi$，如图 14-3（c）所示。在力状态中，可在与位移状态相对应的位置取微段 ds，并求出微段上的内力 $\overline{F}_N$、$\overline{F}_S$ 和 $\overline{M}$，如图 14-3（d）所示。这样，力状态微段上的内力在位移状态微段上的变形位移所做虚功为：

$$dW_{内}=\overline{F}_N du+\overline{F}_S d\eta+\overline{M}d\varphi$$

整个结构的变形虚功为：

$$W_{内}=\int W_{内}=\sum\int\overline{F}_N du+\sum\int\overline{F}_S d\eta+\sum\int\overline{M}d\varphi$$

由虚功原理 $W_{外}=W_{变}$，有：

$$1\times\Delta+\sum\int\overline{F}_{R_i}C_i=\sum\int\overline{F}_N du+\sum\int\overline{F}_S d\eta+\sum\int\overline{M}d\varphi$$

可得：

$$\Delta=\sum\int\overline{F}_{\mathrm{N}}\mathrm{d}u+\sum\int\overline{F}_{\mathrm{S}}\mathrm{d}\eta+\sum\int\overline{M}\mathrm{d}\varphi-\sum\overline{F}_{R_i}C_i \tag{14-3}$$

式（14-3）为单位荷载法计算平面杆系结构位移的一般公式。

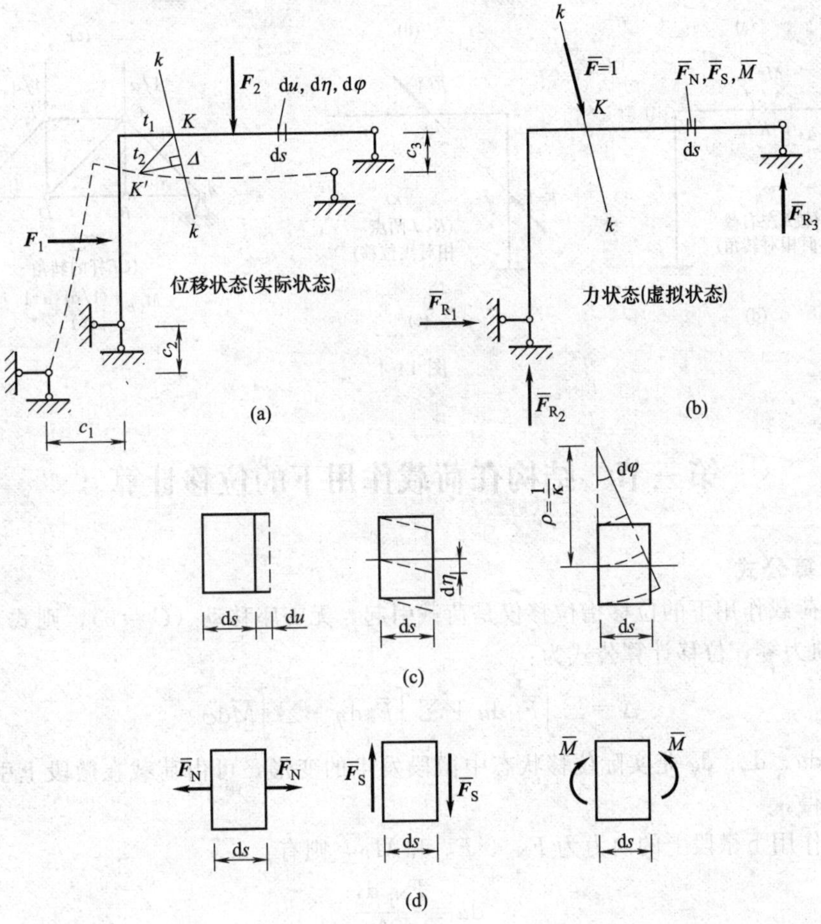

图 14-3

应用单位荷载法时应注意，位移状态是待求位移的真实变形状态；力状态是个虚拟的状态，单位力可沿待求的位移方向假设，若计算结果为正，说明实际位移的方向与虚设单位力的方向相同，否则相反。

在实际问题中，有时除了计算线位移外，还要计算角位移、相对位移等。因集中力是在其相应的线位移上做功，力偶是在其相应的角位移上做功，则有以下几点。

① 若拟求绝对线位移，则应在拟求位移处沿拟求线位移方向虚设相应的单位集中力。

② 若拟求绝对角位移，则应在拟求角位移处沿拟求角位移方向虚设相应的单位集中力偶。

③ 若拟求相对位移，则应在拟求相对位移处沿拟求位移方向虚设相应的一对平衡单位力或力偶。

对待求的不同位移情况，虚设单位荷载的设置，如图 14-4 所示。

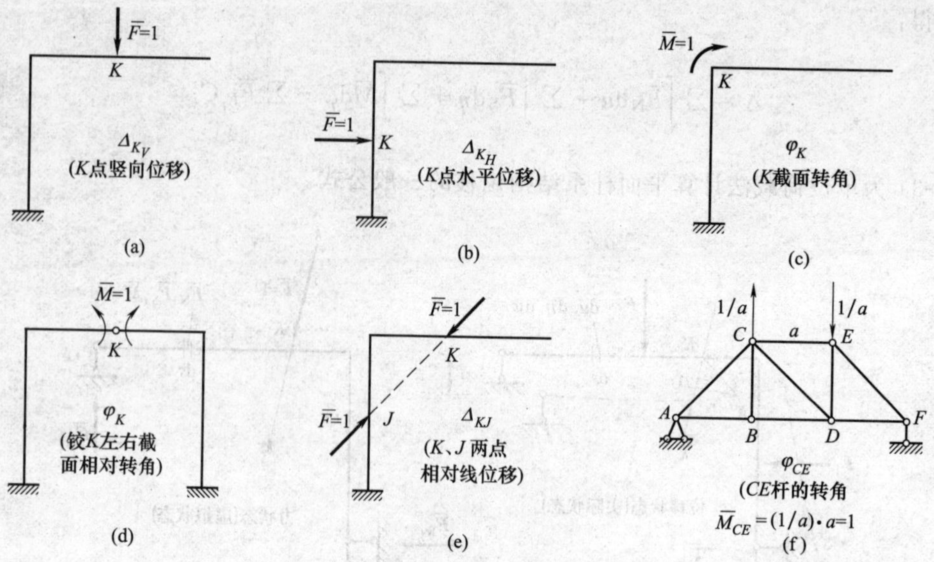

图 14-4

第三节 结构在荷载作用下的位移计算

一、计算公式

结构在荷载作用下的位移指位移仅是荷载引起，无支座移动（$C_i=0$），则式（14-3）中的$\sum \overline{F}_{R_i} C_i$项为零，位移计算公式为：

$$\Delta=\sum\int \overline{F}_N du+\sum\int \overline{F}_S d\eta+\sum\int \overline{M} d\varphi \tag{14-4a}$$

式中，du、$d\eta$、$d\varphi$是实际位移状态中微段发生的变形，可由荷载在微段上引起内力的相关公式求得。

设荷载作用下微段上的内力为F_{N_P}、F_{S_P}和M_P，则有：

$$du=\frac{F_{N_P} ds}{EA} \tag{14-4b}$$

$$d\eta=\frac{kF_{S_P} ds}{GA} \tag{14-4c}$$

$$d\varphi=\frac{M_P ds}{EI} \tag{14-4d}$$

将式（14-4b）、式（14-4c）、式（14-4d）代入式（14-4a）得：

$$\Delta=\sum\int \frac{\overline{F}_N F_{N_P}}{EA} ds+\sum\int \frac{k\overline{F}_S F_{S_P}}{GA} ds+\sum\int \frac{\overline{M} M_P}{EI} ds \tag{14-4e}$$

式（14-4）为平面杆系结构在荷载作用下的位移计算公式。

式中，EA、GA、EI分别为杆件截面的抗拉强度、抗剪强度和抗弯刚度；k为切应力沿截面分布不均匀而引用的修正系数，其值与截面形状有关，矩形截面$k=\frac{6}{5}$，圆形截面$k=\frac{10}{9}$，薄壁圆环截面$k=2$等；$\overline{F}_N$、$\overline{F}_S$、$\overline{M}$分别为虚设单位荷载引起的弯矩、剪力、轴力；

F_{N_P}、F_{S_P}、M_P分别为实际荷载引起的弯矩、剪力、轴力。

式中有关内力的正负号，规定如下。

① 轴力 $\overline{F}_N$、F_{N_P}以拉力为正。

② 剪力 $\overline{F}_S$、F_{S_P}以使微段顺时针转动为正。

③ 弯矩 $\overline{M}$、M_P只规定$\overline{M}$和M_P乘积的正负号，当$\overline{M}$和M_P使杆件同侧纤维受拉时，乘积取正值，反之取负值。

式（14-4e）中右边三项分别代表结构的轴向变形、剪切变形和弯曲变形对所求位移的影响。在荷载作用下的实际结构中，不同的结构形式其受力特点不同，各内力项对位移的影响也不同。对不同结构常忽略对位移影响较小的内力项，这样既可满足工程精度要求，又能使计算简化。

1. 梁和刚架

在梁和刚架中，位移主要是由弯矩引起的，轴力和剪力的影响很小，可以忽略不计。

$$\Delta=\sum\int\frac{\overline{M}M_P}{EI}ds \tag{14-5}$$

2. 桁架

在桁架中，各杆只受轴力，而各杆的截面面积 A 和轴力 $\overline{F}_N$、F_{N_P}以及弹性模量 E 沿杆长都是常数。

$$\Delta=\sum\int\frac{\overline{F}_N F_{N_P}}{EA}ds=\sum\frac{\overline{F}_N F_{N_P}}{EA}l \tag{14-6}$$

3. 组合结构

在组合结构中，梁式杆主要受弯矩作用，只计算弯矩的影响；链杆要计算轴力的影响。

$$\Delta=\sum\int\frac{\overline{M}M_P}{EI}ds+\sum\frac{\overline{F}_N F_{N_P}}{EA}l \tag{14-7}$$

4. 拱和曲梁

在拱结构和曲梁中，杆件的曲率对结构变形的影响可以忽略，只考虑弯矩对位移的影响；对扁平拱$\left(\frac{f}{l}<\frac{1}{5}\right)$要同时考虑弯矩和轴力的影响。

$$\Delta=\sum\int\frac{\overline{M}M_P}{EI}ds+\sum\int\frac{\overline{F}_N F_{N_P}}{EA}ds \tag{14-8}$$

二、计算举例

【例 14-1】 在均布荷载 q 作用下的简支梁，如图 14-5（a）所示，求跨中 C 点的竖向线位移 Δ_{Cy}。EI 为常数。

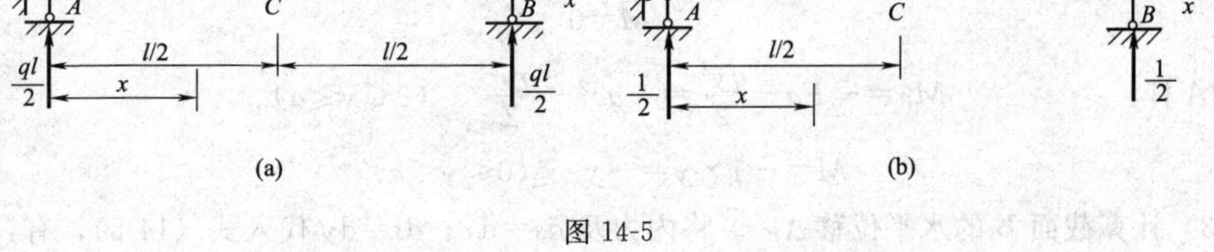

图 14-5

【解】

(1) 选择虚拟状态。在 C 点待求的竖向线位移的方向虚设单位力 $\overline{F}=1$，虚拟状态如图 14-5 (b) 所示。

(2) 求内力方程。设坐标原点在 A 点，由于对称，取左半部分 AC 段进行计算 $(0\leqslant x\leqslant \frac{l}{2})$。分别求出实际荷载和虚设单位荷载作用下的弯矩方程。

实际荷载　$M_P=\frac{q}{2}(lx-x^2)\quad(0\leqslant x\leqslant \frac{l}{2})$

虚设荷载　$\overline{M}=\frac{x}{2}\quad(0\leqslant x\leqslant \frac{l}{2})$

(3) 计算跨中 C 点的竖向位移 Δ_{C_y}

将内力及 $ds=dx$ 代入式 (14-5) 可得 C 点的竖向位移：

$$\Delta_{C_y}=2\int_0^{\frac{l}{2}}\frac{\overline{M}M_P}{EI}ds=2\times\frac{1}{EI}\int_0^{\frac{l}{2}}\frac{1}{2}x\times\frac{q}{2}(lx-x^2)dx$$

$$=\frac{q}{2EI}\int_0^{\frac{l}{2}}(lx^2-x^3)dx=\frac{5ql^4}{384EI}(\downarrow)$$

Δ_{C_y} 的计算结果为正值，表示 C 点竖向线位移的方向与虚设单位力的方向相同，即 C 点竖向线位移向下。

【例 14-2】 如图 14-6 (a) 所示刚架，各杆段抗弯刚度 EI 均为同一常数，求截面 B 的水平位移 Δ_{B_x}。

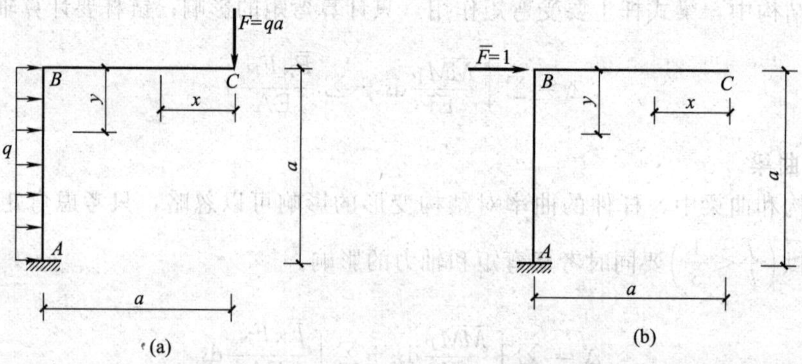

图 14-6

【解】

(1) 在截面 B 的水平位移方向虚设虚拟单位 $\overline{F}=1$，虚拟状态如图 14-6 (b) 所示。

(2) 求刚架各杆段的内力方程，各杆段坐标如图 14-6 所示，刚架弯矩以内侧受拉为正。

CB 杆：　$M_P=-Fx=-qax\quad(0\leqslant x\leqslant a)$

$$\overline{M}=0$$

BA 杆：　$M_P=-Fa-\frac{qy^2}{2}=-qa^2-\frac{qy^2}{2}\quad(0\leqslant y\leqslant a)$

$$\overline{M}=-1\times y=-y\quad(0\leqslant y\leqslant a)$$

(3) 计算截面 B 的水平位移 Δ_{B_x}。将内力及 $ds=dx$、$ds=dy$ 代入式 (14-5)，有：

$$\Delta_{Bx}=\sum\int\frac{\overline{M}M_P}{EI}ds=\int_{CB}\frac{\overline{M}M_P}{EI}dx+\int_{BA}\frac{\overline{M}M_P}{EI}dy$$

$$=\int_0^a\frac{1}{EI}\times0\times(-qax)dx+\int_0^a\frac{1}{EI}\times(-y)\times\left(-qa^2-\frac{qy^2}{2}\right)dy$$

$$=\frac{1}{EI}\int_0^a\left(qa^2y+\frac{qy^3}{2}\right)dy=\frac{5qa^4}{8EI}\quad(\rightarrow)$$

【例 14-3】 计算如图 14-7（a）所示桁架结点 C 的竖向位移。设各杆 EA 为同一常数。

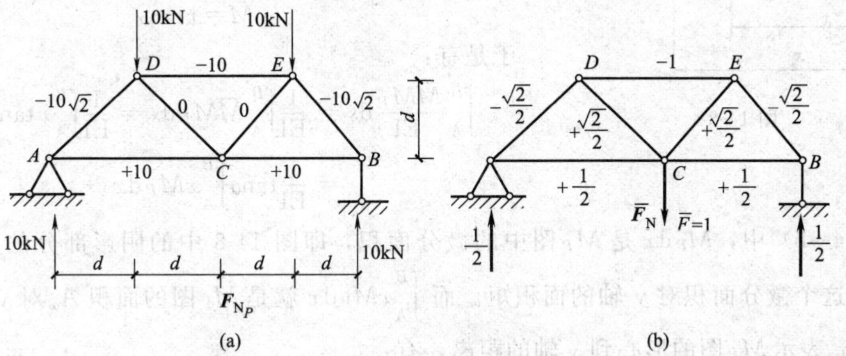

图 14-7

【解】

（1）在 C 点虚设单位力 $\overline{F}=1$，如图 14-7（b）所示。

（2）用结点法分别求出实际荷载和虚设单位力 $\overline{F}=1$ 作用下各杆轴力 F_{N_P}、$\overline{F}_N$，具体数值如图 14-7（a）、（b）所示。

（3）计算桁架 C 点的竖向位移 Δ_{C_y}。根据桁架位移计算公式（14-6）可得到：

$$\Delta_{C_y}=\frac{1}{EA}\sum\overline{F_N}F_{N_P}l$$

$$=\frac{1}{EA}\left[2\times\left(-\frac{\sqrt{2}}{2}\right)\times(-10\sqrt{2})\times\sqrt{2}d+2\times\frac{1}{2}\times10\times2d+(-1)\times(-10)\times2d+2\times\frac{\sqrt{2}}{2}\times0\times\sqrt{2}d\right]$$

$$=\frac{20d}{EA}(2+\sqrt{2})\ (\downarrow)$$

第四节　图　乘　法

计算梁和刚架在荷载作用下的位移时，须先写出 $\overline{M}$ 和 M_P 的方程式，然后代入式（14-9a）中：

$$\int\frac{\overline{M}M_P}{EI}ds\tag{14-9a}$$

进行积分运算。当荷载复杂时，两个函数乘积的积分计算比较繁琐。

对积分 $\int\frac{\overline{M}M_P}{EI}ds$，如果结构的各杆段符合下列条件，则可用下述图乘法来代替积分运算，使计算简化。

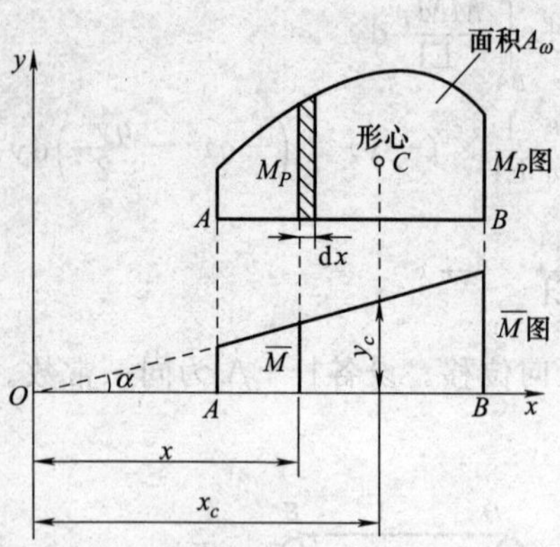

图 14-8

① 杆轴线为直线。

② 杆段的抗弯刚度 EI 为常数。

③ 两个弯矩图$\overline{M}$和 M_P 中至少有一个为直线图形。

一、公式推导

等截面直杆 AB 段上的两个弯矩图，如图 14-8 所示。$\overline{M}$图为一段直线，M_P 图为任意形状。对于图示坐标，在$\overline{M}$图上坐标为 x 处的标距（即纵坐标），即：

$$\overline{M}=x\tan\alpha$$

于是有：

$$\int_A^B \frac{\overline{M}M_P}{EI}ds=\frac{1}{EI}\int_A^B \overline{M}M_P ds=\frac{1}{EI}\int_A^B x\tan\alpha M_P dx$$

$$=\frac{1}{EI}\tan\alpha\int_A^B xM_P dx \tag{14-9b}$$

式（14-9b）中，$M_P dx$ 是 M_P 图中的微分面积，即图 14-8 中的阴影部分的面积大小。$xM_P dx$ 是这个微分面积对 y 轴的面积矩。而 $\int_A^B xM_P dx$ 就是 M_P 图的面积 A_ω 对 y 轴的面积矩，若用 x_c 表示 M_P 图的形心到 y 轴的距离，有：

$$\int_A^B xM_P dx=A_\omega x_c \tag{14-9c}$$

将式（14-9c）带入式（14-9b），则：

$$\int_A^B \frac{\overline{M}M_P}{EI}ds=\frac{1}{EI}\tan\alpha\int_A^B xM_P dx=\frac{1}{EI}\tan\alpha A_\omega x_c=\frac{1}{EI}A_\omega(x_c\tan\alpha)$$

而 $x_c\tan\alpha=y_c$，为$\overline{M}$图中与 M_P 图的形心相对应的标距，于是式（14-9a）可写成：

$$\int_A^B \frac{\overline{M}M_P}{EI}ds=\frac{1}{EI}A_\omega y_c \tag{14-9d}$$

由式（14-9d）可知，积分式 $\int \frac{\overline{M}M_P}{EI}ds$ 等于一个弯矩图的面积 A_ω 乘以其形心所对应的另一个直线弯矩图的标距 y_c，再除以 EI。这种利用图形相乘来代替两函数乘积的积分运算称为图乘法。

根据上面的推导过程，在应用图乘法时要注意以下几点。

① 应用条件：杆件应是等截面杆，两个弯矩图中应至少有一个是直线图形，标距 y_c 只能取自直线图形。

② 正负号规定：当面积 A_ω 与标距 y_c 在杆件同侧时，乘积 $A_\omega y_c$ 取正号；当面积 A_ω 与标距 y_c 在杆件异侧时，乘积 $A_\omega y_c$ 取负号。

③ 几种简单图形的面积及形心位置：位移计算中几种常见图形的面积和形心的位置，如图 14-9 所示。在应用抛物线图形的公式时，必须是标准抛物线图形。所谓标准抛物线图形，是指抛物线图形具有顶点，抛物线图形顶点处的切线与基线平行，即在顶点处$F_s=0$。

④ 当遇到面积和形心位置不易确定时，可将它分解为几个简单的图形，分别与另一图形相乘，然后将结果叠加。

如图 14-10（a）所示两个梯形相乘时，可以把它分解为两个三角形 $M_P=M_1+M_2$，形心对应标距分别为 y_1 和 y_2，则：

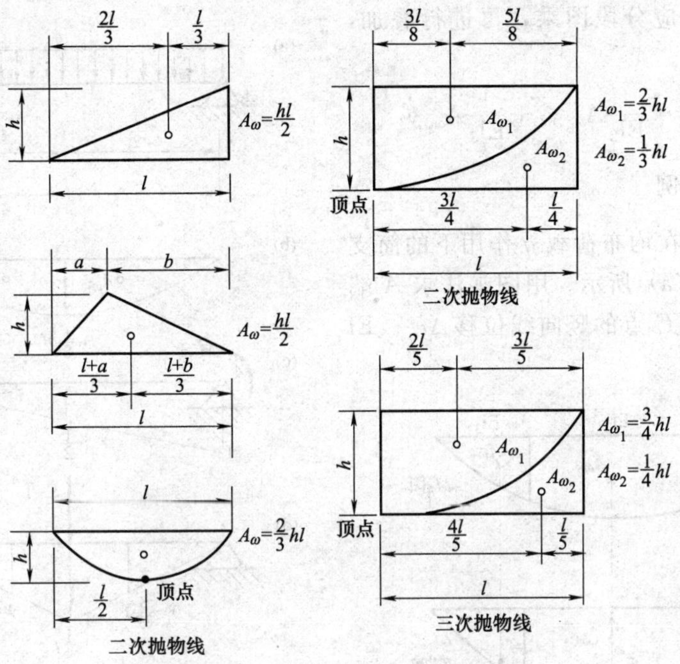

图 14-9

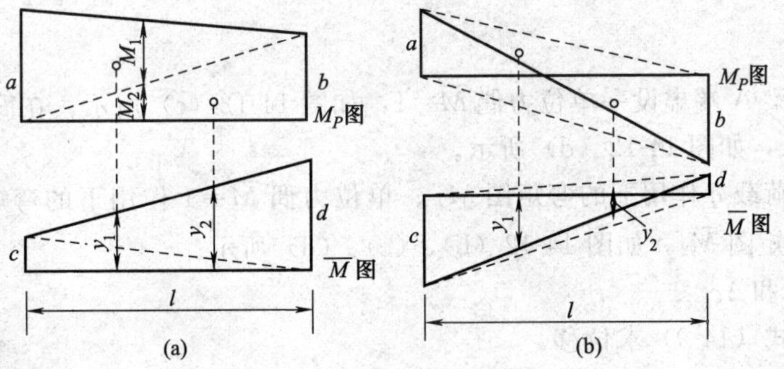

图 14-10

$$\int \overline{M}M_P\,\mathrm{d}x=\int \overline{M}(M_1+M_2)\,\mathrm{d}x=\int \overline{M}M_1\,\mathrm{d}x+\int \overline{M}M_2\,\mathrm{d}x=A_{\omega_1}y_1+A_{\omega_2}y_2 \tag{14-9e}$$

由于：

$$A_{\omega_1}=\frac{1}{2}al,\ A_{\omega_2}=\frac{1}{2}bl$$

$$y_1=\frac{2}{3}c+\frac{1}{3}d,\ y_2=\frac{1}{3}c+\frac{2}{3}d$$

整理式（14-9e）可得：

$$\int \overline{M}M_P\,\mathrm{d}x=\frac{l}{6}(2ac+2bd+ad+bc) \tag{14-9f}$$

如果 M_P 或 $\overline{M}$ 图的标距 a、b、c、d 不在基线的同一侧，如图 14-10（b）所示。应用式（14-9f）计算时，标距 a、b、c、d 在基线同侧时乘积取正值，异侧时乘积取负值。

⑤ 当标距 y_c 所在图形是折线，或各杆段截面不相等时，应分段图乘，再进行叠加，如图 14-11 所示。

$$\Delta=\frac{1}{EI_1}A_{\omega_1}y_1+\frac{1}{EI_2}A_{\omega_2}y_2+\frac{1}{EI_3}A_{\omega_3}y_3$$

二、计算举例

【例 14-4】 在均布荷载 q 作用下的简支梁，如图 14-12 (a) 所示。用图乘法求 A 端的转角 φ_A 和跨中 C 点的竖向线位移 Δ_{C_y}。EI 为常数。

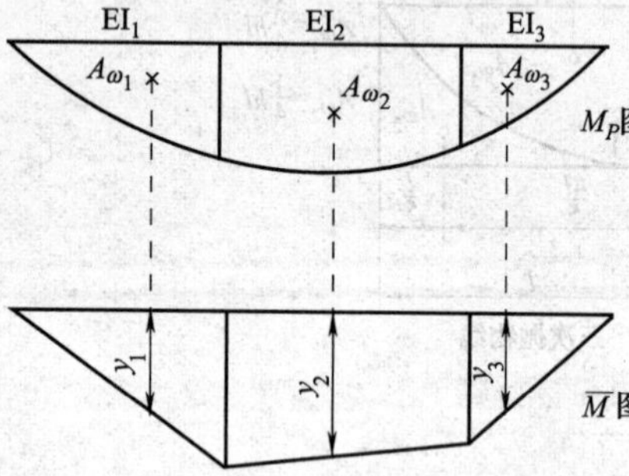

图 14-11

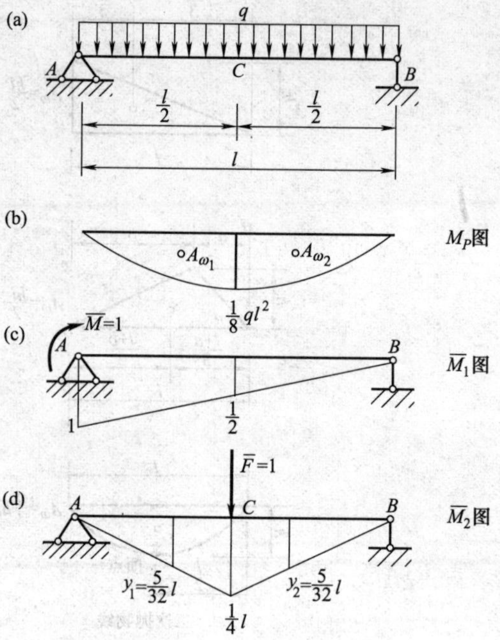

图 14-12

【解】

(1) 在简支梁 A 端虚设一单位力偶 $\overline{M}=1$，如图 14-12 (c) 所示；在简支梁中点 C 虚设竖向单位力 $\overline{F}=1$，如图 14-12 (d) 所示。

(2) 分别作荷载 q 作用下的弯矩图 M_P、单位力偶 $\overline{M}=1$ 作用下的弯矩图 $\overline{M}_1$ 和单位力 $\overline{F}=1$ 作用下的弯矩图 $\overline{M}_2$，如图 14-12 (b)、(c)、(d) 所示。

(3) 计算 φ_A 和 Δ_{C_y}

用图乘法公式 (14-9) 求位移。

① 计算 φ_A。因 M_P 图是曲线，$\overline{M}_1$ 图为直线，以 M_P 图求面积，在 $\overline{M}_1$ 图中取竖标 y_c。

$$\varphi_A=\int_A^B\frac{\overline{M}M_P}{EI}ds=\frac{1}{EI}A_\omega y_c=\frac{1}{EI}\left[\left(\frac{2}{3}\times l\times\frac{ql^2}{8}\right)\times\frac{1}{2}\right]=\frac{ql^3}{24EI}(\frown)$$

② 计算 Δ_{C_y}。因 M_P 图是曲线，$\overline{M}_2$ 为折线，应根据 $\overline{M}_2$ 图的特征将 M_P 分为两部分，由于这两部分对称，计算半跨乘以 2 倍即可。

$$\Delta_{C_y}=\int_A^B\frac{\overline{M}M_P}{EI}ds=\frac{1}{EI}A_\omega y_c=2\times\frac{1}{EI}A_{\omega_1}y_1$$

$$=\frac{2}{EI}\left[\left(\frac{2}{3}\times\frac{l}{2}\times\frac{ql^2}{8}\right)\times\frac{5}{32}l\right]$$

$$=\frac{5ql^4}{384EI}(\downarrow)$$

【例 14-5】 计算如图 14-13 (a) 所示伸臂梁 C 点的竖向位移 Δ_{C_y}。梁的 EI 为常数。

【解】

(1) 在伸臂梁 C 端虚设单位力 $\overline{F}=1$，如图 14-13 (c) 所示。

(2) 分别作荷载作用下的弯矩图 M_P 和单位力所产生的弯矩图 $\overline{M}$，如图 14-13（b）、(c) 所示。

(3) 计算 Δ_{C_y}

由于 $\overline{M}$ 图包括两段直线，所以整个梁应分为 AB 和 BC 两段图乘。

M_P图的 BC 段在均布荷载作用下是标准二次抛物线，面积为 A_{ω_1}；AB 段的 M_P 图由在基线上侧的三角形 A_{ω_2} 和在基线下侧的抛物线 A_{ω_3} 叠加而成，有：

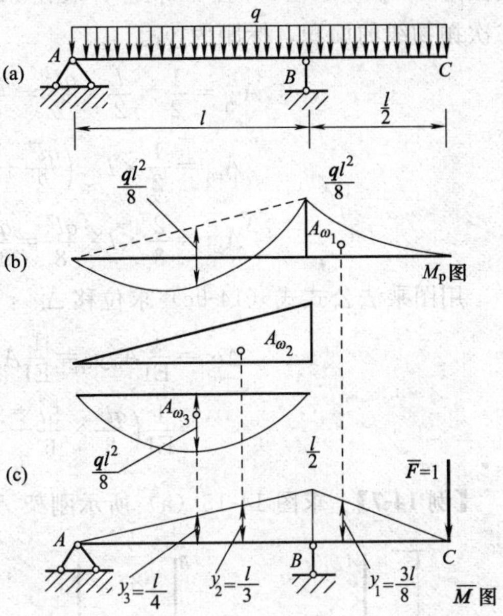

图 14-13

$$A_{\omega_1}=\frac{1}{3}\times\frac{l}{2}\times\frac{ql^2}{8}=\frac{ql^3}{48}\qquad y_1=\frac{3}{4}\times\frac{l}{2}=\frac{3l}{8}$$

$$A_{\omega_2}=\frac{1}{2}\times l\times\frac{ql^2}{8}=\frac{ql^3}{16}\qquad y_2=\frac{2}{3}\times\frac{l}{2}=\frac{l}{3}$$

$$A_{\omega_3}=\frac{2}{3}\times l\times\frac{ql^2}{8}=\frac{ql^3}{12}\qquad y_3=\frac{1}{2}\times\frac{l}{2}=\frac{l}{4}$$

用图乘法公式（14-9c）求位移 Δ_{C_y}：

$$\Delta_{C_y}=\sum\int_A^B\frac{\overline{M}M_P}{\mathrm{EI}}\mathrm{d}s=\frac{1}{\mathrm{EI}}A_\omega y_c=\frac{1}{\mathrm{EI}}(A_{\omega_1}y_1+A_{\omega_2}y_2-A_{\omega_3}y_3)$$

$$=\frac{1}{\mathrm{EI}}\left(\frac{ql^3}{48}\times\frac{3l}{8}+\frac{ql^3}{16}\times\frac{l}{3}-\frac{ql^3}{12}\times\frac{l}{4}\right)=\frac{ql^4}{128\mathrm{EI}}\ (\downarrow)$$

【例 14-6】 悬臂刚架受力如图 14-14（a）所示，各杆段 EI 均为同一常数，求 C 点的竖向位移 Δ_{C_y}。

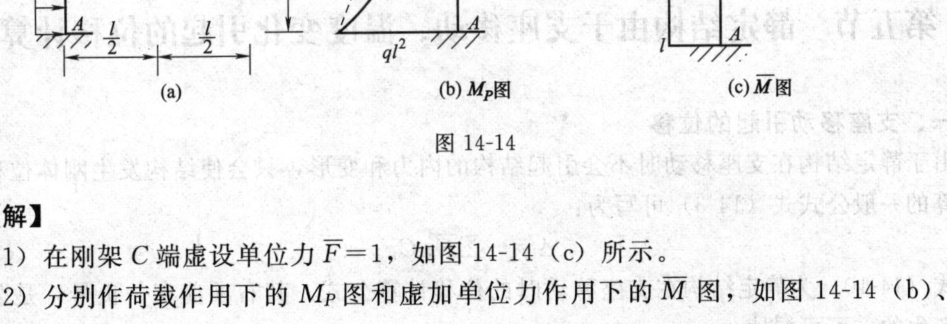

图 14-14

【解】

(1) 在刚架 C 端虚设单位力 $\overline{F}=1$，如图 14-14（c）所示。

(2) 分别作荷载作用下的 M_P 图和虚加单位力作用下的 $\overline{M}$ 图，如图 14-14（b）、(c) 所示。

(3) 计算 Δ_{C_y}。应用图乘法时，BC 杆的 M_P 图不是直线图形而是折线图形，$\overline{M}$ 图是直线图形，A_{ω_1}应取在M_P图，标距y_1取在$\overline{M}$图。A_{ω_2}为梯形的面积，标距为y_2，A_{ω_3}为标准二次抛物线的面积，标距为y_3。

$$A_{\omega_1}=\frac{1}{2}\times\frac{l}{2}\times\frac{ql^2}{2}=\frac{ql^3}{8} \qquad y_1=\frac{5l}{6}$$

$$A_{\omega_2}=\frac{1}{2}\times l\times\left(\frac{ql^2}{2}+ql^2\right)=\frac{3ql^3}{4} \qquad y_2=l$$

$$A_{\omega_3}=\frac{2}{3}\times l\times\frac{ql^2}{8}=\frac{ql^3}{12} \qquad y_3=l$$

用图乘法公式式（14-9c）求位移Δ_{C_y}：

$$\Delta_{C_y}=\frac{1}{EI}A_\omega y_c=\frac{1}{EI}A_{\omega_1}y_1+\frac{1}{EI}A_{\omega_2}y_2-\frac{1}{EI}A_{\omega_3}y_3$$

$$=\frac{1}{EI}\left(\frac{ql^3}{8}\times\frac{5l}{6}+\frac{3ql^3}{4}\times l-\frac{ql^3}{12}\times l\right)=\frac{37ql^4}{48EI}\ (\downarrow)$$

【例 14-7】 求图 14-15（a）所示刚架A、B两点的相对水平位移，设各杆 EI 为常数。

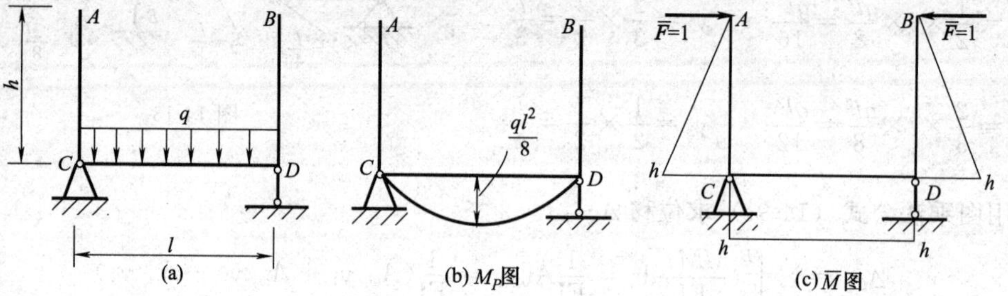

图 14-15

【解】

（1）为求A、B两点的相对水平位移，沿A、B两点的水平连线虚设一对水平反向的单位力$\overline{F}=1$，如图 14-15（c）所示。

（2）分别作荷载作用下的M_P图和虚加单位力作用下的$\overline{M}$图，如图 14-15（b）、（c）所示。

（3）计算A、B两点的相对水平线位移Δ_{AB}

$$\Delta_{AB}=\frac{1}{EI}\left(\frac{2}{3}\times\frac{ql^2}{8}\times l\right)\times h=\frac{ql^3h}{12EI}\ (\rightarrow\leftarrow)$$

第五节　静定结构由于支座移动、温度变化引起的位移计算

一、支座移动引起的位移

由于静定结构在支座移动时不会引起结构的内力和变形，只会使结构发生刚体位移。位移计算的一般公式式（14-3）可写为：

$$\Delta=-\sum\overline{F}_{R_i}C_i \tag{14-10}$$

式（14-10）为静定结构在支座移动时的位移计算公式。其右项前有一负号，是公式推导时产生的，不可漏掉。

式中，$\overline{F}_{R_i}$为虚拟单位力状态的支座反力；$\sum\overline{F}_{R_i}C_i$为反力虚功的总和。当$\overline{F}_{R_i}$与实际支

座位移C_i方向一致时，乘积取正；相反时为负。

【例 14-8】 三铰刚架如图 14-16（a）所示，若支座 B 发生了水平位移 a，竖向位移 b。求由此而引起的支座 A 处杆端截面的转角 φ_A。

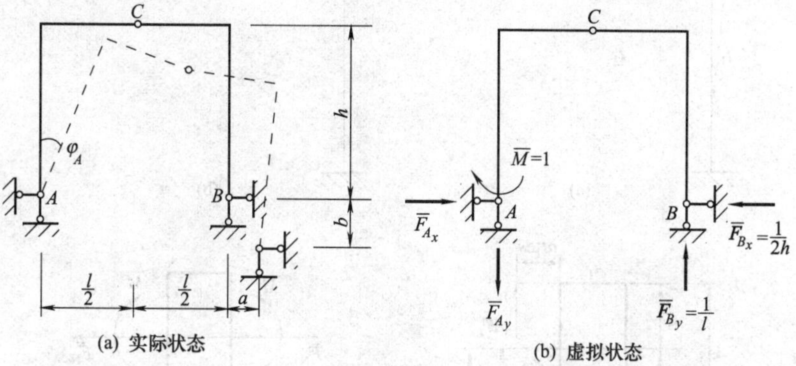

图 14-16

【解】 在 A 点处虚设一单位力偶 $\overline{M}=1$，建立虚拟力状态并依次求得支座反力，如图 14-16（b）所示。由式（14-10）得：

$$\varphi_A=-\left[\left(-\frac{1}{2h}\times a\right)+\left(-\frac{1}{l}\times b\right)\right]=\frac{a}{2h}+\frac{b}{l}$$

二、温度变化引起的位移

静定结构在温度变化时不产生内力，但产生变形，从而产生位移。

静定结构由于温度变化引起的位移计算公式，仍由位移计算的一般公式 $\Delta=\sum\int\overline{F}_N\mathrm{d}u+\sum\int\overline{F}_s\mathrm{d}\eta+\sum\int\overline{M}\mathrm{d}\varphi$ 导出，但此时的变形是由温度变化引起的。

如图 14-17（a）所示的刚架结构，由于温度变化使杆件上边缘温度上升 t_1，内侧温度上升 t_2，温度沿杆截面高度 h 为线性分布，即在发生温度变形后，杆截面仍保持为平面。为求 K 点由于温度变化引起的线位移，在待求位移方向虚设单位力 $\overline{F}=1$，建立的虚拟状态如图 14-17（b）所示。

对于杆件结构，温度变化并不引起剪切变形，如果 t_0、Δt 沿每一杆件的全长为常数，则有

$$\Delta=\sum\alpha\frac{\Delta t}{h}\int\overline{M}\mathrm{d}s+\sum\alpha t_0\int\overline{F}_N\mathrm{d}s \tag{14-11}$$

式中　$\overline{M}$、$\overline{F}_N$——虚加单位荷载 $\overline{F}=1$ 作用下各杆的弯矩和轴力；

Δt——杆件两侧温度差；

t_0——形心轴处的温度值，若杆件的截面对称于形心轴，即 $h_1=h_2=\frac{h}{2}$，则 $t=\frac{t_1+t_2}{2}$；

α——材料的线膨胀系数。

式（14-11）右边两项的正负号作如下规定：若虚拟力状态的变形与实际位移状态的温度变化所引起的变形方向一致则取正号；反之，取负号。

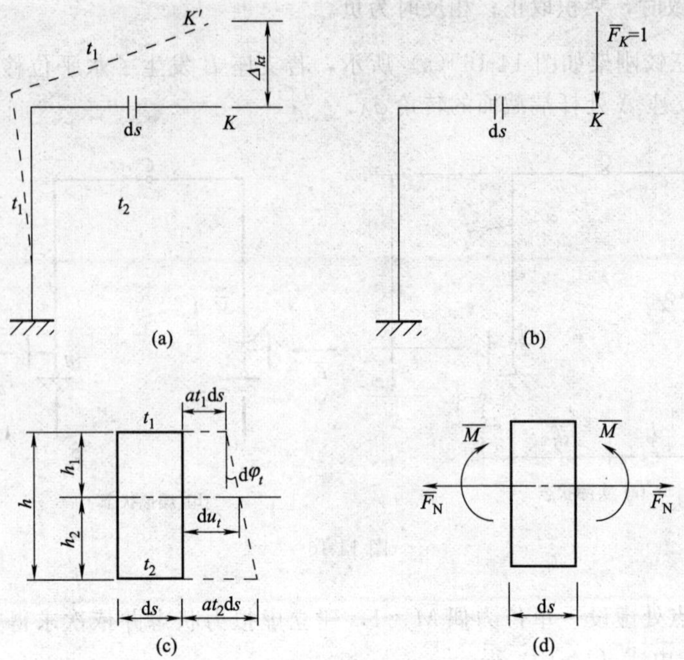

图 14-17

若各杆均为等截面杆，则式（14-11）改写为：

$$\Delta=\sum\alpha\frac{\Delta t}{h}A_{\omega\overline{M}}+\sum\alpha t_0A_{\omega\overline{F}_N} \tag{14-12}$$

式中，$A_{\omega\overline{M}}$为$\overline{M}$图的面积；$A_{\omega\overline{F}_N}$为$\overline{F}_N$图的面积。

应该注意，在计算由于温度改变所引起的位移时，轴向变形的影响是不能忽略的。

【例 14-9】 刚架如图 14-18（a）所示，施工时温度为 10℃，求当外侧温度为－10℃，内侧温度为 0℃时，C 点的竖向位移 Δ_{C_y}。设各杆均为矩形截面，高度为 h。

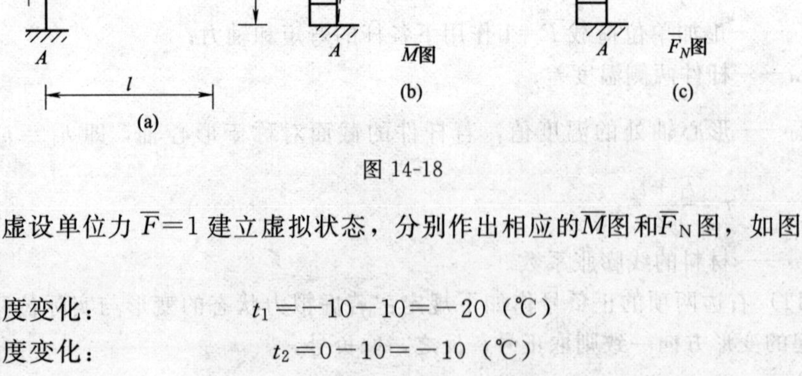

图 14-18

【解】 虚设单位力 $\overline{F}=1$ 建立虚拟状态，分别作出相应的$\overline{M}$图和$\overline{F}_N$图，如图 14-18（b）、（c）所示。

外侧温度变化：　　$t_1=-10-10=-20$（℃）

内侧温度变化：　　$t_2=0-10=-10$（℃）

轴线处温度变化：　　$t_0=\frac{t_1+t_2}{2}=\frac{-20-10}{2}=-15$（℃）

杆件上下及左右边缘的温度差：$|\Delta t|=|t_2-t_1|=|-10-(-20)|=10$（℃）

代入式（14-12）得：

$$\begin{aligned}\Delta_{Cy}&=\sum\alpha\frac{\Delta t}{h}A_{\omega\overline{M}}+\sum\alpha t_0A_{\omega\overline{F}_N}\\&=-\alpha\frac{10}{h}\left(\frac{l}{2}\times l+l^2\right)+\alpha(-15)\times(-1)l\\&=15\alpha l\left(1-\frac{l}{h}\right)\ (\uparrow)\end{aligned}$$

由于 $l>h$，所得结果为负值，表示 C 点竖向位移与单位力方向相反，即实际位移向上。

三、荷载、支座移动和温度变化共同作用引起的位移

若静定结构同时承受荷载、支座移动和温度变化的作用，则计算结构位移的一般公式为：

$$\begin{aligned}\Delta=&\sum\int\frac{\overline{M}M_P}{EI}ds+\sum\int\frac{k\overline{F}_sF_{s_P}}{GA}ds+\sum\int\frac{\overline{F}_NF_{N_P}}{EA}ds\\&+\sum(\pm)\int\overline{M}\frac{\alpha\Delta t}{h}ds+\sum(\pm)\int\overline{F}_N\alpha t_0ds-\sum\overline{F}_{R_i}C_i\end{aligned}\qquad(14\text{-}13)$$

小　结

1. 结构位移是指结构中某点位置或某截面位置和方位的移动，荷载作用、温度改变、支座移动及杆件几何尺寸制造误差和材料收缩变形等都会引起结构的位移。

2. “虚功”并非不存在的意思，它强调的是力与位移是无因果关系、彼此独立的特点。利用虚功原理可以虚设一力系状态，根据虚功方程求出未知的位移。

3. 单位荷载法计算位移的基本公式为：

$$\Delta=\sum\int\overline{F}_Ndu+\sum\int\overline{F}_Sd\eta+\sum\int\overline{M}d\varphi-\sum\int\overline{F}_{R_i}C_i$$

4. 荷载作用下位移计算公式为：

$$\Delta=\sum\int\frac{\overline{F}_NF_{N_P}}{EA}ds+\sum\int\frac{k\overline{F}_SF_{S_P}}{GA}ds+\sum\int\frac{\overline{M}M_P}{EI}ds$$

5. 图乘法是利用图形相乘来代替两函数乘积的积分运算的一种方法。其应用的前提是满足三个条件：①杆轴线为直线；②杆段的抗弯刚度 EI 为常数；③两个弯矩图 $\overline{M}$ 和 M_P 中至少有一个为直线图形。

6. 结构由于温度改变所引起位移的一般公式为：

$$\Delta=\sum\alpha\frac{\Delta t}{h}\int\overline{M}ds+\sum\alpha t_0\int\overline{F}_Nds$$

7. 若静定结构同时承受荷载、支座移动和温度变化的作用，则计算结构位移的一般公式为：

$$\begin{aligned}\Delta=&\sum\int\frac{\overline{M}M_P}{EI}ds+\sum\int\frac{k\overline{F}_SF_{S_P}}{GA}ds+\sum\int\frac{\overline{F}_NF_{N_P}}{EA}ds+\\&\sum(\pm)\int\overline{M}\frac{\alpha\Delta t}{h}ds+\sum(\pm)\int\overline{F}_N\alpha t_0ds-\sum\overline{F}_{R_i}C_i\end{aligned}$$

思 考 题

14.1 什么是结构的位移与变形？引起结构位移的因素有哪些？

14.2 实功和虚功有什么区别？

14.3 单位荷载法计算位移时，怎样确定虚拟状态？

14.4 利用单位荷载法计算结构位移的步骤有哪些？

14.5 图乘法的适用条件是什么？

14.6 在图乘法计算位移的公式$\frac{1}{EI}A_\omega y_c$中，确定图形面积A_ω和标距y_c时要注意什么？其乘积的正负号是如何规定的？

习 题

14.1 用位移公式计算如图 14-19 所示梁的指定位移。设各杆 EI 为常数。

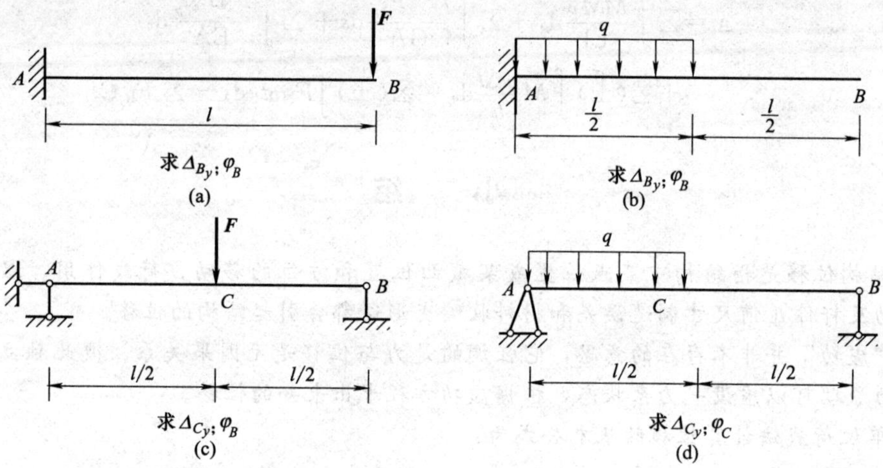

图 14-19

14.2 用位移公式计算如图 14-20 所示刚架的指定位移。设各杆 EI 为常数。

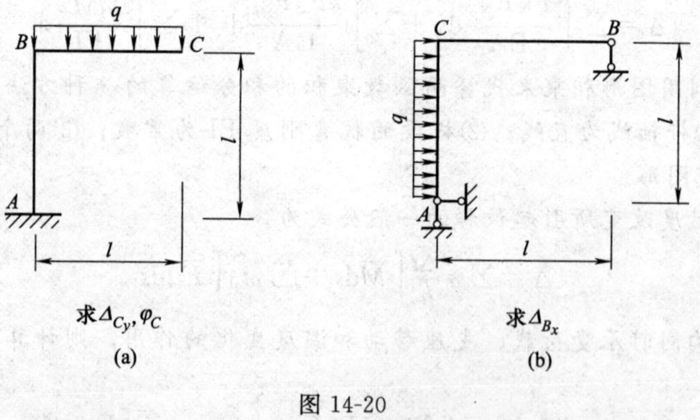

图 14-20

14.3 求如图 14-21 所示桁架 C 点的竖向位移Δ_{C_y}。各杆的 EA 相同。

14.4 计算如图 14-22 所示桁架下弦中点 D 的挠度Δ_{D_y}，已知各杆弹性模量$E=2.1\times10^4\,kN/cm^2$，图中标号内数值表示杆件的截面积。

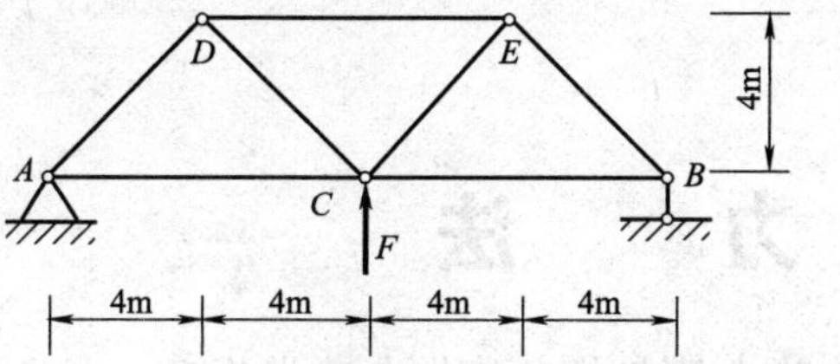

图 14-21

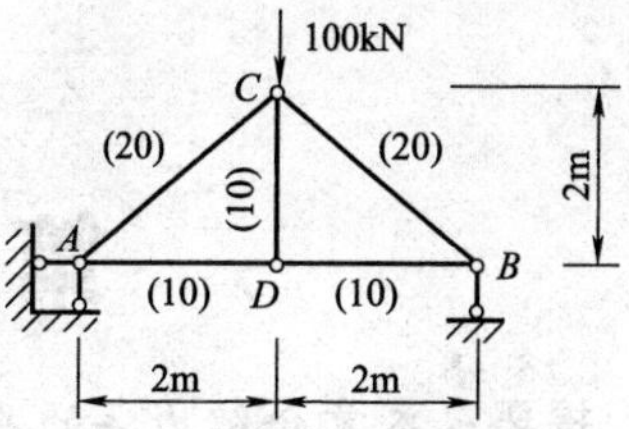

图 14-22

14.5　用图乘法计算习题 14.1 和习题 14.2。

14.6　求如图 14-23 所示悬臂梁 B 点的竖向位移 Δ_{B_y}。EI 为常数。

14.7　求如图 14-24 所示伸臂梁 C 点的竖向位移 Δ_{Cy}。EI＝45kN · m²。

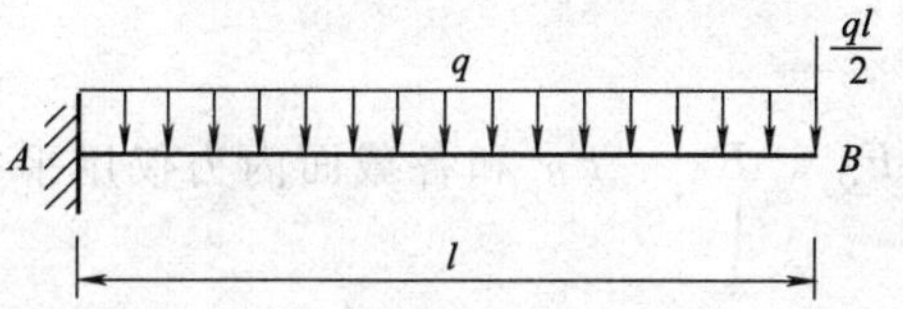

图 14-23

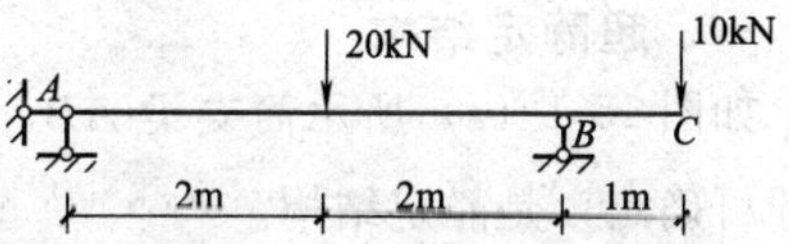

图 14-24

14.8　求如图 14-25 所示刚架指定截面的位移。已知各杆 EI 为常数。

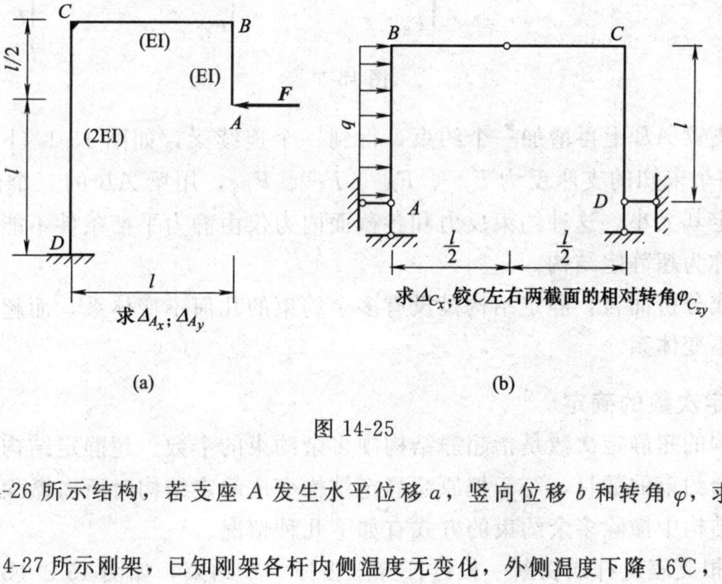

(a)　　(b)

图 14-25

14.9　如图 14-26 所示结构，若支座 A 发生水平位移 a，竖向位移 b 和转角 φ，求点 B 的竖向位移 Δ_{B_y}。

14.10　如图 14-27 所示刚架，已知刚架各杆内侧温度无变化，外侧温度下降 16℃，各杆截面均为矩形，高度为 h，线膨胀系数 α。试求温度变化引起的 C 点竖向位移 Δ_{C_y}。

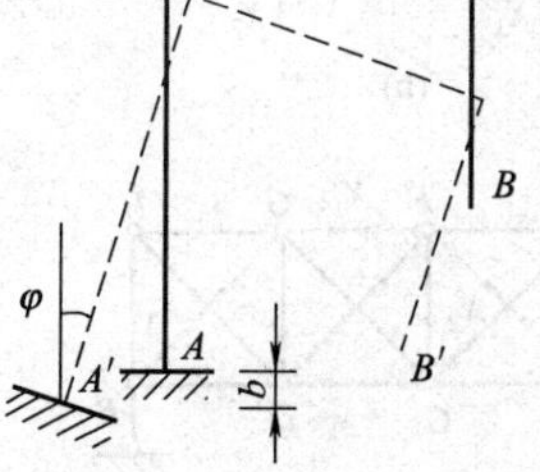

图 14-26

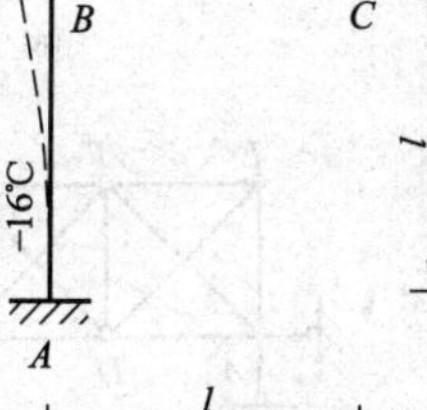

图 14-27

第十五章　力　法

提要： 本章介绍力法的基本概念，应用力法求解超静定结构在荷载作用、支座移动和温度变化时内力的方法以及结构对称性的利用和超静定结构的特征。

第一节　超静定结构和超静定次数

一、超静定结构

如图 15-1（a）所示简支梁 AB，其支座反力 F_{A_x}、F_{A_y}、F_{B_y} 和各截面内力仅用平衡条件即可确定，是静定结构。

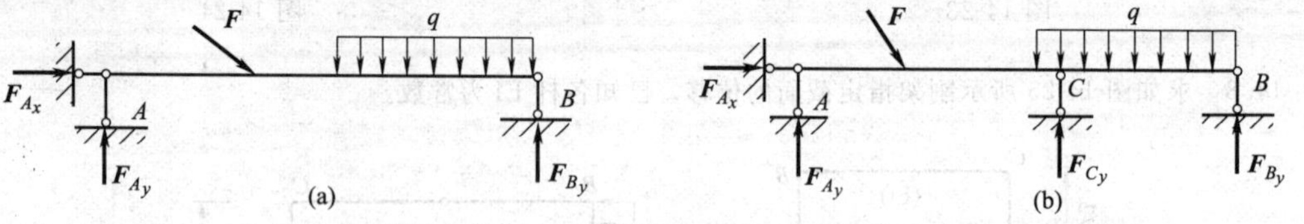

图 15-1

如果在简支梁 AB 上再增加一个约束，得到一个连续梁，如图 15-1（b）所示。这时梁 AB 上作用有四个未知的支座反力 F_{A_x}、F_{A_y}、F_{C_y}、F_{B_y}，用梁 AB 的三个静力平衡方程不可能唯一的确定其大小。这种约束反力和各截面内力仅由静力平衡条件不能确定或不能全部确定的结构，称为超静定结构。

就几何组成分析而言，静定结构是没有多余约束的几何不变体系，而超静定结构是有多余约束的几何不变体系。

二、超静定次数的确定

超静定结构的超静定次数是指超静结构中多余约束的个数。超静定结构的超静定次数在数量上等于多余约束的数目，等于把原超静定结构变成静定结构时所需撤除的约束数目。

从超静定结构中撤除多余约束的方式有如下几种情况。

① 撤去一根支座链杆或切断一根链杆等于去掉一个约束，如图 15-2（b）、（d）所示。

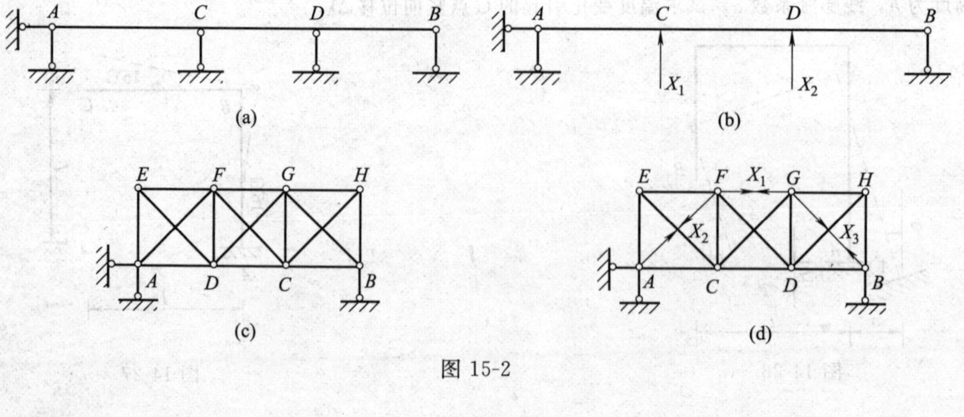

图 15-2

② 撤去一个单铰或去掉一个铰支座等于去掉两个约束，如图 15-3（b）、（d）所示。

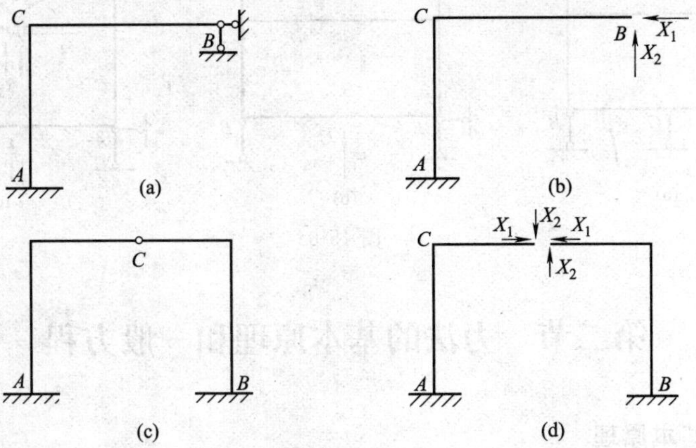

图 15-3

③ 撤去一个固定支座或切断一个梁式杆等于去掉三个约束，如图 15-4（b）、（c）所示。

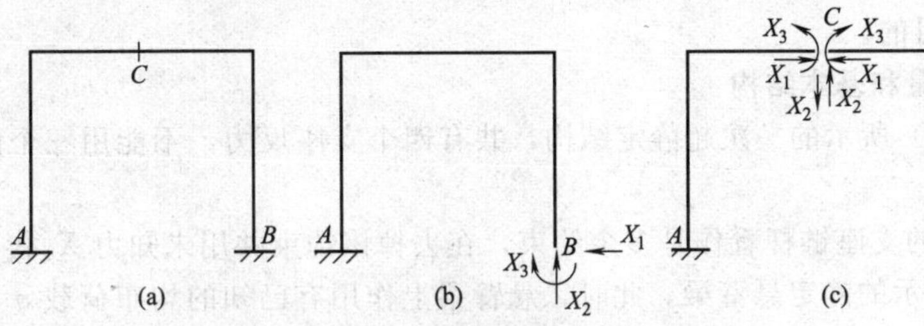

图 15-4

④ 将一个固定支座改为铰支座或将刚结点改为单铰连接等于去掉一个约束，如图 15-5（b）、（c）所示。

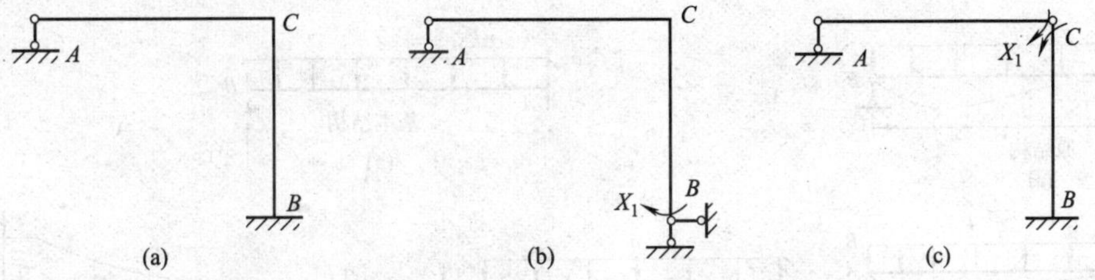

图 15-5

对于同一个超静定结构，撤去多余约束可以采取不同的方式，从而得到不同的静定结构。但是不论何种方式，最终所去掉的多余约束的总数目应该是相同的。在撤去多余约束时，应该注意两点。

a. 去掉的约束必须是对保持其几何不变性来说是多余的约束，不能把原结构拆成几何可变体系。

b. 要把全部多余约束都拆掉。如图 15-6（a）所示结构，若只去掉一个竖向支座链杆，其闭合框架仍然有三个多余约束，如图 15-6（b）所示，只有把闭合框架切断，才成为静定结构。因此，原结构共有四个多余约束，是四次超静定结构，如图 15-6（c）所示。

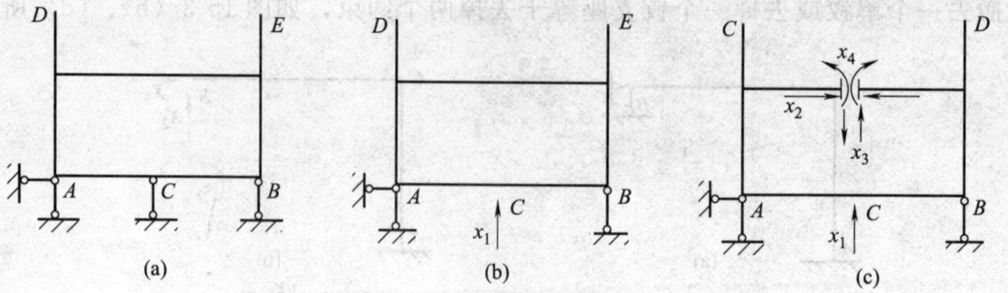

图 15-6

第二节　力法的基本原理和一般方程

一、力法的基本原理

超静定结构由于有多余约束存在，就有多余的约束反力，不能仅用平衡条件唯一的确定其大小。力法是计算超静定结构的最基本方法，它的基本思路是把超静定结构的计算问题转化为静定结构的计算问题，先设法求出多余的未知力，然后利用静定结构的计算方法达到计算超静定结构的目的。

1. 基本未知量和基本结构

如图 15-7（a）所示的一次超静定结构，共有四个支座反力，不能用三个静力平衡方程完全求出。

若将 B 支座的支座链杆看作是多余约束，在去掉该约束并用未知力 X_1代替后，便得到如图 15-7（b）所示的静定悬臂梁。此时，悬臂梁上作用有已知的均布荷载 q 和未知力 X_1，未知力 X_1是 B 支座的支座反力，只要能把未知力 X_1设法求出来，这个超静定问题就属于静定结构问题，其余的未知力也就能够求解了。未知力 X_1称多余未知力，是求解超静定结构的关键，在力法中称多余未知力 X_1为基本未知量。这种把多余未知力作为关键的超静定结构的求解方法，称为力法。

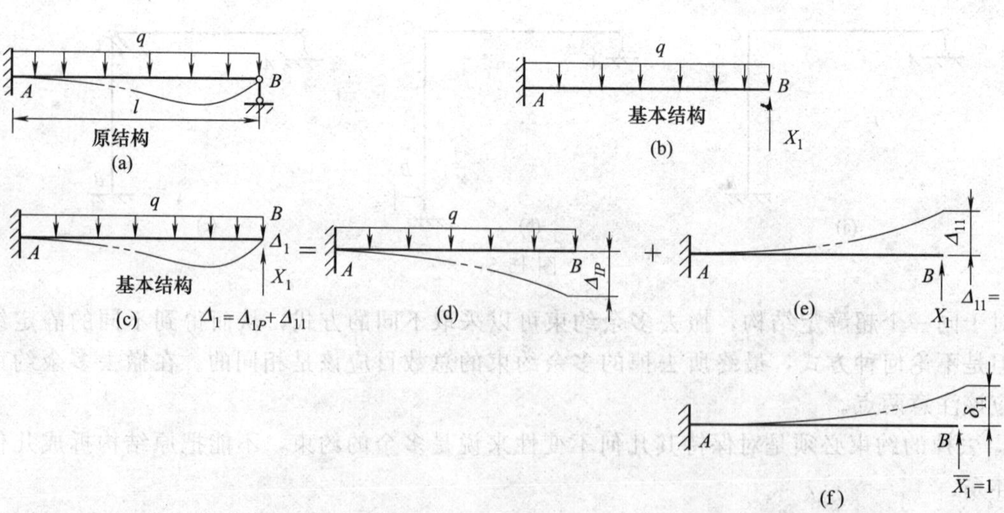

图 15-7

在力法中，把去掉多余约束后得到的静定结构，称为原结构的基本结构。基本结构在原荷载和基本未知力共同作用下的体系，也称为力法的基本体系。

力法基本结构的受力和变形状态与原超静定结构完全相同。基本结构是静定结构，它又可以代表原来的超静定结构，是将超静定结构的计算问题转化为静定结构计算问题的桥梁。

2. 力法的基本方程

(1) 变形条件　如图 15-7 (c) 所示，基本结构中用多余未知力 X_1 代替了 B 支座的约束，在已知荷载 q 和基本未知量 X_1 共同作用下，杆端 B 点可能产生沿未知力 X_1 方向的位移 Δ_1 (竖直方向)，为保证基本结构与原超静定结构完全相同，位移 Δ_1 应与原超静定结构支座 B 的竖向位移相等。因为原结构在竖向链杆约束下没有位移，则：

$$\Delta_1 = 0 \tag{15-1a}$$

所以，基本结构与原超静定结构等价的条件是：基本结构沿多余未知力 X_1 方向的位移 Δ_1 应与原结构相同。这是一个变形条件，是计算多余未知力的补充方程。

(2) 力法基本方程　将基本结构分解，如图 15-7 (c)、(d)、(e) 所示。基本体系在荷载 q 和多余未知力 X_1 共同作用下，杆端 B 沿未知力 X_1 方向的总位移 Δ_1 可以分解为两部分，一部分是由荷载 q 引起的 Δ_{1P}，另一部分是由基本未知量 X_1 引起的 Δ_{11}。根据叠加关系 $\Delta_1 = \Delta_{1P} + \Delta_{11}$，这时变形条件式 (15-1a) 可写成：

$$\Delta_1 = \Delta_{1P} + \Delta_{11} = 0 \tag{15-1b}$$

式中，Δ_{1P} 为基本结构在荷载单独作用下沿 X_1 方向产生的位移；Δ_{11} 是基本结构在基本未知量 X_1 单独作用下沿 X_1 方向产生的位移。

为求 Δ_{11}，令基本未知量 X_1 为单位力，即 $\overline{X}_1 = 1$，如图 15-7 (e)、(f) 所示。根据叠加关系有：

$$\Delta_{11} = \delta_{11} X_1 \tag{15-1c}$$

式中，δ_{11} 为基本体系在单位力 $\overline{X}_1 = 1$ 单独作用下沿 X_1 方向产生的位移。

将式 (15-1c) 带入式 (15-1b)，得：

$$\delta_{11} X_1 + \Delta_{1P} = 0 \tag{15-1d}$$

式 (15-1d) 为一次超静定结构的力法基本方程。式中的系数 δ_{11} 和自由项 Δ_{1P} 都是静定的基本结构在已知力作用下的位移，均可用“单位荷载法”求得。因而，由方程式 (15-1d) 即可求得基本未知力 X_1。

多余未知力 X_1 求出后，就可以利用静力平衡条件求基本体系的支座反力和任一截面的内力，作内力图。

【例 15-1】 用力法计算如图 15-8 (a) 所示超静定梁，并作内力图。

【解】

(1) 选取基本结构。原结构为一次超静定结构，去掉 B 端的支座链杆用多余未知力 X_1 代替，构成基本结构，如图 15-8 (b) 所示。

(2) 列出力法方程。基本结构应满足原结构 B 点无竖向线位移的变形条件，力法方程为：

$$\delta_{11} X_1 + \Delta_{1P} = 0$$

(3) 求系数和自由项。力法中的系数 δ_{11} 和自由项 Δ_{1P} 都是基本结构的位移。为了计算 δ_{11} 和 Δ_{1P}，分别作基本结构在单位力 $\overline{X}_1 = 1$ 和荷载 q 作用下的弯矩图 $\overline{M}_1$ 和 M_P，如图 15-8 (c)、(d) 所示。

应用图乘法，得：

$$\delta_{11} = \int \frac{\overline{M}_1 \overline{M}_1}{EI} dx = \frac{1}{EI}\left(\frac{1}{2} l \times l \times \frac{2}{3} l\right) = \frac{l^3}{3EI}$$

$$\delta_{1P}=\int\frac{\overline{M}_1 M_P}{\mathrm{EI}}\mathrm{d}x=-\frac{1}{\mathrm{EI}}\left(\frac{1}{3}\times\frac{ql^2}{2}\times l\right)\times\frac{3}{4}l=-\frac{ql^4}{8\mathrm{EI}}$$

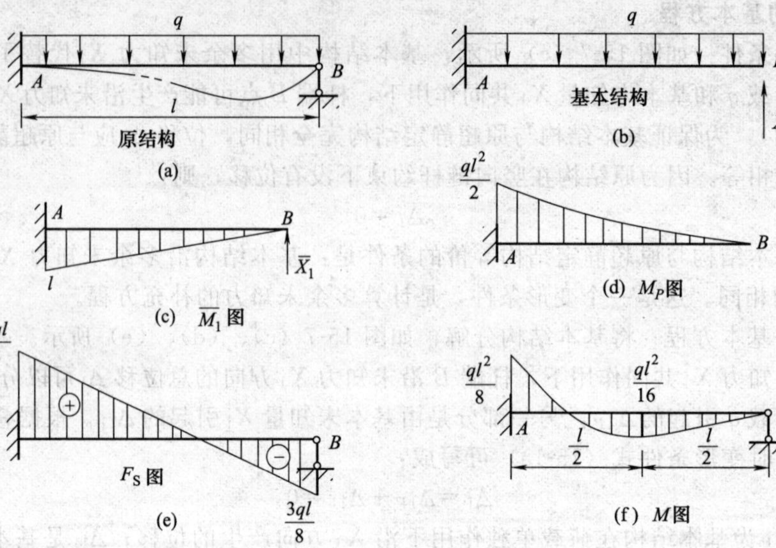

图 15-8

(4) 求多余未知力。将 δ_{11}、Δ_{1P}的值代入力法方程，得：

$$\frac{l^3}{3\mathrm{EI}}X_1-\frac{ql^4}{8\mathrm{EI}}=0$$

求得：

$$X_1=\frac{3}{8}ql$$

求得的未知力是正号，表示反力 X_1的实际方向与假设的方向相同。

(5) 作内力图。多余未知力求出以后，就可以利用平衡条件求原结构的支座反力，作剪力 F_s 图，如图 15-8 (e) 所示。

根据叠加原理，结构任一截面的弯矩 M 也可以用下式表示：

$$M=\overline{M}_1 X_1+M_P$$

式中 $\overline{M}_1$——单位力 $\overline{X}_1=1$ 在基本结构中任一截面所产生的弯矩；

M_P——荷载在基本结构中任一截面所产生的弯矩。

原结构的弯矩图，如图 15-8 (f) 所示。

二、力法的一般方程

1. 两次超静定结构的力法方程

如图 15-9 (a) 所示刚架为两次超静定结构，撤掉 B 处的铰支座，用 2 个多余未知力 X_1、X_2来代替，得到如图 15-9 (b) 所示的基本结构。基本结构在荷载和多余未知力共同作用下，B 点沿 X_1、X_2方向的位移应与原结构在 B 点的位移相同，此处都应等于零，即有：

$$\left.\begin{aligned}\Delta_1=0\\\Delta_2=0\end{aligned}\right\}\qquad(15\text{-}2\text{a})$$

式中 Δ_1——基本结构在 X_1、X_2和荷载共同作用下沿 X_1方向产生的位移，即 B 点的水平位移；

Δ_2——基本结构在 X_1、X_2和荷载共同作用下沿 X_2方向产生的位移，即 B 点的竖向位移。

如图 15-9 所示，根据叠加原理，有：

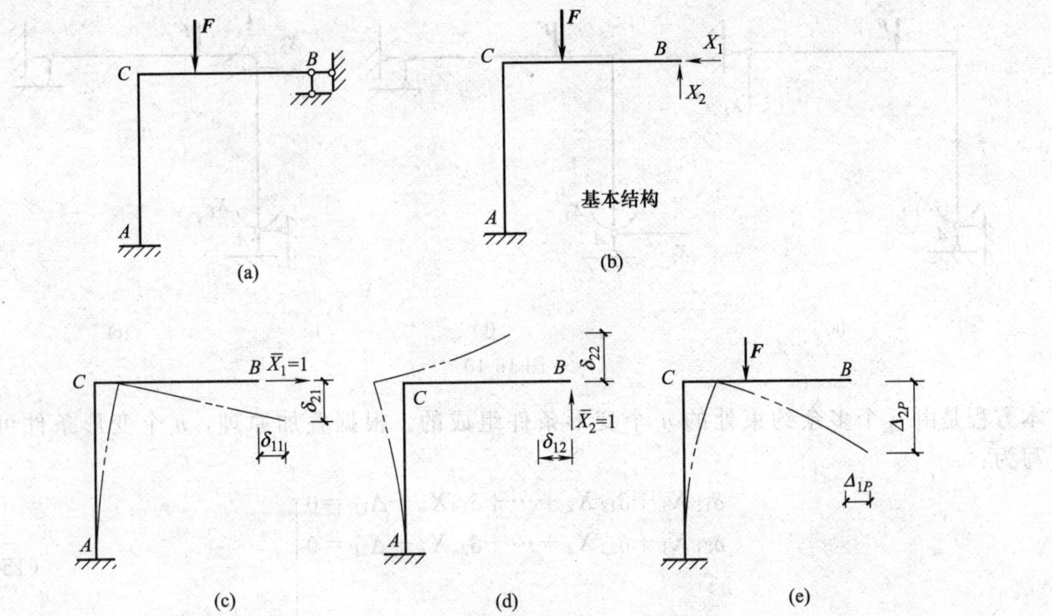

图 15-9

$$\left.\begin{aligned}\Delta_1&=\delta_{11}X_1+\delta_{12}X_2+\Delta_{1P}\\ \Delta_2&=\delta_{21}X_1+\delta_{22}X_2+\Delta_{2P}\end{aligned}\right\}$$

这时，基本结构应满足的变形条件式（15-2a）可写为：

$$\left.\begin{aligned}\delta_{11}X_1+\delta_{12}X_2+\Delta_{1P}=0\\ \delta_{21}X_1+\delta_{22}X_2+\Delta_{2P}=0\end{aligned}\right\} \tag{15-2b}$$

这就是两次超静定结构的力法基本方程。

式中　δ_{11}，δ_{21}——基本结构在 $\overline{X}_1=1$ 单独作用时，分别沿 X_1、X_2 方向产生的位移；

δ_{12}，δ_{22}——基本结构在 $\overline{X}_2=1$ 单独作用时，分别沿 X_1、X_2 方向产生的位移；

Δ_{1P}，Δ_{2P}——基本结构在荷载单独作用时，分别沿 X_1、X_2 方向产生的位移。

力法方程中的系数 δ_{ij} 和自由项 Δ_{iP} 都是发生在静定的基本结构的位移，均可采用单位荷载法计算。

按式（15-2b）求得多余未知力 X_1、X_2 后，结构任一截面上的弯矩可用叠加公式计算：

$$M=\overline{M}_1X_1+\overline{M}_2X_2+M_P \tag{15-3}$$

式中　$\overline{M}_1$，$\overline{M}_2$——分别是单位多余未知力 $\overline{X}_1=1$、$\overline{X}_2=1$ 单独作用于基本结构时，相应截面的弯矩；

M_P——荷载单独作用于基本结构时任一截面的弯矩。

求出弯矩后，可以根据平衡条件求得其剪力和轴力。

同一结构可以按不同的方式选取基本结构并确定相应基本未知量。如图 15-9（a）所示结构，也可采用如图 15-10（a）、（b）、（c）所示的静定结构作为基本结构，这时力法方程在形式上与式（15-2b）完全相同，但由于 X_1、X_2 的实际含义不同，因而变形协调条件物理意义也不同。应注意，无论采用什么形式的基本结构，都应该是静定并且是几何不变的。

2. n 次超静定结构的力法典型方程

对于 n 次超静定结构，力法的基本未知量是 n 个多余未知力 X_1、X_2、…、X_n，力法基

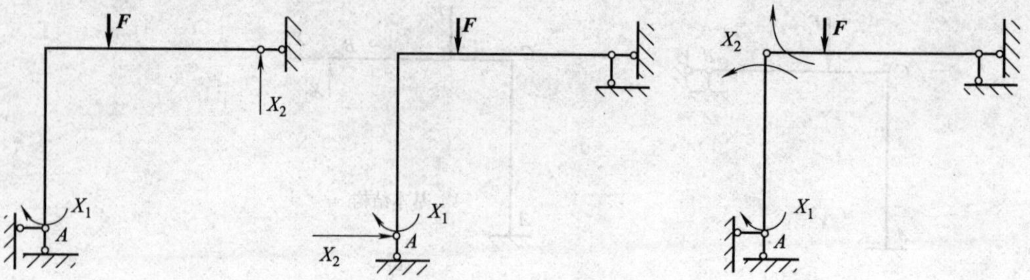

(a) (b) (c)

图 15-10

本方程是由 n 个多余约束处的 n 个变形条件组成的。根据叠加原理，n 个变形条件可以写为：

$$\left.\begin{aligned}\delta_{11}X_1+\delta_{12}X_2+\cdots+\delta_{1n}X_n+\Delta_{1P}=0\\\delta_{21}X_1+\delta_{22}X_2+\cdots+\delta_{2n}X_n+\Delta_{2P}=0\\\vdots\qquad\qquad\qquad\\\delta_{n1}X_1+\delta_{n2}X_2+\cdots+\delta_{nn}X_n+\Delta_{nP}=0\end{aligned}\right\}\tag{15-4}$$

式（15-4）是 n 次超静定结构在荷载作用下力法方程的一般形式，常称为力法典型方程。

力法典型方程的物理意义为：基本结构在全部荷载和多余未知力共同作用下，在去掉各多余约束处沿各多余未知力方向的位移，应与原结构相应的位移相等。

式（15-4）中，系数 δ_{ij} 和自由项 Δ_{iP} 分别表示基本结构在单位未知力和荷载作用下产生的位移。符号中有两个下标，第一个下标表示位移的方向，第二个下标表示产生位移的原因。例如：

δ_{ij}——由单位力 $\overline{X}_j=1$ 产生的沿 X_i 方向的位移，也称柔度系数；

Δ_{iP}——由荷载产生的沿 X_i 方向的位移。

主对角线上的系数 δ_{ii} 称为主系数，恒为正值；其他系数 δ_{ij} 称为副系数，其值可为正、负或零。力法方程中位于主对角线两侧对称位置上的两个副系数一一对应相等。

$$\delta_{ij}=\delta_{ji}$$

解方程求出多余未知力 X_1、X_2、…、X_n 以后，就可以利用平衡条件求原结构的支座反力和内力，作内力图。根据叠加原理，结构任一截面的内力可以用式（15-5）表示：

$$\left.\begin{aligned}M=\overline{M}_1X_1+\overline{M}_2X_2+\cdots+\overline{M}_nX_n+M_P\\F_S=\overline{F}_{S_1}X_1+\overline{F}_{S_2}X_2+\cdots+\overline{F}_{S_n}X_n+F_{S_P}\\F_N=\overline{F}_{N_1}X_1+\overline{F}_{N_2}X_2+\cdots+\overline{F}_{N_n}X_n+F_{N_P}\end{aligned}\right\}\tag{15-5}$$

第三节 力法的计算举例

一、超静定梁和刚架

【例 15-2】 用力法计算如图 15-11（a）所示刚架，并作内力图。

【解】

（1）选取基本结构。此刚架为二次超静定结构，去掉 C 端铰支座的两个约束并用未知力代替得到基本结构，如图 15-11（b）所示。

（2）列力法方程。基本结构在荷载和多余未知力作用下，应分别满足 C 点的水平和竖向

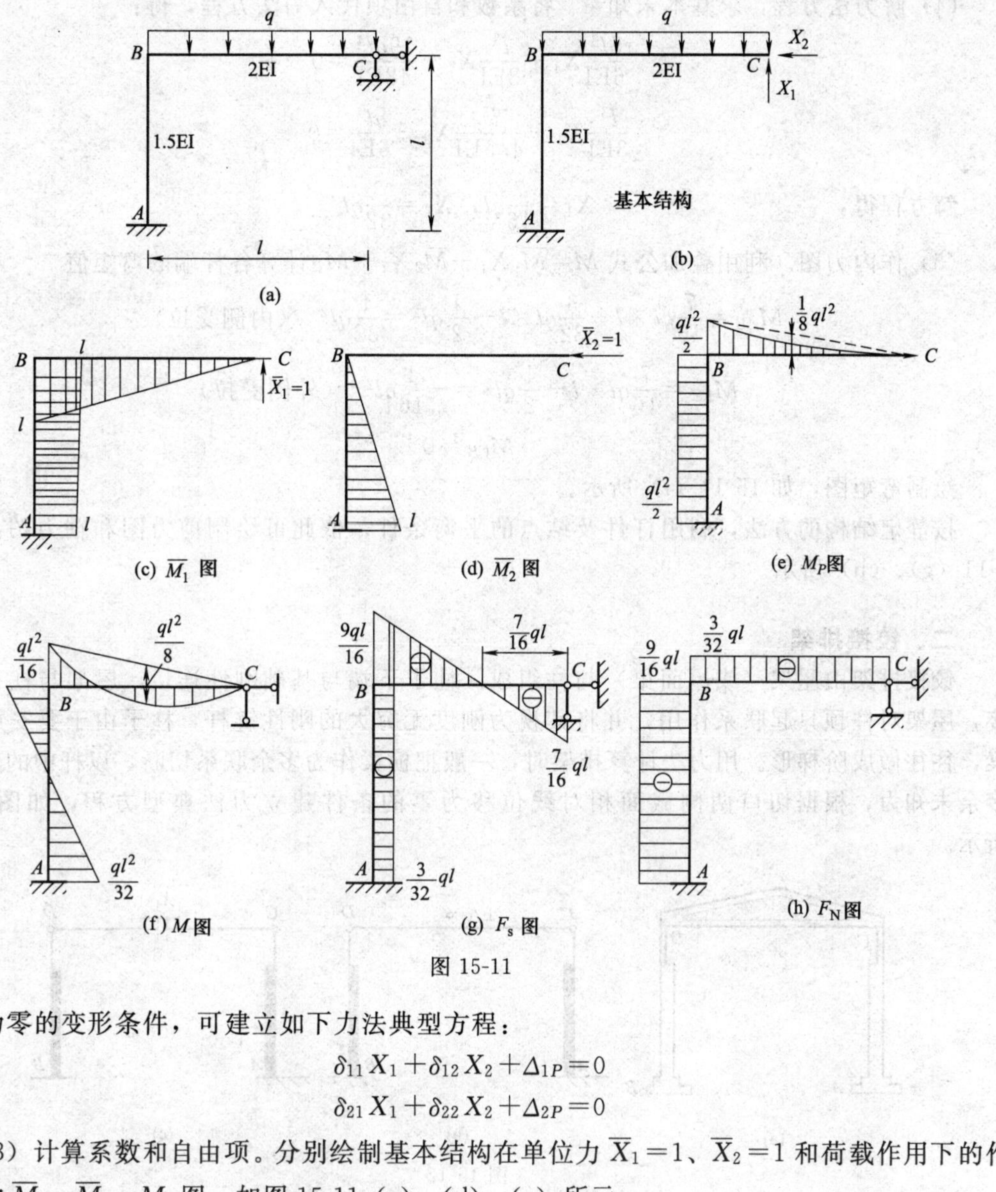

图 15-11

位移为零的变形条件，可建立如下力法典型方程：

$$\delta_{11}X_1+\delta_{12}X_2+\Delta_{1P}=0$$
$$\delta_{21}X_1+\delta_{22}X_2+\Delta_{2P}=0$$

（3）计算系数和自由项。分别绘制基本结构在单位力 $\overline{X}_1=1$、$\overline{X}_2=1$ 和荷载作用下的作用下的 $\overline{M}_1$、$\overline{M}_2$、M_P 图，如图 15-11（c）、（d）、（e）所示。

利用图乘法，可得到：

$$\delta_{11}=\frac{1}{2\mathrm{EI}}\left(\frac{1}{2}\times l\times l\times\frac{2}{3}l\right)+\frac{1}{1.5\mathrm{EI}}(l\times l\times l)=\frac{5l^3}{6\mathrm{EI}}$$

$$\delta_{21}=\delta_{12}=\frac{1}{1.5\mathrm{EI}}\left(\frac{1}{2}\times l\times l\times l\right)=\frac{l^3}{3\mathrm{EI}}$$

$$\delta_{22}=\frac{1}{1.5\mathrm{EI}}\left(\frac{1}{2}\times l\times l\times\frac{2}{3}l\right)=\frac{l^3}{4.5\mathrm{EI}}$$

$$\Delta_{1P}=-\frac{1}{1.5\mathrm{EI}}\left(\frac{1}{2}ql^2\times l\times l\right)-\frac{1}{2\mathrm{EI}}\left(\frac{1}{3}\times\frac{1}{2}ql^2\times l\times\frac{3}{4}l\right)=-\frac{19ql^4}{48\mathrm{EI}}$$

$$\Delta_{2P}=-\frac{1}{1.5\mathrm{EI}}\left(\frac{1}{2}ql^2\times l\times\frac{1}{2}l\right)=-\frac{ql^4}{6\mathrm{EI}}$$

(4) 解力法方程，求基本未知量。将系数和自由项代入力法方程，得：

$$\frac{5l^3}{6EI}X_1+\frac{l^3}{3EI}X_2-\frac{19ql^4}{48EI}=0$$

$$\frac{l^3}{3EI}X_1+\frac{l^3}{4.5EI}X_2-\frac{ql^4}{6EI}=0$$

解方程得： $X_1=\frac{7}{16}ql$，$X_2=\frac{3}{32}ql$

(5) 作内力图。利用叠加公式 $M=\overline{M}_1X_1+\overline{M}_2X_2+M_P$ 计算各杆端的弯矩值

$$M_{AB}=\frac{7}{16}ql\times l+\frac{3}{32}ql\times l-\frac{1}{2}ql^2=\frac{1}{32}ql^2 \quad \text{(内侧受拉)}$$

$$M_{BC}=\frac{7}{16}ql\times l-\frac{1}{2}ql^2=-\frac{1}{16}ql^2 \quad \text{(外侧受拉)}$$

$$M_{CB}=0$$

绘制弯矩图，如 15-11 (f) 所示。

按静定结构的方法，利用杆件及结点的平衡条件，依此可绘制剪力图和轴力图，如图 5-11 (g)、(h) 所示。

二、铰接排架

铰接排架由屋架（或屋面梁）与柱组成。柱子下端与基础刚性连接，屋架与柱顶为铰接，屋架对柱顶只起联系作用，并将其视为刚度无穷大的刚性链杆，柱子由于要安放吊车梁，往往做成阶梯形。用力法计算排架时，一般把横梁作为多余联系切断，以杆中的轴力为多余未知力，根据切口两侧截面相对线位移为零的条件建立力法典型方程，如图 15-12 所示。

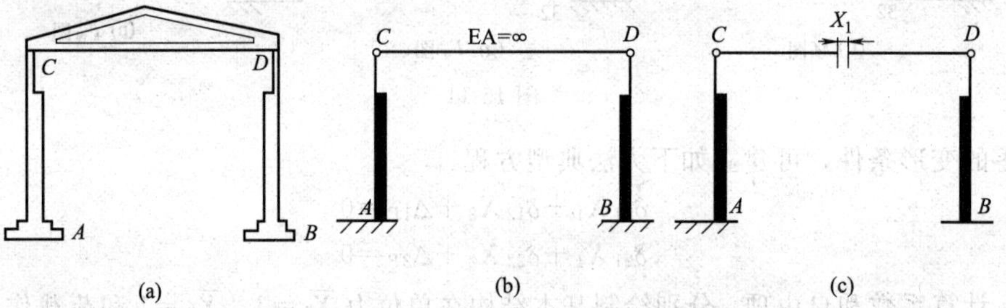

图 15-12

【例 15-3】 用力法计算如图 15-13 (a) 所示排架，并作内力图。

【解】

(1) 选取基本结构。此排架为一次超静定，切断横杆即链杆 CD 的轴向约束代以一对等值反向的未知力 X_1 为多余未知力，基本结构如图 15-13 (b) 所示。

通常切断一根杆件是在切口处把与轴力、剪力和弯矩相应的三个约束全部切断。这里的横杆只是轴向约束被切断，另外两个约束仍然保留，如图 15-13 (c) 所示。

(2) 列力法方程。横梁切口处两侧截面应保持连续，没有错开，也没有重叠，建立力法方程如下：

$$\delta_{11}X_1+\Delta_{1P}=0$$

(3) 求系数和自由项。分别绘制基本结构的 $\overline{M}_1$、M_P 图，如图 15-13 (d)、(e) 所示。由此可求得系数和自由项：

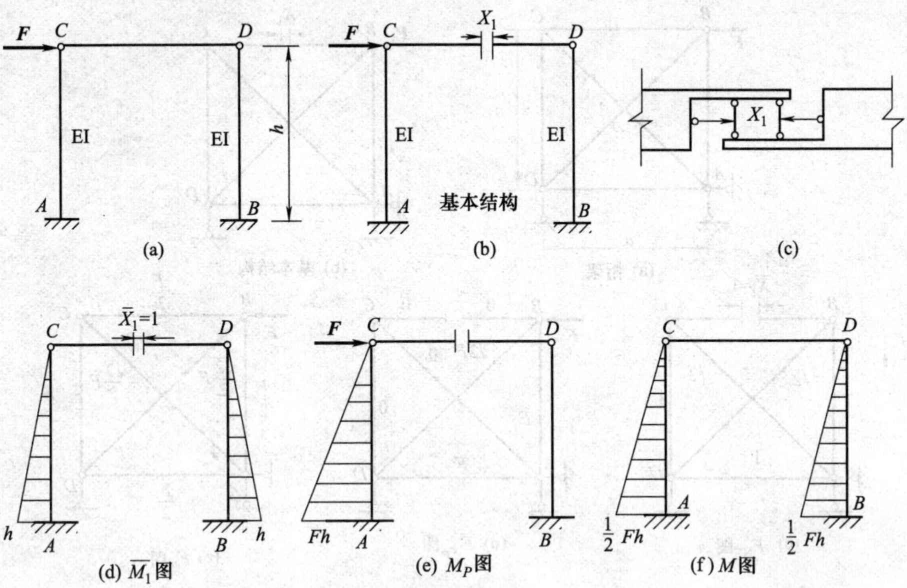

图 15-13

$$\delta_{11}=2\times\frac{1}{\mathrm{EI}}\left(\frac{1}{2}\times h\times h\times\frac{2}{3}\times h\right)=\frac{2h^3}{3\mathrm{EI}}$$

$$\Delta_{1P}=\frac{1}{\mathrm{EI}}\left(\frac{1}{2}\times h\times h\times\frac{2}{3}\times Fh\right)=\frac{Fh^3}{3\mathrm{EI}}$$

（4）解力法方程，求基本未知量。

$$\frac{2h^3}{3\mathrm{EI}}X_1+\frac{Fh^3}{3\mathrm{EI}}=0$$

解得：

$$X_1=-\frac{F}{2}$$

负号表示多余未知力 X_1 的实际方向与所设方向相反，即横梁内力为压力。

（5）作 M 图。利用叠加公式 $M=\overline{M}_1X_1+M_P$ 得弯矩图，如图 15-13（f）所示。

三、超静定桁架

【例 15-4】 用力法计算如图 15-14（a）所示桁架，求桁架各杆的内力。

【解】

（1）选取基本结构。此桁架为一次超静定，切断 BC 杆，并代以多余未知力 X_1，基本结构如图 15-14（b）所示。

（2）列力法方程。根据链杆 BC 变形连续，应满足切口处相对轴向位移为零的条件，列力法方程为：

$$\delta_{11}X_1+\Delta_{1P}=0$$

（3）计算系数和自由项。计算基本结构在单位力 $\overline{X}_1=1$ 作用下的各杆轴力 $\overline{F}_{N_1}$ 和荷载作用下的各杆轴力 F_{N_P}，如图 15-14（c）、（d）所示。力法方程中的系数 δ_{11} 和自由项 Δ_{1P} 分别为：

$$\delta_{11}=\sum\frac{\overline{F}_{N_i}\overline{F}_{N_i}l}{\mathrm{EA}}=\frac{1}{\mathrm{EA}}\left[1\times1\times a\times4+(-\sqrt{2})\times(-\sqrt{2})\times(\sqrt{2}a)\times2\right]$$

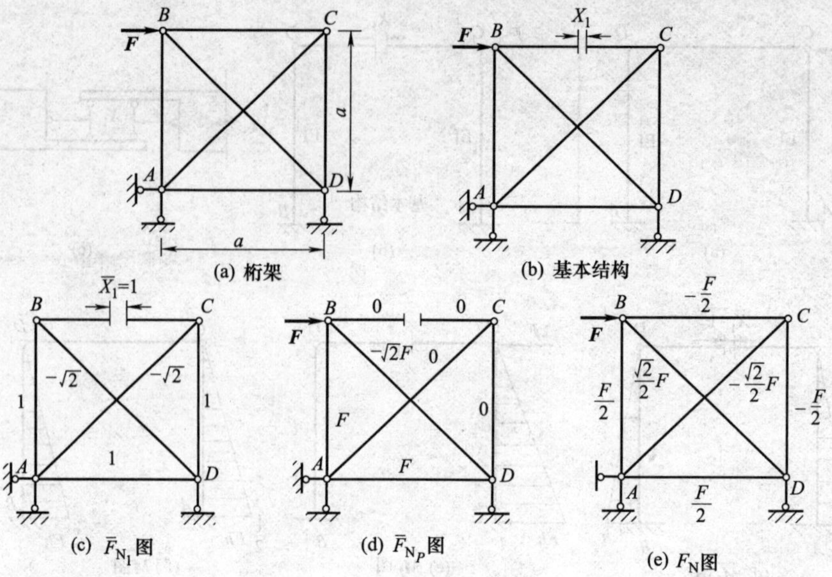

图 15-14

$$=\frac{4a}{EA}(1+\sqrt{2})$$

$$\Delta_{1P}=\sum\frac{\overline{F}_{N_i}F_{N_P}l}{EA}=\frac{1}{EA}\left[F\times1\times a\times2+(-\sqrt{2}F)\times(-\sqrt{2})\times(\sqrt{2}a)\right]$$

$$=\frac{2Fa}{EA}(1+\sqrt{2})$$

（4）解力法方程，求基本未知量。

$$\frac{4a}{EA}(1+\sqrt{2})X_1+\frac{2Fa}{EA}(1+\sqrt{2})=0$$

解得：
$$X_1=-\frac{F}{2}$$

（5）求各杆轴力 F_N。利用叠加公式 $F_N=\overline{F}_{N_1}X_1+F_{N_P}$ 计算出原结构各杆的轴力，如图 15-14（e）所示。

四、超静定组合结构

【例 15-5】 计算如图 15-15（a）所示加劲吊车梁的内力。已知 $E_1I_1=1.40\times10^4\,\text{kN}\cdot\text{m}^2$，$E_1A_1=1.99\times10^6\,\text{kN}$，$E_2A_2=2.02\times10^5\,\text{kN}$，$E_3A_3=2.56\times10^6\,\text{kN}$。

【解】

（1）选取基本结构。这是一次超静定的组合结构，切断竖向轴力杆并代以多余未知力 X_1，得到基本结构，如图 15-15（b）所示。

（2）列力法方程。由竖向链杆切口两侧沿杆轴方向的相对线位移等于零的条件，建立力法方程：

$$\delta_{11}X_1+\Delta_{1P}=0$$

（3）计算系数和自由项。分别计算基本结构在单位力 $\overline{X}_1=1$ 和荷载作用下的梁式杆弯矩和轴力杆的内力，如图 15-15（c）～（f）所示。

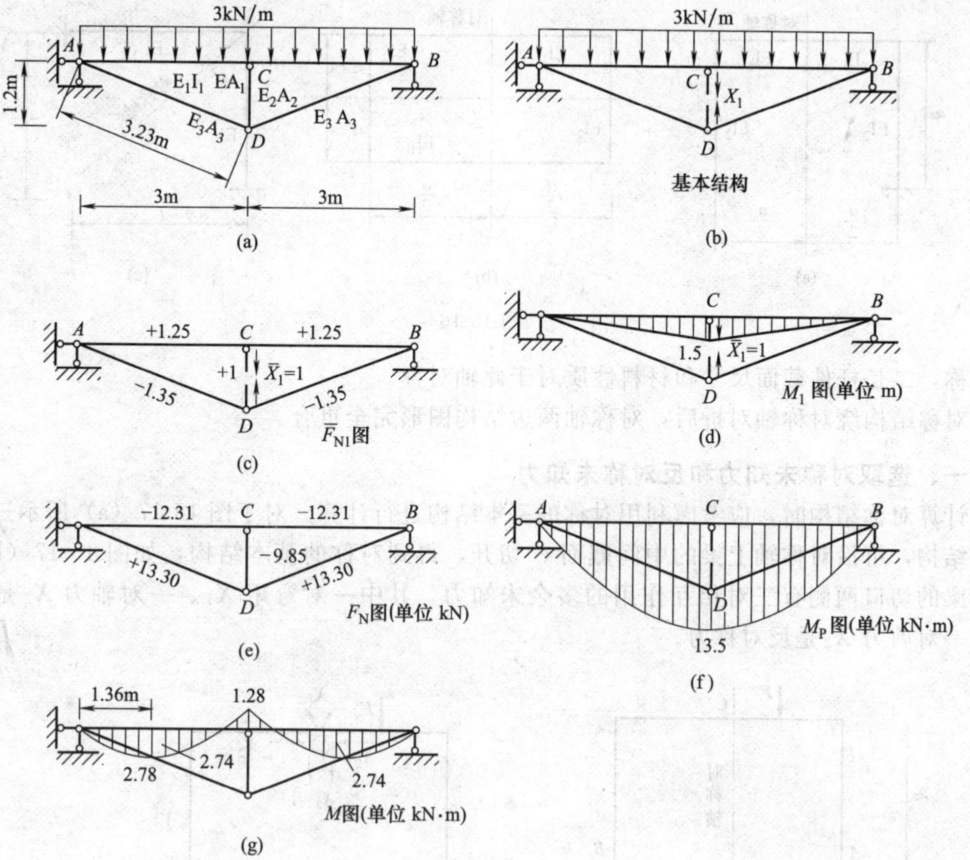

图 15-15

$$\delta_{11}=\sum\frac{(\overline{M}_1)^2}{EI}dx+\sum\frac{(\overline{F}_{N_1})^2l}{EA}$$

$$=\frac{2}{1.40\times10^4}\times\left(\frac{1}{2}\times1.5\times3\times\frac{2}{3}\times1.5\right)+\frac{1.25^2\times6}{1.99\times10^6}+$$

$$\frac{1^2\times1.2}{2.02\times10^5}+\frac{2}{2.56\times10^5}\times(1.35^2\times3.23)=3.78\times10^{-4}\ (\text{m/kN})$$

$$\Delta_{1P}=\sum\frac{\overline{M}_1M_P}{EI}dx=\frac{2}{1.40\times10^4}\times\left(\frac{2}{3}\times13.5\times3\times\frac{5}{8}\times1.5\right)$$

$$=36.16\times10^{-4}\ (\text{m})$$

（4）解方程求多余未知力

$$X_1=-\frac{\Delta_{1P}}{\delta_{11}}=-\frac{36.16\times10^{-4}}{3.78\times10^{-4}}=-9.57\ (\text{kN})$$

（5）根据叠加原理作出 M 图，并求出各链杆轴力的值，如图 15-15（g）所示。

第四节　结构对称性的利用

在工程中的很多结构是对称的。利用结构的对称性，能简化结构的计算。结构对称是指其对结构中某一轴的对称，如图 15-16 所示。

结构的对称性需满足以下两个方面要求，一是结构的几何形状、尺寸和支撑情况对某一

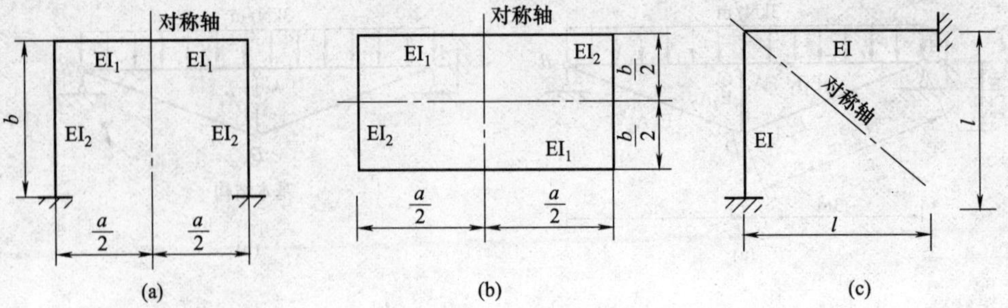

图 15-16

轴对称，二是杆件截面尺寸和材料性质对于此轴对称。

对称结构绕对称轴对折后，对称轴两边结构图形完全重合。

一、选取对称未知力和反对称未知力

计算对称结构时，应考虑利用对称的基本结构进行计算。对于图 15-17（a）所示三次超静定结构，可沿对称轴上梁的中间截面 C 切开，得到对称的基本结构，如图 15-17（b）所示。梁的切口两侧有三对相互作用的多余未知力，其中一对弯矩 X_1、一对轴力 X_2 是对称力；一对剪力 X_3 是反对称力。

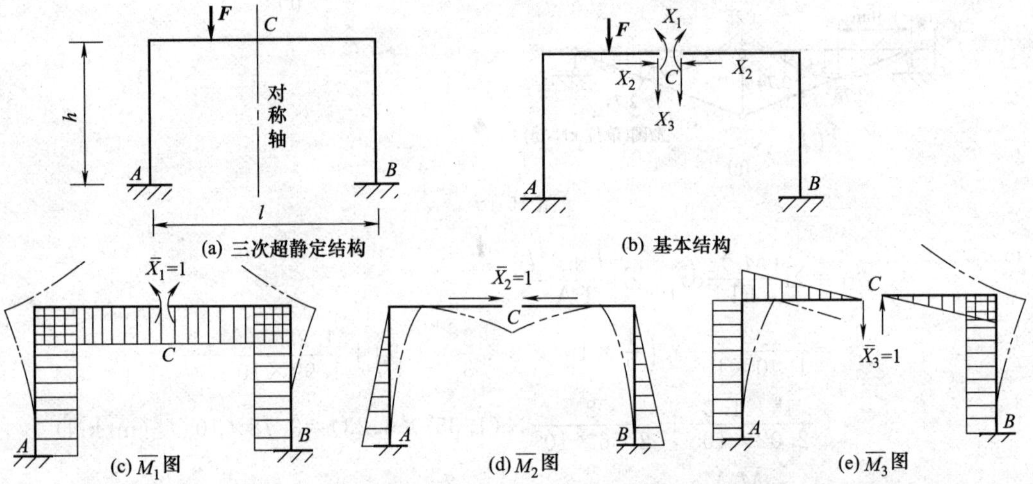

图 15-17

对如图 15-17（b）所示刚架的基本结构，力法方程为：

$$\left.\begin{aligned}\delta_{11}X_1+\delta_{12}X_2+\delta_{13}X_3+\Delta_{1P}=0\\ \delta_{21}X_1+\delta_{22}X_2+\delta_{23}X_3+\Delta_{2P}=0\\ \delta_{31}X_1+\delta_{32}X_2+\delta_{33}X_3+\Delta_{3P}=0\end{aligned}\right\}\qquad(15\text{-}6a)$$

基本结构在单位力作用下的弯矩图 $\overline{M}_1$、$\overline{M}_2$、$\overline{M}_3$，如图 15-17（c）～(e）所示。可以看出，对称未知力 $\overline{X}_1=1$ 和 $\overline{X}_2=1$ 所产生的弯矩图 $\overline{M}_1$、$\overline{M}_2$ 和变形图是对称的；反对称未知力 $\overline{X}_3=1$ 所产生的弯矩图 $\overline{M}_3$ 和变形图是反对称的。因此，正、反对称的两个弯矩图相乘时正负抵消，结果为零，力法方程的系数为：

$$\delta_{13}=\delta_{31}=\sum\frac{\overline{M}_1\overline{M}_3}{EI}ds=0$$

$$\delta_{23}=\delta_{32}=\sum\frac{\overline{M}_2\overline{M}_3}{EI}ds=0$$

这样，力法方程便简化为：

$$\left.\begin{aligned}\delta_{11}X_1+\delta_{12}X_2+\Delta_{1P}=0\\ \delta_{21}X_1+\delta_{22}X_2+\Delta_{2P}=0\\ \delta_{33}X_3+\Delta_{3P}=0\end{aligned}\right\}\qquad(15\text{-}6b)$$

式（15-6b）中，力法方程被分为独立的两组，一组只含对称未知力 X_1、X_2，另一组只含反对称未知力 X_3。方程的建立及求解将得到简化。

二、利用荷载的对称性

作用在结构上的荷载［图 15-18（a）］可以是正对称荷载和反对称荷载。

① 正对称荷载　正对称荷载绕对称轴对折后，对称轴两边的荷载彼此重合，即荷载的作用点重合且等值、同向，如图 15-18（b）所示。

② 反对称荷载　反对称荷载绕对称轴对折后，对称轴两边的荷载正好相反，即荷载的作用点重合且等值、反向，如图 15-18（c）所示。

作用在结构上的荷载，可以分解成为正对称荷载和反对称荷载两部分的叠加，如图 15-18所示。

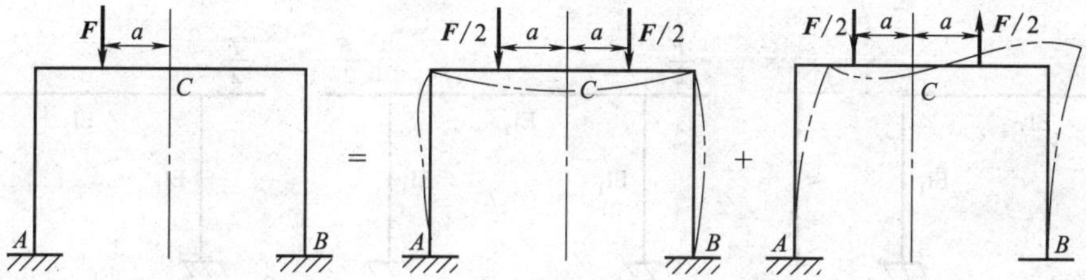

(a) 荷载　(b) 对称荷载　(c) 反对称荷载

图 15-18

(1) 在正对称荷载作用下　基本结构的荷载弯矩图 M_P 是对称的，如图 15-19（a）所示。由于弯矩图 $\overline{M}_3$ 是反对称的，如图 15-17（e）所示。因此有：

$$\Delta_{3P}=\sum\frac{\overline{M}_3 M_P}{EI}ds=0$$

代入式（15-6b），可得反对称未知力 $X_3=0$，这时只需按式（15-6b）计算对称未知力 X_1 和 X_2 即可，如图 5-19（b）所示。

(2) 在反对称荷载作用下　基本结构的荷载弯矩图 M_P 是反对称的，如 15-19（c）所示。由于弯矩图 $\overline{M}_1$、$\overline{M}_2$ 是对称的，如图 15-17（b）、(c) 所示。因此有：

$$\Delta_{1P}=\sum\frac{\overline{M}_1 M_P}{EI}ds=0$$

$$\Delta_{2P}=\sum\frac{\overline{M}_2 M_P}{EI}ds=0$$

代入方程式（15-6b），可得对称未知力 $X_1=0$、$X_2=0$，只需按式（15-6b）计算反对称未知力 X_3 即可，如图 15-19（d）所示。

综上所述，可得到结论：对称结构在正对称荷载作用下，反对称多余未知力等于零；对称结构在反对称荷载作用下，对称多余未知力等于零。

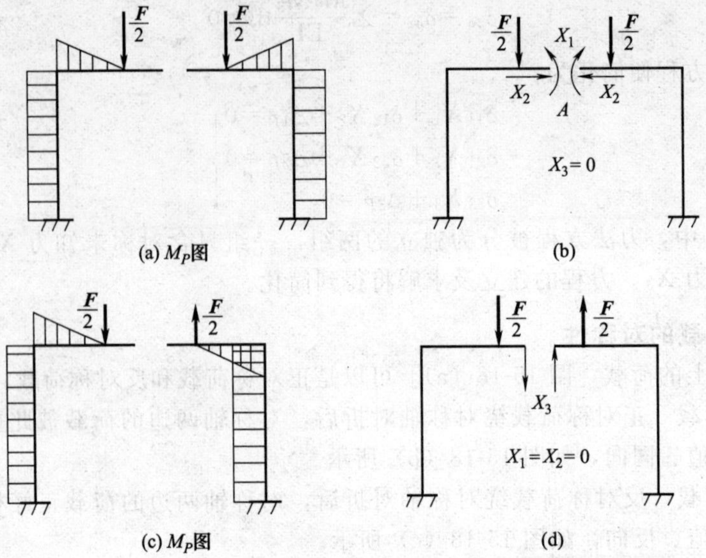

图 15-19

【例 15-6】 求作如图 15-20（a）所示刚架在水平力作用下的弯矩图。

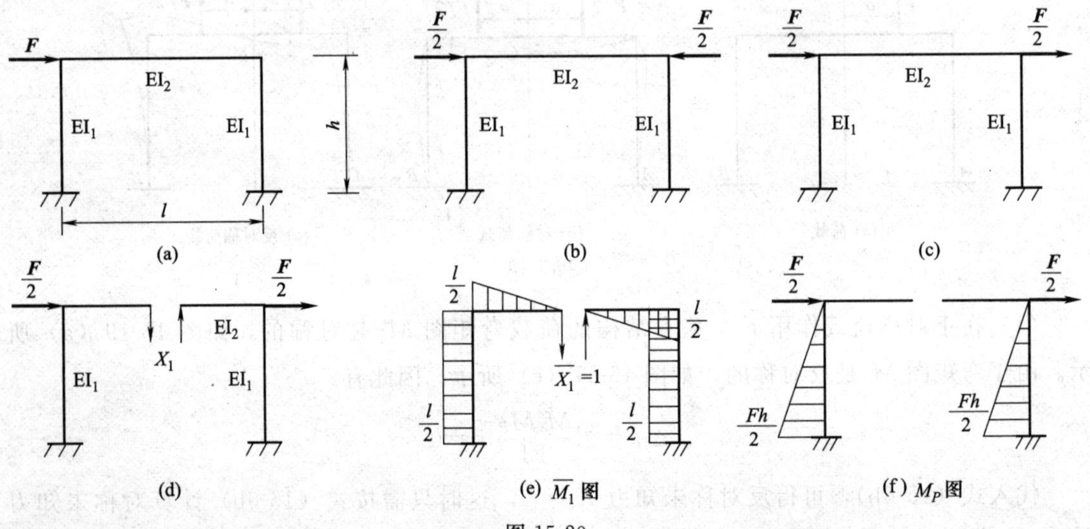

图 15-20

【解】 这是一个三次超静定对称刚架，荷载是非对称的。为简化计算，将荷载分解成对称荷载和反对称荷载，如图 15-20（b）、（c）所示。在对称荷载作用下，如果忽略横梁的轴向变形，则只有横梁承受压力 $F/2$，其他杆件无内力，如图 15-20（b）所示。因此，为了求如图 15-20（a）所示刚架的弯矩图，只需求在反对称荷载作用下的弯矩图即可，如图 15-20（c）。

（1）选取基本结构。在反对称荷载作用下，选取基本结构如图 15-20（d）所示。切口处截面上的弯矩、轴力均是对称未知力，应为零。只需计算反对称的未知剪力 X_1。

（2）列力法方程

$$\delta_{11}X_1+\Delta_{1P}=0$$

（3）计算系数和自由项。作基本结构在 $\overline{X}_1=1$ 和荷载作用下的 $\overline{M}_1$图和 M_P图，如图

15-20（e）、（f）所示，得：

$$\delta_{11}=2\times\left[\frac{1}{EI_1}\times\left(\frac{1}{2}\times l\times h\right)\times\frac{l}{2}+\frac{1}{EI_2}\times\left(\frac{1}{2}\times\frac{l}{2}\times\frac{l}{2}\right)\times\frac{2}{3}\times\frac{l}{2}\right]$$
$$=\frac{l^2h}{2EI_1}+\frac{l^3}{12EI_2}$$

$$\Delta_{1P}=2\times\frac{1}{EI_1}\times\left(\frac{1}{2}\times\frac{Fh}{2}\times h\right)\times\frac{l}{2}=\frac{Fh^2l}{4EI_1}$$

（4）解力法方程

设：
$$k=\frac{I_2/l}{I_1/h}=\frac{I_2h}{I_1l}$$

得：
$$X_1=-\frac{\Delta_{1P}}{\delta_{11}}=-\frac{6k}{6k+1}\times\frac{Fh}{2l}$$

（5）作弯矩图。刚架弯矩图，如图 15-21（a）所示。

（6）讨论。随着刚架梁柱 I_2、I_1 的变化，刚架的弯矩图也不同。

① 当横梁的 I_2 远小于立柱 I_1，即 $k\to 0$ 时，弯矩图如图 15-21（b）所示，柱中弯矩的零点在柱顶。

② 当横梁的 I_2 远大于立柱 I_1，即 $k\to\infty$ 时，弯矩图如图 15-21（d）所示，此时柱的弯矩零点趋于柱中点；

③ 在一般情况下，柱的弯矩图有零点，且零点在柱的中点以上的半柱范围内变动。当 $k=3$，柱弯矩的零点与柱中点很接近，如图 15-21（c）所示。

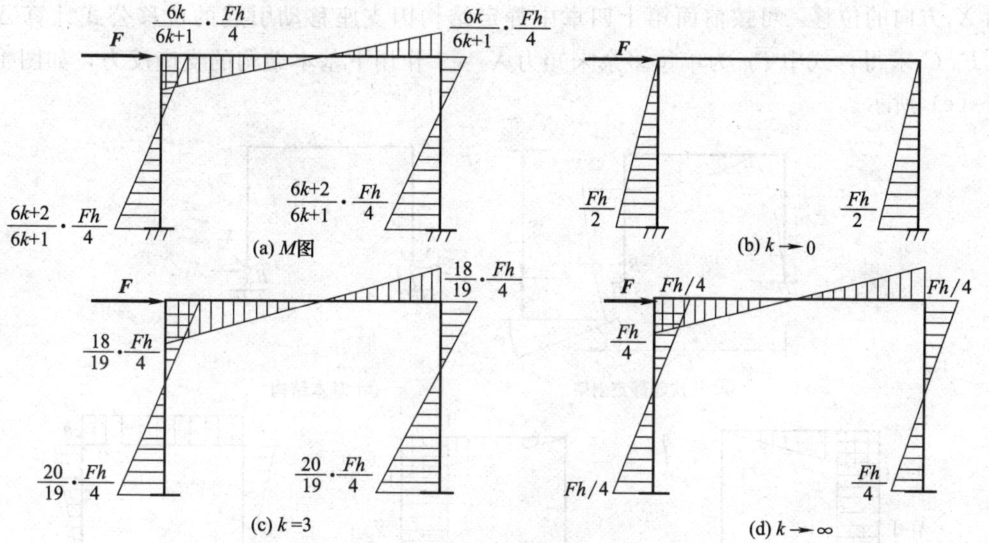

图 15-21

第五节　支座移动和温度变化时超静定结构的内力计算

对于如图 15-22（a）所示的静定结构，当支座 B 发生沉降位移 Δ_B 时，梁只发生刚性位移，AB 轴线保持直线，没有变形，也不产生内力。但对于如图 15-22（b）所示的一次超静定梁，当支座 B 发生微小沉降 Δ_B 时，因有多余约束存在，AB 杆不能发生自由转动，梁的轴线产生弯曲变形，因此支座移动在超静定结构中将产生内力。同样，超静定结构的温度变

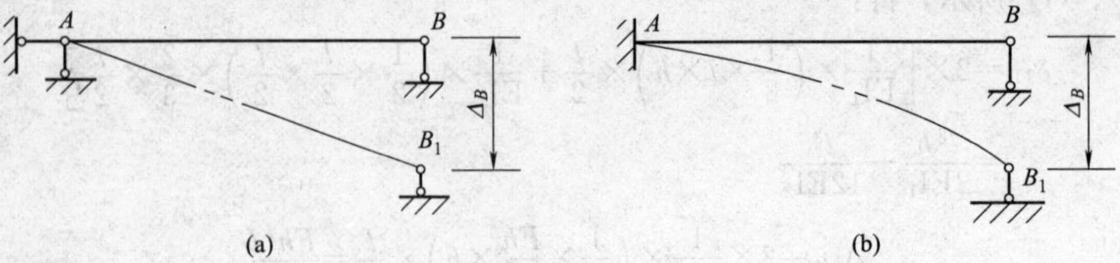

图 15-22

化时，也在结构中产生内力。

超静定结构在支座移动和温度改变等因素作用下产生的内力，称为自内力。用力法计算结构自内力的步骤与荷载作用下的原理相同，唯一区别在于力法方程中自由项的计算不同。

一、支座移动时超静定结构的内力计算

如图 15-23（a）所示的三次超静定刚架，如果支座 B 由于某种原因产生了水平位移 a、竖向位移 b 及转角位移 φ。如果取刚架的基本结构，如图 15-23（b）所示。根据基本结构沿多余未知力 X_i 方向的位移 Δ_i 应与原结构相同的变形条件，可建立如下力法典型方程。

$$\left.\begin{aligned}\delta_{11}X_1+\delta_{12}X_2+\delta_{13}X_3+\Delta_{1C}&=0\\ \delta_{21}X_1+\delta_{22}X_2+\delta_{23}X_3+\Delta_{2C}&=-\varphi\\ \delta_{31}X_1+\delta_{32}X_2+\delta_{33}X_3+\Delta_{3C}&=-a\end{aligned}\right\}$$

上式中系数 δ_{ij} 与支座移动无关，计算同前。自由项 Δ_{iC} 表示基本结构由于支座移动引起的沿 X_i 方向的位移，可按前面第十四章中静定结构因支座移动引起的位移公式计算 $\Delta_{iC}=-\sum\overline{F}_{R_i}C_i$ 求得，式中 $\overline{F}_{R_i}$ 为单位多余未知力 $\overline{X}_1=1$ 作用下基本结构的支座反力，如图 15-23（c）～（e）所示。

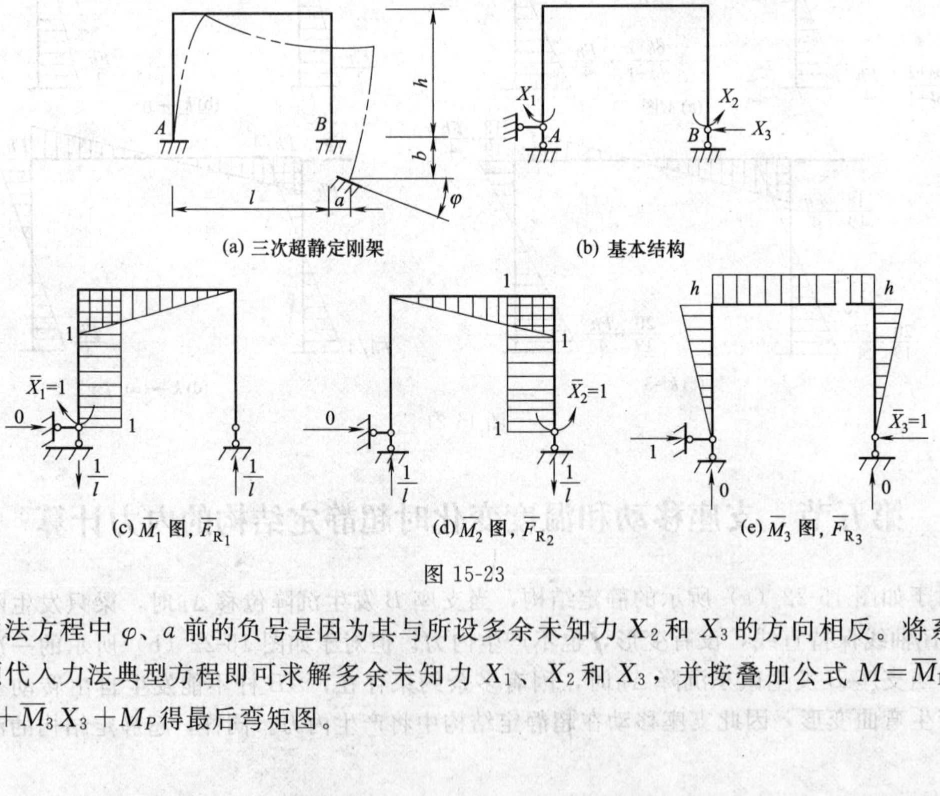

图 15-23

力法方程中 φ、a 前的负号是因为其与所设多余未知力 X_2 和 X_3 的方向相反。将系数和自由项代入力法典型方程即可求解多余未知力 X_1、X_2 和 X_3，并按叠加公式 $M=\overline{M}_1X_1+\overline{M}_2X_2+\overline{M}_3X_3+M_P$ 得最后弯矩图。

【例 15-7】　一等截面超静定梁，如图 15-24（a）所示。已知固定端 A 发生了转角 φ，计算梁中引起的自内力，并作弯矩图。

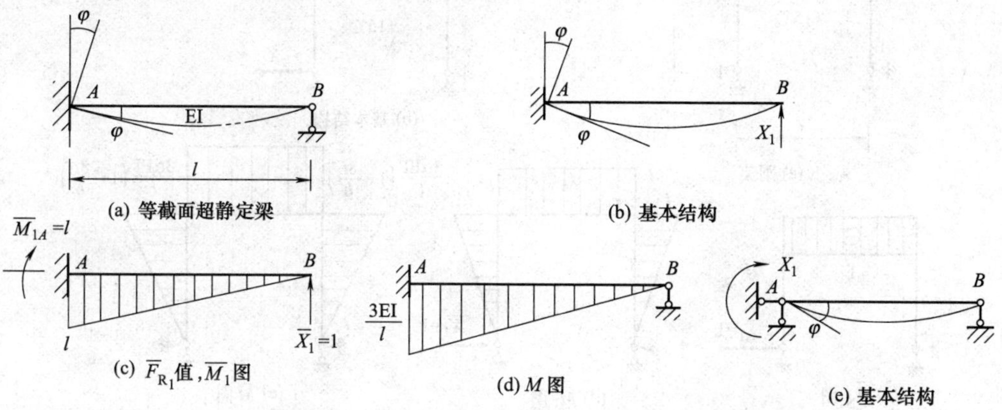

图 15-24

【解】

(1) 选取基本结构。撤去支杆 B，代以多余未知力 X_1，并考虑 A 处转动，构成基本结构，如图 15-24（b）所示。

(2) 力法方程。由于原结构 B 点竖向位移等于零，则基本结构在多余未知力 X_1 和支座移动共同作用下沿未知力 X_1 方向的位移也应等于零，于是有：

$$\delta_{11}X_1+\Delta_{1C}=0$$

力法方程中的 Δ_{1C}，为基本结构在转角 φ 作用下引起的沿未知力 X_1 方向的位移。

(3) 计算系数和自由项。把单位多余未知力 $\overline{X}_1=1$ 作用在基本结构上，计算各支座反力 $\overline{F}_{R_i}$，并作 $\overline{M}_1$ 图，如图 15-24（c）。

$$\delta_{11}=\sum\int\frac{\overline{M}_1\overline{M}_1}{EI}dx=\frac{1}{EI}\times\left(\frac{1}{2}\times l\times l\times\frac{2}{3}l\right)=\frac{l^3}{3EI}$$

$$\Delta_{iC}=-\sum\overline{F}_{R_i}C_i=-\overline{M}_{1A}C_A=-l\times\varphi=-l\varphi$$

(4) 解力法方程

$$X_1=-\frac{\Delta_{1C}}{\delta_{11}}=-\frac{(-l\varphi)}{\dfrac{l^3}{3EI}}=\frac{3EI\varphi}{l^2}$$

(5) 作弯矩图。按 $M=\overline{M}_1X_1+M_P$ 可得弯矩图，如图 15-24（d）所示。

如果选取如图 15-24（e）所示的基本结构，以支座 A 的反力偶矩作为多余未知力 X_1，这时的力法方程可写成 $\delta_{11}X_1+\Delta_{1C}=\varphi$。

二、温度变化时超静定结构的内力计算

【例 15-8】　计算如图 15-25（a）所示刚架，作弯矩图。已知刚架外侧温度降低 5℃，内侧温度升高 15℃，EI 和 h 都是常数，且截面对称。

【解】

如图 15-25（a）所示刚架，杆件外边缘温度变化 $t_1=-5$℃；杆件内边缘温度变化 $t_2=+15$℃。

(1) 选取基本结构。此刚架为一次超静定，撤去支座 B 的水平支杆用未知力 X_1 代替，

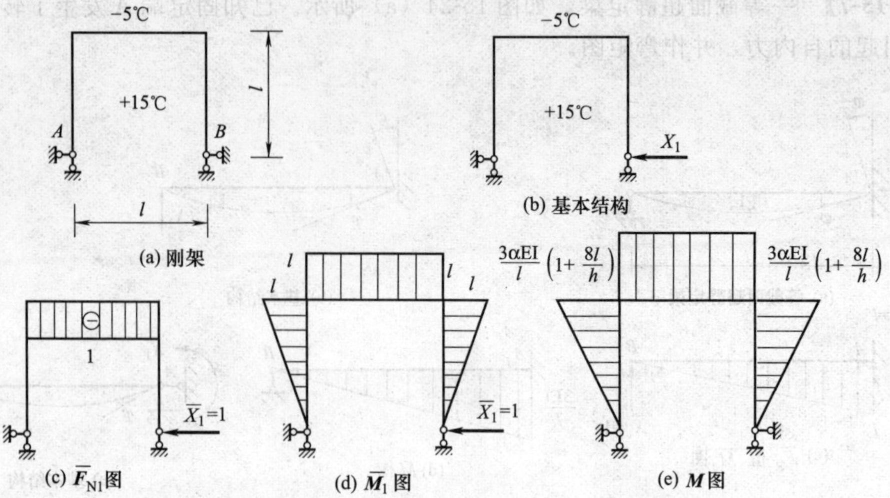

图 15-25

得到基本结构，如图 15-25（b）所示。

（2）力法方程。原结构在 B 点水平位移为零，有：

$$\delta_{11}X_1+\Delta_{1t}=0$$

式中，自由项 Δ_{1t} 是由于温度变化在基本结构中沿未知力 X_1 方向产生的位移。

（3）计算系数和自由项。分别绘制 $\overline{F}_{N_1}$ 图和 $\overline{M}_1$ 图，如图 15-25（c）、（d）所示。系数 δ_{11} 的求法与荷载作用时相同：

$$\delta_{11}=\sum\int\frac{\overline{M}_1\overline{M}_1}{EI}dx=\frac{1}{EI}\times\left(2\times\frac{1}{2}\times l\times l\times\frac{2}{3}\times l+l\times l\times l\right)=\frac{5l^3}{3EI}$$

自由项 Δ_{1t} 可利用第十四章温度变化时静定结构的位移计算方法求得。

由于：

$$\Delta t=t_2-t_1=15-(-5)=20\ (℃)$$

$$t_0=\frac{t_1+t_2}{2}=\frac{-5+15}{2}=5\ (℃)$$

所以：

$$\Delta_{1t}=\sum\alpha\frac{\Delta t}{h}A_{\omega\overline{M}}+\sum\alpha t_0A_{\omega\overline{F}_N}$$

$$=-\alpha\frac{20}{h}\left(2\times\frac{1}{2}\times l\times l+l\times l\right)+\alpha\times5\times(-1)\times l$$

$$=-5\alpha l\left(1+\frac{8l}{h}\right)$$

注意在 Δ_{1t} 的乘积中，由于 $\overline{M}_1$ 图中的弯矩是杆件外边纤维受拉，而温差 Δt 是内部温度较高，变形方向不同，Δt 与 $\overline{M}_1$ 图面积的乘积应取负号；在 $\overline{F}_{N_1}$ 图中，横梁受压，而其轴线温度变化 t_0 为正值，所以 t_0 与 $\overline{F}_{N_1}$ 图的面积的乘积也取负号。

（4）解力法方程

$$X_1=-\frac{\Delta_{1t}}{\delta_{11}}=-\frac{\left[-5\alpha l\left(1+\frac{8l}{h}\right)\right]}{\frac{5l^3}{3EI}}=\frac{3\alpha EI}{l^2}\left(1+\frac{8l}{h}\right)$$

(5) 作弯矩图。刚架在温度作用下的弯矩图，如图 15-25（e）所示。

第六节 超静定结构的特性

1. 在超静定结构中，由于温度改变、支座移动、制作误差、材料收缩等因素都可以引起内力。

静定结构没有荷载就没有支座反力和内力，即在温度改变、支座移动、制作误差、材料收缩等作用下不会产生自内力。但对于超静定结构，由于多余约束的存在，当结构受温度改变、支座移动、制作误差、材料收缩等因素影响都可以引起内力。

2. 超静定结构在荷载作用下的受力与各杆刚度比值有关。

静定结构无多余约束，其全部支座反力和内力都可由平衡方程全部求得。静定结构的支座反力与内力由平衡条件决定，与各杆的刚度无关。超静定结构的多余未知力是由变形协调条件即力法方程确定的，和变形有关的材料性质、截面的形状和大小对其都有影响。超静定结构在荷载作用下的内力分布与各杆的刚度比值有关，而在支座移动、温度变化时产生的内力，则与各杆刚度的绝对值有关。

3. 超静定结构有抵抗破坏的防护能力。

静定结构在任一约束被破坏后，即变成几何可变体系而失去承载能力。而超静定结构由于具有多余约束，在多余约束被破坏后，仍保持几何不变性质，因此还具有一定的承载能力。

4. 超静定结构在局部荷载作用下的影响范围大。

如图 15-26（a）所示的静定多跨梁，当荷载作用在中间跨时，两边跨只随着转动但不产生内力；而对于如图 15-26（b）所示的超静定连续梁，当荷载作用在中间跨时，两边跨也产生内力。所以超静定结构在局部荷载作用下的内力影响范围大，分布比较均匀，峰值较小。

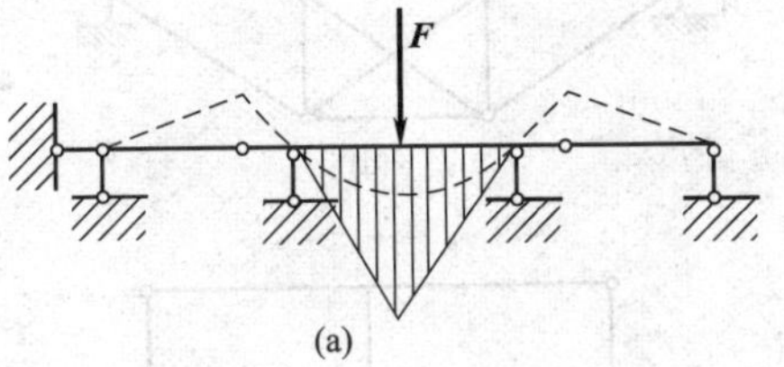

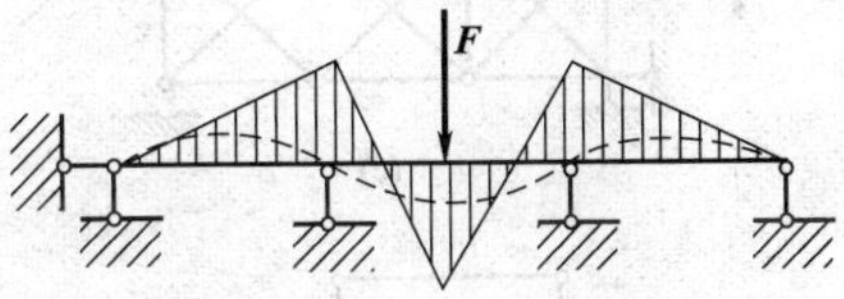

图 15-26

小 结

1. 力法是将超静定问题转化为静定问题，以多余约束力为基本未知量，利用基本结构在荷载和多余未知力共同作用下的变形协调条件建立力法方程，从而求解多余未知力的。力法是计算超静定结构的基本方法之一。

2. 将超静定结构去掉多余约束后得到的静定结构为基本结构。同一超静定结构可以选择多种基本结构，应力求选择能简化计算的基本结构，并且必须保证基本结构是几何不变的静定结构。

3. 力法方程的物理意义是：基本结构在荷载（或支座移动、温度变化时）及多余未知力共同作用下，沿多余未知力方向的位移应与原结构在相应处的位移相等。要充分理解力法方程所代表的变形条件的意义以及方程中各项系数和自由项的含义。

4. 对于对称结构，可利用结构的对称性和荷载的对称性简化计算。作用在结构上的荷载均可分解为正对称荷载和反对称荷载。对称结构在正对称荷载作用下，只有对称未知力，反对称未知力等于零；对称结构在反对称荷载作用下，只有反对称未知力，对称未知力等于零。

思 考 题

15.1 超静定结构与静定结构有什么区别？

15.2 超静定次数是如何确定的？

15.3 力法解超静定结构的基本思路是什么？

15.4 什么是基本结构？基本结构在力法中的作用是什么？

15.5 力法方程的物理意义是什么？

15.6 对称结构在正对称荷载和反对称荷载作用下有什么特征？

15.7 超静定结构在支座移动和温度改变的情况下，力法方程中的自由项的意义各是什么？

15.8 超静定结构有哪些特性？

习 题

15.1 确定如图 15-27 所示结构的超静定次数。

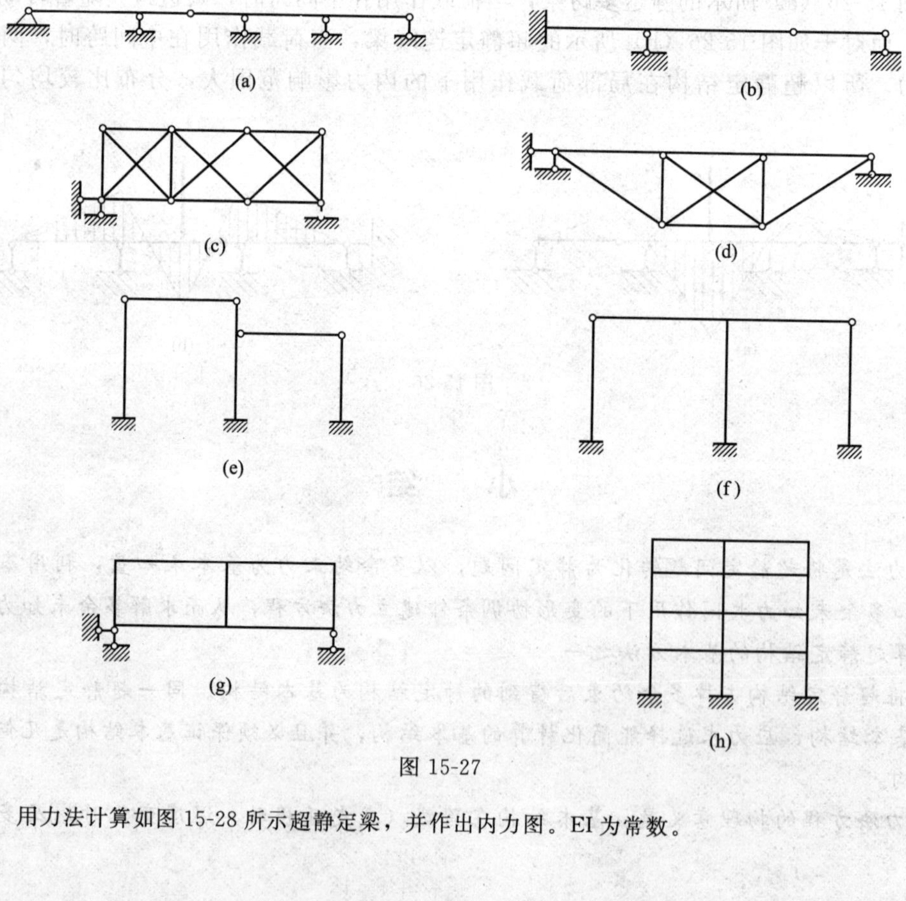

图 15-27

15.2 用力法计算如图 15-28 所示超静定梁，并作出内力图。EI 为常数。

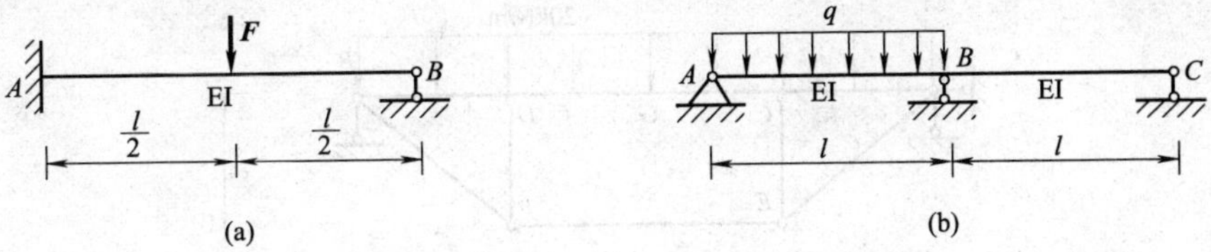

图 15-28

15.3　用力法计算如图 15-29 所示超静定刚架，并作出内力图。EI 为常数。

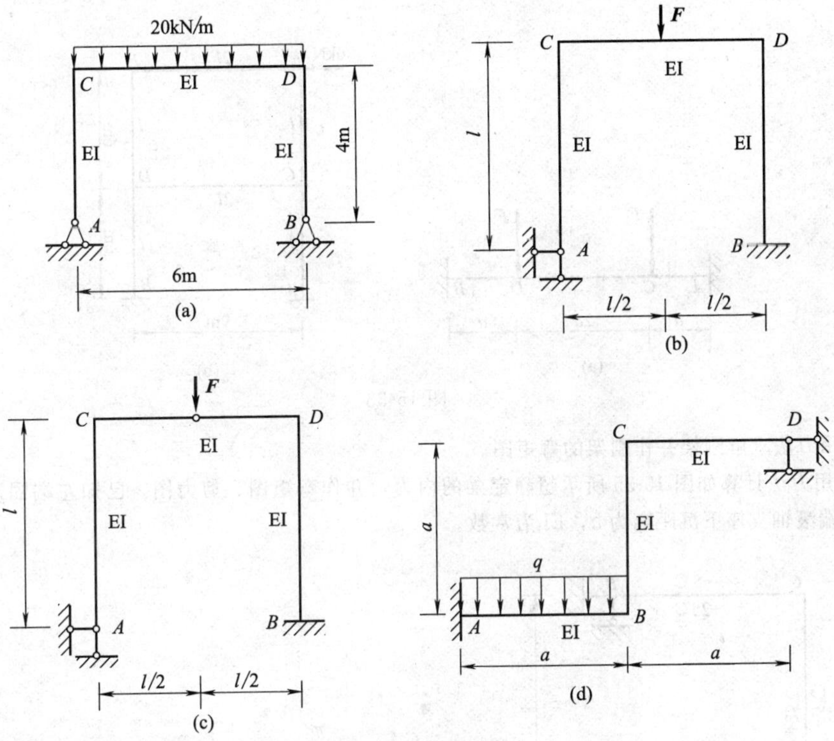

图 15-29

15.4　用力法计算如图 15-30 所示排架，并作弯矩图。

15.5　用力法计算如图 15-31 所示桁架，求各杆内力。各杆 EA 为常数。

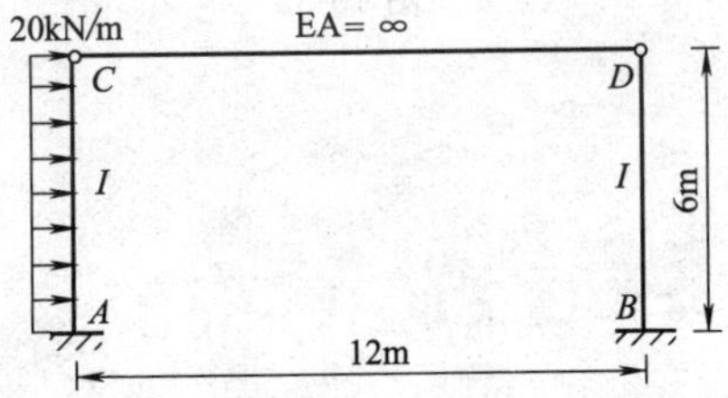

图 15-30

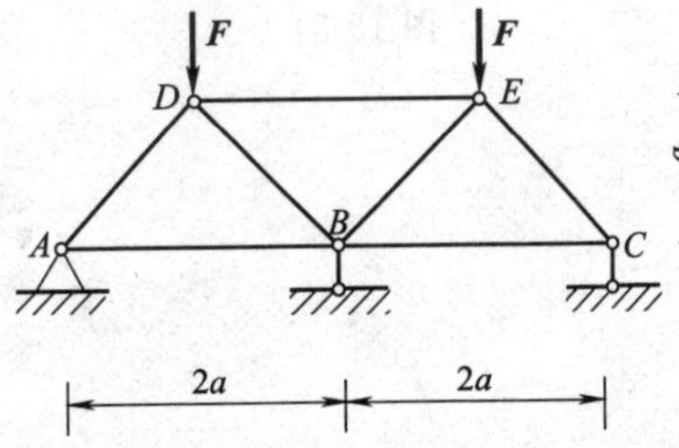

图 15-31

15.6　计算如图 15-32 所示双柱式加劲梁组合结构的内力，并绘制梁式杆的弯矩图。梁的抗弯刚度 $EI=1\times10^4\,kN\cdot m^2$，链杆的抗拉压刚度 $EA=1.5\times10^5\,kN$。

15.7　利用对称性计算如图 15-33 所示结构，并作弯矩图。

15.8　结构的温度改变如图 15-34 所示，EI 为常数，截面对称于形心轴，其高度 $h=\frac{l}{10}$，材料的线膨

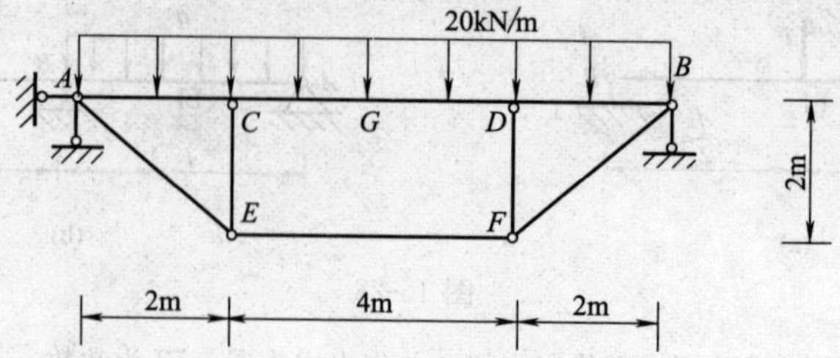

图 15-32

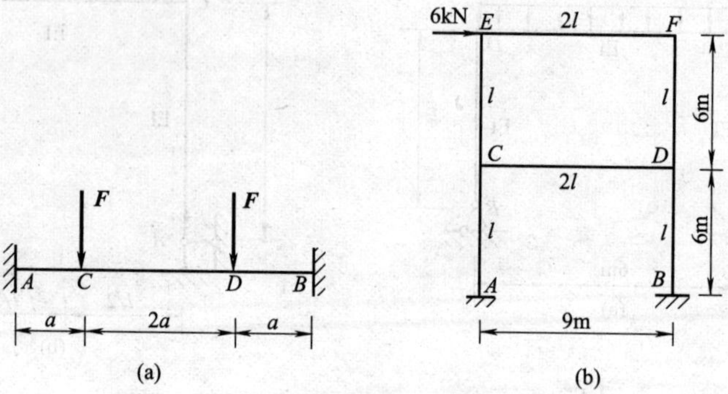

图 15-33

胀系数 α。用力法求解刚架并作刚架的弯矩图。

15.9 用力法计算如图 15-35 所示超静定梁的内力，并作弯矩图、剪力图。已知左端固定支座转动角度为 φ，右端滚轴支座下沉距离为 a，EI 为常数。

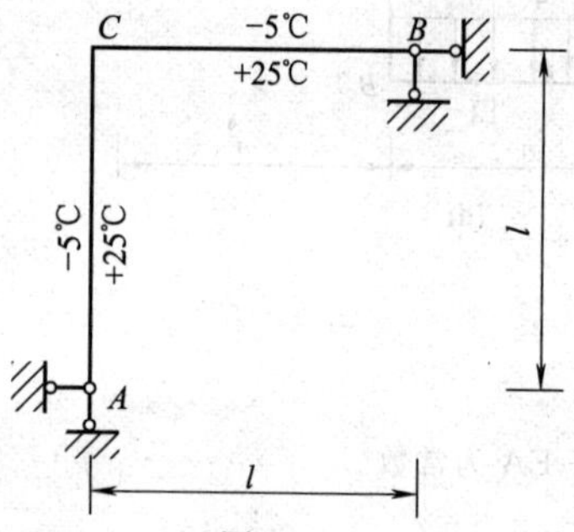

图 15-34

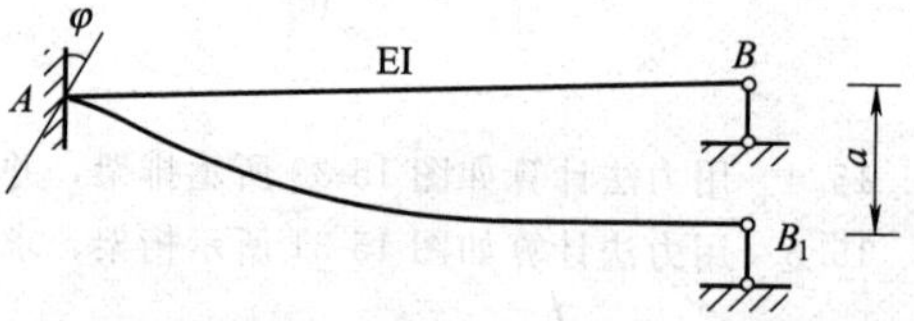

图 15-35

第十六章　位　移　法

提要：本章主要介绍位移法的基本概念、位移法的典型方程、用位移法计算连续梁、刚架和排架的方法，以及对称结构应用位移法的简化。

第一节　位移法的基本概念

力法和位移法是计算超静定结构的两种基本方法。力法是以结构的多余未知力为基本未知量，通过变形条件建立力法方程，求出未知量后，利用平衡条件计算结构的全部内力。位移法是以结构的结点位移作为基本未知量，通过平衡条件建立位移法方程，求出位移后，利用位移和内力之间的关系，求解结构的内力。

超静定刚架如图 16-1（a）所示。在荷载 F 作用下，如果忽略杆件轴向变形，刚架产生虚线所示的位移，结点 C 只有转角 φ_C。由于结点 C 为刚结点，杆 AC 与杆 CB 在结点 C 有相同的转角 φ_C。

为确定各杆的内力，先在刚结点 C 处施加一个约束刚结点转动的刚臂，并使结点 C 产生与实际情况完全相同的转角 φ_C，如图 16-1（b）所示。如果将刚结点 C 的转角 φ_C 当作支座的位移看待，则如图 16-1（a）所示刚架可以等价的分解为两个单跨超静定梁，如图 16-1（c）所示。对这两个单跨超静定梁，只要能知道转角 φ_C 的大小，即可用力法求得全部的支座反力和内力。所以，刚结点 C 的转角 φ_C，是求解整个超静定刚架的关键。

对两个单跨超静定梁 AC 和 CB 而言，其杆端力等于外荷载作用产生的 M_P 和支座转角 φ_C 产生的 M_1 两部分叠加，如图 16-1（d）、（e）所示，有：

$$M_{AC}=\frac{2EI}{l}\varphi_C$$

$$M_{CA}=\frac{4EI}{l}\varphi_C \tag{16-1}$$

$$M_{CB}=\frac{3EI}{l}\varphi_C-\frac{3}{16}Fl$$

为求得未知的转角 φ_C，应考虑平衡条件。由于转角 φ_C 与刚结点 C 上的两个弯矩 M_{CA} 和 M_{CB} 有关，如图 16-1（f）所示。对刚结点 C 建立平衡方程 $\sum M_C=0$，有：

$$M_{CA}+M_{CB}=0 \tag{16-2}$$

代入 M_{CA} 和 M_{CB} 的值，得：

$$\frac{4EI}{l}\varphi_C+\frac{3EI}{l}\varphi_C-\frac{3}{16}Fl=0$$

$$\frac{7EI}{l}\varphi_C-\frac{3}{16}Fl=0 \tag{16-3}$$

解得：
$$\varphi_C=\frac{3l}{112EI}Fl$$

将解得的 φ_C 值代回式（16-1），可得到刚架各杆的杆端弯矩：

$$M_{AC}=\frac{3}{56}Fl \quad （右侧受拉）$$

$$M_{CA}=\frac{6}{56}Fl \quad （左侧受拉）$$

$$M_{CB}=-\frac{6}{56}Fl \quad （上侧受拉）$$

$$M_{BC}=0$$

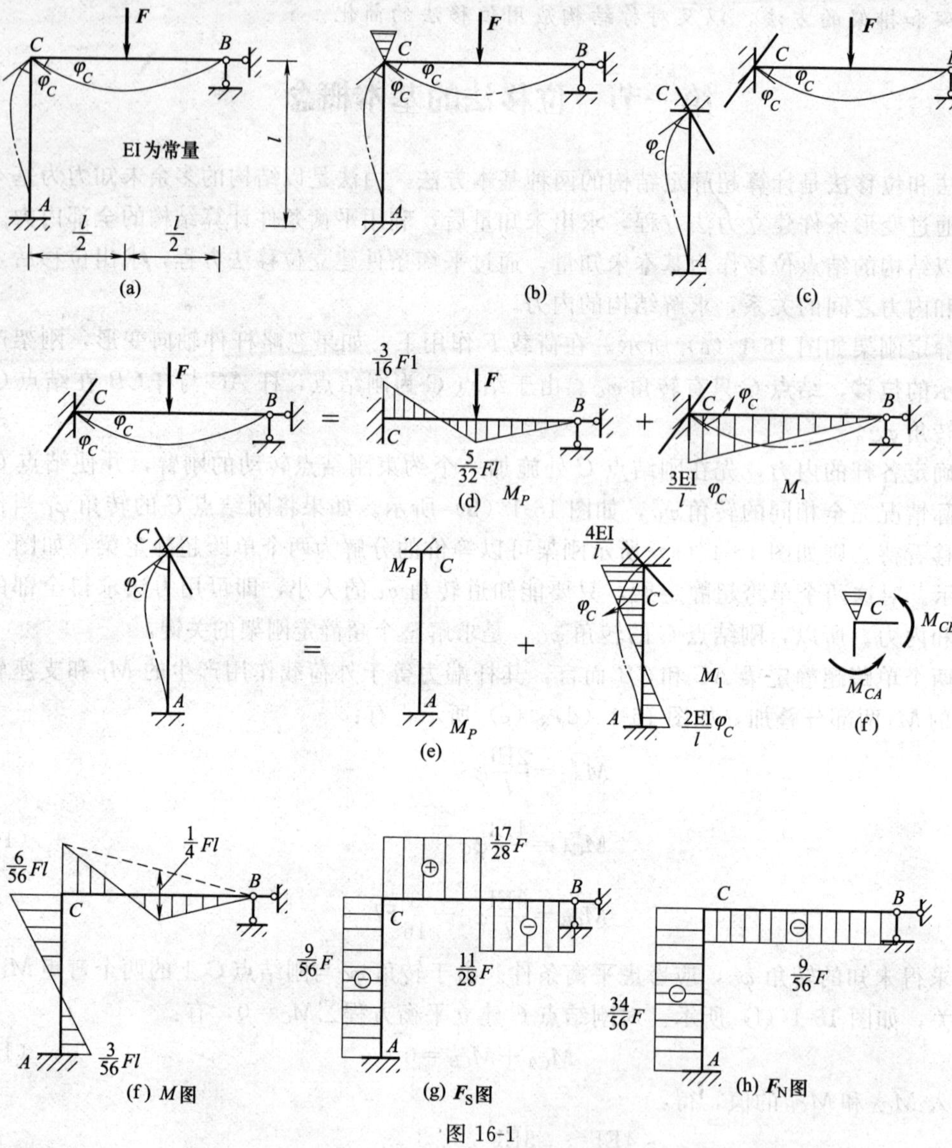

图 16-1

在知道刚架各杆端弯矩的情况下，可作刚架的弯矩图，并能进一步得到刚架的剪力图和轴力图，如图 6-1 (f)～(h)。

通过上例可知，位移法的基本未知量是结点的位移，包括结点的角位移和线位移。位移法的求解过程包括分解和合成两步。第一步将结构分解为单个杆件，分析各杆的受力情况，用杆端位移表示各杆的杆端力，如式 (16-1)；第二步将各杆合成为整体结构，利用平衡条件建立求解位移未知量的位移法方程，如式 (16-3)。

第二节 位移法的基本未知量和基本结构

一、位移法的基本未知量

位移法的基本未知量包括刚结点的角位移和独立的结点线位移，计算时要正确确定位移法的基本未知量。

1. 结点角位移

在同一刚结点处的各杆端的转角相等，每个刚结点只有一个独立的角位移。

如图 16-2（a）所示的刚架，刚结点 A 有一个角位移，组合结点 B 处有两个刚结点，有两个角位移，所以一共有 3 个角位移。如图 16-2（b）所示的刚架，一共有 5 个角位移，对于铰结点或铰支座处杆端的转角，一般不取为基本未知量。所以，结点角位移未知量的数目就等于刚结点的数目。

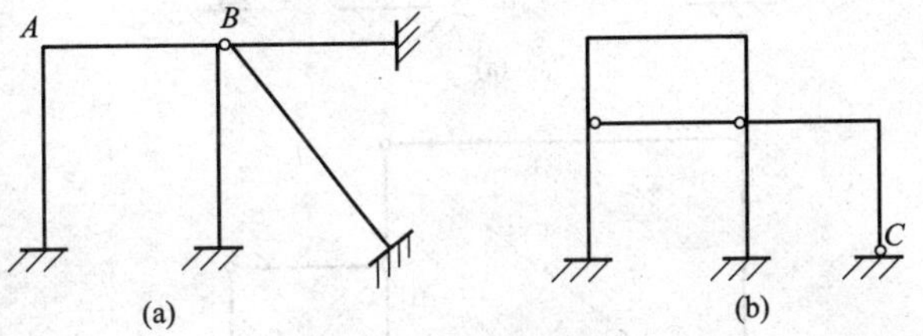

图 16-2

2. 独立的结点线位移

为了使计算得到简化，引入以下假设：杆件发生弯曲变形后，杆件两端结点之间的距离保持不变，即杆长保持不变。

如图 16-3（a）所示刚架，A、B、C 三个固定端都是不动的点，三个柱子的顶端与固定端之间的距离保持不变，因而结点 D、E、F 均无竖向位移，又由于两根横梁两端结点之间的距离保持不变，所以 D、E、F 三个结点均有相同的水平位移 Δ，此结构只有一个独立的结点线位移。因为这个刚架有 D、F 两个刚结点，其结点角位移基本未知量的数目为 2 个，所以该刚架的全部基本未知量有三个，即结点角位移 φ_D、φ_F 和结点线位移 Δ。在位移法中，分别用 Z_1、Z_2 和 Z_3 表示。

同理，图 16-3（b）所示排架，结点 D、E、F 的水平位移相同，其基本未知量只有一个独立的结点线位移 Δ，可用 Z_1 表示。

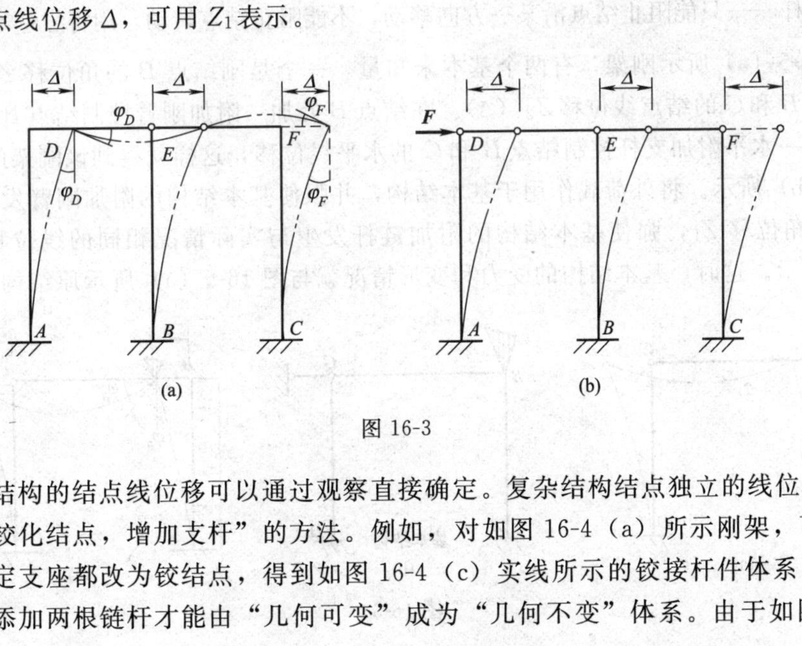

图 16-3

对简单结构的结点线位移可以通过观察直接确定。复杂结构结点独立的线位移数目的确定，常用"铰化结点，增加支杆"的方法。例如，对如图 16-4（a）所示刚架，可以把所有刚结点和固定支座都改为铰结点，得到如图 16-4（c）实线所示的铰接杆件体系，该体系几何可变，须添加两根链杆才能由"几何可变"成为"几何不变"体系。由于如图 16-4（a）

所示刚架有两个独立结点线位移，可以认为：为了使铰接体系成为几何不变而增加的最少链杆数目，就等于原结构的独立结点线位移的数目。

如图 16-4（b）所示刚架，将固定端支座和刚结点都改为铰接后，仍为几何不变体系，无需再增加链杆，可以判定原结构没有结点线位移［图 16-4（d）］。

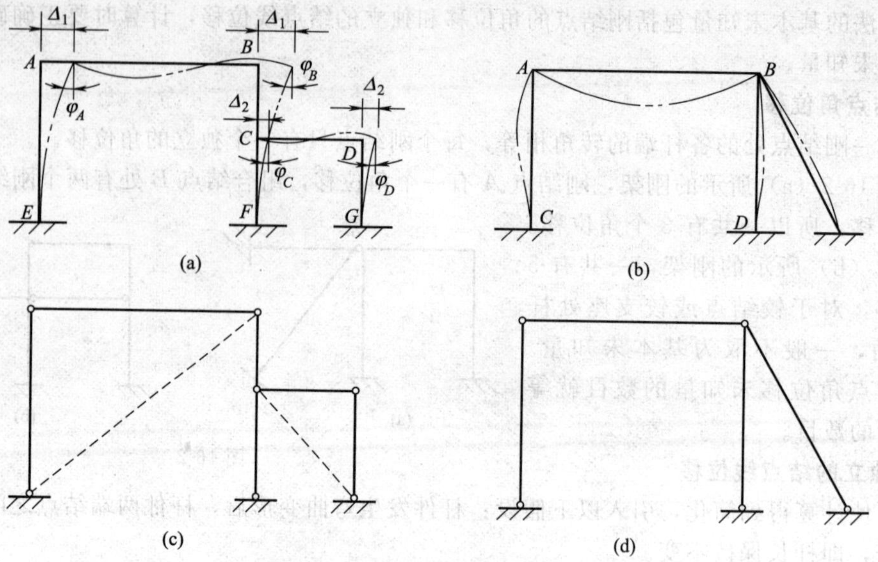

图 16-4

二、位移法的基本结构

在应用位移法时，通过增加约束的办法，将原结构变成由若干单跨超静定杆的组合体，这一组合体称为原结构按位移法计算时的基本结构。

位移法的基本结构是通过增加附加刚臂和附加链杆得到的。

附加刚臂——只能阻止刚结点转动，不能阻止结点移动，用符号“▽”表示；

附加支杆——只能阻止结点沿某一方向移动，不能阻止结点转动，用符号“—○—⫽”表示。

如图 16-5（a）所示刚架，有两个基本未知量。一个是刚结点 B 的角位移 Z_1（φ_B），另一个是结点 B 和 C 的结点线位移 Z_2（Δ）。在结点 B 处加一附加刚臂控制结点 B 的转动，在结点 C 处加一水平附加支杆控制结点 B 和 C 的水平线位移，这样就得到该刚架的基本结构，如图 16-5（b）所示。将外荷载作用于基本结构，并强使基本结构的附加刚臂发生与实际情况相同的转角位移 Z_1，强使基本结构的附加链杆发生与实际情况相同的线位移 Z_2，如图 16-5（c）所示。这时，基本结构的受力和变形情况就与图 16-5（a）所示原结构的情况完全

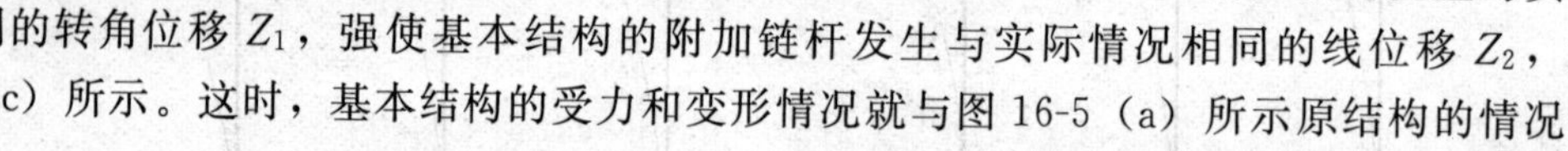

图 16-5

相同。因此，可以用基本结构的计算来代替原结构的计算。基本结构在荷载和基本未知位移共同作用下的体系，也称为原结构的基本体系。

与力法基本结构不同，一般情况下一个结构只有一种形式的位移法基本结构。

第三节　等截面直杆的转角位移方程

位移法的基本计算单元是单跨超静定梁，应首先分析杆件杆端力和杆端位移、荷载之间的关系，为位移法的计算打下基础。

一、杆端力与杆端位移

如图 16-6 所示为一等截面直杆 AB 的隔离体，杆件材料和截面惯性矩 EI 为常数。

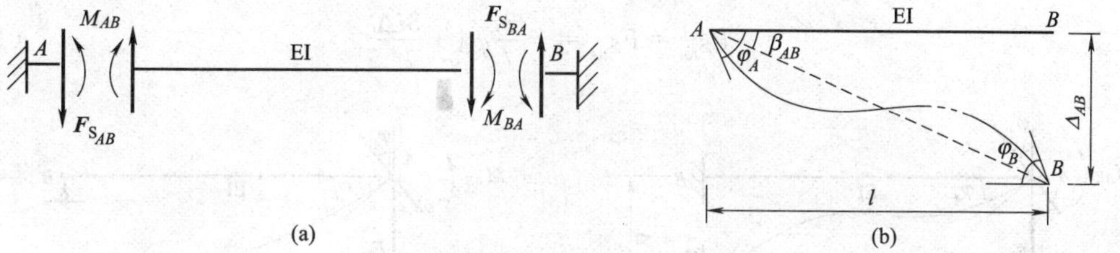

图 16-6

1. 杆端力

如图 16-6（a）所示，杆端 A、杆端 B 的弯矩和剪力分别记为 M_{AB}、M_{BA}、$F_{S_{AB}}$ 和 $F_{S_{BA}}$，其前一个下标表示该弯矩或剪力所作用的杆端，也称近端；后一个下标表示杆端的另一端，也称远端。

对杆端而言，杆端弯矩 M_{AB}、M_{BA} 以顺时针转向为正，反之为负；对支座而言，弯矩以逆时针转向为正，反之为负。杆端剪力 $F_{S_{AB}}$、$F_{S_{BA}}$ 以使杆件产生顺时针转动趋势为正，反之为负。

2. 杆端位移

如图 16-6（b）所示，杆件 A、B 两端的角位移分别为 φ_A 和 φ_B，杆端 A 和 B 的相对线位移设为 Δ_{AB}，弦转角 $\beta_{AB}=\dfrac{\Delta_{AB}}{l}$。

在位移法中，规定杆端角位移 φ_A、φ_B 以顺时针转向为正，反之为负；杆端相对线位移 Δ_{AB} 以使杆件产生顺时针转动趋势为正，反之为负。

二、固端力

当单跨超静定梁支座没有位移时，单跨超静定梁由于荷载作用引起的杆端弯矩和杆端剪力分别称为固端弯矩和固端剪力。因固端弯矩和固端剪力与杆件所受荷载的形式和大小有关，故常称为载常数。

常用等截面直杆杆端弯矩和剪力，见表 16-1。在位移法计算中可直接查用。

三、刚度方程

杆端力与杆端位移之间的关系式，称为杆件的刚度方程。若已知杆端发生的位移，可用力法求得杆端弯矩和杆端剪力。下面分析几种不同支座约束条件下杆件的刚度方程。这里 $i=\dfrac{\mathrm{EI}}{l}$ 为杆的线刚度。

1. 两端固定

如果两端固定的梁发生如图 16-7 所示的位移，则刚度方程为：

$$\left.\begin{aligned} M_{AB}&=4i\varphi_A+2i\varphi_B-6i\frac{\Delta}{l}\\ M_{BA}&=2i\varphi_A+4i\varphi_B-6i\frac{\Delta}{l}\end{aligned}\right\}\tag{16-4}$$

$$F_{S_{AB}}=F_{S_{BA}}=-\frac{6i}{l}\varphi_A-\frac{6i}{l}\varphi_B+\frac{12i\Delta}{l^2}\tag{16-5}$$

2. 一端固定， 一端铰支座

如果一端固定，另一端为铰支座的梁发生如图 16-8 所示的位移，则刚度方程为：

$$M_{AB}=3i\varphi_A-3i\frac{\Delta}{l}\tag{16-6}$$

$$F_{S_{AB}}=F_{S_{BA}}=-\frac{3i}{l}\varphi_A+\frac{3i\Delta}{l^2}\tag{16-7}$$

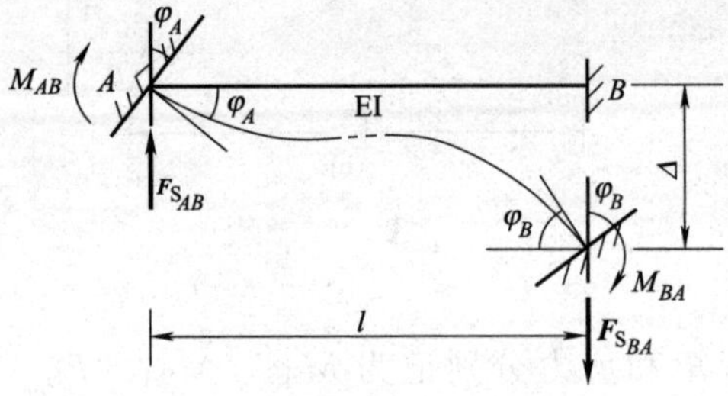

图 16-7

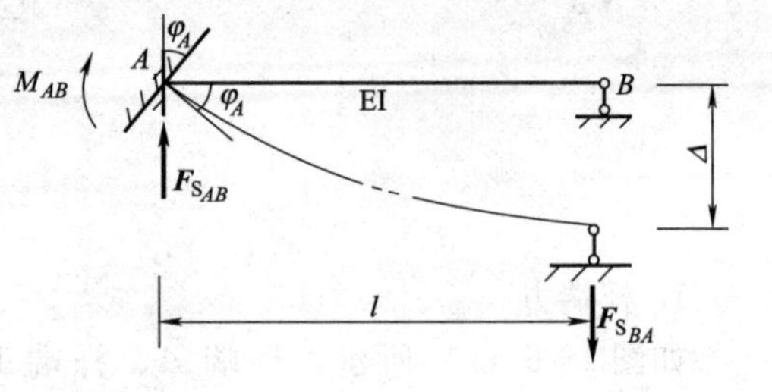

图 16-8

3. 一端固定， 一端滑动支座

如果一端固定，一端为滑动支座的梁发生如图 16-9 所示的位移，则刚度方程为：

$$\left.\begin{aligned} M_{AB}&=i\varphi_A\\ M_{BA}&=-i\varphi_A\end{aligned}\right\}\tag{16-8}$$

$$F_{S_{AB}}=F_{S_{BA}}=0$$

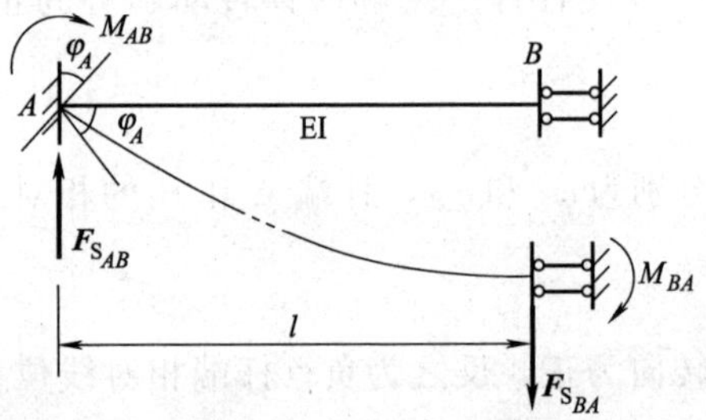

图 16-9

在刚度方程中的系数称为刚度系数。刚度系数是只与杆件尺寸、材料性质和截面几何形状有关的常数，也称为形常数。几种等截面直杆的形常数，见表 16-2 所列。

表 16-1　等截面直杆杆端弯矩和剪力

编号		简图	弯矩		剪力	
			M_{AB}^F	M_{BA}^F	$F_{S_{AB}}^F$	$F_{S_{BA}}^F$
两端固定	1	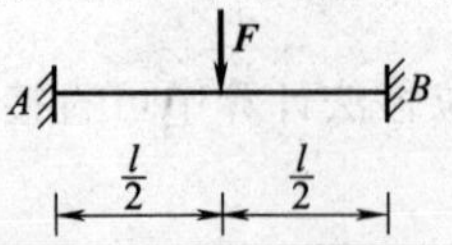	$-\frac{Fl}{8}$	$+\frac{Fl}{8}$	$+\frac{F}{2}$	$-\frac{F}{2}$
	2	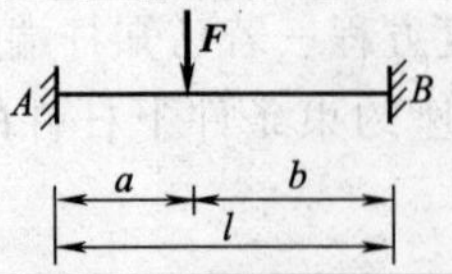	$-\frac{Fab^2}{l^2}$	$+\frac{Fa^2b}{l^2}$	$\frac{Fb^2}{l^2}\left(1+\frac{2a}{l}\right)$	$-\frac{Fa^2}{l^2}\left(1+\frac{2b}{l}\right)$

续表

编号		简图	弯矩		剪力	
			M_{AB}^{F}	M_{BA}^{F}	$F_{S_{AB}}^{F}$	$F_{S_{BA}}^{F}$
两端固定	3	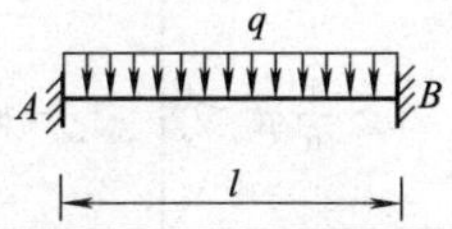	$-\frac{1}{12}ql^2$	$+\frac{1}{12}ql^2$	$+\frac{ql}{2}$	$-\frac{ql}{2}$
	4	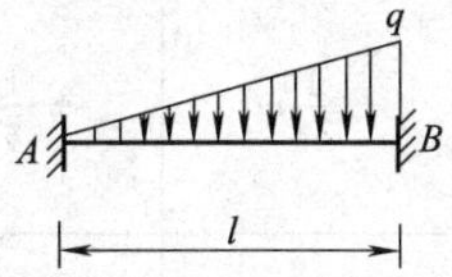	$-\frac{1}{30}ql^2$	$+\frac{1}{20}ql^2$	$+\frac{3}{20}ql$	$\frac{7}{20}ql$
	5	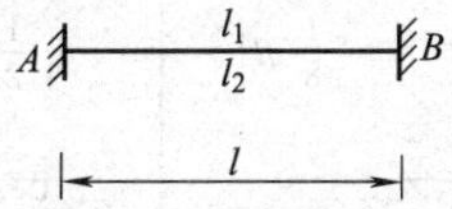 $\Delta l=t_1-t_2$	$\frac{Ela\Delta t}{h}$	$-\frac{Ela\Delta t}{h}$	0	0
一端固定 一端铰支	6	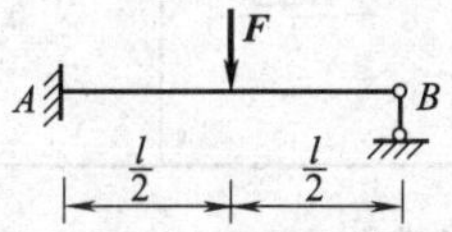	$-\frac{3}{16}\mathrm{Fl}$	0	$+\frac{11}{16}F$	$-\frac{5}{16}F$
	7	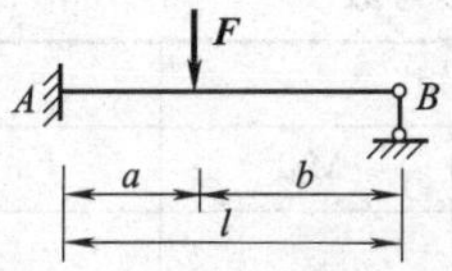	$-\frac{Fb(l^2-b^2)}{2l^2}$	0	$+\frac{Fb(3l^2-b^2)}{2l^3}$	$-\frac{Fa^3(3l-a)}{2l^3}$
	8	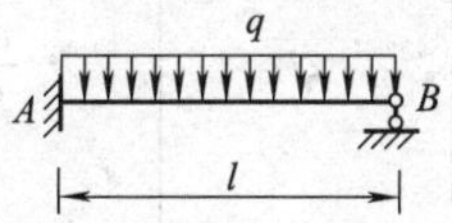	$-\frac{1}{8}ql^2$	0	$+\frac{5}{8}ql$	$-\frac{3}{8}ql$
	9	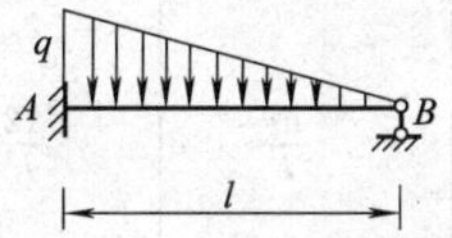	$-\frac{1}{15}ql^2$	0	$+\frac{2}{5}ql$	$-\frac{1}{10}ql$
	10	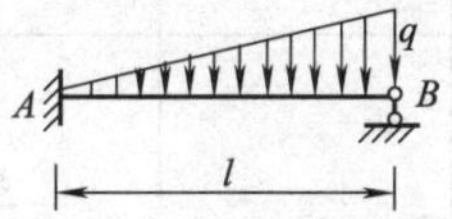	$-\frac{7}{120}ql^2$	0	$+\frac{9}{40}ql$	$-\frac{11}{40}ql$
	11	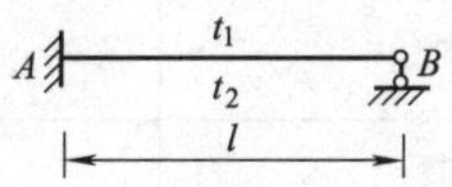 $\Delta t=t_1-t_2$	$\frac{3\mathrm{EI}a\Delta t}{2h}$	0	$-\frac{3\mathrm{EI}a\Delta t}{2hl}$	$-\frac{3\mathrm{EI}a\Delta t}{2hl}$
一端固定 一端滑动	12	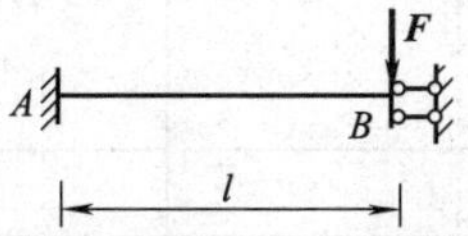	$-\frac{1}{2}Fl$	$-\frac{1}{2}Fl$	$+F$	$B_{左}$ $+F$ $B_{右}$ 0
	13	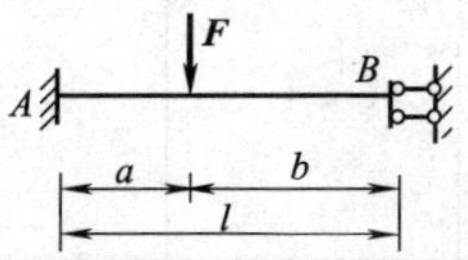	$-\frac{Fa}{2l}(2l-a)$	$-\frac{Fa^2}{2l}$	$+F$	0

续表

编号		简图	弯矩 M_{AB}^F	弯矩 M_{BA}^F	剪力 $F_{S_{AB}}^F$	剪力 $F_{S_{BA}}^F$
一端固定 一端滑动	14	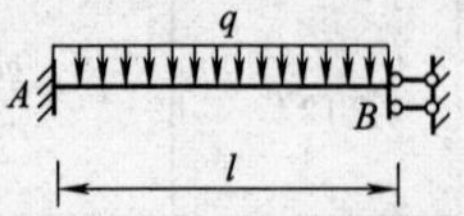	$-\frac{1}{3}ql^2$	$-\frac{1}{6}ql^2$	$+ql$	0
	15	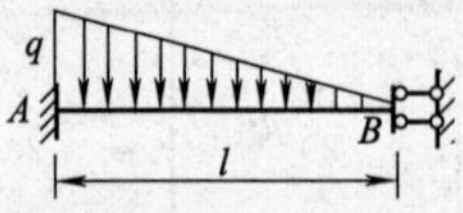	$-\frac{1}{8}ql^2$	$-\frac{1}{24}ql^2$	$+\frac{1}{2}ql$	0
	16	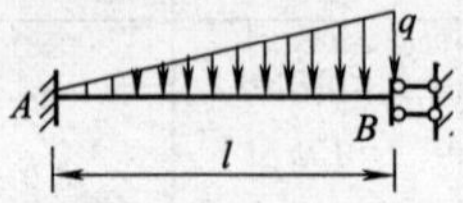	$-\frac{5}{24}ql^2$	$-\frac{1}{8}ql^2$	$+\frac{1}{2}ql$	0
	17	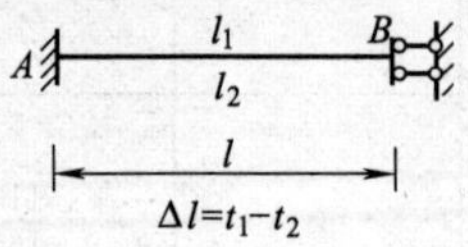	$\frac{EI\alpha\Delta t}{h}$	$-\frac{EI\alpha\Delta t}{h}$	0	0

表 16-2　等截面直杆的形常数

编号		简图	弯矩 M_{AB}	弯矩 M_{BA}	剪力 $F_{S_{AB}}$	剪力 $F_{S_{BA}}$
两端固定	1	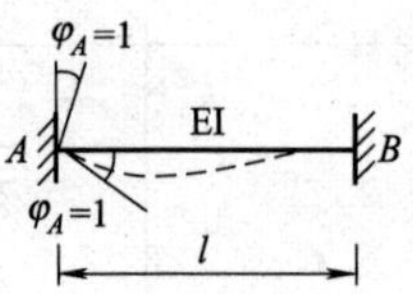	$4i$	$2i$	$-\frac{6i}{l}$	$-\frac{6i}{l}$
	2	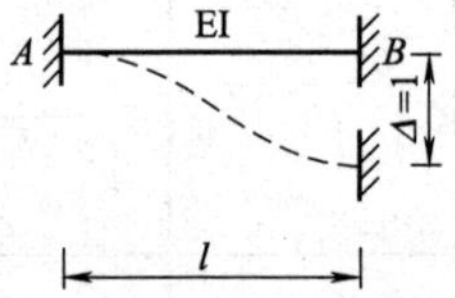	$-\frac{6i}{l}$	$-\frac{6i}{l}$	$\frac{12i}{l^2}$	$\frac{12i}{l^2}$
一端固定 一端铰支	3	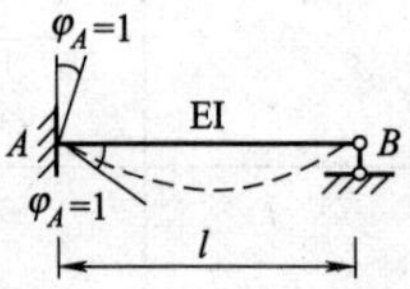	$3i$	0	$-\frac{3i}{l}$	$\frac{3i}{l}$
	4	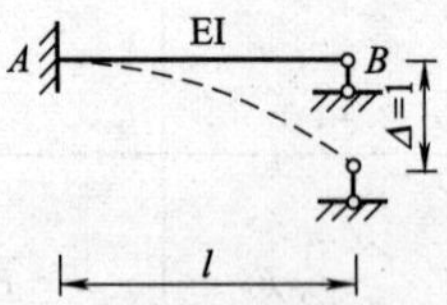	$-\frac{3i}{l}$	0	$\frac{3i}{l^2}$	$\frac{3i}{l^2}$
一端固定 一端滑动	5	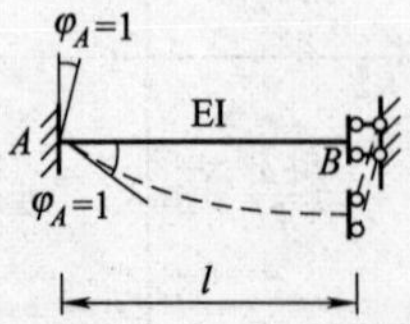	i	$-i$	0	0

四、等截面直杆的转角位移方程

应用位移法计算时，要建立杆件的杆端力与杆端位移、杆上荷载的关系式，这个关系式称为转角位移方程。

如果等截面杆件所受的荷载已知，又有已知的杆端位移，根据叠加原理，各种约束情况下的杆端弯矩和剪力的公式，应是杆件刚度方程和固端力的叠加。如两端固定杆件的转角位移方程可写成：

$$\left.\begin{aligned} M_{AB} &= 4i\varphi_A + 2i\varphi_B - 6i\frac{\Delta}{l} + M_{AB}^F \\ M_{AB} &= 2i\varphi_A + 4i\varphi_B - 6i\frac{\Delta}{l} + M_{BA}^F \end{aligned}\right\} \quad (16\text{-}9)$$

$$\left.\begin{aligned} F_{S_{AB}} &= -\frac{6i}{l}\varphi_A - \frac{6i}{l}\varphi_B + \frac{12i\Delta}{l^2} + F_{S_{AB}}^F \\ F_{S_{BA}} &= -\frac{6i}{l}\varphi_A - \frac{6i}{l}\varphi_B + \frac{12i\Delta}{l^2} + F_{S_{BA}}^F \end{aligned}\right\} \quad (16\text{-}10)$$

式中 M_{AB}^F、M_{BA}^F 和 $F_{S_{AB}}^F$、$F_{S_{BA}}^F$ 分别是在荷载作用下的固端弯矩和固端剪力，可以参照表 16-1 使用。不同杆端约束情况下杆端的转角位移方程，可同样用叠加的方法得到。

第四节　位移法典型方程

现以图 16-10（a）所示刚架为例，说明位移法典型方程的建立。

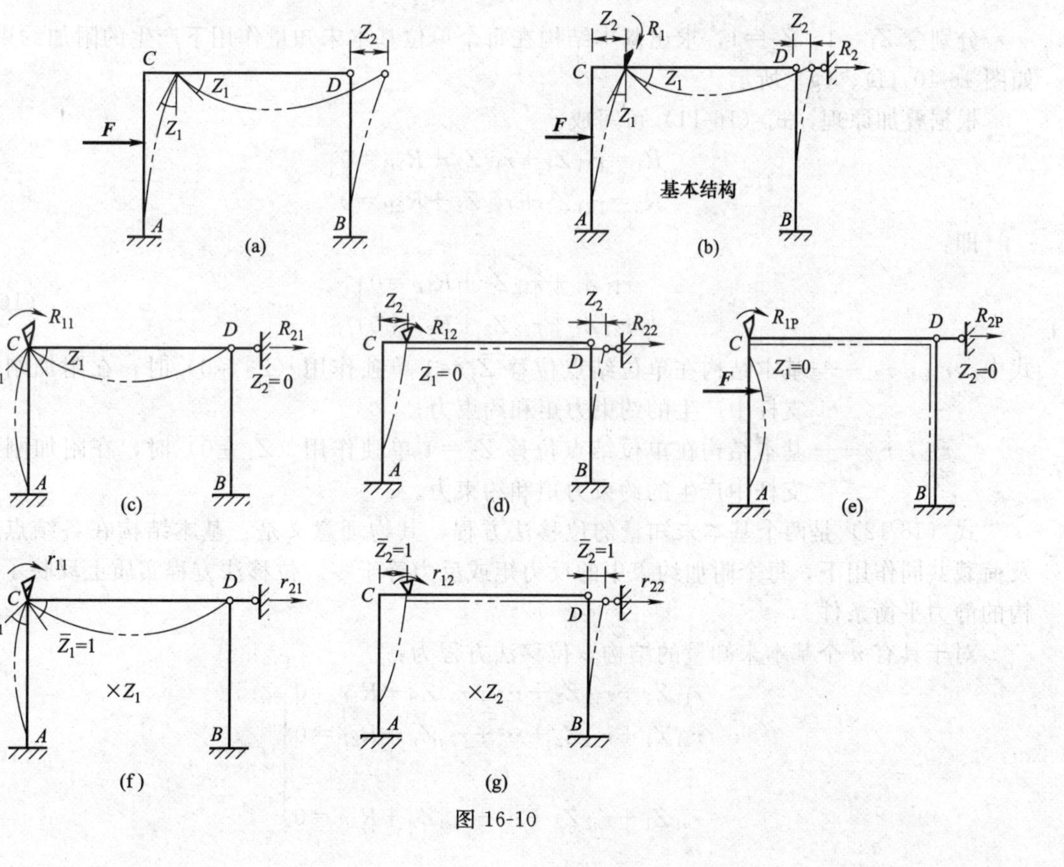

图 16-10

1. 确定基本未知量和基本结构

这个刚架有两个基本未知量，分别是结点角位移 Z_1 和结点线位移 Z_2。在结点 C 加一附加刚臂控制转动，在结点 D 加一附加链杆控制水平线位移，使附加约束发生与实际情况相同的位移，得到如图 16-10（b）所示的基本结构。

2. 建立位移法典型方程

由于在基本结构上的附加刚臂和附加链杆约束了角位移 Z_1 和结点线位移 Z_2，那么刚臂和链杆的存在必然会产生约束反力。设刚臂上的约束力矩为 R_1，链杆上的约束力为 R_2。

将基本结构分解为在基本未知量 Z_1、Z_2 和荷载单独作用的三种情况，如图 16-10（c）～（e）所示，分别计算这几种情况下的约束力。根据叠加原理，有：

$$R_1 = R_{11} + R_{12} + R_{1P}$$
$$R_2 = R_{21} + R_{22} + R_{2P}$$

式中 R_{11}，R_{21}——基本结构在结点位移 Z_1 单独作用（$Z_2=0$）时，在附加刚臂和支杆中产生的约束力矩和约束力；

R_{12}，R_{22}——基本结构在结点位移 Z_2 单独作用（$Z_1=0$）时，在附加刚臂和支杆中产生的约束力矩和约束力；

R_{1P}，R_{2P}——基本结构在荷载单独作用时，在附加刚臂和支杆中产生的约束力矩和约束力。

由于原结构上没有附加刚臂和附加链杆，为使基本结构的受力情况与原结构相同，基本结构在结点位移 Z_1、Z_2 和荷载的共同作用下的约束力 R_1、R_2 应等于零，即：

$$\left.\begin{aligned} R_1 = R_{11} + R_{12} + R_{1P} = 0 \\ R_2 = R_{21} + R_{22} + R_{2P} = 0 \end{aligned}\right\} \tag{16-11}$$

分别令 $\overline{Z}_1 = 1$、$\overline{Z}_2 = 1$，求出基本结构在每个单位基本未知量作用下产生的附加约束力，如图 16-10（f）、（g）所示。

根据叠加原理，式（16-11）可写成：

$$\left.\begin{aligned} R_1 = r_{11}Z_1 + r_{12}Z_2 + R_{1P} = 0 \\ R_2 = r_{21}Z_1 + r_{22}Z_2 + R_{2P} = 0 \end{aligned}\right\}$$

即：

$$\left.\begin{aligned} r_{11}Z_1 + r_{12}Z_2 + R_{1P} = 0 \\ r_{21}Z_1 + r_{22}Z_2 + R_{2P} = 0 \end{aligned}\right\} \tag{16-12}$$

式中 r_{11}，r_{21}——基本结构在单位结点位移 $\overline{Z}_1 = 1$ 单独作用（$\overline{Z}_2 = 0$）时，在附加刚臂和支杆中产生的约束力矩和约束力；

r_{12}，r_{22}——基本结构在单位结点位移 $\overline{Z}_2 = 1$ 单独作用（$\overline{Z}_1 = 0$）时，在附加刚臂和支杆中产生的约束力矩和约束力。

式（16-12）是两个基本未知量的位移法方程，其物理意义是：基本结构在各结点位移及荷载共同作用下，每个附加约束中的反力矩或反力等于零。位移法方程实质上反映了原结构的静力平衡条件。

对于具有 n 个基本未知量的结构，位移法方程为：

$$\left.\begin{aligned} & r_{11}Z_1 + r_{12}Z_2 + \cdots + r_{1n}Z_n + R_{1P} = 0 \\ & r_{21}Z_1 + r_{22}Z_2 + \cdots + r_{2n}Z_n + R_{2P} = 0 \\ & \vdots \\ & r_{n1}Z_1 + r_{n2}Z_2 + \cdots + r_{nn}Z_n + R_{nP} = 0 \end{aligned}\right\} \tag{16-13}$$

式（16-13）也称为位移法典型方程。

式中　r_{ij}——基本结构在单位结点位移 $\overline{Z}_j=1$ 单独作用（其他结点位移皆等于零）时，在附加约束 i 中产生的约束力（$i=1,2,\cdots,n$；$j=1,2,\cdots,n$）

R_{iP}——基本结构在荷载单独作用（结点位移皆等于零）时，在附加约束 i 中产生的约束力（$i=1,2,\cdots,n$）

具有 n 个基本未知量的结构，基本体系就有 n 个附加约束及 n 个附加约束处的平衡条件，可建立 n 个平衡方程。

显然，可由 n 个平衡方程解出 n 个基本未知量。最后可按叠加公式

$$M=\overline{M}_1Z_1+\overline{M}_2Z_2+\cdots+\overline{M}_nZ_n+M_P \quad (16\text{-}14)$$

绘出最后弯矩图。

在建立位移法方程时，基本未知量 $Z_1,Z_2,\cdots,Z_n$ 均假设为正号，计算结果为正时，说明 $Z_1,Z_2,\cdots,Z_n$ 的实际方向与所设方向一致；反之则相反。

式（16-13）中系数称为结构的刚度系数。主对角线上的系数 $r_{ii}>0$，恒为正值，称为主系数；其他 r_{ij} 为代数值，称为副系数，且 $r_{ij}=r_{ji}$。

第五节　位移法计算举例

用位移法计算超静定结构时，根据结构是否存在结点线位移，将结构分为没有结点线位移的无侧移结构和有结点线位移的有侧移结构。

一、位移法计算连续梁和无侧移刚架

【例 16-1】 用位移法计算图 16-11（a）所示连续梁的内力。EI 为常数。

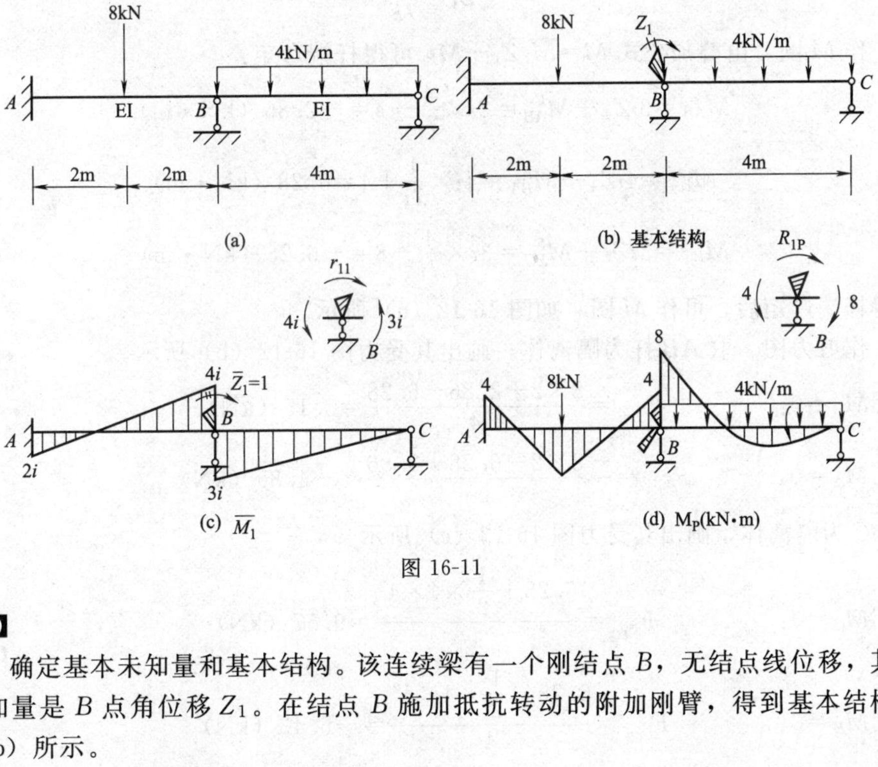

图 16-11

【解】

（1）确定基本未知量和基本结构。该连续梁有一个刚结点 B，无结点线位移，其位移法基本未知量是 B 点角位移 Z_1。在结点 B 施加抵抗转动的附加刚臂，得到基本结构，如图 16-11（b）所示。

(2) 建立位移法方程。

$$r_{11}Z_1+R_{1P}=0$$

(3) 求系数和自由项。令 $i=\frac{EI}{4}$

① 当基本结构只有单位转角 $\overline{Z}_1=1$ 发生时

$$\overline{M}_{BA}=4i\overline{Z}_1=4i,\ \overline{M}_{AB}=2i\overline{Z}_1=2i$$

$$\overline{M}_{BC}=3i\overline{Z}_1=3i,\ \overline{M}_{CB}=0$$

作基本结构只有单位转角 $\overline{Z}_1=1$ 发生时的弯矩图 $\overline{M}_1$，如图 16-11 (c) 所示。取带有附加刚臂的结点 B 为隔离体，由结点力矩平衡条件 $\sum M_B=0$：

$$r_{11}-3i-4i=0$$

得：

$$r_{11}=7i$$

② 当基本结构只有荷载作用时，根据表 16-1，有：

$$M_{BA}^F=-M_{AB}^F=\frac{Fl}{8}=\frac{8\times4}{8}=4\ (\text{kN}\cdot\text{m})$$

$$M_{BC}^F=-\frac{ql^2}{8}=-\frac{4\times4^2}{8}=-8\ (\text{kN}\cdot\text{m})$$

③ 作基本结构只有荷载作用时的弯矩图 M_P，如图 16-11 (d) 所示。取带有附加刚臂的结点 B 为隔离体，由结点力矩平衡条件 $\sum M_B=0$：

$$R_{1P}+8-4=0$$

得

$$R_{1P}=-4\text{kN}\cdot\text{m}$$

(4) 解位移法方程。将系数和自由项代入位移法方程，有：

$$7iZ_1-4=0$$

解得：

$$Z_1=\frac{4}{7i}$$

(5) 作 M 图。由叠加公式 $M=\overline{M}_1Z_1+M_P$ 可得杆端弯矩：

$$M_{AB}=2iZ_1+M_{AB}^F=2i\times\frac{4}{7i}-4=-2.86\ (\text{kN}\cdot\text{m})$$

$$M_{BA}=4iZ_1+M_{BA}^F=4i\times\frac{4}{7i}+4=6.28\ (\text{kN}\cdot\text{m})$$

$$M_{BC}=3iZ_1+M_{BC}^F=3i\times\frac{4}{7i}-8=-6.28\ (\text{kN}\cdot\text{m})$$

求得杆端弯矩后，可作 M 图，如图 16-12 (a) 所示。

(6) 作剪力图。取 AB 杆为隔离体，画出其受力图 16-12 (b) 所示。

由 $\sum M_B=0$：　$F_{S_{AB}}=\frac{8\times2+2.86-6.28}{4}=3.15\ (\text{kN})$

由 $\sum M_A=0$：　$F_{S_{BA}}=\frac{-8\times2-6.28+2.86}{4}=-4.85\ (\text{kN})$

取 BC 为隔离体，画出其受力图 16-12 (c) 所示。

由 $\sum M_C=0$：　$F_{S_{BC}}=\frac{6.28+\frac{1}{2}\times4\times4^2}{4}=9.57\ (\text{kN})$

由 $\sum M_B=0$：　$F_{S_{CB}}=\frac{6.28-\frac{1}{2}\times4\times4^2}{4}=-6.43\ (\text{kN})$

作结构的 F_S 图，如图 16-12（d）所示。

（7）校核

对结点 B： $\sum M_B = 6.28 - 6.28 = 0$

所以，结点 B 满足力矩平衡条件 $\sum M_B = 0$。

对连续梁整体： $\sum F_y = 3.15 + 14.42 + 6.43 - 8 - 4 \times 4 = 0$

所以，连续梁整体满足 $\sum F_y = 0$。

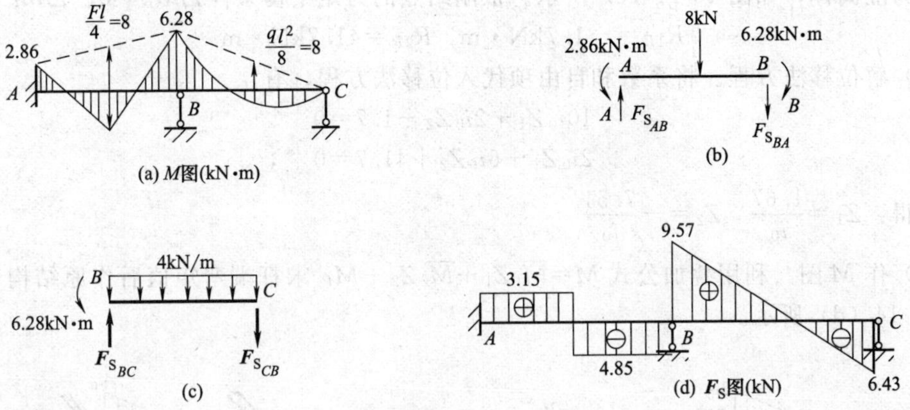

图 16-12

【例 16-2】 用位移法作如图 16-13（a）所示无侧移刚架的弯矩图。

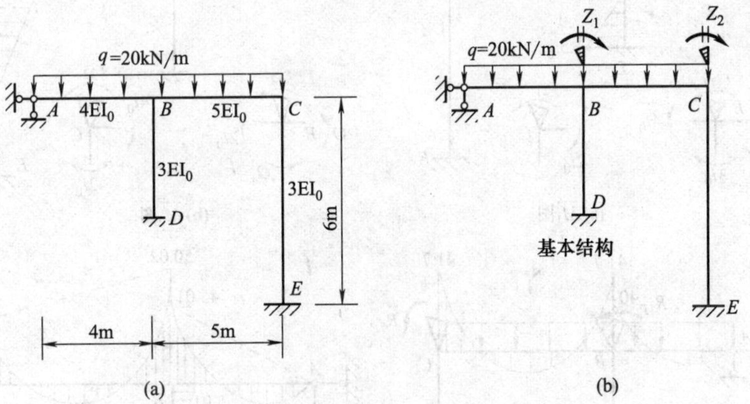

图 16-13

【解】

（1）确定基本未知量和基本结构。如图 16-13（a）所示刚架有结点 B 和 C 的两个角位移，没有结点线位移，设基本未知量为 Z_1、Z_2。在刚结点 B 和 C 处施加刚臂，得到基本结构，如图 16-13（b）所示。

（2）建立位移法方程

$$r_{11}Z_1 + r_{12}Z_2 + R_{1P} = 0$$
$$r_{21}Z_1 + r_{22}Z_2 + R_{2P} = 0$$

（3）求系数和自由项。若令 $i_{AB} = \frac{4EI_0}{4} = i_0$，则有：

$$i_{AB} = i_0,\ i_{BC} = i_0,\ i_{BD} = \frac{3}{4}i_0,\ i_{CE} = \frac{1}{2}i_0$$

求位移法方程的系数时，先分别作基本结构只有 $\overline{Z}_1=1$、$\overline{Z}_2=1$ 时的弯矩图 $\overline{M}_1$、$\overline{M}_2$；再取出各自图中的刚结点为隔离体，如图 16-14（a）、（b）所示。依刚结点的力矩平衡条件 $\sum M_B=0$、$\sum M_C=0$ 得：

$$r_{11}=10i_0 \qquad r_{21}=2i_0$$
$$r_{12}=2i_0 \qquad r_{22}=6i_0$$

求位移法方程的自由项时，先分别作基本结构在荷载作用下的弯矩图 M_P，并取图中的刚结点为隔离体，如图 16-14（c）所示。依刚结点的力矩平衡条件 $\sum M_B=0$、$\sum M_C=0$ 得：

$$R_{1P}=-1.7\text{kN}\cdot\text{m},\ R_{2P}=41.7\text{kN}\cdot\text{m}$$

（4）解位移法方程。将系数和自由项代入位移法方程，有：

$$10i_0Z_1+2i_0Z_2-1.7=0$$
$$2i_0Z_1+6i_0Z_2+41.7=0$$

解得：$Z_1=\dfrac{1.67}{i_0} \quad Z_2=-\dfrac{7.51}{i_0}$

（5）作 M 图。利用叠加公式 $M=\overline{M}_1Z_1+\overline{M}_2Z_2+M_P$ 求杆端弯矩值后作原结构弯矩图，如图 16-14（d）所示。

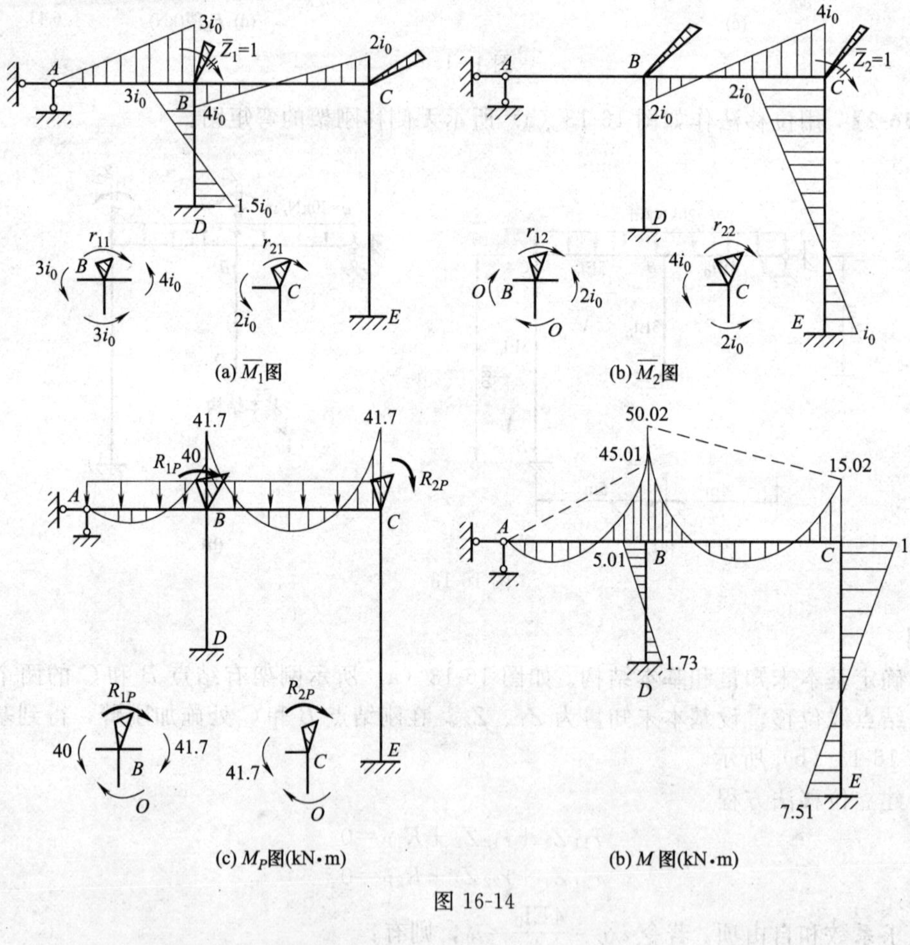

图 16-14

二、位移法计算有侧移刚架和排架

位移法方程的实质是力的平衡条件，相应于角位移基本未知量的位移法方程是结点的力矩平衡方程；而相应于线位移基本未知量的位移法方程应是沿着线位移方向的截面投影平衡方程。

【例 16-3】 用位移法作图 16-15（a）所示刚架的弯矩图。

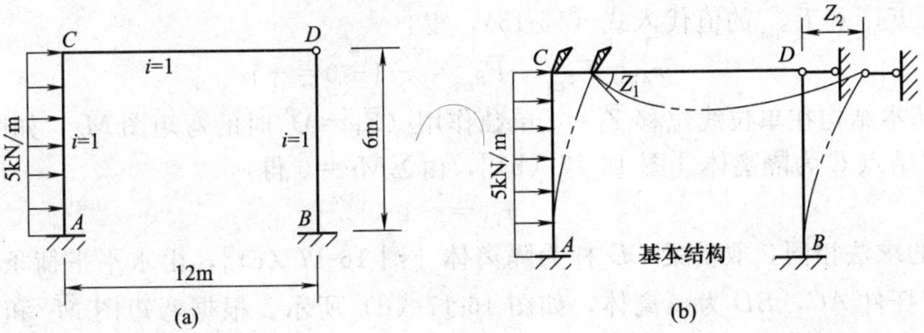

图 16-15

【解】

（1）确定基本未知量和基本结构。如图 16-15（a）所示刚架，有刚结点 C 的角位移和结点 D 的线位移两个基本未知量 Z_1、Z_2。在刚结点 C 施加控制转动的附加刚臂，在结点 D 施加控制线位移的附加链杆，得到基本结构，如图 16-15（b）所示。

（2）建立位移法方程

$$r_{11}Z_1+r_{12}Z_2+R_{1P}=0$$
$$r_{21}Z_1+r_{22}Z_2+R_{2P}=0$$

（3）求系数和自由项

① 作基本结构在单位转角 $\overline{Z}_1=1$ 单独作用（$\overline{Z}_2=0$）时的弯矩图 $\overline{M}_1$，如图 16-16（a）所示。取刚结点 C 为隔离体，由 $\sum M_C=0$ 得：

$$r_{11}=7$$

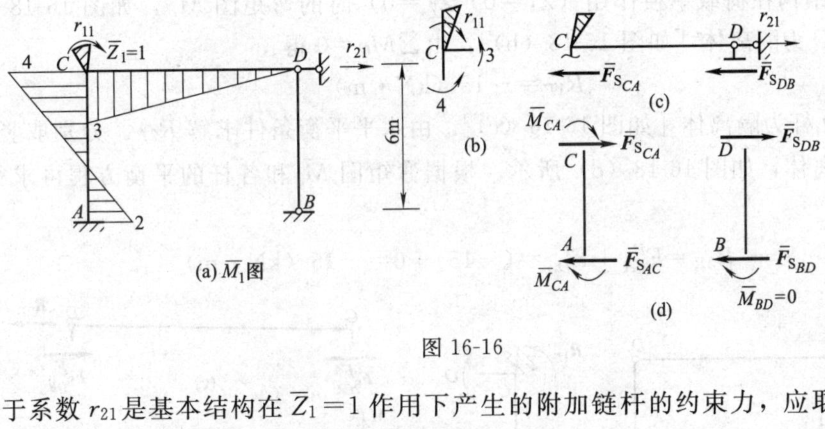

图 16-16

由于系数 r_{21} 是基本结构在 $\overline{Z}_1=1$ 作用下产生的附加链杆的约束力，应取横梁 CD 杆为隔离体，待两个竖直杆件的顶端剪力求出后，由水平平衡条件求解 r_{21}。

取横梁 CD 为隔离体，如图 16-16（c）所示，由 $\sum F_x=0$ 得：

$$r_{21}=\overline{F}_{S_{CA}}+\overline{F}_{S_{DB}} \tag{16-15}$$

分别取竖直杆件 AC、BD 为隔离体，如图 16-16（d）所示。根据弯矩图 $\overline{M}_1$ 和各杆的平衡方程可求得 $\overline{F}_{S_{CA}}$、$\overline{F}_{S_{DB}}$。

竖直杆件 AC：　　$\sum M_A=0\quad \overline{F}_{S_{CA}}\times 6+\overline{M}_{CA}+\overline{M}_{AC}=0$

$$\overline{F}_{S_{CA}}=-\frac{\overline{M}_{CA}+\overline{M}_{AC}}{6}=-\frac{(2+4)}{6}=-1$$

竖直杆件 BD：
$$\sum M_B=0\quad \overline{F}_{S_{DB}}\times 6+\overline{M}_{BD}=0$$
$$\overline{F}_{S_{DB}}=0$$

将所求 $\overline{F}_{S_{CA}}$ 和 $\overline{F}_{S_{DB}}$ 的值代入式（16-15），得：

$$r_{21}=\overline{F}_{S_{CA}}+\overline{F}_{S_{DB}}=-1+0=-1$$

② 作基本结构在单位线位移 $\overline{Z}_2=1$ 单独作用（$\overline{Z}_1=0$）时的弯矩图 $\overline{M}_2$，如图 16-17（a）所示。取刚结点 C 为隔离体［图 16-17（b）］，由 $\sum M_C=0$ 得：

$$r_{21}=-1$$

与 r_{21} 的求法相同，取横梁 CD 杆为隔离体［图 16-17（c）］，由水平平衡条件求解 r_{22}。分别取竖直杆件 AC，BD 为隔离体，如图 16-17（d）所示。根据弯矩图 $\overline{M}_2$ 和各杆的平衡方程可求得 $\overline{F}_{S_{CA}}$、$\overline{F}_{S_{DB}}$，并得到：

$$r_{22}=\overline{F}_{S_{CA}}+\overline{F}_{S_{DB}}=\frac{1}{3}+\frac{1}{12}=\frac{5}{12}$$

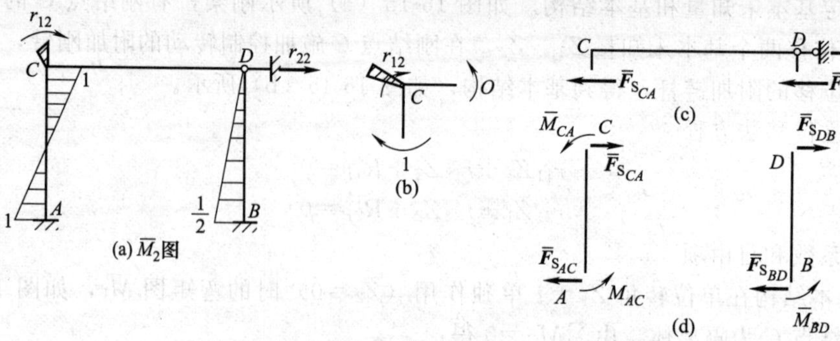

图 16-17

③ 作基本结构在荷载单独作用（$\overline{Z}_1=0$，$\overline{Z}_2=0$）时的弯矩图 M_P，如图 16-18（a）所示。取刚结点 C 为隔离体［如图 16-18（b）］，由 $\sum M_C=0$ 得：

$$R_{1P}=-15\ (\text{kN}\cdot\text{m})$$

取横梁 CD 杆为隔离体［如图 16-18（c）］，由水平平衡条件求解 R_{2P}。分别取竖直杆件 AC，BD 为隔离体，如图 16-18（d）所示。根据弯矩图 $\overline{M}_2$ 和各杆的平衡方程可求得 F_{CA}^F、F_{DB}^F，并得到：

$$R_{2P}=F_{CA}^F+F_{DB}^F=(-15)+0=-15\ (\text{kN}\cdot\text{m})$$

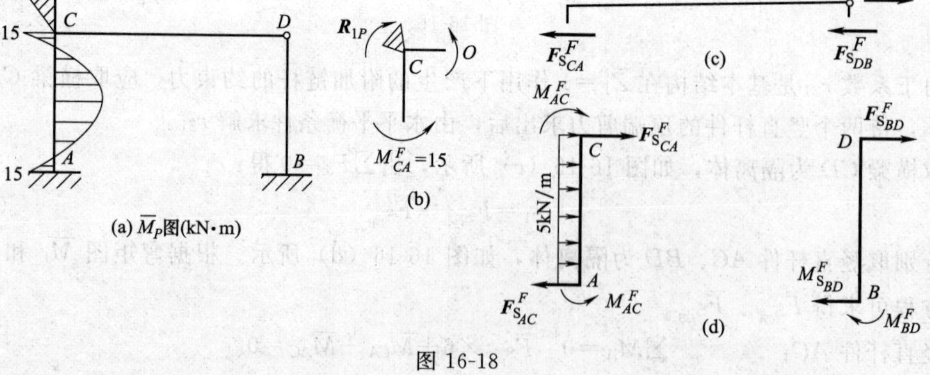

图 16-18

(4) 解位移法方程。将系数和自由项代入位移法方程，有：

$$7Z_1 - Z_2 + 15 = 0$$

$$-Z_1 + \frac{5}{12}Z_2 - 15 = 0$$

解得：$Z_1 = 4.57$　$Z_2 = 46.99$

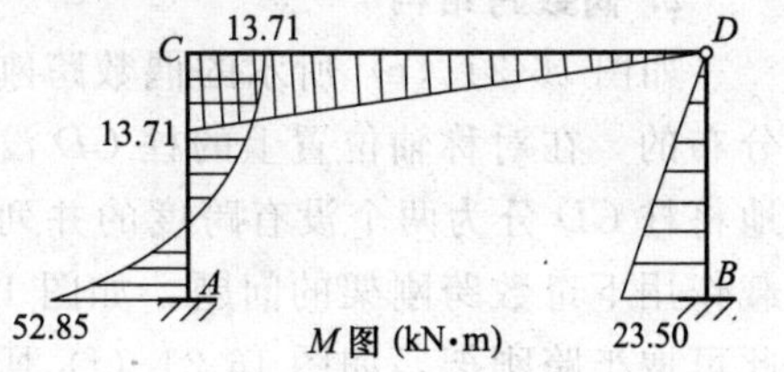

图 16-19

(5) 作 M 图。利用叠加公式 $M = \overline{M}_1 Z_1 + \overline{M}_2 Z_2 + M_P$ 求杆端弯矩值后作原结构弯矩图，如图 16-19 所示。

第六节　对称性的利用

对称结构在正对称荷载作用下，其内力和位移都是正对称的；在反对称荷载作用下，其内力和位移都是反对称的。利用上述结论，在位移法中可以用半结构法来简化计算。

实际工程中的对称刚架和对称连续梁，有奇数跨和偶数跨，在对称荷载作用下可分别简化。

一、对称结构受正对称荷载作用

1. 奇数跨结构

如图 16-20 (a) 所示的奇数跨刚架，在正对称荷载作用下，其内力和变形都是对称分布的，只计算半跨即可。由于正对称原因，对称轴上的截面 C 既不能水平向左移动，也不能水平向右移动；即不能顺时针转动，也不能逆时针转动，但可以竖向移动。该截面上的内力只可能有弯矩和轴力，没有剪力。根据这个刚架的变形特征，取半跨刚架，并将对称轴上的截面 C 处取为滑动支座，如图 16-20 (c) 所示。

2. 偶数跨结构

如图 16-20 (b) 所示的偶数跨刚架，在对称荷载作用下，对称轴上的截面 C 没有水平位移和转动，又由于位移法计算时忽略竖向柱的轴向变形，截面 C 也不产生竖直方向的位移，可取如图 16-20 (d) 所示的半跨结构计算。

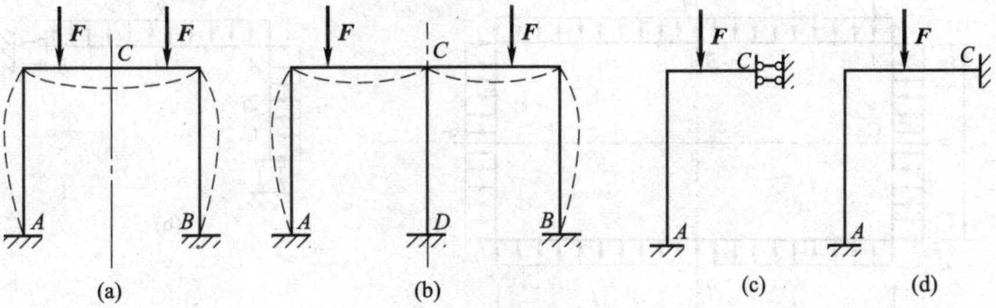

图 16-20

二、对称结构受反对称荷载作用

1. 奇数跨结构

如图 16-21 (a) 所示的奇数跨刚架，在反对称荷载作用下，其内力和变形都是反对称分布的。对称轴上的截面 C，可以发生左右移动和转动，没有竖向位移；其内力只有剪力，没有弯矩和轴力。因此取半跨刚架，在对称轴上的截面 C 处用一根竖向链杆支撑，如图 16-21 (b) 所示。

2. 偶数跨结构

如图 16-21（c）所示的偶数跨刚架，在反对称荷载作用下，其内力和变形都是反对称分布的，在对称轴位置上的柱 CD 没有轴力和轴向变形，会发生弯曲和剪切变形。可假想地将柱 CD 分为两个没有跨度的并列竖向柱，其惯性矩各为 $I/2$，这样就变成了反对称荷载作用下奇数跨刚架的问题，如图 16-21（d）、（e）所示。因为柱 CD 没有轴向变形，因此可取半跨刚架，如图 16-21（f）所示。中间柱 CD 的总弯矩和剪力，分别为两根分柱弯矩和剪力的两倍。因为左、右两个分柱产生等值反号的轴力，所以原刚架中柱 CD 的总轴力为零。

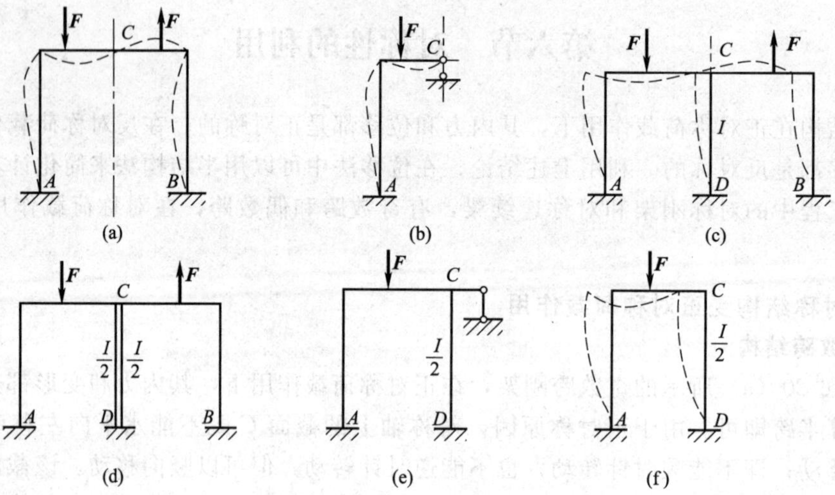

图 16-21

当结构在任意给定荷载作用时，可以将荷载分解为正对称荷载和反对称荷载作用的两种情况叠加来完成计算。

例如，如图 16-22（a）所示结构有两个对称轴，上下对称和左右对称。在正对称荷载作用下，只需用位移法计算四分之一部分即可，其简化结构如图 16-22（b）所示。

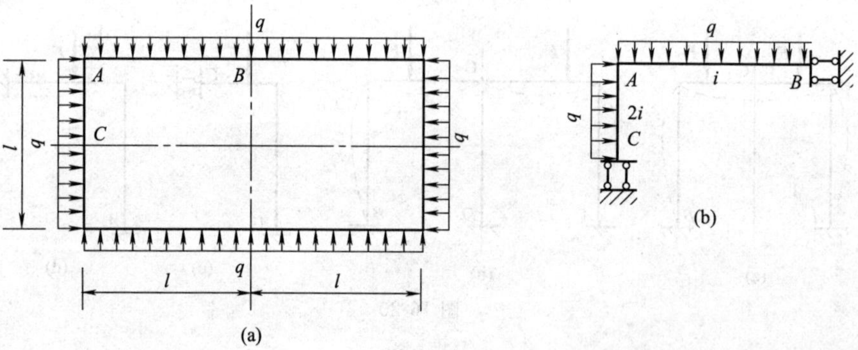

图 16-22

又如，如图 16-23（a）所示结构是偶数跨对称结构在非对称荷载作用下的情况。先将荷载分解为正对称荷载和反对称荷载两种情况的叠加，如图 16-23（b）、（c）所示。按偶数跨结构分别在正对称荷载和反对称荷载作用下情况，简化位移法计算结构，如图 16-23（d）、（e）所示。将位移法简化计算结构分别计算，再将内力叠加即可得到原结构的内力。

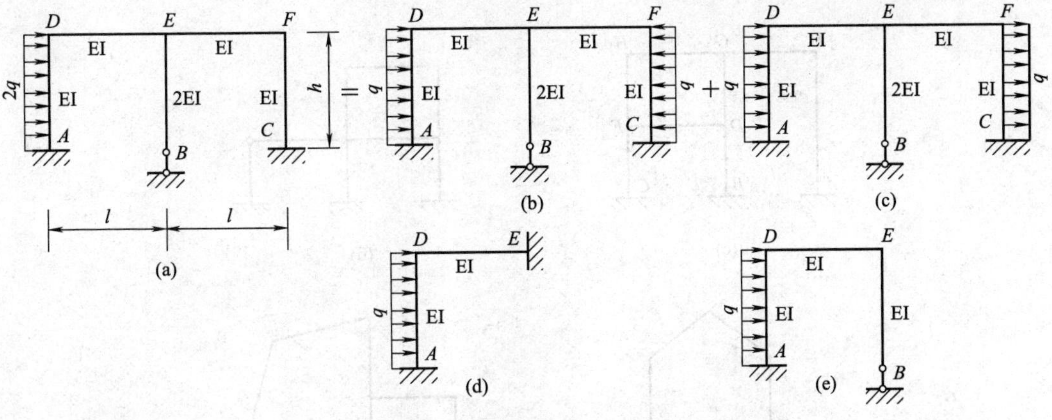

图 16-23

小　结

1. 位移法是以结构结点位移作为基本未知量，利用静力平衡条件建立位移法方程求解基本未知量，再由求解出来的基本未知量计算杆端弯矩、剪力和轴力。

2. 位移法的基本未知量是刚结点的角位移和独立的结点线位移，角位移的数目等于结构的刚结点数目；独立线位移的数目通常可用“铰化结点，增加支杆”的方法确定。

3. 位移法的基本结构是在原结构上加与基本未知量对应的附加约束，同一个结构的位移法基本结构是唯一的。

4. 位移法的基本方程式是利用基本结构在附加约束处的附加约束力应与原结构受力相等建立的，是基本未知量的平衡方程。对每一个刚结点，可以写一个结点力矩平衡方程；对每一个独立的结点线位移，可以写一个截面平衡方程。

思　考　题

16.1　用位移法计算刚架时，怎样确定角位移未知量和独立的结点线位移未知量的数目?

16.2　怎样确定位移法的基本结构? 为什么说同一个结构的位移法基本结构是唯一的?

16.3　什么是杆件的转角位移方程?

16.4　位移法方程中的系数和自由项的物理意义是什么?

16.5　位移法方程的物理意义是什么?

16.6　位移法与力法是计算超静定结构的两种基本方法，试比较这两种方法。

习　题

16.1　确定如图 16-24 所示结构在位移法计算时的基本未知量数目。

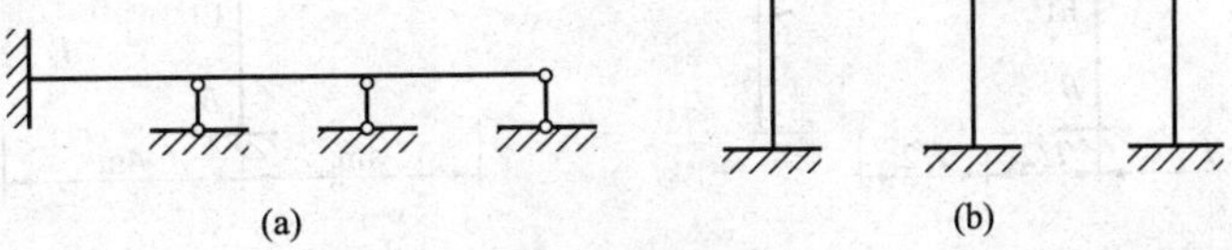

图 16-24

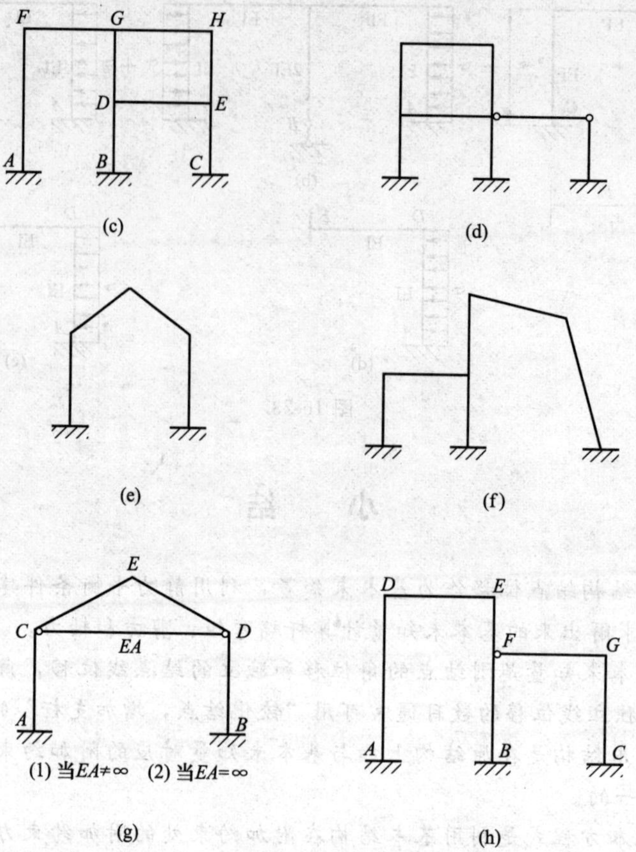

图 16-24（续）

16.2 用位移法作如图 16-25 所示连续梁的弯矩图。

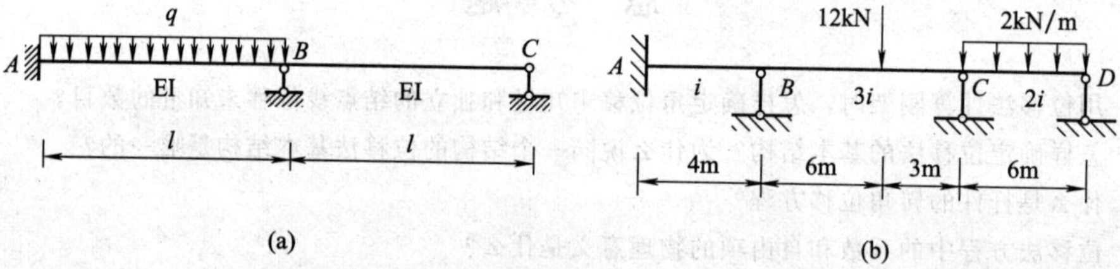

图 16-25

16.3 用位移法作如图 16-26 所示刚架的弯矩图。EI 为常数。

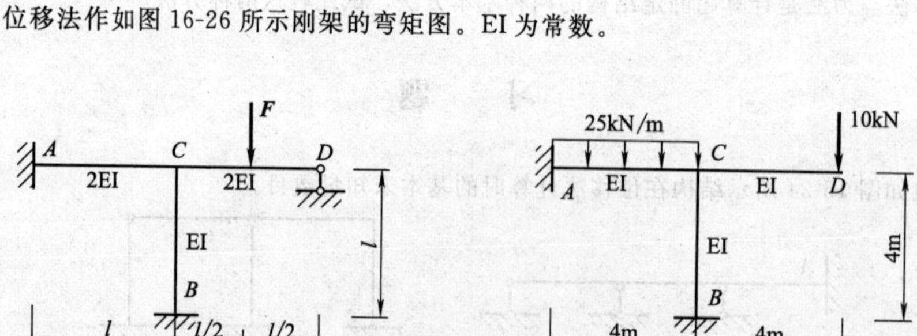

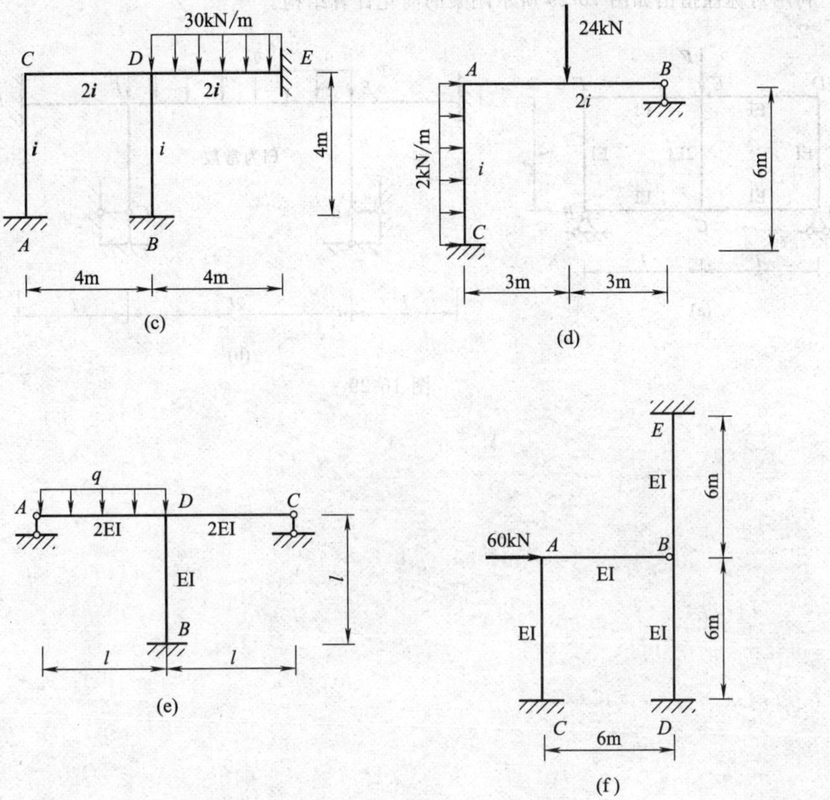

图 16-26

16.4 用位移法计算如图 16-27 所示结构，并绘制弯矩图。

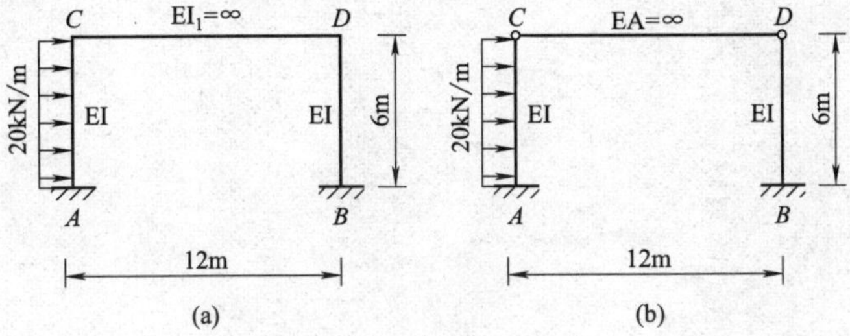

图 16-27

16.5 利用对称性计算如图 16-28 所示结构，并作弯矩图。

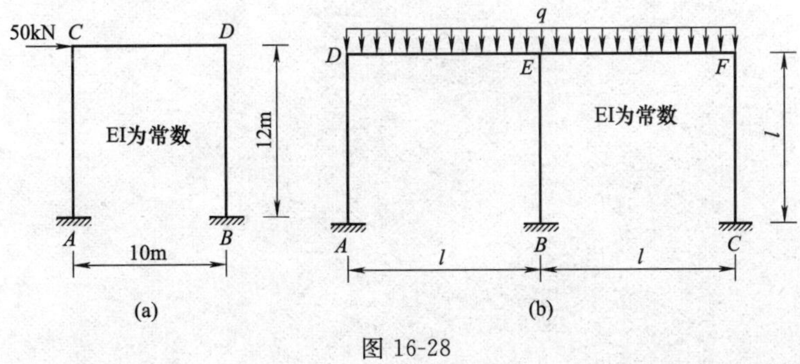

图 16-28

16.6 利用对称性指出如图 16-29 所示刚架的简化计算结构。

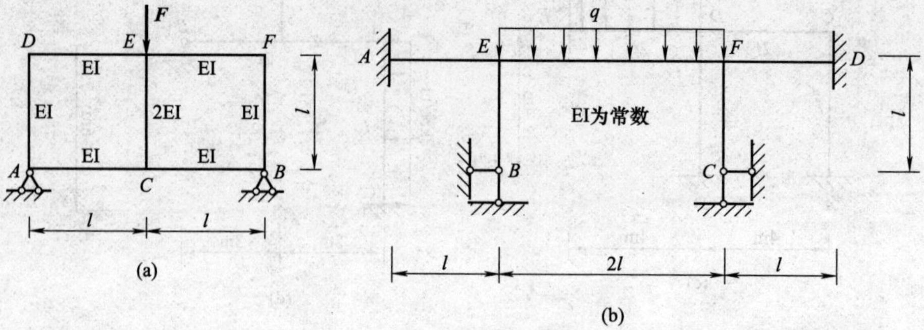

图 16-29

第十七章　渐近法和近似法

提要： 本章主要介绍渐进法中的力矩分配法和近似计算法中的分层计算法、反弯点法。

第一节　力矩分配法

一、力矩分配法的基本概念

力矩分配法是根据位移法的基本原理，从开始建立近似状态，逐步通过增量调整、修正，最后收敛于真实状态。力矩分配法适用于计算无结点线位移的刚架和连续梁。

在力矩分配法中，杆端弯矩的正负号规定与位移法相同。

1. 转动刚度

转动刚度表示杆端对转动的抵抗能力，用 S 表示。转动刚度在数值上等于使杆端产生单位转角时需要施加的力矩的大小。例如，要使杆件 AB 的 A 端（或称近端）产生单位转角时，需在 A 端施加力矩的值，称为 AB 杆在 A 端的转动刚度，表示为 S_{AB}。

梁的转动刚度可由位移法中的转角位移方程求出，等截面直杆 AB 在 A 端的转动刚度 S_{AB} 的数值，如图 17-1 所示。

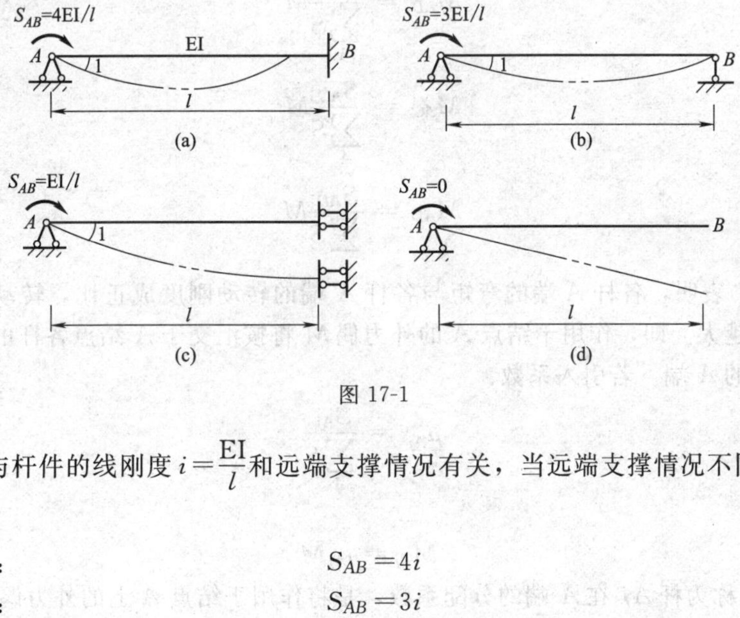

图 17-1

S_{AB} 的值与杆件的线刚度 $i=\dfrac{\mathrm{EI}}{l}$ 和远端支撑情况有关，当远端支撑情况不同时，S_{AB} 的值也发生变化。

远端固定：　$S_{AB}=4i$　(17-1)

远端铰支：　$S_{AB}=3i$　(17-2)

远端滑动：　$S_{AB}=i$　(17-3)

远端自由：　$S_{AB}=0$　(17-4)

2. 力矩分配系数

如图 17-2（a）所示结构，各杆均为等截面直杆。若结点 A 处作用一顺时针方向的集中力偶 M，求集中力偶 M 引起的杆端弯矩 M_{AB}、M_{AC}、M_{AD}。

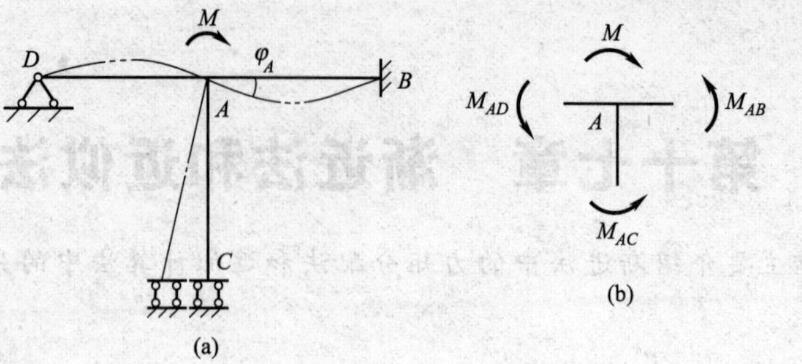

图 17-2

假设在集中力偶 M 作用下，刚结点角位移为 φ_A，由位移法中的刚度方程和转动刚度定义，有：

$$M_{AB}=4i_{AB}\varphi_A=S_{AB}\varphi_A$$
$$M_{AC}=i_{AC}\varphi_A=S_{AC}\varphi_A$$
$$M_{AD}=3i_{AD}\varphi_A=S_{AD}\varphi_A \tag{17-5}$$

取结点 A 为隔离体，如图 17-2（b）所示，由平衡方程：

$$\sum M_A=0 \quad M-S_{AB}\varphi_A-S_{AC}\varphi_A-S_{AD}\varphi_A=0$$

得：
$$\varphi_A=\frac{M}{S_{AB}+S_{AC}+S_{AD}}=\frac{M}{\sum\limits_A S} \tag{17-6}$$

其中 $\sum\limits_A S$ 为汇交于 A 点各杆件 A 端的转动刚度之和。将式（17-6）代入式（17-5）得：

$$M_{AB}=\frac{S_{AB}}{\sum\limits_A S}M$$
$$M_{AC}=\frac{S_{AC}}{\sum\limits_A S}M \tag{17-7}$$
$$M_{AD}=\frac{S_{AD}}{\sum\limits_A S}M$$

式（17-7）表明，各杆 A 端的弯矩与各杆 A 端的转动刚度成正比，转动刚度越大，则所承担的弯矩越大。即，作用于结点 A 的外力偶 M 将按汇交于 A 结点各杆的转动刚度的比例分配给各杆的 A 端。若引入系数：

$$\mu_{Aj}=\frac{S_{Aj}}{\sum\limits_A S} \tag{17-8}$$

则：

$$M_{Aj}=\mu_{Aj}M \tag{17-9}$$

这里，μ_{Aj} 称为杆 Aj 在 A 端的分配系数，是将作用于结点 A 上的外力偶荷载 M 分配到各杆 A 端的比例，其中 j 可以是不同的杆端。

同一结点各杆端的分配系数之和等于 1，即：

$$\sum\mu_{Aj}=\mu_{AB}+\mu_{AC}+\mu_{AD}=1$$

3. 传递系数

如图 17-2（a）所示刚架，在集中力偶 M 产生各杆近端弯矩的同时，也引起各杆远端的弯矩。应用位移法的刚度方程可以求得各杆的远端弯矩 M_{BA}、M_{CA}、M_{DA}。

$$M_{AB}=4i_{AB}\varphi_A,\ M_{BA}=2i_{AB}\varphi_A$$
$$M_{AC}=i_{AC}\varphi_A,\ M_{CA}=-i_{CA}\varphi_A$$
$$M_{AD}=3i_{AD}\varphi_A,\ M_{BA}=0$$

由于：

$$\frac{M_{BA}}{M_{AB}}=C_{AB}=\frac{1}{2}$$

称 $C_{AB}=\frac{1}{2}$ 为传递系数。传递系数表示当近端有转角时，远端弯矩与近端弯矩的比值。对等截面杆件，传递系数 C 随远端的支撑情况而不同：

远端固定：
$$C=\frac{1}{2} \tag{17-10}$$
远端铰支：
$$C=0 \tag{17-11}$$
远端滑动：
$$C=-1 \tag{17-12}$$

利用传递系数的概念，各杆远端弯矩可按式（17-13）计算：

$$M_{jA}=C_{Aj}M_{Aj} \tag{17-13}$$

式中，C_{Aj} 为杆件 A 端到 j 端的弯矩传递系数，j 可以是不同的杆端。

二、单结点力矩分配法的基本运算

通过前面分析可知，当结点 A 作用有力偶荷载 M 时，结点上各杆近端的弯矩等于各杆的分配系数乘以力偶荷载 M，这个弯矩也称分配弯矩；各杆远端的弯矩则由传递系数乘以近端弯矩得到，这个弯矩也称传递弯矩。以上过程简称“近端分配，远端传递”。

上述这种用力矩的分配和传递的概念解决结构在结点力偶荷载作用下的计算问题，称力矩分配法。下面通过例题来说明力矩分配的基本运算步骤。

【例 17-1】 利用力矩分配法求解如图 17-3（a）所示两跨连续梁，并作弯矩图。已知各杆 EI 为常数。

从前面分析可知，力矩分配法是通过对结点力偶荷载的分配和传递来实现的，如图 17-3（a)所示的两跨连续梁受集中荷载和均布荷载作用，没有结点力偶荷载。为应用力矩分配法，可以用约束结点、放松结点的办法形成结点力偶荷载，经过分配、传递和叠加的方法完成力矩分配法的计算。

【解】

（1）固定结点，求约束力矩。在刚结点 B 施加一刚臂约束结点的转动，将连续梁分解为两根单跨超静定梁，求各杆端的固端弯矩，如图 17-3（b）所示。

$$M_{AB}^F=-\frac{\mathrm{Fl}}{8}=-\frac{40\times6}{8}=-30\ (\mathrm{kN\cdot m})$$
$$M_{BA}^F=\frac{\mathrm{Fl}}{8}=\frac{40\times6}{8}=30\ (\mathrm{kN\cdot m})$$
$$M_{BC}^F=-\frac{ql^2}{8}=-\frac{4\times6^2}{8}=-18\ (\mathrm{kN\cdot m})$$

取结点 B 为隔离体，如图 17-3（c）所示。由 $\sum M_B=0$ 可知，各杆端固端弯矩之和为附加刚臂中的约束力矩，$M_B=+30+(-18)=12$（kN·m)。M_B 也称为结点 B 的不平衡力矩。

（2）放松结点，求分配弯矩和传递弯矩。由于原结构中本没有附加刚臂约束，为了使结点 B 恢复到原来的状态，在结点 B 加一个与结点不平衡力矩的反向力矩（$-M_B=-12$kN·m)，

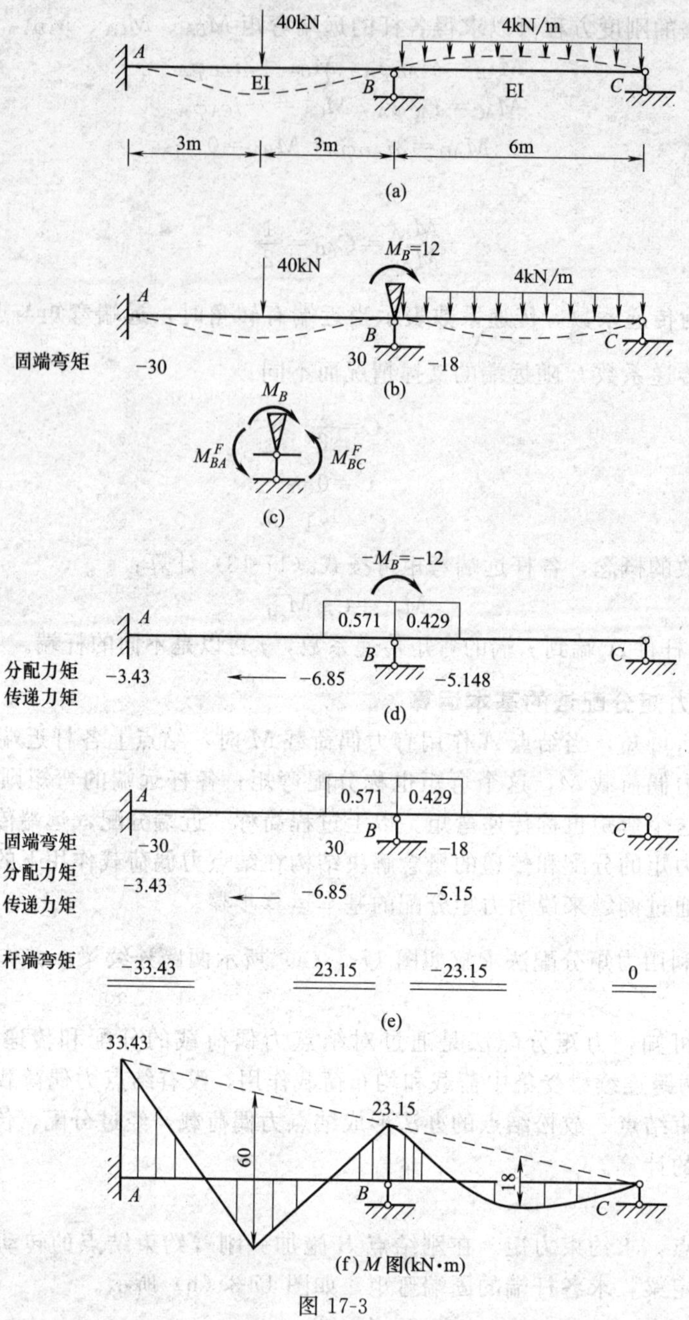

图 17-3

以达到放松结点 B 去掉附加刚臂的目的，如图 17-3（d）所示。这个反向力矩在各杆中引起的近端弯矩和远端弯矩，可用分配和传递的方式完成。

① 计算力矩分配系数　杆 AB、BC 的线刚度相等，$i=\dfrac{EI}{l}$。

转动刚度：

$$S_{BA}=4i$$

$$S_{BC}=3i$$

分配系数：

$$\mu_{BA}=\frac{4i}{4i+3i}=0.571$$

$$\mu_{BC}=\frac{3i}{4i+3i}=0.429$$

校核：

$$\mu_{BA}+\mu_{BC}=1$$

为方便计算，将分配系数写在结点 B 上的方框内。

② 力矩分配

$$M'_{BA}=\mu_{BA}(-M_B)=0.571\times(-12)=-6.85\ (\mathrm{kN\cdot m})$$
$$M'_{BC}=\mu_{BC}(-M_B)=0.429\times(-12)=-5.15\ (\mathrm{kN\cdot m})$$

③ 传递力矩　由各杆传递系数 $C_{BA}=\frac{1}{2}$，$C_{BC}=0$ 得：

$$M'_{AB}=\frac{1}{2}M'_{BA}=\frac{1}{2}\times(-6.85)=-3.43\ (\mathrm{kN\cdot m})$$

$$M'_{CB}=0$$

(3) 叠加计算结果。把如图 17-3（b）、（d）所示两种情况叠加，得到最后的杆端弯矩。对结点 B 有：

$$\sum M_B=23.15-23.15=0$$

满足平衡条件。作弯矩图，如图 17-3（f）所示。

力矩分配法的计算过程可以汇集在一起，按如图 17-3（e）所示的方式进行。

【例 17-2】 用力矩分配法计算图 17-4（a）所示刚架，并作弯矩图。

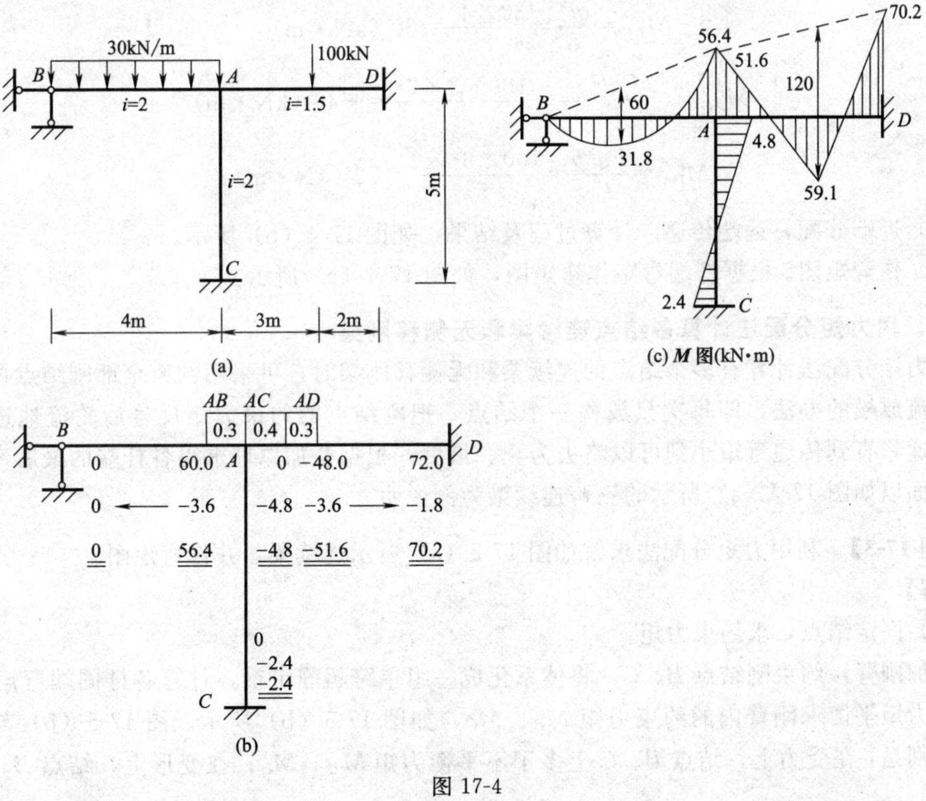

(a)

(c) M图(kN·m)

(b)

图 17-4

【解】

(1) 计算转动刚度和分配系数。

① 各杆转动刚度

$$S_{AB}=3i_{AB}=3\times2=6$$
$$S_{AC}=4i_{AC}=4\times2=8$$
$$S_{AD}=4i_{AD}=4\times1.5=6$$
$$\sum_A S=6+8+6=20$$

② 分配系数

$$\mu_{AB}=\frac{S_{AB}}{\sum_A S}=\frac{6}{20}=0.3$$
$$\mu_{AC}=\frac{S_{AC}}{\sum_A S}=\frac{8}{20}=0.4$$
$$\mu_{AD}=\frac{S_{AD}}{\sum_A S}=\frac{6}{20}=0.3$$

校核

$$\sum_A \mu=\mu_{AB}+\mu_{AC}+\mu_{AD}=0.3+0.4+0.3=1$$

将分配系数写在如图 17-4 (b) 所示结构结点 B 上面杆端相应的方框内。

(2) 固端弯矩

$$M_{AB}^F=\frac{ql^2}{8}=\frac{30\times4^2}{8}=60\ (\text{kN}\cdot\text{m})$$
$$M_{AD}^F=-\frac{Fab^2}{l^2}=-\frac{100\times3\times2^2}{5^2}=-48\ (\text{kN}\cdot\text{m})$$
$$M_{DA}^F=\frac{Fa^2b}{l^2}=\frac{100\times3^2\times2}{5^2}=72\ (\text{kN}\cdot\text{m})$$

(3) 近端分配，远端传递。计算过程及结果，如图 17-4 (b) 所示。

(4) 作弯矩图。根据杆端弯矩作弯矩图，如图 17-4 (c) 所示。

三、用力矩分配法计算多结点连续梁和无侧移刚架

用力矩分配法计算有多个结点的连续梁和无侧移刚架时，可采用约束全部刚结点再逐个结点轮流放松的办法，即每次只放松一个结点，把刚结点的约束力矩反号后轮流地进行分配、传递，直到传递弯矩小到可以略去为止。最后，根据叠加原理求得各杆端的最后弯矩。

下面以如图 17-5 (a) 所示的三跨连续梁为例说明。

【例 17-3】 利用力矩分配法求解如图 17-5 (a) 所示连续梁，并作弯矩图。

【解】

(1) 固定结点，求约束力矩。

施加刚臂，约束刚结点 B、C，将体系化成一组单跨超静定梁，计算各杆固端弯矩 M^F。由结点力矩平衡求刚臂内的约束力矩 M_B、M_C，如图 17-5 (b) 所示。图 17-5 (b) 与原结构的差别是：在受力上，结点 B、C 上多了不平衡力矩 M_B、M_C；在变形上，结点 B、C 不能转动。

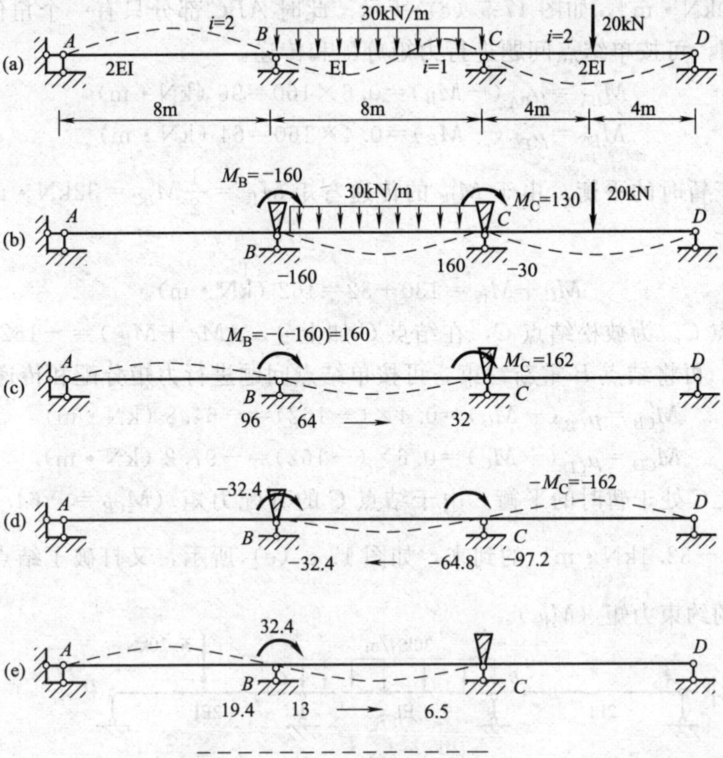

图 17-5

$$M_{BC}^{F}=-\frac{ql^{2}}{12}=-\frac{30\times8^{2}}{12}=-160\ (\mathrm{kN\cdot m})$$

$$M_{CB}^{F}=\frac{ql^{2}}{12}=\frac{30\times8^{2}}{12}=160\ (\mathrm{kN\cdot m})$$

$$M_{CD}^{F}=-\frac{3Fl}{16}=-\frac{3\times20\times8}{16}=-30\ (\mathrm{kN\cdot m})$$

（2）计算分配系数。

令 $i=\frac{\mathrm{EI}}{8}=1$，则：

$$i_{AB}=\frac{2\mathrm{EI}}{8}=2,\ i_{BC}=\frac{\mathrm{EI}}{8}=1,\ i_{CD}=\frac{2\mathrm{EI}}{8}=2$$

$$S_{BA}=3i_{AB}=3\times2=6$$

$$S_{BC}=4i_{BC}=4\times1=4$$

$$S_{CB}=4i_{BC}=4\times1=4$$

$$S_{CD}=3i_{CD}=3\times2=6$$

求得各结点的力矩分配系数

结点 B：　　$\mu_{BA}=0.6$，$\mu_{BC}=0.4$

结点 C：　　$\mu_{CB}=0.4$，$\mu_{CD}=0.6$

（3）放松结点。由于附加刚臂的存在，结点 B、C 存在这不平衡力矩：

$$M_B=-160\mathrm{kN\cdot m}$$

$$M_C=160-30=130\ (\mathrm{kN\cdot m})$$

① 放松结点 B。为了放松结点 B（这时的结点 C 仍约束），在结点 B 加上［$-M_B=$

$-(-160)=160\text{kN}\cdot\text{m}$]，如图 17-5（c）所示。此时 ABC 部分只有一个角位移，并且受结点集中力偶作用，可按单结点问题进行力矩分配和传递。

$$M'_{BA}=\mu_{BA}(-M_B)=0.6\times160=96\ (\text{kN}\cdot\text{m})$$
$$M'_{BC}=\mu_{BC}(-M_B)=0.4\times160=64\ (\text{kN}\cdot\text{m})$$

结点 B 处于暂时的平衡。由于 M'_{BC} 的传递弯矩 $M_{传}=\dfrac{1}{2}M'_{BC}=32\text{kN}\cdot\text{m}$，此时 C 点的不平衡力矩是：

$$M_C+M_{传}=130+32=162\ (\text{kN}\cdot\text{m})。$$

② 放松结点 C。为放松结点 C，在结点 C 加上 $[-(M_C+M_{传})=-162\text{kN}\cdot\text{m}]$，如图 17-5（d）所示。再将结点 B 重新约束，可按单结点问题进行力矩分配和传递。

$$M'_{CB}=\mu_{CB}(-M_C)=0.4\times(-162)=-64.8\ (\text{kN}\cdot\text{m})$$
$$M'_{CD}=\mu_{CD}(-M_C)=0.6\times(-162)=-97.2\ (\text{kN}\cdot\text{m})$$

此时，结点 C 处于暂时的平衡。由于结点 C 的分配力矩（$M'_{CB}=-64.8\text{kN}\cdot\text{m}$）传递弯矩（$\dfrac{1}{2}M'_{CB}=-32.4\text{kN}\cdot\text{m}$）的到来，如图 17-5（e）所示，又打破了结点 B 的平衡，结点 B 又有了新的约束力矩（$M_{传}$）。

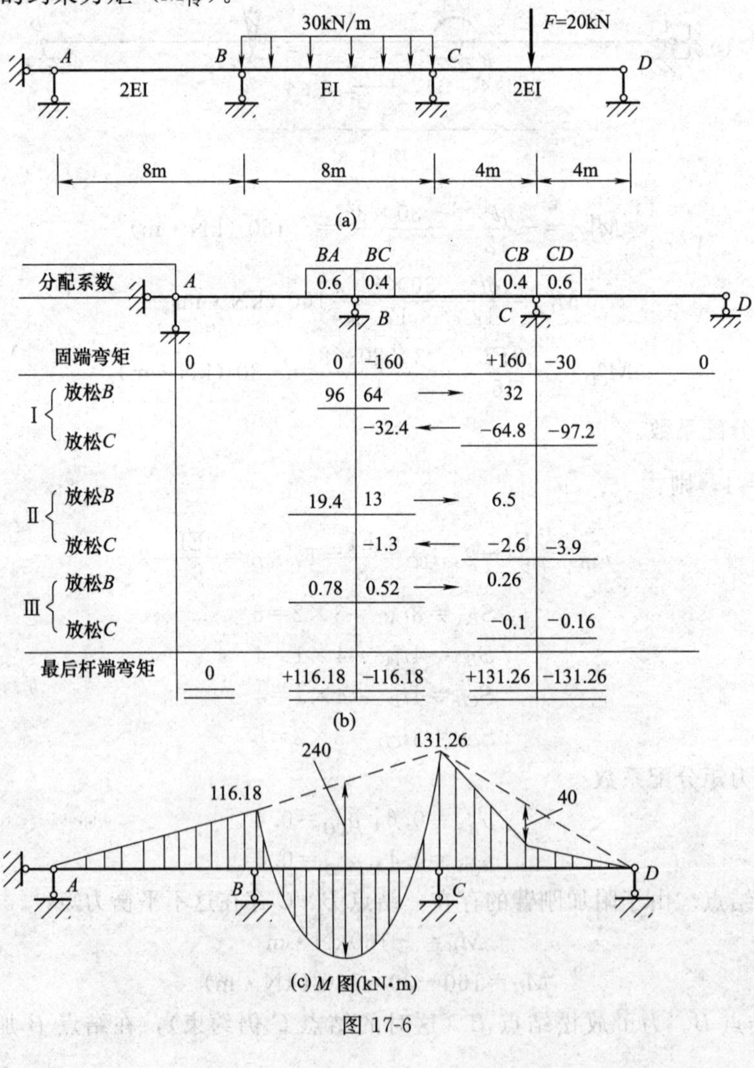

图 17-6

为取消结点 B 的约束力矩 $M_{传}$，需重复①、②两步，经多次循环后各结点的约束力矩都趋于零，使其恢复到原结构的受力状态和变形状态。一般 2～3 个循环就可获得足够的精度。

（4）叠加杆端上的弯矩，由 $M=\sum M_{分配}+M_{传递}+M^F$ 可得各杆端的最终弯矩值。

将计算过程汇集在一起进行，如图 17-6 所示。

【例 17-4】 利用力矩分配法求解如图 17-7（a）所示刚架，并作弯矩图。

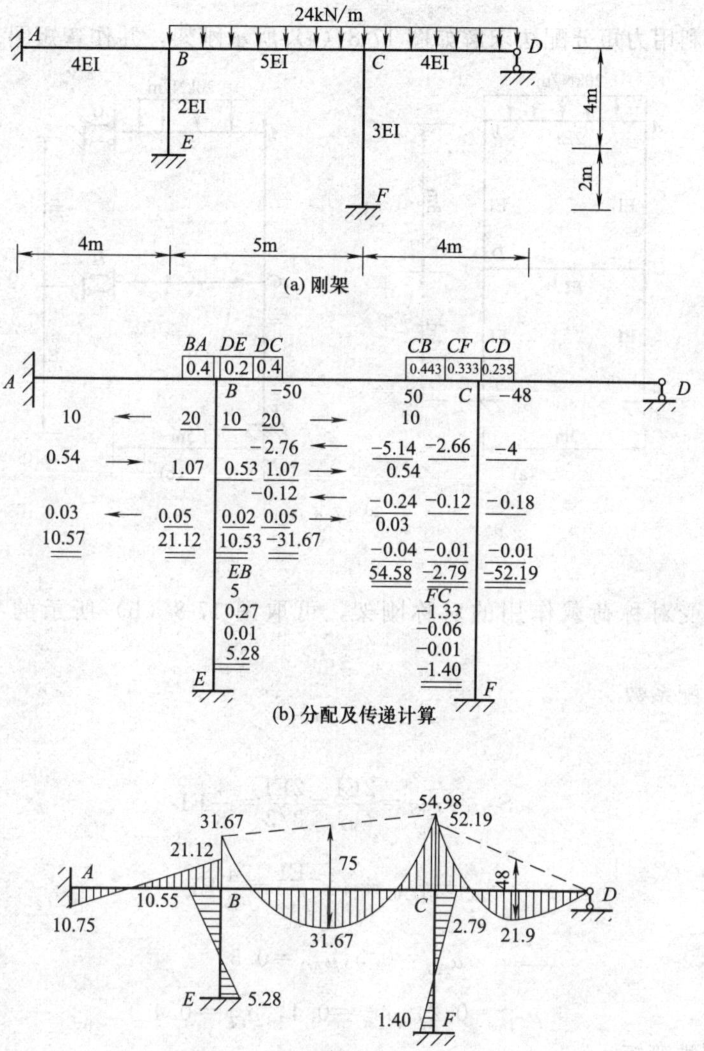

(a) 刚架

(b) 分配及传递计算

(c) M 图(kN·m)

图 17-7

【解】

（1）计算分配系数。设 EI＝2，得结点 B、C 的力矩分配系数。

结点 B：　$\mu_{BA}=0.4$，$\mu_{BC}=0.4$，$\mu_{BE}=0.2$

结点 C：　$\mu_{CB}=0.445$，$\mu_{CD}=0.333$，$\mu_{CF}=0.222$

（2）固端弯矩

$$M_{BC}^F=-\frac{ql^2}{12}=-\frac{24\times5^2}{12}=-50\ (\mathrm{kN\cdot m})$$

$$M_{CB}^{F}=\frac{ql^2}{12}=\frac{24\times5^2}{12}=50\ (\text{kN}\cdot\text{m})$$

$$M_{CD}^{F}=-\frac{ql^2}{8}=-\frac{24\times4^2}{8}=-48\ (\text{kN}\cdot\text{m})$$

（3）力矩分配与传递。按 B、C 顺序进行分配，为缩短计算过程，宜先放松约束力矩较大的结点。先放松结点 B，分配及传递计算如图 17-7（b）所示。

（4）作弯矩图。根据叠加的杆端弯矩作弯矩图，如图 17-7（c）所示。

【例 17-5】 利用力矩分配法求解如图 17-8（a）所示刚架，并作弯矩图。

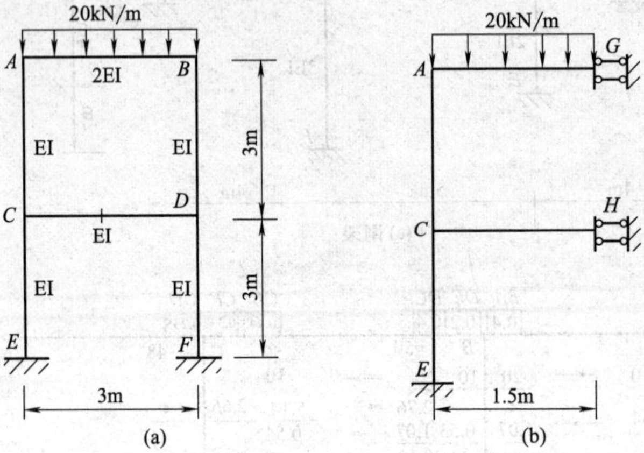

图 17-8

【解】

这是一个承受对称荷载作用的对称刚架，可取图 17-8（b）所示的半刚架结构进行计算。

（1）计算分配系数

结点 A：

$$S_{AG}=i_{AG}=\frac{2\text{EI}}{l_{AG}}=\frac{2\text{EI}}{3/2}=\frac{4}{3}\text{EI}$$

$$S_{AC}=4i_{AC}=4\times\frac{\text{EI}}{l_{AC}}=\frac{4}{3}\text{EI}$$

$$\mu_{AG}=0.5,\mu_{AC}=0.5$$

结点 C： $\mu_{CH}=0.2$，$\mu_{CA}=0.4$，$\mu_{CE}=0.4$

（2）计算固端弯矩。

$$M_{AG}^{F}=-\frac{ql_{AG}^2}{3}=-\frac{20\times(1.5)^2}{3}=-15\ (\text{kN}\cdot\text{m})$$

$$M_{GA}^{F}=-\frac{ql_{AG}^2}{6}=-\frac{20\times(1.5)^2}{6}=-7.5\ (\text{kN}\cdot\text{m})$$

（3）进行弯矩分配和传递　如图 17-9（a）所示，按 $A\to C\to A\to C\to A$ 的次序进行力矩分配与传递；各杆的固端弯矩，分配弯矩和传递弯矩，标于杆件的一侧。

（4）作弯矩图。计算的杆端弯矩仅为左半结构，利用对称性，可作出整个刚架的 M 图，如图 17-9（b）所示。

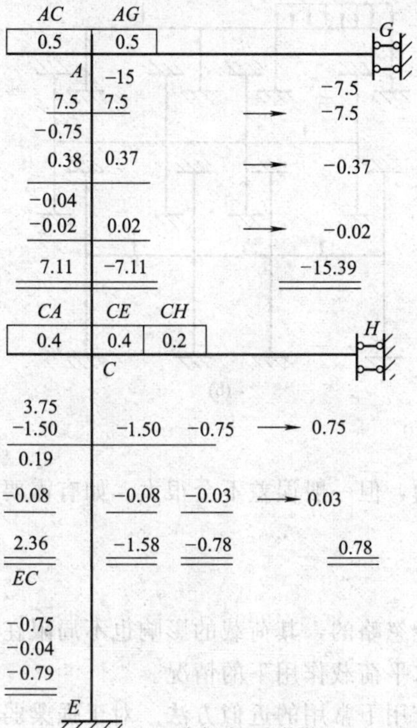

(a) 弯矩分配和传递

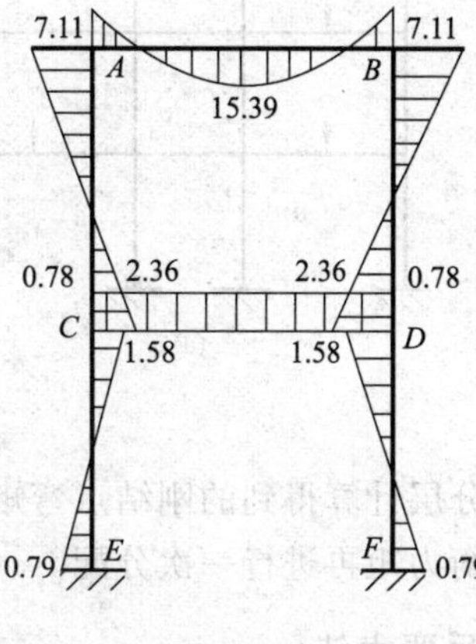

(b) M 图(kN·m)

图 17-9

第二节　多层多跨刚架的近似计算

求解超静定结构的力法、位移法和渐近法，常有大量的计算工作。近似法可以在一定的条件下，以较小工作量的简单计算，满足一般工程的精度要求，具有一定的实际意义。下面介绍两种近似计算方法。

一、分层计算法

分层计算法适用于竖向荷载作用下的多层多跨刚架。分层计算法采用两个近似假设。

① 忽略刚架侧移的影响，用力矩分配法计算。

② 忽略每层梁的竖向荷载对其他各层的影响，把多层刚架分解成若干个单层刚架分别单独计算。

用分层计算法计算图 17-10（a）所示的三层刚架时，可按层分为如图 17-10（b）所示的三个无侧移刚架，每层包括与它相连的上下层柱子，各柱的两端当作固定端，然后分别按力矩分配法进行计算。除底层外，每个柱同属于相邻两层刚架，因此柱的弯矩应由两部分叠加得出。

在一般情况下，多层多跨刚架在竖向荷载作用下，楼层侧移对刚架的弯矩影响不大。每层横梁上的荷载在刚架上产生约束力矩，通过反号分配和传递到本层竖柱的远端，由柱的远端经过分配和传递才影响到相邻楼层的横梁，其影响量已经很小，可以忽略不计。

在各个分层刚架中，柱的远端都假设为固定端，除底层柱外，其余各柱实际上应看作弹性固定端。为了反映这个特点，将上层各柱线刚度乘以折减系数 0.9，传递系数由$\frac{1}{2}$改为$\frac{1}{3}$。

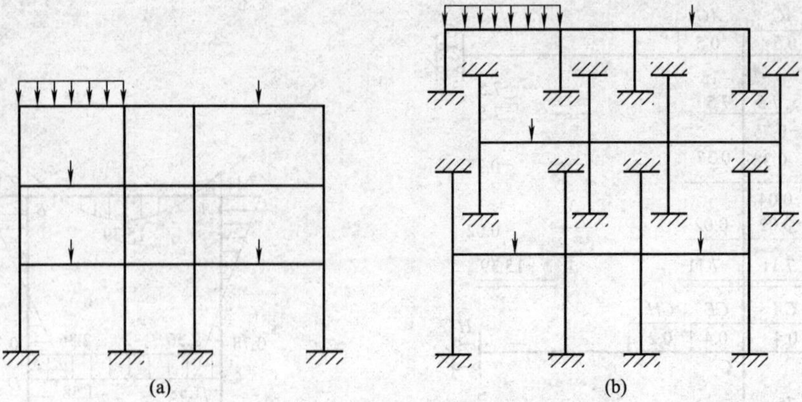

图 7-10

利用分层计算得到的刚结点弯矩是不平衡的，但一般误差不会很大。如有需要，可对结点的不平衡力矩再进行一次分配。

二、反弯点法

刚架在水平荷载作用时，侧移的影响是不能忽略的，其荷载的影响也不局限在框架的本层内。因此，分层计算法不能应用于刚架承受水平荷载作用下的情况。

反弯点法是多层多跨刚架在结点水平荷载作用下常用的近似方法。对于强梁弱柱（横梁与立柱线刚度之比$\frac{i_b}{i_c}\geqslant 3$）的情况最为适用。反弯点法又称为剪力分配法。

反弯点法的基本假设是：把刚架中横梁简化为刚性梁，即横梁的刚度为无限大（$i_b=\infty$），忽略结点转角的影响，横梁只有沿横梁轴线方向的线位移。

在应用反弯点法时，要把作用于刚架的水平荷载简化为作用于刚架结点的水平荷载，也称为结点水平荷载。

如图 17-11（a）所示刚架，在结点水平荷载作用下各杆的弯矩图全部为直线，各柱有一弯矩为零的点，称为反弯点。可以发现，柱子的反弯点均在柱高的中点处，若能求出反弯点处的剪力值，则可进而求出各柱弯矩和梁端弯矩［图 17-11（b）］。

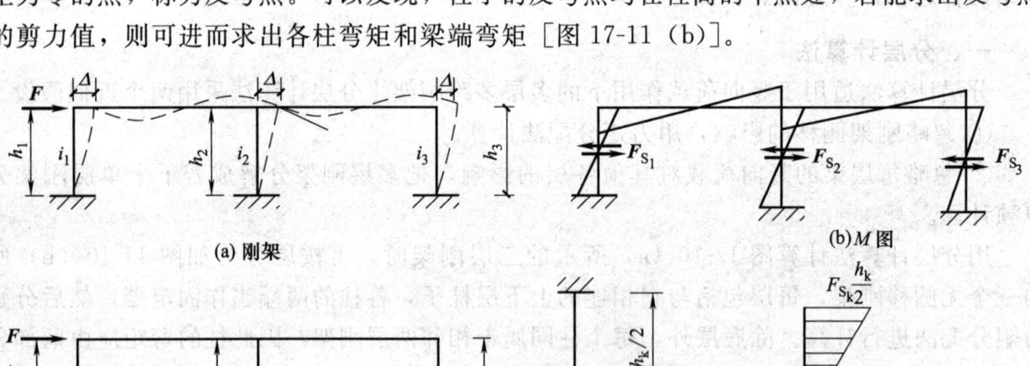

图 17-11

在刚架中，各柱的高度和线刚度不同。由于柱子无荷载作用且有相同的侧移 Δ，故柱子上的剪力为常量。各柱的剪力可用转角位移方程求得：

$$
\left.\begin{aligned}
F_{S_1} &= \frac{12i_1}{h_1^2}\Delta = r_1\Delta \\
F_{S_2} &= \frac{12i_2}{h_2^2}\Delta = r_2\Delta \\
F_{S_3} &= \frac{12i_3}{h_3^2}\Delta = r_3\Delta
\end{aligned}\right\} \tag{17-14}
$$

式中，$r=\frac{12i}{h^2}$是柱的侧移刚度系数，即柱顶有单位侧移时所引起的剪力。

对如图 17-11（c）所示隔离体，由平衡条件和式（17-14）

$$\sum F_x = 0 \quad F - F_{S_1} - F_{S_2} - F_{S_3} = 0$$

得：

$$\Delta = \frac{1}{\sum\limits_{i=1}^{3} r_i} F$$

将其代回式（17-14）：

$$
\left.\begin{aligned}
F_{S_1} &= \frac{r_1}{\sum\limits_{i=1}^{3} r_i} F \\
F_{S_2} &= \frac{r_2}{\sum\limits_{i=1}^{3} r_i} \boldsymbol{F} \\
F_{S_3} &= \frac{r_3}{\sum\limits_{i=1}^{3} r_i} F
\end{aligned}\right\} \tag{17-15}
$$

这里：

$$\mu_k = \frac{r_k}{\sum r_i} \tag{17-16}$$

为剪力分配系数。

所以，各柱的剪力与该柱的侧移刚度系数 $r=\frac{12i}{h^2}$成正比，结点水平荷载 F 按剪力分配系数 $\mu_k=\frac{r_k}{\sum r_i}$分配给各柱。

$$F_{S_k} = \mu_k F \tag{17-17}$$

对多层框架在多个结点水平荷载作用的情况，F 为所截开框架层上部的结点水平荷载之和。

在求出各柱的剪力后，再利用反弯点在各柱中点这个特性，即可求出各柱两端弯矩为：

$$M_k = F_{S_k} \frac{h_k}{2} \tag{17-18}$$

刚架的梁端弯矩［图 17-11（d）］可由结点平衡条件确定，中间结点的两侧梁端弯矩，按梁的转动刚度分配柱端弯矩求得。在多层（5 层以上）刚架中，底层柱两端的约束条件差别较大，这时，底层柱的反弯点常设在柱的 2/3 高度处。

【例 17-6】 用反弯点法计算图 17-12（a）所示刚架，并作弯矩图。括号内数字为杆件线刚度的相对值。

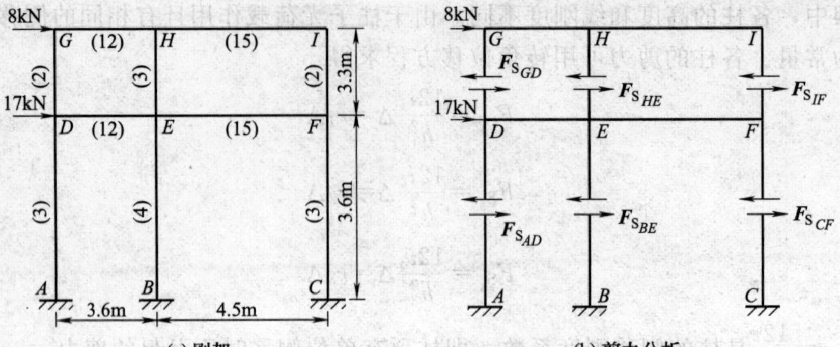

(a) 刚架　　　　(b) 剪力分析

图 17-12

【解】

(1) 计算剪力分配系数。对于同层柱等高的刚架，剪力分配系数可以简化为各柱的线刚度进行分配，即：

$$\mu_k=\frac{r_k}{\sum r_i}=\frac{\frac{12i_k}{h^2}}{\sum\frac{12i_i}{h^2}}=\frac{\frac{12}{h^2}i_k}{\frac{12}{h^2}\sum i_i}=\frac{i_k}{\sum i_i}$$

顶层：

$$\mu_{GD}=\mu_{IF}=\frac{2}{2+3+2}=0.286$$

$$\mu_{HE}=\frac{3}{2+3+2}=0.428$$

底层：

$$\mu_{DA}=\mu_{FC}=\frac{3}{3+4+3}=0.3$$

$$\mu_{EB}=\frac{4}{3+4+3}=0.4$$

(2) 计算各柱的剪力［图 17-12 (b)］。

$$F_{S_{GD}}=F_{S_{IF}}=0.286\times8=2.29\ (\text{kN})$$

$$F_{S_{HE}}=0.428\times8=3.42\ (\text{kN})$$

$$F_{S_{AD}}=F_{S_{CF}}=0.3\times25=7.5\ (\text{kN})$$

$$F_{S_{BE}}=0.4\times25=10\ (\text{kN})$$

(3) 计算柱弯矩。

$$M_{GD}=M_{DG}=M_{IF}=M_{FI}=-F_{S_{GD}}\times\frac{h_2}{2}=-2.29\times\frac{3.3}{2}=-3.78\ (\text{kN}\cdot\text{m})$$

$$M_{HE}=M_{EH}=-F_{S_{HE}}\times\frac{h_2}{2}=-3.42\times\frac{3.3}{2}=-5.64\ (\text{kN}\cdot\text{m})$$

$$M_{AD}=M_{DA}=M_{CF}=M_{FC}=-F_{S_{AC}}\times\frac{h_1}{2}=-7.5\times\frac{3.6}{2}=-13.5\ (\text{kN}\cdot\text{m})$$

$$M_{BE}=M_{EB}=-F_{S_{BE}}\times\frac{h_1}{2}=-10\times\frac{3.6}{2}=-18\ (\text{kN}\cdot\text{m})$$

(4) 计算梁端弯矩。先求出结点柱端弯矩之和为：

$$M_D=M_F=M_{DG}+M_{DA}=-3.78-13.5=-17.28\ (\text{kN}\cdot\text{m})$$

$$M_E = M_{EH} + M_{EB} = -5.64 - 18 = -23.64\ (\text{kN}\cdot\text{m})$$

$$M_H = M_{HE} = -5.64\ (\text{kN}\cdot\text{m})$$

按梁刚度分配弯矩：

$$M_{GH} = -M_{GD} = 3.78\text{kN}\cdot\text{m} \quad M_{IH} = -M_{IF} = 3.78\text{kN}\cdot\text{m}$$

$$M_{HG} = \frac{12}{12+15} \times 5.64 = 2.51\text{kN}\cdot\text{m} \quad M_{HI} = \frac{15}{12+15} \times 5.64 = 3.13\text{kN}\cdot\text{m}$$

$$M_{DE} = -(M_{DG} + M_{DA}) = 17.28\text{kN}\cdot\text{m} \quad M_{FE} = -(M_{FI} + M_{FC}) = 17.28\text{kN}\cdot\text{m}$$

$$M_{ED} = \frac{12}{12+15} \times 23.64 = 10.51\text{kN}\cdot\text{m} \quad M_{EF} = \frac{15}{12+15} \times 23.64 = 13.13\text{kN}\cdot\text{m}$$

(5) 作刚架的弯矩图，如图 17-13 所示，图括号内是精确法计算的杆端弯矩。

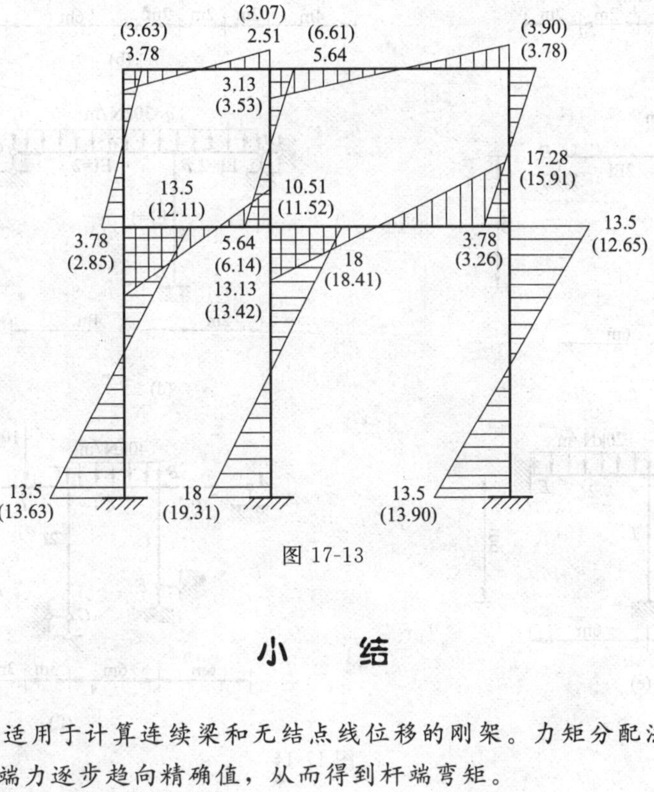

图 17-13

小　结

1. 力矩分配法适用于计算连续梁和无结点线位移的刚架。力矩分配法不需要建立和求解联立方程，使杆端力逐步趋向精确值，从而得到杆端弯矩。

2. 分层计算法适用于竖向荷载作用下的多层多跨刚架。它是忽略刚架侧移和每层梁的竖向荷载对其他各层的影响，把多层刚架分解成一层一层单独进行的近似计算。

3. 反弯点法是多层多跨刚架在结点水平荷载作用下常用的近似方法，对于强梁弱柱（横梁与立柱线刚度之比$\frac{i_b}{i_c} \geqslant 3$）的情况最为适用。反弯点法把刚架中横梁简化为刚性梁，忽略了结点转角的影响，反弯点法又可称为剪力分配法。

思　考　题

17.1　什么是转动刚度？什么是力矩分配系数？

17.2　力矩分配法的基本思路是什么？

17.3　力矩分配法的适用范围是什么？

17.4　分层计算法的适用范围是什么？其计算步骤有哪些？

17.5　反弯点法的适用范围是什么？

17.6　什么是侧移刚度系数？其意义是什么？

17.7　反弯点法的计算步骤有哪些？

习　题

17.1　用力矩分配法计算如图 17-14 所示连续梁和刚架的杆端弯矩，并作弯矩图。

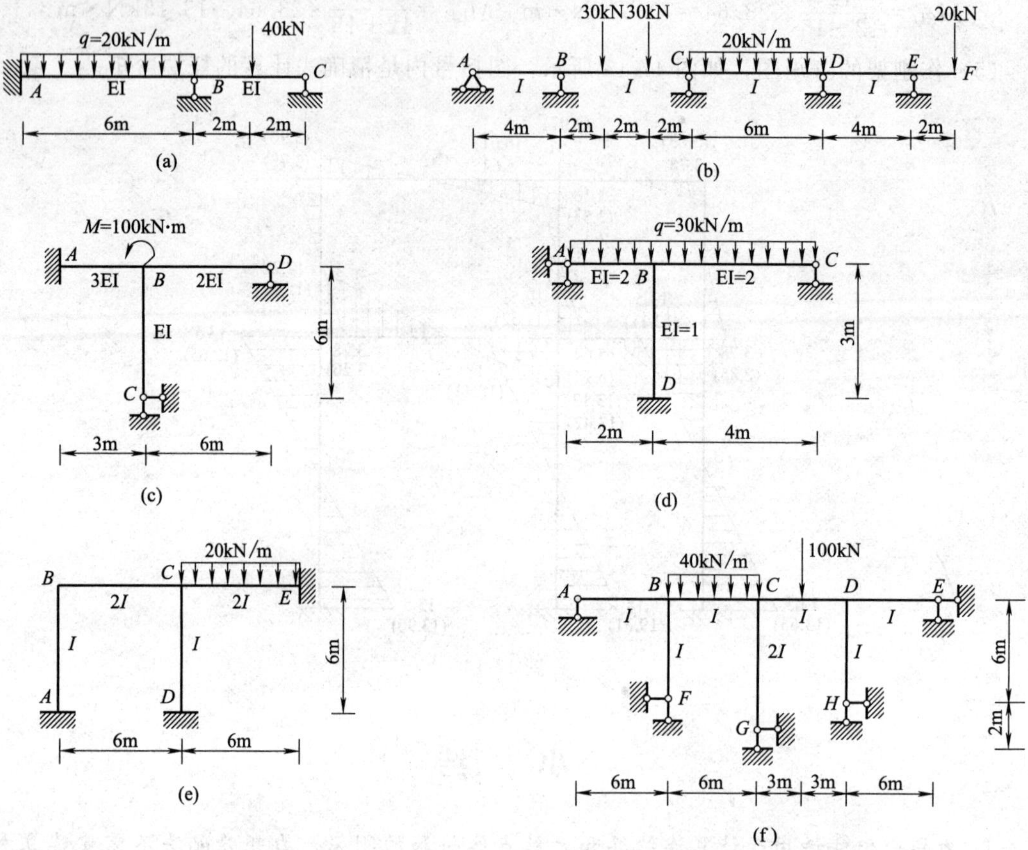

图 17-14

17.2　用力矩分配法，利用结构的对称性计算如图 17-15 所示刚架，并作弯矩图。

17.3　用近似计算的方法，作如图 17-16 所示刚架的弯矩图。

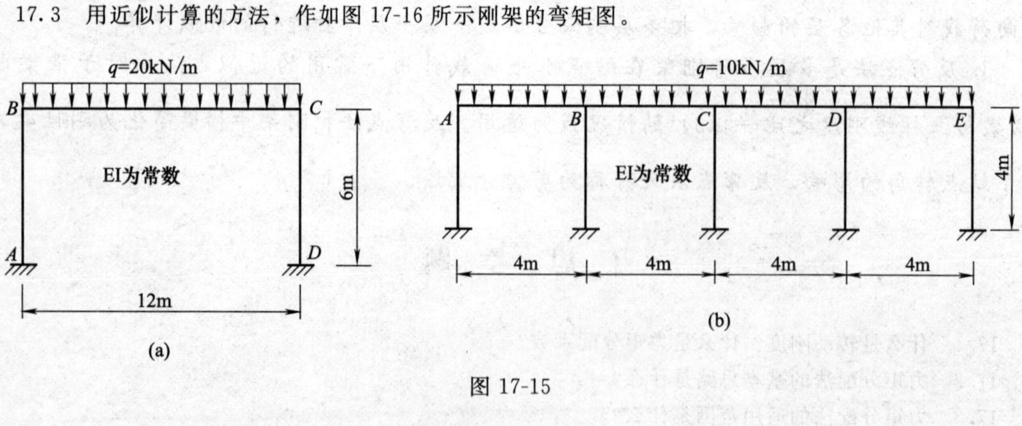

图 17-15

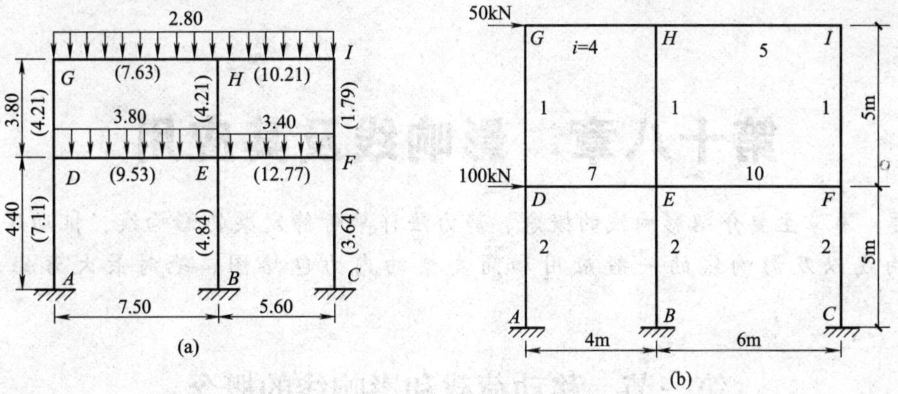
2.80
I
G
(7.63)
H
(10.21)
3.80
(4.21)
(4.21)
(1.79)
3.80
3.40
D
(9.53)
E
(12.77)
F
4.40
(7.11)
(4.84)
(3.64)
A
B
C
7.50
5.60
(a)
50kN
G
i=4
H
5
I
1
1
1
5m
100kN
D
7
E
10
F
2
2
2
5m
A
B
C
4m
6m
(b)

图 17-16

第十八章　影响线及其应用

提要： 本章主要介绍影响线的概念、静力法作单跨静定梁的影响线、机动法作静定梁的影响线以及影响线的一般应用和简支梁的内力包络图、绝对最大弯矩的求解方法。

第一节　移动荷载和影响线的概念

土木工程结构除受到固定荷载作用之外，有时受到移动荷载作用，如桥梁受到在其上行驶的汽车、火车荷载，厂房吊车梁所受到吊车轮压荷载等。移动荷载是由一系列平行的集中力或分布力组成，其方向、大小不变，作用点位置随时间而变化。

在移动荷载作用下，结构上某一量值（某一支座的反力、某一截面的内力或位移）将随荷载位置移动而变化。要保证结构的安全，就要清楚某一量值随荷载移动而变化的规律，确定产生最大量值时的荷载位置，并求出其相应的最大值。解决这些问题的重要工具就是影响线。

如图 18-1（a）所示的简支梁 AB，当受到一个移动荷载 F 作用时，分析支座反力 F_{By} 的变化规律。

取 A 点为坐标原点，荷载作用点的横坐标用 x 表示。当荷载 F 作用在梁上任意位置 x 时，由静力平衡方程 $\sum M_A=0$ 可求得：

$$F_{By}=\frac{x}{l}F\ (0\leqslant x\leqslant l)$$

由于 F_{By} 与 F 成正比，我们称比例系数 $\frac{x}{l}$ 为 F_{By} 的影响系数，用 $\overline{F}_{By}$ 表示，有：

$$\overline{F}_{By}=\frac{x}{l}\ (0\leqslant x\leqslant l)$$

影响系数 $\overline{F}_{By}$ 在数值上等于 $F=1$ 时引起的支座反力 F_{By} 的值。作影响系数的函数图形，如图 18-1（b）所示，这个图形叫支座反力 F_{By} 的影响线。

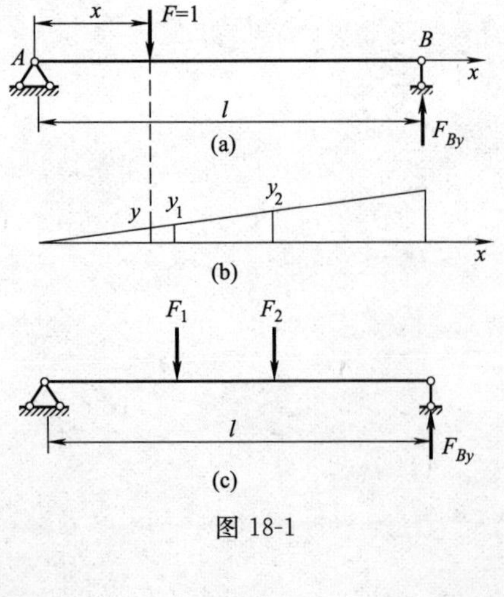

图 18-1

移动荷载的种类很多，在各种移动荷载中抽象出单位荷载 $F=1$。当单位荷载在结构上移动时，表示结构某一量 Z（某一支座的反力、某一截面的内力或位移）随单位力位置变化规律的函数图形，称为 Z 的影响线。影响线上任一点的横坐标 x 表示荷载的作用位置，纵坐标 y 表示荷载作用在这个位置时对 Z 的影响系数 $\overline{Z}$。

由于在竖向单位移动荷载作用下结构中的量值与荷载呈线性关系，可根据叠加原理来分析结构在各种移动荷载组合下的支座反力、截面内力、应力、变形等量值。如图 18-1（c）所示，若已知简支梁 AB 上有两个荷载 F_1、F_2 作用，根据叠加原理可求

出这时 F_{By} 的值：

$$F_{By}=F_1y_1+F_2y_2$$

第二节　静力法作单跨静定梁的影响线

静力法作影响线，是先设置横坐标 x 轴，将单位荷载 $F=1$ 放置到距原点 x 的一般位置，由静力平衡条件列出所求量值与单位荷载位置之间的函数关系式，这个关系式称为该量值的影响线方程。利用影响线方程，可绘制该量值的影响线。

一、单跨静定梁的影响线

1. 支座反力影响线

简支梁 AB 如图 18-2（a）所示，选取 A 点为坐标原点，坐标 x 向右为正。将 $F=1$ 移至距离坐标原点 x 处，并假定支座反力 F_{Ay} 和 F_{By} 向上为正。取整体为隔离体，由平衡条件，有：

$$\sum M_B=0\quad F_{Ay}=\frac{l-x}{l}\ (0\leqslant x\leqslant l) \tag{18-1a}$$

$$\sum M_A=0\quad F_{By}=\frac{x}{l}\ (0\leqslant x\leqslant l) \tag{18-1b}$$

式（18-1a）和式（18-1b）分别为支座反力 F_{Ay} 和 F_{By} 的影响线方程。

由影响线方程作出的支座反力 F_{Ay} 和 F_{By} 的影响线，如图 18-2（b）、（c）所示。作影响线时，通常正号影响线竖标画在基线上方，负号竖标画在基线下方，并在图中标明正、负号。

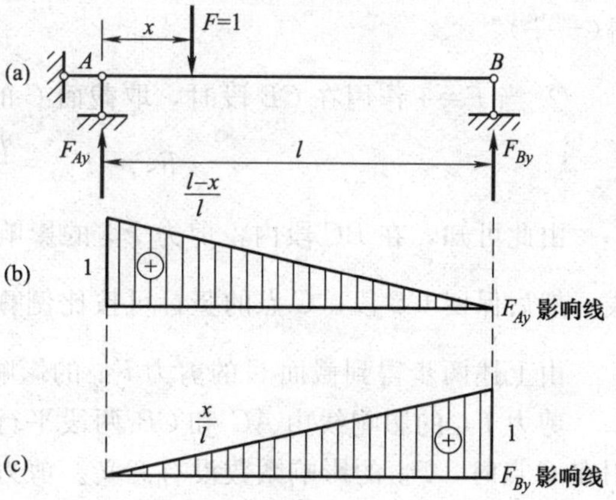

图 18-2

2. 弯矩M_C的影响线

如图 18-3（a）所示，在求指定截面 C 的弯矩 M_C 的影响线时，随着单位力 $F=1$ 在截面 C 左侧或右侧移动，弯矩 M_C 的影响线方程也不相同，应分段求出 M_C 的影响线方程。

① 当 $F=1$ 作用在 AC 段时，取截面 C 的右段为隔离体，有：

$$M_C=F_{By}b=\frac{x}{l}b\ (0\leqslant x\leqslant a) \tag{18-1c}$$

由式（18-1c）可知，在 AC 段内，M_C 的影响系数等于 F_{By} 影响线的 b 倍。因此，可以把 F_{By} 影响线的竖标乘以 b，然后保留其中的 AC 段，就得到了 M_C 在 AC 段的影响线。这时，C 点的竖标应为$\frac{ab}{l}$。

② 当 $F=1$ 作用在 CB 段时，取截面 C 的左段为隔离体，有：

$$M_C=F_{Ay}a=\frac{l-x}{l}a\ (a\leqslant x\leqslant l) \tag{18-1d}$$

由式（18-1d）可知，先将 F_{Ay} 影响线的竖标乘以 a，然后保留其中的 CB 段，就得到了

M_C在 CB 段的影响线。这时，C 点的竖标仍为$\frac{ab}{l}$。

M_C的影响线，如图 18-3（b）所示。弯矩影响系数的量纲是［长度］。

3. 剪力F_{S_C}的影响线。

如图 18-3（a）所示，在求指定截面 C 的剪力 F_{S_C} 的影响线时，随着单位力 $F=1$ 在截面 C 左侧或右侧移动，剪力 F_{S_C} 的影响线方程也不相同，应分别考虑。

① 当 $F=1$ 作用在 AC 段时，取截面 C 的右段为隔离体，有：

$$F_{S_C}=-F_{By}=-\frac{x}{l}\ (0\leqslant x\leqslant a) \tag{18-1e}$$

由此可知，在 AC 段内，剪力 F_{S_C} 的影响线与 F_{By} 的影响线相同，但正负号相反。可以先把 F_{By} 的影响线翻过来画在基线的下侧，然后保留 AC 段。C 点的竖标可按比例算得$(-\frac{a}{l})$。

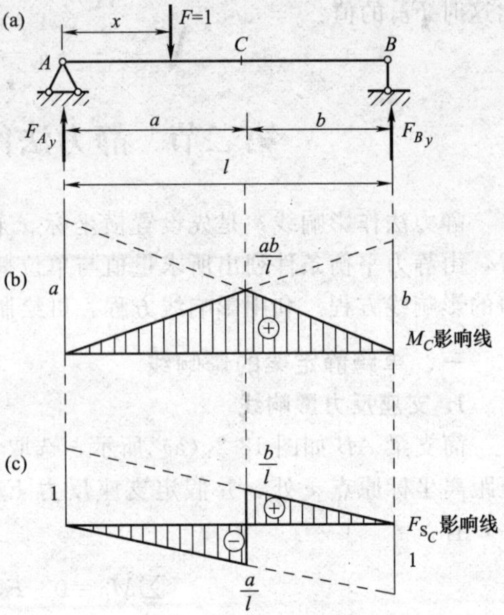

图 18-3

② 当 $F=1$ 作用在 CB 段时，取截面 C 的左段为隔离体，有：

$$F_{S_C}=F_{Ay}=\frac{l-x}{l}\ (a\leqslant x\leqslant l) \tag{18-1f}$$

由此可知，在 BC 段内，剪力 F_{S_C} 的影响线与 F_{Ay} 的影响线相同，可以先作 F_{Ay} 的影响线，然后保留 CB 段。C 点的竖标可按比例算得（$\frac{b}{l}$）。

由上述两步得到截面 C 的剪力 F_{S_C} 的影响线，如图 18-3（c）所示。

剪力 F_{S_C} 的影响线由 AC 和 CB 两段平行线组成，在 C 点有一个突变。当 $F=1$ 正好作用在 C 点时，F_{S_C} 的影响系数没有意义。剪力影响系数的量纲是［1］。

【例 18-1】 作如图 18-4（a）所示外伸梁支座反力的影响线和截面 C 的弯矩、剪力影响线。

【解】

取 A 点为坐标原点，横坐标 x 以向右为正。

(1) 作支座反力影响线。当 $F=1$ 作用于梁上任一点 x 时，由平衡条件求得支座反力为：

$$\left.\begin{aligned}F_{Ay}&=\frac{l-x}{l}\\F_{By}&=\frac{x}{l}\end{aligned}\right\}(0\leqslant x\leqslant l+c)$$

这个伸臂梁的支座反力影响线与简支梁的相同，只是 $F=1$ 在梁上的作用范围有所不同 $(0\leqslant x\leqslant l+c)$。利用支座反力的影响线方程作影响线，如图 18-4（b）、(c）所示。

可以发现，伸臂梁在 AB 段内的影响线与简支梁完全相同，只要将简支梁支座反力影响线的直线延长到伸臂梁的端部，即可得到伸臂梁的支座反力影响线。

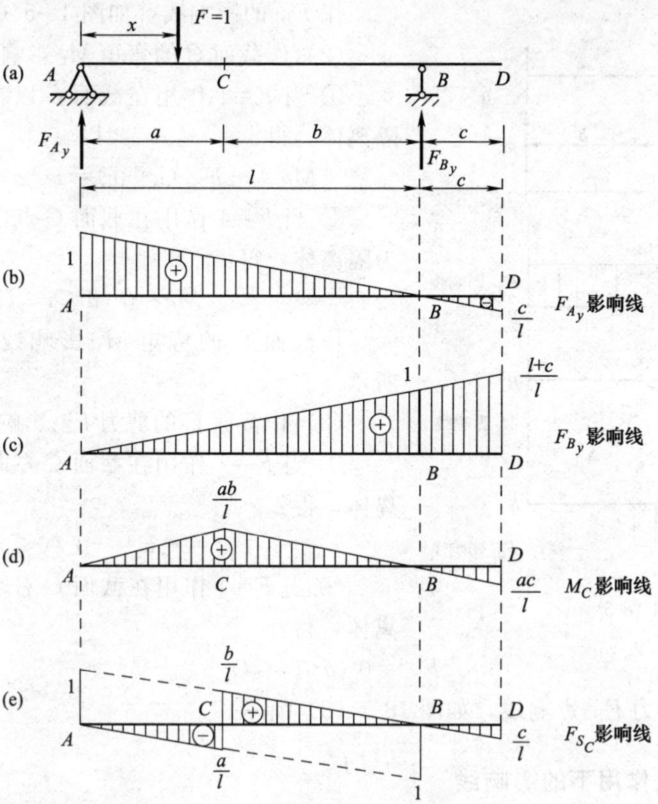

图 18-4

(2) 作截面 C 的弯矩 M_C 影响线。

①当 $F=1$ 位于截面 C 的左侧时：

$$M_C=F_{B_y}b\ (F=1\text{在 }AC\text{ 段})$$

② 当 $F=1$ 位于截面 C 的右侧时：

$$M_C=F_{A_y}a\ (F=1\text{在 }CD\text{ 段})$$

利用支座反力影响线，作截面 C 的弯矩 M_C 影响线，如图 18-4（d）所示。

(3) 作截面 C 的剪力 F_{S_C} 影响线

① 当 $F=1$ 位于截面 C 的左侧时：

$$F_{S_C}=-F_{B_y}\ (F=1\text{在 }AC\text{ 段})$$

② 当 $F=1$ 位于截面 C 的右侧时：

$$F_{S_C}=F_{A_y}\ (F=1\text{在 }CD\text{ 段})$$

利用支座反力影响线，作截面 C 的剪力 F_{S_C} 影响线，如图 18-4（e）所示。

【例 18-2】 作如图 18-5（a）所示悬臂梁的竖向支座反力及截面 C 的弯矩、剪力影响线。

【解】

取 A 点为坐标原点，横坐标 x 以向右为正。

(1) 作竖向支座反力 F_{B_y} 的影响线。取梁 AB 为研究对象，由：

$$\sum F_y=0,\ F_{B_y}-1=0\quad 得：$$

$$F_{B_y}=1$$

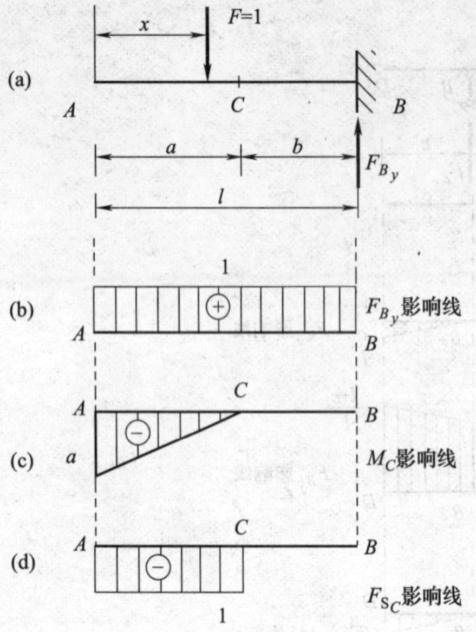

图 18-5

作 F_{B_y} 的影响线，如图 18-5（b）所示。

（2）作截面 C 的弯矩 M_C 影响线

① 当 $F=1$ 作用在截面 C 以左时，取 AC 段为隔离体，得：

$$M_C=-F\times(a-x)=x-a\ (0\leqslant x\leqslant a)$$

② 当 $F=1$ 作用在截面 C 点以右时，取 CB 段为隔离体，得：

$$M_C=0\ (a\leqslant x\leqslant l)$$

作截面 C 的弯矩 M_C 影响线，如图 18-5（c）所示。

（3）作截面 C 的剪力 F_{S_C} 影响线

① 当 $F=1$ 作用在截面 C 左时，取 AC 段为隔离体，得：

$$F_{S_C}=-F=-1\ (0\leqslant x\leqslant a)$$

② 当 $F=1$ 作用在截面 C 右时，取 CB 段为隔离体，得：

$$F_{S_C}=0\ (a\leqslant x\leqslant l)$$

作截面 C 的剪力 F_{S_C} 影响线，如图 18-5（d）所示。

二、间接荷载作用下的影响线

实际工程中，移动荷载有时是通过纵横梁间接地作用于结构上的。如图 18-6（a）所示的桥梁结构，作用于纵梁的移动荷载通过横梁传递到主梁上，对主梁而言，只在横梁 A、C、E、F、B 处受集中力作用，这种荷载对主梁称为结点荷载，或称间接荷载。

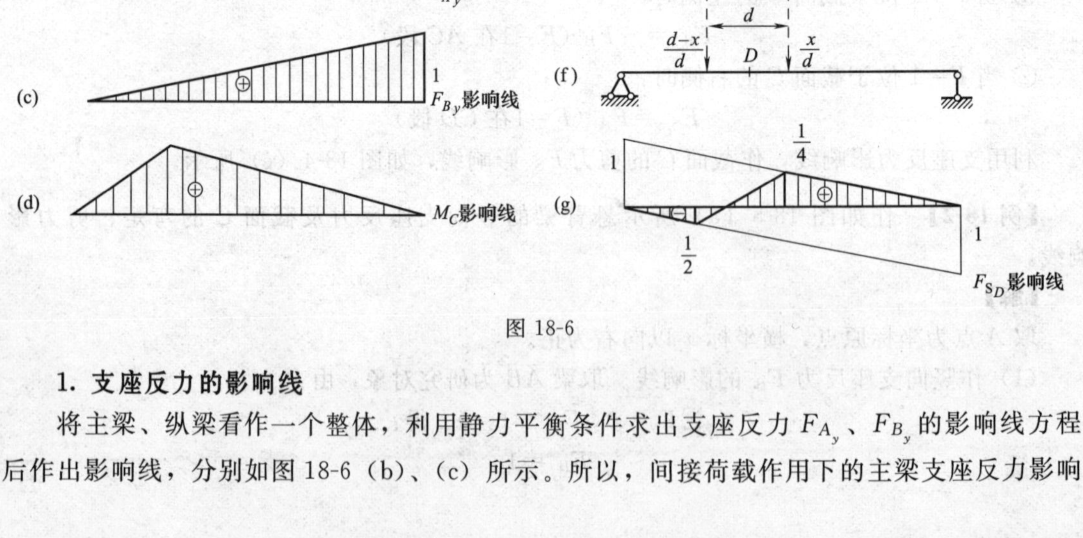

图 18-6

1. 支座反力的影响线

将主梁、纵梁看作一个整体，利用静力平衡条件求出支座反力 F_{A_y}、F_{B_y} 的影响线方程后作出影响线，分别如图 18-6（b）、（c）所示。所以，间接荷载作用下的主梁支座反力影响线，与荷载直接作用在主梁的支座反力影响线相同。

2. 弯矩 M_C 的影响线

截面 C 正好是间接荷载作用的结点。当 $F=1$ 作用在 C 点以左时，利用 F_{B_y} 求 M_C；当 $F=1$ 作用在 C 点以右时，利用 F_{A_y} 求 M_C。

这时 M_C 的影响线与荷载直接作用在主梁时相同，如图 18-6（d）所示。显然，无论是直接荷载还是间接荷载，间接荷载作用点处的影响线竖标值是相同的。

3. 弯矩 M_D 的影响线

当 $F=1$ 在纵梁 CE 上移动时，传递到主梁 C、E 的结点荷载为 $\frac{d-x}{d}$ 和 $\frac{x}{d}$，如图 18-6（f）所示。由影响线的定义和叠加原理，得：

$$M_D=\frac{d-x}{d}y_C+\frac{x}{d}y_E \tag{18-1g}$$

式中，y_C 和 y_E 为荷载 $F=1$ 直接作用在主梁上时 M_D 影响线在 C、E 点的竖标值。

由于式（18-1g）表示的 M_D 是 x 的一次函数，并且有：

当 $x=0$ 时， $M_D=y_C$；

当 $x=d$ 时， $M_D=y_E$。

由此，在间接荷载作用下，M_D 的影响线在 CE 段为连接其结点竖标顶点的直线段，如图 18-6（e）所示。

所以，在间接荷载作用下，结构某一量的影响线在相邻两结点之间为一直线。可先作直接荷载下的影响线，再用直线连接各相邻两个结点的竖标顶端，就可得到结点荷载作用下的影响线。

4. 剪力 $F_{S_{CE}}$ 的影响线

按上述方法作截面 D 的剪力 F_{S_D} 影响线，如图 18-6（g）所示。

【例 18-3】 作如图 18-7（a）所示结构主梁 AB 上截面 D 的 M_D 和 F_{S_D} 影响线。

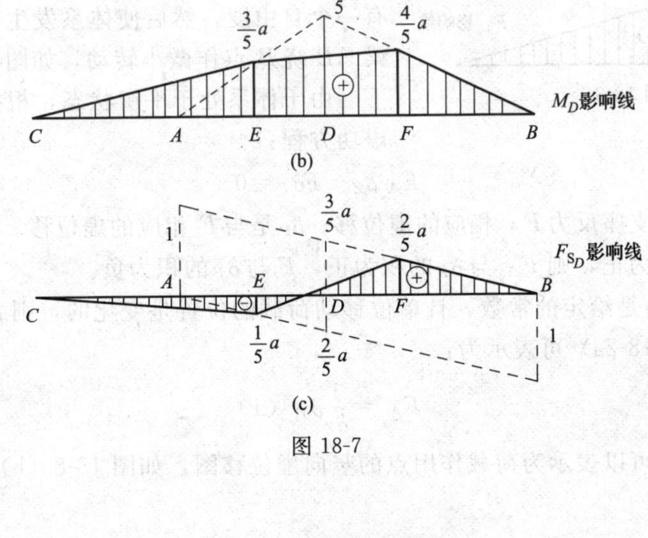

图 18-7

【解】

(1) 作主梁 M_D 的影响线

设 $F=1$ 作用在主梁 AB 上，作 M_D 的影响线，如图 18-7（b）虚线所示。D 点的竖标为 $\frac{2a\times 3a}{5a}=\frac{6}{5}a$。此时 M_D 影响线对应点 E、F、C、B 的竖距为：

$$y_E=\frac{6}{5}a\times\frac{1}{2}=\frac{3}{5}a$$

$$y_F=\frac{6}{5}a\times\frac{2}{3}=\frac{4}{5}a$$

$$y_C=0,\ y_B=0$$

用直线连接各竖标的顶端，得结点荷载作用下弯矩 M_D 的影响线，如图 18-7（b）所示。

(2) 作主梁 F_{s_D} 的影响线

设 $F=1$ 作用在主梁 AB 上，作 F_{S_D} 的影响线，如图 18-7（c）虚线所示。求出 F_{S_D} 影响线对应点 E、F、C、B 的竖距，用直线连接各竖标的顶端，得结点荷载作用下剪力 F_{S_D} 的影响线，如图 18-7（c）所示。

第三节 机动法作静定梁的影响线

用机动法作影响线可以不必先计算出影响线方程，而直接给出影响线的轮廓形状图，还可以用它对静力法作出的影响线进行校核。机动法作影响线是以刚体虚位移原理为依据的，即在力系作用下刚体体系处于平衡的充要条件是：在约束许可的任何微小虚位移中，外力所作的虚功总和为零。

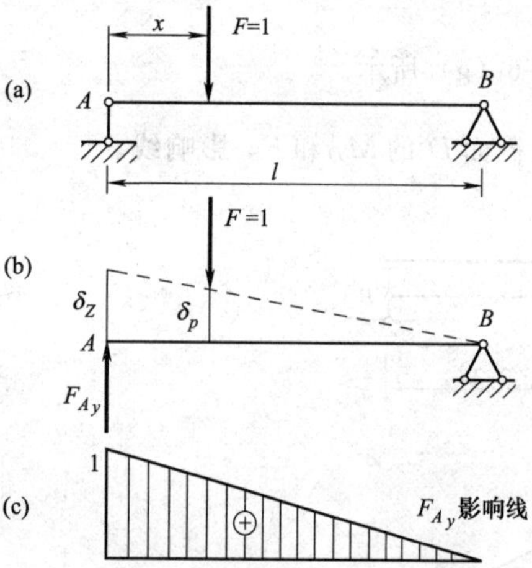

图 18-8

一、机动法作影响线的概念

下面以简支梁的支座反力影响线为例，说明机动法作影响线的概念。

简支梁如图 18-8（a）所示，为求支座反力 F_{A_y} 的影响线，首先去掉与它相应的约束，即 A 处的支座链杆，以正向的反力 F_{A_y} 代替其作用，使体系具有一个自由度，然后使体系发生微小的虚位移，即梁 AB 绕 B 点作微小转动，如图 18-8（b）所示。

由于体系处于平衡状态，根据虚位移原理建立虚功方程：

$$F_{A_y}\delta_Z-F\delta_P=0 \tag{18-2a}$$

式中，δ_Z 是与支座反力 F_{A_y} 相应的虚位移；δ_P 是与 F 相应的虚位移。当力与虚位移有相同的方向时，虚功为正，则 F_{A_y} 与 δ_Z 的积为正，F 与 δ_P 的积为负。

由于 $F=1$，δ_Z 是给定的常数，且单位移动荷载的位置是变化的，则 δ_P 是单位移动荷载位置的函数，式（18-2a）可表示为：

$$F_{A_y}=\frac{1}{\delta_Z}\delta_P\ (x) \tag{18-2b}$$

它的函数图形可以表示为荷载作用点的竖向虚位移图，如图 18-8（b）所示。

因为虚位移具有任意性，不妨令 $\delta_Z=1$，则式 18-2（b）变为：

$$F_{A_y}=\delta_P(x) \tag{18-2c}$$

根据如图 18-8（b）所示三角形，当 $\delta_Z=1$ 时，按比例关系求得：

$$F_{A_y}=\delta_P(x)=\frac{l-x}{l} \tag{18-2d}$$

由式（18-2d）可见，F_{A_y} 的影响线实际上就是 $\delta_A=1$ 时单位移动荷载 $F=1$ 作用点的竖向虚位移图。因此可确定支座反力 F_{A_y} 的影响线，如图 18-8（c）所示，这与静力法的结果一致。

根据式（18-2c），F_{A_y} 影响线的正负号与虚位移图的正负号相同，所以虚位移图画在基线以上为正，与 F_{A_y} 的符号一致。

从上面讨论可以看出，用机动法作静定结构影响线的方法：

欲求结构某一量值 Z 的影响线，首先将所求量值相应的约束去掉，使结构成为一个机构；令机构沿量值的正向发生单位位移（$\delta_Z=1$），则单位移动荷载作用点的竖向位移图即为所求的影响线。横轴以上的图形为正，横轴以下的图形为负。

二、机动法作弯矩和剪力影响线

下面以如图 18-9（a）所示简支梁 AB 为例，说明如何用机动法作指定截面上的弯矩和剪力影响线。

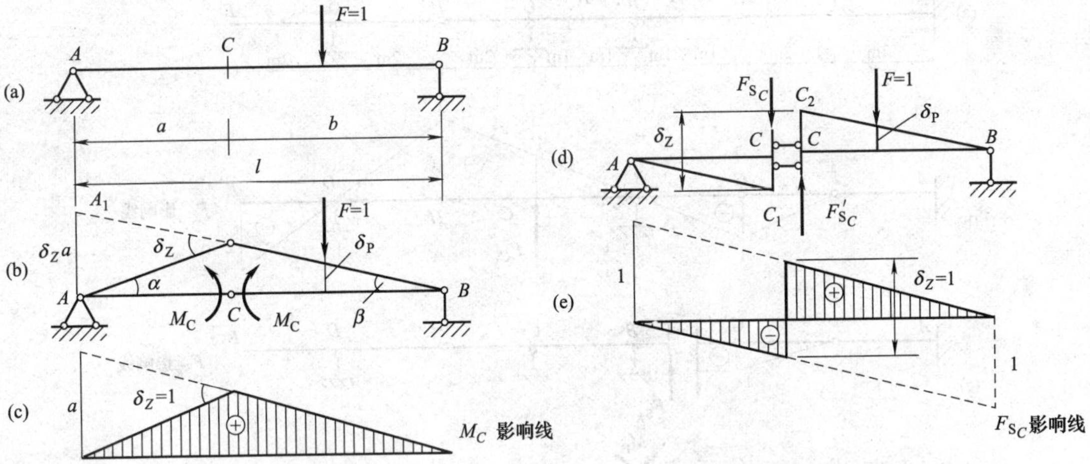

图 18-9

1. 指定截面 C 上的弯矩 M_C 影响线

在求 M_C 影响线时，先将 M_C 的相应约束去掉，把截面 C 由刚性连接改为铰接，用一对等值反向的力偶 M_C 代替 C 点两侧的相对约束，这时铰 C 两侧的刚体可以相对转动。

给体系虚设位移，如图 18-9（b）所示。这时，C 点两侧截面沿 M_C 正向发生的相对转角为 $\delta_Z=\alpha+\beta$。根据虚功原理，有：

$$M_C\alpha+M_C\beta-F\delta_P=0$$

即：

$$M_C(\alpha+\beta)-F\delta_P=0$$

令 $\delta_Z=\alpha+\beta=1$，且 $F=1$，有：

$$M_C=\delta_P$$

由上式可知，当 $\delta_Z=\alpha+\beta=1$ 时，所得竖向虚位移图即为指定截面 C 上弯矩 M_C 的影响线，如图 18-9（c）所示。由于 $\delta_Z=\alpha+\beta$ 是微小转角，可求得：

$$AA_1=\delta_Z\times a=(\alpha+\beta)\times a=1\times a=a$$

弯矩 M_C 影响线中各点的竖标的值可由 AA_1 推算得到。

2. 指定截面C上的剪力 F_{S_C} 影响线

在作 F_{S_C} 的影响线时，先去掉与 F_{S_C} 相应的约束，将截面 C 改为定向支撑，用一对正向剪力代替结点 C 两侧截面相对的约束。此时机构可以发生的虚位移，如图 18-9（d）所示，其中 $\delta_Z=CC_1+CC_2$。根据虚功原理，有：

$$F_{S_C}\times CC_1+F_{s_C}\times CC_2-F\delta_P=0$$

即：

$$F_{S_C}(CC_1+CC_2)-F\delta_P=0$$

令 $\delta_Z=CC_1+CC_2=1$，且 $F=1$，有：

$$F_{S_C}=\delta_P$$

则 $\delta_Z=CC_1+CC_2=1$ 时所得虚位移图，即为指定截面 C 上剪力 F_{S_C} 的影响线［图 18-9（e)］。

由于截面 C 处能发生相对的竖向位移，但不能发生相对的转动和水平移动。因此，发生虚位移后，AC 和 BC 杆仍保持平行。根据这个特征，再由 $\delta_Z=CC_1+CC_2=1$ 可求出 F_{S_C} 影响线上各竖标的值。

【**例 18-4**】 用机动法作如图 18-10（a）所示静定梁 F_{C_y}、F_{S_K}、M_B、M_N 和 F_{S_N} 的影响线。

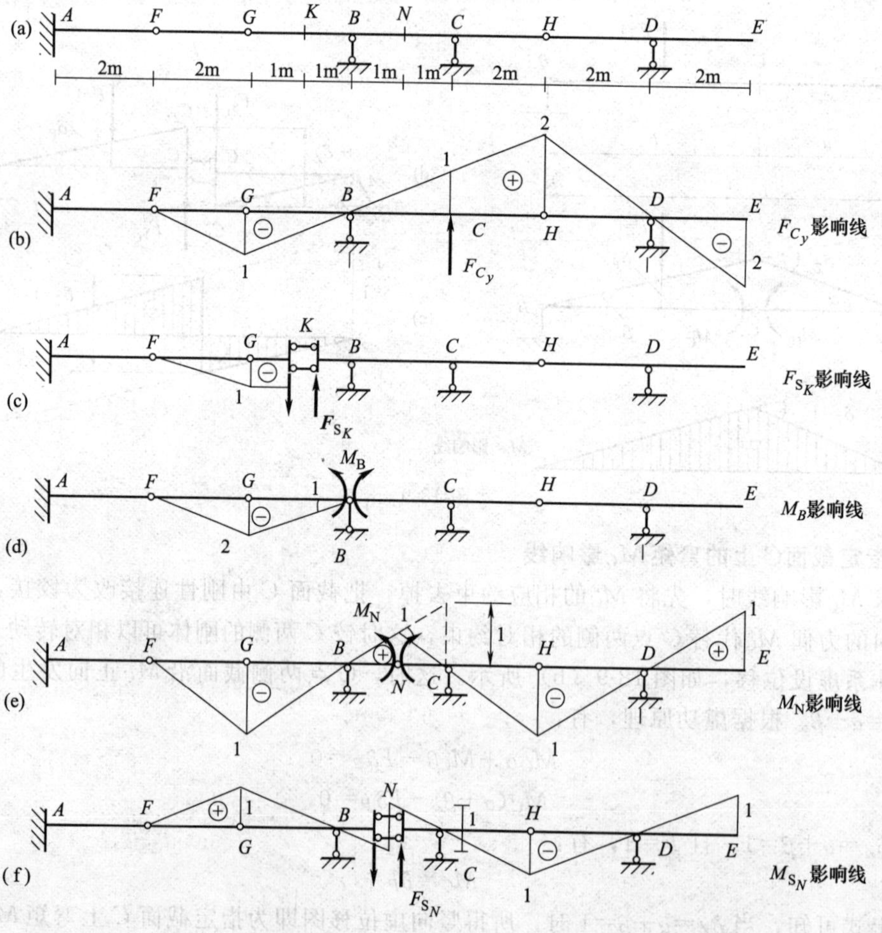

图 18-10

【解】

(1) 作 F_{C_y} 影响线　去掉支座 C，基本部分 AF 为几何不变体系，杆件 AF 不能发生生位移。令 C 点发生一个向上的单位位移，即得 F_{C_y} 影响线，如图 18-10 (b) 所示。

(2) 作 F_{S_K} 影响线　将结点 K 由刚结改为定向支承，由于 B、C 有两个竖向链杆约束，不能发生位移，此时杆件 GK 只能上下平动。令杆件 GK 向下发生单位位移，即得 F_{S_K} 影响线，如图 18-10 (c) 所示。

(3) 作 M_B 影响线　将杆件在 B 支座处由刚结改为铰接，由于 B、C 有两个竖向链杆约束，不能发生转动，只有杆件 GB 绕铰结点 B 转动，带动其他杆件发生位移，令 GB 杆发生单位的转角位移，得到 M_B 影响线，如图 18-10 (d) 所示。

(4) 作 M_N 影响线　将杆件截面 N 由刚结改为铰接，铰结点 N 两侧的杆件可以绕 B、C 转动并带动其他杆件发生变形，令杆件 GN 和杆件 NH 发生单位的相对转角位移，得到 M_N 影响线，如图 18-10 (e) 所示。

(5) 作 F_{S_N} 影响线　将结点 N 由刚结改为定向支撑，杆件 GN 和 NH 绕铰结点 B、C 转动并带动其他杆件发生变形，令点 N 两侧截面发生相对的单位转角位移，得到 F_{S_N} 影响线，如图 18-10 (f) 所示。

第四节　影响线的应用

一、利用影响线求量值

若结构中某个指定量值 Z 的影响线已经作出，可利用这个量值的影响线确定作用在已知位置的若干集中荷载和分布荷载对该量值的影响。

1. 集中荷载作用

如图 18-11 所示，在结构的已知位置上作用一组集中力 F_1，F_2，…，F_n，结构某量值 Z 的影响线在各荷载作用点的竖标分别为 F_1，F_2，…，F_n。根据叠加原理，在这组集中力作用下量值 Z 的大小为：

$$Z=F_1y_1+F_2y_2+\cdots+F_ny_n=\sum F_iy_i \tag{18-3}$$

在应用式 (18-3) 时，要考虑影响线竖标的正负号。

2. 分布荷载作用

如图 18-12 所示，如果在结构 AB 段上作用一个均布荷载 q，当利用影响线求某量值 Z 时，可将均布荷载的分布长度分成无限多个微段，每一微段上的荷载 qdx 可视为一个集中荷载。在 AB 段内的分布荷载所引起的 Z 值为：

$$Z=\int_{x_A}^{x_B}qdx=q\int_{x_A}^{x_B}dx=q\omega \tag{18-4}$$

式 (18-4) 表明，均布荷载引起的量值 Z 等于荷载集度 (q) 乘以影响线对应荷载作用段的面积 (ω)。在应用中，要注意面积的正负号。

当有多个均布荷载时，其量值计算式为：

$$Z=q_1\omega_1+q_2\omega_2+\cdots+q_n\omega_n=\sum q_i\omega_i \tag{18-5}$$

当集中力和均布荷载同时出现时，其量值计算式为：

$$Z=\sum F_i\cdot y_i+\sum q_i\cdot\omega_i \tag{18-6}$$

【例 18-5】 多跨静定梁在固定荷载作用下，如图 18-13 (a) 所示。利用影响线求指定

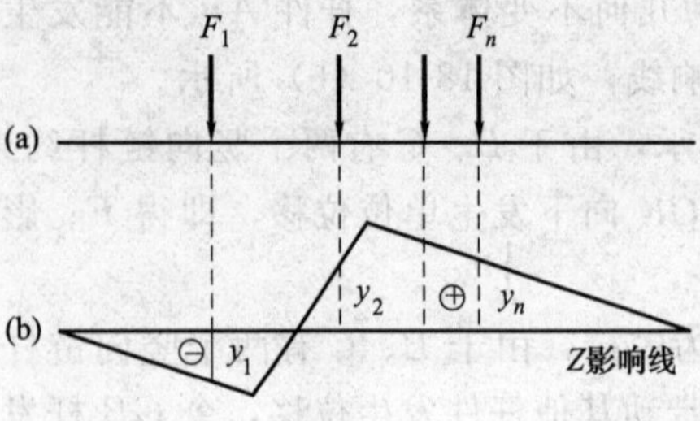

图 18-11

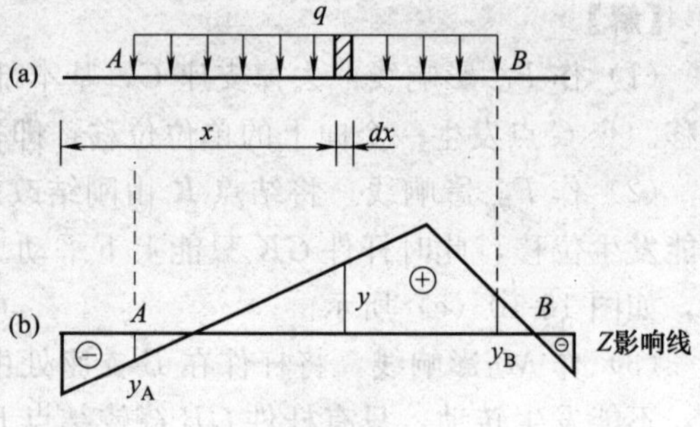

图 18-12

截面 K 的弯矩值。

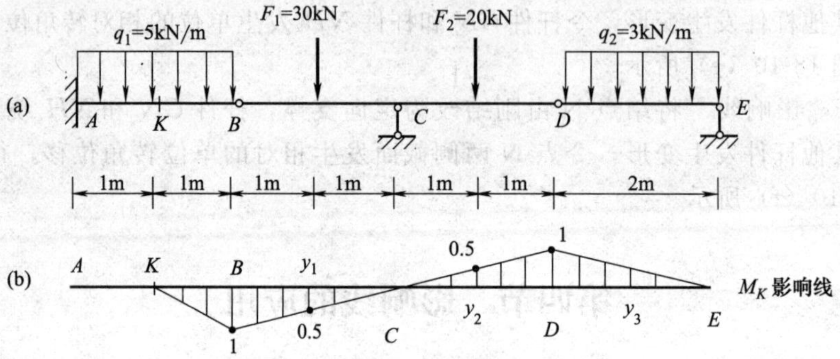

图 18-13

【解】

(1) 作截面 K 的弯矩 M_K 影响线，如图 18-13 (b) 所示。

(2) 求弯矩 M_K 的值，先确定 y_i、ω_i 的值。

$$y_1=-0.5 \quad y_2=0.5$$

$$\omega_1=-\frac{1}{2}\times1\times1=-0.5 \quad \omega_2=\frac{1}{2}\times2\times1=1$$

所以

$$\begin{aligned}M_K&=\sum F_i\cdot y_i+\sum q_i\cdot\omega_i=F_1y_1+F_2y_2+q_1\omega_1+q_2\omega_2\\&=30\times(-0.5)+20\times0.5+5\times(-0.5)+3\times1\\&=-4.5\,(\text{kN}\cdot\text{m})\end{aligned}$$

二、确定荷载的最不利位置

如果作用在结构上的移动荷载，在某位置使量值 Z 达到最大值或最小值（最大负值），则称该位置为荷载的最不利位置。最不利荷载位置确定后，可按固定荷载求出该量值的最大值。

1. 简单荷载的最不利位置

当荷载情况比较简单时，最不利荷载位置容易确定。

当结构只承受一个移动集中荷载 F 作用时，只要将荷载 F 置于 Z 影响线的最大竖标处，就可得到 Z 的最大值为 $Z_{\max}=Fy_1$；而将荷载 F 置于 Z 影响线最小竖标处，则得到 Z 的最小值为 $Z_{\min}=Fy_2$，如图 18-14 (a) 所示。

如果移动荷载是均布荷载，并可以按任意的方式布置，则最不利位置是在影响线正号部分布满荷载，得到最大正号值；或在负号部分布满荷载，得到最大负号值，如图 18-14（b）所示。

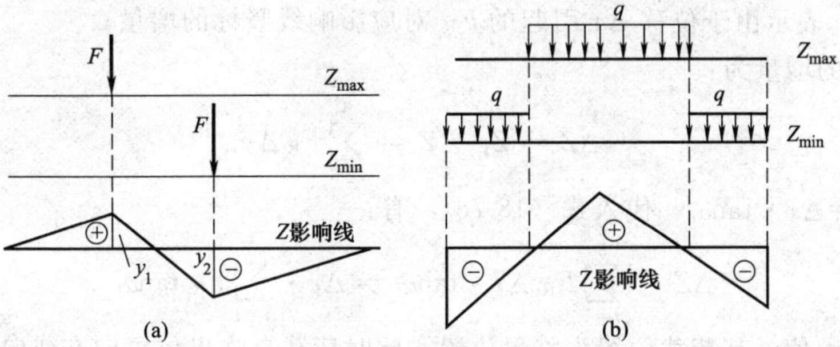

图 18-14

2. 复杂荷载的最不利位置

对于由多个集中荷载组成的一组行列荷载，其最不利荷载位置的确定较复杂。一般要先求出使量值 Z 达到极值的荷载位置，也称临界位置，再从临界位置中选出使 Z 达到最人的最不利位置。

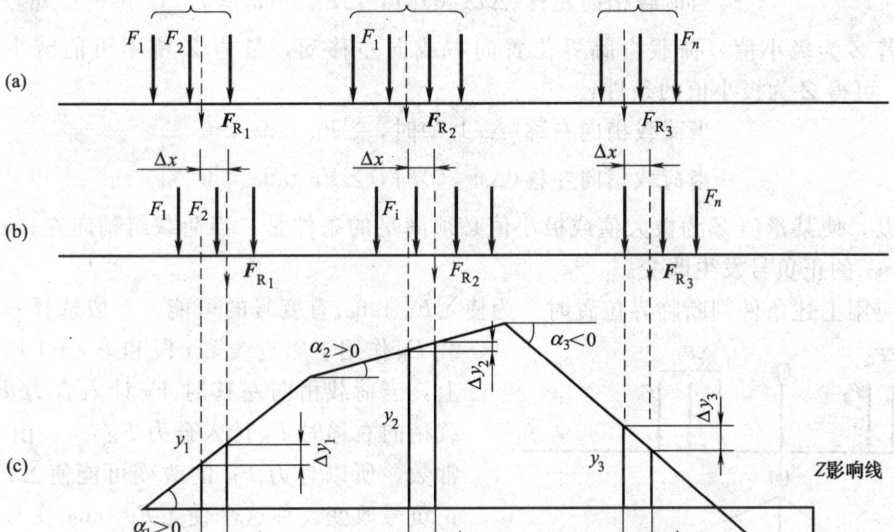

图 18-15

设量值 Z 的影响线为一折线图形，各直线段的倾角分别为 α_1，α_2，…，α_n，倾角以逆时针方向为正，如图 18-15（c）所示。现有一组集中荷载作用在如图 18-15（a）所示位置，这组荷载在 Z 影响线各直线段内的合力分别为 F_{R_1}、F_{R_2}、F_{R_3}，则其产生的量值 Z 为：

$$Z = F_{R_1}\overline{y}_1 + F_{R_2}\overline{y}_2 + F_{R_3}\overline{y}_3 = \sum_{i=1}^{n} F_{R_i}\overline{y}_i \tag{18-7a}$$

式中，$\overline{y}_1$、$\overline{y}_2$、$\overline{y}_3$ 分别为合力 F_{R_1}、F_{R_2}、F_{R_3} 对应的 Z 影响线竖标。

若荷载组移动微小距离 Δx（向右移动时，Δx 为正），达到如图 18-15（b）所示的位置，此时相应的量值为 Z_1，则：

$$Z_1 = F_{R_1}(\overline{y}_1 + \Delta\overline{y}_1) + F_{R_2}(\overline{y}_2 + \Delta\overline{y}_2) + F_{R_3}(\overline{y}_3 + \Delta\overline{y}_3)$$

$$= \sum_{i=1}^{3} F_{R_i}(\overline{y}_i + \Delta\overline{y}_i) = Z + \sum_{i=1}^{3} F_{R_i}\Delta\overline{y}_i \tag{18-7b}$$

式中，$\Delta\overline{y_i}$表示由于位移 Δx 引起的 F_{R_i} 对应影响线竖标的增量。

则量值 Z 的增量为：

$$\Delta Z = Z_1 - Z = \sum_{i=1}^{3} F_{R_i}\Delta\overline{y}_i \tag{18-7c}$$

因为 $\Delta y_i = \Delta x \cdot \tan\alpha_i$，代入式（18-7c），有：

$$\Delta Z = \sum_{i=1}^{3} F_{R_i}\Delta x \cdot \tan\alpha_i = \Delta x \cdot \sum_{i=1}^{3} F_{R_i}\tan\alpha_i$$

若 Z 为极大值，其荷载位置为临界位置。此时荷载自临界位置向右或向左移动，量值 Z 都不可能增加，其增量 $\Delta Z \leqslant 0$，即：

$$\Delta x \cdot \sum_{i=1}^{3} F_{R_i}\tan\alpha_i \leqslant 0 \tag{18-7d}$$

由式（18-7d）可推导出量值 Z 为极大值的条件：

$$\left.\begin{array}{l}\text{当荷载稍向右移}(\Delta x>0)\text{时}，\sum F_{R_i}\tan\alpha_i \leqslant 0\\ \text{当荷载稍向左移}(\Delta x<0)\text{时}，\sum F_{R_i}\tan\alpha_i \geqslant 0\end{array}\right\} \tag{18-8}$$

同样，若 Z 为极小值，荷载自临界位置向右或向左移动，量值 Z 都不可能减少，其增量 $\Delta Z \geqslant 0$。可得 Z 为极小值的条件：

$$\left.\begin{array}{l}\text{当荷载稍向右移}(\Delta x>0)\text{时}，\sum F_{R_i}\tan\alpha_i \geqslant 0\\ \text{当荷载稍向左移}(\Delta x<0)\text{时}，\sum F_{R_i}\tan\alpha_i \leqslant 0\end{array}\right\} \tag{18-9}$$

所以，使某量值 Z 为极大值或极小值必须满足的条件是：当荷载组稍向左、右移动时，$\sum F_{R_i}\tan\alpha_i$的正负号发生改变。

在应用上述条件判断临界位置时，为使$\sum F_{R_i}\tan\alpha_i$有变号的可能，一般选择一个集中荷载 F_K作用于影响线第 i 段和第 $i+1$ 段间的顶点上，当荷载稍向左移时 F_K 计入合力 F_{R_i}，当荷载稍向右移时 F_K计入合力 $F_{R_{(i+1)}}$。由于 $\tan\alpha_i$ 为常数，所以合力 F_{R_i} 的改变可能使$\sum F_{R_i}\tan\alpha_i$的正负号改变。称这个使$\sum F_{R_i}\tan\alpha_i$变号的荷载为临界荷载［图 18-16（a）］。

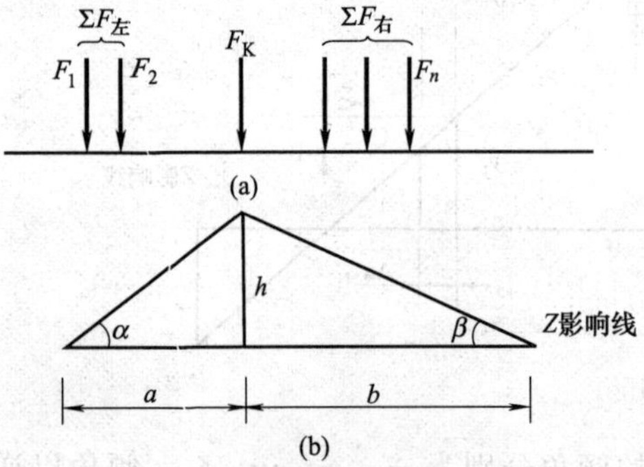

图 18-16

当某量值 Z 的影响线为如图 18-16（b）所示的三角形时，上述判别式可以得到简化。选择荷载 F_K在三角形的顶点上，用$\sum F_{左}$表示 F_K左侧荷载的合力；用$\sum F_{右}$表示 F_K右侧荷载的合力。发生量值 Z 极大值的条件可由式（18-8）导出：

$$\left.\begin{array}{l}\text{当荷载稍向右移}(\Delta x>0)\text{时}，\sum F_{左}\tan\alpha-(F_K+\sum F_{右})\tan\beta\leqslant 0\\ \text{当荷载稍向左移}(\Delta x<0)\text{时}，(\sum F_{左}+F_K)\tan\alpha-\sum F_{右}\tan\beta\geqslant 0\end{array}\right\}$$

由于 $\tan\alpha=\dfrac{h}{a}$，$\tan\beta=\dfrac{h}{b}$，则：

$$\left.\begin{array}{l}\dfrac{\sum F_{左}}{a}\leqslant\dfrac{F_K+\sum F_{右}}{b}\\ \dfrac{\sum F_{左}+F_K}{a}\geqslant\dfrac{\sum F_{右}}{b}\end{array}\right\} \tag{18-10}$$

式（18-10）为三角形影响线临界荷载判别式，满足判别式的荷载 F_K 为临界荷载。该式表明，如果荷载 F_K 是临界荷载，则荷载 F_K 放在哪一侧，哪一侧的平均荷载值就大。

【例 18-6】 简支梁受吊车的四个荷载作用，如图 6-17（a）所示。求跨中 C 点的弯矩最大值。已知 $F_1=F_2=500\text{kN}$，$F_3=F_4=350\text{kN}$

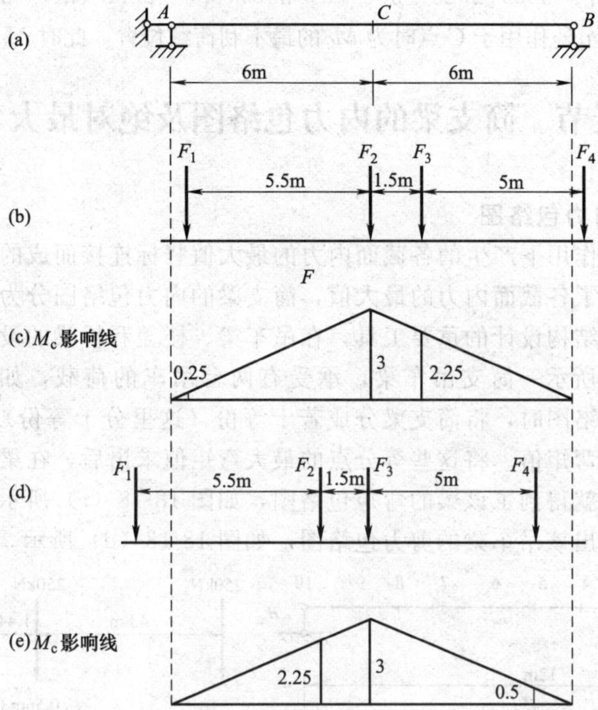

图 18-17

【解】

（1）作跨中 C 点弯矩 M_C 的影响线，如图 18-17（c）所示。

（2）判断临界荷载位置。根据 M_C 的影响线可直观可判断 F_1 和 F_4 在影响线顶点位置时，不可能产生 $M_{C(\max)}$，F_1 和 F_4 不是临界荷载，只需对 F_2 和 F_3 分别根据判别式（18-10）进行验算。

① 将 F_2 置于影响线顶点处，如图 18-17（b）所示，有：

$$\frac{500+500}{6}>\frac{350}{6}$$

$$\frac{500}{6}<\frac{500+350}{6}$$

故 F_2 为一临界荷载。

② 将 F_3 置于影响线顶点处，如图 18-17（d）所示，有：

$$\frac{500+350}{6}>\frac{350}{6}$$

$$\frac{500}{6}<\frac{350+350}{6}$$

故 F_3 也是一个临界荷载。

（3）求最大弯矩值 $M_{C(\max)}$。分别求出上述两个临界位置对应的 M_C 值，如图 18-17（e）

所示。

① 当 F_2 置于影响线顶点时，有：

$$M_C=500\times3+500\times0.25+350\times2.25=2412.5\ (\mathrm{kN\cdot m})$$

② 当 F_3 置于影响线顶点时，有：

$$M_C=500\times2.25+350\times3+350\times0.5=2350\ (\mathrm{kN\cdot m})$$

通过比较可知，当 F_2 作用于 C 点时为 M_C 的最不利荷载位置，此时 $M_{C(\max)}=2412.5\mathrm{kN\cdot m}$。

第五节　简支梁的内力包络图及绝对最大弯矩

一、简支梁的内力包络图

由简支梁在荷载作用下产生的各截面内力的最大值竖标连接而成的曲线图形，称为内力包络图。包络图表示了各截面内力的最大值，简支梁的内力包络图分为弯矩包络图和剪力包络图。内力包络图是结构设计的重要工具，在吊车梁、楼盖和桥梁的设计中应用很多。

如图 18-18（a）所示一简支吊车梁，承受有两台吊车的荷载，如图 18-18（b）所示。作该简支梁的弯矩包络图时，将简支梁分成若干等份（这里分十等份），利用前面所述的方法求出各截面的最大弯矩值。将这些等分点的最大弯矩值求出后，在梁上按同一比例尺用竖标标出并连成曲线，就得到了该梁的弯矩包络图，如图 18-18（c）所示。

同样，还可以作出该吊车梁的剪力包络图，如图 18-18（d）所示。

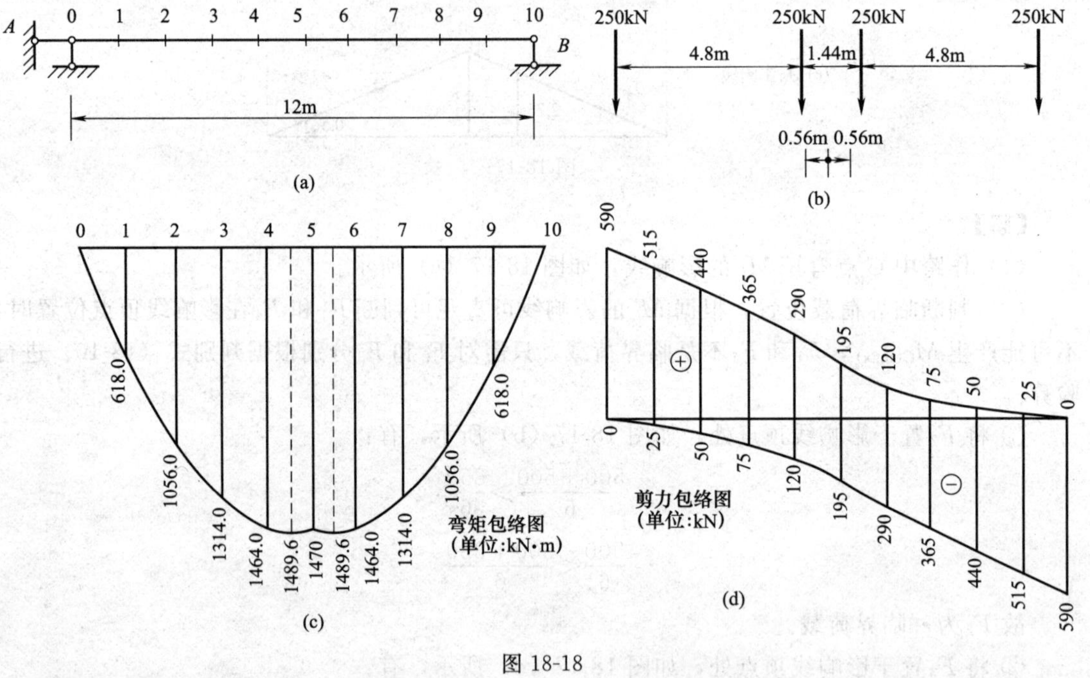

图 18-18

二、简支梁的绝对最大弯矩

在移动荷载作用下，简支梁的每个截面都有其最大弯矩，简支梁所有截面的最大弯矩中的最大值，称为简支梁的绝对最大弯矩。对于等截面梁，绝对最大弯矩发生的截面通常就是最危险的截面。

下面介绍简支梁在一组集中移动荷载作用下绝对最大弯矩的计算。

简支梁 AB 在一组集中荷载作用下，如图18-19所示。任意选取一个荷载 F_K，讨论 F_K 作用在什么位置时，会使荷载作用点截面产生最大弯矩。用 x 表示荷载 F_K 至支座 A 的距离，F_R 为作用在梁 AB 上全部荷载的合力，a 表示 F_K 与合力 F_R 间的距离。此时合力 F_R 在 F_K 的右侧。

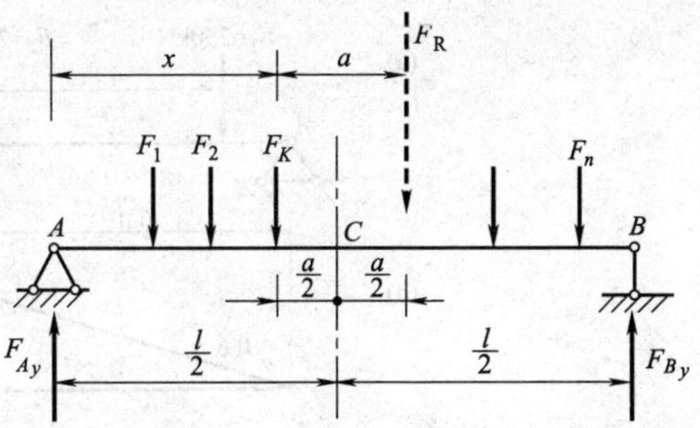

图 18-19

由平衡条件 $\sum M_B=0$，得：

$$F_{A_y}=\frac{F_R}{l}(l-x-a)$$

F_K 作用截面的弯矩 M 为：

$$M=F_{A_y}x-M_K=\frac{F_R}{l}(l-x-a)x-M_K$$

式中，M_K 表示 F_K 作用点左侧梁上的荷载对 F_K 作用点的力矩总和，它是一个与 x 无关的常数。根据极值条件，有：

$$\frac{dM_x}{dx}=\frac{F_R}{l}(l-2x-a)=0$$

得：

$$x=\frac{1}{2}(l-a) \tag{18-11}$$

式（18-11）表明，当合力 F_R 与 F_K 间的间距 a 恰好被梁的中心线平分时，F_K 作用点的截面上弯矩达到最大值，其值为：

$$M_{max}=\frac{F_R}{l}\left(\frac{l}{2}-\frac{a}{2}\right)^2-M_K \tag{18-12}$$

应该注意，在应用式（18-11）和式（18-12）计算荷载作用处截面最大弯矩时，无论集中荷载组有多少个荷载，合力 F_R 是实际作用在梁上的荷载的合力，移动到梁范围以外的集中荷载不计算在内。当有新的荷载进入梁上时，应重新计算合力和作用位置。

按上述方法可算出每一个荷载作用截面的最大弯矩，并加以比较，其中最大者就是绝对最大弯矩。经验表明，绝对最大弯矩一般发生在使梁中央截面弯矩取得最大值的临界荷载作用的截面。

【例 18-7】 求如图 18-20（a）所示吊车梁的绝对最大弯矩。已知：$F_1=F_2=F_3=F_4=250\text{kN}$。

【解】

（1）求跨中截面 C 发生最大弯矩的临界荷载。作 M_C 的影响线如图 18-20（b）所示。由式（18-10）分析可知，F_1、F_2、F_3、F_4 均为 M_C 的临界荷载，但显然，使 C 截面弯矩最大的临界荷载为 F_2 和 F_3。

将 F_2 置于 C 点时，如图 18-20（a）所示，求得 C 截面最大弯矩为：

$$\boldsymbol{M}_{C(\max)}=250\times2.28+250\times3+250\times0.6=1470\ (\text{kN}\cdot\text{m})$$

若将 F_3 作用在 C 点时，同样求出 $M_{C(\max)}=1470\text{kN}\cdot\text{m}$，因此 F_2 和 F_3 是产生绝对最大弯矩的临界荷载。

（2）求绝对最大弯矩　当 F_2 作用在截面 C 时，如图 18-20（c）所示。根据式（18-7），梁上荷载的合力 F_R 与 F_2 的间距 a 被梁中心线平分，这时梁上可能作用有四个集中荷载，也

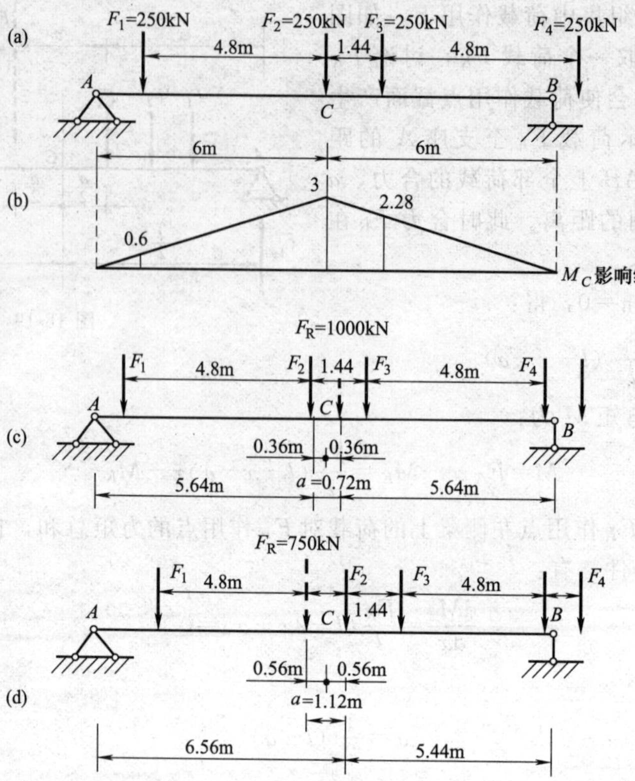

图 18-20

可能作用有三个集中荷载，应分别考虑。

① 梁上作用有四个集中荷载，如图 18-20（c）所示，此时有：

$$F_R = 250\times4 = 1000\ (\text{kN})$$

由于 F_R的作用线在 F_2和 F_3之间，则：

$$a=\frac{1.44}{2}=0.72\ (\text{m})$$

F_2到支座 A 的距离为：

$$x=\frac{12-0.72}{2}=5.64\ (\text{m})$$

用式（18-12）计算 F_2作用点处的最大弯矩值：

$$M_{\max}=\frac{F_R}{l}\left(\frac{l}{2}-\frac{a}{2}\right)^2-M_K=\frac{1000}{12}\times\left(\frac{12}{2}-\frac{0.72}{2}\right)^2-250\times4.8=1450.8\ (\text{kN}\cdot\text{m})$$

由于这个值小于 $M_{C(\max)}=1470\text{kN}\cdot\text{m}$，显然不是最大弯矩。

② 梁上作用有三个集中荷载，如图 18-20（d）所示。此时有：

$$F_R = 250\times3 = 750\ (\text{kN})$$

F_R作用线与在 F_2之间的距离 a 可通过对 F_2作用点取矩求得：

$$F_R a = F_1\times4.8 - F_2\times1.44$$

$$a=\frac{250\times4.8-250\times1.44}{250\times3}=1.12\ (\text{m})$$

F_2到支座 A 的距离为：

$$x=\frac{l}{2}+\frac{a}{2}=\frac{12}{2}+\frac{1.12}{2}=6.56\ (\mathrm{m})$$

为简化计算，求 F_{B_y}。

由 $\sum M_A=0$ 得：

$$F_{B_y}l=F_R\cdot(x-a)$$

$$F_{B_y}=\frac{F_R}{l}(x-a)$$

F_2 作用点处的最大弯矩值：

$$M_{max}=F_{By}(l-x)-F_3\times1.44=\frac{F_R}{l}(x-a)(l-x)-F_3\times1.44$$

$$=\frac{750}{12}\times(6.56-1.12)\times(12-6.56)-250\times1.44$$

$$=1489.6\ (\mathrm{kN\cdot m})$$

这个弯矩为绝对最大弯矩。由于荷载对称，荷载 F_3 为临界荷载时产生的绝对最大弯矩值也为 $M_{max}=1489.6\mathrm{kN\cdot m}$。

小　结

1. 影响线是表示单位移动荷载作用下，结构某量值 Z 随该单位荷载位置变化规律的曲线。

2. 影响线与结构内力图是不同的。前者的竖标表示单位移动荷载作用在该位置时，对结构中某确定位置的内力或支座反力等量的影响值；而结构内力图中的竖标表示固定荷载作用下，结构中某个截面内力的大小。

3. 静力法是绘制影响线的基本方法，是将单位荷载 $F=1$ 放置到距原点 x 的一般位置，由静力平衡条件列出所求量值与单位荷载位置之间的影响线方程，再作该量值的影响线。

4. 机动法作影响线是以刚体虚位移原理为依据的。正确撤除与所求某量值影响线相应的约束并令其产生相应的单位位移，是机动法作影响线的关键。

5. 这里的影响线应用只涉及荷载作用下结构支座反力和指定截面内力的计算问题，要掌握临界荷载、临界位置和简支梁的内力包络图、绝对最大弯矩等概念。

思 考 题

18.1　简支梁某指定截面弯矩影响线的意义是什么？它与简支梁的弯矩图有什么区别？

18.2　静力法和机动法作影响线的原理是什么？

18.3　什么是临界荷载和临界位置？确定它们的方法是什么？

18.4　什么是内力包络图？它与内力图、内力影响线有什么不同？

18.5　什么是简支梁的绝对最大弯矩？它与简支梁的跨中最大弯矩是否相同？

习　题

18.1　用静力法作如图 18-21 所示结构中指定量值的影响线。

18.2　作如图 18-22 所示静定结构在结点荷载作用下指定量值的影响线。

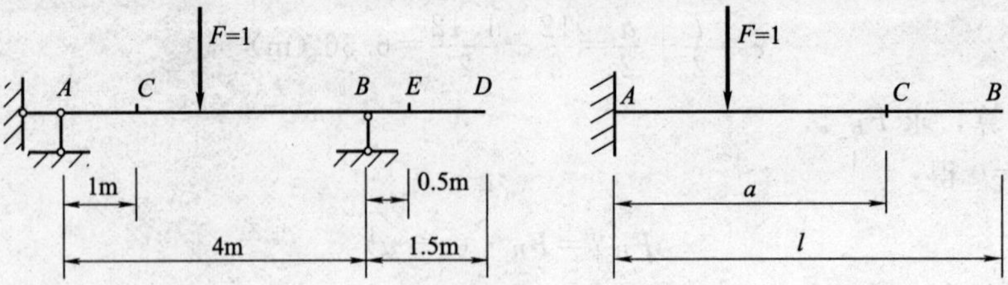

(a) F_{A_y}、M_C、F_{S_C}、M_E、F_{S_E}　　(b) M_B、F_{S_A}、M_C、F_{C_A}

图 18-21

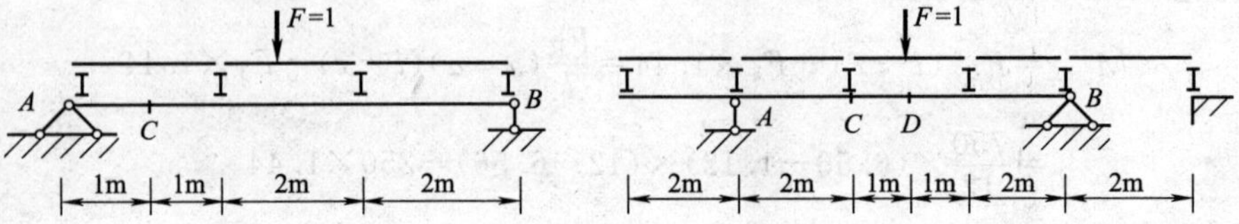

(a) M_C、F_{S_C}　　(b) F_{B_y}、M_C、$F_{S_C}^{左}$、$F_{S_C}^{右}$、M_D、F_{S_D}

图 18-22

18.3　用机动法作如图 18-23 所示多跨静定梁支座反力 F_{A_y}、F_{B_y} 及内力 M_G、F_{S_G}、M_H、F_{S_H} 的影响线。

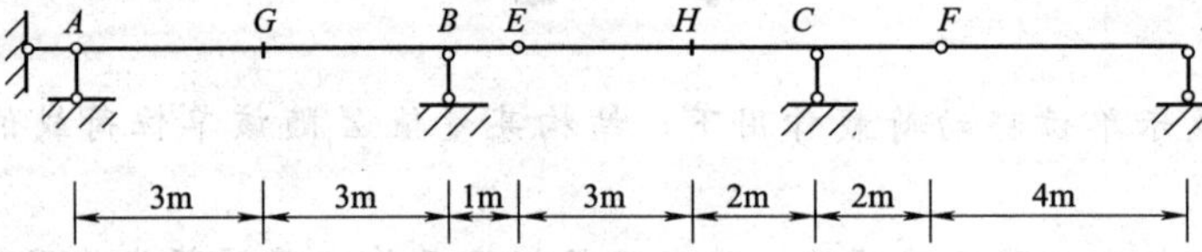

图 18-23

18.4　用机动法作如图 18-24 所示多跨静定梁支座反力 F_{A_y}、F_{C_y}、$F_{S_B}^{左}$、$F_{S_B}^{右}$ 及 M_F、F_{S_F}、M_G、F_{S_G} 的影响线。

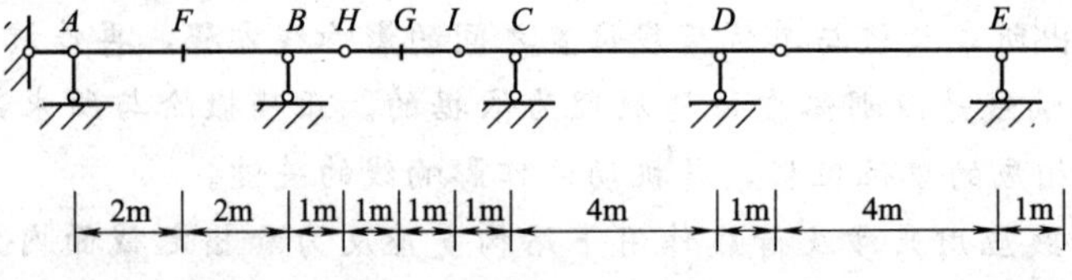

图 18-24

18.5　利用影响线计算如图 18-25 所示结构指定截面的内力。

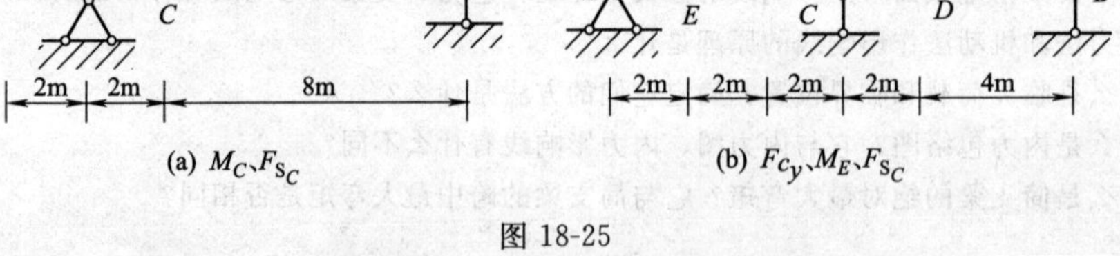

(a) M_C、F_{S_C}　　(b) F_{C_y}、M_E、F_{S_C}

图 18-25

18.6　求两台吊车作用下如图 18-26 所示吊车梁 M_C 和 F_{S_C} 的最不利位置，并计算 $M_{C(\max)}$、$F_{S_C(\max)}$ 和 $F_{S_C(\min)}$ 的值。

18.7　求如图 18-27 所示简支梁在移动荷载作用下的绝对最大弯矩。

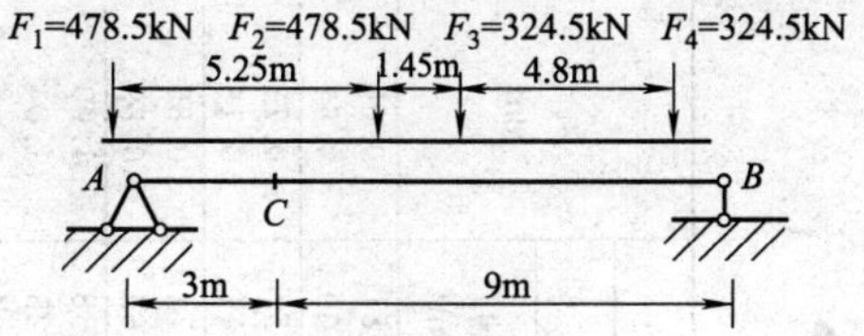

F_1=478.5kN
F_2=478.5kN
F_3=324.5kN
F_4=324.5kN
5.25m
1.45m
4.8m
A
C
B
3m
9m

图 18-26

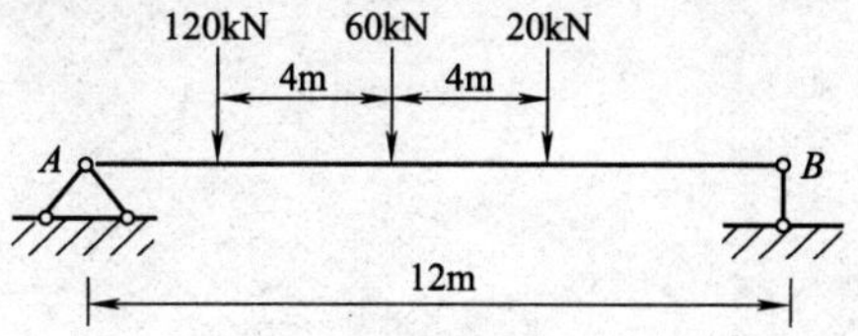

120kN
60kN
20kN
4m
4m
A
B
12m

图 18-27

附　　录

附录一　型钢规格表

附表 1-1　热轧等边角钢（GB 9787—88）

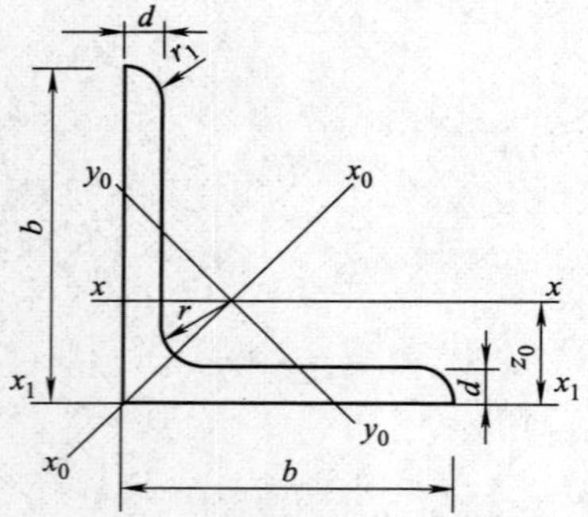

符号意义：

b——边宽度；　　　　I——惯性矩；

d——边厚度；　　　　i——惯性半径；

r——内圆弧半径；　　W——截面系数；

r_1——边端内圆弧半径；　z_0——重心距离

角钢号数	尺寸/mm			截面面积 /cm²	理论重量 /kg·m⁻¹	外表面积 /m²·m⁻¹	参考数值										
							$x-x$			x_0-x_0			y_0-y_0			x_1-x_1	z_0 /cm
	b	d	r				I_x /cm⁴	i_x /cm	W_x /cm³	I_{x0} /cm⁴	i_{x0} /cm	W_{x0} /cm³	I_{y0} /cm⁴	i_{y0} /cm	W_{y0} /cm³	I_{x1} /cm⁴	
2	20	3	3.5	1.132	0.889	0.078	0.40	0.59	0.29	0.63	0.75	0.45	0.17	0.39	0.20	0.81	0.60
		4		1.459	1.145	0.077	0.50	0.58	0.36	0.78	0.73	0.55	0.22	0.38	0.24	1.09	0.64
2.5	25	3		1.432	1.124	0.098	0.82	0.76	0.46	1.29	0.95	0.73	0.34	0.49	0.33	1.57	0.73
		4		1.859	1.459	0.097	1.03	0.74	0.59	1.62	0.93	0.92	0.43	0.48	0.40	2.11	0.76
3.0	30	3	4.5	1.749	1.373	0.117	1.46	0.91	0.68	2.31	1.15	1.09	0.61	0.59	0.51	2.71	0.85
		4		2.276	1.786	0.117	1.84	0.90	0.87	2.92	1.13	1.37	0.77	0.58	0.62	3.63	0.89
3.6	36	3	4.5	2.109	1.656	0.141	2.58	1.11	0.99	4.09	1.39	1.61	1.07	0.71	0.76	4.68	1.00
		4		2.756	2.163	0.141	3.29	1.09	1.28	5.22	1.38	2.05	1.37	0.70	0.93	6.25	1.04
		5		3.382	2.654	0.141	3.95	1.08	1.56	6.24	1.36	2.45	1.65	0.70	1.09	7.84	1.07

续表

角钢号数	尺寸/mm			截面面积/cm²	理论重量/kg·m⁻¹	外表面积/m²·m⁻¹	参考数值										
							$x-x$			x_0-x_0			y_0-y_0			x_1-x_1	z_0/cm
	b	d	r				I_x/cm⁴	i_x/cm	W_x/cm³	I_{x0}/cm⁴	i_{x0}/cm	W_{x0}/cm³	I_{y0}/cm⁴	i_{y0}/cm	W_{y0}/cm³	I_{x1}/cm⁴	
4.0	40	3	5	2.359	1.852	0.157	3.59	1.23	1.23	5.69	1.55	2.01	1.49	0.79	0.96	6.41	1.09
		4		3.086	2.422	0.157	4.60	1.22	1.60	7.29	1.54	2.58	1.91	0.79	1.19	8.56	1.13
		5		3.791	2.976	0.156	5.53	1.21	1.96	8.76	1.52	3.01	2.30	0.78	1.39	10.74	1.17
4.5	45	3	5	2.659	2.088	0.177	5.17	1.40	1.58	8.20	1.76	2.58	2.14	0.90	1.24	9.12	1.22
		4		3.486	2.736	0.177	6.65	1.38	2.05	10.56	1.74	3.32	2.75	0.89	1.54	12.18	1.26
		5		4.292	3.369	0.176	8.04	1.37	2.51	12.74	1.72	4.00	3.33	0.88	1.81	12.25	1.30
		6		5.076	3.985	0.176	9.33	1.36	2.95	14.76	1.70	4.64	3.89	0.88	2.06	18.36	1.33
5	50	3	5.5	2.971	2.322	0.197	7.18	1.55	1.96	11.37	1.96	3.22	2.98	1.00	1.57	12.50	1.34
		4		3.897	3.059	0.197	9.26	1.54	2.56	14.70	1.94	4.16	3.82	0.99	1.96	16.69	1.38
		5		4.803	3.770	0.196	11.21	1.53	3.13	17.79	1.92	5.03	4.64	0.98	2.31	20.90	1.42
		6		5.688	4.465	0.196	13.05	1.52	3.68	20.68	1.91	5.85	5.42	0.98	2.63	25.14	1.46
5.6	56	3	6	3.343	2.624	0.221	10.19	1.75	2.48	16.14	2.20	4.08	4.24	1.13	2.02	17.56	1.48
		4		4.390	3.446	0.220	13.18	1.73	3.24	20.92	2.18	5.28	5.46	1.11	2.52	23.43	1.53
		5	6	5.415	4.251	0.220	16.02	1.72	3.97	25.42	2.17	6.42	6.61	1.10	2.98	29.33	1.57
		8	7	8.367	6.568	0.219	23.63	1.68	3.03	37.37	2.11	9.44	9.89	1.09	4.16	47.24	1.68
6.3	63	4	7	4.978	3.907	0.248	19.03	1.96	4.13	30.17	2.46	6.78	7.89	1.26	3.29	33.35	1.70
		5		6.143	4.822	0.248	23.17	1.94	5.08	36.77	2.45	8.25	9.57	1.25	3.90	41.73	1.74
		6		7.288	5.721	0.247	27.12	1.93	6.00	43.03	2.43	9.66	11.20	1.24	4.46	50.14	1.78
		8		9.515	7.469	0.247	34.46	1.90	7.75	54.56	2.40	12.25	14.33	1.23	5.47	67.11	1.85
		10		11.657	9.151	0.246	41.09	1.88	9.39	64.85	2.36	14.56	17.33	1.22	6.36	84.31	1.93
7	70	4	8	5.570	4.372	0.275	26.39	2.18	5.14	41.80	2.74	8.44	10.99	1.40	4.17	45.74	1.86
		5		6.875	5.397	0.275	32.21	2.16	6.32	51.08	2.73	10.32	13.34	1.39	4.95	57.21	1.91
		6		8.160	6.406	0.275	37.77	2.15	7.48	59.93	2.71	12.11	15.61	1.38	5.67	68.73	1.95
		7		9.424	7.398	0.275	43.09	2.14	8.59	68.35	2.69	13.81	17.82	1.38	6.34	80.29	1.99
		8		10.667	8.373	0.274	48.17	2.12	9.68	76.37	2.68	15.43	19.98	1.37	6.98	91.92	2.03

续表

角钢号数	尺寸/mm			截面面积 /cm^2	理论重量 /$kg \cdot m^{-1}$	外表面积 /$m^2 \cdot m^{-1}$	参考数值										z_0 /cm
							$x-x$			x_0-x_0			y_0-y_0			x_1-x_1	
	b	d	r				I_x /cm^4	i_x /cm	W_x /cm^3	I_{x0} /cm^4	i_{x0} /cm	W_{x0} /cm^3	I_{y0} /cm^4	i_{y0} /cm	W_{y0} /cm^3	I_{x1} /cm^4	
7.5	75	5	9	7.367	5.818	0.295	39.97	2.33	7.32	63.30	2.92	11.94	16.63	1.50	5.77	70.56	2.04
		6		8.797	6.905	0.294	46.95	2.31	8.64	74.38	2.90	14.02	19.51	1.49	6.67	84.55	2.07
		7		10.160	7.976	0.294	53.57	2.30	9.93	84.96	2.89	16.02	22.18	1.48	7.44	98.71	2.11
		8		11.503	9.030	0.294	59.66	2.28	11.20	95.07	2.88	17.93	24.86	1.47	8.19	112.97	2.15
		10		14.126	11.089	0.293	71.98	2.26	13.64	113.92	2.84	21.48	30.05	1.46	9.56	141.71	2.22
8	80	5	9	7.912	6.211	0.315	48.79	2.48	8.34	77.33	3.13	13.67	20.25	1.60	6.66	85.36	2.15
		6		9.397	7.376	0.314	57.35	2.47	9.87	90.98	3.11	16.08	23.72	1.59	7.65	102.50	2.19
		7		10.860	8.525	0.314	65.58	2.46	11.37	104.07	3.10	18.40	27.09	1.58	8.58	119.70	2.23
		8		12.303	9.658	0.314	73.49	2.44	12.83	116.60	3.08	20.61	30.39	1.57	9.46	136.97	2.27
		10		15.126	11.874	0.313	88.43	2.42	15.64	140.09	3.04	24.76	36.77	1.56	11.08	171.74	2.35
9	90	6	10	10.637	8.350	0.354	82.77	2.79	12.61	131.26	3.51	20.63	34.28	1.80	9.95	145.87	2.44
		7		12.301	9.656	0.354	94.83	2.78	14.54	150.47	3.50	23.64	39.18	1.78	11.19	170.30	2.48
		8		13.944	10.946	0.353	106.47	2.76	16.42	168.97	3.48	26.55	43.97	1.78	12.35	194.80	2.52
		10		17.167	13.476	0.353	128.58	2.74	20.07	203.90	3.45	32.04	53.26	1.76	14.52	244.07	2.59
		12		20.306	15.940	0.352	149.22	2.71	23.57	236.21	3.41	37.12	62.22	1.75	16.49	293.76	2.67
10	100	6	12	11.932	9.366	0.393	114.95	3.01	15.68	181.98	3.90	25.74	47.92	2.00	12.69	200.07	2.67
		7		13.796	10.830	0.393	131.86	3.09	18.10	208.97	3.89	29.55	54.74	1.99	14.26	233.54	2.71
		8		15.638	12.276	0.393	148.24	3.08	20.47	235.07	3.88	33.24	61.41	1.98	15.75	267.09	2.76
		10		19.261	15.120	0.392	179.51	3.05	25.06	284.68	3.84	40.26	74.35	1.96	18.54	334.48	2.84
		12		22.800	17.898	0.391	208.90	3.03	29.48	330.95	3.81	46.80	86.84	1.95	21.08	402.34	2.91
		14		26.256	20.611	0.931	236.53	3.00	33.73	374.06	3.77	52.90	99.00	1.94	23.44	470.75	2.99
		16		29.627	23.257	0.390	262.53	2.98	37.82	414.16	3.74	58.57	110.89	1.94	25.63	539.80	3.06
11	110	7	12	15.196	11.928	0.433	177.16	3.41	22.05	280.94	4.30	36.12	73.38	2.20	17.51	310.64	2.96
		8		17.238	13.532	0.433	199.46	3.40	24.95	316.49	4.28	40.69	82.42	2.19	19.39	355.20	3.01
		10		21.261	16.690	0.432	242.19	3.38	30.60	384.39	4.25	49.42	99.98	2.17	22.91	444.65	3.09
		12		25.200	19.782	0.431	282.55	3.35	36.05	448.17	4.22	57.62	116.93	2.15	26.15	534.60	3.16
		14		29.056	22.809	0.431	320.71	3.32	41.31	508.01	4.18	65.31	133.40	2.14	29.15	625.16	3.24

续表

角钢号数	尺寸/mm			截面面积/cm^2	理论重量/$kg\cdot m^{-1}$	外表面积/$m^2\cdot m^{-1}$	参考数值										z_0/cm
							$x-x$			x_0-x_0			y_0-y_0			x_1-x_1	
	b	d	r				I_x/cm^4	i_x/cm	W_x/cm^3	I_{x0}/cm^4	i_{x0}/cm	W_{x0}/cm^3	I_{y0}/cm^4	i_{y0}/cm	W_{y0}/cm^3	I_{x1}/cm^4	
12.5	125	8	14	19.750	15.504	0.492	297.03	3.88	32.52	470.89	4.88	53.28	123.16	2.50	25.86	521.01	3.37
		10		24.373	19.133	0.491	361.67	3.85	39.97	573.89	4.85	64.93	149.46	2.48	30.62	651.93	3.45
		12		28.912	22.696	0.491	423.16	3.83	41.17	671.44	4.82	75.96	174.88	2.46	35.03	783.42	3.53
		14		33.367	26.193	0.490	481.65	3.80	54.16	763.73	4.78	86.41	199.57	2.45	39.13	915.61	3.61
14	140	10	14	27.373	21.488	0.551	514.65	4.34	50.58	817.27	5.46	82.56	212.04	2.78	39.20	915.11	3.82
		12		32.512	25.522	0.551	603.68	4.31	59.80	958.79	5.43	96.85	248.57	2.76	45.02	1099.28	3.90
		14		37.567	29.490	0.550	688.81	4.28	68.75	1093.56	5.40	110.47	284.06	2.75	50.45	1284.22	3.98
		16		42.539	33.393	0.549	770.24	4.26	77.46	1221.81	5.36	123.42	318.67	2.74	55.55	1470.07	4.06
16	160	10	16	31.502	24.729	0.630	779.53	4.98	66.70	1237.30	6.27	109.36	321.76	3.20	52.76	1365.33	4.31
		12		37.441	29.391	0.630	916.58	4.95	78.98	1455.68	6.24	128.67	377.49	3.18	60.74	1639.57	4.39
		14		43.296	33.987	0.629	1048.36	4.92	90.95	1665.02	6.20	147.17	431.70	3.16	68.24	1914.68	4.47
		16		49.067	38.518	0.629	1175.08	4.89	102.63	1865.57	6.17	164.89	484.59	3.14	75.31	2190.82	4.55
18	180	12	16	42.241	33.159	0.710	1321.35	5.59	100.82	2100.10	7.05	165.00	542.61	3.58	78.41	2332.80	4.89
		14		48.896	38.388	0.709	1514.48	5.56	116.25	2407.42	7.02	189.14	625.53	3.56	88.38	2723.48	4.97
		16		55.467	43.542	0.709	1700.99	5.54	131.13	2703.37	6.98	212.40	698.60	3.55	97.83	3115.29	5.05
		18		61.955	48.634	0.708	1875.12	5.50	145.64	2988.24	6.94	234.78	762.01	3.51	105.14	3502.43	5.13
200	200	14	18	54.642	42.894	0.788	2103.55	6.20	144.70	3343.26	7.82	236.40	863.83	3.98	111.82	3734.10	5.46
		16		62.013	48.680	0.788	2366.15	6.18	163.65	3760.89	7.79	265.93	971.41	3.96	123.96	4270.39	5.54
		18		69.301	54.401	0.787	2620.64	6.15	182.22	4164.54	7.75	294.48	1076.74	3.94	135.52	4808.13	5.62
		20		76.505	60.056	0.787	2867.30	6.12	200.42	4554.55	7.72	322.06	1180.04	3.93	146.55	5347.51	5.69
		24		90.661	71.168	0.785	2338.25	6.07	236.17	5294.97	7.64	374.41	1381.53	3.90	166.55	6457.16	5.87

注：截面图中的 $r_1=\frac{1}{3}d$ 及表中 r 值的数据用于孔型设计，不作交货条件。

附表 1-2 热轧不等边角钢（GB 9788—88）

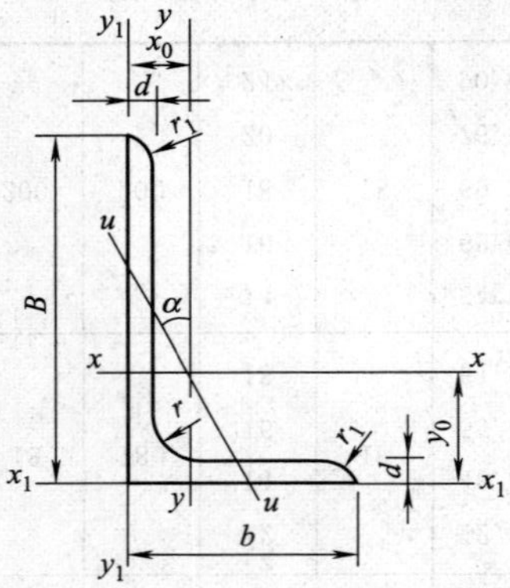

符号意义：

B——长边宽度；　　b——短边宽度；

d——边厚度；　　r——内圆弧半径；

r_1——边端内圆弧半径；　　I——惯性矩；

i——惯性半径；　　W——截面系数；

x_0——重心距离；　　y_0——重心距离

角钢号数	尺寸/mm				截面面积/cm²	理论重量/kg·m⁻¹	外表面积/m²·m⁻¹	参考数值													
								$x-x$			$y-y$			x_1-x_1		y_1-y_1		$u-u$			
	B	b	d	r				I_x /cm⁴	i_x /cm	W_x /cm³	I_y /cm⁴	i_y /cm	W_y /cm³	I_{x1} /cm⁴	y_0 /cm	I_{y1} /cm⁴	x_0 /cm	I_u /cm⁴	i_u /cm	W_u /cm³	$\tan\alpha$
2.5/1.6	25	16	3	3.5	1.162	0.912	0.080	0.70	0.78	0.43	0.22	0.44	0.19	1.56	0.86	0.43	0.42	0.14	0.34	0.16	0.392
			4		1.499	1.176	0.079	0.88	0.77	0.55	0.27	0.43	0.24	2.09	0.90	0.59	0.46	0.17	0.34	0.20	0.381
3.2/2	32	20	3		1.492	1.171	0.102	1.53	1.01	0.72	0.46	0.55	0.30	3.27	1.08	0.82	0.49	0.28	0.43	0.25	0.382
			4		1.939	1.522	0.101	1.93	1.00	0.93	0.57	0.54	0.39	4.37	1.12	1.12	0.53	0.35	0.42	0.32	0.374
4/2.5	40	25	3	4	1.890	1.484	0.127	3.08	1.28	1.15	0.93	0.70	0.49	6.39	1.32	1.59	0.59	0.56	0.54	0.40	0.386
			4		2.467	1.936	0.127	3.93	1.26	1.49	1.18	0.69	0.63	8.53	1.37	2.14	0.63	0.71	0.54	0.52	0.381
4.5/2.8	45	28	3	5	2.149	1.687	0.143	4.45	1.44	1.47	1.34	0.79	0.62	9.10	1.47	2.23	0.64	0.80	0.61	0.51	0.383
			4		2.806	2.203	0.143	5.69	1.42	1.91	1.70	0.78	0.80	12.13	1.51	3.00	0.68	1.02	0.60	0.66	0.380
5/3.2	50	32	3	5.5	2.431	1.908	0.161	6.24	1.60	1.84	2.02	0.91	0.82	12.49	1.60	3.31	0.73	1.20	0.70	0.68	0.404
			4		3.177	2.494	0.160	8.02	1.59	2.39	2.58	0.90	1.06	16.65	1.65	4.45	0.77	1.53	0.69	0.87	0.402
5.6/3.6	56	36	3	6	2.743	2.153	0.181	8.88	1.80	2.32	2.92	1.03	1.05	17.54	1.78	4.70	0.80	1.73	0.79	0.87	0.408
			4		3.590	2.818	0.180	11.45	1.79	3.03	3.76	1.02	1.37	23.39	1.82	6.33	0.85	2.23	0.79	1.13	0.408
			5		4.415	3.466	0.180	13.86	1.77	3.71	4.49	1.01	1.65	29.25	1.87	7.94	0.88	2.67	0.78	1.36	0.404
6.3/4	63	40	4	7	4.058	3.185	0.202	16.49	2.02	3.87	5.23	1.14	1.70	33.30	2.04	8.63	0.92	3.12	0.88	1.40	0.398
			5		4.993	3.920	0.202	20.02	2.00	4.74	6.31	1.12	2.71	41.63	2.08	10.86	0.95	3.76	0.87	1.71	0.396
			6		5.908	4.638	0.201	23.36	1.96	5.59	7.29	1.11	2.43	49.98	2.12	13.12	0.99	4.34	0.86	1.99	0.393
			7		6.802	5.339	0.201	26.53	1.98	6.40	8.24	1.10	2.78	58.07	2.15	15.47	1.03	4.97	0.86	2.29	0.389

续表

角钢号数	尺寸/mm				截面面积/cm^2	理论重量/kg·m^{-1}	外表面积/m^2·m^{-1}	参考数值													
								$x-x$			$y-y$			x_1-x_1		y_1-y_1		$u-u$			
	B	b	d	r				I_x /cm^4	i_x /cm	W_x /cm^3	I_y /cm^4	i_y /cm	W_y /cm^3	I_{x1} /cm^4	y_0 /cm	I_{y1} /cm^4	x_0 /cm	I_u /cm^4	i_u /cm	W_u /cm^3	$\tan\alpha$
7/4.5	70	45	4	7.5	4.547	3.570	0.226	23.17	2.26	4.86	7.55	1.29	2.17	45.92	2.24	12.26	1.02	4.40	0.98	1.77	0.410
			5		5.609	4.403	0.225	27.95	2.23	5.92	9.13	1.28	2.65	57.10	2.28	15.39	1.06	5.40	0.98	2.19	0.407
			6		6.647	5.218	0.225	32.54	2.21	6.95	10.62	1.26	3.12	68.35	2.32	18.58	1.09	6.35	0.98	2.59	0.404
			7		7.657	6.011	0.225	37.22	2.20	8.03	12.01	1.25	3.57	79.99	2.36	21.84	1.13	7.16	0.97	2.94	0.402
(7.5/5)	75	50	5	8	6.125	4.808	0.245	34.86	2.39	6.83	12.61	1.44	3.30	70.00	2.40	21.04	1.17	7.41	1.10	2.74	0.435
			6		7.260	5.699	0.245	41.12	2.38	8.12	14.70	1.42	3.88	84.30	2.44	25.37	1.21	8.54	1.08	3.19	0.435
			8		9.467	7.431	0.244	52.39	2.35	10.52	18.53	1.40	4.99	112.50	2.52	34.23	1.29	10.87	1.07	4.10	0.429
			10		11.590	9.098	0.244	62.71	2.33	12.79	21.96	1.38	6.04	140.80	2.60	43.43	1.36	13.10	1.06	4.99	0.423
8/5	80	50	5	8	6.375	5.005	0.255	41.96	2.56	7.78	12.82	1.42	3.32	85.21	2.60	21.06	1.14	7.66	1.10	2.74	0.388
			6		7.560	5.935	0.255	49.49	2.56	9.25	14.95	1.41	3.91	102.53	2.65	25.41	1.18	8.85	1.08	3.20	0.387
			7		8.724	6.848	0.255	56.16	2.54	10.58	16.96	1.39	4.48	119.33	2.69	29.82	1.21	10.18	1.08	3.70	0.384
			8		9.867	7.745	0.254	62.83	2.52	11.92	18.85	1.38	5.03	136.41	2.73	34.32	1.25	11.38	1.07	4.16	0.381
9/5.6	90	56	5	9	7.212	5.661	0.287	60.45	2.90	9.92	18.32	1.59	4.21	121.32	2.91	29.53	1.25	10.98	1.23	3.49	0.385
			6		8.557	6.717	0.286	71.03	2.88	11.74	21.42	1.58	4.96	145.59	2.95	35.58	1.29	12.90	1.23	4.18	0.384
			7		9.880	7.756	0.286	81.01	2.86	13.49	24.36	1.57	5.70	169.66	3.00	41.71	1.33	14.67	1.22	4.72	0.382
			8		11.183	8.779	0.286	91.03	2.85	15.27	27.15	1.56	6.41	194.17	3.04	47.93	1.36	16.34	1.21	5.29	0.380
10/6.3	100	63	6	10	9.617	7.550	0.320	99.06	3.21	14.64	30.94	1.79	6.35	199.71	3.24	50.50	1.43	18.42	1.38	5.25	0.394
			7		11.111	8.722	0.320	113.45	3.29	16.88	35.26	1.78	7.29	233.00	3.28	59.14	1.47	21.00	1.38	6.02	0.393
			8		12.584	9.878	0.319	127.37	3.18	19.08	39.39	1.77	8.21	266.32	3.32	67.88	1.50	23.50	1.37	6.78	0.391
			10		15.467	12.142	0.319	153.81	3.15	23.32	47.12	1.74	9.98	333.06	3.40	85.73	1.58	28.33	1.35	8.24	0.387
10/8	100	80	6	10	10.637	8.850	0.354	107.04	3.17	15.19	61.24	2.40	10.16	199.83	2.95	102.68	1.97	31.65	1.72	8.37	0.627
			7		12.301	9.656	0.354	122.73	3.16	17.52	70.08	2.39	11.71	233.20	3.00	119.98	2.01	36.17	1.72	9.60	0.626
			8		13.944	10.946	0.353	137.92	3.14	19.81	78.58	2.37	13.21	266.61	3.04	137.37	2.05	40.58	1.71	10.80	0.625
			10		17.167	13.476	0.353	166.87	3.12	24.24	94.65	2.35	16.12	333.63	3.12	172.48	2.13	49.10	1.69	13.12	0.622

续表

角钢号数	尺寸/mm B	尺寸/mm b	尺寸/mm d	尺寸/mm r	截面面积/cm²	理论重量/kg·m⁻¹	外表面积/m²·m⁻¹	x−x I_x/cm⁴	x−x i_x/cm	x−x W_x/cm³	y−y I_y/cm⁴	y−y i_y/cm	y−y W_y/cm³	x_1-x_1 I_{x1}/cm⁴	x_1-x_1 y_0/cm	y_1-y_1 I_{y1}/cm⁴	y_1-y_1 x_0/cm	u−u I_u/cm⁴	u−u i_u/cm	u−u W_u/cm³	tanα
11/7	110	70	6	10	10.637	8.350	0.354	133.37	3.54	17.85	42.92	2.01	7.90	265.78	3.53	69.08	1.57	25.36	1.54	6.53	0.403
			7		12.301	9.656	0.354	153.00	3.53	20.60	49.01	2.00	9.09	310.07	3.57	80.82	1.61	28.95	1.53	7.50	0.402
			8		13.944	10.946	0.353	172.04	3.51	23.30	54.87	1.98	10.25	354.39	3.62	92.70	1.65	32.45	1.53	8.45	0.401
			10		17.167	13.476	0.353	208.39	3.48	28.54	65.88	1.96	12.48	443.13	3.70	116.83	1.72	39.20	1.51	10.29	0.397
12.5/8	125	80	7	11	14.096	11.066	0.403	277.98	4.02	26.86	74.42	2.30	12.01	454.99	4.01	120.32	1.80	43.81	1.76	9.92	0.408
			8		15.989	12.551	0.403	256.77	4.01	30.41	83.49	2.28	13.56	519.99	4.06	137.85	1.84	49.15	1.75	11.18	0.407
			10		19.712	15.474	0.402	312.04	3.98	37.33	100.67	2.26	16.56	650.09	4.14	173.40	1.92	59.45	1.74	13.64	0.404
			12		23.351	18.330	0.402	364.41	3.95	44.01	116.67	2.24	19.43	780.39	4.22	209.67	2.00	69.35	1.72	16.01	0.400
14/9	140	90	8	12	18.038	14.160	0.453	365.64	4.50	38.48	120.69	2.59	17.34	730.53	4.50	195.79	2.04	70.83	1.98	14.31	0.411
			10		22.261	17.475	0.452	445.50	4.47	47.31	146.03	2.56	21.22	913.20	4.58	245.92	2.12	85.82	1.96	17.48	0.409
			12		26.400	20.724	0.451	521.59	4.44	55.87	169.79	2.54	24.95	1096.09	4.66	296.89	2.19	100.21	1.95	20.54	0.406
			14		30.456	23.908	0.451	594.10	4.42	64.18	192.10	2.51	28.54	1279.26	4.74	348.82	2.27	114.13	1.94	23.52	0.403
16/10	160	100	10	13	25.315	19.872	0.512	668.69	5.14	62.13	205.03	2.85	26.56	1362.89	5.24	336.59	2.28	121.74	2.19	21.92	0.390
			12		30.054	23.592	0.511	784.91	5.11	73.49	239.06	2.82	31.28	1635.56	5.32	405.94	2.36	142.33	2.17	25.79	0.388
			14		34.709	27.247	0.510	896.30	5.08	84.56	271.20	2.80	35.83	1908.50	5.40	476.42	2.43	162.23	2.16	29.56	0.385
			16		39.281	30.835	0.510	1003.04	5.05	95.33	301.60	2.77	40.24	2181.79	5.48	548.22	2.51	182.57	2.16	33.44	0.382
18/11	180	110	10	14	28.373	22.273	0.571	956.25	5.80	78.96	278.11	3.13	32.49	1940.40	5.89	447.22	2.44	166.50	2.42	26.88	0.376
			12		33.712	26.464	0.571	1124.72	5.78	93.53	325.03	3.10	38.32	2328.38	5.98	538.94	2.52	194.87	2.40	31.66	0.374
			14		38.967	30.589	0.570	1286.91	5.75	107.76	369.55	3.08	43.97	2716.60	6.06	631.95	2.59	222.30	2.39	36.32	0.372
			16		44.139	34.649	0.569	1443.06	5.72	121.64	411.85	3.06	49.44	3105.15	6.14	726.46	2.67	248.94	2.38	40.87	0.369
20/12.5	200	125	12		37.912	29.761	0.641	1570.90	6.44	116.73	483.16	3.57	49.99	3193.85	6.54	787.74	2.83	285.79	2.74	41.23	0.392
			14		43.867	34.436	0.640	1800.97	6.41	134.65	550.83	3.54	57.44	3726.17	6.02	922.47	2.91	326.58	2.73	47.34	0.390
			16		49.739	39.045	0.639	2023.35	6.38	152.18	615.44	3.52	64.69	4258.86	6.70	1058.86	2.99	366.21	2.71	53.32	0.388
			18		55.526	43.588	0.639	2238.30	6.35	169.33	677.19	3.49	71.74	4792.00	6.78	1197.12	3.06	404.83	2.70	59.18	0.385

注：1. 括号内型号不推荐使用。

2. 截面图中的 $r_1=\frac{1}{3}d$ 及表中 r 的数据用于孔型设计，不作交货条件。

附表 1-3 热轧工字钢（GB 706—88）

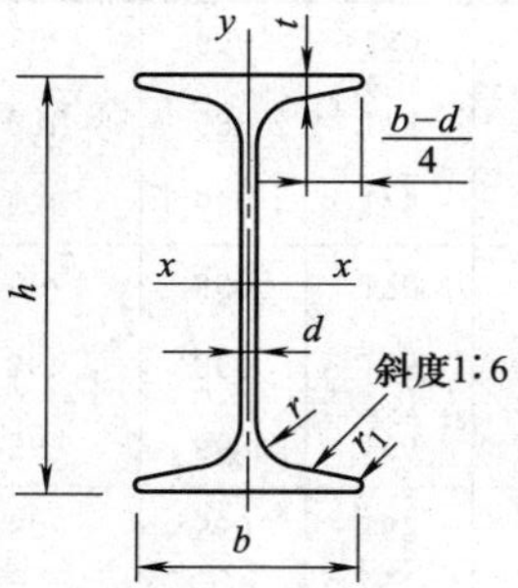

符号意义：

h——高度；
b——腿宽度；
d——腰厚度；
t——平均腿厚度；
r——内圆弧半径；
r_1——腿端圆弧半径；
I——惯性矩；
W——截面系数；
i——惯性半径；
S——半截面的静矩

型号	尺寸/mm						截面面积 /cm^2	理论重量 /$kg\cdot m^{-1}$	参考数值						
									$x-x$				$y-y$		
	h	b	d	t	r	r_1			I_x/cm^4	W_x/cm^3	i_x/cm	$I_x:S_x/cm$	I_y/cm^4	W_y/cm^3	i_y/cm
10	100	68	4.5	7.6	6.5	3.3	14.3	11.2	245	49	4.14	8.59	33	9.72	1.52
12.6	126	74	5	8.4	7	3.5	18.1	14.2	488.43	77.529	5.195	10.85	46.906	12.677	1.609
14	140	80	5.5	9.1	7.5	3.8	21.5	16.9	712	102	5.76	12	64.4	16.1	1.73
16	160	88	6	9.9	8	4	26.1	20.5	1130	141	6.58	13.8	93.1	21.2	1.89
18	180	94	6.5	10.7	8.5	4.3	30.6	24.1	1660	185	7.36	15.4	122	26	2
20a	200	100	7	11.4	9	4.5	35.5	27.9	2370	237	8.15	17.2	158	31.5	2.12
20b	200	102	9	11.4	9	4.5	39.5	31.1	2500	250	7.96	16.9	169	33.1	2.06
22a	220	110	7.5	12.3	9.5	4.8	42	33	3400	309	8.99	18.9	225	40.9	2.31
22b	220	112	9.5	12.3	9.5	4.8	46.4	36.4	3570	325	8.78	18.7	239	42.7	2.27
25a	250	116	8	13	10	5	48.5	38.1	5023.54	401.88	10.18	21.58	280.046	48.283	2.403
25b	250	118	10	13	10	5	53.5	42	5283.96	422.72	9.938	21.27	309.297	52.423	2.404
28a	280	122	8.5	13.7	10.5	5.3	55.45	43.4	7114.14	508.15	11.32	24.62	345.051	56.565	2.495
28b	280	124	10.5	13.7	10.5	5.3	61.05	47.9	7480	534.29	11.08	24.24	379.496	61.209	2.493

续表

型号	尺寸/mm						截面面积/cm²	理论重量/kg·m⁻¹	参考数值						
									$x-x$				$y-y$		
	h	b	d	t	r	r_1			I_x/cm^4	W_x/cm^3	i_x/cm	$I_x:S_x/cm$	I_y/cm^4	W_y/cm^3	i_y/cm
32a	320	130	9.5	15	11.5	5.8	67.05	52.7	11075.5	692.2	12.84	27.46	459.93	70.758	2.619
32b	320	132	11.5	15	11.5	5.8	73.45	57.7	11621.4	726.33	12.58	27.09	501.53	75.989	2.614
32c	320	134	13.5	15	11.5	5.8	79.95	62.8	12167.5	760.47	12.34	26.77	543.81	81.166	2.608
36a	360	136	10	15.8	12	6	76.3	59.9	15760	875	14.4	30.7	552	81.2	2.69
36b	360	138	12	15.8	12	6	83.5	65.6	16530	919	14.1	30.3	582	84.3	2.64
36c	360	140	14	15.8	12	6	90.7	71.2	17310	962	13.8	29.9	612	87.4	2.6
40a	400	142	10.5	16.5	12.5	6.3	86.1	67.6	21720	1090	15.9	34.1	660	93.2	2.77
40b	400	144	12.5	16.5	12.5	6.3	94.1	73.8	22780	1140	15.6	33.6	692	96.2	2.71
40c	400	146	14.5	16.5	12.5	6.3	102	80.1	23850	1190	15.2	33.2	727	99.6	2.65
45a	450	150	11.5	18	13.5	6.8	102	80.4	32240	1430	17.7	38.6	855	114	2.89
45b	450	152	13.5	18	13.5	6.8	111	87.4	33760	1500	17.4	38	894	118	2.84
45c	450	154	15.5	18	13.5	6.8	120	94.5	35280	1570	17.1	37.6	938	122	2.79
50a	500	158	12	20	14	7	119	93.6	46470	1860	19.7	42.8	1120	142	3.07
50b	500	160	14	20	14	7	129	101	48560	1940	19.4	42.4	1170	146	3.01
50c	500	162	16	20	14	7	139	109	50640	2080	19	41.8	1220	151	2.96
56a	560	166	12.5	21	14.5	7.3	135.25	106.2	65585.6	2342.31	22.02	47.73	1370.16	165.08	3.182
56b	560	168	14.5	21	14.5	7.3	146.45	115	68512.5	2446.69	21.63	47.17	1486.75	174.25	3.162
56c	560	170	16.5	21	14.5	7.3	157.85	123.9	71439.4	2551.41	21.27	46.66	1558.39	183.34	3.158
63a	630	176	13	22	15	7.5	154.9	121.6	93916.2	2981.47	24.62	54.17	1700.55	193.24	3.314
63b	630	178	15	22	15	7.5	167.5	131.5	98083.6	3163.38	24.2	53.51	1812.07	203.6	3.289
63c	630	180	17	22	15	7.5	180.1	141	102251.1	3298.42	23.82	52.92	1924.91	213.88	3.268

注：截面图和表中标注的圆弧半径 r、r_1 的数据用于孔型设计，不作交货条件。

附表 1-4 热轧槽钢（GB 707—88）

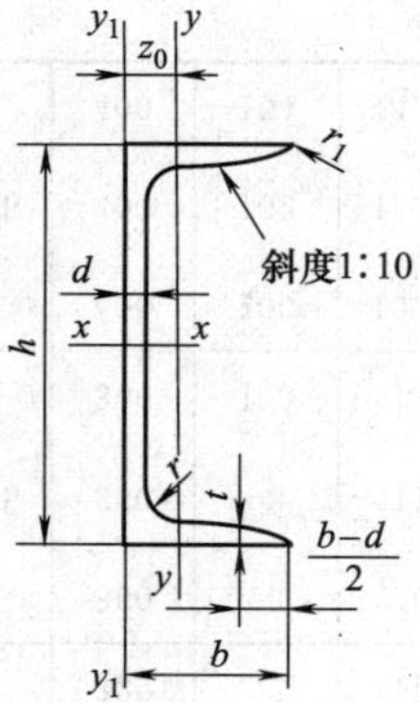

符号意义：

h——高度； r_1——腿端圆弧半径；

b——腿宽度； I——惯性矩；

d——腰厚度； W——截面系数；

t——平均腿厚度； i——惯性半径；

r——内圆弧半径； z_0——$y-y$ 轴与 y_1-y_1 轴间距

型号	尺寸/mm						截面面积/cm²	理论重量/kg·m⁻¹	参考数值							
									$x-x$			$y-y$			y_1-y_1	z_0/cm
	h	b	d	t	r	r_1			W_x/cm³	I_x/cm⁴	i_x/cm	W_y/cm³	I_y/cm⁴	i_y/cm	I_{y1}/cm⁴	
5	50	37	4.5	7	7	3.5	6.93	5.44	10.4	26	1.94	3.55	8.3	1.1	20.9	1.35
6.3	63	40	4.8	7.5	7.5	3.75	8.444	6.63	16.123	50.786	2.453	4.50	11.872	1.185	28.38	1.36
8	80	43	5	8	8	4	10.24	8.04	25.3	101.3	3.15	5.79	16.6	1.27	37.4	1.43
10	100	48	5.3	8.5	8.5	4.25	12.74	10	39.7	198.3	3.95	7.8	25.6	1.41	54.9	1.52
12.6	126	53	5.5	9	9	4.5	15.69	12.37	62.137	391.466	4.953	10.242	37.99	1.567	77.09	1.59
14a	140	58	6	9.5	9.5	4.75	18.51	14.53	80.5	563.7	5.52	13.01	53.2	1.7	107.1	1.71
14b	140	60	8	9.5	9.5	4.75	21.31	16.73	87.1	609.4	5.35	14.12	61.1	1.69	120.6	1.67
16a	160	63	6.5	10	10	5	21.95	17.23	108.3	866.2	6.28	16.3	73.3	1.83	144.1	1.8
16	160	65	8.5	10	10	5	25.15	19.74	116.8	934.5	6.1	17.55	83.4	1.82	160.8	1.75
18a	180	68	7	10.5	10.5	5.25	25.69	20.17	141.4	1272.7	7.04	20.03	98.6	1.96	189.7	1.88
18	180	70	9	10.5	10.5	5.25	29.29	22.99	152.2	1369.9	6.84	21.52	111	1.95	210.1	1.84
20a	200	73	7	11	11	5.5	28.83	22.63	178	1780.4	7.86	24.2	128	2.11	244	2.01
20	200	75	9	11	11	5.5	32.83	25.77	191.4	1913.7	7.64	25.88	143.6	2.09	268.4	1.95

续表

型号	尺寸/mm						截面面积/cm^2	理论重量/$kg \cdot m^{-1}$	参考数值							
									$x-x$			$y-y$			y_1-y_1	
	h	b	d	t	r	r_1			W_x/cm^3	I_x/cm^4	i_x/cm	W_y/cm^3	I_y/cm^4	i_y/cm	I_{y1}/cm^4	z_0/cm
22a	220	77	7	11.5	11.5	5.75	31.84	24.99	217.6	2393.9	8.67	28.17	157.8	2.23	298.2	2.1
22	220	79	9	11.5	11.5	5.75	36.24	28.45	233.8	2571.4	8.42	30.05	176.4	2.21	326.3	2.03
a	250	78	7	12	12	6	34.91	27.47	269.597	3369.62	9.823	30.607	175.529	2.243	322.256	2.065
25b	250	80	9	12	12	6	39.91	31.39	282.402	3530.04	9.405	32.657	196.421	2.218	353.187	1.982
c	250	82	11	12	12	6	44.91	35.32	295.236	3690.45	9.065	35.926	218.415	2.206	384.133	1.921
a	280	82	7.5	12.5	12.5	6.25	40.02	31.42	340.328	4764.59	10.91	35.718	217.989	2.333	387.566	2.097
28b	280	84	9.5	12.5	12.5	6.25	45.62	35.81	366.46	5130.45	10.6	37.929	242.144	2.304	427.589	2.016
c	280	86	11.5	12.5	12.5	6.25	51.22	40.21	392.594	5496.32	10.35	40.301	267.602	2.286	426.597	1.951
a	320	88	8	14	14	7	48.7	38.22	474.879	7598.06	12.49	46.473	304.787	2.502	552.31	2.242
32b	320	90	10	14	14	7	55.1	43.25	509.012	8144.2	12.15	49.157	336.332	2.471	592.933	2.158
c	320	92	12	14	14	7	61.5	48.28	543.145	8690.33	11.88	52.642	374.175	2.467	643.299	2.092
a	360	96	9	16	16	8	60.89	47.8	659.7	11874.2	13.97	63.54	455	2.73	818.4	2.44
36b	360	98	11	16	16	8	68.09	53.45	702.9	12651.8	13.63	66.85	496.7	2.7	880.4	2.37
c	360	100	13	16	16	8	75.29	50.1	746.1	13429.4	13.36	70.02	.536.4	.2.67	947.9	2.34
a	400	100	10.5	18	18	9	75.05	58.91	878.9	17577.9	15.30	78.83	592	2.81	1067.7	2.49
40b	400	102	12.5	18	18	9	83.05	65.19	932.2	18644.5	14.98	82.52	640	2.78	1135.6	2.44
c	400	104	14.5	18	18	9	91.05	71.47	985.6	19711.2	14.71	86.19	687.8	2.75	1220.7	2.42

注：截面图和表中标注的圆弧半径 r、r_1 的数据用于孔型设计，不作交货条件。

附录二　习题参考答案

第二章

2.1　(a) $-Fl\sin\alpha$，(b) $Fl\sin\theta$，(c) $F(l_1\cos\alpha+l_2\sin\alpha)$，(d) $F(l+r)$，(e) $Fl\sin(\beta-\alpha)$，(f) $Fl\sin\alpha/\cos\theta$

2.2　$M_A(F)=0$，$M_B(F)=\sqrt{2}Fr$，$M_C(F)=\sqrt{2}Fr$，$M_D(F)=\left(\frac{\sqrt{2}}{2}-1\right)Fr$

2.3　$-82.5\text{kN}\cdot\text{m}$，$-840\text{kN}\cdot\text{m}$，$144\text{kN}\cdot\text{m}$

第三章

3.1　$F_{1_x}=-1732\text{N}$，$F_{1_y}=-1000\text{N}$；$F_{2_x}=0$，$F_{2_y}=150\text{N}$；$F_{3_x}=141.4\text{N}$，$F_{3_y}=141.4\text{N}$；$F_{4_x}=-100\text{N}$，$F_{4_y}=173.2\text{N}$

3.2　$F_R=171.25\text{N}$，$\alpha=40.99°$，$\beta=49.01°$

3.3　$F_{AB}=0.577G$，$F_{AC}=-1.15G$

3.4　$F_{AB}=200\text{kN}$，$F_C=200\text{kN}$

3.5　$F=136.60\text{N}$，$F_{AB}=122.47\text{N}$

3.6　(a) $F_A=\frac{\sqrt{2}}{2}F$（第二象限135°方向），$F_B=\frac{\sqrt{2}}{2}F$（第四象限−45°方向）

(b) $F_A=F$（↓），$F_B=F$（↑）；(c) $F_A=2F$（↑），$F_B=2F$（↓）

3.7　$F_A=9.43\text{kN}$（第二象限135°方向），$F_C=9.43\text{kN}$（第四象限−45°方向）

3.8　$F_A=14.14\text{kN}$（第二象限135°方向），$F_B=14.14\text{kN}$（第四象限−45°方向）

3.9　$F'_R=15.92\text{kN}$，$|\tan\alpha|=2.8195$，$M_O=0$

3.10　$F_{Ax}=20\text{kN}$（←），$M_A=130\text{kN}\cdot\text{m}$（∩），$F_{A_y}=100\text{kN}$（↑）

3.11　(a) $F_A=200\text{kN}$（↑），$F_B=150\text{kN}$（↑）

(b) $F_A=192\text{kN}$（↑），$F_B=288\text{kN}$（↑）

(c) $F_A=3.75\text{kN}$（↑），$F_B=0.25\text{kN}$（↓）

(d) $F_A=45\text{kN}$（↓），$F_B=85\text{kN}$（↑）

(e) $F_A=80\text{kN}$（↑），$M_A=195\text{kN}\cdot\text{m}$（∩）

(f) $F_A=24\text{kN}$（↑），$F_B=12\text{kN}$（↑）

3.12　(a) $F_{A_x}=4\text{kN}$（←），$F_{A_y}=0.5\text{kN}$（↑），$F_{B_y}=2.5\text{kN}$（↑）

(b) $F_{A_x}=12\text{kN}$（←），$F_{A_y}=36\text{kN}$（↑），$M_A=124\text{kN}\cdot\text{m}$（∩）

(c) $F_{A_x}=0$，$F_{A_y}=19\text{kN}$（↑），$F_{B_y}=21\text{kN}$（↑）

(d) $F_{A_x}=0$，$F_{A_y}=100\text{kN}$（↑），$M_A=80\text{kN}\cdot\text{m}$（∩）

3.13　$F_A=22.5\text{kN}$（↑），$F_B=27.5\text{kN}$（↑），$x=4.5\text{m}$

3.14　$F_{A_x}=31.18\text{kN}$（←），$F_{A_y}=8\text{kN}$（↑）

$F_C=36\text{kN}$（第一象限30°方向）

3.15　(a) $F_{A_y}=5\text{kN}$（↓），$F_{B_y}=13\text{kN}$（↑），$F_{D_y}=6\text{kN}$（↑）

(b) $F_{A_x}=0$，$F_{A_y}=10\text{kN}$（↑），$M_A=10\text{kN}\cdot\text{m}$（∩），$F_{B_y}=20\text{kN}$（↑）

第五章

5.1　$y_c=45\text{mm}$，$S_z^*=81\times10^3\text{mm}^3$

5.2　$y_c=158.9\text{mm}$

5.3 $I_{Z_C}=688\times10^4\,mm^4$

5.4 $I_z=3560.8cm^4$，$I_y=3089.4cm^4$

5.5 (*a*) $I_z=2261\times10^4\,mm^4$，(*b*) $I_z=255.8\times10^6\,mm^4$

第六章

6.1 (a) $F_{N_1}=F$，$F_{N_2}=-F$

(b) $F_{N_1}=F$，$F_{N_2}=0$，$F_{N_3}=2F$

(c) $F_{N_1}=-2kN$，$F_{N_2}=2kN$，$F_{N_3}=-4kN$

(d) $F_{N_1}=5kN$，$F_{N_2}=10kN$，$F_{N_3}=-10kN$

6.2 $F_{N_1}=500N$，$F_{N_2}=900N$，$F_{N_3}=1350N$，$F_{N_4}=900N$，$F_{N_5}=550N$

6.3 $\sigma_{c_{max}}=1.82MPa$

6.4 $\sigma_{AE}=159MPa$，$\sigma_{EG}=155MPa$

6.5 $\varepsilon_{I}=0.5\times10^{-3}$，$\varepsilon_{II}=0.3\times10^{-3}$，$\varepsilon_{III}=0.625\times10^{-3}$

$\Delta l_{I}=0.5mm$，$\Delta l_{II}=0.45mm$，$\Delta l_{III}=1.25mm$，$\Delta l=2.2mm$

6.6 $\Delta=2.32mm$

6.7 $\sigma_{AB}=158MPa$，$\sigma_{AC}=9.2MPa$

6.8 $d=36mm$

6.9 $\sigma_{AC}=161MPa$，CD：2∟70×5

6.10 $[F]=36kN$

第七章

7.1 (a) $M_{t_{AB}}=3kN\cdot m$，$M_{t_{BC}}=1kN\cdot m$；(b) $M_{t_{max}}=4kN\cdot m$

7.2 ①$M_{t_{max}}=2kN\cdot m$；　②$M_{t_{max}}=1.2kN\cdot m$

7.3 1194N·m，−2626N·m，−1909N·m，−477N·m

7.4 $\tau_{max}=61MPa$，$\tau_A=31MPa$

7.5 $\tau_{AC_{max}}=47.7MPa$，$\tau_{CB_{max}}=22.3MPa$

7.6 $\varphi_{AC}=0.46^\circ$

7.7 $\tau_{max}=47.7MPa$，$\theta_{max}=1.7\ (^\circ)/m$

7.8 $d=70mm$

第八章

8.1 (a) $F_{S_1}=8kN$，$M_1=-18kN\cdot m$

$F_{S_2}=5kN$，$M_2=-5kN\cdot m$

(*b*) $F_{S_1}=-F$，$M_1=-Fa$

$F_{S_2}=-F$，$M_2=-2Fa$

$F_{S_3}=2F$，$M_3=-2Fa$

(*c*) $F_{S_1}=37.5kN$，$M_1=174kN\cdot m$

$F_{S_2}=-37.5kN$，$M_2=174kN\cdot m$

(*d*) $F_{S_1}=\frac{qa}{4}$，$M_1=\frac{qa^2}{4}$

$F_{S_2}=\frac{qa}{4}$，$M_2=\frac{qa^2}{2}$

$F_{S_3}=\frac{qa}{4}$，$M_3=\frac{3qa^2}{2}$

8.2 (a) $|M|_{\max}=5\text{kN}\cdot\text{m}$

(b) $|F_S|_{\max}=F$，$|M|_{\max}=Fa$

(c) $|F_S|_{\max}=2ql$，$|M|_{\max}=\frac{3}{2}ql^2$

(d) $|F_S|_{\max}=11.5\text{kN}$，$|M|_{\max}=22\text{kN}\cdot\text{m}$

$F_{S_A}^R=\frac{ql}{2}\cos\alpha$，$F_{S_B}^L=-\frac{ql}{2}\cos\alpha$

8.3 (a) $F_{N_A}^R=-ql\sin\alpha$，$F_{N_B}=0$

跨中 $M=\frac{1}{8}ql^2$

$F_{S_C}^L=-3.57\text{kN}$，$F_{S_C}^R=-4\text{kN}$

(b) $F_{N_C}^L=1.79\text{kN}$，$F_{N_C}^R=0$

$M_C=16\text{kN}\cdot\text{m}$

8.4 (a) $|F_S|_{\max}=0$，$|M|_{\max}=M_e$

(b) $|F_S|_{\max}=F$，$|M|_{\max}=Fa$

(c) $|F_S|_{\max}=qa$，$|M|_{\max}=\frac{qa^2}{2}$

(d) $|F_S|_{\max}=4qa$，$|M|_{\max}=\frac{13}{2}qa^2$

(e) $|F_S|_{\max}=qa$，$|M|_{\max}=\frac{qa^2}{2}$

(f) $|F_S|_{\max}=\frac{5}{4}qa$，$|M|_{\max}=\frac{3}{2}qa^2$

(g) $|F_S|_{\max}=\frac{3}{2}qa$，$|M|_{\max}=qa^2$

(h) $|F_S|_{\max}=\frac{3}{4}qa$，$|M|_{\max}=\frac{9}{32}qa^2$

8.5 (a) $|M|_{\max}=20\text{kN}\cdot\text{m}$

(b) $|M|_{\max}=4\text{kN}\cdot\text{m}$

(c) $|M|_{\max}=qa^2$

(d) $|M|_{\max}=\frac{qa^2}{2}$

(e) $|M|_{\max}=15\text{kN}\cdot\text{m}$

(f) $|M|_{\max}=20\text{kN}\cdot\text{m}$

8.6 $\sigma_{\max}=117\text{MPa}$，$\sigma_a=0$，$\sigma_b=87.87\text{MPa}$

8.7 $\tau_{\max}=0.24\text{MPa}$，$\tau_a=0$，$\tau_b=0.09\text{MPa}$

8.8 $\sigma_{\max}=6.94\text{MPa}$，$\tau_{\max}=0.52\text{MPa}$

8.9 选 20b 工字钢

8.10 $\sigma_{t_{\max}}=26.2\text{MPa}$，$\sigma_{C_{\max}}=52.4\text{MPa}$

8.11 (a) $v_C=\frac{Fl^3}{6EI}$，$\theta_B=\frac{9Fl^2}{8EI}$

(b) $v_C=-\frac{23ql^4}{384EI}$，$\theta_B=-\frac{ql^3}{3EI}$

(c) $v_C=\dfrac{17ql^4}{384EI}$，$\theta_B=-\dfrac{ql^3}{8EI}$

(d) $v_C=\dfrac{qa^4}{8EI}$，$\theta_B=\dfrac{qa^3}{3EI}$

8.12 选 22a 工字钢

8.13 $\sigma_{max}=146MPa$，$\dfrac{v_{max}}{l}=\dfrac{1}{242}$

第九章

9.1 (a) $\sigma_\alpha=-10MPa$，$\tau_\alpha=-30MPa$；(b) $\sigma_\alpha=16.3MPa$，$\tau_\alpha=3.66MPa$
(c) $\sigma_\alpha=-41MPa$，$\tau_\alpha=-41MPa$；(d) $\sigma_\alpha=0$，$\tau_\alpha=-50MPa$

9.2 (a) $\sigma_1=57MPa$，$\sigma_2=0$，$\sigma_3=-7MPa$，$\alpha_0=-19.33°$
(b) $\sigma_1=34.1MPa$，$\sigma_2=5.86MPa$，$\sigma_3=0$，$\alpha_0=22.5°$
(c) $\sigma_1=48MPa$，$\sigma_2=0$，$\sigma_3=-12MPa$，$\alpha_0=26.57°$
(d) $\sigma_1=56.6MPa$，$\sigma_2=0$，$\sigma_3=-56.6MPa$，$\alpha_0=22.5°$

9.3 $\sigma_1=30MPa$，$\sigma_2=20MPa$，$\sigma_3=-80MPa$；$\tau_{max}=55MPa$

9.4 $\sigma_{r_3}=106MPa$

9.5 $\sigma_{r_4}=166MPa$

第十章

10.1 $\sigma_{max}=158MPa$

10.2 $\sigma_{max}=85.3MPa$

10.3 $h=372mm$

10.4 $a\leqslant 5.25mm$

10.5 $\sigma_{max}=155MPa$

10.6 $q\leqslant 1.06kN/m$

10.7 $\sigma_{t_{max}}=140.6MPa$，$\sigma_{c_{max}}=-140.6MPa$

10.8 $[F]=4.63kN$

第十一章

11.1 $F_{cr}=65.11kN$，$\sigma_{cr}=51.82MPa$

11.2 $F_{cr}=77.1kN$

11.3 $a=4.3cm$

11.4 $F_{max}=15.7kN$

11.5 $\dfrac{F_N}{\varphi A}=5.5$

11.6 $F_{max}=249.5kN$

第十二章

12.1 (a) 几何不变，无多余约束；(b) 几何不变，无多余约束；
(c) 几何不变，有一个多余约束；(d) 几何不变，无多余约束；
(e) 几何不变

12.2 (a) 几何不变，无多余约束；(b) 几何不变，有两个多余约束；
(c) 几何不变，有一个多余约束；(d) 几何不变，无多余约束；
(e) 几何不变，有一个多余约束；(f) 几何不变，有一个多余约束

12.3 (a) 几何不变，无多余约束；(b) 几何不变，有一个多余约束；

(c) 几何不变，无多余约束；　　(d) 几何不变，有一个多余约束；

(e) 几何不变，无多余约束；　　(f) 几何不变，无多余约束

第十三章

13.1 (a) $M_B=20\text{kN}\cdot\text{m}$（上侧受拉），$M_D=20\text{kN}\cdot\text{m}$（下侧受拉），

$M_F=\dfrac{40}{3}\text{kN}\cdot\text{m}$（下侧受拉），$F^L_{S_D}=\dfrac{20}{3}\text{kN}$，

$F^R_{S_D}=F^L_{S_B}=-\dfrac{40}{3}\text{kN}$，$F^L_{S_F}=\dfrac{40}{3}\text{kN}$，$F^R_{S_F}=-\dfrac{20}{3}\text{kN}$

(b) $M_C=90\text{kN}\cdot\text{m}$，$M_F=90\text{kN}\cdot\text{m}$，$F^R_{S_C}=30\text{kN}$，$F_{S_F}=-30\text{kN}$

13.2 $x=0.172l$

13.3 (a) $M_{BD}=120\text{kN}\cdot\text{m}$（上侧受拉），$M_{AB}=160\text{kN}\cdot\text{m}$（左侧受拉），

$F_{S_{BD}}=40\text{kN}$，$F_{S_{AB}}=10\text{kN}$

(b) $M_{AC}=\dfrac{Fa}{2}$（右侧受拉），$M_{CB}=\dfrac{Fa}{2}$（上侧受拉），$F_{S_{AC}}=-F$

(c) $M_{CA}=5a$（上侧受拉），$F_{S_{CB}}=5a+5$

(d) $M_{CB}=m$（下侧受拉），$F_{S_{CB}}=-\dfrac{m}{a}$

(e) $M_{CD}=\dfrac{1}{8}qa^2$（上侧受拉），$M_{BC}=0$，$F_{S_{BC}}=\dfrac{3}{8}qa$

(f) $M_{EB}=Fl$（右侧受拉），$M_{EF}=\dfrac{1}{2}Fl$（下侧受拉），$F_{S_{EB}}=F$

13.4 (a) $M_{DC}=12.5\text{kN}\cdot\text{m}$（上侧受拉）

(b) $M_{EB}=\dfrac{Fl}{4}$（右侧受拉）

(c) $M_{DE}=ql^2$（下侧受拉），$M_{FC}=\dfrac{1}{2}ql^2$（左侧受拉）

(d) $M_{EB}=6.75\text{kN}\cdot\text{m}$（右侧受拉）

13.5 $M^{左}_D=77.5\text{kN}\cdot\text{m}$（上侧受拉）　$F_{S_D}=-11.18\text{kN}$　$F_{N_D}=-36.25\text{kN}$

13.6 (a) $F_{N_{45}}=-89.2\text{kN}$　$F_{N_{42}}=-44.8\text{kN}$

(b) $F_{N_{75}}=20\sqrt{2}\text{kN}$，$F_{N_{54}}=-20\text{kN}$

(c) $F_{N_{34}}=\dfrac{\sqrt{2}}{2}F$

(d) $F_{N_{BE}}=\sqrt{2}F$，$F_{N_{EC}}=-F$

13.7 (a) $F_{N_a}=-\dfrac{5}{18}F$　$F_{N_b}=-\dfrac{4}{9}F$　$F_{N_c}=\dfrac{5}{18}F$

(b) $F_{N_1}=0$　$F_{N_2}=-F$

13.8 $F_{N_{FG}}=358\text{kN}$　$F_{N_{AF}}=367\text{kN}$　$F_{N_{FD}}=-81.9\text{kN}$

$M_{DC}=15.5\text{kN}\cdot\text{m}$（下侧受拉）

第十四章

14.1 (a) $\Delta_{By}=\dfrac{Fl^3}{3EI}$（↓），$\varphi_B=\dfrac{Fl^2}{2EI}$（↻）

(b) $\Delta_{By}=\dfrac{7ql^4}{384EI}$（↓），$\varphi_B=\dfrac{ql^3}{48EI}$（↻）

(c) $\Delta_{Cy}=\frac{Fl^3}{48EI}$（↓），$\varphi_B=\frac{Fl^2}{16EI}$（↷）

(d) $\Delta_{Cy}=\frac{5ql^4}{768EI}$（↓），$\varphi_C=\frac{ql^3}{384EI}$（↷）

14.2 (a) $\Delta_{Cy}=\frac{5ql^4}{8EI}$（↓），$\varphi_C=\frac{2ql^3}{3EI}$（↷）

(b) $\Delta_{Bx}=\frac{3ql^4}{8EI}$（→）

14.3 $\Delta_{C_y}=\frac{4(2\sqrt{2}+3)F}{EA}$（↑）

14.4 $\Delta_{D_y}=0.115\text{cm}$（↓）

14.6 $\Delta_{B_y}=\frac{7ql^4}{24EI}$（↓）

14.7 $\Delta_{Cy}=\frac{2}{27}\text{m}$（↑）

14.8 (a) $\Delta_{A_y}=\frac{Fl^3}{16EI}$（↓），$\Delta_{A_x}=\frac{23Fl^3}{48EI}$（←）

(b) $\Delta_{C_x}=\frac{3ql^4}{16EI}$（→），$\Delta_{C_x}=\frac{7ql^4}{48EI}$（→）

14.9 $\Delta_{By}=b+l\varphi$，$\Delta_{By}=\varphi l-b$（↑）

14.10 $\Delta_{Cy}=8\alpha l-\frac{24\alpha l^2}{h}$（↓）

第十五章

15.1 (a) 2，(b) 1，(c) 2，(d) 3，(e) 2，(f) 4，(g) 6，(h) 24

15.2 (a) $M_{AB}=\frac{3}{16}Fl$（上侧受拉）

(b) $M_{BC}=\frac{1}{16}ql^2$（上侧受拉）

15.3 (a) $M_{DC}=41.54\text{kN}\cdot\text{m}$（上侧受拉）

(b) $M_{CD}=0.085Fl$（上侧受拉），$M_{DC}=0.068Fl$（上侧受拉）

(c) $M_{CA}=\frac{5}{18}Fl$（左侧受拉），$M_{DB}=\frac{2}{9}Fl$（右侧受拉）

(d) $M_{BA}=\frac{3}{32}qa^2$（下侧受拉） $M_{CB}=\frac{1}{16}qa^2$（右侧受拉）

15.4 $M_A=225\text{kN}\cdot\text{m}$（左侧受拉）

15.5 $F_{By}=1.173F$（↑）

15.6 $M_{CA}=14.39\text{kN}\cdot\text{m}$（上侧受拉） $F_{N_{EF}}=67.2\text{kN}$

15.7 (a) $M_{AC}=\frac{3}{4}Fa$（上侧受拉）

(b) $M_{CA}=18\text{kN}\cdot\text{m}$（右侧受拉）$F_{S_{CA}}=3\text{kN}$ $F_{N_{CA}}=8\text{kN}$

15.8 $M_{CB}=\frac{480EI}{l}$（上侧受拉） $\varphi_A=60\alpha$（↷）

15.9 $M_{AB}=\frac{3EI}{l}\left(\varphi-\frac{a}{l}\right)$（下侧受拉）

第十六章

16.1 (a) 2，(b) 3，(c) 7，(d) 6，(e) 5，(f) 6，(g) 5、4，(h) 6

16.2 (a) $M_{BC}=-\frac{1}{28}ql^2$

(b) $M_{BA}=2.94\text{kN}\cdot\text{m}$ $M_{CD}=-12.81\text{kN}\cdot\text{m}$

16.3 (a) $M_{AC}=\frac{1}{24}Fl$ $M_{CD}=-\frac{1}{8}Fl$

(b) $M_{CA}=36.7\text{kN}\cdot\text{m}$， $M_{CB}=3.3\text{kN}\cdot\text{m}$

(c) $M_{DB}=-\frac{60}{7}\text{kN}\cdot\text{m}$， $M_{ED}=\frac{340}{7}\text{kN}\cdot\text{m}$

(d) $M_{AB}=6.42\text{kN}\cdot\text{m}$， $M_{CA}=-29.57\text{kN}\cdot\text{m}$

(e) $M_{BD}=\frac{1}{104}ql^2$

(f) $M_{AC}=-30\text{kN}\cdot\text{m}$， $M_{DB}=-70\text{kN}\cdot\text{m}$

16.4 (a) $M_{AC}=-150\text{kN}\cdot\text{m}$ $M_{CA}=-30\text{kN}\cdot\text{m}$ $M_{BD}=M_{DB}=-90\text{kN}\cdot\text{m}$

(b) $M_{AC}=-225\text{kN}\cdot\text{m}$ $M_{BD}=-135\text{kN}\cdot\text{m}$ $F_{S_{AC}}=97.5\text{kN}$

16.5 (a) $M_{AC}=M_{BD}=-171.4\text{kN}\cdot\text{m}$ $M_{CA}=M_{DB}=-128.6\text{kN}\cdot\text{m}$

(b) $M_{AD}=\frac{1}{48}ql^2$ $M_{DE}=-\frac{1}{24}ql^2$

第十七章

17.1 (a) $M_{BC}=-45.87\text{kN}\cdot\text{m}$

(b) $M_{CD}=-64.1\text{kN}\cdot\text{m}$ $F_{B_y}=26.3\text{kN}$ (↑)

(c) $M_{BA}=-72.7\text{kN}\cdot\text{m}$ $M_{BC}=-9.1\text{kN}\cdot\text{m}$

(d) $M_{BA}=38.2\text{kN}\cdot\text{m}$ $M_{BC}=-48.4\text{kN}\cdot\text{m}$

(e) $M_{BC}=4.29\text{kN}\cdot\text{m}$ $M_{CD}=12.85\text{kN}\cdot\text{m}$ $M_{CE}=-34.29\text{kN}\cdot\text{m}$

(f) $M_{BA}=38.77\text{kN}\cdot\text{m}$ $M_{BF}=38.77\text{kN}\cdot\text{m}$ $M_{CD}=-106.62\text{kN}\cdot\text{m}$

17.2 (a) $M_{BC}=-192\text{kN}\cdot\text{m}$

(b) $M_{CB}=12.78\text{kN}\cdot\text{m}$ $M_{BA}=15.65\text{kN}\cdot\text{m}$

17.3 (a) $M_{GD}=5.98\text{kN}\cdot\text{m}$ $M_{DA}=6.73\text{kN}\cdot\text{m}$ $M_{EH}=-1.8\text{kN}\cdot\text{m}$

(b) $M_{HI}=23.2\text{kN}\cdot\text{m}$， $M_{EF}=98.1\text{kN}\cdot\text{m}$

第十八章

18.5 (a) $M_C=120\text{kN}\cdot\text{m}$ $F_{S_C}=105\text{kN}$

(b) $F_{Cy}=210\text{kN}$ (↑) $M_E=60\text{kN}\cdot\text{m}$（下侧受拉） $F_{S_C}^L=-90\text{kN}$

18.6 $F_{S_C(\max)}=637.4\text{kN}$ $F_{S_C(\min)}=-81.1\text{kN}$ $M_{C(\max)}=1912.2\text{kN}\cdot\text{m}$

18.7 $M_{\max}=426.7\text{kN}\cdot\text{m}$（下侧受拉）

参考文献

[1] 孙训方，方孝淑，关来泰．材料力学．第3版．北京：高等教育出版社，1994.
[2] 粟一凡．材料力学．第2版．北京：高等教育出版社，1983.
[3] 刘鸿文．材料力学．第3版．北京：高等教育出版社，1992.
[4] 沈养中．工程力学．北京：高等教育出版社，2000.
[5] 张定华．工程力学．北京：高等教育出版社，2000.
[6] 刘寿梅．建筑力学．北京：高等教育出版社，2002.
[7] 汪菁．工程力学学习指导．北京：高等教育出版社，2003.
[8] 苏炜．工程力学．武汉：武汉工业大学出版社，2000.
[9] 陈永龙．建筑力学．北京：高等教育出版社，2000.
[10] 华东水利学院《理论力学》编写组编．理论力学．北京：人民教育出版社，1978.
[11] 上海机械专科学校编．工程力学．上海：上海科学技术文献出版社，1983.
[12] 秦惠民．材料力学．武汉：武汉工业大学出版社，1991.
[13] 张流芳．材料力学．武汉：武汉工业大学出版社，1997.
[14] 孔喜新，孙庆文，潘光明．材料力学．第2版．广州：华南工学院出版社，1986.
[15] 樊友景，高秀华．材料力学学习指导．武汉：武汉工业大学出版社，2000.
[16] 董卫华．理论力学．武汉：武汉工业大学出版社，1997.
[17] 彭图让．理论力学．武汉：武汉工业大学出版社，1998.
[18] 重庆建筑工程学院．建筑力学：第一分册 理论力学．北京：高等教育出版社，1984.
[19] 刘松柏，刘路．建筑力学．北京：中国环境科学出版社，1989.
[20] 陈维新．工程力学．北京：高等教育出版社，1997.
[21] 哈尔滨工业大学理论力学教研室．理论力学．北京：高等教育出版社，1991.
[22] 单毁祖．材料力学教程．北京：国防工业出版社，1992.
[23] 苏翼林．材料力学北京：高等教育出版社，1980.
[24] 陆才善．材料力学．西安：西安交通大学出版社，1989.
[25] 孙仁博，王天明．材料力学．北京：中国建筑工业出版社，1999.
[26] 刘济庆，臧修亮，赵学仁．自学函授材料力学．北京：北京工业学院出版社，1986.
[27] 于光瑜，秦惠民．材料力学．北京：高等教育出版社，1995.
[28] 于绶章．材料力学．北京：高等教育出版社，1982.
[29] 刘明威．理论力学．武汉：武汉工业大学出版社，1997.
[30] 汪菁．工程力学．北京：化学工业出版社，2004.
[31] 吴大炜．结构力学．北京：化学工业出版社，2005.
[32] 龙驭球，包世华．结构力学．北京：人民教育出版社，1979.
[33] 杨天祥．结构力学．第2版．北京：高等教育出版社，1986.
[34] 杨茀康，李家宝．结构力学．第4版．北京：高等教育出版社，1998.
[35] 王焕定，章梓茂．结构力学（Ⅰ）．北京：高等教育出版社，2000.
[36] 薛正庭，吴大炜．土木工程力学．北京：机械工业出版社，2003.
[37] 吴大炜．结构力学．武汉：武汉工业大学出版社，2000.
[38] 龙驭球，包世华．结构力学教程（Ⅰ、Ⅱ）．北京：高等教育出版社，2000.
[39] 包世华．结构力学．第2版．武汉：武汉理工大学出版社，2003.
[40] 胡兴国．结构力学．第2版．武汉：武汉理工大学出版社，2002.
[41] 沈养中．建筑力学．北京：科学出版社，2003.
[42] 李轮．结构力学．北京：人民交通出版社，2002.
[43] 游普元．建筑力学与结构．北京：化学工业出版社，2008.